AF453745

# TRAITÉ

# DE MÉCANIQUE

13257. — PARIS, IMPRIMERIE GÉNÉRALE A. LAHURE
9, RUE DE FLEURUS, 9

# TRAITÉ

## DE

# MÉCANIQUE

PAR

## ÉDOUARD COLLIGNON

Ingénieur en chef des ponts et chaussées, répétiteur à l'École polytechnique
Inspecteur de l'École des ponts et chaussées

---

### CINQUIÈME PARTIE

**QUESTIONS DIVERSES — COMPLÉMENTS — TABLE GÉNÉRALE**

---

DEUXIÈME ÉDITION
revue et augmentée

---

PARIS

LIBRAIRIE HACHETTE ET C$^{ie}$
79, BOULEVARD SAINT-GERMAIN, 79

1886

# TRAITÉ
# DE MÉCANIQUE

## THÉORIES ET QUESTIONS DIVERSES

SUR LES MATIÈRES TRAITÉES DANS LES QUATRE PREMIERS VOLUMES.

## CHAPITRE PREMIER.

### QUESTIONS DE CINÉMATIQUE.

COURBE DES VITESSES EN FONCTION DES ESPACES.

1. Pour construire la courbe des vitesses d'un point mobile en fonction des espaces parcourus, il faut commencer par faire choix de l'*échelle des espaces* et de l'*échelle des vitesses*. On prendra arbitrairement une longueur définie pour représenter l'*unité d'espace parcouru*, et une longueur également définie, égale ou non à la première, pour représenter l'*unité de vitesse*, c'est-à-dire la vitesse d'un mobile qui parcourt un espace égal à l'unité pendant l'unité de temps.

Une fois ces échelles choisies, on pourra construire la courbe AB (fig. 1), dont les coordonnées OP et PM représentent, l'une la position du point mobile sur sa trajectoire, l'autre la vitesse qu'il possède dans cette position. Le lieu du point M est la courbe cherchée AB.

On aura donc, en appelant $s$ et $v$ l'espace parcouru et la vitesse correspondante,

$$v = f(s)$$

pour l'équation qui lie les deux variables, et

$$s = OP, \qquad v = PM,$$

ou plutôt, pour tenir compte des échelles arbitrairement choisies,

$$s = OP \times k, \qquad v = PM \times k',$$

$k$ et $k'$ désignant des coefficients constants et déterminés.

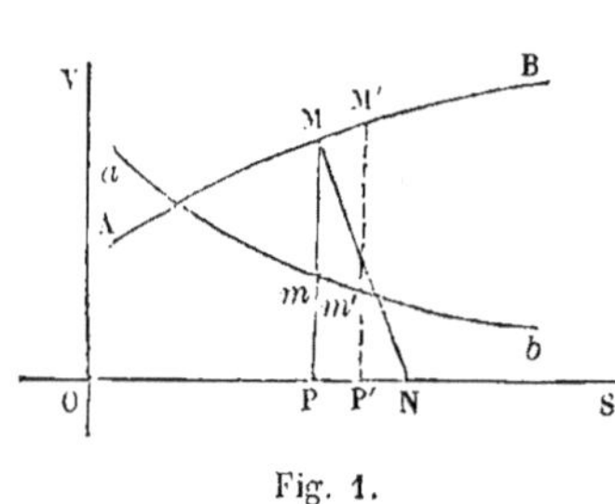

Fig. 1.

Proposons-nous de déterminer le temps $t$ en fonction de l'espace parcouru, ce qui donnera la loi du mouvement. On y parviendra en observant que $v = \dfrac{ds}{dt}$, et que, par conséquent, on a

$$dt = \frac{ds}{v} = \frac{ds}{f(s)}.$$

Sur l'épure on a, en passant à un point $M'$ infiniment voisin du point $M$,

$$ds = PP' \times k,$$
$$f(s) = PM \times k'.$$

Donc

$$dt = \frac{PP'}{PM} \times \frac{k}{k'} \qquad \text{et} \qquad t = \frac{k}{k'} \int \frac{PP'}{PM},$$

Pour faire cette quadrature, il convient d'opérer une transformation de la courbe AB par ordonnées réciproques. Faisons choix d'une longueur arbitraire $\lambda$, puis prenons sur chaque ordonnée PM une longueur $Pm = \dfrac{\lambda^2}{PM}$. Nous obtiendrons une courbe $ab$ dont les ordonnées seront les inverses des ordonnées de la courbe des vitesses. On peut donc substituer à $\dfrac{PP'}{PM}$ la fraction égale $\dfrac{Pm \times PP'}{\lambda^2}$, dont le numérateur représente l'aire élémentaire $Pmm'P'$ de la courbe transformée, et dont le dénominateur est constant. On aura, par suite,

$$t = \frac{k}{k'\lambda^2} \int Pm \times PP',$$

c'est-à-dire que le temps $t$ sera connu, à un facteur constant près, par la quadrature de la courbe $ab$, déduite de la courbe des vitesses.

Dans cette formule $k$ est un nombre : c'est le rapport de la longueur OP à la longueur $s$ qu'elle représente. Le facteur $k'$ n'est pas un nombre : c'est un nombre divisé par une durée. En effet, $v$ est une vitesse, qui se trouve représentée par PM, c'est-à-dire par une longueur. Donc $k'$ est homogène à l'*inverse* d'*un temps*. Le rapport $\dfrac{k}{k'}$ est donc homogène au temps $t$ : les autres facteurs $\displaystyle\int PM \times pp'$ et $\lambda^2$ représentent chacun une surface, et leur rapport n'altère pas l'homogénéité de la formule.

Si l'on veut obtenir l'accélération tangentielle $j_t$, on y parviendra en observant qu'on a

$$j_t = \frac{dv}{dt} = \frac{v\,dv}{ds}.$$

Il en résulte, en remplaçant $s$ par $x \times k$ et $v$ par $y \times k'$, $x$ et $y$ désignant, pour la commodité de l'écriture, les coordonnées OP et PM,

$$j_t = \frac{k'y \times k'dy}{k \times dx} = \frac{k'^2}{k} \times \frac{y\,dy}{dx}.$$

Si l'on mène en M la normale à la courbe AB, elle coupe en N l'axe des $x$, et la sous-normale PN est égale à $\dfrac{y\,dy}{dx}$. Donc

$j_t = PN \times \dfrac{k'^2}{k}$, quantité homogène à une longueur divisée par le carré d'un temps. L'accélération tangentielle est proportionnelle à la sous-normale de la courbe des vitesses.

Le choix d'échelles le plus simple à faire consiste à poser $k = 1$, c'est-à-dire à prendre sur l'axe des $s$ des abscisses égales aux espaces parcourus eux-mêmes, et $k' = 1$, c'est-à-dire à *prendre pour ordonnées* PM *les espaces qui seraient décrits dans l'unité de temps par un mobile animé de la vitesse v*. Dans ces conditions, on aura $j_t = $ PN, l'accélération étant rapportée à la même unité de temps.

COURBE DES ESPACES EN COORDONNÉES POLAIRES.

2. Au lieu de prendre deux axes pour y rapporter les valeurs simultanées du temps $t$ et de l'espace parcouru $s$, et construire la courbe des espaces, rien n'empêche d'adopter tout autre système de coordonnées. Nous développerons ici l'hypothèse où l'on prendrait le système des coordonnées polaires.

Le temps $t$ représentera pour nous un *angle*, et l'espace $s$ un *rayon* vecteur. Il faudra pour cela faire choix d'un angle particulier pour représenter l'unité de temps, et d'une longueur définie pour représenter l'unité d'espace.

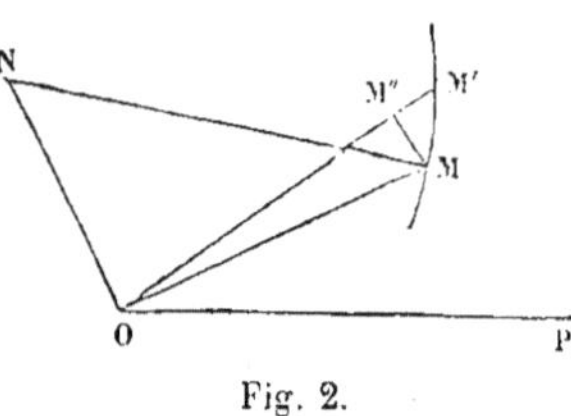

Fig. 2.

Soit, d'après ces conventions, MOP une valeur du temps $t$, et OM $= s$ l'espace parcouru correspondant. La suite des points M définira parfaitement le mouvement du point mobile sur sa trajectoire; à la vérité, une même direction OM correspond à une infinité d'angles, savoir à l'angle MOP augmenté d'un nombre quelconque de circonférences entières, et ces angles correspondent à une infinité de valeurs du temps $t$. Mais si l'on considère la suite des positions du point M, en faisant connaître l'époque qui correspond à un de ces points en particulier, le temps pourra être connu, en général, sans ambiguïté, par l'examen de la figure.

Soient M, M′ deux positions infiniment voisines du point décrivant. L'une, M, correspond à

$$t = \text{MOP},$$
$$s = \text{OM};$$

l'autre, M′, à

$$t + dt = \text{M′OP}$$

et à

$$s + ds = \text{OM′}.$$

On a donc M′OM $= dt$, et, en projetant M en M″ sur OM′, M′M″ $= ds$.

La vitesse $v$ au point M est le rapport $\dfrac{ds}{dt} = \dfrac{\text{M′M″}}{\text{M′OM}}$. Ce rapport est donné sur la figure par la sous-normale ON de la courbe des espaces. La vitesse $v$ est proportionnelle à ON et l'on doit poser

$$v = k \times \text{ON}.$$

$k$ étant un rapport constant qui dépend du choix de l'échelle des espaces et de l'échelle angulaire des temps. Le lieu du point N est la courbe des vitesses. La courbe des accélérations tangentielles se déduirait de même de la courbe des vitesses.

Soit, par exemple, un mouvement circulaire uniforme représenté par l'équation

$$s = at.$$

Cette équation représente en coordonnées polaires une spirale d'Archimède. Prenons le centre du cercle comme pôle, pour axe polaire la droite OP menée par le point C de départ (fig. 5). Convenons de représenter le temps $t$ par l'angle AOC décrit uniformément pendant ce temps par le rayon vecteur du point mobile A.

Au temps $t$ le point mobile est en A sur la trajectoire, et l'angle AOP représente ce temps $t$, compté à partir du passage au point C. Si, sur chaque droite OA, on porte de O en M une longueur OM = arc CA, le lieu des points M sera la courbe polaire des espaces. On obtient ainsi la spirale d'Archimède OMM'M''. La courbe des vitesses, lieu des points N, est le cercle OA lui-même, et la courbe des accélérations tangentielles se confond avec le centre O ; l'accélération tangentielle est en effet constamment nulle, puisque la vitesse OM est constante. Ici le facteur $k$ est égal à l'unité, grâce au choix des échelles.

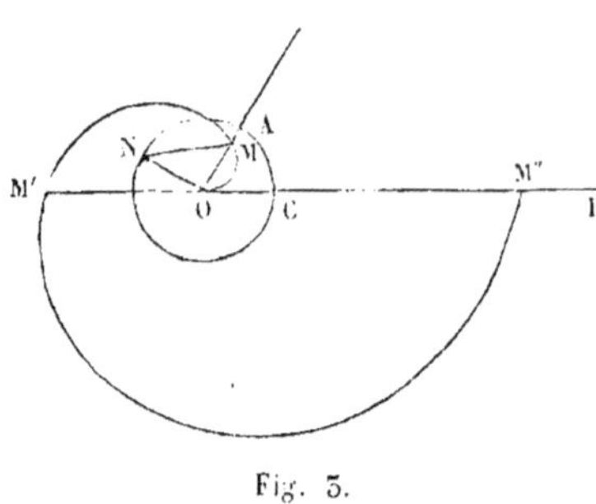

Fig. 5.

PROBLÈMES SUR LE MOUVEMENT RELATIF.

5. Deux points mobiles partent ensemble d'un même point d'une circonférence, avec des vitesses constantes données ; l'un A fait le tour de la circonférence en $p$ unités de temps ; l'autre B en $q$ unités de temps. On demande : 1° quand les points A et B se rencontreront de nouveau ; 2° quand ils seront l'un par rapport à l'autre dans une situation déterminée, par exemple quand ils seront distants d'un quart de cercle, ou d'une demi-circonférence. Si l'on prend pour unité de longueur le rayon du cercle, la circonférence sera égale à $2\pi$. La vitesse angulaire du point A sera par conséquent $\dfrac{2\pi}{p}$, et la vitesse angulaire du point B sera $\dfrac{2\pi}{q}$. Cherchons le mouvement relatif du point B par rapport au point A ; pour cela nous pouvons imaginer qu'on communique à l'ensemble des deux points une vitesse angulaire commune

$-\dfrac{2\pi}{p}$, qui réduira au repos le point A. Le point B a une

vitesse angulaire relative $\dfrac{2\pi}{q} - \dfrac{2\pi}{p} = 2\pi\left(\dfrac{p-q}{pq}\right)$, et tout se

passe comme si, le point A restant fixe, le point B se mouvait seul avec cette vitesse angulaire relative. Dans ce mouve-

ment, le point B accomplit le tour entier du cercle en $\dfrac{pq}{p-q}$

unités de temps ; il se trouve alors coïncider avec le point A, et, par conséquent, les rencontres des points A et B auront

lieu à des intervalles de temps égaux à $\dfrac{pq}{p-q}$ unités de

temps : ce qui répond à la première question.

De même, si l'on demande quand le point B sera en avance sur le point A d'un angle au centre donné $\alpha$, on observera que cet angle sera décrit dans le mouvement relatif avec

la vitesse angulaire $2\pi\left(\dfrac{p-q}{pq}\right)$ ; que, par conséquent, le

temps nécessaire pour le décrire est le quotient $\dfrac{\alpha}{2\pi\left(\dfrac{p-q}{pq}\right)}$

$= \dfrac{\alpha}{2\pi} \times \dfrac{pq}{p-q}$ : ce qui donne $\dfrac{pq}{p-q} \times \dfrac{1}{4}$ si l'on veut que

$\alpha$ corresponde au quart du cercle, $\dfrac{pq}{p-q} \times \dfrac{1}{2}$ si l'on veut

que $\alpha$ corresponde à la moitié, etc.

4. L'emploi de la courbe des espaces pour résoudre les problèmes de ce genre, où le mouvement s'accomplit sur des courbes fermées, donne lieu à une objection, à laquelle il est du reste très aisé de répondre. Soit OX l'axe des temps (fig. 4) ; les mouvements étant uniformes, les lignes dont les ordonnées représentent les arcs parcourus sont deux droites OA, OB, issues du point O, et qui n'ont que ce point commun. A s'en rapporter à l'épure, il n'y aurait donc qu'une rencontre unique des deux mobiles A et B, à savoir le point de départ : car pour toute autre valeur du temps les valeurs des arcs

parcourus sont différentes. Mais il ne faut pas oublier que, sur le cercle et sur toute trajectoire fermée, deux points A et B coïncident quand ils sont distants d'un nombre entier de circonférences; qu'en d'autres termes, l'arc $s$ décrit sur la trajectoire à partir d'un point C déterminé peut être considéré comme croissant de 0 à la circonférence, et comme revenant brusquement à 0 quand il a atteint cette limite. Menons une horizontale DH, à la distance OD égale à la circonférence entière. Cette droite coupe les lignes OB, OA aux points E et F. A partir du point E on substituera à la droite EB la droite parallèle E'B', ramenée au pied de l'ordonnée du point E. Cette droite E'B' coupe en G' l'horizontale DH ; on ramènera de même la portion G'B' de la droite à la position parallèle G''B'', menée par le pied de l'ordonnée du point G', et on substituera à la droite continue OB le contour OE, E'G', G''K'',... où l'on n'admet que des arcs parcourus ramenés à une valeur au plus égale à la circonférence[1].

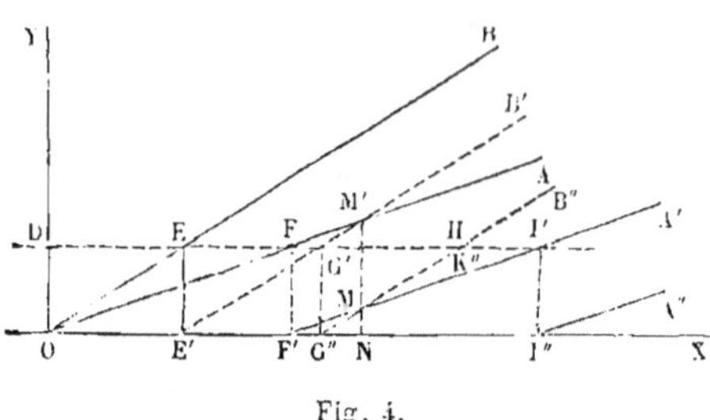

Fig. 4.

La droite OA se transformera de même dans le contour OF, F'I', I''A''...

L'intersection des deux contours au point M fait connaître l'époque de la rencontre des mobiles par l'abscisse ON, et la position qu'ils occupent alors sur la trajectoire par l'ordonnée NM. L'intersection M' des droites OA, E'B' ferait connaître de même la solution.

5. Le problème que nous venons de résoudre s'applique aux aiguilles d'un cadran. Si l'on considère, par exemple, l'aiguille des heures A et l'aiguille des minutes B, on aura

---

1. C'est ainsi qu'en arithmétique on ramène entre les limites 0 et $p$ tout nombre entier $n$, *pris suivant le module $p$*, en substituant au nombre $n$ le reste de sa division par $p$.

$p = 12$, $q = 1$, en prenant l'heure pour unité de temps ; et l'intervalle des rencontres des deux aiguilles sera égal à

$$\frac{pq}{p-q} = \frac{12}{11},$$

ou à $\frac{12}{11}$ d'heure : ce qui équivaut à $1^{h}\,5^{m}\,\frac{5}{11}$ de minute.

Si l'on compare l'aiguille des minutes A et celle des secondes B, on aura $p = 60$ et $q = 1$, en prenant la minute pour unité de temps ; et l'intervalle de deux rencontres sera égal à

$$\frac{pq}{p-q} = \frac{60}{59} \text{ de minute,} \quad \text{ou} \quad 1^{m}\,\frac{1}{59} = \frac{1}{59} \text{ d'heure.}$$

Enfin, si l'on compare l'aiguille des heures et celle des secondes, on aura $p = 720$, $q = 1$, l'unité étant encore la minute, et

$$\frac{pq}{p-q} = \frac{720}{719} = 1^{m}\,\frac{1}{719}.$$

Si l'on voulait savoir quand les trois aiguilles se rencontrent, on observerait que le temps écoulé entre une rencontre des trois aiguilles et la rencontre suivante doit être un multiple à la fois de l'intervalle $\frac{12}{11}$ d'heure, qui sépare deux rencontres de la première et la seconde aiguille, et de l'intervalle de $\frac{1}{59}$ d'heure, qui sépare deux rencontres de la seconde et de la troisième ; le temps cherché est donc la plus petite durée qui soit multiple à la fois de $\frac{12}{11}$ et de $\frac{1}{59}$ d'heure. Le plus petit commun multiple de deux fractions s'obtient en prenant le plus petit commun multiple des numérateurs, et en le divisant par le plus grand commun diviseur des dénominateurs. Le plus petit commun multiple de 12 et de 1 est 12 ; et le plus grand commun diviseur de 11 et de 59 est l'unité, puisque 11 et 59 sont tous deux des nombres premiers. En définitive, la fraction cherchée se réduit au nombre entier 12, et les rencontres des trois aiguilles ont lieu toutes les 12 heures, c'est-à-dire lorsque l'horloge marque *midi* ou *minuit*.

L'intervalle constant des rencontres de l'aiguille des heures et de l'aiguille des minutes fait connaître le partage de la circonférence en 11 parties égales. Les points de la circonférence où s'opèrent les rencontres sont les sommets du polygone régulier de 11 côtés inscrit. Pour opérer la transmission d'une aiguille à l'autre, on peut se servir d'un train de roues dentées. Soit O l'axe géométrique commun aux deux aiguilles ; A une roue dentée faisant corps avec l'aiguille A des heures, B une roue dentée faisant corps avec l'aiguille B des minutes. Ces deux roues sont indépendantes l'une de l'autre, et, des deux axes matériels qui portent les aiguilles, l'un passe librement dans le creux de l'autre. La communication entre les deux aiguilles s'obtient en faisant engrener les roues A et B avec deux roues solidaires $a$ et $b$, montées sur un axe O' parallèle à l'axe O. Appelons $\omega$ la vitesse angulaire de la roue A, $\omega'$ la vitesse angulaire de l'ensemble des roues $a$ et $b$, et $\omega''$ la vitesse angulaire de la roue B ;

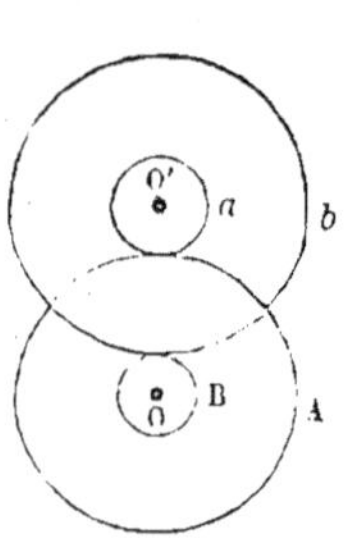

Fig. 5.

R le rayon de la roue A ;

$r$ le rayon de la roue $a$ avec laquelle elle engrène ;

$r'$ le rayon de la roue $b$ ;

R' le rayon de la roue B, qui engrène avec la roue $b$.

Désignons enfin, suivant l'usage, le nombre de dents des diverses roues par la lettre même qui représente chaque roue.

On aura

$$R\omega = r\omega',$$
$$r'\omega' = R'\omega'' ;$$

donc

$$\omega \times Rr' = \omega'' \times rR'$$

et

$$\omega'' = \omega \times \frac{R}{r} \times \frac{r'}{R'} = \omega \times \frac{a}{A} \times \frac{B}{b}.$$

On veut que $\omega''$ soit égal à 12 fois $\omega$. Il faudra donc qu'on ait

$$\frac{a}{A}\times\frac{B}{b}=12=3\times 4=\frac{3}{1}\times\frac{4}{1}\cdot$$

Multiplions par 8 les deux termes de chaque fraction, ce qui donne $\frac{24}{8}\times\frac{32}{8}$ ; on pourra satisfaire à toutes les conditions en posant

$$A=24, \qquad\qquad a=8,$$
$$b=32, \qquad\qquad B=8,$$

nombres admissibles pour les quatre roues dentées.

On a aussi

$$R = 3r.$$
$$r' = 4R'.$$

avec les conditions $R+r=R'+r'=h$, distance donnée des centres $O$ et $O'$. On en déduit pour les rayons des quatre roues :

$$r=\frac{h}{4}, \quad R=\frac{3h}{4},$$
$$R'=\frac{h}{5}, \quad r'=\frac{4h}{5}\cdot$$

Si, par exemple, on a $h=20$, on aura

$$r=5, \qquad R=15,$$
$$R'=4, \qquad r'=16.$$

6. Cherchons s'il est possible que les extrémités des trois aiguilles d'une horloge occupent simultanément sur la circonférence les trois sommets d'un triangle équilatéral.

Il faut et il suffit que les arcs compris entre la première et la seconde, entre la seconde et la troisième, soient égaux au tiers de la circonférence.

Prenons la minute pour unité de temps et désignons par $A$, $B$, $C$ les arcs décrits respectivement par chaque mobile pendant un temps $t$, à partir de leur rencontre simultanée sur midi. On aura

$$A = \frac{2\pi}{720}\, t \quad \text{pour l'aiguille des heures,}$$

$$B = \frac{2\pi}{60}\, t \quad \text{pour l'aiguille des minutes,}$$

$$C = 2\pi\, t \quad \text{pour l'aiguille des secondes.}$$

Si l'on admet que les trois points forment un triangle équilatéral, la différence $B-A$ sera égale à $\frac{2\pi}{3}$, augmenté d'un nombre entier de circonférences, et $C-A$ sera alors égale à $\frac{4\pi}{3}$, augmenté aussi d'un nombre entier de circonférences ; ou bien $B-A$ sera égale à $\frac{4\pi}{3}$, et $C-A$ à $\frac{2\pi}{3}$, avec addition à chaque différence d'un nombre entier de circonférences.

On aura donc à la fois

$$B - A = \frac{2\pi}{3} + 2k\pi$$

et

$$C - A = \frac{4\pi}{3} + 2k'\pi,$$

$k$ et $k'$ désignant des nombres entiers quelconques ; ou bien

$$B - A = \frac{4\pi}{3} + 2k''\pi,$$

$$C - A = \frac{2\pi}{3} + 2k'''\pi ;$$

mais $\frac{4\pi}{3} + 2k''\pi$ équivaut à $-\frac{2\pi}{3} + 2k\pi$, $\frac{2\pi}{3} + 2k'''\pi$ revient à $-\frac{4\pi}{3} + 2k'\pi$ ; de sorte que les deux solutions possibles sont contenues dans les équations

$$B - A = \pm\frac{2\pi}{3} + 2k\pi,$$

$$C - A = \pm\frac{4\pi}{3} + 2k'\pi,$$

les signes se correspondant d'une équation à l'autre.

Remplaçant A, B et C par leurs valeurs en fonction de $t$, il vient

$$2\pi t \left(\frac{1}{60} - \frac{1}{720}\right) = \pm \frac{2\pi}{3} + 2k\pi,$$

$$2\pi t \left(1 - \frac{1}{720}\right) = \pm \frac{4\pi}{3} + 2k'\pi,$$

et il s'agit de savoir s'il est possible de trouver une valeur de $t$ qui satisfasse à la fois à ces deux relations avec des valeurs entières pour $k$ et $k'$.

Éliminons $t$ en divisant la première par la seconde : il vient

$$\frac{\frac{1}{60} - \frac{1}{720}}{1 - \frac{1}{720}} = \frac{\pm \frac{2}{3} + 2k}{\pm \frac{4}{3} + 2k'} = \frac{\pm 1 + 3k}{\pm 2 + 3k'},$$

ou bien

$$\frac{11}{719} = \frac{\pm 1 + 3k}{\pm 2 + 3k'},$$

équation qui peut s'écrire

$$3(11k' - 719k) = \pm(719 - 2 \times 11) = \pm 697.$$

Or cette égalité est impossible avec des valeurs entières de $k$ et $k'$, car le premier membre serait divisible par le nombre 3, qui ne divise pas le second.

Donc il est impossible que les extrémités des trois aiguilles d'une horloge occupent à un même instant sur la circonférence du cadran les sommets d'un triangle équilatéral.

7. *Positions réciproques de deux aiguilles.* — Considérons seulement deux aiguilles, celle des heures et celle des minutes, et cherchons les positions de ces aiguilles qui peuvent être *renversées*, c'est-à-dire celles dans lesquelles on peut imaginer qu'on permute la position des deux aiguilles, l'aiguille des heures prenant la place de celle des minutes, et l'aiguille des minutes la place de celle des heures. Si l'on

prend toujours la minute pour unité de temps, on aura pour définir le mouvement des aiguilles A et B,

$$A = \frac{2\pi}{720}\,t,$$

$$B = \frac{2\pi}{60}\,t,$$

et la position (A, B) des aiguilles sera *réciproque*, si l'on peut y substituer la position (B, A), dans laquelle B et A peuvent être d'ailleurs augmentés d'un nombre entier quelconque de circonférences. On aura donc à la fois

$$A = \frac{2\pi}{720}\,t,$$

$$B = \frac{2\pi}{60}\,t,$$

pour une valeur $t$ du temps, et

$$B + 2k\pi = \frac{2\pi}{720}\,',$$

$$A + 2k'\pi = \frac{2\pi}{60}\,t',$$

pour une seconde valeur $t'$.

Donc

$$k = \frac{1}{2\pi}\left(\frac{2\pi}{720}\,t' - \frac{2\pi}{60}\,t\right) = \frac{t'}{720} - \frac{t}{60} = \frac{t' - 12t}{720}$$

et

$$k' = \frac{1}{2\pi}\left(\frac{2\pi}{60}\,t' - \frac{2\pi}{720}\,t\right) = \frac{t'}{60} - \frac{t}{720} = \frac{12t' - t}{720},$$

ou bien

$$t' - 12t = 720k,$$
$$12t' - t = 720k',$$

équations qui, résolues par rapport à $t$ et $t'$, donnent

$$t = 720 \times \frac{k' - 12k}{143}$$

et

$$t' = 720 \times \frac{12k' - }{143}.$$

Si l'on donne à $k$ et à $k'$ des valeurs entières quelconques, on aura les valeurs convenables pour $t$ et $t'$, et par suite pour A et B.

On peut faire, par exemple, $k = 0$ et $k' = 1$. On aura une solution :

$$t = \frac{720}{143} \quad \text{minutes} \quad = 5^m \frac{5}{143},$$

$$t' = \frac{720 \times 12}{143} \text{ minutes} = 60^m + \frac{60}{143} = 1^h\ 0^m\ 25^s\ \frac{25}{143} \text{ de seconde.}$$

On a pour la première position

$$A = \frac{2\pi}{143},$$

$$B = \frac{2\pi \times 12}{143},$$

et pour la seconde

$$A' = \frac{2\pi \times 12}{143},$$

$$B' = \frac{2\pi}{60} \times \frac{720 \times 12}{143} = 2\pi \times \frac{144}{143} = \frac{2\pi}{143}.$$

en supprimant la circonférence contenue dans l'arc B'.

Pour déterminer le nombre total des positions réciproques dans l'étendue de la circonférence, étudions les positions de l'aiguille des heures. Si l'on substitue à $t$ sa valeur en fonction de $k$ et $k'$, il vient

$$A = \frac{2\pi}{143} (k' - 12k).$$

Les positions de l'aiguille des minutes s'obtiennent en multipliant A par 12, et en ramenant l'arc obtenu au-dessous de $2\pi$. Cela donne en effet

$$B = \frac{2\pi}{143} (12k' - 144k) = \frac{2\pi}{143} (12k' - k).$$

On voit que toutes les solutions distinctes s'obtiendront en donnant à $k' - 12k$ toutes les valeurs entières de 1 à 143, ce qui donne autant de valeurs de l'arc A, différant entre elles de l'arc $\frac{2\pi}{143}$. Les solutions sont données, en définitive, par les sommets du polygone de 143 côtés, inscrit dans la circonférence.

8. Les rencontres de deux aiguilles animées de rotations différentes autour du même centre donnent un moyen *mécanique* de partager la circonférence en un certain nombre de parties égales. Par exemple, avec un système de quatre roues dentées, admettant les unes 24 et 32 dents, les deux autres 8 dents, on réalise le rapport des vitesses angulaires égal à 12. Or les rencontres des deux aiguilles animées de ces vitesses angulaires ont lieu aux sommets du polygone régulier de 11 côtés inscrit dans le cercle. Pour réaliser le rapport 60 entre les vitesses angulaires, on peut adopter les nombres de dents suivants :

32 dents — 8 dents

— 120 dents — 8 dents.

Le tracé de ces dentures exige le partage du cercle en 8, 32, 120 parties égales, ce qui peut se faire géométriquement; et l'appareil donne par les rencontres des aiguilles la division du cercle en 59 parties égales.

PROBLÈMES.

9. Un point mobile M parcourt uniformément une circonférence OA. On le projette à chaque instant sur deux diamètres fixes, OA, OB. Soient P et Q les projections. On demande le mouvement relatif du point Q par rapport au point P, c'est-à-dire par rapport à des axes de direction constante menés par le point P.

On observera que les quatre points M, P, O, Q sont situés sur une même circonférence, qui a OM pour diamètre, et qui est tangente au point M à la circonférence donnée. Donc la distance QP est constante, car QP est, dans le cercle MQOP, dont le diamètre OM est constant, la corde qui sous-tend l'angle inscrit constant BOA. De plus l'angle QPM est égal à l'angle QOM, comme inscrits dans le même segment, et par conséquent la droite PQ, constante en grandeur, tourne, par rapport à la direction constante PM normale à OA, d'un angle égal à l'angle dont

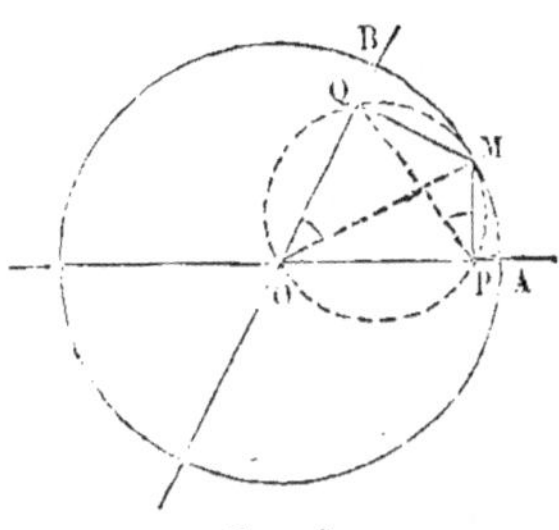

Fig. 6.

OM tourne autour du point O. En définitive, le mouvement relatif de Q par rapport à P est un mouvement circulaire uniforme, dont la vitesse angulaire est égale à la vitesse angulaire du point M sur le cercle donné.

10. Deux points mobiles parcourent une même circonférence OA, avec la même vitesse. On les projette à la fois sur un diamètre AA'. Soient P et P' les projections. On demande : 1° le mouvement relatif des deux points M et M'; 2° le mouvement relatif des deux projections P et P'.

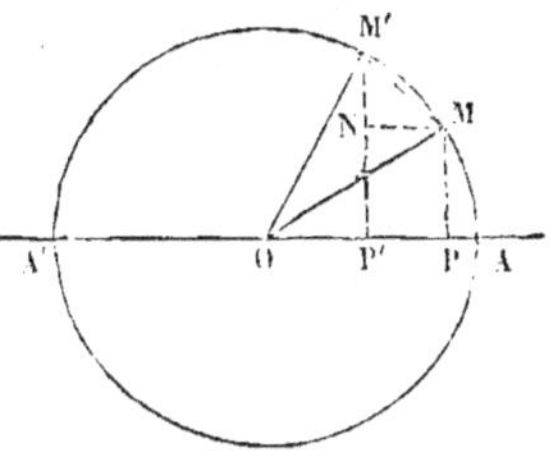

Fig. 7.

1° La corde MM' étant constante, le point M', dans son mouvement relatif, décrit un cercle de rayon M'M autour du point M supposé fixe. De plus, le triangle OMM' se déplaçant sans se déformer, le mouvement angulaire de MM' par rapport à des axes de direction constante menés par le point M est égal au mouvement angulaire des rayons OM, OM' autour du point O. Donc enfin le point M' tourne autour du point M avec la vitesse angulaire de la corde MM' autour du point O, et son mouvement relatif est un mouvement circulaire uniforme.

2° La projection PP' sur le diamètre AA' est égale à la projection MN de la corde MM' sur une droite MN, menée parallèlement à AA' par le point M. Le mouvement relatif de P' par rapport à P est identique au mouvement relatif de N par rapport à M. Donc enfin le mouvement relatif cherché est le mouvement de la projection sur un diamètre fixe du mouvement circulaire uniforme de M'.

Dans ces deux exemples les axes mobiles, par rapport auxquels on cherche le mouvement relatif, ont un parallélisme constant, et le mouvement d'entraînement est une translation. Il peut en être autrement. Nous allons en donner exemple.

11. Un point M se meut uniformément sur un cercle de rayon OA.

Un second point N se meut uniformément sur la tangente AB à ce cercle. Les deux points passent ensemble au point A, et ont des vitesses égales, de sorte qu'on ait constamment AN = arc AM.

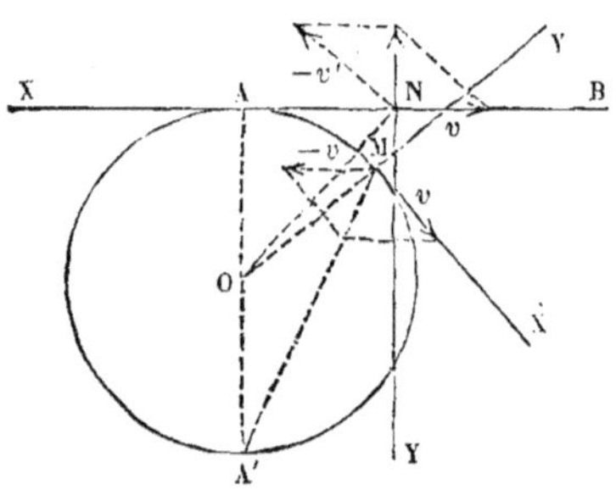

Fig. 8.

On demande le mouvement relatif du point N par rapport au point M, et le mouvement relatif du point M par rapport au point N.

Nous supposerons que l'observateur entraîné par le point M rapporte le mouvement du point N à des axes MX, MY, animés du mouvement circulaire que le point M possède autour du point O ; c'est ce qui arrive, par exemple, à l'équateur du globe terrestre, pour un observateur entraîné par le mouvement de la terre et qui rapporterait les mouvements à la verticale MY et à l'horizontale MX, tangente à l'équateur.

Pour l'observateur qui suit le point N nous supposerons, au contraire, qu'il rapporte le mouvement du point M à des axes NX', NY', qui conservent leur parallélisme.

Cela posé, le mouvement relatif du point N par rapport au point M s'obtiendra en réduisant au repos la circonférence OM, et en communiquant à la tangente AB et au point N une vitesse angulaire égale et contraire à celle de M autour de O. Cela revient à faire rouler sur le cercle OA la tangente AB, et dans ce mouvement le point N décrit, par rapport aux axes MX, MY, une *développante de cercle*.

Le mouvement relatif de M par rapport aux axes NX′, NY′ s'obtiendra en réduisant au repos le point N, c'est-à-dire en communiquant au cercle OA entraînant le point M une vitesse linéaire égale et contraire à celle de N. Dans ce mouvement le cercle OA roule sur la droite fixe AB, et la trajectoire relative du point M est par conséquent une *cycloïde*.

La composition en M de deux vitesses, l'une $v$, vitesse absolue du point M, l'autre $-v$, égale et parallèle à la vitesse d'entraînement que possède le point N, donne pour résultante la bissectrice de l'angle des deux vitesses, ce qui fait connaître la tangente MA′ à la cycloïde au point M.

Pour avoir la tangente à la développante au point N, il faut composer en N la vitesse absolue $v$ du point avec la vitesse d'entraînement changée de signe, $-v'$, de ce même point N, due à la rotation autour du point O; la résultante sera normale à la droite AB.



12. Le mouvement d'un point pesant M dans le vide, rapporté à trois axes rectangulaires dont l'un OZ est vertical, est défini par les trois équations

$$\frac{d^2x}{dt^2} = 0,$$

$$\frac{d^2y}{dt^2} = 0,$$

$$\frac{d^2z}{dt^2} = -g,$$

qui conduisent par l'intégration aux trois équations

$$x = at + b,$$
$$y = a't + b',$$
$$z = a''t + b'' - \tfrac{1}{2}gt^2,$$

$a$, $a'$, $a''$ étant les composantes de la vitesse initiale, $b$, $b'$, $b''$ les coordonnées du point de départ.

Pour un second point pesant M′, se mouvant de même dans le vide au même lieu du globe terrestre, on aura aussi

$$x' = \alpha t + \beta,$$
$$y' = \alpha' t + \beta',$$
$$z' = \alpha'' t + \beta'' - \tfrac{1}{2} g t^2.$$

Le mouvement relatif de M′ par rapport à des axes de direction constante menés par le point M aura pour équations

$$\xi = x' - x = (\alpha - a)t + (\beta - b),$$
$$\eta = y' - y = (\alpha' - a')t + (\beta' - b'),$$
$$\zeta = z' - z = (\alpha'' - a'')t + (\beta'' - b''),$$

équations d'où les termes $\dfrac{1}{2} g t^2$ ont disparu par la soustraction, et qui définissent par conséquent un mouvement rectiligne et uniforme. Tel est le mouvement relatif d'un des points par rapport à l'autre.

On arriverait plus rapidement au même résultat en considérant les équations différentielles des deux mouvements : en les retranchant, on aura les composantes de l'accélération dans le mouvement relatif ; or ces trois composantes sont nulles à la fois, ce qui caractérise un mouvement rectiligne et uniforme.

13. *Application.* — A l'instant où un mobile pesant tombe sans vitesse du point A suivant la verticale AP, on lance du point O un mobile pesant avec une vitesse V donnée en grandeur.

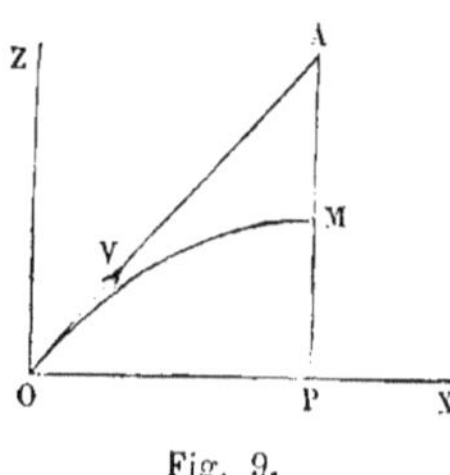

Fig. 9.

On demande dans quelle direction on doit viser pour que les deux mobiles se rencontrent. On reconnaît tout de suite que c'est suivant OA, comme si le mobile à atteindre restait en repos. Le mouvement relatif du corps lancé, par rapport

au corps tombant, s'opère en effet suivant la droite OA, les
deux corps tombant de quantités égales en temps égaux par
l'effet de la pesanteur.

COURBES DE POURSUITE.

14. Un point mobile A, animé d'une vitesse constante $v'$,
se dirige vers un point mobile B qui parcourt une courbe
donnée, BD, avec une vitesse
donnée constante $v$. Le point
A décrit une *courbe de poursuite* AE. La tangente à la
courbe au point A est la
droite AB.

On demande le rayon de
courbure $\rho$ de la courbe de
poursuite au point A.

Pendant le temps $dt$ infiniment petit, le mobile A
parcourt un arc $AA' = v'dt$,
dirigé vers la position B du
point poursuivi. Dans l'intervalle de temps suivant, égal
aussi à $dt$, il parcourt un arc égal A'A″, dirigé vers le point B′,
position nouvelle du point B, séparée de l'ancienne par un
arc $BB' = vdt$.

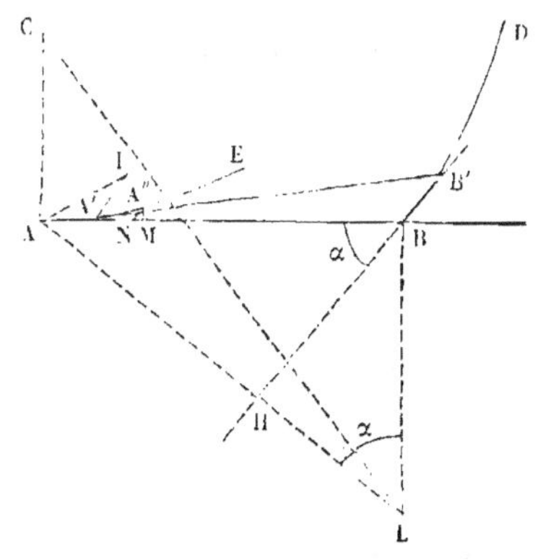

Fig. 10.

L'accélération totale du point A se réduit à la composante

normale $\dfrac{v'^2}{\rho}$, puisque la vitesse est constante. Abaissons du

point A″ la perpendiculaire A″M sur la droite AB. Je dis que

l'on aura $A''M = \dfrac{v'^2}{\rho} \times dt^2$. En effet, A'A″ étant égal à $v'dt$,

A″M sera le produit de $v'dt$ par l'angle de contingence A″A'M,
lequel est égal à l'arc $v'dt$ de la courbe, divisé par le rayon
de courbure $\rho$.

Par le point A″ menons A″N parallèle à BB′. L'angle A″NM

sera égal à l'angle $\alpha = $ ABH que fait la vitesse $v$ avec la droite AB, et l'on aura

$$MA'' = NA'' \sin \alpha.$$

Les parallèles A''N, B'B donnent en outre la proportion

$$\frac{NA''}{BB'} = \frac{A'N}{A'B}, \quad \text{ou bien} \quad NA'' = vdt \times \frac{v'dt}{l},$$

en appelant $l$ la distance AB, sensiblement égale à A'B, et en observant que, NM étant, comme A''M, un infiniment petit du second ordre dès que l'angle $\alpha$ est différent de zéro, A'N peut être confondu avec A'M et avec A'A''.

On a donc, en éliminant NA'',

$$MA'' = \frac{vv'dt^2}{l} \sin \alpha = \frac{v'^2}{\rho} dt^2,$$

et par conséquent

$$\rho = \frac{l}{\sin \alpha} \times \frac{v'}{v}.$$

Pour construire le rayon de courbure, élevons au point B une perpendiculaire BL sur AB ; puis du point A abaissons une perpendiculaire AH sur la tangente BB'. Ces deux droites se couperont en un point L, et l'angle ALB sera égal à l'angle $\alpha$. Donc AL sera égale à $\dfrac{l}{\sin \alpha}$. Soit C le centre de courbure cherché, sur la normale AC à la courbe de poursuite. Si l'on joint CL, le triangle ACL a pour côtés $AC = \rho$, $AL = \dfrac{l}{\sin \alpha}$. Donc, en vertu de l'équation qui donne $\rho$, les côtés AC, AL sont proportionnels aux vitesses $v'$ et $v$, ce qui permet d'achever la construction.

Observons que, si l'on mène par le point A' une droite A'I égale et parallèle à $vdt$, et qu'on joigne AI, le triangle AA'I a pour côtés $v'dt$, $vdt$, et que AI représente en grandeur et en direction le produit par $dt$ de la résultante de $v$ et $v'$. L'angle

AA'I de ce triangle est égal à l'angle CAL, comme ayant leurs côtés respectivement perpendiculaires. Il résulte de là que les deux triangles CAL, AA'I sont semblables, et par conséquent la droite LC est perpendiculaire à la résultante AI. L'intersection des deux droites AC, LC fera connaître le point C.

La solution géométrique s'achève donc en composant les deux vitesses $v$ et $v'$, et en menant LC perpendiculaire à la résultante.

Cette solution a été donnée par M. Maurice d'Ocagne, dans le *Bulletin de la Société mathématique de France*, octobre 1883.

RECHERCHE DES COURBES ROULANTES DANS LE MOUVEMENT ÉPICYCLOIDAL

15. Une figure plane reçoit dans son plan un mouvement continu déterminé. On demande de réaliser ce mouvement en faisant rouler une courbe appartenant à la figure sur une courbe fixe tracée dans le plan.

Soit YOX un système d'axes qui accompagnent la figure mobile, et soit Y'O'X' un système d'axes fixes, auxquels on rapporte les positions successives de cette figure.

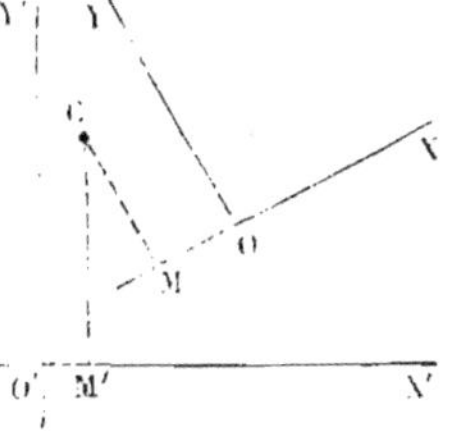

Fig. 11.

On sait que le point de contact de la courbe roulante avec la courbe fixe est à chaque instant le centre instantané autour duquel tourne la figure mobile; soit C ce point. Il suffira d'en prendre les coordonnées, $x = -$ OM, $y =$ CM par rapport aux axes mobiles, et les coordonnées $x' =$ O'M', $y' =$ CM' par rapport aux axes fixes, pour tracer par points les deux courbes cherchées. Si l'on détermine analytiquement ces mêmes coordonnées en fonction d'un même paramètre, l'élimination du paramètre entre les deux équations qui donnent $x$ et $y$ fera connaître l'équation de la courbe roulante, et l'élimination du paramètre entre les deux équations qui donnent $x'$ et $y'$ fera connaître l'équation de la courbe fixe.

Cherchons les courbes roulantes qui assurent le mouvement d'une droite AB, de longueur constante, dont les deux extrémités glissent sur deux circonférences fixes O et H.

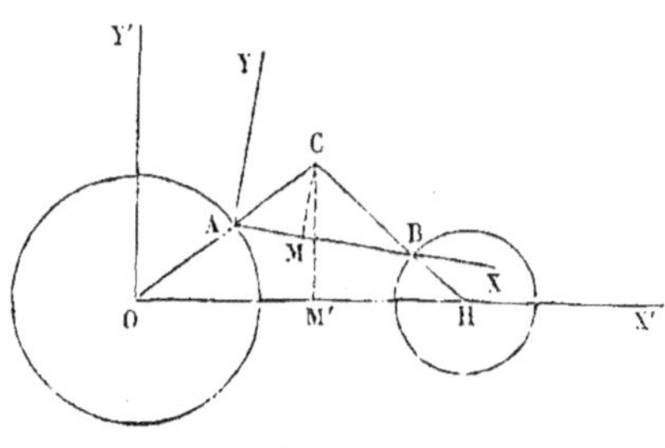

Fig. 12.

On prendra pour axes mobiles la droite AB elle-même et une perpendiculaire AY menée par le point A, et pour axes fixes la droite OHX', et la perpendiculaire OY'. Le centre instantané C' est la rencontre des rayons OA, HB. On le projettera en M et M' sur les deux axes des abscisses, et on aura

$$x = AM, \qquad\qquad x' = OM',$$
$$y = MC, \qquad\qquad y' = M'C.$$

Il suffira donc de tracer plusieurs positions de la droite AB, puis de repérer le point C par rapport à la droite et par rapport à la droite OH. La construction du point C, rapporté aux axes fixes, puis aux axes mobiles, fera connaître les deux courbes cherchées.

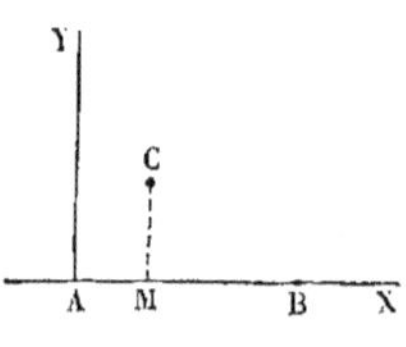

Fig. 13.

16. Il arrive quelquefois qu'on cherche à faire décrire une courbe donnée à un point particulier de la figure. Si cette condition est la seule imposée, le problème est susceptible d'une infinité de solutions. Si l'on assujettit en outre le mouvement de la figure mobile à une nouvelle condition, par exemple à rouler sur une ligne donnée, alors le problème est entièrement déterminé, et la solution est donnée par la *méthode inverse des épicycloïdes* (I, § 146).

Ce problème se rencontre fréquemment dans les applications, lorsqu'il s'agit de déplacer un corps pesant de telle manière, que le centre de gravité décrive une ligne droite horizontale, pour que le travail de la pesanteur soit nul. Si, par exemple, on veut que le centre de gravité d'un solide parcoure une horizontale, tandis que le solide roule sur une droite inclinée, il faudra prendre pour courbe roulante une spirale logarithmique (I, § 147).

17. *Remarque.* — La solution du problème des courbes roulantes, donnée au § 146 du t. I, revient à déterminer une courbe rapportée à un système de coordonnées polaires et telle, que *l'angle formé par la tangente avec le rayon vecteur soit une fonction donnée de ce rayon ;* ou encore une courbe telle, qu'elle coupe sous des angles donnés en fonction des rayons une série de circonférences concentriques.

Or ce problème est celui qu'on a à résoudre dans la dynamique, quand on cherche le mouvement d'un point matériel attiré vers un centre fixe O, par une force donnée en fonction de la distance à ce centre. La courbe décrite est contenue dans un plan passant par le point O. Les courbes de niveau sont des cercles, SS', ayant pour centre commun le point O. Sur chacun de ces cercles, la vitesse $v$

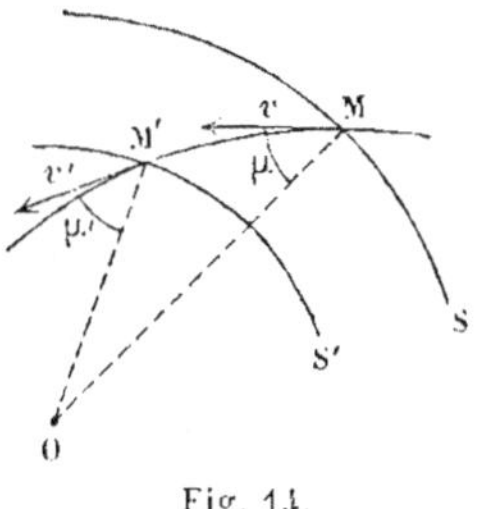

Fig. 14.

du mobile est connue en fonction du rayon $r$ par l'équation des forces vives ; de plus le théorème des aires donne l'équation

$$vr \sin \mu = 2A,$$

en appelant $\mu$ l'angle de la vitesse avec le rayon vecteur et 2A une constante. Comme $v$ est une fonction donnée de $r$, on voit que l'angle $\mu$ est connu en fonction du rayon $r$, et qu'on retombe sur le problème de la courbe roulante.

Soit $v = \varphi(r)$ : il vient

$$\sin \mu = \frac{2A}{r\varphi(r)}.$$

On en déduit

$$\tan \mu = \frac{2A}{\sqrt{(r\varphi'(r))^2 - 4A^2}} = \pm F(r),$$

et l'équation polaire de la trajectoire sera

$$d\theta = \frac{\pm F(r)dr}{r},$$

où l'on devra prendre le signe qui assure à $d\theta$ une valeur constamment positive, ou constamment négative (III, § 63).

Le problème de la courbe roulante peut donc se résoudre par les mêmes méthodes que le problème des trajectoires sous l'action d'une force centrale. Si l'on appelle $p$ la distance du pôle à la tangente, on aura $p = r \sin \mu$, et par conséquent $p = \psi(r)$, ou $r = \varphi(p)$ ; sous cette forme de l'équation cherchée, on peut aisément déterminer les rayons de courbure, en appliquant l'équation

$$\rho = \frac{r dr}{dp},$$

établie au t. I, § 116. Nous avons employé ce système de coordonnées (III, § 58) pour traiter le problème du mouvement d'un point attiré vers un centre fixe proportionnellement à la distance. On pourrait aussi l'appliquer, comme nous le montrerons plus loin, au problème du mouvement d'un point subissant de la part d'un centre fixe l'attraction newtonienne.

### PROBLÈME SUR LA CYCLOÏDE.

18. Une cycloïde CMM'C' est décrite par le roulement d'un cercle AMB sur une droite fixe CC' ; le point M est le point décrivant. A chaque point M correspond une position déterminée du cercle générateur. Les points C et C' sont deux points de rebroussement consécutifs de la courbe.

Cela posé, on mène deux tangentes à la cycloïde, MB, M'B', faisant entre elles un angle BPB' donné. On demande le lieu du point P, sommet de l'angle mobile.

Traçons les cercles générateurs correspondants aux points de contact M et M′. L'angle donné P sera égal à la somme

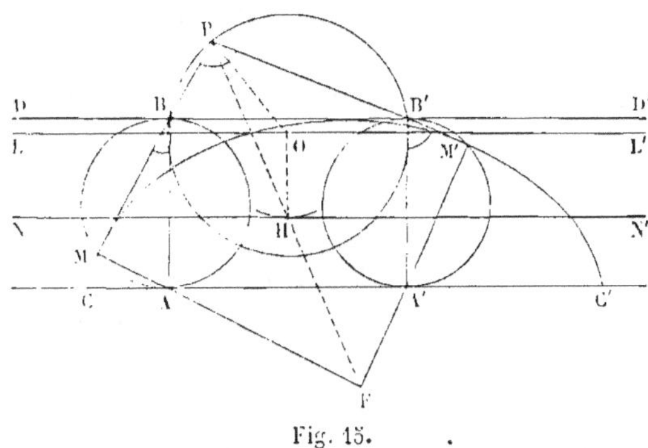

Fig. 15.

MBA + M′B′A′ des angles formés par BM, B′M′ avec les droites parallèles BA, B′A′. Donc cette somme B + B′ est constante.

Mais l'angle B, inscrit dans le cercle BMA, a pour mesure la moitié de l'arc AM; de même l'angle B′, inscrit dans le cercle égal B′M′A′, a pour mesure $\frac{1}{2}$ arc A′M′. Donc la somme des arcs AM et A′M′ est constante ; et comme dans la cycloïde on a

$$\text{arc AM} = \text{AC,}$$
$$\text{arc A′M′} = \text{A′C′,}$$

il en résulte que la somme AC + A′C′ est constante ; retranchant cette somme constante de la distance CC′, base de la courbe, il reste un segment constant AA′, ou BB′, entre les points de contact des cercles générateurs avec la droite CC′ sur laquelle ils roulent.

Le segment BB′ est donc constant. Dans le triangle BPB′ la base est constante et l'angle au sommet P est donné. Donc le point P appartient à la circonférence que l'on obtient en décrivant sur la corde constante BB′ un segment capable de l'angle P. Le rayon de cette circonférence est constant et égal à $\dfrac{BB′}{2\sin P}$ : enfin le centre O de cette circonférence se

trouve situé à une distance constante de la droite DD',
égale à la hauteur d'un triangle isocèle qui aurait BB' pour
base et le rayon R pour valeur commune des deux autres
côtés.

Le lieu décrit par le centre O de la circonférence qu'on
vient de définir est donc une droite LL' parallèle aux droites
CC', DD'.

On peut imaginer que le point P soit un point de cette circonférence, et il restera à déterminer quel mouvement il faut
lui donner pour réaliser les conditions du problème.

Imaginons pour cela que les cercles générateurs AB, A'B'
roulent uniformément sur la droite CC', avec des vitesses
égales. Cette condition conservera la distance des centres, et
par suite aussi les distances AA' et BB'; elle assure donc la
constance de l'angle P. Il en résulte d'abord que le mouvement du point O le long de la droite LL' est uniforme; car
il se meut avec la même vitesse que le segment BB'.

Reste à définir la vitesse angulaire qu'il faut communiquer
à la circonférence OP autour de son centre O. Pour cela, il
suffit de déterminer le déplacement angulaire d'une droite
quelconque PM, appartenant à la figure. Or cette droite PM,
considérée comme faisant partie de la figure O, a le même
déplacement angulaire que cette figure reçoit de sa liaison
avec le cercle générateur AB, et ce déplacement angulaire est
proportionnel, d'après la propriété du mouvement cycloïdal,
à la translation du cercle AB suivant la direction CC'. Donc
enfin la vitesse de rotation de la circonférence OP est proportionnelle à la vitesse de translation de son centre le long
de la droite LL', ce qui définit *un mouvement cycloïdal*.

Ce théorème a été donné par M. P. Haag.

Il existe donc un cercle qui, en roulant sur une droite
parallèle à CC', fait parcourir au point P sa trajectoire. Pour
trouver ce cercle et la droite sur laquelle il roule, observons
que le point de contact autour duquel il tourne est situé sur
la normale OH au lieu décrit par le point O ; il est aussi sur
la normale au lieu du point P. Or le point P, considéré

comme sommet de l'angle MPM' circonscrit à la cycloïde, a
pour centre instantané le point F, point commun aux normales MA, M'A menées à la courbe par les points de contact,
M et M'. Donc le point II, intersection de OII et de PF, est le
point de contact cherché entre le cercle roulant et la droite
XX' sur laquelle il roule.

Suivant qu'on aura $OP = OII$, ou $OP > OII$, ou $OP < OII$, le
lieu du sommet P de l'angle sera une *cycloïde ordinaire,* ou
une *cycloïde accourcie,* ou une *cycloïde allongée.*

PROBLÈME.

19. Trois points mobiles A, B, C occupent à un même
instant les sommets d'un triangle équilatéral. Le premier
point A se dirige vers le second point
B, lequel se dirige vers le troisième
point C, qui enfin se dirige vers le
premier point A. Les vitesses des
trois points sont égales. On demande
la trajectoire de chacun d'eux, et le
point du plan où ils se confondront,
s'ils se confondent.

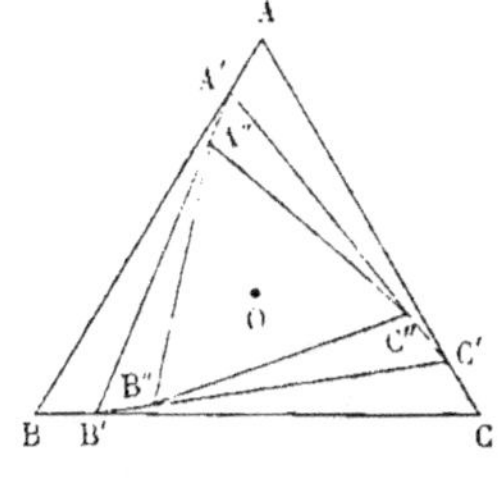

Fig. 16.

Soit $v$ la vitesse constante de cha-
cun des points. Au bout du temps $dt$, le point A est parvenu
en A' sur le côté AB, à une distance $AA' = v dt$ ; le point B est
venu en B' à la même distance du point B, et le point C en
C' à la même distance du point C ; de sorte qu'au bout du
temps $dt$ les trois points occupent les sommets d'un nouveau
triangle A'B'C' inscrit dans le triangle ABC, et équilatéral
comme ce triangle. Au bout d'un nouvel intervalle de temps
égal à $dt$, les trois points seront parvenus en A", B", C", aux
sommets d'un troisième triangle équilatéral inscrit dans le
second, et ainsi de suite.

Tous ces triangles équilatéraux successifs, considérés
comme surfaces, ont un point commun O, qui est le centre du

cercle circonscrit. En effet, pour passer du premier triangle
au second, il suffit de faire tourner le premier triangle, autour du point O, d'un angle égal à l'angle BA'B', puis de
réduire le triangle ainsi déplacé, en conservant le point O
comme centre de similitude, dans la proportion des côtés
AB, A'B' successifs.

Dans le premier mouvement le triangle se transporte en

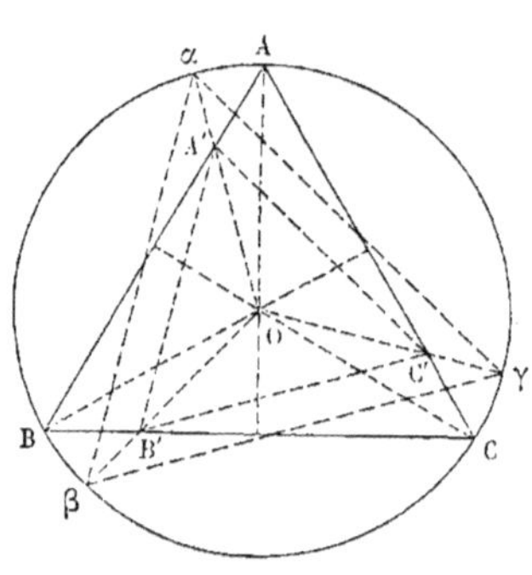

Fig. 17.

$\alpha\beta\gamma$, et dans le second il prend,
par réduction des rayons vec-
teurs, la position A'B'C', dans
laquelle il conserve le point O
pour centre du cercle circonscrit. Cela revient à décomposer la vitesse $v$ en deux composantes rectangulaires, l'une
$\dfrac{A\alpha}{dt}$, l'autre $\dfrac{\alpha A'}{dt}$. Il en sera de
même pour passer du second
triangle au troisième, du troi-
sième au quatrième, et ainsi de suite indéfiniment.

Le rayon OA' fait avec la direction A'B' du côté voisin un
angle constant, égal au demi-angle du triangle équilatéral,
c'est-à-dire à 30°. Or le côté A'B' est la tangente à la trajec
toire du point A parvenu en A'. Donc enfin la trajectoire de
chacun des trois points coupe sous un angle de 30° ses rayons
vecteurs issus du point O, et la trajectoire de chacun est par
conséquent une spirale logarithmique qui fait une infinité de
circonvolutions autour du point O. Les trois courbes ont le
point O comme point asymptotique, et leur longueur depuis
le point de départ jusqu'au point O est néanmoins finie et
déterminée. Les trois mobiles mettront donc un temps fini
pour se réunir au point O, où les trois courbes viennent se con-
fondre asymptotiquement.

Ce problème est dû à M. Édouard Lucas.

20. La même solution s'étend sans difficulté au cas où il
y aurait $n$ points mobiles, placés aux sommets d'un polygone

régulier de $n$ côtés, animés, chacun dans la direction du
point le plus voisin quand on parcourt le polygone dans un
sens déterminé, d'une vitesse $v$ constante. Les spirales logarithmiques décrites par ces $n$ points ont pour point asymptotique le centre du cercle circonscrit, et font avec leurs
rayons vecteurs un angle constant, égal au demi-angle du
polygone.

21. Le problème et sa solution peuvent encore être géné-
ralisés, par la substitution d'un triangle quelconque à un
triangle équilatéral; mais alors il faut que les vitesses des
trois points soient dif-
férentes, et que leurs
rapports soient conve-
nablement choisis.

Soit ABC le triangle
des positions primi-
tives des trois points.

Soit A'B'C' le même
triangle déformé, ins-
crit dans le triangle
primitif, et qui doit

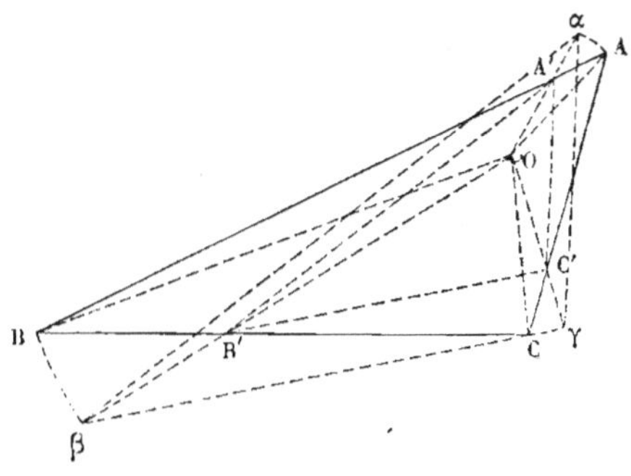

Fig. 18.

être semblable au triangle ABC, pour que les trois points
conservent, pendant toute la suite de leurs mouvements, des
*positions relatives semblables*.

Nous pourrons supposer qu'on commence par faire tourner
le triangle ABC autour d'un certain point O, que nous déterminerons tout à l'heure, et qu'on l'amène ainsi dans la posi-
tion $\alpha\beta\gamma$; puis qu'on joigne $\alpha$O, $\beta$O, $\gamma$O; ces trois droites coupent en A', B', C' les côtés du triangle ABC, et, en joignant
ces points A', B', C' deux à deux, on forme un triangle A'B'C',
inscrit dans le triangle ABC. Pour qu'il soit semblable au
triangle ABC, ou au triangle égal $\alpha\beta\gamma$, il faut et il suffit que
les droites $\alpha$A', $\beta$B', $\gamma$C' soient proportionnelles aux rayons
$\alpha$O, $\beta$O, $\gamma$O; s'il en est ainsi, les côtés A'B', B'C', C'A' seront
respectivement parallèles à $\alpha\beta$, $\beta\gamma$, $\gamma\alpha$, et on aura satisfait à la
condition de similitude : le point O occupera, par rapport

à ce triangle A′B′C′, la même situation qu'il occupe par rapport au triangle ABC.

Or les rayons $\alpha O$, $\beta O$, $\gamma O$ sont proportionnels aux arcs $A\alpha$, $B\beta$, $C\gamma$, qui sont égaux à ces rayons multipliés par l'angle dont a tourné la figure. Il résulte de là que les rapports $\dfrac{A'\alpha}{\alpha A}$, $\dfrac{B'\beta}{\beta B}$, $\dfrac{C'\gamma}{\gamma C}$ sont égaux, et par conséquent les angles $A'A\alpha$, $B'B\beta$, $C'C\gamma$ sont égaux entre eux. Ces angles étant les compléments des angles BAO, CBO, ACO, ceux-ci sont aussi égaux entre eux; la position du point O est donc définie par cette condition d'égalité des angles BAO, CBO, ACO, formés par les rayons AO, BO, CO avec les côtés du triangle, pris dans un ordre déterminé.

Les trajectoires des trois points seront alors des spirales logarithmiques, ayant le point O pour pôle, et faisant avec leurs rayons vecteurs un angle constant, égal à l'angle OAB.

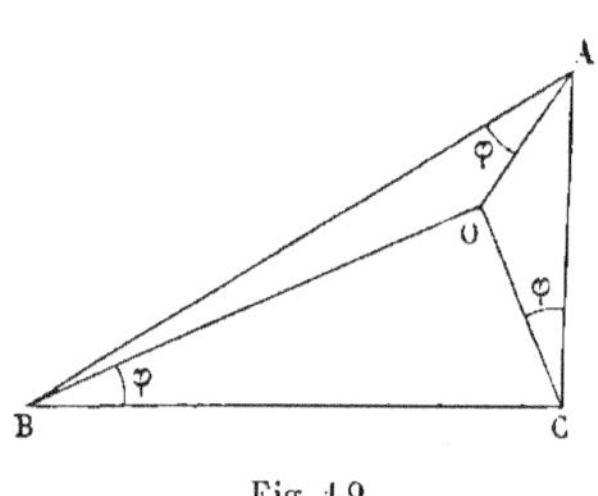

Fig. 19.

Les vitesses des trois points seront respectivement proportionnelles à AA′, BB′ CC′, c'est-à-dire aux rayons AO, BO, CO.

La question est ramenée à trouver dans le plan du triangle ABC un point O tel, que les angles BAO, CBO, ACO soient égaux entre eux.

Désignons par $\varphi$ l'un de ces angles inconnus. Nous aurons

$$OBA = B - \varphi, \qquad OCB = C - \varphi, \qquad OAC = A - \varphi,$$

en désignant par A, B, C les angles du triangle.

Par conséquent on a, dans les trois triangles dans lesquels se partage le triangle donné,

$$\frac{OA}{\sin(B - \varphi)} = \frac{OB}{\sin \varphi},$$

$$\frac{OB}{\sin(C - \varphi)} = \frac{OC}{\sin \varphi}$$

$$\frac{OC}{\sin(A - \varphi)} = \frac{OA}{\sin \varphi},$$

Multiplions ces trois équations membre à membre ; les rayons OA, OB, OC sont éliminés, et il vient, pour déterminer $\varphi$, l'équation

$$\sin(A - \varphi) \sin(B - \varphi) \sin(C - \varphi) = \sin^3 \varphi.$$

Cette équation aura toujours une racine réelle, et moindre que le plus petit des trois angles A, B, C. En effet, si on fait $\varphi = 0$, le premier membre prend la valeur positive $\sin A \sin B \sin C$ et le second est nul. Si au contraire on fait l'angle $\varphi$ égal au plus petit des trois angles A, B, C, le premier membre devient nul, et le second prend une valeur positive, égale au cube du sinus de ce plus petit angle. Il existe donc toujours un angle $\varphi$, compris entre 0 et le plus petit angle du triangle, qui rend les deux membres égaux entre eux, et qui définit le point O à l'intérieur du triangle donné.

22. Ce résultat est général. *Toutes les fois qu'une figure plane, mobile dans son plan, subit des amplifications ou des réductions d'échelle, de telle sorte qu'elle reste semblable à elle-même, il existe dans le plan un point O qui appartient à la fois à deux positions de la figure.*

Ce théorème généralise en quelque sorte le théorème du centre de rotation. Nous le démontrerons par la méthode analytique que nous avons déjà indiquée (t. I, 3ᵉ édition, § 521).

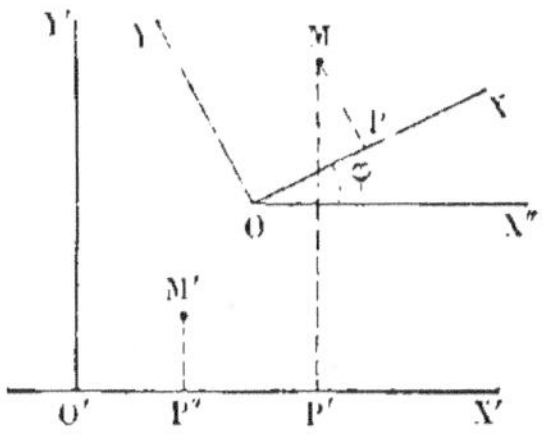

Soient

OX, OY deux axes rectangulaires, entraînés par la figure mobile ;

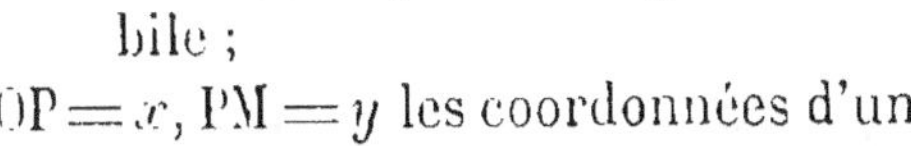

Fig. 20.

OP $= x$, PM $= y$ les coordonnées d'un point de cette figure, par rapport aux axes entraînés ;

O'X', O'Y' deux axes rectangulaires fixes, auxquels on rapporte les positions successives de la figure, et qui sont la position primitive des axes OX, OY ;

O'P' $= x'$, P'M $= y'$ les coordonnées du point M par rapport aux axes fixes ;

XOX″ $=\varphi$ l'angle dont a tourné la figure mobile par rapport aux axes fixes.

On passera des coordonnées $x$ et $y$ aux coordonnées $x'$ et $y'$, au moyen des équations

$$x' = \alpha + x \cos \varphi - y \sin \varphi,$$
$$y' = \beta + x \sin \varphi + y \cos \varphi,$$

où $\alpha$ et $\beta$ sont les coordonnées de l'origine O par rapport aux axes fixes.

Au point M correspond, dans la position primitive de la figure, un point M′ qui a pour coordonnées O′P″ et P″M′ ; et comme il y a similitude, par hypothèse, entre la figure (M) et la figure (M′), on pourra représenter l'abscisse O′P″ par le produit $\lambda x$, et l'ordonnée P″M′ par $\lambda y$, $\lambda$ étant le rapport de similitude des deux figures.

Cela posé, cherchons s'il est possible de trouver un point tel, qu'il coïncide avec son homologue M′. Il faut et il suffit pour cela que l'on ait $\lambda x = x'$, $\lambda y = y'$, c'est-à-dire

$$\lambda x = \alpha + x \cos \varphi - y \sin \varphi,$$
$$\lambda y = \beta + x \sin \varphi + y \cos \varphi,$$

équations qu'on peut écrire

$$(\lambda - \cos \varphi)\, x + \sin \varphi\, y = \alpha,$$
$$\sin \varphi\, x - (\lambda - \cos \varphi)\, y = -\beta.$$

Ces équations du premier degré en $x$ et $y$ définissent le point cherché. On voit qu'il n'y en a pas plus d'un, et qu'il y en a toujours un. Le déterminant des coefficients de $x$ et de $y$,

$$\begin{vmatrix} \lambda - \cos \varphi & \sin \varphi \\ \sin \varphi & -(\lambda - \cos \varphi) \end{vmatrix} = -(\lambda - \cos \varphi)^2 - \sin^2 \varphi = -\lambda^2 - 1 + 2\lambda \cos \varphi,$$

ne peut être nul, sauf le cas de $\sin \varphi = 0$ et $\lambda = \cos \varphi = \pm 1$. hypothèse qui comprend le cas où la figure reçoit une translation sans changer d'échelle. Le point cherché peut alors passer à l'infini. Mais, en excluant ces cas particuliers, il existera toujours un point, situé à distance finie, qui appartiendra à la fois aux deux figures, et qui jouera à leur égard le double rôle de centre de rotation et de centre de similitude.

Si l'on passe du plan à l'espace, on reconnaîtra que la déformation de la figure mobile, sous la condition qu'elle reste semblable à elle-même, laisse subsister l'axe de rotation et de glissement. On a vu (t. I, 5ᵉ édition, § 317) que, dans le déplacement d'une figure invariable, il y a toujours une infinité de plans qui conservent leur parallélisme ; et c'est de là qu'on peut conclure l'existence de l'axe de rotation et de glissement. La contraction ou la dilatation proportionnelles des distances mutuelles des divers points n'altère pas le parallélisme des plans. Soient donc (M) et (M') deux positions successives d'une même figure, la seconde ayant subi une altération qui la laisse semblable à la première. Nous pouvons imaginer une troisième figure (M''), homothétique à la figure (M') et égale à la figure (M). Il existera alors dans ces deux figures des plans P et P'' qui seront parallèles ; donc les plans homologues P' de la figure (M') seront aussi parallèles aux plans P de la figure (M).

Projetant la coupe de la figure (M') par le plan P' sur le plan P correspondant dans la figure (M), on aura deux positions semblables d'une même figure dans le plan P, et par conséquent on trouvera dans ce plan un point O qui appartiendra aux deux. La normale au plan P menée par ce point O glissera sur elle-même dans le retour à la figure M', en même temps que la figure mobile tourne autour de cette normale, et subit la dilatation ou la contraction proportionnelle qui l'amène à sa seconde position.

25. Le cas particulier du déplacement d'un cercle dans le plan mérite d'être traité à part.

Si l'on a deux cercles dont l'un ait pour centre le point O' et un rayon R', et l'autre le point O et le rayon R, on pourra considérer le premier comme résultant du transport du second de manière à amener les centres en coïncidence, pourvu que ce transport soit suivi d'une dilatation des rayons dans le rapport $\lambda = \dfrac{R'}{R}$. On peut observer d'ailleurs que le transport du cercle peut s'opérer par une infinité de rotations, qui reviennent à associer à la translation OO' de centre en centre une rotation arbitraire autour du centre O. Dans ces conditions, l'angle $\omega$, qui mesure la rotation, est tout à fait arbitraire, et il y a une infinité de points qui peuvent être considérés comme appartenant à la fois aux deux figures.

Si l'on se donne l'angle $\varphi$, les coordonnées $x$ et $y$ du point commun correspondant sont fournies par les équations

$$\lambda x = \alpha + x \cos \varphi - y \sin \varphi,$$
$$\lambda y = \beta + x \sin \varphi + y \cos \varphi.$$

L'équation du lieu des points communs, quand on fait varier $\varphi$, s'obtiendra en éliminant $\varphi$ entre ces deux équations, qu'on peut écrire

$$x \cos \varphi - y \sin \varphi = \lambda x - \alpha,$$
$$x \sin \varphi + y \cos \varphi = \lambda y - \beta.$$

Élevant en carré et ajoutant, il vient

$$x^2 + y^2 = (\lambda x - \alpha)^2 + (\lambda y - \beta)^2,$$

ou bien

$$(1 - \lambda^2)(x^2 + y^2) + 2\lambda(\alpha x + \beta y) = \alpha^2 + \beta^2,$$

équation d'une circonférence; elle a pour centre, rapporté aux axes OX, OY, un point situé sur la droite OO' des centres, et qui a pour coordonnées

$$x = \frac{\lambda \alpha}{\lambda^2 - 1},$$
$$y = \frac{\lambda \beta}{\lambda^2 - 1},$$

et pour rayon

$$\rho = \pm \frac{\sqrt{\alpha^2 + \beta^2}}{\lambda^2 - 1}.$$

Tous les points de cette circonférence pourront servir de

centre de rotation et d'amplification proportionnelle, pour passer d'un des cercles donnés à l'autre.

Ce problème est très aisé à résoudre géométriquement.

Étant donnés deux cercles O et O', on demande le lieu des points M tels, qu'en faisant tourner le cercle O' autour du point M jusqu'à ce que son centre soit parvenu

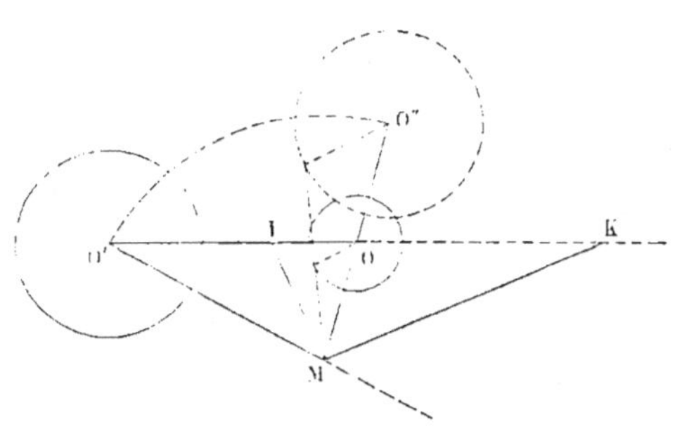

Fig. 21.

en O'', sur la droite MO, le point M soit le centre de similitude des deux cercles O et O''.

On voit tout de suite que le rapport $\dfrac{MO''}{MO}$ doit être égal au rapport des rayons $\dfrac{R'}{R}$ ; par conséquent, le rapport $\dfrac{MO'}{MO}$ est

aussi égal à $\dfrac{R'}{R} = \lambda$, et le point M appartient au lieu des points dont les distances à deux points fixes sont dans un rapport donné. Ce lieu est, comme on sait, une circonférence, décrite sur le segment IK comme diamètre, I et K étant les pieds des bissectrices de l'angle O'MO et de l'angle adjacent, obtenu en prolongeant O'M.

L'angle O'MO est l'angle $\varphi$ dont on peut imaginer qu'on ait fait tourner la figure.

PROBLÈME.

24. Les trois mouvements de translation, de rotation et de dilatation proportionnelle interviennent dans la solution de la question suivante :

*Étant donnés dans un plan deux cercles O et O', et deux points A et B, on demande de mener aux deux cercles des*

*tangentes* PR, PS, *qui fassent entre elles un angle donné* $\alpha$,
*et telles, que le rapport* $\dfrac{\mathrm{A}a}{\mathrm{B}b}$ *des distances des deux points à*
*ces deux tangentes soit égal à un nombre k donné.*

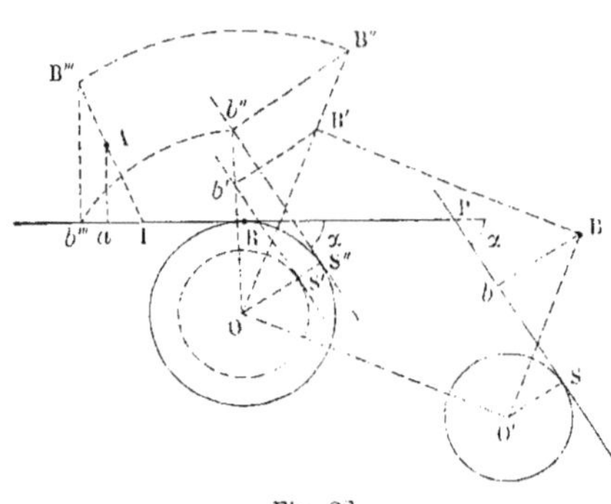

Fig. 22.

Nous laisserons fixes le cercle O, le point A et la tangente RP, et nous déplacerons seulement le reste de la figure, comprenant le cercle O′, la tangente PS et le point B.

Imaginons que l'on déplace le cercle O′ parallèlement à lui-même, entraînant la tangente PS et le point B, de manière à amener son centre à coïncider avec le point O.

Le point B, dans ce mouvement, parcourra une droite BB′ égale et parallèle à O′O. La tangente PS se transportera parallèlement à elle-même, et sera tangente au cercle OS′. L'angle P n'est pas altéré.

Dilatons ensuite la figure, de telle sorte que le cercle OS′ coïncide avec le cercle OR. Il faudra pour cela augmenter les distances au point O dans le rapport $\dfrac{\mathrm{R}}{\mathrm{R}'}$ des rayons des cercles donnés. La même dilatation s'appliquera au point B′, qui passera en B″, de telle sorte que la distance $\mathrm{B}'b' = \mathrm{B}b$ de ce point à la tangente S′b′ deviendra la distance B″b″, accrue dans le même rapport.

Faisons enfin tourner la figure mobile autour du point O, d'un angle égal à l'angle donné $\alpha$. La tangente S″b″ viendra coïncider avec la tangente aP, le point b″ viendra en b‴ sur cette droite aP, et le point B″ en B‴. On connaît le rapport $\dfrac{\mathrm{A}a}{\mathrm{B}'''b'''}$, qui est égal à $k \times \dfrac{\mathrm{R}'}{\mathrm{R}}$, puisque $\mathrm{B}'''b''' = \mathrm{B}''b'' = \mathrm{B}b \times \dfrac{\mathrm{R}}{\mathrm{R}'}$.

Il suffit donc, pour mener la tangente PR, de chercher, sur la droite B‴A prolongée, un point I tel, que l'on ait

$$\frac{AI}{B'''I} = k \times \frac{R'}{R},$$

puis de mener du point I une tangente au cercle O. Le problème s'achèvera en menant ensuite au cercle O′ une tangente parallèle à une droite faisant avec la tangente IB l'angle donné $\alpha$.

TRAIN ÉPICYCLOÏDAL DE L'APPAREIL ENREGISTREUR DE TRAVAIL<br>DE M. MARCEL DEPREZ.

25. Le train épicycloïdal imaginé par M. Marcel Deprez, et qu'il a introduit dans son dynamomètre enregistreur, comprend deux groupes de trois roues égales, montées deux à deux sur un même axe, et dont deux sont montées épicycloïdalement à l'extrémité du bras porte-train OC.

Les deux roues montées sur l'axe fixe O

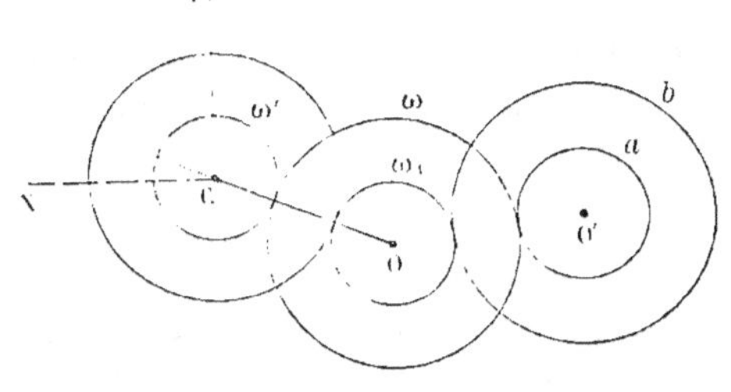

Fig. 23.

sont indépendantes; il en est de même des deux roues O′, montées également sur un axe fixe ; quant aux roues C, qui forment le train épicycloïdal, elles font corps l'une avec l'autre, et se meuvent solidairement.

Soit $r$ le rayon des trois petites roues, et R le rayon des trois grandes. La transmission se fait de la petite roue O′ à la grande roue O, de celle-ci à la petite roue C, qui entraîne la grande roue C, de celle-ci à la petite roue O, et de la petite roue O à la grande roue O′.

Désignons par $a$ la vitesse angulaire de la petite O′,

—       $b$ la vitesse angulaire de la grande O′,

—       $\omega$ la vitesse angulaire de la grande O,

—       $\omega_1$ la vitesse angulaire de la petite O ;

—       $\omega'$ la vitesse angulaire commune aux deux roues C, rapportée à des axes CX, CY d'orientation constante.

Soient enfin $\Omega$ la vitesse angulaire du bras porte-train OC autour du point O ;

$\varepsilon$ la raison de l'engrenage qui comprend une grande roue menant une petite ;

$\varepsilon'$ la raison inverse, égale à $\dfrac{1}{\varepsilon}$, de l'engrenage dans lequel une petite roue mène une grande.

Nous appliquerons au train épicycloïdal la formule de Willis. Si l'on considère d'abord le train formé de la petite roue O menant la grande roue C, la formule donnera

$$\frac{\omega' - \Omega}{\omega_1 - \Omega} = \varepsilon'.$$

Si l'on considère ensuite le train formé par la grande roue O menant la petite roue C, on aura de même

$$\frac{\omega' - \Omega}{\omega - \Omega} = \varepsilon.$$

De plus, les trains de roues dentées formés par les roues O′ et O donnent

$$\omega = a\varepsilon'$$
$$\omega_1 = b\varepsilon.$$

Substituons ces valeurs de $\omega$ et $\omega_1$ dans les équations des trains épicycloïdaux. Il viendra

$$\omega' - \Omega = \varepsilon\,(\omega - \Omega) = \varepsilon\,(a\varepsilon' - \Omega),$$
$$\omega' - \Omega = \varepsilon'(\omega_1 - \Omega) = \varepsilon'\,(b\varepsilon - \Omega).$$

Donc

$$\varepsilon\,(a\varepsilon' - \Omega) = \varepsilon'\,(b\varepsilon - \Omega)$$

et

$$\Omega = \frac{(a-b)\,\varepsilon\varepsilon'}{\varepsilon - \varepsilon'} = \frac{a-b}{\varepsilon - \varepsilon'}, \quad \text{puisque}\quad \varepsilon\varepsilon' = 1.$$

Le rapport $\dfrac{\Omega}{a-b}$ est constant. C'est le rapport entre l'angle décrit par le bras porte-train OC et l'angle de *déplacement relatif* de l'une des roues O′ par rapport à l'autre. Le déplacement angulaire du bras OC peut servir à mesurer le *glissement relatif* d'un essieu solidaire de la grande roue O′, par rapport à la jante du même essieu, qui fait corps avec la petite roue O′ : ce qui fournit l'un des facteurs du travail à évaluer.

Les rapports $\varepsilon$ et $\varepsilon'$, qui sont réciproques, s'expriment au moyen des rayons des deux roues; on a en effet

$$\varepsilon = -\frac{R}{r},$$

$$\varepsilon' = -\frac{r}{R};$$

et

$$\varepsilon - \varepsilon' = \frac{r}{R} - \frac{R}{r} = \frac{r^2 - R^2}{Rr}.$$

Donc enfin. en valeur absolue,

$$\frac{\Omega}{a-b} = \frac{Rr}{R^2 - r^2}.$$

REMARQUES SUR LA MANIÈRE DE TROUVER LES TANGENTES
DE CERTAINES COURBES.

26. Étant donnés dans un plan deux courbes $(a)$ et $(b)$ et un point O. on mène par le point une transversale OAB, et on porte à partir du point O une longueur OC égale à la partie AB interceptée sur les transversales par les deux courbes. On demande de mener la tangente au lieu du point C.

On suppose connues les tangentes aux courbes $(a)$ et $(b)$.

Soit $\theta$ l'angle que fait la transversale avec un axe polaire arbitraire ; soient $r =$ OA, $r' =$ OB les rayons vecteurs correspondants à cet angle dans les deux courbes. Appelons $\rho$ le rayon vecteur OC $= r' - r$.

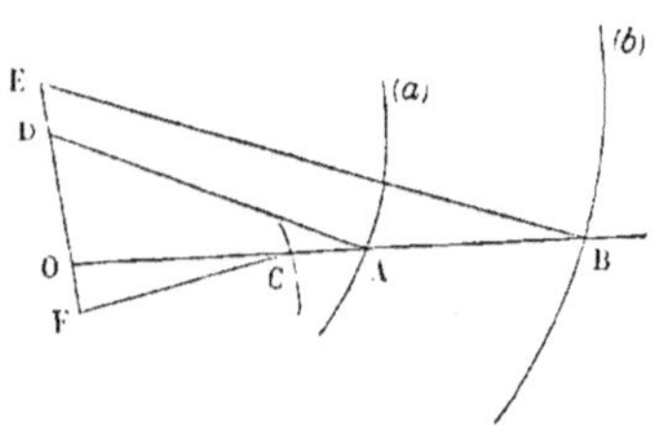


Fig. 24.

Si l'on sait mener les tangentes en A et en B aux deux courbes, on peut mener aussi les normales AD, BE, et déterminer sur la perpendiculaire à OA, menée par le point O, les longueurs OD, OE, qui sont les sous-normales polaires. On sait qu'on a

$$\text{OD} = \frac{dr}{d\theta} \quad \text{et} \quad \text{OE} = \frac{dr'}{d\theta}.$$

Donc

$$\text{ED} = \frac{dr'}{d\theta} - \frac{dr}{d\theta} = \frac{dr' - dr}{d\theta} = \frac{d\,(r' - r)}{d\theta} = \frac{d\rho}{d\theta},$$

et ED, pris dans le sens ED, est la sous-normale polaire du lieu du point C. Si donc on prend OF $=$ ED sur le prolongement de OE, on n'aura qu'à joindre FC pour avoir la normale au lieu du point C.

Relativement au sens dans lequel il faut porter cette différence $r' - r$, on peut remarquer que $d\rho$ a le signe de $dr' - dr$, c'est-à-dire que, si le segment AB diminue quand la transversale tourne de l'angle positif $d\theta$ autour du point O, $\frac{d\rho}{d\theta}$ est négatif ; c'est donc le sens négatif, ou le sens de E vers D, qu'on doit adopter.

M. Gohierre de Longchamps, qui a traité le même problème, en a donné une solution élégante.

Soient AM la tangente à la courbe $(a)$ menée au point A ;
BM la tangente à la courbe $(b)$ menée au point B.
Ces deux droites se coupent en M.
Si l'on prend sur le prolongement de MB une longueur

BN = BM, et qu'on joigne BC, on aura la tangente en C au lieu du point C.

Cette propriété du lieu du point C peut se démontrer directement à l'aide des transversales. Menons un rayon vecteur OC'A'B', infiniment voisin du premier.

Les points C', A', B', pris à la rencontre avec les tangentes, appartiendront aux courbes. Considérons le triangle OBB', coupé par les transversales AA'M, C'CN ; on aura les deux équations

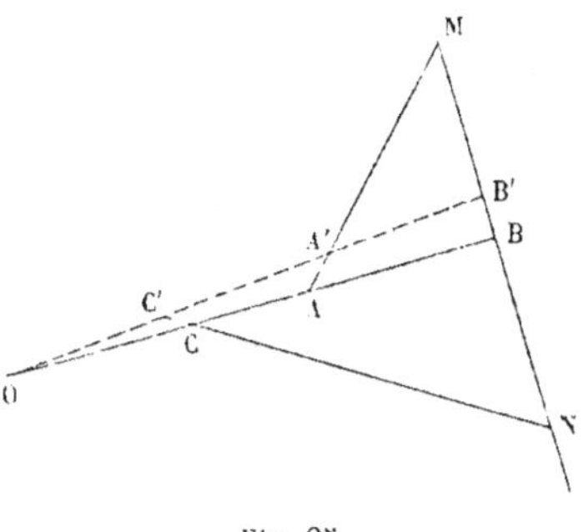

Fig. 25.

$$OA \times A'B' \times MB = AB \times OA' \times MB',$$
$$OC \times C'B' \times NB = CB \times OC' \times NB'.$$

Mais on a $OC = AB$ et par suite $OA = CB$, et de même $OC' = A'B'$ et $OA' = C'B'$.

Si donc on multiplie l'une par l'autre les deux équations, et qu'on supprime dans les deux membres les facteurs égaux, il viendra simplement

$$MB \times NB = MB' \times NB',$$

ou bien

$$\frac{MB}{MB'} = \frac{NB'}{NB};$$

ce qui montre que le point M partage le segment BB', pris dans le sens BB', dans le même rapport que le point N partage le segment BB', pris dans le sens B'B. On passera donc du point M au point N en renversant le segment BB' bout pour bout, ce qui revient, à la limite, quand B et B' coïncident, à prendre BN = BM, ainsi que l'indique la construction de M. de Longchamps.

On remarquera que les deux tangentes AM, BM n'interviennent pas de la même manière dans la détermination de la troisième tangente CN. La figure montre que les segments égaux et contraires BM, BN doivent être portés sur la tangente menée à l'extrémité du segment AB qui correspond à l'extrémité C du segment égal OC, en supposant que l'on fasse glisser le segment AB le long du rayon vecteur jusqu'à ce que le point A soit amené au point O.

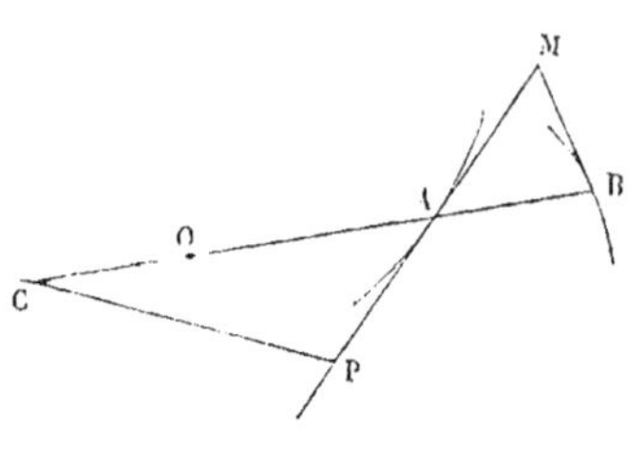

Fig. 26.

Si, au contraire, on amenait le point B à coïncider avec le point O, le point A deviendrait le point C, qui décrit la courbe au delà du pôle ; alors il faudrait prendre les segments égaux sur la tangente à la courbe ($a$), porter AP $=$ AM, et joindre CP pour avoir la tangente cherchée.

La conchoïde ordinaire est un cas particulier de l'une des courbes ($a$) ou ($b$), quand on suppose constant le segment intermédiaire AB, et que l'autre est une figure droite.

Dans ce cas le lieu du point C devient une circonférence dont le pôle O est le centre. Comme on connaît les tangentes à la circonférence et à la droite, la tangente à la conchoïde s'en déduit.

Si l'on mène CN perpendiculaire au rayon OC, comme la droite AM est sa propre tangente, la tangente en B à la conchoïde est la droite MBN menée par B de telle sorte, que ce point soit le milieu de la portion inscrite dans l'angle MIF. Il suffira pour la construire de mener BF parallèle à la droite ($a$) et de joindre le point B au point N, pris en faisant PN $=$ IF.

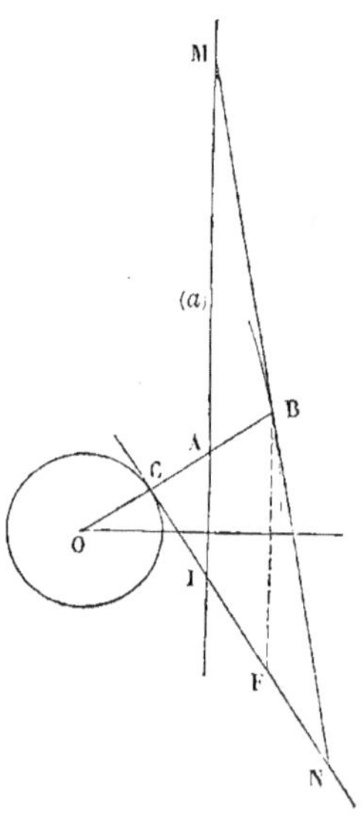

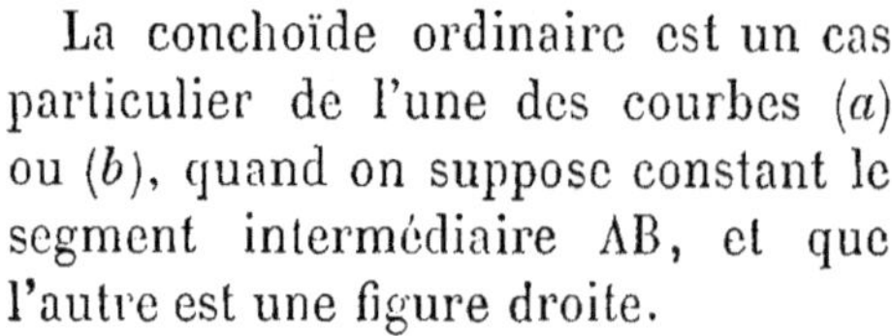

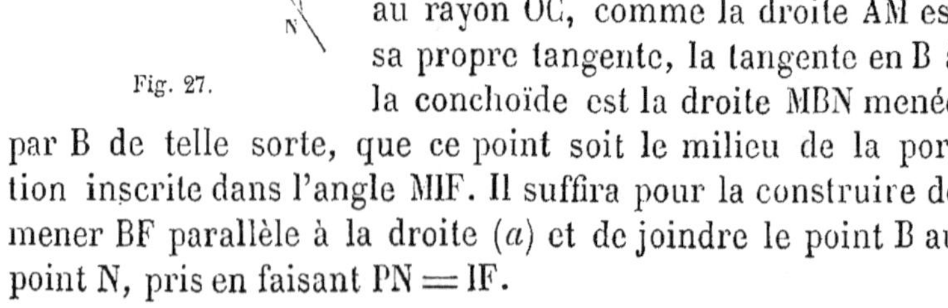

Fig. 27.

## SUR LES OVALES DE DESCARTES.

27. Soient A et B deux points fixes, et M un point mobile assujetti à la condition suivante : Si l'on appelle $r$ et $r'$ les distances MA, MB du point mobile à chacun des points fixes, on a constamment entre ces distances la relation

$$(1) \qquad ar + br' = c,$$

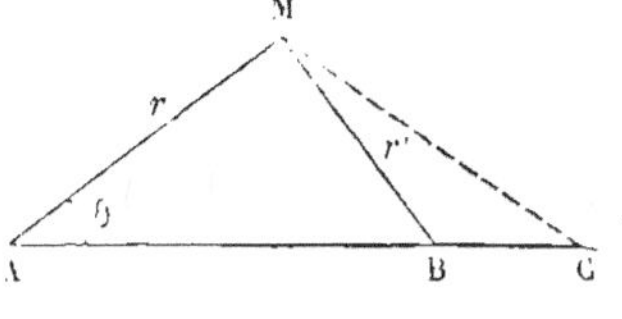

Fig. 28.

$a$, $b$ étant des constantes. Le lieu du point M ainsi défini est un *Ovale de Descartes*.

Il est aisé de reconnaître qu'il existe en général un troisième pôle C, situé sur la droite AB, et tel qu'on ait aussi une relation linéaire entre les distances du point M au point A et au point C, ou au point B et au point C.

Soit AB $= l$ la distance des pôles donnés ; appelons $\theta$ l'angle MAB ; $r$ et $\theta$ seront les coordonnées polaires du lieu du point M. Or le triangle MAB donne l'équation

$$(2) \qquad r'^2 = r^2 + l^2 - 2lr \cos \theta.$$

Dans cette équation, remplaçons $r'$ par sa valeur en fonction de $r$, tirée de l'équation (1). Il vient

$$\left( \frac{c - ar}{b} \right)^2 = r^2 + l^2 - 2lr \cos \theta,$$

ou bien, en ordonnant par rapport à $r$.

$$(a^2 - b^2) r^2 + 2(b^2 l \cos \theta - ca) r + c^2 - b^2 l^2 = 0,$$

équation polaire du lieu. Elle est de la forme

$$(3) \qquad r^2 + 2 M \cos \theta - N) r + P = 0;$$

toute équation de cette forme sera transformable dans l'équation (1) ; il suffit en effet de déterminer les rapports $\dfrac{b}{a}$, $\dfrac{c}{a}$ et la distance $l$, de manière qu'on ait les égalités

$$M = \frac{b^2 l}{a^2 - b^2},$$

$$N = \frac{ca}{a^2 - b^2},$$

$$P = \frac{c^2 - b^2 l^2}{a^2 - b^2}.$$

Soit, pour abréger,

$$\frac{b}{a} = p, \qquad \frac{c}{a} = q.$$

Il viendra

$$p^2 l = M\,(1 - p^2),$$
$$q = N\,(1 - p^2),$$
$$q^2 - p^2 l^2 = P\,(1 - p^2).$$

Entre ces trois équations, éliminons $p$ et $q$. On tire de la première

$$p^2 = \frac{M}{M + l},$$

de la seconde

$$q = \frac{Nl}{M + l},$$

et, substituant dans la troisième, il vient

$$\frac{N^2 l^2}{(M + l)^2} - \frac{M l^2}{(M + l)} = \frac{Pl}{M + l},$$

équation qui fera connaître $l$. Il vient, en supprimant le facteur $l$,

$$N^2 l - M l\,(M + l) = P\,(M + l),$$

ou bien

$$M l^2 + (M^2 - N^2 + P)\,l + PM = 0,$$
$$l^2 + \frac{M^2 - N^2 + P}{M}\,l + P = 0,$$

équation du second degré qui aura deux racines réelles, s'il existe un point B réel satisfaisant à l'équation (1).

L'une sera la longueur AB et fera connaître le point B; l'autre, si elle diffère de la première, fera connaître le troisième pôle C. On a

$$l = -\frac{\mathrm{M}^2 - \mathrm{N}^2 + \mathrm{P}}{2\mathrm{M}} \pm \sqrt{\frac{\mathrm{M}^2 - \mathrm{N}^2 + \mathrm{P}^2}{4\mathrm{M}^2} - \mathrm{P}}.$$

Le point C peut coïncider avec le point B. Il peut aussi coïncider avec le point A, si l'on trouve $l = 0$ ; cela suppose $\mathrm{P} = 0$.

Dans ces deux cas, l'ovale a encore trois pôles, mais deux sont confondus en un seul.

L'équation polaire de la courbe, dans le cas où $\mathrm{P} = 0$, devient

$$r = 2\mathrm{N} - 2\mathrm{M}\cos\theta,$$

équation d'un limaçon de Pascal. On a alors $c = bl$, et l'équation (1) prend la forme

$$ar - br' = bl$$

ou

$$ar = b(l - r').$$

Si du point B comme centre on décrit une circonférence avec BA pour rayon, cette équation montre que le rapport $\dfrac{r}{l - r'} = \dfrac{\mathrm{MA}}{\mathrm{MN}}$ est constant pour tous les points du lieu.

En général, il existe trois pôles distincts A, B, C, en ligne droite, et si l'on appelle $r$, $r'$, $r''$ les trois distances MA, MB, MC, le lieu pourra être représenté par l'une des trois équations,

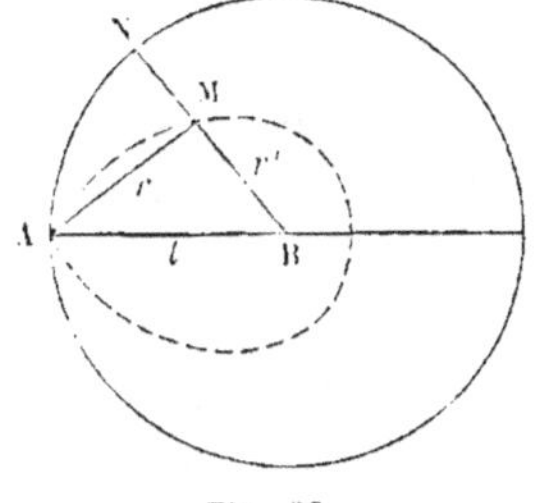

Fig. 29.

$$ar + br' = c,$$
$$a'r' + b'r'' = c',$$
$$a''r'' + b''r = c''.$$

ou une combinaison de ces équations.

Soit MH la normale à la courbe au point M, et soit H le point où elle coupe l'axe AC. On obtiendra la direction de la normale en composant au point M deux forces, respectivement égales aux coefficients $a$ et $b$, appliquées suivant MA et MB. On l'obtiendra également en composant au même point deux forces égales à $a'$ et $b'$, dirigées suivant MA et MC, et enfin en composant deux forces égales à $a''$ et $b''$, dirigées suivant MB et MC. Du point M abaissons des perpendiculaires sur les directions de ces diverses forces. Soient $p$, $p'$, $p''$ les distances du pied N de la normale aux trois rayons MA, MB, MC. Le théorème des moments, appliqué successivement aux trois groupes de composantes, donnera les relations

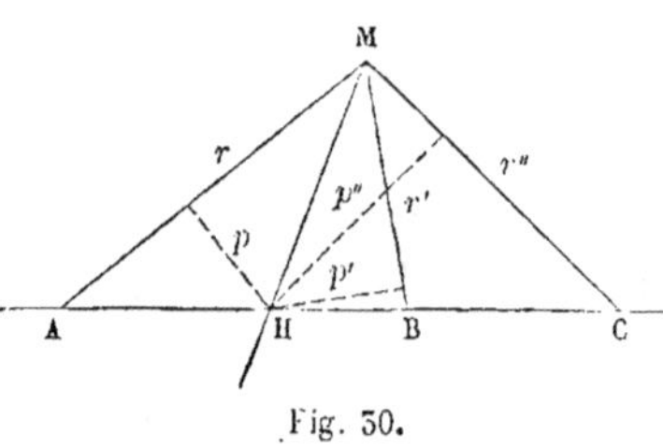


Fig. 30.

$$pa = p'b'',$$
$$p'a' = -p''b', \text{ le point H étant en dehors du segment BC,}$$

et

$$p''a'' = pb''.$$

Si on les multiplie membre à membre, le produit $pp'p''$ disparaît comme facteur commun, et l'on a une relation entre les six coefficients des trois rayons $r$, $r'$, $r''$,

$$aa'a'' = -bb'b'',$$

ou bien

$$\frac{b}{a}\,\frac{b'}{a'}\,\frac{b''}{a''} = -1.$$

On arrive au même résultat en observant que la troisième équation doit résulter de l'élimination de $r'$ entre les deux premières. Il vient, en faisant cette opération,

$$aa'r - bb'r'' = ca' - c'b,$$

qui doit coïncider avec la troisième équation,

$$b''r + a''r'' = c''.$$

On doit donc avoir

$$\frac{aa'}{b''} = -\frac{bb'}{a''} = \frac{ca' - c'b}{c''},$$

ce qui donne d'abord la relation

$$aa'a'' = -bb'b'',$$

et de plus l'égalité

$$c'' = \frac{(ca' - c'b)b''}{aa'} = -\frac{(ca' - c'b)a''}{bb'},$$

qui fait connaitre la constante $c''$.

————————

# CHAPITRE II.



## QUESTIONS SUR LA STATIQUE.

———

### COMPOSITION DES FORCES PARALLÈLES.

28. Soient deux forces parallèles et de même sens P et Q, appliquées en A et B, à composer en une seule.

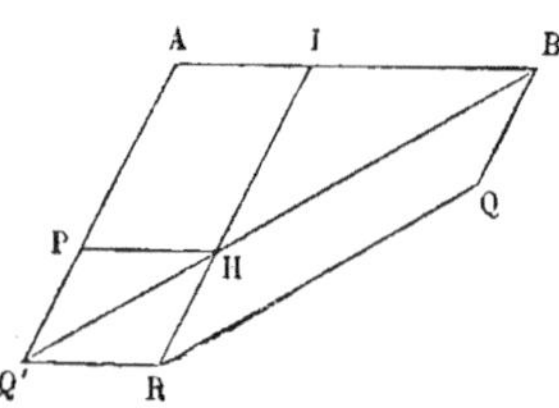

Fig. 31.

La résultante R est égale à la somme $P + Q$. Il reste à chercher son point d'application. La méthode suivante conduit très rapidement au résultat.

Portons $PQ' = BQ$ sur le prolongement de la force P, de manière à avoir en AQ' la somme $P + Q = R$.

Joignons Q'B, et menons par le point Q une parallèle à BQ', par le point Q' une parallèle à AB. Ces deux droites se couperont en un point R; si l'on mène RI parallèle aux forces P et Q, le point I sera le point d'application cherché, et IR la résultante en vraie grandeur.

En effet, on a

$$IR = AQ' = R.$$

On a aussi

$$IIR = BQ = Q,$$

et par conséquent

$$III = P.$$

Les triangles BIII, BAQ' donnent la proportion

$$\frac{BI}{AB} = \frac{III}{AQ'},$$

c'est-à-dire

$$BI = AB \times \frac{P}{P + Q}.$$

Le point I partage donc la distance AB dans le rapport inverse des forces adjacentes, ce qui définit le point d'application de la résultante.

On peut remarquer que, si l'on joint PII, les surfaces des deux parallélogrammes AIIIP, BQRII sont équivalentes. Cette égalité revient à la relation

$$Q \times IB = P \times AI$$

entre les moments (obliques) des forces P et Q par rapport au point I, qui appartient à leur résultante.

La même construction, opérée dans l'ordre inverse, permet de décomposer une force IR donnée en deux composantes P et Q, appliquées en des points donnés A et B.

Elle s'étend d'ailleurs à autant de forces parallèles qu'on voudra. Elle convient égale-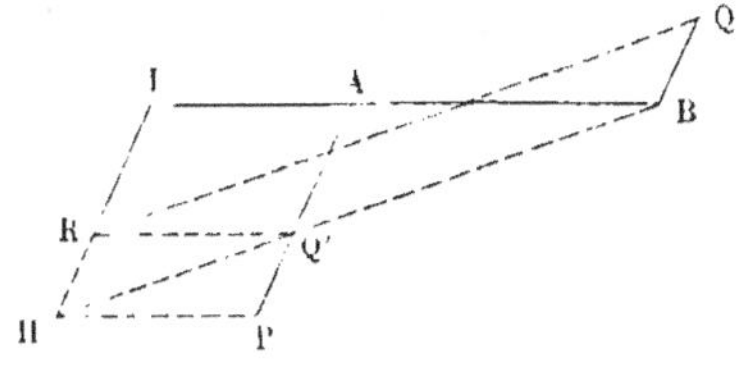

Fig. 52.

ment au cas où l'on aurait à composer deux forces parallèles P et Q agissant en sens contraires.

On prendra PQ' = BQ, et le reste AQ' sera la grandeur de la résultante R. On joindra BQ', on mènera QR parallèle à Q'B, jusqu'à la rencontre en R avec la droite Q'R parallèle à AB. Puis on mènera RI parallèle aux forces. Le point I sera le point d'application cherché ; il passe à l'infini dans le cas du couple, où P = Q.

On a en effet

$$IR = AQ' = R$$

et

$$IH = AP = P.$$

Les triangles BAQ', BIH donnent la proportion $\dfrac{BI}{AB} = \dfrac{IH}{AQ'}$ ou bien $BI = AB \times \dfrac{P}{P - Q}$, égalité conforme à la définition du point I.

On trouvera dans les *Annales des Ponts et Chaussées*, juillet 1885, n° 58, l'application de ces règles à la construction du polygone des moments fléchissants des poutres, dans le cas des charges discontinues.

ÉQUILIBRE INTÉRIEUR D'UN SYSTÈME ARTICULÉ.

29. Le système articulé dont nous allons nous occuper est formé de deux contours polygonaux, dont les côtés, égaux

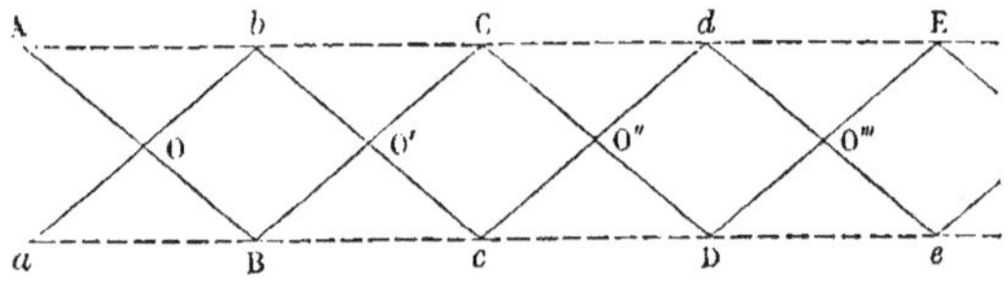


Fig. 33.

entre eux, ABCD..., *abcd*..., sont articulés aux points B, C..., *b*, *c*..., ainsi qu'aux points O, O', O"..., où ils se coupent mutuellement en deux parties égales. Le système ainsi formé est susceptible de déformation : il s'allonge en diminuant de hauteur, quand on le développe en éloignant les sommets voisins ; il se contracte en augmentant de hauteur, quand on en rapproche les sommets.

Nous supposerons que le point A, extrémité supérieure du

polygone, soit articulé en un point fixe, et que le point $a$, extrémité inférieure, soit assujetti à glisser sans frottement le long de la verticale du point A. Dans ces conditions, la déformation du système articulé conserve le niveau de la ligne AbCdE..., qui contient les sommets supérieurs, tandis que la ligne aBcDe... des sommets inférieurs variera de hauteur avec le point $a$.

On suspend un poids donné P à l'un des sommets supérieurs. La déformation du système n'altérant pas le niveau du point d'application du poids P, il y a équilibre, pourvu qu'on fasse abstraction du poids propre du système, ce que nous supposerons ici. Cela étant, on demande la distribution des efforts dans les divers côtés du polygone, et la charge des points d'appui A et $a$.

Nous supposerons successivement que le système comprend 2, 3,....$n$ sommets supérieurs, A, $b$, C, $d$,...

1° S'il n'y a que deux sommets supérieurs, A et $b$, on peut supprimer, sans rien changer à l'équilibre, la moitié OB du côté AB,

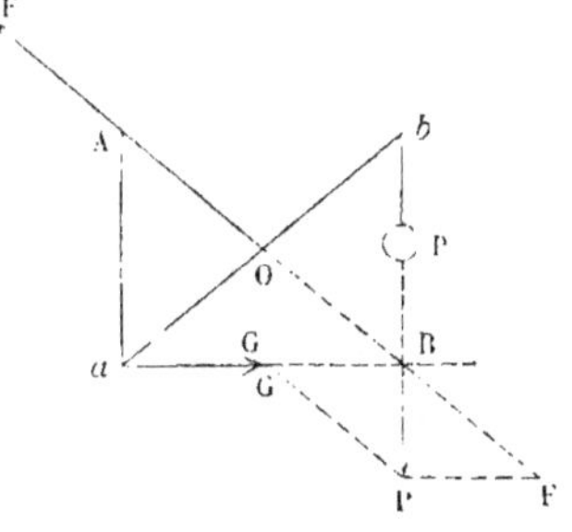

Fig. 34.

puisque cette moitié ne reçoit aucune force. On est ramené à l'équilibre d'une tige $ab$, chargée en $b$ d'un poids P, appuyée en $a$ contre une droite verticale qui développe, par hypothèse, une force normale G, et soutenue en son milieu O par une bride AO, articulée au point fixe A. La bride AO n'est soumise à aucune force entre les points A et O; donc elle transmet intégralement au point O du côté $ab$ la force F qu'exerce sur elle le point fixe A. En résumé, la force P est tenue en équilibre par deux forces F et G, dont les directions sont connues. On trouvera ces deux forces en décomposant la force BP, transportée au point commun aux trois forces, suivant les directions AB et $a$B. On obtient ainsi les composantes G et F; la seconde fait connaître la tension de la bride AO.

2° S'il y a trois sommets supérieurs A, *b*, C, on pourra encore supprimer la moitié de la bride *bc*, et la réduire à la partie *b*O'.

Le poids P est tenu en équilibre, d'une part, par les forces développées aux points A et *a*, et d'autre part par les forces développées aux points *b* et B. Un raisonnement identique à celui qui a été fait pour le cas précédent, montre que la force développée au point *b* a la direction *b*O', car cette force

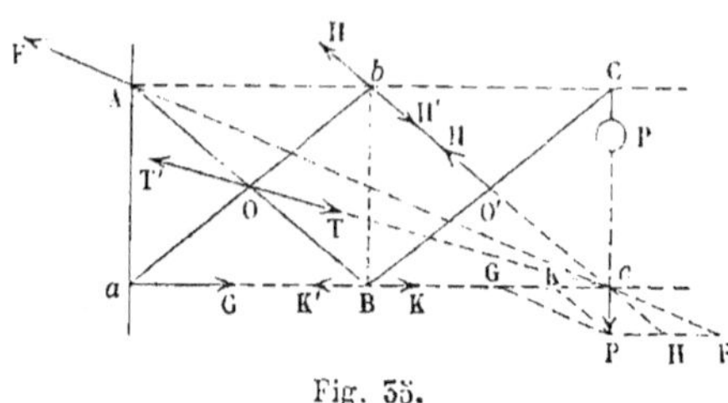

Fig. 35.

doit agir en O' sur la barre CB, et, comme il n'y a pas de force appliquée entre *b* et O', elle transmet au point O' de la barre CB la force qui est exercée sur elle au point *b* par la barre *ab*. Cette force a donc la direction *b*O'. On trouvera les deux forces développées aux sommets *b* et B, en décomposant, suivant les directions *cb*, *c*B, le poids P transporté en *c*, où sa direction rencontre la direction *b*O' prolongée; ce qui fait connaître la force K développée en B, et la force H développée en *b* suivant la direction *b*O'. On voit que les forces développées en B sont horizontales. Les forces K' et H', égales respectivement à K et H, mais agissant en sens contraire, sont les actions subies par les barres AB et *ab* aux points B et *b*. On décomposera de même le poids P, transporté en *c*, suivant les directions *c*A, *ca*, ce qui donnera les composantes F et G, à appliquer en les changeant de sens aux points A et *a*. Si l'on compose ensuite BK' et AF, qui agissent sur la barre AB, la résultante, qui passe forcément au point *c*, passera aussi au point O; car elle est tenue en équilibre par la force T développée en ce point, et provenant de la barre *ab* qui s'y assemble; elle a donc pour direction la droite *c*O. On trouverait, par la même raison, cette même force T, en composant au point *c* les deux forces *b*H' et *a*G, appliquées à la barre *ab*; la force T', égale et contraire, les tient en équilibre.

5° Supposons qu'il y ait quatre sommets supérieurs. Nous pourrons étendre à ce cas la solution qu'on vient d'obtenir.

Remarquons que l'on peut résoudre le second cas en appliquant au dernier morceau $b$O'BC du système articulé la solution du premier cas; cela revient à regarder le sommet $b$

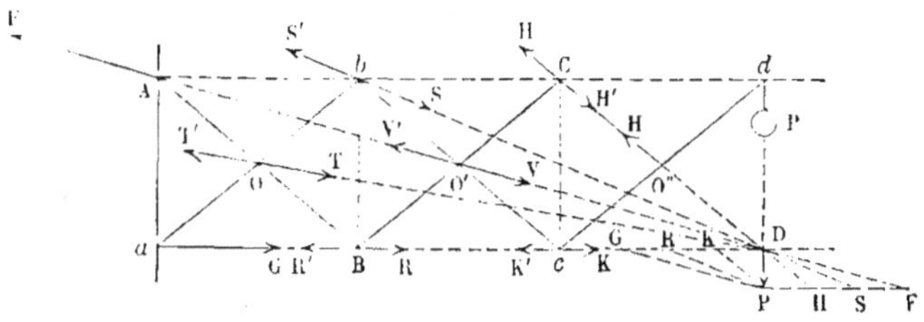

Fig. 56.

comme fixe, et le sommet B comme mobile sans frottement le long de la verticale du point $b$. On achèvera la solution du second cas en répétant la solution du premier, appliquée aux points d'appui A et $a$. Toutes les forces trouvées passent par le point $c$.

L'analogie conduit à étendre la même solution de proche en proche. L'équilibre intérieur du morceau CO″$cd$ est connu par le premier cas, l'équilibre intérieur du morceau $bcd$BCO″ sera de même connu par le second; enfin l'équilibre intérieur de l'ensemble s'obtiendra par le même raisonnement que l'équilibre du premier cas ou du second, c'est-à-dire en décomposant le poids P, appliqué en D, suivant les droites DA, D$a$. On trouve de même les forces K,K′, H,H′ R,R′, S,S′, développées aux sommets $c$, C, B, $b$, en décomposant P suivant les droites

$$D c, \quad DC,$$
$$D b, \quad DB.$$

Ensuite on trouvera les réactions mutuelles développées dans les articulations O et O′, en composant ensemble

AF et BR′ ou $a$G et $b$S, pour avoir T,
$b$S et $c$K′ ou CH′ et BR pour avoir T′.

Les réactions T et T′ passent aussi par le point D.

Cette solution est générale et s'étend à autant de sommets qu'on voudra.

### CONTREPOIDS COMPENSATEUR DU POIDS DES CABLES, DANS LES MACHINES D'EXTRACTION.

30. On se sert dans les mines de machines d'extraction pour élever les bennes pleines du fond des puits jusqu'au niveau du sol, et pour descendre du même coup les bennes vides. Les bennes sont suspendues aux deux extrémités d'un câble, qui s'enroule sur un tambour, placé au-dessus de l'orifice du puits, et auquel une machine à vapeur donne un mouvement de rotation, dans un sens, puis dans un autre, suivant que la benne pleine occupe l'une ou l'autre extrémité.

La profondeur des puits, qui atteint aujourd'hui plusieurs centaines de mètres, oblige à donner de très grandes sections aux câbles, ce qui entraîne pour eux un poids considérable par mètre courant. Si, en effet, on désigne par $l$ la longueur maximum du câble quand il descend jusqu'au fond du puits, par $p$ son poids par mètre courant, par P le poids de la benne vide, et par Q le poids de son chargement, la section la plus élevée du câble porte comme poids maximum la somme $P + Q + pl$; si l'on divise cette somme par la tension-limite K qu'il est prudent de faire porter à la matière du câble avec sécurité pour le service, on aura la section $\omega$ qu'il est nécessaire d'assurer au câble. On a donc

$$\frac{P + Q + pl}{K} = \omega.$$

Mais le poids $p$ par mètre courant est le produit de la section $\omega$ par le poids spécifique $\Pi$ de la matière composant le câble. On a donc l'équation

$$P + Q + \Pi\omega l = K\omega,$$

d'où l'on déduit

$$\omega = \frac{P + Q}{K - \Pi l},$$

quantité qui grandit de plus en plus avec $l$, et qui deviendrait même infinie si l'on poussait la profondeur du puits jusqu'à la limite $\frac{K}{\Pi}$.

Il résulte de là une difficulté pour le jeu de la machine élévatoire.

Considérons la benne pleine au fond du puits, mais déjà soulevée pour commencer son mouvement ascendant. De l'autre côté du câble nous avons la benne vide, qui commence à descendre au bout d'un tronçon de câble très court. Il en résulte que la puissance motrice doit à cet instant faire équilibre à la force $(P + Q + pl)$ agissant dans le sens rétrograde, et à la force P dans le sens direct. Si l'on appelle R le rayon du tambour, la machine élévatoire doit développer à cet instant un moment égal à

$$(Q + pl)\,R.$$

Au contraire, si l'on prend les derniers instants de l'ascension de la benne pleine, la longueur $l$ du câble est passée de l'autre côté, le poids $P + Q$ est la seule force résistante, et le poids moteur est devenu $P + pl$ ; la différence des moments donne

$$(Q - pl)\,R,$$

de sorte que l'effort de la machine varie, aux deux extrémités de la course, dans le rapport de $Q + pl$ à $Q - pl$ ; cette dernière expression est généralement négative lorsque la longueur $l$ est un peu grande, ce qui entraîne une grande valeur aussi pour $p$.

Le travail de la machine serait donc très irrégulier ; la vitesse d'élévation commencerait par être très faible, puis elle irait s'accélérant jusqu'à la fin. De là des forces d'inertie développées dans le système en mouvement, et des augmentations notables des tensions calculées à l'état statique. Il importe de compenser ce poids des câbles, qui tantôt s'ajoute, tantôt se retranche du poids utile Q. On peut y parvenir de diverses manières. Nous n'en citerons qu'une.

Nous ferons abstraction des bennes et de leur chargement.

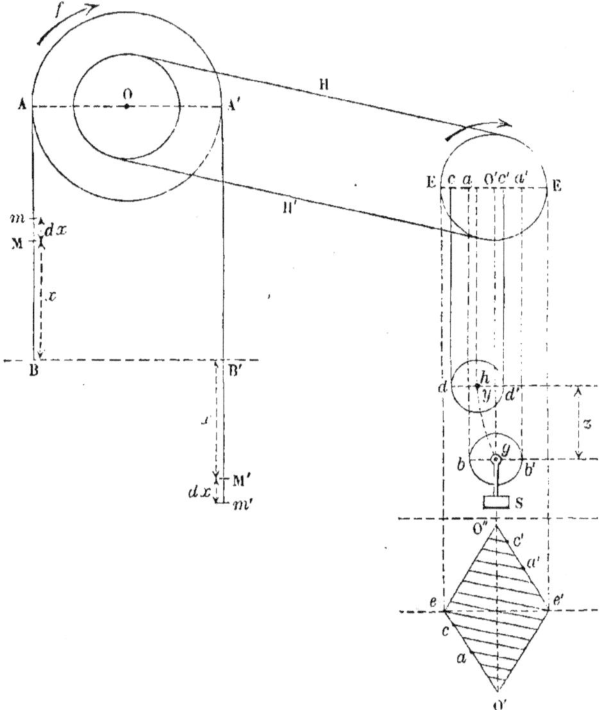

Fig. 57.

Les deux bennes se font équilibre. Quant au chargement Q, l'élévation qu'on lui donne représente un travail constant pour tous les éléments de la course. C'est le travail utile de la machine élévatoire.

On se servira, pour la compensation, d'un contrepoids qui descendra ou montera, suivant qu'il y a à produire dans la machine un excès de travail moteur, ou un excès de travail résistant. Ce contrepoids ne devra ni monter, ni descendre, lorsque les deux brins du câble se feront équilibre ; les deux extrémités du câble sont alors à la même hauteur. En même temps le contrepoids doit occuper le point le plus bas de sa trajectoire.

Soit AA′ le tambour sur lequel s'enroule le câble BAA′B′, et qui est mobile autour de l'axe projeté en O; nous le supposerons en mouvement dans la direction de la flèche $f$. Il y a équilibre pour le câble lorsqu'il est dans la position BAA′B′ et que ses deux extrémités sont à la même hauteur. Soit MAA′M′ une autre position quelconque, définie par la longueur

$$x = \text{BM} = \text{B′M′}.$$

Le contrepoids S est attaché à la poulie $h$, qui est soutenue par la corde $cdd′c′$, laquelle s'enroule, suivant une loi qu'on définira plus loin, sur un second corps tournant EO′E′. Lorsque le câble est dans la position d'équilibre, la poulie $h$ et le poids S doivent occuper leur position la plus basse ; le centre de la poulie est en $g$, et les brins qui la soutiennent, $ab$, $b′a′$, sont également distants de la verticale passant par le point O′. Soit $z$ la distance verticale parcourue par le centre $h$ de la poulie, à partir de sa position la plus basse $g$, lorsque le câble a la position MAA′M′.

Les deux corps tournants O et O′ sont reliés ensemble par une courroie sans fin III′, qui assure entre eux une *raison* connue $\varepsilon$. Si l'on fait tourner le tambour autour de l'axe O, d'un angle $d\theta$ dans le sens de la flèche, le corps tournant O′ tournera autour de son axe O′ d'un angle $dz = \varepsilon d\theta$. Soit R le rayon du tambour, $r$ et $r′$ les bras de levier O′c, O′c′, des tensions développées dans les brins $cd$, $c′d′$ qui soutiennent le poids S.

La rotation $d\theta$ du tambour entraîne le passage du câble de la position MAA′M′ à la position infiniment voisine $m$AA′$m′$. Le travail correspondant peut être regardé comme résultant du passage de l'élément de câble M$m$ dans la position M′$m′$ ; il est égal au produit $pdx \times 2x$ du poids de l'élément par la hauteur dont il s'abaisse. La rotation $d\alpha$ du second corps tournant enroulera une longueur $rd\alpha$ du brin montant $dc$, et déroulera une longueur $r'd\alpha$ du brin descendant. Elle diminue donc la longueur libre de la corde $cdd'c'$ de la différence $(r - r')\,d\alpha$, et cette diminution porte également sur les deux brins ; d'où résulte pour la poulie $h$, et pour le poids S, une élévation égale à $\frac{1}{2}(r - r')\,d\alpha$. Le travail correspondant est donc égal à $-\frac{1}{2}S\,(r - r')\,d\alpha$, en négligeant le travail du poids de la corde. L'équation de la compensation est donc

$$(1) \qquad 2pxdx - \frac{1}{2}S\,(r - {}')\,d\alpha = 0.$$

On a entre $x$ et $\alpha$ la relation

$$d\alpha = \varepsilon d\theta = \varepsilon \frac{dx}{R}.$$

Donc

$$2pxdx - \frac{1}{2}S\,(r - r') \times \frac{\varepsilon dx}{R} = 0,$$

équation satisfaite si l'on a

$$(2) \qquad r - r' = \frac{4pRx}{S\varepsilon}.$$

Nous compterons les angles $\theta$ et les angles $\alpha$, qui définissent la position des corps tournants, à partir de la position que ces corps occupent quand $x = 0$ ; de sorte que les variables $\theta$, $\alpha$ et $x$ s'annulent ensemble, et changent ensemble de signe. On aura

$$\theta = \frac{x}{R}$$

et

$$\alpha = \frac{\varepsilon x}{R}.$$

La quantité $z$, dont s'élève la poulie $h$ au-dessus du point le plus bas $g$ de sa course, est donnée par l'équation

$$dz = \frac{1}{2}(r - r')\, d\alpha.$$

Observons que $\dfrac{r - r'}{2}$ est la moyenne arithmétique des ordonnées $O'c, -O'c'$, des brins qui portent la poulie $h$, ces ordonnées étant comptées horizontalement partir du centre $O'$ ; $\dfrac{r - r'}{2}$ est donc l'ordonnée du point $h$, centre de la poulie, qui se projette sur l'horizontale au milieu de l'intervalle $cc'$. Désignons-la par $y$. Remplaçons dans l'équation précédente $\dfrac{r - r'}{2}$ par $y$, $d\alpha$ par sa valeur $\varepsilon\dfrac{dx}{R}$, et $dx$ par sa valeur en fonction de $\dfrac{r - r'}{2}$, ou de $y$, déduite de l'équation (2). Il vient d'abord

$$y = \frac{2p R x}{S \varepsilon},$$

puis

$$dy = \frac{2pR}{S}\frac{dr}{\varepsilon} = \frac{2pR}{S} \times \frac{R d\alpha}{\varepsilon^2} = \frac{2pR^2}{S\varepsilon^2}\, d\alpha.$$

Donc

$$dz = y \times \frac{S\varepsilon^2}{2pR^2}\, dy$$

et enfin

$$z = \frac{S\varepsilon^2}{4pR^2}\, y^2,$$

équation de la courbe décrite par le centre de la poulie.

Il reste à montrer comment on réalise l'enroulement des brins $cd$, $c'd'$.

Le second corps tournant $O'$ a la forme d'un double cône de révolution, symétrique par rapport au plan $ee'$ de la grande base commune aux deux cônes partiels. L'un, celui qui est en avant sur la figure, sert à l'enroulement du brin $cd$ ; l'autre, en arrière, est destiné à recevoir le brin $c'd'$. On trace à la surface de ces cônes une rainure de faible profondeur, dans laquelle les brins viennent s'appliquer. Lorsque le câble principal est dans sa position d'équilibre, la poulie $g$ est au point le plus bas, dans sa position moyenne ; et les brins se détachent du double cône aux points $a$ et $a'$, milieux des génératrices horizontales. Ces points se transportent de $a$ en $c$ et de $a'$ en $c'$ le long des mêmes génératrices, quand on fait tourner le double cône dans le sens indiqué, ce qui assure à la différence $r - r'$ la valeur nécessaire pour l'équilibre. Cherchons la courbe suivant laquelle il faut tracer la rainure qui conduit le brin.

La différence $r - r'$ est une fonction linéaire de $x$, ou de $\alpha$ ; on a, en effet, par l'équation (2), où l'on remplace $x$ par $\dfrac{R\alpha}{\varepsilon}$,

$$(4) \qquad r - r' = \frac{4pR^2}{S\varepsilon^2}\,\alpha.$$

On pourra donc exprimer $r$ et $r'$ par des fonctions linéaires de l'angle $\alpha$, telles que la différence reproduise la fonction (4). Soit $r_0$ la valeur commune à $r$ et à $r'$ lorsque la poulie est au point le plus bas ; on devra poser

$$r = m\alpha + r_0,$$
$$r' = m\,(\alpha - \pi) + r_0,$$

en distinguant les deux angles $\alpha$ et $\alpha - \pi$, qui définissent les directions des deux rayons $r$ et $r'$, portés en sens contraires sur la même droite à partir du point $O'$. Il viendra, en retranchant,

$$r - r' = m\pi,$$

et par suite

$$m = \frac{4pR^2}{Sm\varepsilon^2},$$

ce qui donne

$$(5) \qquad r = \frac{4pR^2}{Sm\varepsilon^2}\,\alpha + r_0,$$

équation de la *spirale d'Archimède*, suivant laquelle les deux rainures tracées sur le double cône doivent se projeter sur le plan de la base commune $ee'$.

Le brin qui quitte la rainure pour tomber à peu près verticalement, ne lui est pas tangent. Il en est de même pour la corde qui se détache d'un cylindre où elle est enroulée suivant les spires jointives d'une hélice. Le dernier élément du contact entre la corde et le cylindre n'a généralement pas la direction de la partie libre. La raideur de la corde intervient alors pour assurer un raccordement continu entre l'hélice et cette direction.

Les brins $dc$, $d'c'$ sont enroulés chacun sur son cône à partir des sommets $O'$ et $O''$, de manière que le mouvement de rotation de l'ensemble des cônes autour de l'axe $O'O''$ suffise pour enrouler l'un des brins et dérouler l'autre. Ce système forme, en définitive, une sorte de *treuil chinois à rayons variables* (t. I, § 295 ; t. II, § 273).

TRAVAIL DE L'APPROFONDISSEMENT D'UN PUITS DANS UN TERRAIN<br>HOMOGÈNE.

51. Soit ABCD un puits à section constante, ouvert dans un terrain homogène.

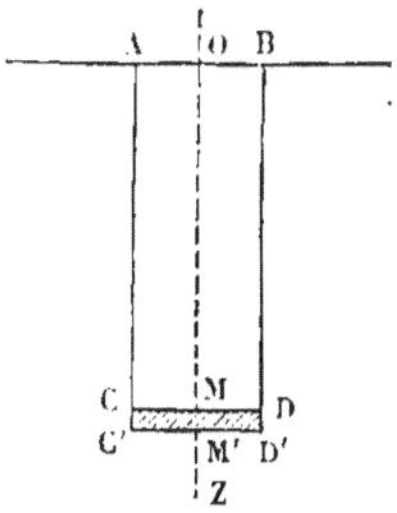

Appelons S la section du puits,

$z$ sa profondeur actuelle OM, mesurée sur l'axe vertical OZ à partir du niveau du sol au point O.

Pour approfondir le puits de la quantité $MM' = dz$, il faut produire successivement deux quantités de travail :

1° Le travail de l'approfondissement, qu'on peut regarder comme proportionnel au volume CDD'C' à désagréger ;

2° Le travail de l'enlèvement des matériaux produits par cette première opération, qu'on doit élever jusqu'au niveau

Fig. 38.

du sol, où nous supposerons qu'on trouve à proximité un lieu de dépôt.

On représentera le premier travail par le produit KS $dz$, en appelant K le travail correspondant au déblai d'un mètre cube du terrain dans lequel on opère ; le second sera représenté par le produit $\Pi Sdz \times z$, en appelant $\Pi$ le poids spécifique du déblai formé en CD, qu'on élève à la hauteur $z$.

On a donc, en appelant T le travail de l'approfondissement,

$$dT = KSdz + \Pi Szdz,$$

et par suite, en intégrant, et en observant que $T = 0$ lorsque la profondeur $z$ est nulle,

$$T = S\left(Kz + \tfrac{1}{2}\Pi z^2\right),$$

où $z$ devra recevoir la valeur de la profondeur totale à laquelle on doit atteindre. T croît avec $z$ suivant une loi parabolique.

Si l'on divise par cette profondeur totale $z$, on a

$$\frac{T}{z} = S\left(K + \tfrac{1}{2}\Pi z\right),$$

équation qui donne le travail moyen par mètre de profondeur. On voit que ce travail moyen croît avec la profondeur totale.

La formule obtenue suppose que la pesanteur reste la même en tout point de la profondeur totale. Proposons-nous de voir comment elle devrait être modifiée, si l'on avait à tenir compte des variations de $g$ aux divers points de la verticale OZ.

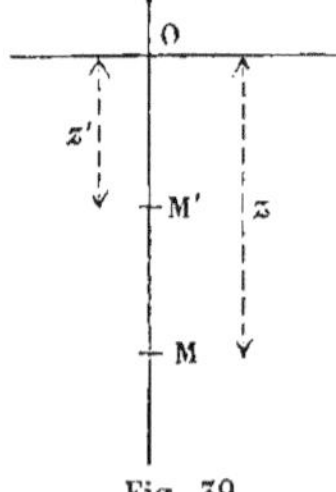

Fig. 39.

Considérons une masse $m$ prise en M à la profondeur $z$ au-dessous du sol, et supposons cette masse mobile le long de la verticale MO. Pour définir ses diverses positions, nous appellerons $z'$ la profondeur à laquelle elle se trouve en un point quelconque de son trajet. Le poids de la masse $m$ varie du point M au point O. Soit $g$ l'accélération due à la pesanteur à la distance $z'$ du sol. La force étant $mg$, le travail correspondant à l'ascension $- dz'$ est le produit $- mgdz'$, et le travail total sera par conséquent

$$- \int_{z'=z}^{z=0} mgdz' = m \int_{0}^{z} gdz',$$

en faisant sortir du signe $\int$ le facteur constant $m$. Si nous admettons l'homogénéité du globe terrestre, $g$ varie proportionnellement à la distance au centre, et l'on a, en appelant $a$ le rayon de la sphère terrestre, l'équation

$$g = g_0 \times \left(1 - \frac{z}{a}\right),$$

qui donne $g = g_0$ pour $z = 0$, c'est-à-dire au niveau du sol, et $g = 0$ au centre de la terre.

On a donc

$$\int gdz = \int g_0'\left(1 - \frac{z'}{a}\right) dz' = g_0 z' - g_0 \frac{z'^2}{2a},$$

résultat qu'il faudra prendre entre les limites 0 et $z$. Il vient donc pour le travail de l'ascension

$$mg_0 z - mg_0 \frac{z^2}{2a}.$$

Le produit $mg_0$ est le poids de la masse $m$ au niveau du sol. Le poids du volume CDD'C' s'exprimait tout à l'heure par $\Pi S dz$; ce produit exprimera maintenant le poids qu'aurait le volume de déblai ramené au point O, et le travail de l'élévation du morceau CDD'C' est par conséquent

$$\Pi S dz \left(z - \frac{z^2}{2a}\right).$$

On aura donc

$$dT = KS dz + \Pi S dz \left(z - \frac{z^2}{2a}\right),$$

ce qui donnera, en intégrant de nouveau,

$$T = S \left( Kz + \tfrac{1}{2} \Pi z^2 - \frac{\Pi z^3}{6a} \right).$$

Le dernier terme est généralement négligeable, à cause de la grandeur du rayon $a$ par rapport à la profondeur $z$.

On a supposé la section constante, comme cela a lieu habituellement. On pourrait aussi bien admettre que S varie en fonction de $z$, suivant une loi donnée. Alors l'intégration qui fait passer de $d$T à T devrait porter sur le facteur S, et l'on aurait, en supposant que la pesanteur conserve sa valeur sur tout le parcours OM,

$$T = K \int_0^z S\,dz + \Pi \int_0^z Sz\,dz.$$

Le rapport $\dfrac{dT}{dz} = S\,(K + \Pi z)$ représente, pour chaque profondeur $z$, la *difficulté* d'un approfondissement égal à l'unité de longueur. Si S est constant, elle croît avec la profondeur suivant les ordonnées d'une droite. Mais on pourrait, en rendant S variable, faire en sorte que cette difficulté soit constante. Il suffirait en effet pour cela de régler les sections de manière à rendre le produit $S\,(K + \Pi z)$ constant. S et $z$ sont alors les coordonnées des points d'une hyperbole.

COURBES FUNICULAIRES.

52. On trouvera dans les volumes de Rouen et de Blois des *Comptes rendus de l'Association française pour l'avancement des sciences* quelques recherches sur les courbes funiculaires, que nous nous bornerons ici à mentionner sommairement.

*Congrès de Rouen*, séance du 17 août 1883 : *Chaînette d'égale résistance.* L'équation de cette courbe, où la tension par unité de section est la même en tout point du fil, est en coordonnées rectangulaires

$$\cos \frac{x}{a} = e^{-\frac{y}{a}}.$$

*Congrès de Blois*, séance du 5 septembre 1884 : *Forme d'équilibre d'un fil homogène, dont tous les éléments sont sollicités par des forces attractives émanant d'un centre fixe, inversement proportionnelles aux carrés des distances à ce centre.*

L'équation polaire de la courbe cherchée est

$$d\theta = \pm \frac{C\,dr}{r\sqrt{Br - A^2 - C^2}};$$

on reconnaît qu'il y a trois genres de courbes distincts, suivant qu'on a $C < A$, $C = A$, $C > A$. Les arcs de ces trois genres de courbes s'expriment par une même fonction analytique.

# CHAPITRE III.

## QUESTIONS SUR LA DYNAMIQUE ET LA MÉCANIQUE DES FLUIDES.

---

### MOUVEMENT DES PROJECTILES DANS UN MILIEU DONT LA RÉSISTANCE EST PROPORTIONNELLE A LA VITESSE.

53. On a traité (t. III, § 26) la question générale du mouvement d'un projectile dans un milieu résistant, lorsque la résistance est donnée par une fonction quelconque de la vitesse. Nous supposerons ici que la résistance est proportionnelle à la vitesse. Alors le problème se simplifie notablement.

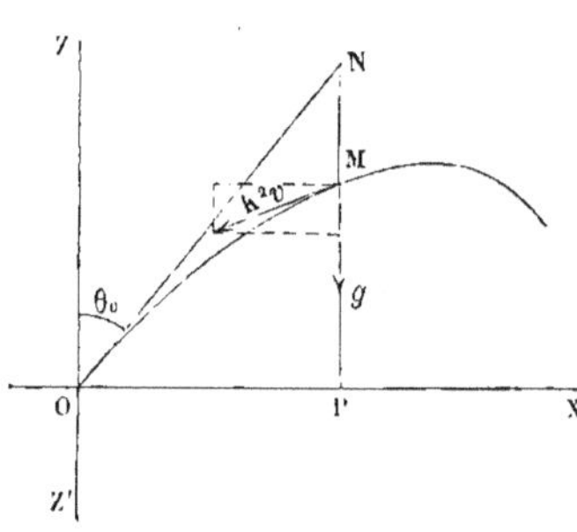

Fig. 40.

Soit $K^2 v$ la résistance du milieu, rapportée à l'unité de masse du projectile. Les forces qui agissent sur le point matériel au point M sont la pesanteur $g$, et la résistance $K^2 v$; celle-ci, projetée sur les axes, donne les composantes $K^2 v_x$ et $K^2 v_z$, ou $K^2 \dfrac{dx}{dt}$, $K^2 \dfrac{dz}{dt}$, qu'il faut prendre négativement. Les équations du mouvement sont donc

$$\begin{cases} \dfrac{d^2 x}{dt^2} = -K^2 \dfrac{dx}{dt}, \\ \dfrac{d^2 z}{dt^2} = -K^2 \dfrac{dz}{dt} - g, \end{cases}$$

équations qu'on peut intégrer séparément, car la première ne renferme que $x$, la seconde que $z$.

On a, en faisant une première intégration,

$$2 \qquad \begin{cases} \dfrac{dx}{dt} = C - K^2 x, \\[2mm] \dfrac{dz}{dt} = C' - K^2 z - gt. \end{cases}$$

La première donne la composante horizontale de la vitesse; pour $x = 0$, c'est-à-dire au point de départ O du projectile, elle doit donner la composante horizontale de la vitesse initiale, $v_0 \sin \theta_0$. On a donc $C = v_0 \sin \theta_0$. De même au point O on a à la fois $z = 0$ et $t = 0$, et $C'$ est égal à la composante verticale de la vitesse $v_0$, ou à $v_0 \cos \theta_0$. Les deux constantes sont donc déterminées.

Les variables se séparent dans la première équation.

On a, en effet,

$$dt = \frac{dx}{C - K^2 x} = \frac{1}{K^2} \frac{dx}{\dfrac{C}{K^2} - x} \, ;$$

ce qui donne en intégrant

$$t = C_1 - \frac{1}{K^2} \log \text{nép.} \left( \frac{C}{K^2} - x \right),$$

équation qui doit donner $t = 0$ pour $x = 0$; par conséquent la constante $C$ a pour valeur $\dfrac{1}{K^2} \log$ nép. $\dfrac{C}{K^2}$, et l'équation devient

$$(5) \qquad t = \frac{1}{K^2} \log \text{nép.} \left( \frac{\dfrac{C}{K^2}}{\dfrac{C}{K^2} - x} \right) = \frac{1}{K^2} \log \text{nép.} \frac{C}{C - K^2 x},$$

ou bien

$$x = \frac{C}{K^2} (1 - e^{-K^2 t}).$$

La seconde équation est une équation différentielle linéaire du premier ordre, à coefficients constants, qu'on peut écrire

$$\frac{dz}{dt} + K^2 z = C' - gt.$$

On cherchera d'abord une solution qui satisfasse à cette équation avec son second membre; on trouve aisément

$$z = \frac{C'}{K^2} + \frac{g}{K^4} - \frac{g}{K^2}\, t;$$

on en déduit, en effet,

$$\frac{dz}{dt} = -\frac{g}{K^2}.$$

Multipliant la première par $K^2$ et ajoutant à la seconde, on retombe sur l'équation donnée.

On posera ensuite

$$z = \frac{C'}{K^2} + \frac{g}{K^4} - \frac{g}{K^2}\, t + u,$$

$u$ étant l'intégrale générale de l'équation proposée,

$$\frac{dz}{dt} + K^2 z = 0,$$

privée de second membre. On aura

$$u = A e^{-K^2 t},$$

en appelant A une nouvelle constante arbitraire.

Donc enfin

$$z = \frac{C'}{K^2} + \frac{g}{K^4} - \frac{g}{K^2}\, t + A e^{-K^2 t}.$$

Cette équation jointe à l'équation (3) définit le mouvement.

On déterminera la constante A en faisant $t = 0$. On doit avoir $z = 0$. Donc

$$\frac{C'}{K^2} + \frac{g}{K^4} + A = 0$$

et

$$A = -\left( \frac{C'}{K^2} + \frac{g}{K^4} \right),$$

et il vient pour l'équation définitive qui donne $z$ en fonction de $t$,

$$(4) \qquad z = \left( \frac{C'}{K^2} + \frac{g}{K^4} \right)(1 - e^{-K^2 t}) - \frac{g}{K^2} t.$$

L'équation (3) montre que la courbe a une asymptote verticale, $x = \frac{C}{K^2}$, limite de l'abscisse $x$ lorsque le temps $t$ croît indéfiniment.

Le point le plus haut de la trajectoire s'obtiendra en faisant $\frac{dz}{dt} = 0$; ce qui donne pour déterminer $t$ l'équation

$$e^{-K^2 t} = \frac{g}{g + C'K^2},$$

ou bien

$$e^{K^2 t} = 1 + \frac{C'K^2}{g},$$

et

$$t = \frac{1}{K^2} \log \text{nép.} \left( 1 + \frac{C'K^2}{g} \right).$$

Le maximum de $z$ est donc égal à la fonction

$$z = \frac{C'}{K^2} + \frac{g}{K^4} \left( 1 - \frac{g}{g + C'K^2} \right) - \frac{g}{K^4} \log \text{nép.} \left( 1 + \frac{C'K^2}{g} \right)$$
$$= \frac{C'}{K^2} + \frac{C'K^2 g}{K^4 (g + C'K^2)} - \frac{g}{K^4} \log \text{nép.} \left( 1 + \frac{C'K^2}{g} \right).$$

54. Au lieu de décomposer le mouvement suivant les axes OX, OZ, on peut le décomposer suivant les axes ON, OZ', dont le premier est la tangente à la trajectoire au point de départ, et le second la verticale descendante.

La droite ON a pour équation dans le système primitif des coordonnées

$$z = x \cot \theta_0,$$

et les abscisses $PN = x'$ comptées sur l'axe ON seront égales à $\frac{x}{\sin \theta_0}$; comme on a

$$x = \frac{C}{K^2} (1 - e^{-K^2 t}),$$

et que C est égal à $v_0 \sin \theta_0$, on voit que l'on aura

$$(5) \qquad x' = \frac{r_0}{\mathrm{K}^2}\left(1 - e^{-\mathrm{K}^2 t}\right),$$

équation qui ne renferme plus l'angle $\theta_0$.

On a de plus

$$\begin{aligned} \mathrm{MN} = z' &= x \cot \theta_0 - z \\ &= x' \cos \theta_0 - z \\ &= \frac{r_0 \cos \theta_0}{\mathrm{K}^2}\left(1 - e^{-\mathrm{K}^2 t}\right) - \left(\frac{\mathrm{C}'}{\mathrm{K}^2} + \frac{g}{\mathrm{K}^4}\right)\left(1 - e^{-\mathrm{K}^2 t}\right) + \frac{g}{\mathrm{K}^2} t. \end{aligned}$$

Cette expression est susceptible de réduction, en observant que $\mathrm{C}' = v_0 \cos \theta_0$. Il vient en effet

$$(6) \qquad z' = \frac{g}{\mathrm{K}^2} t - \frac{g}{\mathrm{K}^4}\left(1 - e^{-\mathrm{K}^2 t}\right),$$

équation dans laquelle l'angle $\theta_0$ a aussi disparu. Les deux équations (5) et (6) définissent le mouvement, aussi bien que les équations (3) et (4); mais elles ne contiennent pas trace de l'angle $\theta_0$, implicitement donné par la direction de la première tangente ON; la première contient seule la vitesse initiale $v_0$.

Il résulte de là que, si on lance au point O simultanément divers projectiles *pour lesquels la constante* $\mathrm{K}^2$ *soit la même,* et qu'on fasse varier de l'un à l'autre l'angle $\theta_0$, si l'on décompose le mouvement de chacun suivant la tangente à la trajectoire au point O et la verticale, les espaces parcourus suivant ces deux directions seront respectivement égaux en temps égaux pour tous les projectiles. Cette propriété des courbes balistiques a été découverte par M. le colonel Astier. Elle peut se démontrer géométriquement.

Décomposons la vitesse $v$ du mobile en deux composantes parallèles aux axes ON, OZ'; soient $v_{x'}$, $v_{z'}$ les deux composantes. Appelons $j_{x'}$, $j_{z'}$ les accélérations projetées sur les mêmes axes. Nous aurons

$$\begin{aligned} j_{x'} &= -\mathrm{K}^2 v_{x'}, \\ j_{z'} &= g - \mathrm{K}^2 v_{z'}, \end{aligned}$$

équations de deux mouvements rectilignes qui peuvent se traiter à part, indépendamment l'un de l'autre. Le mouvement suivant ON sera le mouvement d'un point qui part avec la vitesse $v_0$, et n'est soumis qu'à la résistance du milieu proportionnelle à sa vitesse; le mouvement suivant OZ' est le mouvement d'un point qui part du repos, et qui tombe sous l'action de la pesanteur, en subissant la résistance du milieu. Ces deux mouvements sont entièrement définis, et définis de la même manière, quelle que soit la direction initiale du tir, pourvu que les constantes $K^2$ et $v_0$ soient les mêmes. Donc les mouvements suivant les droites ON et OZ' sont les mêmes pour tous les mobiles, qui parcourent en temps égaux les mêmes espaces en projection sur ces deux directions.

On a vu (t. III, § 50) qu'en supposant la résistance de l'air exprimée par la fonction $Av^3 + Bv^2$ de la vitesse, les *baisses* du projectile, comptées verticalement à partir de la *ligne de tir*, ne sont pas sensiblement influencées par les variations de l'inclinaison initiale. On voit que cette propriété, qui n'est qu'approximative, et qui suppose un tir presque horizontal, devient rigoureuse quand on admet que la résistance est proportionnelle à la vitesse.



CAS PARTICULIER DU MOUVEMENT D'UN POINT SUR UNE CIRCONFÉRENCE ET DU MOUVEMENT PROJETÉ SUR UN DIAMÈTRE.

55. Soit M un point qui décrit la circonférence AMO en faisant des aires égales en temps égaux autour du point O, pris sur cette circonférence. Cherchons l'accélération $j$ de ce mouvement. Elle a la direction MO en vertu du théorème des aires.

Soient C le centre de la circonférence, $CM = a$ le rayon; $\theta$ l'angle MOC qui définit la position du rayon vecteur OM. Nous désignerons par $r$ la longueur OM de ce rayon.

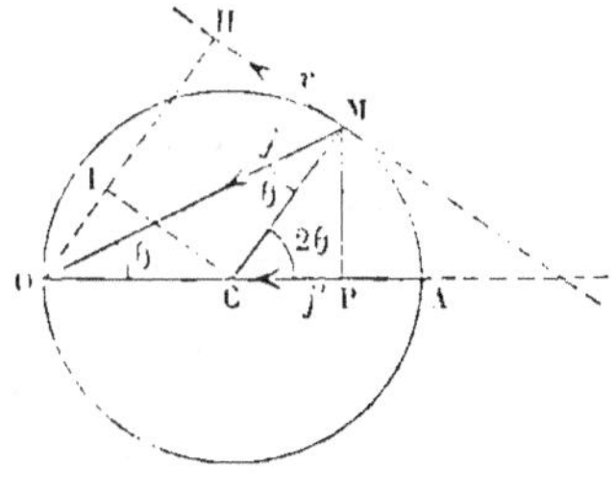

Fig. 41.

La distance $p = \mathrm{OH}$ du centre des aires à la tangente au cercle en M est égale à $\mathrm{OI} + \mathrm{IH}$, en abaissant la perpendiculaire CI sur OH. Or IH est égal à CM ou à $a$. OI est la projection de OC sur OI, qui est parallèle à CM, et fait avec OC l'angle $2\theta$. Donc $\mathrm{OI} = a \cos 2\theta$, et l'on a

$$p = a\,(1 + \cos 2\theta) = 2a \cos^2 \theta.$$

La vitesse $v$ est inversement proportionnelle à $p$, par la loi des aires ; posons donc

$$v = \frac{\mathrm{A}}{2a \cos^2 \theta}.$$

L'accélération totale $j$ a pour projection sur la normale CM,
$j \cos \theta = \dfrac{v^2}{a}$, $a$ étant le rayon de courbure.

Donc

$$j = \frac{v^2}{a \cos \theta} = \left( \frac{\mathrm{A}^2}{4a^2 \cos^4 \theta} \right) = \frac{\mathrm{A}^2}{4a^3 \cos^5 \theta}.$$

Voilà $j$ exprimé en fonction de $\theta$ ; il suffit d'exprimer $\theta$ en fonction de $r$.

Or

$$r = 2a \cos \theta.$$

Donc

$$a^3 \cos^5 \theta = a^3 \times \frac{r^5}{2^5 a^5} = \frac{r^5}{2^5 \times a^2},$$

et enfin

$$j = \frac{8a^2 \mathrm{A}^2}{r^5}.$$

L'accélération est donc proportionnelle à l'inverse de la cinquième puissance de la distance au point O.

Lorsque le mobile parvient au point O, sa vitesse $v$ et son accélération $j$ sont infinies : résultat qui indique une impossibilité. Il n'y a pas de force infinie, et on ne peut rien affirmer sur la continuité du mouvement, dès que la vitesse passe par l'infini, car la continuité est rompue par cette hypothèse.

On ne peut pas affirmer, par exemple, que le mobile parvenu en O avec une vitesse infinie traversera le point O pour décrire la demi-circonférence inférieure. Nous le montrerons en étudiant le mouvement du point P, projection du point M sur le diamètre OA.

Soit en effet $x = OP$. On aura pour l'accélération $j'$

$$j' = j \cos \theta,$$

et par conséquent

$$j' = \frac{A^2}{4a^5 \cos^4 \theta}.$$

On a de plus

$$x = r \cos \theta$$

et

$$r = 2a \cos \theta.$$

Donc

$$x = 2a \cos^2 \theta;$$

par suite

$$j' = \frac{A^2}{4a^5 \times \frac{x^2}{4a^2}} = \frac{A^2}{a x^2}.$$

Il résulte de là que le point P a une accélération proportionnelle à l'inverse du carré de la distance OP, ou, si l'on veut, qu'il subit de la part du point O l'attraction newtonienne.

L'accélération $j'$ est donc infinie au point O. Or il est évident d'après la figure que le point P, parvenu en O, ne passe pas au delà de ce point, mais qu'il rétrograde le long du diamètre OA, et cela, que le point M parcoure l'une ou l'autre des demi-circonférences que ce point O sépare.

La vitesse $v'$ du point P est d'ailleurs infinie au point O. Car $v'$ est la projection sur OA de la vitesse $v$, laquelle fait avec OA un angle égal à $\frac{\pi}{2} - 2\theta$. On a donc

$$v' = v \sin 2\theta = \frac{A}{2a \cos^2 \theta} \times 2 \sin \theta \cos \theta = \frac{A}{a} \tang \theta,$$

produit qui devient infini au point O, pour $\theta = \frac{\pi}{2}$.

Voilà donc un point P qui parvient au point O avec une vitesse infinie dans le sens PD, et *qui est réfléchi dans le sens OP avec une vitesse égale*, comme s'il avait choqué en O un ressort de puissance infinie. Cet exemple montre que la vitesse peut changer de sens, au point de vue analytique, aussi bien en passant par l'infini que par zéro ; il montre aussi que la loi de l'inertie, démontrée par des expériences où les vitesses et les forces restent toujours finies, ne peut être étendue au cas fictif où elles auraient des valeurs infiniment grandes.

Le mouvement du point P, qui est soumis à l'attraction newtonienne du point O, est en réalité un *mouvement elliptique* qui s'opère dans une ellipse infiniment aplatie ayant ses foyers en O et A. Le résultat donné par l'analyse est donc un résultat-limite, qui s'explique de lui-même.

Pour en revenir au premier problème, on voit que, puisque le mouvement du point P change de sens en atteignant le point O, rien ne prouve que le mouvement du point M n'en ferait pas autant en arrivant au même point ; la continuité étant rompue, on ne peut rien affirmer sur ce qui se passerait, et le mouvement du mobile M demeure indéterminé.

### PROPRIÉTÉS DU MOUVEMENT D'UN SYSTÈME MATÉRIEL QUELCONQUE.

56. Lorsqu'un système solide est en mouvement, il existe, dans chaque position du système, un plan qui est parallèle au plan homologue dans une position antérieure (t. I, § 518). M. J. Bertrand a découvert une propriété analogue pour le mouvement d'un système quelconque, sauf à considérer deux positions infiniment voisines, et, au lieu d'un plan indéfini, un élément plan infiniment petit. Le théorème a alors l'énoncé suivant :

*Dans tout système en mouvement, il existe à chaque instant et en chaque point du système un élément plan dont les molécules se transportent, au bout d'un temps infiniment petit, dans un plan parallèle à cet élément.*

Rapportons les positions successives du système à trois axes fixes rectangulaires, OX, OY, OZ.

Soit A un point du système, $x$, $y$, $z$ ses coordonnées à l'époque $t$; V sa vitesse, dont les composantes suivant les axes seront $u$, $v$, $w$. Imaginons autour du point A un élément plan P infiniment petit; soit N la normale à cet élément. Prenons dans l'intérieur de l'élément un second point A', qui aura pour coordonnées $x + \xi$, $y + \eta$, $z + \zeta$, expressions où $\xi$, $\eta$, $\zeta$ ont des valeurs absolues infiniment petites. Soit V' la vitesse en ce point, et $u'$, $v'$, $w'$ ses composantes. Le mouvement du système

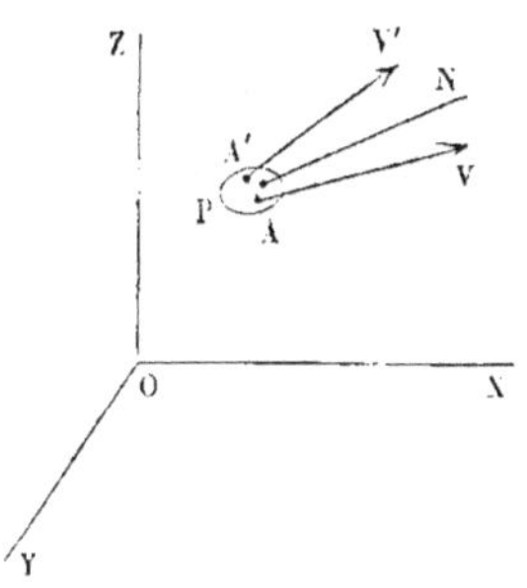

Fig. 42.

est supposé soumis à la loi de continuité, et $u$, $v$, $w$ sont des fonctions de $x$, $y$, $z$, qui deviennent respectivement égales à $u'$, $v'$, $w'$ quand les coordonnées reçoivent les accroissements infiniment petits $\xi$, $\eta$, $\zeta$.

Si les molécules contenues dans l'élément plan se trouvent au bout du temps $dt$ dans un plan parallèle, les projections des vitesses V et V' sur la normale N doivent être égales. Or, en appelant $\alpha$, $\beta$, $\gamma$ les angles que fait la normale N avec les trois axes, on a pour la vitesse V estimée suivant la direction N,

$$1 \qquad U = u \cos \alpha + v \cos \beta + w \cos \gamma.$$

On doit d'ailleurs exprimer que l'angle des directions N et AA' est droit, puisque N est normale au plan P qui contient AA': donc

$$2 \qquad \xi \cos \alpha + \eta \cos \beta + \zeta \cos \gamma = 0.$$

La vitesse V', estimée aussi suivant la normale, doit être encore égale à U. Mais U est une fonction de $x$, $y$, $z$, qui s'accroît de

$$\frac{dU}{dx}\, \xi + \frac{dU}{dy}\, \eta + dU\, \zeta,$$

quand les variables s'accroissent de $\xi$, $\eta$, $\zeta$, en négligeant les
puissances de ces accroissements. On aura donc

$$3)\qquad \frac{dU}{dx}\xi + \frac{dU}{dy}\eta + \frac{dU}{dz}\zeta = 0$$

pour la condition du parallélisme des deux plans. La direction AA′ étant arbitraire dans le plan P, on peut prendre
arbitrairement l'un des rapports $\frac{\eta}{\xi}$ : les deux équations (2) et
(3) doivent s'accorder pour donner la même valeur à l'autre
rapport $\frac{\zeta}{\xi}$. L'équation de condition pour qu'il en soit ainsi est

$$\frac{\frac{dU}{dx}}{\cos\alpha} = \frac{\frac{dU}{dy}}{\cos\beta} = \frac{\frac{dU}{dz}}{\cos\gamma},$$

ou bien, en développant les dérivées au moyen de l'équation (1),

$$(4)\quad \frac{\cos\alpha\,\frac{du}{dz} + \cos\beta\,\frac{dv}{dy} + \cos\gamma\,\frac{dw}{dx}}{\cos\alpha} = \frac{\cos\alpha\,\frac{du}{dy} + \cos\beta\,\frac{dv}{dy} + \cos\gamma\,\frac{dw}{dy}}{\cos\beta}$$

$$= \frac{\cos\alpha\,\frac{du}{dz} + \cos\beta\,\frac{dv}{dz} + \cos\gamma\,\frac{dw}{dz}}{\cos\gamma}.$$

Ces deux équations, jointes à la relation

$$\cos^2\alpha + \cos^2\beta + \cos^2\gamma = 1,$$

définissent les trois cosinus, c'est-à-dire l'orientation à donner
à l'élément. Il reste à faire voir que l'on trouvera toujours
pour les angles $\alpha$, $\beta$, $\gamma$ des valeurs réelles.

Soit $\lambda$ la valeur commune aux trois membres de la double
équation (4). On pourra les écrire sous la forme

$$(5)\quad \begin{cases} \left(\dfrac{du}{dx}-\lambda\right)\cos\alpha + \dfrac{dv}{dx}\cos\beta + \dfrac{dw}{dx}\cos\gamma = 0, \\[2mm] \dfrac{du}{dy}\cos\alpha + \left(\dfrac{dv}{dy}-\lambda\right)\cos\beta + \dfrac{dw}{dy}\cos\gamma = 0, \\[2mm] \dfrac{du}{dz}\cos\alpha + \dfrac{dv}{dz}\cos\beta + \left(\dfrac{dw}{dz}-\lambda\right)\cos\gamma = 0, \end{cases}$$

et, pour que ces équations fassent connaître les rapports des cosinus, et qu'elles admettent d'autre solution que la solution impossible qui consisterait à annuler les trois cosinus à la fois, il est nécessaire et il suffit d'égaler à zéro le déterminant des coefficients des inconnues, ce qui donne l'équation du troisième degré en $\lambda$ :

$$(6) \quad \begin{vmatrix} \dfrac{du}{dx} - \lambda \cdot & \dfrac{dv}{dx} \cdot & \dfrac{dw}{dx} \\[2ex] \dfrac{du}{dy}, & \dfrac{dv}{dy} - \lambda \cdot & \dfrac{dw}{dy} \\[2ex] \dfrac{du}{dz}, & \dfrac{dv}{dz}, & \dfrac{dw}{dz} - \lambda \end{vmatrix}$$

$$= \left(\frac{du}{dx} - \lambda\right)\left(\frac{dv}{dy} - \lambda\right)\left(\frac{dw}{dz} - \lambda\right) - \left(\frac{du}{dx} - \lambda\right)\frac{dw}{dy}\frac{dv}{dz}$$

$$- \left(\frac{dv}{dy} - \lambda\right)\frac{dw}{dx}\frac{du}{dz} - \left(\frac{dw}{dz} - \lambda\right)\frac{du}{dy}\frac{dv}{dx}$$

$$+ \frac{du}{dy}\frac{dv}{dz}\frac{dw}{dx} + \frac{du}{dz}\frac{dv}{dx}\frac{dw}{dy} = 0.$$

L'équation (6), étant du troisième degré en $\lambda$, a toujours au moins une racine réelle, et elle peut aussi en avoir trois. A chaque racine réelle correspond une détermination réelle des coefficients de l'équation (5), à laquelle correspondent des valeurs réelles des rapports des cosinus, et enfin des valeurs réelles et admissibles pour les cosinus eux-mêmes, puisque la relation $\cos^2\alpha + \cos^2\beta + \cos^2\gamma = 1$ les assujettit tous les trois à être numériquement moindres que l'unité. Donc enfin il y a en chaque point un ou trois systèmes de valeurs réelles des angles $\alpha$, $\beta$, $\gamma$ qui définiront l'orientation de l'élément P.

57. L'existence du plan P une fois constatée, prenons ce plan pour plan des XOY. On devra avoir alors pour les angles qui définissent la normale N, $\alpha = \beta = \dfrac{\pi}{2}$, $\gamma = 0$, ce qui entraîne $\cos\alpha = \cos\beta = 0$, $\cos\gamma = 1$, valeurs qui, substituées dans les équations (5), donnent

$$\frac{du}{dx} = 0 \cdot \quad \frac{du}{dy} = 0 \quad \text{et} \quad \frac{du}{dz} - \lambda = 0.$$

L'équation (6) se simplifie dans cette hypothèse, et, après suppression du facteur $\dfrac{dw}{dz} - \lambda$, donne pour les autres racines une équation du second degré qui conduit à la double valeur :

$$(7) \qquad \lambda = \frac{1}{2}\left(\frac{du}{dx} + \frac{dv}{du}\right) \pm \sqrt{\frac{1}{4}\left(\frac{du}{dx} - \frac{dv}{du}\right)^2 + \frac{du}{dy}\frac{dv}{dx}}.$$

Ces deux racines, qui peuvent être imaginaires, sont nécessairement réelles lorsque $\dfrac{dv}{dx}$ et $\dfrac{du}{dy}$ sont de même signe; car alors la quantité sous le radical est positive. S'il en est ainsi, à ces deux nouvelles valeurs réelles de $\lambda$ correspondent deux couples de valeurs réelles des angles $\alpha$, $\beta$, $\gamma$, qui définissent les deux autres plans dont le parallélisme est conservé dans le mouvement du système.

Il peut arriver que ces trois plans soient rectangulaires, et alors on peut prendre des plans parallèles pour plans coordonnés. Il faut alors que les équations (5) soient satisfaites pour les trois systèmes d'angles

$$\alpha = 0, \qquad \beta = \frac{\pi}{2}, \qquad \gamma = \frac{\pi}{2},$$

$$\alpha = \frac{\pi}{2}, \qquad \beta = 0, \qquad \gamma = \frac{\pi}{2},$$

$$\alpha = \frac{\pi}{2}, \qquad \beta = \frac{\pi}{2}, \qquad \gamma = 0.$$

Or nous avons vu tout à l'heure que la dernière hypothèse entraîne les conditions

$$\frac{dw}{dx} = 0, \qquad \frac{dw}{dy} = 0.$$

Les deux premières entraîneront de même les conditions

$$\frac{du}{dy} = 0, \qquad \frac{du}{dz} = 0,$$

$$\frac{dv}{dx} = 0, \qquad \frac{dv}{du} = 0.$$

Ces six équations de condition expriment que la fonction

$udx + vdy + wdz$ est une différentielle exacte, c'est-à-dire qu'il existe une fonction $\varphi$ des coordonnées $x$, $y$, $z$, dont les dérivées partielles sont respectivement égales aux composantes $u$, $v$, $w$ de la vitesse V du point.

La fonction différentielle $udx + vdy + wdz$ exprime le travail élémentaire d'une force dont les composantes seraient $u$, $v$, $w$, c'est-à-dire d'une force égale à V, lorsque son point d'application subit un déplacement $ds$ dont les composantes sont $dx$, $dy$, $dz$. S'il existe une fonction $\varphi$ des coordonnées telle que la différentielle de $\varphi$ soit égale à cette fonction

$$udx + vdy + wdz,$$

le travail total de la force V, pour un parcours quelconque de son point d'application, ne dépendra que des deux points extrêmes de ce parcours, et sera indépendant du trajet intermédiaire. Mais alors l'intégrabilité de la fonction

$$udx + vdy + wdz$$

subsiste quels que soient les axes rectangulaires auxquels on rapporte les positions du système. Il résulte de là que la propriété analytique de la fonction

$$udx + vdy + wdz,$$

bien qu'elle ait été reconnue en faisant usage d'un système d'axes particulier, subsiste encore pour tout autre système d'axes. Elle suppose d'ailleurs un cas très particulier : 1° les trois racines de l'équation en $\lambda$ doivent être réelles; 2° les trois plans correspondants à ces trois racines doivent être rectangulaires.

Continuons à prendre le plan XOY pour le plan P de l'élément qui conserve son parallélisme, et projetons sur ce plan le mouvement des molécules qui le traversent. Il suffira d'étudier les variations des coordonnées $x$ et $y$ de ces molécules.

Soient $x$ et $y$ les coordonnées d'un point A traversé à l'époque $t$ par une molécule; on fait abstraction de la troisième coordonnée. Au bout du temps $dt$, les coordonnées de la même molécule seront

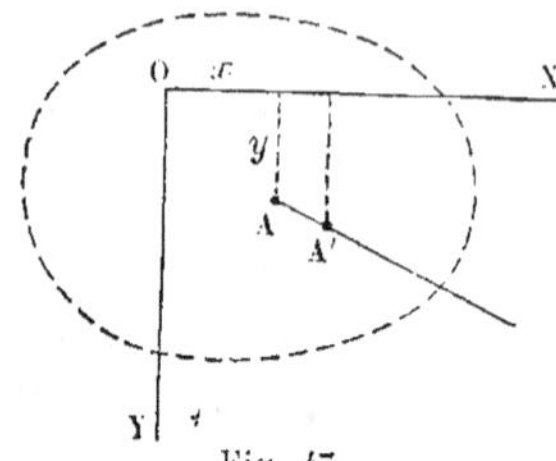


Fig. 45.

$$x + u\,dt, \quad y + v\,dt.$$

Soient de même $x + \xi$, $y + \eta$ les coordonnées, à l'époque $t$, de la molécule qui passe en A′, les différences $\xi$ et $\eta$ étant infiniment petites. Elles deviennent, au bout du temps $dt$,

$$(x + \xi) + \left(u + \frac{du}{dx}\xi + \frac{du}{dy}\eta\right)dt$$

et

$$(y + \eta) + \left(v + \frac{dv}{dx}\xi + \frac{dv}{dy}\eta\right)dt.$$

Soit $\alpha$ l'angle que fait à l'époque $t$ la droite AA′ avec l'axe OX. On aura à l'époque $t$

$$\tan \alpha = \frac{\eta}{\xi}, \quad \text{ou bien} \quad \alpha = \operatorname{arc\,tang} \frac{\eta}{\xi},$$

et à l'époque $t + dt$ l'angle sera devenu $\alpha + d\alpha$.

On aura pour la variation $d\alpha$ de l'angle

$$d\alpha = d\operatorname{arc\,tang}\frac{\eta}{\xi} = \frac{\xi\,d\eta - \eta\,d\xi}{\xi^2 + \eta^2}$$

$$= \frac{\left(\frac{dv}{dx}\xi^2 + \frac{dv}{dy}\xi\eta\right)dt - \left(\frac{du}{dx}\xi\eta + \frac{du}{dy}\eta^2\right)dt}{\xi^2 + \eta^2}.$$

Donc enfin

$$\frac{d\alpha}{dt} = \frac{\xi^2\dfrac{dv}{dx} + \xi\eta\left(\dfrac{dv}{dy} - \dfrac{du}{dx}\right) - \eta^2\dfrac{du}{dy}}{\xi^2 + \eta^2}$$

$$= \frac{dv}{dx}\cos^2\alpha + \left(\frac{dv}{dy} - \frac{du}{dx}\right)\cos a \sin \alpha - \frac{du}{dy}\sin^2\alpha.$$

Telle est l'expression de la *vitesse angulaire* de la droite

AA' autour du point A supposé fixe. Si sur la direction AA' on porte une longueur $r$ inversement proportionnelle à la racine carrée de la vitesse angulaire prise positivement, il viendra, en prenant le signe convenable pour le premier membre,

$$\pm \frac{1}{r^2} = \frac{dv}{dx} \cos^2 \alpha + \left(\frac{dv}{dy} - \frac{du}{dx}\right) \cos \alpha \sin \alpha - \frac{du}{dy} \sin^2 \alpha,$$

ou bien

$$\frac{dv}{dx} r^2 \cos^2 \alpha + \left(\frac{dv}{dy} - \frac{du}{dx}\right) r^2 \cos \alpha \sin \alpha - \frac{du}{dy} r^2 \sin^2 \alpha = \pm 1;$$

si l'on pose $r \cos \alpha = X$, $r \sin \alpha = Y$, il vient l'équation en coordonnées rectangles

$$\frac{dv}{dx} X^2 + \left(\frac{dv}{dy} - \frac{du}{dx}\right) XY - \frac{du}{dy} Y^2 = \pm 1.$$

Cette équation représente une courbe du second ordre ayant son centre au point A. C'est une ellipse lorsqu'on a

$$\left(\frac{dv}{dy} - \frac{du}{dx}\right)^2 < 4 \frac{dv}{dx} \frac{du}{dy}.$$

Alors $\frac{d\alpha}{dt}$ conserve le même signe pour toutes les valeurs de $\alpha$, et toutes les droites AA' tournent dans le même sens pendant le temps $dt$ autour du point A supposé fixe. Si, au contraire, on a

$$\left(\frac{dv}{dy} - \frac{du}{dx}\right)^2 > 4 \frac{dv}{dx} \frac{du}{dy}.$$

la courbe représentative des valeurs de $\frac{d\alpha}{dt}$ représente une hyperbole, en prenant le signe supérieur, et une seconde hyperbole, située dans les angles des asymptotes que la première laisse vides, si l'on prend l'autre signe. Dans ce cas, les molécules A' situées dans les angles des asymptotes opposés par le sommet tournent dans un sens autour du point A, tandis que les molécules situées dans les deux autres angles tournent autour du même point en sens contraire. Les molécules situées sur les asymptotes ne tournent pas. On remarquera que, dans ce dernier cas, les racines de l'équation (7) sont réelles, et qu'alors il existe en un même point trois éléments plans qui restent parallèles à eux-mêmes dans le déplacement commun du système, pendant un temps infiniment petit.

Ces résultats rentrent dans la théorie que l'on a nommée récemment *Cinématique des fluides*[1].

### LIGNES GÉODÉSIQUES D'UNE SURFACE DE RÉVOLUTION.

58. Si la surface de révolution est un cylindre droit à base circulaire, elle est développable, et les lignes géodésiques se transformeront sur le plan en lignes droites. Réenveloppées sur le cylindre, elles dessineront des hélices et, comme cas particulier, des génératrices rectilignes ou des cercles de section droite. Nous écarterons ce cas, où la solution est connue à priori.

Soit

$$(1) \qquad z = \varphi(r) = \varphi\left(\sqrt{x^2 + y^2}\right)$$

l'équation d'une surface de révolution autour de l'axe OZ ; $x$, $y$, $z$ sont les coordonnées d'un point, et $r$ sa distance à l'axe OZ.

Imaginons qu'un point M parcoure cette surface sans frottement, et sans être soumis à aucune force autre que la réaction normale. Il décrira une *ligne géodésique* (t. III, § 80).

La normale à la surface rencontre l'axe ; donc le théorème des aires est applicable en projection sur le plan XOY. Appelons

---

1. Voir à ce sujet une note de notre *Hydraulique* (2ᵉ édition, page 89. — Paris, Dunod, 1880), où l'on trouvera un beau théorème sur le mouvement permanent, dû à M. F.-G.-W. Baehr, professeur à l'École polytechnique de Delft.

θ l'angle polaire, dont la tangente trigonométrique est $\frac{y}{x}$. Il viendra

$$2, \qquad \frac{1}{2} r^2 d\theta = A dt,$$

en désignant par A la vitesse aréolaire constante.

De plus, comme il n'y a pas de travail, la vitesse du point M est constante. Le carré de la vitesse s'exprime, en admettant les coordonnées polaires $r$ et $\theta$ dans le plan XOY, et la coordonnée $z$ perpendiculaire à ce plan, par la fonction $\frac{dr^2 + r^2 d\theta + dz^2}{dt}$. On a donc, en appelant B une nouvelle constante,

$$3, \qquad dr^2 + r^2 d\theta + dz^2 = B^2 dt^2.$$

Élevant au carré l'équation (2), et divisant l'équation (3) par le carré de l'équation (2), on élimine $dt$ et il vient

$$\frac{dr^2 + rd\theta^2 + dz^2}{\frac{1}{4} r^4 d\theta^2} = \frac{B^2}{A^2} = C,$$

en appelant C une constante positive.

De l'équation (1) on tire

$$dz = \varphi' r \, dr,$$

valeur qui, substituée dans l'équation précédente, donne, en chassant le dénominateur,

$$dr^2 + r^2 d\theta^2 + \left( \varphi' r \right)^2 dr^2 = \frac{1}{4} C r^4 d\theta^2$$

pour l'équation polaire de la trajectoire, en projection sur le plan XOY.

Si on la résout par rapport à $d\theta$, il vient

$$4, \qquad d\theta = \pm \frac{dr}{r} \sqrt{\dfrac{1 + \left( \varphi' r \right)^2}{\frac{1}{4} C r^2 - 1}}.$$

et la solution s'achève par une quadrature, qu'on pourra toujours effectuer dès qu'on connaîtra la fonction $\varphi$, c'est-à-dire la forme de la surface.

On peut démontrer que, dans les surfaces de révolution, le produit du rayon $r$ par le sinus de l'angle $\varphi$ que fait la ligne géodésique avec le méridien, est constant en tous les points de la ligne.

Imaginons en effet un point matériel qui suive la ligne géodésique avec une vitesse $v$ constante. Le moment de la vitesse par rapport à l'axe OZ est constant. Or nous pourrons décomposer la vitesse $v$ en deux composantes rectangulaires, dont l'une $v \cos \varphi$ sera tangente au méridien, et l'autre $v \sin \varphi$ sera tangente au parallèle. Le moment de la première composante est nul, puisqu'elle est dans le plan de l'axe. Le moment de la seconde, qui est normale à l'extrémité du rayon $r$, est $v \sin \varphi \times r$. Donc on a

$$v r \sin \varphi = \text{constante.}$$

Il en résulte que $r \sin \varphi$ est constant, puisque le facteur $v$ est lui-même constant.

59. Appliquons ce théorème à la sphère. Soient P et P' les pôles, EE' l'équateur, O le centre de la sphère, $R = OM$ le rayon, et $\lambda$ la latitude d'un point M, ou le complément de l'angle POM. On aura pour le rayon du parallèle

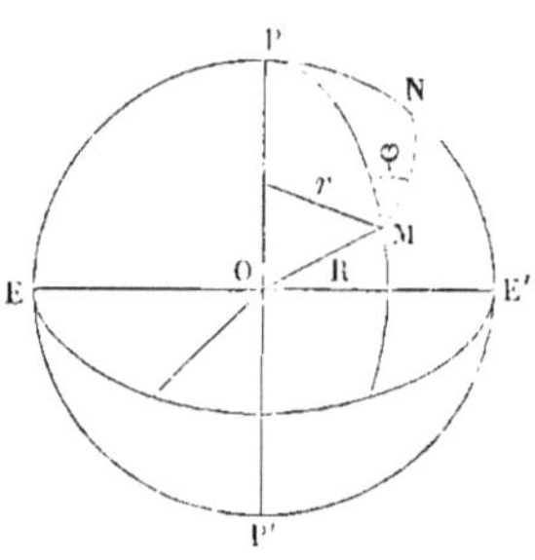

$$r = R \cos \lambda,$$

et la ligne géodésique sera définie par la condition

$$R \cos \lambda \sin \varphi = \text{constante,}$$

ou bien

$$\cos \lambda \sin \varphi = \text{constante,}$$

puisque R est constant.

Fig. 44.

Cette équation définit un arc de grand cercle MN ; car elle

revient à la proportion des sinus dans le triangle sphérique
PMN :

$$\frac{\sin PM}{\sin PNM} = \frac{\sin PN}{\sin PMN},$$

équation qu'on peut mettre sous la forme

$$\sin PM \times \sin PMN = \cos \lambda \sin \varphi = \cos \lambda_0 \sin \varphi_0,$$

en appelant $\lambda_0$ la latitude PN, et $\varphi_0$ l'angle azimutal PNM d'un
autre point de l'arc de grand cercle MN.

40. Remarques. — 1° On a démontré (t. III, § 82) que, tout le
long d'une ligne géodésique, le plan osculateur de la courbe
est normal à la surface. Il en résulte que tout méridien est une
ligne géodésique. et que, parmi les parallèles, celui pour
lequel le plan tangent à la surface est parallèle à l'axe de
révolution, est aussi une ligne géodésique.

Dans le premier cas, la constante A est nulle et la constante
C infinie ; l'équation (4) donne $d\theta = 0$.

Dans le second cas, on a $\varphi'(r)$ infini, avec $dr = 0$, ce qui
laisse $d\theta$ indéterminé.

Dans le cas général, les conditions de réalité du radical de
l'équation (4) feront connaitre des limites de $r$, et définiront les parallèles entre lesquelles la ligne géodésique est
comprise. Comme $dt$ est toujours positif, $d\theta$ doit conserver
toujours le même signe. et il faudra changer le signe du radical dans l'équation (4) toutes les fois que $r$ atteint une limite
au delà de laquelle $dr$ change de signe.

2° L'équation (4) intégrée fait connaitre en coordonnées polaires la projection de la courbe cherchée sur un plan XOY perpendiculaire à l'axe de révolution. Mais il sera ordinairement
plus commode de recourir pour le tracé de la courbe au mode
de représentation suivant.

Nous supposerons. pour fixer les idées, que la surface de révolution ait pour méridienne une courbe PA qui rencontre à
angle droit l'axe de révolution OZ en un point P, et nous appellerons ce point le pôle de la surface.

La méridienne PA a pour équation $z = \varphi(r)$, $z$ étant compté sur OZ à partir d'un point O quelconque, et $r$ étant l'ordonnée correspondante. Si l'on mène par OZ un plan OPB faisant avec

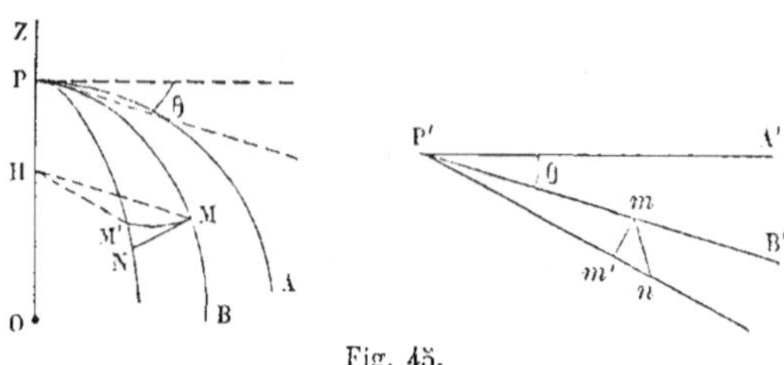

Fig. 45.

le plan OPA un angle $\theta$ quelconque, on aura une seconde position PB de la méridienne, et un point M aura pour coordonnées $OH = z$, $HM = r$.

Proposons-nous de faire sur le plan la représentation de la surface, sous la condition que les méridiens PA, PB,... soient représentés par des droites P′A′, P′B′,... émanant d'un même point P′ pris pour représenter le pôle, et que tous les angles soient conservés quand on passe de la surface au plan. Il faudra d'abord que les angles autour du point P′ soient les mêmes que les angles $\theta$ des plans qui rayonnent autour du point P. De plus, si l'on prend deux points infiniment voisins M et N sur la surface et leurs correspondants $m$ et $n$ sur le plan, il faudra que l'angle en N soit égal à l'angle en $n$. Cette condition nous donnera la loi de la représentation cherchée.

De la relation $z = \varphi(r)$ on peut déduire une relation entre le rayon $r$ du parallèle et l'arc $s = PM$ compté sur la méridienne. Soit $s = \psi(r)$ l'équation qui lie entre elles ces deux quantités. Si l'on trace l'élément MM′ de parallèle, on aura $MM' = r\,d\theta$ et $M'N = ds$. Donc l'angle N du triangle infiniment petit MM′N a pour tangente trigonométrique

$$\tan N = \frac{r\,d\theta}{ds}.$$

Pour définir les points $m$ du plan, nous emploierons les

angles polaires $mP'A'$, égaux à $\theta$, et les rayons vecteurs $P'm = h$. On aura dans le triangle $mm'n$, rectangle en $m'$,

$$\tan g\, n = \frac{hd\theta}{dh}.$$

L'égalité des angles exige donc qu'on ait $\tan g\, N = \tan g\, n$, ce qui revient à l'équation

$$\frac{dh}{h} = \frac{ds}{r}.$$

Comme $s$ est une fonction de $r$, on aura $ds = \psi'(r)dr$, et on trouvera $h$ en fonction de $r$, en intégrant l'équation

$$\frac{dh}{h} = \frac{\psi'(r)dr}{r}, \quad \text{ce qui donne} \quad h = h_0\, e^{\int \frac{\psi'r\,dr}{r}}.$$

Si, au lieu d'exprimer $s$ en fonction de $r$, on exprimait $r$ en fonction de $s$, au moyen d'une équation de la forme $r = f(s)$, on aurait à intégrer l'équation

$$\frac{dh}{h} = \frac{ds}{f(s)}.$$

Supposons cette intégration faite, sous une forme ou sous l'autre. Elle conduira à une équation qui exprimera $h$ en fonction de $r$ ou de $s$, et qui permettra de faire correspondre les points du plan à ceux de la surface.

Cela fait, il est facile de tracer sur le plan la transformée d'une ligne géodésique. En effet, l'équation d'une ligne géodésique est

$$r \sin \varphi = \text{constante}.$$

Si l'on se donne la constante, la ligne géodésique est déterminée dès qu'on en fait connaître un point. Cette équation exprime l'angle $\varphi$ en fonction de $r$, et par suite en fonction de $h$. Donc les angles $\varphi$, qui sont conservés sur le plan, sont donnés pour chaque distance $h$ au centre $P'$, et par conséquent on retombe sur le problème qui consiste *à tracer une courbe continue coupant sous des angles fonctions des rayons une série de circonférences concentriques.* C'est le problème inverse des épicycloïdes (t. I, § 146), et c'est aussi, comme on l'a vu, le problème des trajectoires décrites sous l'action d'une force centrale (t. V, § 17).

On reviendra ensuite de la ligne tracée sur le plan à la ligne qui lui correspond sur la surface, en passant des valeurs de $h$ en fonction de 0 aux valeurs correspondantes de $r$ ou de $s$ en fonction du même angle 0.

Cette solution s'étendrait sans difficulté au cas où la courbe méridienne ne rencontrerait pas l'axe de révolution, ou le couperait sous un angle autre que l'angle droit.

SURFACES DE NIVEAU DANS UN CAS PARTICULIER D'ÉQUILIBRE RELATIF.

41. Supposons que les molécules composant un fluide soient soumises à la loi de l'attraction mutuelle *proportionnelle aux distances.* On sait que, dans ce cas, l'attraction totale exercée par un système matériel sur un point matériel quelconque, extérieur ou intérieur, est la même que si la masse entière du système attirant était concentrée en son centre de gravité (t. II, § 220).

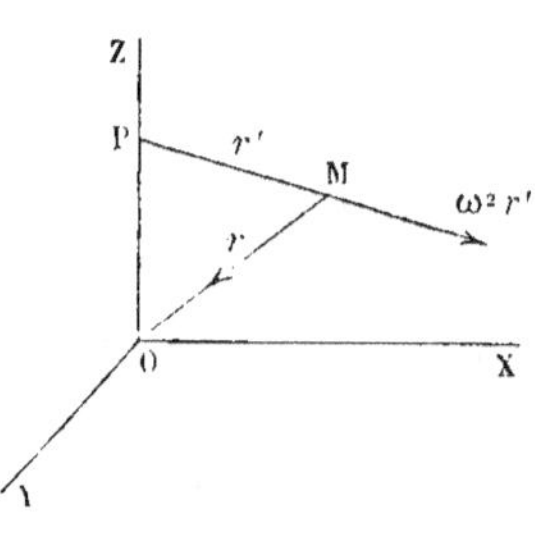

Fig. 46.

Nous allons chercher les surfaces de niveau d'un système fluide, soumis à l'attraction proportionnelle à la distance, et animé autour d'une droite fixe OZ, passant par son centre de gravité O, d'un mouvement de rotation uniforme. Soit $\omega$ la vitesse angulaire. Prenons pour axes l'axe de rotation OZ, puis deux autres axes rectangulaires, OX, OY, mobiles avec le système.

Un point M quelconque est en équilibre relatif sous l'action de deux forces, savoir : l'attraction du système, dirigée suivant MO et proportionnelle à la distance $MO = r$; et la force centrifuge, dirigée suivant le prolongement du rayon PM normal à l'axe OZ, et proportionnelle à ce rayon $r$. Rapportées à l'unité de masse, ces forces seront exprimées, la première par $K^2 r$, la seconde par $\omega^2 r'$.

Projetées sur les axes, elles donneront : la première, les composantes

$$- K^2 x, \; - K^2 y, \; - K^2 z,$$

la seconde, les composantes

$$+ \omega^2 x, \; + \omega^2 y, \quad 0.$$

L'équation des surfaces de niveau est donc

$$(\omega^2 - K^2) x \, dx + (\omega^2 - K^2) y \, dy - K^2 z \, dz = 0,$$

équation intégrable, et qui donne

$$1) \qquad (\omega^2 - K^2)(x^2 + y^2) - K^2 z^2 = \text{constante.}$$

Cette équation représente des surfaces de révolution autour de OZ, dont la méridienne dans le plan ZOX s'obtient en faisant $y = 0$.

Les courbes représentées par l'équation

$$2 \qquad (\omega^2 - K^2) x^2 - K^2 z^2 = \text{constante}$$

sont du second ordre, et elles ont pour axes principaux l'axe de révolution OZ et la perpendiculaire OX menée par le centre de gravité. Ce sont des hyperboles si $\omega > K$, des ellipses si $\omega < K$; enfin l'équation (2) représente une série de droites, et les surfaces de niveau sont des plans normaux à OZ, lorsque $\omega = K$. Dans ce cas particulier, la résultante des forces $K^2 r$ et $\omega^2 r'$ est parallèle à l'axe OZ.

Nous développerons la solution dans le second cas, celui où l'on a $\omega < K$. L'équation (2) devient alors

$$(K^2 - \omega^2) x^2 + K^2 z^2 = \text{constante,}$$

ce qu'on peut écrire

$$\frac{x^2}{K^2} + \frac{z^2}{K^2 - \omega^2} = 1,$$

en attribuant à la constante une valeur particulière, ce qui ne change pas la similitude de la courbe.

La méridienne des surfaces de niveau est donc semblable à une ellipse AB, dont le demi-axe OA est égal à K et le demi-axe OB égal à $\sqrt{K^2 - \omega^2}$. Si du point B comme centre, avec un rayon égal à OA, on décrit un arc de cercle, il coupe la droite OA au foyer F de l'ellipse. On a donc OF $= \omega$. Ainsi la demi-excentricité de l'ellipse est égale à la vitesse angulaire, et le demi grand axe est égal à la racine carrée du coefficient $K^2$ de l'attraction totale.

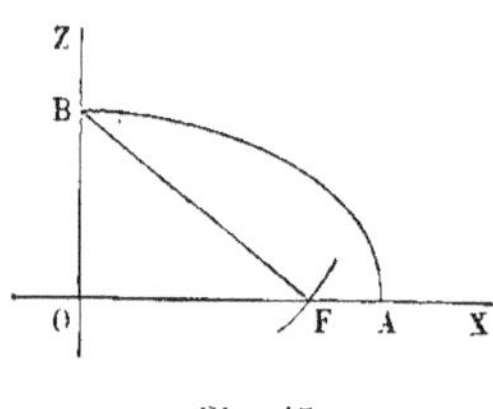


Fig. 47.

L'aplatissement relatif, commun à toutes les surfaces de niveau, est le rapport

$$\frac{OA - OB}{OA} = \frac{K - \sqrt{K^2 - \omega^2}}{K} = 1 - \sqrt{1 - \left(\frac{\omega}{K}\right)^2},$$

quantité sensiblement égale à $\frac{1}{2}\frac{\omega^2}{K^2}$, si le rapport $\frac{\omega}{K}$ est suffisamment petit.

Le rayon de courbure de la courbe en A est égal à $\frac{K^2 - \omega^2}{K} = K - \frac{\omega^2}{K}$ ; en B il est égal à $\frac{K^2}{\sqrt{K^2 - \omega^2}}$ ; si $\frac{\omega}{K}$ est très petit, ce dernier rapport est sensiblement égal à $K + \frac{1}{2}\frac{\omega^2}{K}$ ; de sorte que la somme du rayon de courbure au sommet A et du double du rayon de courbure au sommet B est égale à 5K.

La loi d'attraction que nous avons admise dans ce problème

n'est pas celle qu'on observe en réalité. L'analyse qu'on vient de présenter s'applique cependant, à titre d'approximation grossière, au globe terrestre. On sait que l'attraction à l'intérieur du globe serait proportionnelle à la distance au centre, si le globe était rigoureusement sphérique et formé de couches sphériques homogènes. La divergence entre les deux lois d'attraction, pour un point intérieur au globe, résulte donc seulement du renflement équatorial qui altère la forme sphérique, et des variations de densité qui peuvent avoir lieu en divers points d'une même couche. Si donc on applique au globe terrestre le calcul fondé sur l'hypothèse d'une attraction proportionnelle à la distance au centre, on obtiendra un résultat inexact, mais cependant peu différent du vrai résultat, par suite de la faible influence de ces circonstances perturbatrices.

La vitesse angulaire du globe, $\omega$, est égale à $0,000073$. Pour calculer $K^2$, remarquons qu'à l'équateur l'attraction du globe sur un point de masse égale à l'unité est égale à la valeur $g'$ de l'accélération $g$, quand on laisse de côté la force centrifuge, qu'on doit ici compter à part. On a donc, en appelant R le rayon équatorial,

$$K^2 R = g' = g + \omega^2 R.$$

Si l'on fait $g = 9^m,815$ et $R = 6\,376\,821^m$ (t. III, § 201), on trouve

$$K = \sqrt{\frac{g'}{R}} = 0,00124063,$$

et l'aplatissement relatif $\dfrac{1}{2}\dfrac{\omega^2}{K^2}$ est égal à $\dfrac{\omega^2 R}{2g'} = 0,001731$, soit $\dfrac{1}{577}$. L'aplatissement observé est d'environ $\dfrac{1}{300}$. L'erreur relative est d'environ moitié; mais, si l'on a en vue seulement la forme générale du globe terrestre, les deux résultats s'accordent à faire reconnaître qu'elle est très peu différente de la sphère.

## MOMENTS D'INERTIE. — DISTRIBUTION DES AXES PRINCIPAUX DANS LE PLAN.

42. Etant donné un système de points matériels situés dans un plan, on pourra toujours trouver le centre de gravité O de ce système et les directions OX, OY de ses axes principaux. Si l'on appelle $x$, $y$ les coordonnées du point de masse $m$, le système d'axes OX, OY satisfera aux trois conditions

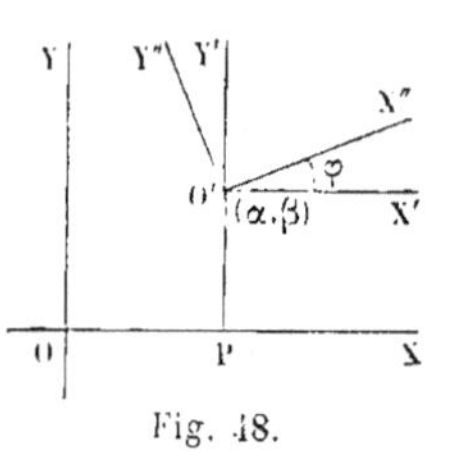

Fig. 48.

$$(1) \qquad \sum mx = 0, \quad \sum my = 0, \quad \sum mxy = 0,$$

les sommes indiquées étant étendues à tous les points donnés.

Cherchons les directions des axes principaux pour un point $O'$ quelconque, défini par ses coordonnées $\alpha$ et $\beta$. Pour cela, nous commencerons par transporter les axes OX, OY parallèlement à eux-mêmes en $O'X'$ et $O'Y'$; ensuite nous ferons tourner ces axes autour du point $O'$ d'un angle $\varphi$, tel, que la somme analogue à $\Sigma mxy$, prise pour les nouveaux axes, soit égale à zéro.

Soient $x'$, $y'$ les coordonnées du point $(x, y)$, rapportées aux axes $O'X'$, $O'Y'$. Il viendra d'abord

$$(2) \qquad \begin{cases} x' = x - \alpha, \\ y' = y - \beta, \end{cases}$$

et par conséquent

$$\begin{aligned} x'y' &= xy - \alpha y - \beta x + \alpha\beta, \\ x'^2 &= x^2 - 2\alpha x + \alpha^2, \\ y'^2 &= y^2 - 2\beta y + \beta^2; \end{aligned}$$

multipliant par $m$, et faisant la somme étendue à tous

les points, on a, en tenant compte des équations (1),

$$\sum mx'y' = \sum mxy - \alpha \sum my - \beta \sum mx + \sum m\alpha\beta = M\alpha\beta,$$

$$(5) \qquad \sum mx'^2 = \sum mx^2 - 2\alpha \sum mx + \alpha^2 \sum m = \sum mx^2 + M\alpha^2.$$

$$\sum my'^2 = \sum my^2 + M\beta^2.$$

M représente la masse totale du système de points.

Pour passer des axes $O'X'$, $O'Y'$ aux axes $O'X''$, $O'Y''$, on appellera $x''$, $y''$ les coordonnées du point $x'$, $y'$, et on aura, en exprimant les nouvelles coordonnées en fonction des anciennes,

$$(4) \qquad \begin{cases} x'' = x' \cos \varphi + y' \sin \varphi, \\ y'' = y' \cos \varphi - x' \sin \varphi. \end{cases}$$

Donc

$$x''y'' = x'y' \cos^2\varphi + y'^2 \sin\varphi \cos\varphi - x'^2 \cos\varphi \sin\varphi - y'x' \sin^2\varphi$$

$$= \frac{1}{2}(y'^2 - x'^2) \sin 2\varphi + x'y' \cos 2\varphi.$$

Multiplions par $m$, et faisons la somme pour la totalité des points. Il viendra

$$\sum mx''y'' = \frac{1}{2} \sin 2\varphi \left( \sum my'^2 - \sum mx'^2 \right) + \cos 2\varphi \sum mx'y'.$$

On peut déterminer $\varphi$ de telle sorte que la somme $\sum mx''y''$ devienne nulle. Il suffit en effet de faire

$$\tan 2\varphi = \frac{2 \sum mx'y'}{\sum mx'^2 - \sum my'^2}.$$

Remplaçons $\sum mx'^2$ par $M\rho_y^2$, en appelant $\rho_y$ le rayon de giration du système matériel par rapport à l'axe OY; et de même $\sum my'^2$ par $M\rho_x^2$. Il vient

$$\tan 2\varphi = \frac{2M\alpha\beta}{M(\rho_y^2 + \alpha^2) - M(\rho_x^2 + \beta^2)} = \frac{2\alpha\beta}{\rho_y^2 - \rho_x^2 + \alpha^2 - \beta^2}.$$

Cette équation, d'où la masse M a disparu, fait connaitre

pour tang $2\varphi$ une valeur unique. A cette valeur correspondent pour l'angle $2\varphi$ une infinité de valeurs équidifférentes, et dont la différence est égale à $\pi$; si l'on en prend les moitiés, on aura pour $\varphi$ des angles qui différeront de $\dfrac{\pi}{2}$, et qui définiront seulement deux directions rectangulaires. Ce seront les directions des axes principaux au point O'.

On voit que l'on a tang $2\varphi = 0$, c'est-à-dire $\varphi = 0$ et $\varphi = \dfrac{\pi}{2}$, pour tous les points des axes principaux OX, OY, qui passent au centre de gravité. Car alors l'un des facteurs du produit $\alpha\beta$ est nul. On sait en effet que les axes principaux OX, OY qui passent au centre de gravité, sont principaux en tous leurs points.

Si les rayons de giration $\rho_x$ et $\rho_y$ sont égaux, l'ellipse centrale d'inertie se réduit à une circonférence, et toute droite passant par O est un axe principal. Dans ce cas, les droites menées par le point O, et les droites qui leur sont perpendiculaires, forment un système d'axes principaux pour leur intersection.

On a dans ce cas

$$\text{tang } 2\varphi = \frac{2\alpha\beta}{\alpha^2 - \beta^2},$$

ce qui donne $\text{tang}\,\varphi = \dfrac{\alpha}{\beta}$ pour une des racines et $\text{tang }\varphi = -\dfrac{\beta}{\alpha}$ pour l'autre.

43. Si l'on suit à partir du point O' la direction O'X'' de l'un des axes principaux en ce point, puis qu'on répète la construction en un point O'' infiniment voisin, et ainsi de suite indéfiniment, on tracera sur le plan une courbe continue, dont les tangentes et les normales seront en chaque point les axes principaux correspondants. On peut faire la même construction aussi sur O'Y'' et sur les normales à la courbe déjà tracée, de sorte qu'on arrive à découper le plan par deux systèmes de courbes orthogonales, tangentes aux axes prin-

cipaux de tous leurs points d'intersection. Dans cette hypothèse on a

$$\operatorname{tang} \varphi = \frac{d\beta}{d\alpha},$$

et par conséquent

$$\operatorname{tang} 2\varphi = \frac{2\,\dfrac{d\beta}{d\alpha}}{1 - \dfrac{d\beta^2}{d\alpha^2}} = \frac{2\,d\alpha\,d\beta}{d\alpha^2 - d\beta^2},$$

de sorte que les deux familles de courbes orthogonales sont définies par l'équation différentielle du premier ordre et du second degré en $\dfrac{d\beta}{d\alpha}$

$$\frac{2\,d\alpha\,d\beta}{d\alpha^2 - d\beta^2} = \frac{2\alpha\beta}{\rho_y^2 - \rho_x^2 + \alpha^2 - \beta^2}.$$

En tous les points de l'hyperbole définie par l'équation

$$\alpha^2 - \beta^2 = \rho_x^2 - \rho_y^2,$$

tang $2\varphi$ est infinie : ce qui montre que les axes principaux ont la direction $\varphi = \dfrac{\pi}{4}$, $\varphi = \dfrac{5\pi}{4}$, et sont parallèles aux bissectrices des angles des axes OX, OY. Cette hyperbole coupe l'un ou l'autre de ces axes, suivant le signe de la différence $\rho_x^2 - \rho_y^2$, en deux points symétriquement placés par rapport au point O. En ces points, il y a un double système d'axes principaux: car, l'un des facteurs $\alpha$ et $\beta$ étant nul, les axes principaux sont parallèles aux axes OX, OY; et le point appartenant à l'hyperbole, les axes principaux doivent être aussi, par le principe de continuité, parallèles aux bissectrices de ces mêmes axes. Donc, *en ces deux points d'intersection, l'ellipse d'inertie se réduit à un cercle.* On peut vérifier, en effet, que si l'on a par exemple $\beta = 0$, $\alpha = \sqrt{\rho_x^2 - \rho_y^2}$, les deux moments d'inertie $\Sigma m x'^2$, $\Sigma m y'^2$ sont tous deux égaux à $\Sigma m \rho_y^2$.

11. La même théorie peut être faite pour l'espace. On

commencera par transporter les *axes naturels* OX, OY, OZ, menés par le centre de gravité O, parallèlement à eux-mêmes en un point O' : ce qui altérera les trois sommes $\Sigma mx'^2$, $\Sigma my'^2$, $\Sigma mz'^2$, et ce qui donnera des valeurs aux sommes $\Sigma mx'y'$, $\Sigma my'z'$, $\Sigma mz'x'$. Puis on fera tourner les axes O'X', O'Y', O'Z' autour du point O, en cherchant l'orientation qu'il faut leur donner pour réduire à zéro les sommes $\Sigma mx''y''$, $\Sigma my''z''$, $\Sigma mz''x''$ prises pour ces nouveaux axes. Il faudra trois angles pour définir la position de ces axes par rapport aux précédents, et par conséquent on aura trois équations qui feront connaître les positions des axes principaux en fonction des coordonnées $\alpha$, $\beta$, $\gamma$ de la nouvelle origine.

Les axes naturels OX, OY, OZ sont principaux en tous leurs points, et les plans principaux du point O conservent leur parallélisme pour tous les points pris sur l'un de ces axes. Si l'ellipsoïde central d'inertie est une sphère, trois plans rectangulaires conduits par le point O forment un système de plans principaux, et on obtient encore des plans principaux en déplaçant le trièdre trirectangle parallèlement à lui-même, le long d'une de ses arêtes.

Mais tandis que, dans le plan, il existe toujours deux points, symétriquement placés par rapport au centre de gravité, pour lesquels l'ellipse d'inertie devient un cercle (quand l'ellipse centrale n'est pas elle-même une circonférence), il n'existe pas toujours, pour un système matériel dans l'espace, des points où l'ellipsoïde d'inertie soit une sphère.

En effet, soient $\alpha$, $\beta$, $\gamma$ les coordonnées d'un point O' pour lequel l'ellipsoïde d'inertie serait une sphère. Alors les moments d'inertie par rapport à des axes quelconques menés par ce point seraient égaux. Prenons les axes parallèles aux axes principaux de l'origine. L'égalité des moments d'inertie par rapport aux axes entraîne l'égalité des moments d'inertie par rapport aux plans des axes pris deux à deux. On aura donc

$$\sum mx'^2 = \sum my'^2 = \sum mz'^2,$$

ou bien

$$\sum m x^2 + M \alpha^2 = \sum m y^2 + M \beta^2 = \sum m z^2 + M \gamma^2.$$

D'un autre côté, les nouveaux plans coordonnés étant principaux, comme les anciens, on a

$$\sum m x' y' = 0, \quad \sum m y' z' = 0, \quad \sum m x' z' = 0,$$

c'est-à-dire

$$M \alpha \beta = 0, \quad M \beta \gamma = 0, \quad M \alpha \gamma = 0.$$

Donc deux des trois coordonnées $\alpha$, $\beta$, $\gamma$ sont nécessairement nulles. Soit par exemple $\beta = 0$, $\gamma = 0$. Les premières équations se réduisent à

$$\sum m x^2 + M \alpha^2 = \sum m y^2 = \sum m z^2,$$

et il faut, pour qu'on trouve une valeur de $\alpha$ qui satisfasse à ces conditions, que l'on ait $\Sigma m y^2 = \Sigma m z^2$, c'est-à-dire que l'ellipsoïde central soit de révolution autour de l'axe OX.

## FORME DE L'HERPOLODIE DE POINSOT.

45. Poinsot, et, d'après lui, tous ceux qui ont exposé la théorie du mouvement d'un solide autour d'un point fixe quand il n'y a pas de force appliquée au corps, ont admis que l'*herpolodie*, c'est-à-dire la courbe décrite par le pôle instantané sur le plan invariable, était une courbe ondulée, servant de base à un *cône à cannelures*.

M. le comte de Sparre, professeur à l'Université catholique de Lyon, a le premier reconnu par le calcul qu'il n'en est pas ainsi, et que l'herpolodie n'a pas de points d'inflexion ; de sorte que sa courbure est toujours de même sens, la concavité de la courbe regardant toujours le pied de la normale abaissée du point fixe sur le plan invariable. Ce résultat est contenu dans un mémoire où le savant auteur applique aux problèmes de la rotation d'un solide et du pendule conique l'analyse des fonctions elliptiques, déjà employée par M. Hermite pour l'étude de ces questions [1].

M. Mannheim a donné du même théorème une démonstration géométrique dans les *Comptes rendus de l'Académie des Sciences* des 6 et 13 avril 1885. Il a reconnu, par la simple géométrie, que l'herpolodie de Poinsot, obtenue en faisant rouler sur un plan un ellipsoïde qui satisfait aux inégalités $A < B + C$, $B < A + C$, $C < B + A$ (t. III, § 241), ne peut avoir ni point de rebroussement, ni point d'inflexion.

La question a été depuis reprise par plusieurs auteurs : MM. de Saint-Germain [2], Franke [3], etc.

On trouvera des recherches très intéressantes sur la théorie de Poinsot et sur le mouvement d'un corps pesant de révolution fixé par un point de son axe dans les communications de M. Darboux à l'Académie des Sciences, des 29 juin, 6 et 20 juillet 1885, et de M. Halphen, du 20 avril 1885.

## PREUVES MÉCANIQUES DE LA ROTATION DE LA TERRE.

46. Sous ce titre, M. Ph. Gilbert, professeur à l'université de Louvain, a passé en revue et discuté les divers modes d'expérience qu'on a employés à diverses époques pour mettre en évidence la rotation du globe terrestre [4].

Il a signalé de nombreuses anomalies dans les résultats bruts observés par Reich, en 1831, aux mines de Freiberg, expériences qui ont consisté essentiellement à laisser tomber dans un puits une balle pesante, et à constater la déviation qu'elle subit (t. III, § 205). En réalité, l'accord annoncé entre la théorie et l'observation n'est obtenu qu'en prenant des

---

1. *Sur le mouvement d'un solide autour d'un point fixe et sur le pendule conique*, par le comte de Sparre, extrait des Annales de la Société scientifique de Bruxelles, 9ᵉ année, 1885. — *Comptes rendus de l'Académie des sciences*, 24 novembre 1884.
2. *Comptes rendus* du 27 avril 1885.
3. *Comptes rendus* du 29 juin 1885.
4. *Revue des questions scientifiques*, avril 1882 (Bruxelles).

moyennes entre des résultats très discordants, et en élaguant un certain nombre d'observations qui auraient altéré trop notablement la moyenne, sans qu'il y eût d'ailleurs aucune objection contre leur admission au même titre que les autres. La conclusion de M. Gilbert est que ces expériences sont à refaire, mais qu'elles supposent des mesures si délicates, et qu'elles comportent de telles chances d'erreur, qu'il y a peu d'espoir d'en tirer des conclusions valables.

Le *pendule* de Foucault, et ses expériences au Panthéon, en 1851, bientôt après le *gyroscope* du même auteur, puis le *pendule gyroscopique* de M. Sire, enfin le *gyrobaroscope* de M. Gilbert, construit par M. Ducrétet, sont des appareils qui permettent d'atteindre une bien plus grande précision dans les mesures, et de constater d'une manière de plus en plus exacte l'accord de la théorie et des faits observés en ce qui concerne la rotation du globe terrestre.

QUELQUES REMARQUES SUR LA DYNAMIQUE.

47. Nous avons étudié, au Congrès de l'Association française à la Rochelle, séance du 28 août 1882, le *mouvement d'un point pesant sur une corde du globe terrestre*, en supposant le globe homogène. On reconnaît facilement que ce mouvement est oscillatoire, et que *la durée du parcours*,

$$t = \pi \sqrt{\frac{a}{g}}$$

(équation où $a$ désigne le rayon de la sphère terrestre), *est indépendante de la corde considérée* (abstraction faite des petites variations de $g$). Ce résultat n'est pas altéré quand on suppose un frottement proportionnel à la pression normale : le trajet est raccourci, mais la durée du trajet reste la même.

Au Congrès de Grenoble en 1885, séance du 14 août, nous avons retrouvé une expression semblable;

$$T = 2\pi \sqrt{\frac{a}{g}},$$

*pour la durée du tour entier du cercle d'horizon qu'on aperçoit d'un point* S, *avec la vitesse due à la hauteur de ce point* S, de sorte que cette durée est indépendante de la hauteur ; elle varie à peine d'un point à l'autre de la surface du globe. La formule peut s'étendre à une hauteur de chute quelconque, moyennant la substitution d'un cercle équivalent, comme surface, à la calotte sphérique vue du point de départ.

La quantité $\sqrt{\dfrac{g}{a}}$ est une vitesse angulaire, $\omega$. Cette vitesse, calculée en faisant usage de la valeur de $g$ qui correspond à l'*attraction*, abstraction faite de la force centrifuge due au mouvement de rotation de la terre, est le moyen mouvement d'un *satellite-limite*, qui raserait la surface du globe en décrivant un grand cercle de la sphère. En appliquant à ce satellite fictif et à la lune la troisième loi de Kepler, on retrouve la distance moyenne de la lune à la terre, si l'on suppose connue la durée de la révolution sidérale de notre satellite.

Si l'on considère une planète et le soleil, et qu'on appelle $a$ le rayon de la planète, $t$ la durée du tour d'horizon, A le rayon du soleil, $\theta$ la durée du tour d'horizon sur la surface solaire, L la moyenne distance de la planète au soleil, et T la durée de la révolution, on a entre ces six quantités la relation

$$\frac{a^3}{t^2}+\frac{A^3}{\theta^2}=\frac{L^3}{T^2}\cdot$$

Enfin *le produit de la durée du tour d'horizon pour une planète quelconque par la racine carrée de la densité moyenne de cette planète est constant pour toutes les planètes.*


### SUR LE MOUVEMENT ELLIPTIQUE DES PLANÈTES.


48. Imaginons un point mobile M qui parcourt une certaine trajectoire AB. Soit, à un instant donné, $v$ sa vitesse, dirigée suivant la tangente MT, et $j$ son accélération totale,

dirigée suivant la ligne MS, qui est contenue dans le plan osculateur au point M. Soit $\mu$ l'angle SMT de l'accélération avec la vitesse ; soit enfin $\rho$ le rayon de courbure de la trajectoire, MN la normale principale, et C le centre de courbure. La composante normale de l'accélération, $j \sin \mu$, sera égale à $\dfrac{v^2}{\rho}$, et par suite

$$\rho \sin \mu = \frac{v^2}{j}.$$

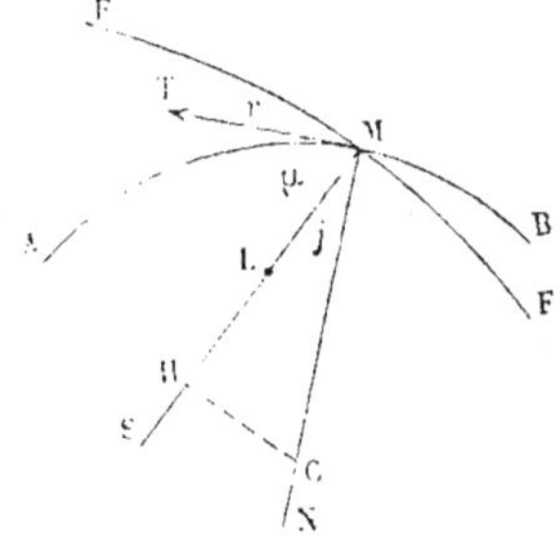


Fig. 49.

La quantité $\dfrac{v^2}{j}$ peut être considérée comme la hauteur qui serait due à la vitesse $v$, en supposant que l'accélération $j$ reste constante pendant tout le parcours de cette hauteur. Si donc on projette le point C en H sur la direction de l'accélération totale et qu'on prenne le milieu L du segment MH, la longueur ML est la hauteur due à la vitesse $v$, dans l'hypothèse où l'accélération $j$ remplacerait l'accélération $g$ de la pesanteur.

Supposons de plus que le problème du mouvement du point M admette des surfaces de niveau, ce qui exige que les accélérations $j$ soient définies pour chaque point de l'espace ; si l'on fixe la valeur de la vitesse $v$ pour l'une de ces surfaces, il en résulte qu'en tout point M de l'espace on connaîtra à la fois la valeur de l'accélération $j$, normale à la surface de niveau EF qui passe en ce point, et la valeur de la vitesse $v$ ; on connaîtra par suite la quantité $\dfrac{v^2}{j} = $ MH, qu'on pourra porter sur la direction de l'accélération totale. Menons par le point H un plan normal à MH ; ce plan contiendra le point C, centre de courbure au point M de la trajectoire du point mobile, quelle qu'elle soit, et l'on obtient ce théorème :
*Quand il y a des surfaces de niveau et que la vitesse du point mobile est connue en grandeur pour chaque point de l'espace, le centre de courbure de toute trajectoire qui passe*

*en un point donné est contenu dans un plan qu'on peut construire à priori.*

49. Cette remarque trouve son application dans la théorie du mouvement elliptique des planètes.

Soient O le centre d'attraction, que nous supposerons fixe;

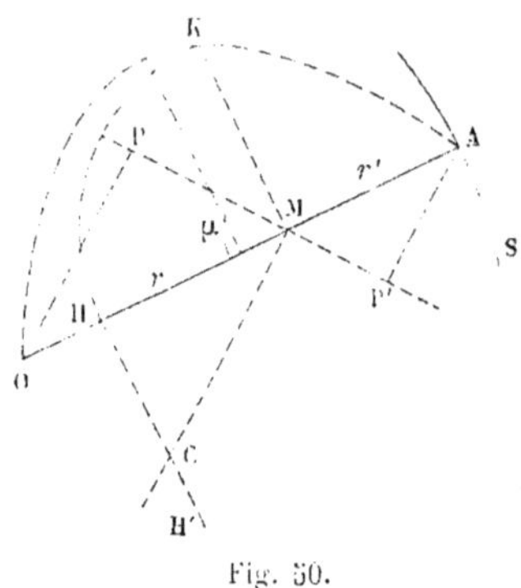

Fig. 50.

M la position, à une certaine époque, du point mobile, à la distance $OM = r$ du centre fixe.

L'accélération $j$ du point M est, par hypothèse, dirigée suivant MO, et s'exprime par la fonction $\dfrac{K}{r^2}$, K étant une constante. Les surfaces de niveau sont ici des sphères décrites de O comme centre; et si l'on donne la vitesse $v$ à la distance $OM = r$, la vitesse sera connue pour tout point de l'espace.

L'équation des forces vives appliquée au mouvement du point donne dans ces conditions

$$v^2 - v_0^2 = -2\mathrm{K} \int_{r_0}^{r} \frac{dr}{r^2} = 2\mathrm{K}\left(\frac{1}{r} - \frac{1}{r_0}\right),$$

équation qu'on peut mettre sous la forme

$$(1) \qquad v^2 = 2\mathrm{K}\left(\frac{1}{r} - \frac{1}{2a}\right)$$

en déterminant la quantité $a$ par la relation

$$(2) \qquad \frac{1}{2a} = \frac{2\mathrm{K}}{r_0} - v_0^2.$$

Suivant qu'on aura $v_0^2 < \dfrac{2\mathrm{K}}{r_0}$, $v_0^2 = \dfrac{2\mathrm{K}}{r_0}$, $v_0^2 > \dfrac{2\mathrm{K}}{r_0}$, $a$ sera positif, infini ou négatif. Nous supposerons ici que le premier cas ait lieu, de sorte qu'on obtiendra une certaine longueur positive $2a$ satisfaisant à la condition (2).

S'il en est ainsi, on aura $v = 0$ pour $r = 2a$, et si l'on prend $OA = 2a$, tous les points de la sphère S décrite du point O comme centre avec OA pour rayon correspondent à une vitesse nulle du point mobile. La vitesse $v$ en un point quelconque du rayon OA est donnée par l'équation (1), qu'on peut mettre sous la forme

$$5 \qquad v^2 = 2\mathrm{K}\left(\frac{2a-r}{2ar}\right) = \frac{\mathrm{K}}{a}\frac{r'}{r},$$

en appelant $r'$ la distance MA du point M à la surface de niveau de vitesse nulle.

Formons la quantité $\dfrac{v^2}{j}$ ; il viendra

$$(4) \qquad \frac{v^2}{j} = \frac{\left(\dfrac{\mathrm{K}}{a}\dfrac{r'}{r}\right)}{\left(\dfrac{\mathrm{K}}{r^2}\right)} = \frac{rr'}{a}.$$

On voit que la hauteur due à la vitesse $v$, sous l'accélération $j$, est proportionnelle au produit des deux segments OM, MA. dans lesquels le point M divise le rayon OA. Le maximum de ce produit a lieu pour $r = r'$, c'est-à-dire au milieu de OA ; on a alors $\dfrac{v^2}{j} = a$.

Construisons la parabole $y = \dfrac{rr'}{a} = \dfrac{r(2a-r)}{a}$, qui passe par les points O et A, et qui a pour ordonnée, au milieu de OA, la moitié de la distance OA. Si l'on rabat MK en MH sur la direction de l'accélération, le centre de courbure de la trajectoire au point M, quelle qu'elle soit, sera situé sur la droite HH' perpendiculaire à OA, en supposant que le mouvement s'opère dans le plan de la figure.

On peut trouver cette quantité MH sans tracer la parabole OKA.

Du point A menons une tangente AS au cercle décrit de O comme centre avec $OM = r$ pour rayon. Abaissons SP perpendiculairement sur OA. Il viendra

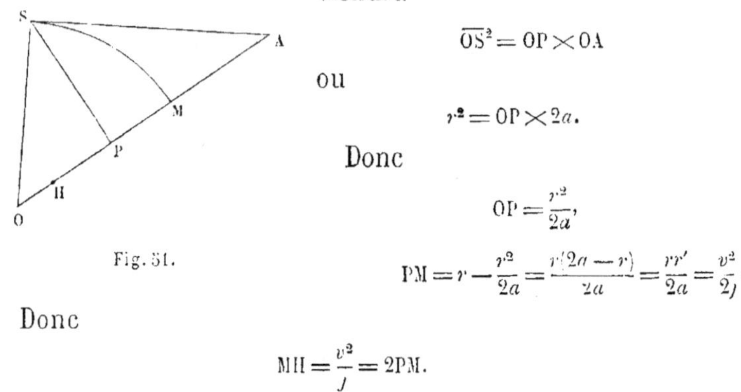

Fig. 51.

$$\overline{OS}^2 = OP \times OA$$

ou

$$r^2 = OP \times 2a.$$

Donc

$$OP = \frac{r^2}{2a},$$

$$PM = r - \frac{r^2}{2a} = \frac{r(2a - r)}{2a} = \frac{rr'}{2a} = \frac{v^2}{2j}.$$

Donc

$$MH = \frac{v^2}{j} = 2PM.$$

Le cercle MS est la ligne de niveau qui passe au point M.

Il est remarquable que cette construction du point P soit celle que l'on fasse pour ramener *la cubature d'un solide de révolution à la quadrature d'une surface plane.*

Si, aux données dont on a déjà fait usage, on joint la direction MP (fig. 50) de la vitesse $v$, que nous supposions seulement connue en grandeur, le mouvement est déterminé. On voit tout de suite que le centre de courbure au point M sera le point C, intersection de HH' avec la normale élevée dans le plan PMO perpendiculairement à la vitesse $v$.

50. Proposons-nous de déterminer la trajectoire d'une manière simple et sans recourir à aucune intégration.

Il faudra pour cela joindre à l'équation des forces vives (2) l'équation fournie par le théorème des aires, savoir :

$$(5) \qquad\qquad pv = 2A,$$

$p$ étant la distance OP du centre d'attraction à la vitesse, et A l'aire décrite dans l'unité de temps par le rayon vecteur $r$.

Dans l'équation (5) remplaçons $v$ par sa valeur tirée de l'équation (5). Il vient

$$(6) \qquad p \times \sqrt{\frac{\mathrm{K}}{a}} \sqrt{\frac{r'}{r}} = 2\mathrm{A}.$$

Du point A abaissons AP' perpendiculaire sur la tangente, et soit $\mathrm{AP'} = p'$. On aura la proportion

$$\frac{p}{p'} = \frac{\mathrm{OP}}{\mathrm{AP'}} = \frac{\mathrm{OM}}{\mathrm{AM}} = \frac{r}{r'},$$

et par conséquent on peut remplacer l'équation (6) par la suivante,

$$p \times \sqrt{\frac{\mathrm{K}}{a}} \sqrt{\frac{p'}{p}} = 2\mathrm{A},$$

ou encore, en élevant au carré,

$$(7) \qquad pp' = \frac{4\mathrm{A}^2 a}{\mathrm{K}}, \text{ quantité constante.}$$

Cette relation va nous servir à limiter la course du point mobile sur le rayon OA. En effet, on a à la fois

$$p = r \sin \mu \quad \text{et} \quad p' = r' \sin \mu;$$

par conséquent

$$(8) \qquad pp' = rr' \sin^2 \mu = \frac{4\mathrm{A}^2 a}{\mathrm{K}}.$$

Le maximum de $\sin^2 \mu$ correspond donc au minimum de $rr'$, et le minimum de $\sin^2 \mu$ au maximum du même produit. Or $r + r' = 2a$, et le maximum de $rr'$ correspond à

$$r = r' = a.$$

Le minimum de $\sin^2 \mu$ est donc donné par la relation

$$\sin^2 \mu = \frac{4\mathrm{A}^2 a}{\mathrm{K} a^2} = \frac{4\mathrm{A}^2}{\mathrm{K} a},$$

d'où l'on déduit

$$\sin \mu = \frac{2\mathrm{A}}{\sqrt{\mathrm{K} a}}.$$

Quant au maximum de $\sin^2 \mu$, c'est l'unité, et cette valeur définit le minimum de $rr'$. On a

$$rr' = \frac{4\mathrm{A}^2 a}{\mathrm{K}}.$$

Sur $\mathrm{OA} = 2a$ comme diamètre décrivons une demi-circonférence; prenons ensuite sur la tangente en O à cette circonférence une longueur

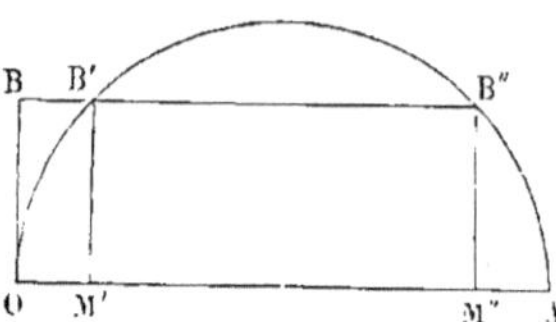


Fig. 52.

$$\mathrm{OB} = 2\mathrm{A}\sqrt{\frac{a}{\mathrm{K}}},$$

et menons BB″ parallèle à OA. Les points d'intersection B′ et B″, projetés sur OA, donneront les valeurs extrêmes OM′ et OM″ du rayon $r$, et feront connaître deux cercles entre lesquels la trajectoire reste nécessairement comprise.

Il faut, pour que la rencontre en B′ et B″ soit possible, que l'on ait $2\mathrm{A}\sqrt{\dfrac{a}{\mathrm{K}}} < a$ ou $2\mathrm{A} < \sqrt{\mathrm{K}a}$; cette condition est aussi nécessaire et suffisante pour que la valeur du minimum de $\sin \mu$ soit réelle.

Or cette condition est toujours remplie. En effet, 2A est égal au produit $pr$, lequel est au plus égal à $v \times r$, c'est-à-dire à

$$\sqrt{\frac{\mathrm{K}}{a}}\sqrt{\frac{r'}{r}} \times r = \sqrt{\frac{\mathrm{K}}{a}}\sqrt{rr'};$$

le maximum de $rr'$ correspond à $r = r' = a$, puisque $r$ et $r'$ sont deux longueurs dont la somme est constante et égale à $2a$. Donc 2A est au plus égal à $\sqrt{\mathrm{K}a}$.

On peut remarquer que $\dfrac{v^2}{j}$ est maximum et égal à $a$ pour $r = r'$, et minimum pour $rr'$ minimum : alors $\dfrac{v^2}{j}$ est égal à

$$\frac{4\mathrm{A}^2}{\mathrm{K}}.$$

Ces préliminaires posés, venons à la recherche de l'équation de la trajectoire. Reprenons pour cela les deux équations

$$(8) \qquad v^2 = \frac{K}{a}\frac{2a - r}{r} = \frac{2K}{r} - \frac{K}{a}$$

et

$$(5) \qquad pv = 2A;$$

éliminons entre elles la vitesse $v$; il viendra

$$(9) \qquad \frac{4A^2}{p^2} = \frac{2K}{r} - \frac{K}{a},$$

relation entre le rayon vecteur $r = OM$ et la distance $p = OP$ du pôle à la tangente.

51. Ce système particulier de coordonnées est très commode pour la détermination des rayons de courbure. On a, en effet, au point dont les coordonnées sont $p$ et $r$,

$$\rho = \frac{r\,dr}{dp}.$$

Au lieu d'appliquer cette formule à la recherche du rayon de courbure de la trajectoire, nous chercherons d'abord l'équation, dans le même système de coordonnées, du lieu du point P, projection du pôle fixe O sur les tangentes à la courbe. Pour cela, commençons par rapporter la

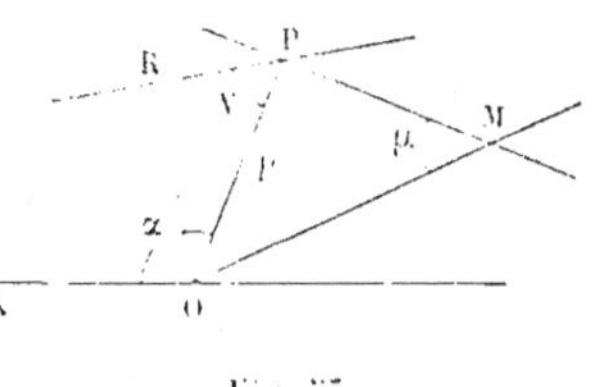

Fig. 55.

courbe lieu des points M à des *coordonnées podaires*, savoir l'angle $XOP = \alpha$ fait par OP avec une direction fixe OX, et la longueur $OP = p$. Si $p = f(\alpha)$ est l'*équation podaire* du lieu de M, cette même équation représentera en *coordonnées polaires* le lieu du point P, podaire du lieu du point M. On aura de plus $PM = \dfrac{dp}{d\alpha}$.

Cherchons l'angle V que fait la tangente PR au lieu du point P avec le rayon vecteur OP. On aura

$$\tan V = \frac{p\,d\alpha}{dp} = \frac{p}{\left(\dfrac{dp}{d\alpha}\right)} = \frac{OP}{PM} = \tan \mu,$$

d'où résulte que l'angle V est égal à l'angle $\mu$, et que, si l'on abaisse OR perpendiculaire sur RP, le triangle ORP sera semblable au triangle OPM. Soit donc OR $= q$. Il viendra

$$\frac{OR}{OP} = \frac{OP}{OM} \quad \text{ou} \quad \frac{q}{p} = \frac{p}{r},$$

et par suite l'équation $q = \dfrac{p^2}{r}$, dans laquelle on remplacera $r$ par sa valeur tirée de (9) en fonction de $p$, sera, entre les coordonnées $q$ et $p$, l'équation du lieu du point P. Or l'équation (9) donne

$$\frac{2K}{r} = \frac{4A^2}{p^2} + \frac{K}{a},$$

et par suite

$$\frac{1}{r} = \frac{2A^2}{Kp^2} + \frac{1}{2a};$$

substituant dans l'équation

$$q = \frac{p^2}{r},$$

il vient

$$(10) \qquad q = p^2\left(\frac{2A^2}{Kp^2} + \frac{1}{2a}\right) = \frac{2A^2}{K} + \frac{p^2}{2a}.$$

Telle est l'équation du lieu de P, dont nous allons chercher le rayon de courbure : il sera donné par l'équation

$$\rho = \frac{p\,dp}{dq},$$

qui, appliquée à l'équation (10) différentiée,

$$dq = \frac{p\,dp}{a},$$

donne

$$\rho = a;$$

le rayon de courbure est donc constant, et par suite *la courbe
lieu du point P est un cercle.*

52. Ceci suffirait, assurément, pour qu'on pût déterminer
le lieu du point M, par l'en-
veloppe de la droite PM;
mais on peut simplifier encore la solution du problème
en cherchant d'abord la position du centre de courbure
du lieu du point P, centre
qui sera nécessairement un
point fixe, puisque ce lieu
est une circonférence.

Au point P menons une

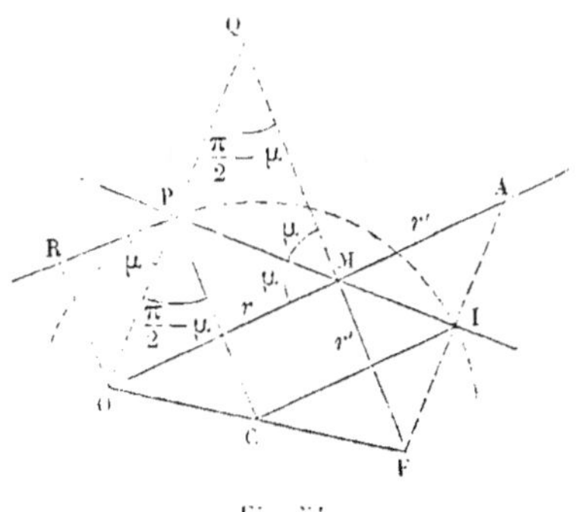

Fig. 51.

perpendiculaire PC à la droite PR; ce sera une normale à
la circonférence à laquelle appartient le point P; si donc sur

cette droite PC nous prenons une longueur $PC = a = \frac{1}{2} OA$,

le point C sera le centre de la circonférence, et par conséquent *ce point C est un point fixe.* Cela posé, menons par le
point M une droite QMF symétrique de OMA par rapport à la
tangente MP à la trajectoire, et soit F le point symétrique du
point A, Q le point symétrique du point O par rapport à MP. Les
points P et I seront les milieux des droites QO, AF. L'égalité
des angles OPC, OQF montre que PC et QF sont parallèles. La
droite FQ est égale à $2a$, puisqu'elle est égale à OA, et l'on a

$PC = a = \frac{1}{2} QF$. Donc le point C appartient à la droite QF,

dont il est le milieu. Donc enfin *le point F, symétrique du
point A par rapport à la tangente MP, est un point fixe.*

On a d'ailleurs $OM + MF = OM + MA = 2a$, de sorte que
$r + r' = 2a$ est l'équation de la trajectoire, rapportée aux deux
pôles fixes O et F. La trajectoire est en définitive une ellipse,
dont le centre d'attraction et le point F sont les deux foyers,
et qui a pour grand axe la quantité $2a$, rayon du cercle qui
correspond à la vitesse nulle, quantité indépendante de la di-

rection dans laquelle le point mobile est lancé à partir du point M, et dépendante seulement des valeurs simultanées de $r$ et $v$ au point de départ.

55. La même construction montre que $CI = \frac{1}{2}OA = CP$, de sorte que le cercle lieu du point H est aussi le lieu du point I, projection du second foyer F sur la tangente. Considéré à ce point de vue, *la trajectoire du point M est l'enveloppe du côté PI d'un rectangle inscrit dans le cercle de rayon PC, et dont deux côtés opposés passent constamment par deux points fixes O et F, placés symétriquement par rapport au centre.* Sous cette forme, on reconnaît aisément que le produit $OP \times FI$ est constant.

La distance OC, qui est la demi-distance focale de l'ellipse, s'obtient aisément au moyen du triangle OPC, dans lequel on a $OP = p$, $PC = a$, et l'angle $OPC = \frac{\pi}{2} - \mu$. Si l'on appelle $c$ la distance OC, on aura

$$c^2 = a^2 + p^2 - 2ap \sin \mu,$$

mais $p = r \sin \mu$; il vient donc

$$c^2 = a^2 + r^2 \sin^2 \mu - 2ar \sin^2 \mu = a^2 - r(2a - r) \sin^2 \mu$$
$$= a^2 - rr' \sin^2 \mu = a^2 - \frac{4A^2 a}{K},$$

ce qui confirme la conclusion que la distance OC est constante. On voit de plus que $\frac{4A^2 a}{K}$ représente le carré $b^2$ de la moitié du petit axe de l'ellipse.

L'équation $v^2 = \frac{K}{a}\frac{r'}{r}$ montre que $\frac{K}{a}$ est le carré d'une vitesse linéaire. La constante K, divisée par $r^2$, donne l'accélération $j$, qui est homogène à une longueur $l$ divisée par le carré d'un temps $t$. On a donc $\frac{K}{r^2} = \frac{l}{t^2}$ et par suite $K = \frac{lr^2}{t^2}$.

Si l'on divise par $a$, $\dfrac{K}{a}$ devient homogène à $\dfrac{r^2}{t^2}$, ou au carré d'une vitesse $\left(\dfrac{r}{t}\right)$.

On a $v^2 = \dfrac{K}{a}$ lorsque $r = r'$, c'est-à-dire quand le mobile passe à la distance $a$ du point O, c'est-à-dire enfin quand le mobile occupe l'un des sommets du petit axe. La vitesse $V = \sqrt{\dfrac{K}{a}}$ est donc une sorte de *vitesse moyenne* du point mobile ; c'est la vitesse uniforme qu'il aurait s'il décrivait autour du point O le cercle de rayon $a$. On voit que $\dfrac{2A}{V} = 2A\sqrt{\dfrac{a}{K}}$ représente la distance du foyer O à la tangente au sommet du petit axe, distance égale au demi petit axe, $b$.

Les équations obtenues conduisent très rapidement au rayon de courbure de la trajectoire. On a en effet à la fois

$$\rho \sin \mu = \frac{r^2}{j} = \frac{rr'}{a} \qquad \text{et} \qquad rr' \sin^2 \mu = \frac{4A^2 a}{K}.$$

Multiplions ces deux équations. Il vient $\rho \sin^3 \mu = \dfrac{4A^2}{K} = \dfrac{b^2}{a}$. relation connue du rayon de courbure de l'ellipse.

La hauteur $\dfrac{v^2}{j}$ varie, avons-nous vu, entre $a$ pour $r = r'$, et $\dfrac{4A^2}{a}$ pour $rr'$ minimum, ou pour $\sin \mu = 1$. On voit que $\dfrac{4A^2}{a} = \dfrac{b^2}{a}$ est le rayon de courbure au sommet du grand axe de l'ellipse. C'est évident d'après la construction.

La durée T de la révolution est indépendante de A. On a en effet $T = \dfrac{\pi ab}{A}$, en divisant l'aire de l'ellipse par la vitesse aréolaire ; mais $b = 2A\sqrt{\dfrac{a}{K}}$. Donc $T = \dfrac{2\pi a\sqrt{a}}{\sqrt{K}}$, expression qui ne renferme plus A.

Le *moyen mouvement* $n$ est égal à $\frac{2\pi}{T}$, ou à $\sqrt{\dfrac{K}{a^3}}$. On retrouve la relation $n^2 a^3 = K$, conforme à la troisième loi de Kepler.

Si l'on remplace $\sqrt{\dfrac{K}{a}}$ par V, vitesse uniforme sur le cercle moyen, on a

$$T = \frac{2\pi a}{V},$$

relation évidente, puisqu'elle exprime qu'à cette vitesse V le mobile mettrait le temps T à parcourir la circonférence entière $2\pi a$.

La constante K, lorsqu'on admet la fixité du centre d'attraction O, est le produit du coefficient $f$ de l'attraction de deux masses égales à l'unité, situées à l'unité de distance, par la masse M du point attirant. Si ce point matériel est une sphère de rayon R et de masse spécifique $\rho$, on a

$$M = \rho \times \frac{4}{3}\pi R^3,$$

et par suite

$$K = fM = f\rho \times \frac{4}{3}\pi R^3.$$

Si on désigne par $g$ l'accélération due à l'attraction de cette sphère sur un point placé à sa surface, on aura

$$g = \frac{K}{R^2} = f\rho \times \frac{4}{3}\pi R;$$

par suite

$$f R \rho = \frac{3g}{4\pi},$$

$$K = f\rho R \times \frac{4}{3}\pi R^2 = \frac{3g}{4\pi} \times \frac{4}{3}\pi R^2 = gR^2,$$

et enfin

$$V = \sqrt{\frac{K}{a}} = R\sqrt{\frac{g}{a}},$$

$$n^2 a^3 = K = gR^2, \quad n = R\sqrt{\frac{g}{a^3}} = \frac{R}{a}\sqrt{\frac{g}{a}}.$$

... facteur $\sqrt{\dfrac{g}{a}}$, vitesse angulaire d'un point

nférence d'un grand

# COMPLÉMENTS

# LIVRE I

## DE L'ATTRACTION

## CHAPITRE PREMIER

### GÉNÉRALITÉS.

54. Soit P un système matériel, composé de points A dont les positions et les masses sont données;

Soit M un point matériel de masse $\mu$, dont la position est définie par ses coordonnées $\alpha$, $\beta$, $\gamma$, rapportées à trois axes rectangulaires, OX, OY, OZ.

Appelons $x$, $y$, $z$ les coordonnées d'un point A quelconque, et $\rho$ la *masse spécifique* du système en ce point.

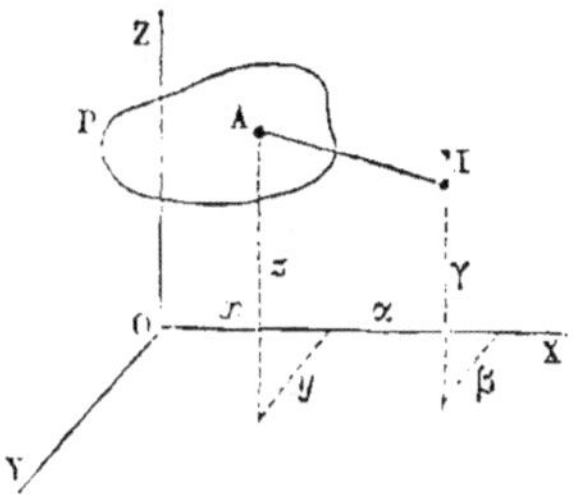

Nous supposerons que le point M subisse de la part de chaque point A du système P une attraction dirigée suivant MA, proportionnelle au produit des masses des points M et A, et à une fonction $F(r)$ de la distance $MA = r$.

L'attraction exercée par le point A sur le point M sera exprimée par le produit

$$fm\mu F(r),$$

Fig. 55.

$m$ étant la masse du point A, et ses composantes suivant les axes seront,

parallèlement à l'axe des $x$,  $\qquad fm\mu F(r)\dfrac{x-\alpha}{r}$,

$\qquad$ — $\qquad$ à l'axe des $y$,  $\qquad fm\mu F(r)\dfrac{y-\beta}{r}$,

$\qquad$ — $\qquad$ à l'axe des $z$,  $\qquad fm\mu F(r)\dfrac{z-\gamma}{r}$.

Ces composantes portent leurs signes avec elles, comme il est facile de le vérifier.

Pour trouver la résultante des actions exercées par tout le système P sur le point M, on devra faire la somme de ces composantes pour toutes les masses $m$ dont la réunion forme le système P. Décomposons ce système en volumes élémentaires, $dxdydz$, nous aurons

$$m = \rho dxdydz$$

pour la masse de l'un de ces éléments, et les composantes X, Y, Z de la résultante cherchée seront données par les intégrales triples :

$$(1) \qquad \begin{cases} X = f\mu \int\int\int \rho F(r)\,\frac{x-\alpha}{r}\,dxdydz, \\[2mm] Y = f\mu \int\int\int \rho F(r)\,\frac{y-\beta}{r}\,dxdydz, \\[2mm] Z = f\mu \int\int\int \rho F(r)\,\frac{z-\gamma}{r}\,dxdydz. \end{cases}$$

Les intégrales sont supposées étendues à tous les éléments du système P. La distance $r$ s'exprime en fonction des coordonnées par l'équation

$$(2) \qquad r = \sqrt{(x-\alpha)^2 + (y-\beta)^2 + (z-\gamma)^2},$$

en prenant la détermination positive du radical.

Les équations (1) conduiraient à faire trois intégrales triples, distinctes les unes des autres; on peut simplifier le problème et ramener ces trois opérations à une seule, en introduisant une fonction auxiliaire, savoir

$$(3) \qquad \varphi(r) = \int F(r)dr.$$

Posons en effet

$$(4) \qquad \int\int\int \rho\varphi(r)\,dxdydz = U,$$

l'intégrale triple s'étendant à tout le système P.

U sera une fonction des coordonnées $\alpha$, $\beta$, $\gamma$ du point M, et on aura, en prenant successivement les dérivées de U par rapport à ces trois quantités,

$$\frac{dU}{d\alpha} = \int\int\int \rho\left[\frac{d}{d\alpha}\varphi(r)\right]dxdydz = \int\int\int \rho F(r)\,\frac{dr}{d\alpha}\,dxdydz$$

$$\frac{dU}{d\beta} = \int\int\int \rho F(r)\,\frac{dr}{d\beta}\,dxdydz,$$

$$\frac{dU}{d\gamma} = \int\int\int \rho F(r)\,\frac{dr}{d\gamma}\,dxdydz.$$

Or l'équation (2), différentiée en faisant varier seulement $\alpha$, $\beta$, $\gamma$, nous donne

$$\frac{dr}{d\alpha} = \frac{-(x-\alpha)}{\sqrt{(x-\alpha)^2 + (y-\beta)^2 + (z-\gamma)^2}} = -\frac{x-\alpha}{r}$$

$$\frac{dr}{d\beta} = -\frac{y-\beta}{r},$$

$$\frac{dr}{d\gamma} = -\frac{z-\gamma}{r}.$$

Par suite

$$\frac{dU}{d\alpha} = -\int\int\int \rho F(r)\,\frac{x-\alpha}{r}\,dx\,dy\,dz,$$

$$\frac{dU}{d\beta} = -\int\int\int \rho F(r)\,\frac{y-\beta}{r}\,dx\,dy\,dz,$$

$$\frac{dU}{d\gamma} = -\int\int\int \rho F(r)\,\frac{z-\gamma}{r}\,dx\,dy\,dz,$$

et enfin

$$(3)\qquad \left\{ \begin{array}{l} X = -f\mu\,\dfrac{dU}{d\alpha}, \\[2mm] Y = -f\mu\,\dfrac{dU}{d\beta}, \\[2mm] Z = -f\mu\,\dfrac{dU}{d\gamma}. \end{array} \right.$$

Une fois donc qu'on aura déterminé la fonction U au moyen de l'équation (1), on en déduira les composantes X, Y, Z, par de simples dérivations.

55. L'équation U = constante, dans laquelle U représente une fonction de $\alpha$, $\beta$, $\gamma$, définit, quand on donne à la constante une série de valeurs, une famille de surfaces, en chaque point desquelles la résultante des trois forces X, Y, Z correspondantes est normale. En effet, de cette équation on déduit par la différentiation

$$\frac{dU}{d\alpha}\,d\alpha + \frac{dU}{d\beta}\,d\beta + \frac{dU}{d\gamma}\,d\gamma = 0,$$

ou bien, en multipliant par $-f\mu$,

$$X\,d\alpha + Y\,d\beta + Z\,d\gamma = 0,$$

ce qui montre que la direction dont les composantes sont X, Y, Z, est normale à la surface. L'équation U = constante représente donc des *surfaces de niveau*, coupant à angle droit les directions de l'attraction qui serait exercée sur chacun de leurs points par le système P, si le point matériel M était placé en ce point.

On remarquera aussi que, si le point M reçoit un déplacement MM' infiniment petit, dont les composantes soient $d\alpha$, $d\beta$, $d\gamma$, le travail élémentaire de l'attraction du système P sera

$$X d\alpha + Y d\beta + Z d\gamma = -f\mu\, dU,$$

de sorte que le travail total de l'attraction subie par le point M est mesuré par la différence $-f\mu (U_1 - U_0)$, ou par $f\mu (U_0 - U_1)$, pour un déplacement fini quelconque qui fait passer le point M de la surface de niveau $U = U_0$ à une autre surface $U = U_1$.

ATTRACTION PROPORTIONNELLE A LA DISTANCE.

**56.** La loi la plus simple qu'on puisse imaginer consiste à poser $F(r) = r$. Alors les équations (1) deviennent

$$X = f\mu \int\int\int \rho (x - \alpha)\, dx\, dy\, dz,$$

$$Y = f\mu \int\int\int \rho (y - \beta)\, dx\, dy\, dz,$$

$$Z = f\mu \int\int\int \rho (z - \gamma)\, dx\, dy\, dz.$$

Abstraction faite du facteur constant $f\mu$, X est la somme des moments des masses $\rho\, dx\, dy\, dz$ par rapport à un plan conduit par le point M parallèlement au plan des $yz$.

Si donc $\xi$ est l'abscisse du centre de gravité du système P, et que H soit sa masse totale, on aura

$$X = f\mu H (\xi - \alpha),$$

et de même, en appelant $\eta$ et $\zeta$ les autres coordonnées du centre de gravité,

$$Y = f\mu H (\eta - \beta),$$
$$Z = f\mu H (\zeta - \gamma);$$

c'est-à-dire que tout se passe comme si la masse entière du système P était concentrée en son centre de gravité. La fonction U s'obtient dans ce cas en faisant l'intégration de $X d\alpha + Y d\beta + Z d\gamma$, ou de

$$dU = f\mu H [(\xi - \alpha)\, d\alpha + (\eta - \beta)\, d\beta + (\zeta - \gamma)\, d\gamma]$$
$$= f\mu H [\xi d\alpha + \eta d\beta + \zeta d\gamma - (\alpha d\alpha + \beta d\beta + \gamma d\gamma)].$$

On obtient

$$U = f\mu H \left[ \alpha\xi + \beta\eta + \zeta\gamma - \frac{1}{2}(\alpha^2 + \beta^2 + \gamma^2) \right],$$

et les surfaces de niveau $U = $ constante représentent les sphères décrites du point $(\xi, \eta, \zeta)$ comme centre (Cf. II,§§ 167 et 220).

### ATTRACTION NEWTONIENNE.

57. La loi de Newton (II, § 157) s'exprime par l'égalité

$$F(r) = \frac{1}{r^2}.$$

Substituant dans l'équation (2) et intégrant, il vient

$$\varphi(r) = -\frac{1}{r}.$$

Appelons V ce que devient la fonction U dans le cas où $F(r)$ est égal à $\frac{1}{r^2}$; nous aurons

$$(6) \qquad V = -\int\int\int \frac{\varrho\,dx\,dy\,dz}{r},$$

et par suite

$$(7) \qquad \left\{ \begin{aligned} X &= f\mu\,\frac{dV}{dx}, \\ Y &= f\mu\,\frac{dV}{d\beta}, \\ Z &= f\mu\,\frac{dV}{d\gamma}. \end{aligned} \right.$$

La fonction V a reçu de Gauss le nom de *potentiel* (IV, § 127). Elle a des propriétés très remarquables, qui en facilitent la détermination dans chaque cas particulier.

Observons d'abord que les équations (6) et (7) ne sont pas en défaut lorsque $r$ devient nul, ce qui arrive quand le point M fait partie du système P. Alors le facteur $\frac{\varrho}{r}$ prend une valeur infinie; mais l'intégrale elle-même reste finie. Pour nous en assurer, prenons le point M pour origine (fig. 56), et évaluons l'intégrale V pour une sphère décrite du point M comme centre avec un rayon $r'$ aussi petit qu'on voudra. L'élément matériel A de

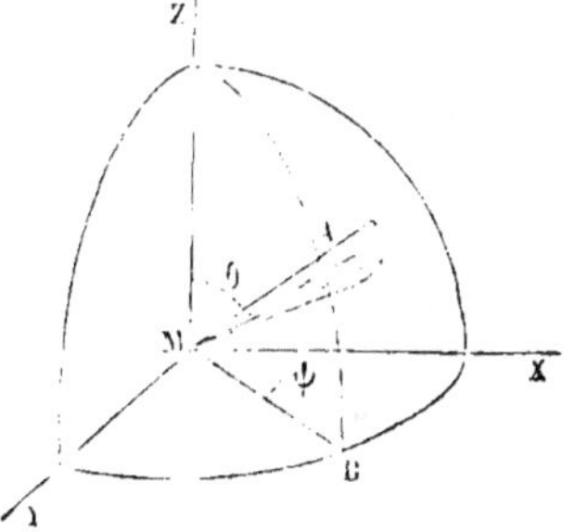

Fig. 56.

cette sphère sera, en adoptant les coordonnées polaires $r = $ MA, $\psi = $ XMB, $\theta = $ ZMA,

$$\rho \times r \sin\theta \, d\psi \times dr \times r \, d\theta,$$

et l'on aura

$$V = \int\int\int \frac{\rho r^2 \sin\theta \, dr \, d\theta \, d\psi}{r} = \int\int\int \rho r \sin\theta \, dr \, d\theta \, d\psi \, ;$$

les limites de l'intégrale triple sont 0 et $r'$ pour le rayon MA, 0 et $\pi$ pour l'angle $\theta$, 0 et $2\pi$ pour l'angle $\psi$. Sous cette forme on voit clairement que, quelle que soit la distribution des densités dans l'intérieur de la sphère, la fonction V ne devient pas infinie pour les valeurs infiniment petites de $r'$.

La formule (6) et par suite les équations (7) subsistent donc toujours, quelles que soient les valeurs de $r$.



58. La fonction V ne dépend que des distances du point M aux divers points matériels dont la réunion forme le système P, et des masses de ces points ; elle ne varie donc pas quand on opère un changement quelconque de coordonnées.

Soit proposé de trouver la composante de l'attraction totale R qu'exerce le système P sur le point M, estimée suivant une direction donnée ; il suffira de prendre des axes coordonnés rectangulaires dont l'un soit parallèle à la direction donnée, et d'exprimer V en fonction des nouvelles coordonnées $\alpha'$, $\beta'$, $\gamma'$ ; le produit $f\mu . \dfrac{dV}{d\alpha'}$ sera la composante cherchée parallèle à l'axe des $\alpha'$.

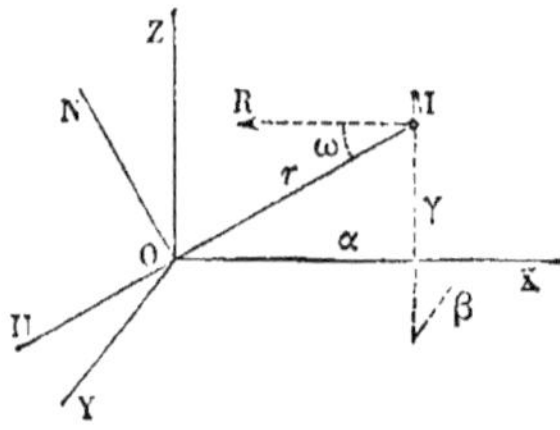

Fig. 57.

Si l'on veut, par exemple, projeter l'attraction totale R sur le rayon OM qui va de l'origine au point M, on peut, d'après cette méthode, prendre pour axes coordonnés la droite OM, et deux autres droites rectangulaires, ON, OH, normales à OM. Mais il est plus simple d'employer les coordonnées polaires, savoir le rayon vecteur $r =$ OM, l'angle $\theta =$ ZOM et l'angle $\psi$ du plan ZOM avec le plan ZOX. On a en effet alors

$$\alpha = r \sin\theta \cos\psi,$$
$$\beta = r \sin\theta \sin\psi,$$
$$\gamma = r \cos\theta.$$

Appelons $\omega$ l'angle que fait la résultante R avec le rayon OM.

Les composantes de l'attraction totale suivant les axes OX, OY, OZ, étant X, Y, Z, la projection, $R \cos \omega$, de la résultante sur le rayon OM est la somme des projections de X, Y, Z sur ce même rayon, et l'on a

$$R \cos \omega = X \frac{\alpha}{r} + Y \frac{\beta}{r} + Z \frac{\gamma}{r}.$$

Mais la différentiation relative à $r$ des équations de transformation donne

$$\frac{d\alpha}{dr} = \sin \theta \cos \psi = \frac{\alpha}{r},$$

$$\frac{d\beta}{dr} = \sin \theta \sin \psi = \frac{\beta}{r},$$

$$\frac{d\gamma}{dr} = \cos \theta = \frac{\gamma}{r}.$$

Donc

$$R \cos \omega = X \frac{d\alpha}{dr} + Y \frac{d\beta}{dr} + Z \frac{d\gamma}{dr} = f\mu \left( \frac{dV}{d\alpha} \frac{d\alpha}{dr} + \frac{dV}{d\beta} \frac{d\beta}{dr} + \frac{dV}{d\gamma} \frac{d\gamma}{dr} \right) = f\mu \frac{dV}{dr}.$$

*Si la fonction V est exprimée en fonction des coordonnées polaires, $r$, $\theta$, $\psi$, le produit $f\mu \dfrac{dV}{dr}$ représente la composante de l'attraction totale suivant le rayon mené de l'origine au point M.*

On prouverait de même que, *lorsque la fonc-tion V est exprimée en fonction des coordonnées*

$$MP = \gamma,$$
$$MQ = OP = r',$$
$$\text{angle } POX = \theta,$$

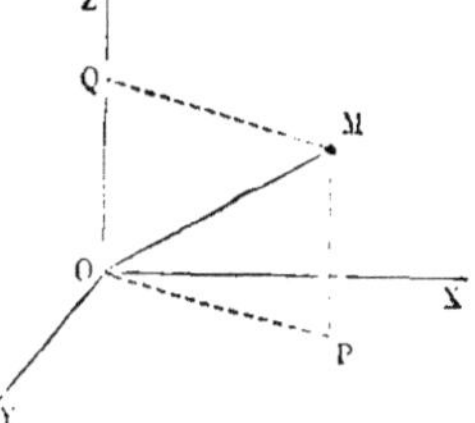

Fig. 58.

*le produit $f\mu \dfrac{dV}{dr'}$ est la composante de l'attrac-tion totale suivant le rayon MQ, abaissé du point M perpendiculairement à l'axe OZ.*

*En général, si V et V + dV représentent les valeurs du potentiel d'un même système par rapport à deux points A et A', infiniment voisins, distants l'un de l'autre de $\varepsilon$, le produit $f\mu \dfrac{dV}{\varepsilon}$ est la composante de l'attraction totale projetée sur la direction AA'.*



59. Commençons par établir une propriété générale de la fonction

$$\frac{d^2V}{d\alpha^2} + \frac{d^2V}{d\beta^2} + \frac{d^2V}{d\gamma^2}.$$

*Quelle que soit la fonction* V *des trois variables* $\alpha$, $\beta$, $\gamma$, *ces variables représentant trois coordonnées rectangulaires, la somme*

$$\frac{d^2 V}{d\alpha^2} + \frac{d^2 V}{d\beta^2} + \frac{d^2 V}{d\gamma^2}$$

*reste constante quand on substitue aux coordonnées* $\alpha$, $\beta$, $\gamma$, *trois autres coordonnées rectangulaires* $\alpha'$, $\beta'$, $\gamma'$.

Les anciennes coordonnées $\alpha$, $\beta$, $\gamma$ sont en effet liées aux nouvelles $\alpha'$, $\beta'$, $\gamma'$ par des relations linéaires :

$$\alpha = A + m\alpha' + n\beta' + p\gamma',$$
$$\beta = B + m'\alpha' + n'\beta' + p'\gamma',$$
$$\gamma = C + m''\alpha' + n''\beta' + p''\gamma',$$

dans lesquelles A, B, C sont les coordonnées de la nouvelle origine par rapport aux anciens axes, et $m$, $n$, $p$, ... les cosinus des angles des nouveaux axes par rapport aux anciens. Il résulte de ces définitions qu'on a à la fois les six équations

$$m^2 + m'^2 + m''^2 = 1, \qquad mm' + mm'' + m'm'' = 0,$$
$$n^2 + n'^2 + n''^2 = 1, \qquad nn' + nn'' + n'n'' = 0,$$
$$p^2 + p'^2 + p''^2 = 1, \qquad pp' + pp'' + p'p'' = 0.$$

On a d'ailleurs, quelle que soit la fonction V, les identités

$$\frac{dV}{d\alpha'} = \frac{dV}{d\alpha}\frac{d\alpha}{d\alpha'} + \frac{dV}{d\beta}\frac{d\beta}{d\alpha'} + \frac{dV}{d\gamma}\frac{d\gamma}{d\alpha'} = m\frac{dV}{d\alpha} + m'\frac{dV}{d\beta} + m''\frac{dV}{d\gamma}$$

et

$$\frac{d^2 V}{d\alpha'^2} = m^2\frac{d^2 V}{d\alpha^2} + m'^2\frac{d^2 V}{d\beta^2} + m''^2\frac{d^2 V}{d\gamma^2}$$
$$+ 2mm'\frac{d^2 V}{d\alpha d\beta} + 2mm''\frac{d^2 V}{d\alpha d\gamma} + 2m'm''\frac{d^2 V}{d\beta d\gamma}.$$

On trouverait deux équations semblables pour $\dfrac{d^2 V}{d\beta'^2}$, $\dfrac{d^2 V}{d\gamma'^2}$ ; ajoutant, et tenant compte des relations qui lient entre eux les cosinus, il vient l'identité

$$\frac{d^2 V}{d\alpha'^2} + \frac{d^2 V}{d\beta'^2} + \frac{d^2 V}{d\gamma'^2} = \frac{d^2 V}{d\alpha^2} + \frac{d^2 V}{d\beta^2} + \frac{d^2 V}{d\gamma^2}.$$

Cela posé, cherchons à quoi cette fonction est égale quand on prend pour V un potentiel, c'est-à-dire quand on fait

$$(6) \qquad\qquad V = -\int\int\int \frac{\rho\, dx\, dy\, dz}{r}.$$

Il vient, en différentiant deux fois de suite par rapport à $\alpha$,

$$\frac{dV}{d\alpha} = + \int\int\int \frac{\rho\,dx\,dy\,dz}{r^2}\,\frac{dr}{d\alpha} = - \int\int\int \frac{\rho\,dx\,dy\,dz}{r^2}\,\frac{x-\alpha}{r},$$

$$\frac{d^2V}{d\alpha^2} = + \int\int\int \frac{\rho\,dx\,dy\,dz}{r^3}\left(1 - 3\,\frac{(x-\alpha)^2}{r^2}\right).$$

De même

$$\frac{d^2V}{d\beta^2} = \int\int\int \frac{\rho\,dx\,dy\,dz}{r^3}\left(1 - 3\,\frac{(y-\beta)^2}{r^2}\right)$$

et

$$\frac{d^2V}{d\gamma^2} = \int\int\int \frac{\rho\,dx\,dy\,dz}{r^3}\left(1 - 3\,\frac{(z-\gamma)^2}{r^2}\right).$$

Faisons la somme des trois dérivées secondes; il vient

$$\frac{d^2V}{d\alpha^2} + \frac{d^2V}{d\beta^2} + \frac{d^2V}{d\gamma^2}$$

$$= \int\int\int \frac{\rho\,dx\,dy\,dz}{r^3}\left(3 - 3\,\frac{(x-\alpha)^2 + (y-\beta)^2 + (z-\gamma)^2}{r^2}\right).$$

Le facteur entre parenthèses est identiquement nul; *si donc $r$ ne reçoit pas la valeur zéro*, tous les éléments de l'intégrale triple sont séparément égaux à zéro, et par conséquent

$$(9)\qquad \frac{d^2V}{d\alpha^2} + \frac{d^2V}{d\beta^2} + \frac{d^2V}{d\gamma^2} = 0.$$

Mais cette conclusion est en défaut si l'on peut avoir $r = 0$, ou lorsque le point attiré fait partie du système attirant. Dans ce cas, l'équation (9) n'est vraie qu'à la condition d'exclure de l'intégrale V la matière située à une distance infiniment petite du point M. Nous verrons tout à l'heure comment cette équation doit être modifiée quand on ne fait pas cette exclusion. Il convient auparavant de résoudre la question pour la sphère.

## ATTRACTION D'UNE SPHÈRE.

66. Supposons que le système P soit une sphère creuse, ayant son centre au point O, terminée à deux surfaces sphériques de rayon $R_1$ et $R_2$, et formée de couches concentriques homogènes, de telle sorte que la densité $\rho$ d'une couche soit une fonction du rayon de cette couche.

Soit $R_1 < R_2$. Nous supposerons d'abord le point M en dehors de la sphère de rayon $R_2$; ensuite, nous le supposerons au dedans de la sphère de rayon $R_1$; dans ces deux situations il ne fera pas partie du système attirant, et l'équation (9) sera applicable sans restriction. Enfin nous aurons à examiner ce qui a lieu quand le point M est compris dans l'épaisseur de la sphère creuse, et nous en déduirons la modification générale à faire subir à l'équation (9), lorsque la distance $r$ peut recevoir la valeur zéro.

La couche sphérique qui vient d'être définie étant symétrique, comme forme et comme distribution des masses, par rapport à tout plan conduit par le point O, la fonction V ne dépend que de la distance $r$ du point M à l'origine O des coordonnées.

Changeons donc de variables, et au lieu des coordonnées $\alpha$, $\beta$, $\gamma$, introduisons les coordonnées polaires $r$, $\theta$ et $\psi$. Nous aurons

$$r^2 = \alpha^2 + \beta^2 + \gamma^2,$$

et par conséquent

$$\frac{dr}{d\alpha} = \frac{\alpha}{r},$$

$$\frac{dr}{d\beta} = \frac{\beta}{r},$$

$$\frac{dr}{d\gamma} = \frac{\gamma}{r},$$

relations déjà trouvées plus haut.

V étant fonction de $r$ seul, on a

$$\frac{dV}{d\alpha} = \frac{dV}{dr}\frac{dr}{d\alpha}$$

et

$$\frac{d^2V}{d\alpha^2} = \frac{d^2V}{dr^2}\left(\frac{dr}{d\alpha}\right)^2 + \frac{dV}{dr}\frac{d^2r}{d\alpha^2}.$$

Mais

$$\frac{dr}{d\alpha} = \frac{\alpha}{r}.$$

et par suite

$$\frac{d^2r}{d\alpha^2} = \frac{1}{r} - \frac{\alpha}{r^2}\frac{dr}{d\alpha} = \frac{1}{r} - \frac{\alpha^2}{r^3}.$$

On a donc

$$\frac{d^2V}{d\alpha^2} = \frac{d^2V}{dr^2}\frac{\alpha^2}{r^2} + \frac{dV}{dr}\left(\frac{1}{r} - \frac{\alpha^2}{r^3}\right).$$

On trouverait de même

$$\frac{d^2V}{d\beta^2} = \frac{d^2V}{dr^2}\frac{\beta^2}{r^2} + \frac{dV}{dr}\left(\frac{1}{r} - \frac{\beta^2}{r^3}\right),$$

$$\frac{d^2V}{d\gamma^2} = \frac{d^2V}{dr^2}\frac{\gamma^2}{r^2} + \frac{dV}{dr}\left(\frac{1}{r} - \frac{\gamma^2}{r^3}\right).$$

Faisant la somme de ces trois fonctions, et observant que $\alpha^2 + \beta^2 + \gamma^2 = r^2$, il vient pour l'équation (9)

$$(10) \qquad \frac{d^2V}{dr^2} + \frac{dV}{dr}\left(\frac{3}{r} - \frac{1}{r}\right) = \frac{d^2V}{dr^2} + \frac{2}{r}\frac{dV}{dr} = 0,$$

équation différentielle dont l'intégration fera connaître V. Elle s'intègre en multipliant par $r^2$. Il vient en effet

$$r^2\frac{d^2V}{dr^2} + 2r\frac{dV}{dr} = \frac{d}{dr}\left(r^2\frac{dV}{dr}\right) = 0.$$

Donc

$$r^2\frac{dV}{dr} = C,$$

C désignant une constante arbitraire.

On en déduit

$$\frac{dV}{dr} = \frac{C}{r^2},$$

et par suite l'attraction exercée par le système proposé sur le point M, attraction évidemment dirigée suivant la droite MO à cause de la symétrie, a pour valeur $\frac{f_0 C}{r^2}$. Reste à déterminer la constante C. Deux cas sont ici à distinguer.

1° Si le point M est dans l'intérieur de la sphère de rayon $R_1$, faisons $r = 0$, c'est-à-dire plaçons le point M au centre de cette sphère. Il est évident que l'attraction est nulle à cause de la symétrie; or la formule la ferait infinie, sauf le cas où C serait égal à zéro. On a donc $C = 0$, et l'attraction est nulle pour toutes les valeurs de $r$ depuis $r = 0$ jusqu'à $r = R_1$ (II, § 161).

2° Soit $r > R_2$, ce qui revient à supposer le point M en dehors de la sphère de rayon $R_2$. Pour déterminer la valeur de la constante C, nous supposerons $r$ très grand par rapport au rayon $R_2$. Alors toutes les distances deviennent sensiblement égales, et les attractions élémentaires parallèles et proportionnelles aux masses. Tout se passe donc comme si la masse entière, H, du système P était concentrée au point O. L'attraction serait égale dans ce cas à

$$\frac{f_0 H}{r^2}.$$

Donc $C = -H$; en d'autres termes, la constante C est la masse du système attirant prise avec le signe —. On en conclut que *l'attraction exercée par les couches sphériques homogènes sur un point extérieur est identique à ce qu'elle serait si la masse entière était réunie au centre commun de toutes ces couches* (II, §§ 153 à 160). La même règle s'applique en vertu de la continuité au cas où l'on aurait $r = R_2$.

La constante C est donc égale à 0 si $r$ est $< R_1$, et égale à la masse du corps attirant prise négativement si $r$ est $> R_2$.

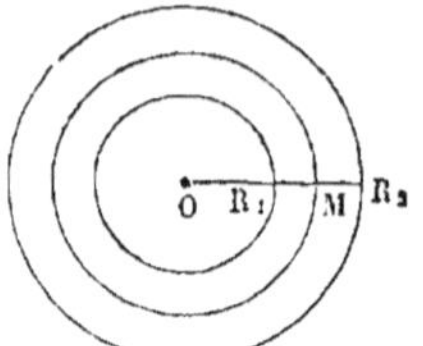

Il reste à examiner ce qui arrive quand $r$ est compris entre $R_1$ et $R_2$. Ce cas rentre dans les deux premiers.

En effet, le point M est alors à l'extérieur de toutes les couches dont les rayons sont compris entre $R_1$ et $r$, et à l'intérieur de toutes les couches dont les rayons varient de $r$ à $R_2$. Ces dernières n'agissent pas sur le point M; les premières

Fig. 59.

agissent seules et exercent sur lui une attraction égale à

$$\frac{f\mu \times H}{r^2},$$

en appelant H′ la masse du système compris entre les rayons $R_1$ et $r$. Cette masse est donnée par l'intégrale

$$H' = \int_{R_1}^{r} 4\pi \rho r^2 dr.$$

On en déduit

$$\frac{dV}{dr} = -\frac{H'}{r^2} = -\frac{\int_{R_1}^{r} 4\pi \rho r^2 dr}{r^2}.$$

Différentiant de nouveau par rapport à la lettre $r$ qui figure comme limite supérieure de l'intégrale et qui figure aussi en dénominateur, il vient

$$\frac{d^2V}{dr^2} = -\frac{r^2 \times 4\pi \rho r^2 - 2r \int_{R_1}^{r} 4\pi \rho r^2 dr}{r^4} = -4\pi\rho + \frac{2}{r^3} \int_{R_1}^{r} 4\pi \rho r^2 dr.$$

Donc

$$\frac{d^2V}{dr^2} + \frac{2}{r}\frac{dV}{dr} = -4\pi\rho + \frac{2}{r^3}\int_{R_1}^{r} 4\pi \rho r^2 dr - \frac{2}{r^3}\int_{R}^{r} 4\pi \rho r^2 dr = -4\pi\rho.$$

On a donc aussi

$$\frac{d^2V}{d\alpha^2} + \frac{d^2V}{d\beta^2} + \frac{d^2V}{d\gamma^2} = -4\pi\rho,$$

$\rho$ étant la masse spécifique du système attirant au point M, lorsque ce point fait partie du système P. Nous allons vérifier que cette équation est générale.

## EXTENSION DE L'ÉQUATION AUX DÉRIVÉES PARTIELLES AU CAS OÙ LE POINT ATTIRÉ FAIT PARTIE DU SYSTÈME ATTIRANT.

61. Lorsque le point M fait partie du système attirant P, on peut toujours décomposer le système P en deux portions : l'une, formée d'une sphère de rayon aussi petit qu'on voudra et comprenant le point M; l'autre, formée de tout le reste du système. La fonction V sera la somme de deux parties correspondantes, l'une V′, relative à la sphère infiniment petite, et l'autre V″, relative à la seconde portion du système P. On aura $V = V' + V''$, et par suite

$$\frac{d^2V}{dx^2} + \frac{d^2V}{dz^2} + \frac{d^2V}{dy^2} = \left( \frac{d^2V'}{dx^2} + \frac{d^2V'}{dz^2} + \frac{d^2V'}{dy^2} \right) + \left( \frac{d^2V''}{dx^2} + \frac{d^2V''}{dz^2} + \frac{d^2V''}{dy^2} \right).$$

A l'égard de la seconde portion, le point M étant étranger au système attirant, on a identiquement

$$\frac{d^2V''}{dx^2} + \frac{d^2V''}{dz^2} + \frac{d^2V''}{dy^2} = 0.$$

A l'égard de la première, le point M est situé dans l'épaisseur d'une sphère infiniment petite, qu'on peut regarder comme homogène et comme ayant partout la densité $\rho$ du point M lui-même ; la somme des trois dérivées secondes de V′ est égale à $-4\pi\rho$ (§ 60). Donc il en est de même de la somme des trois dérivées secondes étendues au système entier.

Nous pouvons donc compléter l'énoncé du § 59, et poser l'équation générale

$$\frac{d^2V}{dx^2} + \frac{d^2V}{dz^2} + \frac{d^2V}{dy^2} = 0 \qquad \text{ou} \qquad -4\pi\rho,$$

savoir, *zéro*, si le point attiré est étranger au système attirant ; $-4\pi\rho$, si le point attiré fait partie de ce système.

### OBSERVATION SUR LE CAS OÙ LE POINT ATTIRÉ FAIT PARTIE DU SYSTÈME ATTIRANT.

62. La méthode suivie pour établir l'équation

$$\frac{d^2V}{dx^2} + \frac{d^2V}{dz^2} + \frac{d^2V}{dy^2} = -4\pi\rho,$$

dans le cas où le point attiré fait partie du système attirant, suppose le point attiré englobé dans une sphère *homogène* de rayon infiniment petit. Cette supposition n'est pas d'accord avec l'hypothèse de la *discontinuité de la matière*. Le résultat n'en est pas moins admissible, et l'on peut s'en rendre compte par le raisonnement suivant.

La loi d'attraction entre deux points de masse $m$ et $\mu$, résumée dans la formule $\dfrac{fm\mu}{r^2}$, peut être étendue fictivement à des *masses négatives* $- m$, en convenant de regarder l'attraction comme changée en répulsion lorsque la formule change de signe. Avec cette convention, on pourra regarder un point géométrique de l'espace vide compris entre les molécules d'un groupe, comme exerçant sur le point attiré $\mu$ une attraction égale à $\dfrac{fm\mu}{r^2}$, et une répulsion égale aussi à $\dfrac{fm\mu}{r^2}$, qui détruit l'attraction. Cela revient à supposer en un point du vide, la coexistence de deux masses $m$ et $- m$, qui prises ensemble équivalent à zéro.

S'il en est ainsi, rien n'empêche d'imaginer dans les vides intra-moléculaires situés autour de la molécule attirée M, dont la densité est $\rho$, une quantité de matière ayant en tous points cette même densité, moyennant qu'on y superpose par la pensée une *quantité de matière négative*, c'est-à-dire dont la densité sera $- \rho$. Les molécules réellement comprises dans l'intérieur de la sphère considérée, qui n'auraient pas la densité $\rho$, pourraient y être ramenées, en partageant leur masse en deux parties, l'une qui corresponde à la densité $\rho$, et l'autre qui complète la première et qui peut être positive ou négative. Cela posé, si l'on calcule la fonction V pour le système ainsi fictivement composé, et qu'on forme la somme $\dfrac{d^2V}{d\alpha^2} + \dfrac{d^2V}{d\beta^2} + \dfrac{d^2V}{d\gamma^2}$ des dérivées du second ordre, on trouvera, comme on l'a vu,

$- 4\pi\rho$ pour la sphère homogène dont le point M fait partie,

et 0 pour l'ensemble des autres masses, positives ou négatives, auquel le point M est étranger. En définitive, on parvient à l'équation qu'il s'agit de démontrer.

M. Boussinesq a présenté d'une autre manière la théorie du potentiel dans l'hypothèse de la discontinuité de la matière : on en trouvera le résumé dans les Comptes rendus de l'Académie des sciences du 5 avril 1880.

63. Il ne faut pas croire du reste que la loi d'attraction newtonienne donne des forces infinies lorsque la distance est infiniment petite, car cette distance ne peut être infiniment petite qu'à la condition de rendre infiniment petits eux-mêmes les diamètres des molécules qui arrivent à se toucher, ce qui réduit à l'infiniment petit les deux termes du rapport $\dfrac{fm\mu}{r^2}$. Supposons pour fixer les idées que les molécules soient sphériques,

et de rayons $r$ et $r'$; que $\rho$ et $\rho'$ soient leurs densités respectives; on aura pour l'attraction mutuelle

$$\frac{f \times \left( \frac{4}{3} \pi r^3 \times \rho \right) \times \left( \frac{4}{3} \pi r'^3 \times \rho' \right)}{(r + r')^2},$$

quantité qui ne grandit pas indéfiniment, mais qui tend au contraire vers 0, lorsqu'on réduit indéfiniment $r$ et $r'$. Si l'on suppose, par exemple, $r = r'$, l'attraction a pour mesure, lorsque les molécules sont en contact,

$$f \times \frac{4}{9} \pi^2 \times \rho \rho' \times r^4.$$

Il est probable d'ailleurs que la loi newtonienne, reconnue vraie pour les distances mutuelles du soleil et des planètes, ne s'applique plus à des distances infiniment petites, et qu'alors l'attraction se change en répulsion. On a proposé la loi $F = fm\mu \cdot \frac{r-\alpha}{r^3}$, où $\alpha$ représente la limite de distance à laquelle l'action mutuelle change de signe. Pour $r$ très petit, F devient négatif et très grand en valeur absolue; il y a répulsion de plus en plus énergique à mesure que la distance diminue. Pour $r$ très grand, $\alpha$ est négligeable, et on retombe sur la loi d'attraction de Newton. Cette loi a été proposée récemment par M. Berthot[1].

L'extension de la loi de Newton aux distances très petites est donc entièrement fictive, et les résultats qu'on en déduit sont analytiquement vrais, mais n'ont aucune réalité.

64. Les masses négatives, que nous avons employées tout à l'heure, interviennent, au même titre algébrique, dans certaines questions de mécanique. Si l'on demande, par exemple, *quelles masses il faut placer aux sommets d'un triangle pour que le centre de gravité de ces masses coïncide avec le point de concours des trois hauteurs*, on reconnaît immédiatement qu'il faut placer au sommet de chaque angle une masse proportionnelle à la tangente trigonométrique de cet angle. Or cette solution donne une masse infinie au sommet d'un angle droit, et une masse négative au sommet d'un angle obtus. Rien n'est plus simple que d'interpréter ces résultats.

APPLICATION AU CYLINDRE CREUX INDÉFINI A BASE CIRCULAIRE.

65. Le système attirant est formé de couches cylindriques homogènes à base circulaire, de longueur indéfinie, ayant pour axe commun l'axe des $z$.

Le point attiré, M, est défini de position par ses coordonnées, $\alpha$, $\beta$, $\gamma$;

1. V. *Comptes rendus de l'Académie des sciences*, 30 juin 1884, 20 avril 1885.

mais l'attraction ne dépend évidemment que de la distance $r = $ MP du point à l'axe OZ, et cette distance est donnée par l'équation

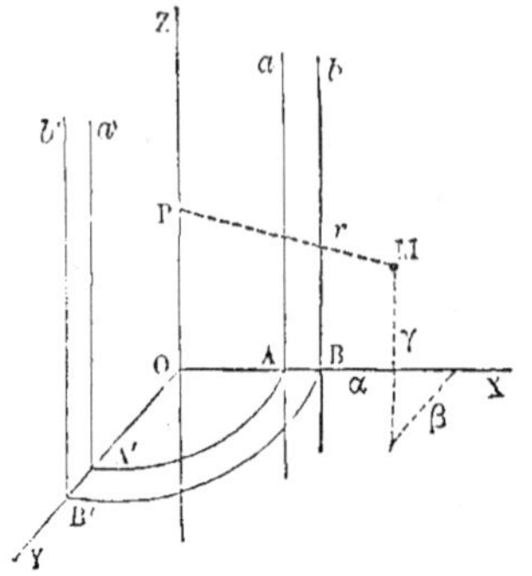

$$r^2 = \alpha^2 + \beta^2.$$

La fonction V est une fonction de cette distance. On le démontrerait comme il suit. Les composantes de l'attraction suivant les axes sont en général

$$-f\mu\frac{dV}{d\alpha}, \quad -f\mu\frac{dV}{d\beta}, \quad -f\mu\frac{dV}{d\gamma};$$

ici la résultante est dirigée suivant MP; donc $\frac{dV}{d\gamma} = 0$ et

$$\beta\frac{dV}{d\alpha} - \alpha\frac{dV}{d\beta} = 0,$$

équation linéaire aux différences partielles qu'on sait intégrer, et qui donne pour V une fonction de $\alpha^2 + \beta^2$, ou enfin une fonction de $r$ seul.

On a donc, en changeant de variables,

$$\frac{dV}{d\alpha} = \frac{dV}{dr}\frac{dr}{d\alpha},$$

$$\frac{dV}{d\beta} = \frac{dV}{dr}\frac{dr}{d\beta},$$

$$\frac{d^2V}{d\alpha^2} = \frac{d^2V}{dr^2}\left(\frac{dr}{d\alpha}\right)^2 + \frac{dV}{dr}\frac{d^2r}{d\alpha^2},$$

$$\frac{d^2V}{d\beta^2} = \frac{d^2V}{dr^2}\left(\frac{dr}{d\beta}\right)^2 + \frac{dV}{dr}\frac{d^2r}{d\beta^2}.$$

Mais l'équation $r^2 = \alpha^2 + \beta^2$ différentiée conduit aux relations :

$$\frac{dr}{d\alpha} = \frac{\alpha}{r},$$

$$\frac{d^2r}{d\alpha^2} = \frac{1}{r} - \frac{\alpha^2}{r^3},$$

$$\frac{dr}{d\beta} = \frac{\beta}{r},$$

$$\frac{d^2r}{d\beta^2} = \frac{1}{r} - \frac{\beta^2}{r^3}.$$

On a d'ailleurs $\frac{d^2V}{d\gamma^2} = 0.$

Donc enfin

$$\frac{d^2V}{d\alpha^2} + \frac{d^2V}{d\beta^2} + \frac{d^2V}{d\gamma^2}$$

$$= \frac{d^2V}{dr^2} \times \frac{\alpha^2}{r^2} + \frac{dV}{dr}\left(\frac{1}{r} - \frac{\alpha^2}{r^3}\right) + \frac{d^2V}{dr^2} \times \frac{\beta^2}{r^2} + \frac{dV}{dr}\left(\frac{1}{r} - \frac{\beta^2}{r^3}\right) = \frac{d^2V}{dr^2} + \frac{1}{r}\frac{dV}{dr}.$$

Fig. 60.

Si le point M est à l'intérieur ou à l'extérieur du cylindre creux, mais non dans l'épaisseur de ce cylindre, on aura pour déterminer V l'équation différentielle

$$\frac{d^2V}{dr^2} + \frac{1}{r}\frac{dV}{dr} = 0.$$

On en déduit, en multipliant par $r$ et en intégrant,

$$r\frac{dV}{dr} = C.$$

L'attraction totale étant dirigée suivant MP a pour composante suivant l'axe OX

$$- f\mu\frac{dV}{dx} = - f\mu\frac{dV}{dr}\times\frac{x}{r},$$

et suivant l'axe OY

$$- f\mu\frac{dV}{dr}\frac{\beta}{r}.$$

Or $\frac{x}{r}$ et $\frac{\beta}{r}$ sont les cosinus des angles de PM avec ces axes ; l'attraction a donc pour valeur $- f\mu\frac{dV}{dr}$, ou bien $- \frac{f\mu C}{r}$.

66. Pour déterminer la constante C nous distinguerons deux cas : celui où le point M est à l'intérieur, et celui où le point est à l'extérieur du cylindre.

1° Si le point M est intérieur, il est évidemment en équilibre sur l'axe du cylindre ; l'attraction résultante étant nulle pour $r = 0$, on a $C = 0$, et l'attraction est nulle pour toutes les positions du point M à l'intérieur du cylindre.

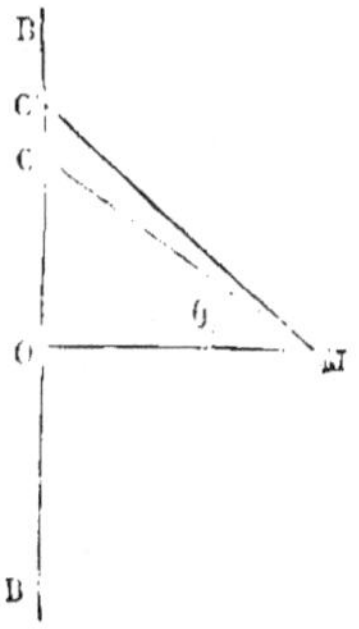

2° Si le point est extérieur, attribuons à $r$ une très grande valeur, vis-à-vis de laquelle le diamètre du cylindre soit négligeable. Tout se passera comme si, dans chaque section transversale, la masse du cylindre était concentrée sur son axe, et au lieu d'un cylindre nous aurons une droite attirante. Nous pouvons traiter cette question directement.

Soit $m$ la masse par unité de longueur d'une droite indéfinie BB' ; M le point attiré, à la distance $OM = r$. Prenons pour variable l'angle $\theta$, compté à partir du rayon MO, positivement dans un sens, négativement dans l'autre, et considérons l'attraction exercée par un élément CC' sur le point M. Elle est dirigée suivant MC, et a pour valeur

$$f\mu\times\frac{m\times CC'}{CM^2}.$$

Fig. 61

Or

$$CM = \frac{r}{\cos\theta},$$

$$CC' = d.OC = d(r\,\mathrm{tang}\,\theta) = \frac{rd\theta}{\cos^2\theta}.$$

L'attraction de l'élément est égale à $\dfrac{f\mu.m \times rd\theta}{\cos^2\theta \times \dfrac{r^2}{\cos^2\theta}}$ ou à $f\mu m\,\dfrac{d\theta}{r}$.

Multiplions par $\cos\theta$ pour avoir la composante de cette attraction suivant MO; il vient

$$\frac{f\mu.m\cos\theta d\theta}{r},$$

expression qu'il suffira d'intégrer en faisant varier $\theta$ de $-\dfrac{\pi}{2}$ à $+\dfrac{\pi}{2}$, pour obtenir la résultante des actions de tous les éléments de la droite indéfinie BB' : il vient

$$\frac{f\mu.m}{r} \times \left[\sin\frac{\pi}{2} - \sin\left(-\frac{\pi}{2}\right)\right] = \frac{2f\mu.m}{r},$$

ou $-\dfrac{2f\mu.m}{r}$, en tenant compte du signe que nous devons attribuer à la résultante cherchée.

Nous avons trouvé plus haut que cette résultante est égale à $-\dfrac{f\mu.C}{r}$.

Donc $C = 2m$, $m$ étant la masse de la droite par unité de longueur, c'est-à-dire, en revenant à la première question, la masse du cylindre par unité de longueur. Si la densité $\rho$ des couches concentriques était variable de l'une à l'autre, on aurait

$$m = \int_{R_1}^{R_2} 2\pi R dR \times \rho,$$

équation où $\rho$ représente la densité de la couche à la distance R de l'axe, et $R_1$ et $R_2$ les rayons de la surface interne et de la surface externe du cylindre.

On en déduirait

$$C = 4\pi \int_{R_1}^{R_2} \rho R dR.$$

Le troisième cas à examiner est celui où le point M est à une distance $r$ de l'axe comprise entre $R_1$ et $R_2$. Alors les couches dont les rayons sont compris entre $r$ et $R_2$ sont sans action sur le point M, et tout se passe comme si ce point était à la surface d'un cylindre indéfini de rayon $r$, ce qui donne

$$C = 4\pi \int_{R_1}^{r} \rho R dR.$$

On vérifierait aisément que, dans ce dernier cas, la somme $\dfrac{d^2V}{dx^2} + \ldots$ est égale à $-4\pi\rho$.

ATTRACTION D'UN CYLINDRE DROIT A BASE CIRCULAIRE, HOMOGÈNE, SUR UN POINT SITUÉ SUR SON AXE DE FIGURE.

67. Lorsque le point attiré M est suffisamment éloigné du cylindre attirant AB, les actions exercées sur lui par les divers points du cylindre sont sensiblement parallèles et s'ajoutent ensemble. Si donc on prend pour origine le milieu O du cylindre,

Fig. 62.

et qu'on appelle $2a$ sa longueur, R son rayon, $\rho$ sa masse spécifique, $l$ la distance OM de l'origine au point attirant, l'action exercée par le cylindre AB sur le point M sera proportionnelle à l'intégrale

$$H = \int_{-a}^{+a} \frac{\pi R^2 dx \times \rho}{(l-x)^2},$$

où $\pi R^2 dx$ représente le volume d'un l'élément PP' situé à la distance $x$, et $l - x$, la distance de cet élément au point M.

On aura, en faisant l'intégration,

$$H = \pi R^2 \rho \times \left[\frac{1}{l-x}\right]_{-a}^{+a} = \pi R^2 \rho \left(\frac{1}{l-a} - \frac{1}{l+a}\right)$$
$$= \pi R^2 \rho \times \frac{2a}{l^2 - a^2},$$

expression dans laquelle le numérateur est la masse totale de la barre, et le dénominateur $l^2 - a^2$ contient seul la distance $l$. La formule n'est vraie que par les valeurs $l$ qui sont suffisamment grandes par rapport à $a$.

Si l'on voulait appliquer cette formule à toutes les valeurs de $l$, on arriverait à des conclusions inexactes. Prenons le point M dans l'intérieur du cylindre, à une distance MB de l'extrémité B. Si l'on prend MC = MB, on

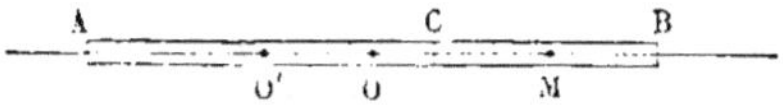

Fig. 63.

pourra supprimer la portion CB du cylindre sans changer l'action exercée sur le point M. Car les points matériels contenus dans cette portion sont deux à deux symétriques par rapport au point M, et l'homogénéité de la barre entraînant l'égalité des masses, les actions exercées par la portion CB se détruisent deux à deux. Si donc MB = $b$, la barre pourra être considérée comme réduite à la longueur $2a-2b$, son milieu O' sera à la distance $a$ du point attiré M, car O'M est la somme des moitiés des deux tronçons AC, CB qui composent la barre. La formule donne donc

$$\text{H}' = \frac{\pi \text{R}^2 \rho \times (2a - 2b)}{a^2 - (a - b)^2} = \frac{\pi \text{R}^2 \rho\, (2a - 2b)}{2ab - b^2} = \frac{2\pi \text{R}^2 \rho\, (a - b)}{b(2a - b)},$$

fonction qui devient infinie pour $b = 0$, résultat évidemment inadmissible.

L'erreur du raisonnement consiste à appliquer la formule, qui admet pour $l$ une grande valeur, à une valeur de $l$ comparable à $a$; dans ce cas les actions de certains points de la barre sur le point M ont une obliquité qui n'est plus négligeable, et le calcul approximatif qui ne tenait pas compte de cette obliquité doit être rejeté. Partageons encore

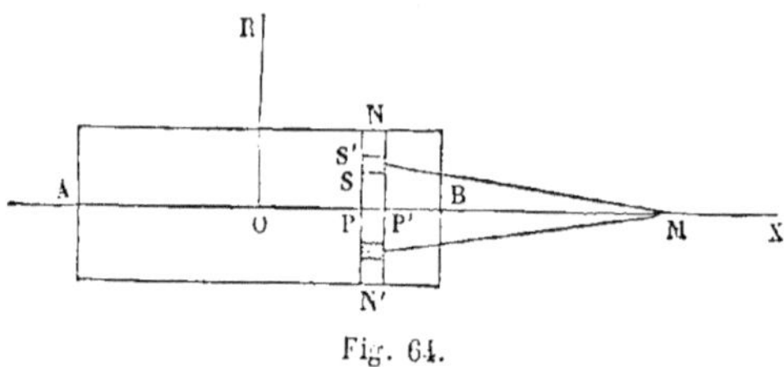


Fig. 64.

la barre cylindrique en tranches NN' dont les abscisses soient $\text{OP} = x$, $\text{OP}' = x + dx$. Puis décomposons ces tranches par des cylindres de même axe que le cylindre donné, et dont les rayons PS et PS' soient égaux à $r$ et à $r + dr$.

La masse d'un anneau SS' sera égale à $2\pi r dr \times dx \times \rho$; elle exerce sur le point M une attraction qui fait avec l'axe OX un angle SMP, dont le cosinus est $\dfrac{l - x}{\sqrt{(l-x)^2 + r^2}}$, et qui, estimée suivant l'axe OX, est proportionnelle au produit

$$\frac{2\pi r dr dx \times \rho\,(l - x)}{\sqrt{(l-x)^2 + r^2} \times \left((l-x)^2 + r^2\right)^2} = \frac{2\pi r dr dx \times \rho\,(l - x)}{\left((l-x)^2 + r^2\right)^{\frac{3}{2}}}.$$

Pour avoir l'attraction totale de la tranche NN', il faudra intégrer cette expression sans faire varier $x$, entre les limites $r = 0$ et $r = \text{R}$. Pour y arriver, posons $(l - x)^2 + r^2 = u^2$.

On en déduit, en différentiant sans faire varier $x$,

$$2r dr = 2u du,$$

ce qui transforme la fonction à intégrer en

$$2\pi \frac{u du}{u^3} \times dx \times \rho\,(l - x) = 2\pi \rho\,(l - x)\, dx \times \frac{du}{u^2}.$$

L'intégrale générale de $\dfrac{du}{u^2}$ est $-\dfrac{1}{u}$, qu'on devra prendre entre les limites $r = 0$ et $r = \text{R}$, c'est-à-dire entre $u = (l - x)$ et $u = \sqrt{(l-x)^2 + \text{R}^2}$. Il vient pour la première intégrale, qui donne l'action totale de la tranche NN',

$$2\pi \rho\,(l - x)\, dx \times \left(\frac{1}{l - x} - \frac{1}{\sqrt{(l-x)^2 + \text{R}^2}}\right) = 2\pi \rho \left(dx - \frac{(l - x)dx}{\sqrt{(l-x)^2 + \text{R}^2}}\right).$$

Cette fonction devra être intégrée de nouveau entre les deux sections extrêmes A et B du cylindre, c'est-à-dire de $x = -a$ à $x = +a$. Il vient pour l'intégrale générale

$$2\pi\rho\left(x + \sqrt{(l-x)^2 + R^2}\right),$$

et, entre les limites $x = -a$, $x = +a$,

$$H = 2\pi\rho\left(2a + \sqrt{(l-a)^2 + R^2} - \sqrt{(l+a)^2 + R^2}\right),$$

formule qui donne l'attraction exercée par la barre sur le point M (au facteur $f\mu$ près), lorsque ce point est situé sur le prolongement de l'axe. L'attraction ne devient plus infinie pour $l = a$. Si l'on veut l'attraction exercée par la barre sur un point de son axe de figure, on pourra supprimer une longueur de barre égale à $2b$, et appliquer la formule précédente en y remplaçant $a$ par $a - b$, et $l$ par $a$, ce qui donne

$$H' = 2\pi\rho\left(2(a-b) + \sqrt{b^2 + R^2} - \sqrt{(2a-b)^2 + R^2}\right).$$

A l'extrémité de la barre, les deux formules donnent

$$H = 2\pi\rho\left(2a + R + \sqrt{4a^2 + R^2}\right).$$

Si l'on suppose R très petit par rapport à $l - a$, il sera à fortiori très petit par rapport à $l + a$; on pourra développer les radicaux en série et ne conserver que les premiers termes. Il viendra

$$H = 2\pi\rho \times \left[2a + (l-a)\left(1 + \frac{R^2}{(l-a)^2}\right)^{\frac{1}{2}} - (l+a)\left(1 + \frac{R^2}{(l+a)^2}\right)^{\frac{1}{2}}\right]$$

$$= 2\pi\rho\left(2a + (l-a)\left(1 + \frac{1}{2}\frac{R^2}{(l-a)^2}\right)\right.$$

$$\left. - (l+a)\left(1 - \frac{1}{2}\frac{R^2}{(l+a)^2}\right)\right)$$

$$= 2\pi\rho\left[2a + l - a - l + a + \frac{R^2}{2}\left(\frac{1}{l-a} - \frac{1}{l+a}\right)\right] = \pi R^2\rho \times \frac{2a}{l^2 - a^2},$$

c'est-à-dire la valeur trouvée d'abord par la méthode approximative.

### SOLIDE DE PLUS GRANDE ATTRACTION.

68. On donne un corps homogène, de densité $\rho$ et de volume V connus, et on demande quelle forme il faut attribuer à ce corps pour que l'attraction qu'il exerce sur un point donné, $\mu$, soit la plus grande possible.

1° Par le point $\mu$ menons une droite quelconque rencontrant le corps attirant. Il faut d'abord, pour que l'attraction soit la plus grande possible, que les points matériels rencontrés soient tous d'un même côté de $\mu$, pour que leurs actions s'ajoutent au lieu de se retrancher ; ensuite, que leurs distances à $\mu$ soient les moindres possibles.

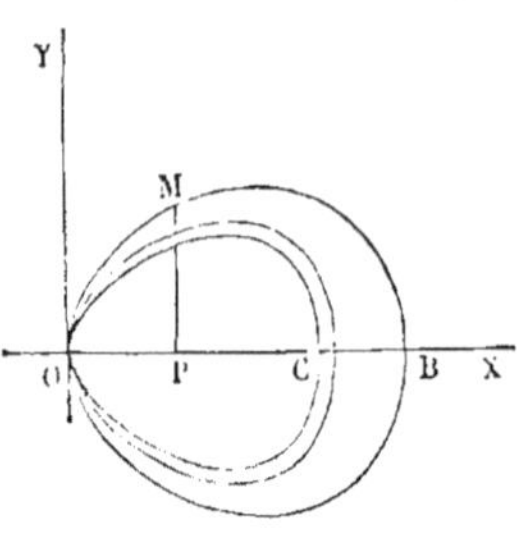


Fig. 62.

Le résultat de ces deux conditions, c'est de placer $\mu$ à la surface même du corps attirant.

2° Deux molécules $m$, $m'$, de même masse, placées à la surface du corps attirant, exercent sur le point $\mu$ des actions dont les composantes, estimées suivant la direction de l'attraction totale, doivent être égales.

Soient en effet $r$ et $r'$ les distances $m\mu$, $m'\mu$, et $\theta$, $\theta'$ les angles de ces droites avec la direction de l'attraction totale ; si on avait $\dfrac{fm\mu.\cos\theta}{r^2} < \dfrac{fm'\mu.\cos\theta'}{r'^2}$, on pourrait accroître l'attraction totale en réunissant la molécule $m$ à la molécule $m'$.

Donc l'équation de la surface terminale est $\dfrac{\cos\theta}{r^2} = $ const., ou bien $r^2 = A^2\cos\theta$, en appelant A la constante. Elle définit une surface de révolution dont l'axe est la direction de l'attraction totale.

Soit OX cette direction, O la position du point $\mu$. L'équation de la méridienne en coordonnées rectangles sera

$$x^2 + y^2 = A^2\,\frac{x}{\sqrt{x^2 + y^2}},$$

ou

$$(x^2 + y^2)^{\frac{3}{2}} = A^2 x,$$

ou enfin

$$(x^2 + y^2)^3 = A^4 x^2.$$

Pour achever la solution, il reste à chercher le volume de ce solide de révolution, et à l'égaler au volume donné V.

Faisant $y = 0$, il vient pour déterminer la longueur OB de l'axe $x^3 = A^2 x$ ; cette équation donne $x = 0$ (point O) et $x = A$.

Le volume du solide est exprimé par l'intégrale

$$V = \int_{x=0}^{x=A} \pi y^2 dx.$$

Or $y^2 = (A^2 x)^{\frac{2}{3}} - x^2$. Donc

$$V = \int_0^A \pi\left[(A^2 x)^{\frac{2}{3}} - x^2\right] dx = \pi \int_0^A \left[\sqrt[3]{A^4}\,x^{\frac{2}{3}}dx - x^2 dx\right].$$

On a pour intégrale générale

$$\pi\left[\sqrt[3]{A^4}\,\frac{x^{\frac{5}{3}}}{\frac{5}{3}} - \frac{x^5}{5}\right] = \pi\left[\frac{3}{5}\sqrt[3]{A^4}\,x^{\frac{5}{3}} - \frac{x^5}{5}\right],$$

et entre les limites $x = 0$, $x = A$,

$$V = \pi\left[\frac{3}{5}A^{\frac{4}{3}}A^{\frac{5}{3}} - \frac{1}{3}A^5\right] = \pi \times \frac{4}{15}A^5.$$

Donc $A = \sqrt[3]{\dfrac{15V}{4\pi}}$.

Reste à trouver l'action totale exercée sur le point O. On y parviendra de la manière suivante. Observons qu'une molécule $m$ placée en M sur la surface du corps donne lieu à la même composante suivant OX que si elle était placée en B, de sorte qu'on peut, sans changer l'attraction totale, réunir au point B toutes les molécules appartenant à la couche extérieure.

Observons de plus que la courbe OMB ne dépend que d'un seul paramètre $A = OB$; de sorte qu'en faisant varier A, on obtient une série de courbes toutes semblables entre elles, et semblablement placées par rapport au point O. Les volumes des solides de révolution correspondants à ces courbes successives sont proportionnels à $A^3$.

Considérons les molécules comprises entre la surface A et la surface $A + dA$; le volume compris entre ces deux courbes est la différentielle de

$$V = \frac{4}{15}\pi A^3;$$

c'est donc $dV = \frac{4}{5}\pi A^2 dA$.

La masse correspondante est $\frac{4}{5}\pi\rho A^2 dA$; cette masse réunie au sommet C de la couche exerce sur le point O l'attraction

$$f\mu \times \frac{4}{5}\pi\rho dA,$$

et par conséquent l'attraction totale est la somme

$$\int_0^A f\mu \times \frac{4}{5}\pi\rho dA = \frac{4}{5}f\mu\pi\rho \times A.$$

C'est la plus grande action que la masse $\rho V$, distribuée d'une manière homogène, puisse exercer sur le point $\mu$.

# CHAPITRE II

## ATTRACTION DES ELLIPSOÏDES.

69. Nous supposerons que le système attirant P soit formé de couches homogènes, comprises entre des surfaces ellipsoïdales concentriques, semblables et semblablement placées, de telle sorte que, l'équation de l'une de ces surfaces étant

$$\frac{x^2}{a^2} + \frac{y^2}{b^2} + \frac{z^2}{c^2} = 1,$$

l'équation de l'autre soit

$$\frac{x^2}{a^2} + \frac{y^2}{b^2} + \frac{z^2}{c^2} = \mu^2,$$

$\mu$ étant un nombre infiniment peu différent de l'unité. Nous traiterons d'abord la question pour un point M situé à l'intérieur d'un ellipsoïde creux, compris entre deux surfaces semblables. Puis nous exposerons la méthode de M. Chasles, qui simplifie par des considérations géométriques la recherche des composantes de l'attraction.

Avant d'exposer cette théorie, il convient de rappeler quelques lemmes préliminaires.

LEMME $1^{er}$. — *Étant données deux surfaces du second degré, semblables, semblablement placées, et ayant même centre O, si l'on mène une droite ABCD qui rencontre ces deux surfaces, les segments AB, CD interceptés sur la droite par les deux surfaces seront égaux.*

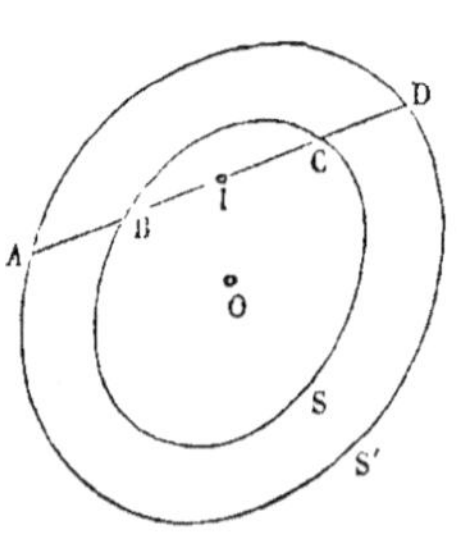

Fig. 63.

En effet, menons par la droite un plan quelconque; il coupera les deux surfaces suivant deux courbes du second ordre semblables, semblablement placées, et concentriques; ces deux courbes ont respectivement les mêmes systèmes de diamètres conjugués, et par suite les deux cordes AD, BC, ont le même point milieu I. Donc les longueurs AB, CD sont égales.

70. *Définition.* — Deux ellipsoïdes concentriques et ayant les mêmes plans principaux sont *homofocaux* quand la différence des carrés des demi-axes de même direction est constante.

Soit par exemple

$$\frac{x^2}{a^2} + \frac{y^2}{b^2} + \frac{z^2}{c^2} = 1$$

l'équation de l'un des ellipsoïdes, et

$$\frac{x^2}{a'^2} + \frac{y^2}{b'^2} + \frac{z^2}{c'^2} = 1$$

l'équation de l'autre surface. Ces deux surfaces seront homofocales si l'on a les égalités

$$a'^2 - a^2 = b'^2 - b^2 = c'^2 - c^2.$$

On en déduit

$$a'^2 - b'^2 = a^2 - b^2,$$

ce qui montre que les ellipses principales obtenues en coupant les deux surfaces par le plan des $xy$ ont les mêmes foyers. Il en est de même des sections faites dans les deux surfaces par les autres plans principaux.

Étant donnés un ellipsoïde et un point $(\alpha, \beta, \gamma)$ extérieur à la surface, on peut toujours faire passer par ce point une surface ellipsoïdale homofocale à l'ellipsoïde donné. Appelons $a$, $b$, $c$ les demi-axes de l'ellipsoïde donné, et $a'$, $b'$, $c'$ ceux de l'ellipsoïde cherché ; on aura pour déterminer $a'$, $b'$, $c'$ les trois équations :

$$a'^2 - a^2 = b'^2 - b^2 = c'^2 - c^2,$$
$$\frac{\alpha^2}{a'^2} + \frac{\beta^2}{b'^2} + \frac{\gamma^2}{c'^2} = 1.$$

Prenons pour inconnue la différence commune

$$u = a'^2 - a^2 = b'^2 - b^2 = c'^2 - c^2.$$

On en déduit

$$a'^2 = a^2 + u, \qquad b'^2 = b^2 + u, \qquad c'^2 = c^2 + u,$$

et

$$\frac{\alpha^2}{a^2 + u} + \frac{\beta^2}{b^2 + u} + \frac{\gamma^2}{c^2 + u} = 1.$$

Cela posé, le point $(\alpha, \beta, \gamma)$ étant en dehors de l'ellipsoïde $(a, b, c)$, on a $\frac{\alpha^2}{a^2} + \frac{\beta^2}{b^2} + \frac{\gamma^2}{c^2} > 1$ ; si donc on donne à $u$ des valeurs positives graduellement croissantes, les fractions $\dfrac{\alpha^2}{a^2 + u}$, ... décroîtront d'une manière continue, et on rencontrera nécessairement une valeur de $u$ qui rendra leur somme $\dfrac{\alpha^2}{a^2 + u} + \dfrac{\beta^2}{b^2 + u} + \dfrac{\gamma^2}{c^2 + u}$ égale à l'unité; et il n'y aura que cette racine positive, car, à partir de cette valeur particulière, l'augmentation de $u$ entraîne la diminution des valeurs de chaque fraction, et rend leur somme inférieure à l'unité.

On en déduira pour $a$, $b$, $c$, des valeurs réelles, puisque $u$ est positif. Les axes $a'$, $b'$, $c'$ seront respectivement plus grands que les axes $a$, $b$, $c$, de sorte que le nouvel ellipsoïde enveloppera entièrement le premier.

71. *Définition.* — Étant donnés deux ellipsoïdes $(a, b, c)$ et $(a', b', c')$, concentriques et ayant les mêmes plans principaux, on appelle *points correspondants* deux points M et M', le premier ayant pour coordonnées $x$, $y$, $z$, le second ayant pour coordonnées $x'$, $y'$, $z'$, lorsqu'on a entre ces coordonnées les proportions suivantes :

$$\frac{x'}{x} = \frac{a'}{a}, \quad \frac{y'}{y} = \frac{b'}{b}, \quad \frac{z'}{z} = \frac{c'}{c}.$$

Il est facile de voir que si le point $(x, y, z)$ appartient à l'ellipsoïde $(a, b, c)$, le point $(x', y'\, z')$ appartient à l'ellipsoïde $(a', b', c')$.

En effet les rapports $\dfrac{x'}{a'}, \dfrac{y'}{b'}, \dfrac{z'}{c'}$ étant respectivement égaux aux rapports $\dfrac{x}{a}, \dfrac{y}{b}, \dfrac{z}{c}$, la somme des carrés des trois premiers rapports est égale à l'unité en même temps que la somme des carrés des trois autres.

Étant donné le point M, on en déduit sans ambiguïté le point M', correspondant du point M.

Les sommets des axes de même nom sont des points correspondants.

Si des points M sont en ligne droite, les points correspondants M' seront aussi en ligne droite, et si la première droite est parallèle à l'un des axes principaux, la seconde sera aussi parallèle à cet axe.

72. *Lemme II.* — La différence des carrés des distances, $\overline{OM'}^2 - \overline{OM}^2$, du centre commun des ellipsoïdes à deux points correspondants M' et M, situés respectivement sur deux ellipsoïdes homofocaux, est constante.

On a en effet

$$(x'^2 + y'^2 + z'^2) - (x^2 + y^2 + z^2)$$
$$= \left(\frac{a'^2}{a^2} - 1\right) x^2 + \left(\frac{b'^2}{b^2} - 1\right) y^2 + \left(\frac{c'^2}{c^2} - 1\right) z^2$$
$$= (a'^2 - a^2) \left(\frac{x^2}{a^2} + \frac{y^2}{b^2} + \frac{z^2}{c^2}\right) = a'^2 - a^2,$$

en observant qu'on a à la fois

$$b'^2 - b^2 = a'^2 - a^2 = c'^2 - c^2,$$

puisque les ellipsoïdes sont homofocaux, et

$$\frac{x^2}{a^2} + \frac{y^2}{b^2} + \frac{z^2}{c^2} = 1,$$

puisque le point $(x, y, z)$ appartient au premier ellipsoïde.

75. *Lemme III.* — Soient M et N deux points pris sur la surface de l'ellipsoïde $(a, b, c)$; M' et N' les deux points respectivement correspondants, pris sur l'ellipsoïde homofocal $(a', b', c')$. On aura l'égalité

$$OM \times ON' \times \cos MON' = OM' \times ON \times \cos M'ON.$$

La direction OM fait avec les axes coordonnés des angles dont les cosinus sont respectivement

$$\frac{x}{OM}, \quad \frac{y}{OM}, \quad \frac{z}{OM}$$

$x, y, z$ désignant les coordonnées du point M.

La direction ON fait de même avec les axes des angles dont les cosinus sont

$$\frac{x_1}{ON}, \quad \frac{y_1}{ON}, \quad \frac{z_1}{ON}$$

$x_1, y_1, z_1$ étant les coordonnées du point N.

Les coordonnées de M', correspondant de M, seront $\frac{a'}{a} x$, $\frac{b'}{b} y$, $\frac{c'}{c} z$, et les cosinus des angles de OM' avec les axes seront par conséquent

$$\frac{a'x}{a \times OM'}, \quad \frac{b'y}{b \times OM'}, \quad \frac{c'z}{c \times OM'};$$

de même les cosinus des angles de la direction ON' avec les axes seront

$$\frac{a'x_1}{a \times ON'}, \quad \frac{b'y_1}{b \times ON'}, \quad \frac{c'z_1}{c \times ON'}$$

Nous aurons donc à la fois

$$\cos MON' = \frac{x}{OM} \times \frac{a'x_1}{a \times ON'} + \frac{y}{OM} \times \frac{b'y_1}{b \times ON'} + \frac{z}{OM} \times \frac{c'z_1}{c \times ON'},$$

$$\cos M'ON = \frac{x_1}{ON} \times \frac{a'x}{a \times OM'} + \frac{y_1}{ON} \times \frac{b'y}{b \times OM'} + \frac{z_1}{ON} \times \frac{c'z}{c \times OM'}.$$

Donc

$$OM \times ON' \cos MON' = \frac{a'xx_1}{a} + \frac{b'yy_1}{b} + \frac{c'zz_1}{c} = ON \times OM' \cos M'ON,$$

et l'égalité est démontrée.

**74. *Lemme IV.*** — Les distances MN′, M′N sont égales. En effet on a, en vertu du lemme II,

$$\overline{OM'}^2 - \overline{OM}^2 = \overline{ON'}^2 - \overline{ON}^2,$$

puisque M′ et M, N′ et N sont des points respectivement correspondants.

Donc $\overline{OM}^2 + \overline{ON'}^2 = \overline{OM'}^2 + \overline{ON}^2.$

On a de plus, en vertu du lemme III,

$$2OM \times ON' \cos MON' = 2OM' \times ON \times \cos M'ON.$$

Retranchons cette égalité de la précédente, il vient

$$\overline{OM}^2 + \overline{ON'}^2 - 2OM \times OM' \cos MON' = \overline{OM'}^2 + \overline{ON}^2 - 2OM' \times OM \cos M'ON,$$

ou bien

$$\overline{MN'}^2 = \overline{M'N}^2,$$

ou enfin

$$MN' = M'N.$$

ATTRACTION D'UN ELLIPSOÏDE CREUX HOMOGÈNE SUR UN POINT INTÉRIEUR.

**75.** Supposons que le système attirant soit un solide homogène, compris entre deux surfaces ellipsoïdales semblables et concentriques S et S′, et que le point attiré M soit situé à l'intérieur de la surface S′.

La résultante de toutes les actions exercées sur le point M est nulle. Il

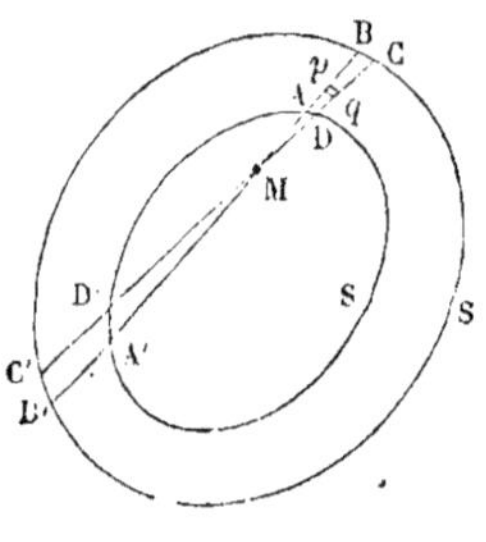

Fig. 64.

suffit pour le démontrer de montrer que deux cônes infiniment petits, opposés par le sommet au point M, interceptent dans l'épaisseur du solide des masses ABCD, A′B′C′D′, dont les attractions sur le point M sont égales.

Appelons ω la mesure de l'angle solide commun à ces deux cônes; ω est l'aire de la surface interceptée par le cône sur la sphère décrite du point M comme centre avec un rayon égal à l'unité. Coupons le volume ABCD en tranches infiniment minces $pq$, par des surfaces sphériques décrites du point M comme centre avec des rayons $r = Mp$. La base $pq$ de l'une de ces tranches sera $\omega r^2$, et son volume $\omega r^2 dr$; sa masse enfin sera $\rho\omega r^2 dr$, $\rho$ étant la densité de l'ellipsoïde ou la masse de l'unité de volume. L'attraction exercée par cette tranche sur le point M a pour valeur

$$\frac{\int \mu \rho \omega r^2 dr}{r^2} = \int \mu \rho \omega dr.$$

Pour avoir l'action totale subie par le point M de la part du système ABCD, il suffit de faire la somme de ces différentielles en faisant varier $r$ de $r = \mathrm{MA}$ à $r = \mathrm{MB}$; ce qui donne pour résultat

$$f\mu\rho\omega \times \mathrm{AB}.$$

L'action subie par le point M de la part du système A'B'C'D', action opposée à la précédente, a de même pour valeur

$$f\mu\rho\omega \times \mathrm{A'B'}.$$

Elle est donc égale à la première, car $\mathrm{AB} = \mathrm{A'B'}$ (lemme I), et le point M est en équilibre.

*Corollaire I.* — Cette conclusion étant indépendante des grandeurs absolues AB, A'B', et supposant seulement ces deux grandeurs égales, subsiste encore quand le système attiré se réduit à une couche homogène infiniment mince, comprise entre deux ellipsoïdes concentriques semblables infiniment voisins.

*Corollaire II.* — Elle subsiste par conséquent encore quand le système attirant, compris entre les surfaces S et S', est formé de couches infiniment minces, séparées les unes des autres par des surfaces ellipsoïdales concentriques et semblables, la densité étant la même dans toute l'étendue d'une même couche, et pouvant varier de l'une à l'autre.

*Corollaire III.* — La fonction V est constante pour tous les points M situés à l'intérieur de l'ellipsoïde S'. Car les trois dérivées partielles $\dfrac{d\mathrm{V}}{dx}$, $\dfrac{d\mathrm{V}}{dy}$, $\dfrac{d\mathrm{V}}{dz}$, qui mesurent les composantes de l'attraction, sont séparément nulles.

Il en est de même tout le long de la surface interne d'une couche ellipsoïdale infiniment mince.

ACTION D'UNE COUCHE ELLIPSOÏDALE HOMOGÈNE SUR UN POINT EXTÉRIEUR.

76. La couche homogène attirante est comprise entre une surface ellipsoïdale S, et une surface $S_1$ concentrique, semblable et infiniment voisine. Appelons $\rho$ la masse spécifique du solide ainsi limité.

Par le point M extérieur à la surface S, faisons passer (§ 70) une surface S' homofocale à S; nous imaginerons une couche ellipsoïdale de densité $\rho'$, comprise entre la surface S' et une surface $S_1'$ concentrique, semblable à la surface S', et ayant avec celle-ci le

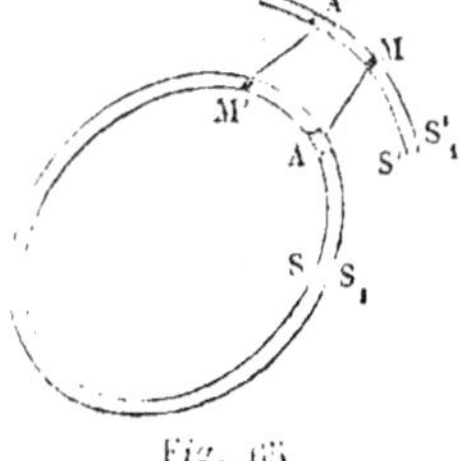

Fig. 63.

même rapport de similitude qui existe entre les surfaces S et $S_1$. Je dis que la surface $S_1'$ sera homofocale à la surface $S_1$.

Soient en effet $a$, $b$, $c$ les demi-axes principaux de l'ellipsoïde S, et $\lambda$ le rapport de similitude de $S_1$ à S; les demi-axes de l'ellipsoïde $S_1$ seront $\lambda a$, $\lambda b$, $\lambda c$; appelons de même $a'$, $b'$, $c'$ et $\lambda a'$, $\lambda b'$, $\lambda c'$ les demi-axes des ellipsoïdes $S'$ et $S_1'$. Nous aurons

$$\lambda^2 a'^2 - \lambda^2 a^2 = \lambda^2 (a'^2 - a^2),$$
$$\lambda^2 b'^2 - \lambda^2 b^2 = \lambda^2 (b'^2 - b^2),$$
$$\lambda^2 c'^2 - \lambda^2 c^2 = \lambda^2 (c'^2 - c^2).$$

Or $a'^2 - a^2 = b'^2 - b^2 = c'^2 - c^2$, puisque $S'$ est homofocale à S; donc aussi

$$(\lambda a')^2 - (\lambda a)^2 = (\lambda b')^2 - (\lambda b)^2 = (\lambda c')^2 - (\lambda c)^2,$$

et $S_1'$ est homofocal à $S_1$.

On passe ainsi d'un point quelconque M pris dans la couche $SS_1$ au point M' qui lui correspond dans la couche $S'S_1'$, en remplaçant les coordonnées $x$, $y$, $z$ du point M par les produits $\dfrac{a'x}{a}$, $\dfrac{b'y}{b}$, $\dfrac{c'z}{c}$; et par suite, à un volume quelconque pris dans la première couche correspond dans la seconde un volume que l'on déduira du premier en multipliant par $\dfrac{a'}{a}$ les dimensions parallèles à l'axe des $x$, par $\dfrac{b'}{b}$ les dimensions parallèles aux $y$, par $\dfrac{c'}{c}$ les dimensions parallèles aux $z$; le volume sera multiplié lui-même par le produit $\dfrac{a'b'c'}{abc}$.

Cela posé, imaginons qu'on décompose la couche $SS_1$ en éléments de volume A, que nous représenterons généralement par la différentielle $d\omega$; la masse de l'élément sera $\rho d\omega$, et pour former la fonction V relative au point M, il faudra faire la somme

$$\Sigma \frac{\rho d\omega}{MA},$$

étendue à tous les éléments de la couche $SS_1$. Nous poserons donc

$$V = \Sigma \frac{\rho d\omega}{MA}.$$

Prenons sur la surface S le point M' correspondant à M; puis déterminons dans la couche $S'S_1'$ les éléments de volume A' qui correspondent aux éléments A de la couche $SS_1$. Les points M, M' et A, A', étant respectivement

correspondants, on aura $MA = M'A'$ (lemme IV) ; de plus nous venons de
prouver qu'en appelant $d\omega'$ le volume élémentaire $A'$, on a

$$d\omega' = d\omega \times \frac{a'b'c'}{abc}.$$

Appelons $V'$ la valeur de la fonction $V$ relative au point $M'$ attiré par la
couche $S'S_1'$; nous aurons, en étendant les sommes à la totalité des éléments des deux couches,

$$V' = \Sigma \frac{\rho'd\omega'}{M'A'} = \Sigma \frac{\rho' \times d\omega \times \dfrac{a'b'c'}{abc}}{MA}$$

$$= \frac{\rho'}{\rho} \times \frac{a'b'c'}{abc} \times \Sigma \frac{\rho d\omega}{MA} = \frac{\rho'a'b'c'}{\rho abc} \times V.$$

Il y a donc un rapport constant entre la valeur de la fonction $V$, relative
au système $(M, SS_1)$, et la valeur $V'$ de la même fonction relative au système
correspondant $(M', S'S_1')$. Or (§ 75, Cor. III) la fonction $V'$ est constante
lorsque le point $M'$ parcourt la surface $S$; donc la fonction $V$ est aussi constante lorsque le point $M$ parcourt la surface $S'$, homofocale de $S$.

Donc (§ 55 ) *la surface $S'$ est une surface de niveau*, et par conséquent
*l'attraction totale exercée par le système $SS_1$ sur le point $M$ est normale à
la surface $S'$.*

77. L'égalité $\dfrac{V'}{V} = \dfrac{\rho a'b'c'}{\rho abc}$ conduit à une autre conclusion. Soit $S$ une
couche ellipsoïdale homogène, $S'$ la couche ho-
mofocale passant par $M$. Soit $S''$ une seconde
couche homogène, homofocale à la couche $S'$, et
par suite homofocale à la couche $S$. Prenons les
points $M'$ et $M''$, correspondants au point $M$ sur
les couches $S$ et $S''$.

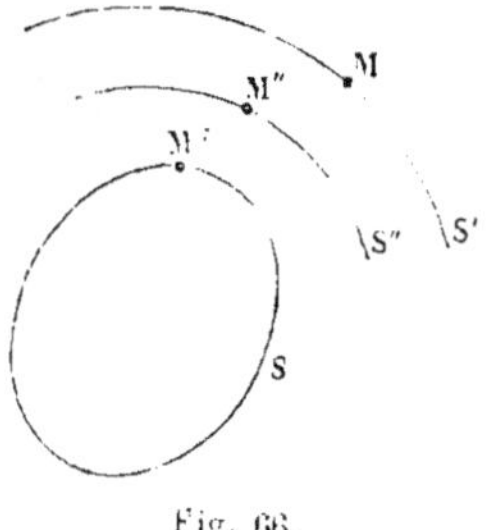

Fig. 66.

Appelons $V$ le potentiel de $M$ par rapport au
système $S$, $V'$ le potentiel de $M'$ par rapport à $S'$;
$V_1$ et $V_1'$ les potentiels respectifs de $M$ par rapport à $S''$ et de $M''$ par rapport à $S'$; soient $a_1$,
$b_1$, $c_1$ les demi-axes de la surface $S''$. Nous aurons les égalités

$$\frac{V'}{V} = \frac{\rho'a'b'c'}{\rho abc},$$

$$\frac{V_1'}{V_1} = \frac{\rho'a'b'c'}{\rho_1 a_1 b_1 c_1}.$$

De plus $V_1' = V$; car les deux points $M$ et $M''$ sont à l'intérieur de la
couche $S'$.

Donc

$$\frac{V}{V_1} = \frac{\rho abc}{\rho_1 a_1 b_1 c_1}.$$

*Les potentiels du point M par rapport aux deux couches S, S'' sont proportionnels aux produits des axes de ces couches par leur densité.* Il en est de même des dérivées partielles des fonctions V et $V_1$ par rapport aux coordonnées $\alpha$, $\beta$, $\gamma$ du point M. Donc les composantes des attractions exercées par les couches S et S'' sont entre elles dans ce même rapport : propriété qui subsiste encore à la limite lorsque le point M touche extérieurement la couche S''.

ACTION D'UNE COUCHE ELLIPSOÏDALE INFINIMENT MINCE SUR UN POINT M PLACÉ
SUR SA SURFACE EXTÉRIEURE.

78. Cherchons l'action exercée sur un point matériel M, de masse $\mu$, placé sur la surface extérieure S de la couche homogène comprise entre deux surfaces ellipsoïdales S et S', concentriques, homothétiques et infiniment voisines l'une de l'autre.

La résultante cherchée MN est normale à la surface S (§ 76).

Menons du point M le cône des tangentes à la surface intérieure S'; ce cône touche l'ellipsoïde S' suivant une courbe plane PQ, et prolongé,

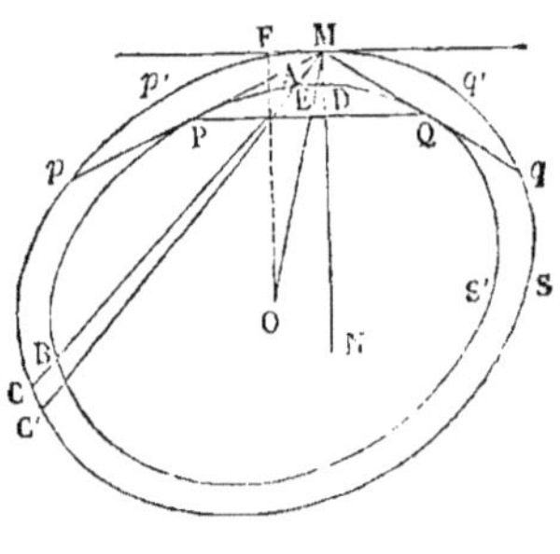

Fig. 67.

détache de la couche matérielle toute la masse comprise entre ce cône et la surface S', masse profilée sur la figure suivant les segments elliptiques M$pp'$, M$qq'$. L'intervalle des deux surfaces étant infiniment petit, les tangentes MP, MQ sont sensiblement normales à la droite MN, et par conséquent les masses retranchées par le cône des tangentes exercent sur le point M des attractions perpendiculaires à la résultante cherchée. Il est donc inutile d'en tenir compte pour la recherche de cette résultante.

Nous décomposerons la couche en éléments coniques, infiniment petits, ayant leur sommet commun au point M, et compris dans le cône tangent M$p$, M$q$. Soit $d\omega$ la mesure de l'ouverture de l'un quelconque MCC' de ces cônes élémentaires, c'est-à-dire la mesure de l'aire du polygone intercepté par ce cône sur une sphère de rayon égal à l'unité, décrite du point M comme centre. Appliquons la méthode suivie § 75. L'action exercée sur le point M

par une tranche élémentaire, d'épaisseur $dr$, située à la distance $r$ du point
attiré, a pour mesure

$$f\mu\rho\,d\omega\,dr;$$

il faut intégrer cette quantité par rapport à $r$ entre les limites $r = 0$ et
$r = $ MA, puis entre les limites $r = $ MB, $r = $ MC. Le résultat est

$$f\mu\rho\,d\omega\,(\text{MA} + \text{BC}) = 2f\mu\rho\,d\omega \times \text{MA},$$

en observant que MA $=$ BC (§ 69). Telle est la mesure de l'attraction exercée
dans la direction MC par la matière comprise dans le cône élémentaire. Pour
avoir la projection de cette force sur la normale, il faut multiplier par le
cosinus de l'angle AMN $= \alpha$; et indiquant la sommation de toutes les composantes semblables prises à l'intérieur du cône PMO, on aura pour la résultante cherchée

$$\text{R} = 2f\mu\rho\,\Sigma d\omega \times \text{MA}\cos\alpha.$$

Lorsque l'angle $\alpha$ est très petit, MA $\cos\alpha$ est sensiblement égal à
l'épaisseur MD de la couche au point M, ce qui permet de remplacer
$\Sigma d\omega \times$ MA $\cos\alpha$ par MD $\times \Sigma d\omega$, et en observant que la somme des éléments
sphériques $d\omega$ à l'intérieur du cône PMQ est sensiblement égale à la moitié
de la surface sphérique, ou à $2\pi$, puisque les angles PMN, QMN sont droits
à la limite, il vient en définitive,

$$\text{R} = 4\pi f\mu\rho \times \text{MD}.$$

79. Cette démonstration, dont on s'est longtemps contenté, n'est pas
rigoureuse, car elle suppose $\alpha$ très petit, tandis que $\alpha$ doit varier de 0 aux
angles PMN, QMN, qui sont voisins de l'an-
gle droit. Le résultat est cependant exact,
grâce à une compensation d'erreurs, ainsi
que nous allons le démontrer.

Par la normale MN faisons passer une
série de plans infiniment voisins, se coupant sous l'angle $d\theta$; l'élément sphérique $d\omega$ peut être déterminé par la rencontre de la sphère avec deux de ces

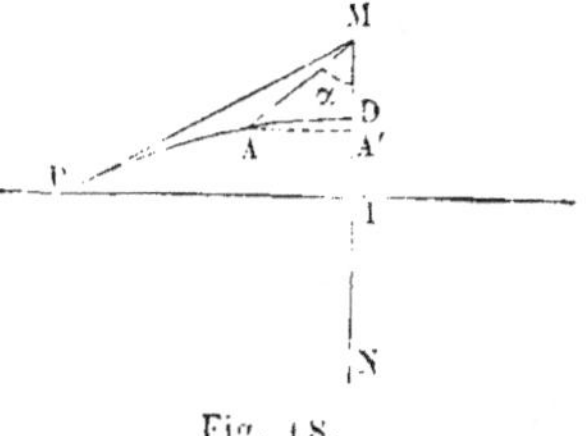

Fig. 18.

plans, correspondants aux angles $\theta$ et $\theta + d\theta$, et avec deux cônes droits de
révolution autour de MN, définis par les angles $\alpha$ et $\alpha + d\alpha$. Appelons $u$
la longueur MA, correspondante aux angles $\alpha$ et $\theta$. Nous aurons

$$d\omega = d\alpha \times d\theta \sin\alpha,$$

et

$$\text{R} = 2f\mu\rho \int\!\!\int u\cos\alpha\,\sin\alpha\,d\alpha\,d\theta$$

$$= 2f\mu\rho \int d\theta \int u\cos\alpha\,\sin\alpha\,d\alpha.$$

La première intégration portera sur la variable $\alpha$, qui sera prise entre les limites $\alpha = 0$ et $\alpha = \mathrm{IMP}$, dans un azimut défini par une valeur de $\theta$ quelconque ; ensuite on fera varier $\theta$ de 0 à $2\pi$, pour faire la sommation dans toute l'étendue du cône.

Le point M étant infiniment voisin de la courbe S', l'arc PD est infiniment petit, et peut par conséquent être confondu, aux infiniment petits du troisième ordre près, avec un arc de parabole qui aurait son sommet au point D, qui aurait pour axe la droite MN, et qui toucherait la droite MP au point P.

Le point D est le milieu de la distance MI, projection de MP sur la normale MN. Appelons $\beta$ l'angle PMI, limite de l'angle $\alpha$, et $\varepsilon$ la distance MD.

L'équation de la parabole DP, rapportée à son axe et à la tangente au sommet, est de la forme

$$y^2 = 2px \, ;$$

ici

$$y = u\sin\alpha. \quad x = u\cos\alpha - \varepsilon.$$

Donc

$$u^2\sin^2\alpha = 2p\,(u\cos\alpha - \varepsilon).$$

On en déduit, en résolvant par rapport à $u$, et en prenant la moindre racine, celle qui correspond à la valeur négative du radical,

$$u = \frac{p}{\sin\alpha\,\mathrm{tang}\,\alpha} - \frac{p}{\sin\alpha\,\mathrm{tang}\,\alpha}\sqrt{1 - \frac{2\varepsilon\,\mathrm{tang}^2\alpha}{p}}.$$

Mais au point P on a $x = \varepsilon$, $\alpha = \beta$, et par conséquent

$$u\sin\beta = \sqrt{2p\varepsilon},$$
$$u\cos\beta = 2\varepsilon,$$

d'où l'on déduit $\mathrm{tang}\,\beta = \sqrt{\dfrac{p}{2\varepsilon}}$.

Remplaçons $\dfrac{2\varepsilon}{p}$ sous le radical par $\dfrac{1}{\mathrm{tang}^2\beta}$ ; il viendra

$$u = \frac{p}{\sin\alpha\,\mathrm{tang}\,\alpha}\left(1 - \sqrt{1 - \frac{\mathrm{tang}^2\alpha}{\mathrm{tang}^2\beta}}\right).$$

Multiplions les deux membres par $\cos\alpha\sin\alpha\,d\alpha$ :

$$u\cos\alpha\sin\alpha\,d\alpha = \frac{p\cos\alpha}{\mathrm{tang}\,\alpha}\,d\alpha\left(1 - \sqrt{1 - \frac{\mathrm{tang}^2\alpha}{\mathrm{tang}^2\beta}}\right),$$

expression qu'il faut intégrer de $\alpha = 0$ à $\alpha = \beta$. Le radical peut être

Les équations de la normale sont

$$\frac{\alpha'}{\left(\dfrac{\alpha}{a^2}\right)} = \frac{\beta'}{\left(\dfrac{\beta}{b^2}\right)} = \frac{\gamma'}{\left(\dfrac{\gamma}{c^2}\right)},$$

et les cosinus des angles que cette droite fait avec les axes sont égaux respectivement à

$$\frac{\alpha'}{\sqrt{\alpha'^2 + \beta'^2 + \gamma'^2}}, \quad \frac{\beta'}{\sqrt{\alpha'^2 + \beta'^2 + \gamma'^2}}, \quad \frac{\gamma'}{\sqrt{\alpha'^2 + \beta'^2 + \gamma'^2}},$$

ou bien à

$$\frac{\dfrac{\alpha}{a^2}}{\sqrt{\left(\dfrac{\alpha}{a^2}\right)^2 + \left(\dfrac{\beta}{b^2}\right)^2 + \left(\dfrac{\gamma}{c^2}\right)^2}} = \frac{P\alpha}{a^2},$$

$$\frac{\dfrac{\beta}{b^2}}{\sqrt{\left(\dfrac{\alpha}{a^2}\right)^2 + \left(\dfrac{\beta}{b^2}\right)^2 + \left(\dfrac{\gamma}{c^2}\right)^2}} = \frac{P\beta}{b^2},$$

$$\frac{\dfrac{\gamma}{c^2}}{\sqrt{\left(\dfrac{\alpha}{a^2}\right)^2 + \left(\dfrac{\beta}{b^2}\right)^2 + \left(\dfrac{\gamma}{c^2}\right)^2}} = \frac{P\gamma}{c^2}.$$

Le signe $+$, attribué aux radicaux, correspond à la normale extérieure; comme l'attraction totale est dirigée suivant MN, c'est-à-dire suivant la normale intérieure, il faut prendre les radicaux avec le signe $-$, de sorte que les cosinus à employer sont $-\dfrac{P\alpha}{a^2}$, $-\dfrac{P\beta}{b^2}$, $-\dfrac{P\gamma}{c^2}$.

Appelant X, Y, Z les composantes de R suivant les axes des ellipsoïdes, nous aurons donc

$$X = -4\pi f\mu_0 P^2 \alpha \frac{da}{a^3},$$

$$Y = -4\pi f\mu_0 P^2 \beta \frac{da}{ab^2} = -4\pi f\mu_0 P^2 \beta \frac{db}{b^3},$$

$$Z = -4\pi f\mu_0 P^2 \gamma \frac{da}{ac^2} = -4\pi f\mu_0 P^2 \gamma \frac{dc}{c^3}.$$

On peut vérifier sur ces formules que la fonction V est constante tout le long de la surface S. On a en effet

$$\frac{dV}{d\alpha} = -4\pi\rho P^2 \alpha \frac{da}{a^3},$$

$$\frac{dV}{d\beta} = -4\pi\rho P^2 \beta \frac{db}{b^3},$$

$$\frac{dV}{d\gamma} = -4\pi\rho P^2 \gamma \frac{dc}{c^3},$$

formules vraies pour tous les points de l'ellipsoïde.

On a donc, avec cette restriction,

$$dV = \frac{dV}{da}\,d\alpha + \frac{dV}{d\beta}\,d\beta + \frac{dV}{d\gamma}\,d\gamma$$
$$= -4\pi\rho P^2 \left( \alpha d\alpha \frac{da}{a^3} + \beta d\beta \frac{db}{b^3} + \gamma d\gamma \frac{dc}{c^3} \right)$$
$$= 4\pi\rho P^2 \frac{da}{a} \left( \frac{\alpha d\alpha}{a^2} + \frac{\beta d\beta}{b^2} + \frac{\gamma d\gamma}{c^2} \right),$$

quantité identiquement nulle en tous les points de l'ellipsoïde, puisqu'on a l'équation

$$\frac{\alpha^2}{a^2} + \frac{\beta^2}{b^2} + \frac{\gamma^2}{c^2} = 1.$$

## ATTRACTION D'UN ELLIPSOÏDE HOMOGÈNE SUR UN POINT EXTÉRIEUR.

81. La méthode que nous suivrons consiste à décomposer l'ellipsoïde en une série de couches infiniment minces par des surfaces ellipsoïdales semblables. Supposons que les demi-axes de l'ellipsoïde donné soient A, B, C, et qu'on ait A < B < C, le signe < n'excluant pas l'égalité. Appelons encore $\alpha$, $\beta$, $\gamma$ les coordonnées du point M, auquel nous attribuerons une masse $\mu$, et soient X, Y, Z les composantes de l'attraction totale estimée parallèlement aux axes.

Cherchons d'abord les composantes de l'attraction correspondante à une couche ellipsoïdale définie par les demi-axes $a$ et $a - da$, $b$ et $b - db$, $c$ et $c - dc$; nous aurons entre ces quantités et les demi-axes de la surface extérieure les relations

$$(1) \qquad \begin{cases} \dfrac{a}{A} = \dfrac{b}{B} = \dfrac{c}{C}, \\[2mm] \dfrac{da}{a} = \dfrac{db}{b} = \dfrac{dc}{c}. \end{cases}$$

Nous savons (§ 76 et 77) que la couche ellipsoïdale $(a,\ a - da)$ exerce sur le point M une action de même direction que la couche homofocale $(a',\ a' - da')$ passant par ce point M, et que ces actions sont entre elles comme les produits $abc$ et $a'b'c'$, en supposant que ces couches aient la même densité $\rho$. Les demi-axes de la couche homofocale, $a'$, $b'$, $c'$, $a' - da'$, $b' - db'$, $c' - dc'$, seront donnés par les relations

$$(2) \qquad \begin{cases} a'^2 - a^2 = b'^2 - b^2 = c'^2 - c^2, \\[2mm] \dfrac{da'}{a'} = \dfrac{da}{a}, \quad \dfrac{db'}{b'} = \dfrac{db}{b}, \quad \dfrac{dc'}{c'} = \dfrac{dc}{c}. \end{cases}$$

Pour que la surface extérieure passe par le point M, il faut de plus qu'on ait

$$(3) \qquad \frac{\alpha^2}{a'^2} + \frac{\beta^2}{b'^2} + \frac{\gamma^2}{c'^2} = 1.$$

Soit enfin P' la distance de l'origine au plan tangent mené à l'ellipsoïde $(a',\ b',\ c')$ au point M; les composantes de l'attraction de la couche $(a',\ a' - da')$ sur le point M seront (§ 80).

$$- 4\pi f \mu \rho \mathrm{P}'^2 \alpha \, \frac{da'}{a'^3},$$

$$- 4\pi f \mu \rho \mathrm{P}'^2 \beta \, \frac{da'}{a'b'^2},$$

$$- 4\pi f \mu \rho \mathrm{P}'^2 \gamma \, \frac{da'}{a'c'^2}.$$

En les multipliant par le rapport $\dfrac{abc}{a'b'c'}$, on aura les composantes de la couche $(a,\ a - da)$, savoir :

$$(4) \qquad \left\{ \begin{aligned}
dX &= -4\pi f \mu \rho \mathrm{P}'^2 \alpha \, \frac{abcda'}{a'^4 b'c'} = -4\pi f \mu \rho \mathrm{P}'^2 \alpha \, \frac{bcda}{a'^3 b'c'}, \\[2mm]
dY &= -4\pi f \mu \rho \mathrm{P}'^2 \beta \, \frac{bcda}{b'^3 a'c'}, \\[2mm]
dZ &= -4\pi f \mu \rho \mathrm{P}'^2 \gamma \, \frac{bcda}{c'^3 a'b'},
\end{aligned} \right.$$

en observant que $\dfrac{da'}{a'} = \dfrac{da}{a}$.

82. Nous allons exprimer toutes les variables $a$, $b$, $c$, $a'$, $b'$, $c'$, et P' en fonction d'une même quantité $u$, définie par l'équation

$$(5) \qquad \frac{a}{a'} = u;$$

le nombre $u$ sera compris entre 0 et le rapport $\dfrac{A}{A'}$ du demi-axe de la surface de l'ellipsoïde au demi-axe de la surface homofocale passant par le point M.

On en déduit $a' = \dfrac{a}{u}$.

Mais des équations (2) combinées avec les équations (1) on tire

$$b'^2 = a'^2 + b^2 - a^2 = a'^2 + a^2\left(\frac{b^2}{A^2} - 1\right),$$

et par suite

$$b'^2 = a^2\left(\frac{1}{u^2} + \frac{b^2}{A^2} - 1\right).$$

Nous ferons, pour abréger, $\dfrac{B^2}{A^2} - 1 = \lambda^2$, et nous aurons

$$b' = a\sqrt{\frac{1}{u^2} + \lambda^2}.$$

Faisant de même $\dfrac{C^2}{A^2} - 1 = \lambda'^2$, il viendra

$$c' = a\sqrt{\frac{1}{u^2} + \lambda'^2}.$$

Remplaçant $a'$, $b'$ et $c'$ par leurs valeurs dans l'équation (3), on obtient, pour déterminer $a$ en fonction de $u$, l'équation

$$(6) \qquad \frac{\alpha^2}{\left(\dfrac{a^2}{u^2}\right)} + \frac{\beta^2}{a^2\left(\dfrac{1}{u^2} + \lambda^2\right)} + \frac{\gamma^2}{a^2\left(\dfrac{1}{u^2} + \lambda'^2\right)} = 1,$$

qui donne

$$a = \sqrt{\alpha^2 u^2 + \frac{\beta^2}{\lambda^2 + \dfrac{1}{u^2}} + \frac{\gamma^2}{\lambda'^2 + \dfrac{1}{u^2}}}.$$

On exprimera ensuite $a'$, $b'$ et $c'$ en fonction de $u$.

Pour exprimer $P'$, on emploiera la formule

$$P'^2 = \frac{1}{\dfrac{\alpha^2}{a'^4} + \dfrac{\beta^2}{b'^4} + \dfrac{\gamma^2}{c'^4}} = \frac{a^4}{\alpha^2 u^4 + \dfrac{\beta^2}{\left(\lambda^2 + \dfrac{1}{u^2}\right)^2} + \dfrac{\gamma^2}{\left(\lambda'^2 + \dfrac{1}{u^2}\right)^2}}.$$

Enfin, il faut exprimer $da$ en fonction de $du$; on tirera $da$ de l'équation (6) en la différentiant. Il vient

$$da = \frac{\alpha^2 u - \dfrac{\beta^2 \times -\dfrac{1}{u^3}}{\left(\lambda^2 + \dfrac{1}{u^2}\right)^2} - \dfrac{\gamma^2 \times -\dfrac{1}{u^3}}{\left(\lambda'^2 + \dfrac{1}{u^2}\right)^2}}{\sqrt{\alpha^2 u^2 + \dfrac{\beta^2}{\lambda^2 + \dfrac{1}{u^2}} + \dfrac{\gamma^2}{\lambda'^2 + \dfrac{1}{u^2}}}}\, du$$

$$= \frac{\left(\alpha^2 u^4 + \dfrac{\beta^2}{\left(\lambda^2 + \dfrac{1}{u^2}\right)^2} + \dfrac{\gamma^2}{\left(\lambda'^2 + \dfrac{1}{u^2}\right)^2}\right) du}{u^3\sqrt{\alpha^2 u^2 + \dfrac{\beta^2}{\lambda^2 + \dfrac{1}{u^2}} + \dfrac{\gamma^2}{\lambda'^2 + \dfrac{1}{u^2}}}},$$

ou bien

$$da = \frac{\dfrac{a^4}{P'^2}\,du}{u^5 \times a} = \frac{a^3 du}{P'^2 u^3} = \frac{a^5 du}{P'^2}.$$

Substituons $P'^2 da$ dans les équations (4); nous aurons

$$dX = -4\pi f \mu \rho \alpha \times \frac{bc a^5 du}{a'^5 b' c'} = -4\pi f \mu \rho \alpha \times \frac{bc}{b'c'}\,du,$$

$$dY = -4\pi f \mu \rho \beta \times \frac{a'^2 bc}{b'^3 c'}\,du,$$

$$dZ = -4\pi f \mu \rho \gamma \times \frac{a'^2 bc}{b'c'^3}\,du.$$

Remplaçant enfin $a'$, $b'$, $c'$, $b$ et $c$ par leurs valeurs en $u$, il vient successivement

$$\frac{bc}{b'c'} = \frac{a^2\,\dfrac{BC}{A^2}}{a^2\sqrt{\dfrac{1}{u^2}+\lambda^2}\sqrt{\dfrac{1}{u^2}+\lambda'^2}} = \frac{BC}{A^2\sqrt{\dfrac{1}{u^2}+\lambda^2}\sqrt{\dfrac{1}{u^2}+\lambda'^2}}$$

$$= \frac{BC u^2}{A^2\sqrt{(1+\lambda^2 u^2)(1+\lambda'^2 u^2)}},$$

$$\frac{a'^2 bc}{b'^3 c'} = \frac{\dfrac{a^2}{u^2}}{a^2\left(\dfrac{1}{u^2}+\lambda^2\right)} \times \frac{bc}{b'c'} = \frac{BC}{A^2\sqrt{\dfrac{1}{u^2}+\lambda^2}\sqrt{\dfrac{1}{u^2}+\lambda'^2}\times\left(\dfrac{1}{u^2}+\lambda^2\right)u^2}$$

$$= \frac{BC u^2}{A^2(1+\lambda^2 u^2)^{\frac{3}{2}}\sqrt{(1+\lambda'^2 u^2)}},$$

$$\frac{a'^2 bc}{b'c'^3} = \frac{a'^2}{c'^2}\times\frac{bc}{b'c'} = \frac{\dfrac{a^2}{u^2}}{a^2\left(\dfrac{1}{u^2}+\lambda'^2\right)}\times\frac{BC u^2}{A^2\sqrt{(1+\lambda^2 u^2)(1+\lambda'^2 u^2)}}$$

$$= \frac{BC u^2}{A^2\sqrt{1+\lambda^2 u^2}\times(1+\lambda'^2 u^2)^{\frac{3}{2}}}.$$

Donc

$$dX = -4\pi f \mu \rho \alpha \times \frac{BC}{A^2}\frac{u^2 du}{\sqrt{(1+\lambda^2 u^2)(1+\lambda'^2 u^2)}},$$

$$dY = -4\pi f \mu \rho \beta \times \frac{BC}{A^2}\frac{u^2 du}{\sqrt{(1+\lambda^2 u^2)^3(1+\lambda'^2 u^2)}},$$

$$dZ = -4\pi f \mu \rho \gamma \times \frac{BC}{A^2}\frac{u^2 du}{\sqrt{(1+\lambda^2 u^2)(1+\lambda'^2 u^2)^3}}.$$

Si l'on observe que la masse totale M de l'ellipsoïde est égale à $\frac{4}{3}\pi ABC \times \rho$, on pourra écrire plus simplement

$$(7)\quad\begin{cases} dX = -\dfrac{3M}{A^3}\times f\mu\alpha\,\dfrac{u^2 du}{\sqrt{(1+\lambda^2 u^2)(1+\lambda'^2 u^2)}}, \\[2ex] dY = -\dfrac{3M}{A^3}\times f\mu\beta\,\dfrac{u^2 du}{\sqrt{(1+\lambda^2 u^2)^3(1+\lambda'^2 u^2)}}, \\[2ex] dZ = -\dfrac{3M}{A^3}\times f\mu\gamma\,\dfrac{u^2 du}{\sqrt{(1+\lambda^2 u^2)(1+\lambda'^2 u^2)^3}}. \end{cases}$$

Il n'y a plus qu'à intégrer ces fonctions entre les limites $u = 0$ et $= \frac{A}{A'}$; ce qui donne, en indiquant seulement l'opération à exécuter,

$$(8)\quad\begin{cases} X = -\dfrac{3M}{A^3}\times f\mu\alpha\displaystyle\int_0^{\frac{A}{A'}}\dfrac{u^2 du}{\sqrt{(1+\lambda^2 u^2)(1+\lambda'^2 u^2)}}, \\[3ex] Y = -\dfrac{3M}{A^3}\times f\mu\beta\displaystyle\int_0^{\frac{A}{A'}}\dfrac{u^2 du}{\sqrt{(1+\lambda^2 u^2)^3(1+\lambda'^2 u^2)}}, \\[3ex] Z = -\dfrac{3M}{A^3}\times f\mu\gamma\displaystyle\int_0^{\frac{A}{A'}}\dfrac{u^2 du}{\sqrt{(1+\lambda^2 u^2)(1+\lambda'^2 u^2)^3}}. \end{cases}$$

**83.** La première quantité à intégrer contient en dénominateur un radical carré qui porte sur un polynome du quatrième degré en $u$. L'intégrale rentre dans la classe des fonctions elliptiques. Les deux autres peuvent se déduire de la première par une dérivation partielle. En effet, multiplions X par $\lambda$, puis prenons la dérivée du produit par rapport à $\lambda$; il viendra

$$\frac{d}{d\lambda}(\lambda X) = X + \lambda\frac{dX}{d\lambda}.$$

Or

$$\frac{dX}{d\lambda} = -\frac{3M}{A^3}\times f\mu\alpha\int_0^{\frac{A}{A'}}\frac{u^2 du}{\sqrt{1+\lambda'^2 u^2}}\times\left[-\frac{\lambda u^2}{(1+\lambda^2 u^2)^{\frac{3}{2}}}\right].$$

Donc

$$\frac{d}{d\lambda}(\lambda X) = -\frac{3M}{A^3}f\mu\alpha\left[\int_0^{\frac{A}{A'}}\left(\frac{u^2 du}{\sqrt{1+\lambda'^2 u^2}\sqrt{1+\lambda^2 u^2}} - \frac{\lambda^2 u^4 du}{\sqrt{1+\lambda'^2 u^2}(\sqrt{1+\lambda^2 u^2})^3}\right)\right]$$

$$= -\frac{3M}{A^3}f\mu\alpha\int_0^{\frac{A}{A'}}\frac{u^2 du(1+\lambda^2 u^2 - \lambda^2 u^2)}{\sqrt{1+\lambda'^2 u^2}(\sqrt{1+\lambda^2 u^2})^3} = -\frac{3M}{A^3}f\mu\alpha\int_0^{\frac{A}{A'}}\frac{u^2 du}{\sqrt{(1+\lambda^2 u^2)^3(1+\lambda'^2 u^2)}}.$$

Donc enfin

$$(9) \qquad \frac{d(\lambda X)}{d\lambda} = \frac{\alpha}{\beta}\, Y, \quad \text{et} \quad Y = \frac{\beta}{\alpha}\, \frac{d(\lambda X)}{d\lambda}.$$

De même $Z = \dfrac{\gamma}{\alpha}\, \dfrac{d(\lambda X)}{d\lambda'}$.

84. *Remarques.* — 1° Supposons que le point M soit placé sur la surface extérieure de l'ellipsoïde. Alors on a $\frac{A}{A'} = 1$, et les limites des intégrales qui figurent dans les équations (8) sont les nombres 0 et 1. Ces intégrales prennent des valeurs numériques complétement déterminées dès qu'on connait les nombres $\lambda$ et $\lambda'$; *les rapports* $\frac{X}{\alpha}, \frac{Y}{\beta}, \frac{Z}{\gamma}$ *sont donc indépendants de la position du point M à la surface de l'ellipsoïde.*

2° Si le point M était à l'intérieur de l'ellipsoïde, tout se passerait comme si l'on retranchait du système attirant toute la matière comprise entre sa surface extérieure et une surface semblable menée par le point M; on aurait donc encore la limite $\frac{A}{A'} = 1$, et les intégrales définies conserveraient leurs valeurs. Il en est de même aussi du rapport $\frac{M}{A^3}$, qui correspond à l'ellipsoïde semblable; car les masses des ellipsoïdes semblables sont entre elles comme les cubes des demi-axes homologues. Donc *les rapports* $\frac{X}{\alpha}$, $\frac{Y}{\beta}, \frac{Z}{\gamma}$ *sont constants, quelle que soit la position du point attiré à l'intérieur ou à la surface d'un ellipsoïde homogène.*

3° Les intégrales peuvent être obtenues sous forme finie quand la surface est de révolution : mais alors deux cas sont à distinguer. Nous avons admis que A était $<$ B, et que B $<$ C; ces inégalités sont nécessaires pour que les rapports $\lambda$ et $\lambda'$ soient réels. L'ellipsoïde peut être de révolution de deux manières :

Si B $=$ C, l'axe A est l'axe de révolution et l'ellipsoïde est aplati vers les pôles ; dans ce cas $\lambda = \lambda'$.

Si A $=$ B, l'ellipsoïde est de révolution autour du plus grand axe, et il est allongé vers les pôles ; dans ce cas $\lambda = 0$.

Lorsque $\lambda = \lambda'$, les formules deviennent

$$X = - \frac{3Mf\rho\alpha}{A^3} \int_0^{\frac{A}{A'}} \frac{u^2\,du}{1+\lambda^2 u^2} = - \frac{3Mf\rho\alpha}{A^3\lambda^3}\left(\frac{\lambda A}{A'} - \operatorname{arc\,tang}\frac{\lambda A}{A'}\right),$$

$$Y = - \frac{3Mf\rho\beta}{A^3} \int_0^{\frac{A}{A'}} \frac{u^2\,du}{(1+\lambda^2 u^2)^2} = - \frac{3Mf\rho\beta}{2\lambda^3\lambda^3}\left(\operatorname{arc\,tang}\frac{\lambda A}{A'} - \frac{\lambda A A'}{A'^2 + \lambda^2 A^2}\right),$$

$$Z = - \frac{3Mf\mu\gamma}{A^3} \int_0^{\frac{A}{A'}} \frac{u^2 du}{(1 + \lambda^2 u^2)^2} = - \frac{3Mf\mu\gamma}{2A^3\lambda^3} \left( \text{arc tang} \frac{\lambda A}{A'} \quad \frac{\lambda A A'}{A'^2 + \lambda^2 A^2} \right).$$

Dans ces formules, arc tang $\frac{\lambda A}{A'}$ représente l'arc positif et $< \frac{\pi}{2}$ qui correspond à la tangente donnée $\frac{\lambda A}{A'}$.

Si $\lambda = 0$, ou si l'ellipsoïde est allongé vers les pôles, on trouvera

$$\frac{X}{\alpha} = \frac{Y}{\beta} = - \frac{3Mf\mu}{2\lambda'^3 A^3} \left[ \frac{\lambda' A}{A'} \sqrt{1 + \frac{\lambda'^2 A^2}{A'^2}} - \log \left( \frac{\lambda' A}{A'} + \sqrt{1 + \frac{\lambda'^2 A^2}{A'^2}} \right) \right],$$

$$\frac{Z}{\gamma} = - \frac{3Mf\mu}{\lambda'^3 A'^3} \left[ \log \left( \frac{\lambda' A}{A'} + \sqrt{1 + \frac{\lambda'^2 A^2}{A'^2}} \right) - \frac{\frac{\lambda' A}{A'}}{\sqrt{1 + \frac{\lambda'^2 A^2}{A'^2}}} \right].$$

## THÉORÈMES DE MAC-LAURIN ET D'IVORY.

85. Les théorèmes de *Mac-Laurin* et d'*Ivory* ont pour objet de comparer les attractions de deux ellipsoïdes homogènes et homofocaux sur un point matériel ; ils consistent dans les énoncés suivants :

1° Deux ellipsoïdes homofocaux homogènes exercent sur un même point extérieur quelconque des attractions qui ont la même direction, et qui sont proportionnelles aux masses de ces ellipsoïdes.

2° Étant donnés deux ellipsoïdes homofocaux homogènes S et S′, et deux points correspondants M et M′, placés le premier sur la surface de l'ellipsoïde S′, le second sur la surface de l'ellipsoïde S, les composantes parallèles à un axe principal des attractions de S sur M, et de S′ sur M′ sont entre elles comme les produits des deux autres axes principaux dans chaque ellipsoïde.

86. Le premier théorème, qui est celui de Mac-Laurin, peut se démontrer géométriquement, en décomposant les deux ellipsoïdes donnés en couches respectivement homofocales, semblables entre elles dans chacun d'eux, et en appliquant à ces couches la remarque contenue dans les §§ 76 et 77. On le déduit également de l'examen des formules générales. Il suffit de démontrer la proposition pour deux ellipsoïdes homofocaux de même densité dont l'un passe par le point donné.

Soient A, B, C les demi-axes du premier ellipsoïde, $\rho$ sa densité ; A′, B′, C′ les demi-axes du second, qui passe par le point M.

Nous aurons pour l'un, en n'écrivant que la composante X,

$$X = - \frac{3M}{A^3} f\mu\alpha \int_0^{\frac{A}{A'}} \frac{u^2 du}{\sqrt{(1 + \lambda^2 u^2)(1 + \lambda'^2 u^2)}},$$

et pour le second,

$$X' = -\frac{3M'}{A'^3} f\mu\alpha \int_0^1 \frac{v^2 dv}{\sqrt{(1 + \lambda_1^2 v^2)(1 + \lambda_1'^2 v^2)}} \cdot$$

Mais, puisque les ellipsoïdes sont homofocaux, on a

$$A'^2 - A^2 = B'^2 - B^2 = C'^2 - C^2.$$

Donc

$$\lambda_1^2 = \frac{B'^2 - A'^2}{A'^2} = \frac{B^2 - A^2}{A'^2} = \frac{A^2}{A'^2} \times \frac{B^2 - A^2}{A^2} = \frac{A^2}{A'^2} \lambda^2;$$

de même

$$\lambda_1'^2 = \frac{A^2}{A'^2} \lambda'^2,$$

et si l'on pose

$$v = \frac{A'}{A} u,$$

d'où résulte

$$dv = \frac{A'}{A} du,$$

il vient en définitive

$$X' = -\frac{3M'}{A'^3} \times f\mu\alpha \int_0^{\frac{A}{A'}} \frac{\frac{A'^2}{A^2} u^2 \times \frac{A'}{A} du}{\sqrt{\left(1 + \frac{A^2}{A'^2} \lambda^2 \times \frac{A'^2}{A^2} u^2\right)\left(1 + \frac{A^2}{A'^2} \lambda'^2 \times \frac{A'^2}{A^2} u^2\right)}}$$

$$= -\frac{3M'}{A^3} \times f\mu\alpha \int_0^{\frac{A}{A'}} \frac{u^2 du}{\sqrt{(1 + \lambda^2 u^2)(1 + \lambda'^2 u^2)}} = \frac{M'}{M} X.$$

On prouverait de même que $\dfrac{Y'}{Y} = \dfrac{Z'}{Z} = \dfrac{M'}{M} \cdot$

87. Le second théorème, celui d'Ivory, est remarquable en ce qu'il a lieu, quelle que soit la loi d'attraction.

Soit ABC (fig. 69) le premier ellipsoïde, A'B'C' le second, M un point pris sur la surface du second, M' le point correspondant à M sur la surface du premier.

La composante X de l'attraction exercée par l'ellipsoïde ABC sur le point M est donnée par la formule générale

$$X = f\rho\mu \int\int\int F(r) \frac{x - \alpha}{r} dx dy dz,$$

où $r$ est la distance du point M à l'élément de volume $dx dy dz$, $\alpha$ l'abscisse du point M, et $F(r)$ la loi de l'attraction en fonction de la distance.

Partageons l'ellipsoïde en éléments prismatiques parallèles à l'axe OX ; soit PQ l'un de ces éléments, qui a pour base dans le plan ZOY le rectangle $mnpq = dydz$ ; faisons l'intégration par rapport à $x$ tout le long de ce prisme.

Nous aurons $dr = \dfrac{(x - \alpha)\,dx}{r}$ le long de la droite PQ parallèle à l'axe

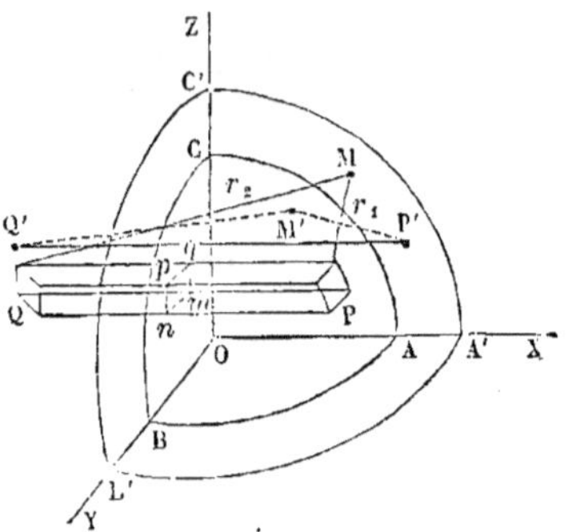


Fig. 69.

OX, de sorte qu'en posant $\displaystyle\int F(r)\,dr = \varphi(r)$, on aura aussi

$$\int F(r) \frac{x - a}{r}\,dx = \varphi(r).$$

Prenons cette intégrale entre les points P et Q ; soient $r_1$ et $r_2$ les distances limites MP, MR ; la première intégrale sera

$$X = f\rho\mu \int\int [\varphi(r_1) - \varphi(r_2)]\,dy\,dz.$$

Passons au point M' et à l'autre ellipsoïde qu'on décomposera en éléments correspondants ; on aura pour volume correspondant au prisme PQ un autre prisme P'Q', dont la base dans le plan ZOY sera $dy'dz'$, et pour lequel les deux distances limites M'P', M'Q' seront respectivement égales à MP, MQ (§ 74).

On aura donc, en attribuant la même densité aux deux ellipsoïdes et la même masse aux points M et M',

$$X' = f\rho\mu \int\int [\varphi(r_1) - \varphi(r_2)]\,dy'dz'.$$

Or

$$y' = \frac{B'}{B}\,y, \qquad z' = \frac{C'}{C}\,z,$$

et par suite

$$dy'dz' = \frac{B'C'}{BC}\, dydz.$$

Donc enfin

$$\frac{X'}{X} = \frac{B'C'}{BC},$$

égalité qui démontre le théorème.

On peut d'ailleurs déduire le théorème d'Ivory de celui de Mac-Laurin, et réciproquement.

88. *Remarque.* — Le théorème d'Ivory, étant établi indépendamment de la loi de l'attraction en fonction de la distance, permet de démontrer la proposition suivante :

*La seule loi d'attraction pour laquelle une couche sphérique homogène n'exerce aucune action sur un point intérieur est celle qui est exprimée par l'équation*

$$F(r) = \frac{1}{r^2}.$$

Soient en effet deux sphères concentriques homogènes OM, OM'; prenons un point M sur la surface de la première, et un point M' de masse égale sur la surface de la seconde. Appliquons le théorème d'Ivory; nous aurons, en appelant R et R' les attractions de la sphère OM' sur M et de la sphère OM sur M',

$$\frac{R'}{R} = \frac{\overline{OM}^2}{\overline{OM'}^2}.$$

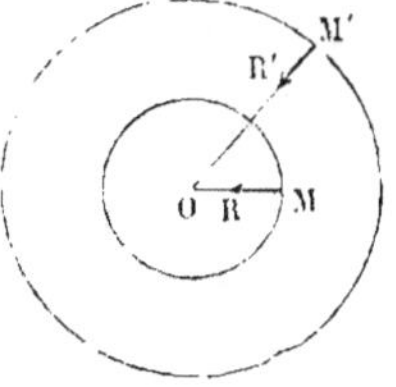
Fig. 70.

Or, si l'action d'une couche sphérique homogène sur un point intérieur est nulle, l'action R de la sphère OM' sur M doit être indépendante de OM', car les couches situées au delà de la sphère M n'ont pas d'influence sur cette attraction. Pour qu'il en soit ainsi, il faut et il suffit que le produit $R \times \overline{OM}^2$ soit constant. Faisant donc $R \times \overline{OM}^2 = C$, on aura

$$R' = \frac{C}{\overline{OM'}^2},$$

en désignant par C une constante. L'attraction est donc en raison inverse du carré de la distance du point attiré au centre O de la sphère attirante. Cette égalité, ayant lieu quelque petit que soit le rayon OM, a lieu encore à la limite pour un point matériel unique, ce qui fait retrouver la loi de Newton,

$$R = \frac{fm\mu}{r^2}.$$

Cette propriété, particulière à la loi newtonnienne, et la propriété d'imposer aux points mobiles des trajectoires fermées (III, § 233), montrent le caractère tout spécial de cette loi.

89. Nous allons démontrer directement la même proposition.

Soit AA′ une couche sphérique homogène, dont la densité soit égale à

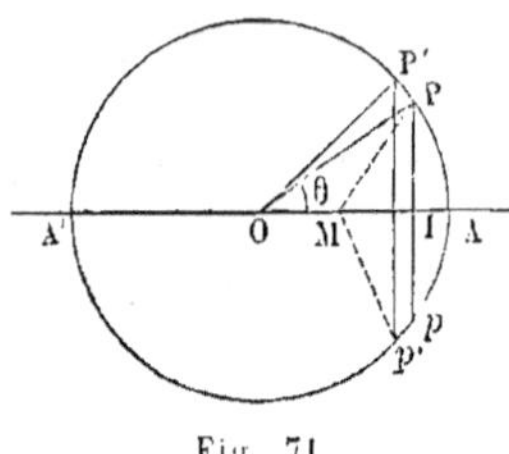

Fig. 71.

$\rho$ par unité de surface. Soit $a = $ OA son rayon. Formons la fonction U (§ 54) pour un point intérieur M défini par sa distance au centre OM $= r$. Cette fonction devra être constante par hypothèse. La surface d'une zone infiniment mince PP′ est égale à l'arc PP′ $= ad\theta$ multiplié par la circonférence décrite par le milieu de l'arc PP′, ou par $2\pi \times$ IP; ce qui donne $2\pi a^2 \sin\theta d\theta$, en appelant $\theta$ l'angle POA.

Soit MP $= u$ la distance commune des points de la zone au point M. Nous aurons

$$U = 2\pi a^2\rho \int_{\theta=0}^{\theta=\pi} \varphi(u)\sin\theta d\theta,$$

$\varphi(u)$ désignant l'intégrale $\int F(u)\,du$, dans laquelle $F(u)$ représente l'attraction en fonction de la distance.

Or le triangle OMP établit une relation entre $u$, $\theta$ et $r$; on a en effet

$$u^2 = a^2 + r^2 - 2ar\cos\theta.$$

Différentiant, il vient

$$u\,du = ar\sin\theta d\theta.$$

Remplaçons $\sin\theta d\theta$ par $\dfrac{udu}{ar}$ :

$$U = \frac{2\pi a\rho}{r} \int_{\theta=0}^{\theta=\pi} u\varphi(u)\,du,$$

ou bien, en observant que $\theta = 0$ donne $u = a - r$, et $\theta = \pi$, $u = a + r$,

$$U = \frac{2\pi a\rho}{r} \int_{u=a-r}^{u=a+r} u\varphi(u)\,du.$$

Nous poserons $\int u\varphi(u)\,du = \psi(u)$; et l'équation deviendra

$$U = \frac{2\pi a\rho}{r} [\psi(a+r) - \psi(a-r)].$$

La fonction U doit être constante quelle que soit la position du point M sur le rayon OA, c'est-à-dire doit être indépendante de $r$ ; donc le rapport $\dfrac{\psi(a+r) - \psi(a-r)}{r}$ doit ne plus contenir la variable $r$. Admettons que la fonction $\psi(a+r)$ soit développable par la série de Taylor pour toute valeur de $r$ comprise entre $-a$ et $+a$ ; nous aurons

$$\psi(a+r) - \psi(a-r) = 2r\psi'(a) + \frac{2r^3}{1.2.3}\psi'''(a) + \frac{2r^5}{1.2.3.4.5}\psi^{\text{v}}(a) + \dots,$$

série où n'entrent que les dérivées d'ordre impair.

Divisant par $r$, on voit que la condition cherchée est que $\psi'''(a) = 0$, $\psi^{\text{v}}(a) = 0$, …, quel que soit $a$. La première condition renferme toutes les suivantes, et montre que $\psi(a)$ est un polynome entier du second degré en $a$.

On aura donc

$$\psi(u) = Au^2 + Bu + C,$$

A, B et C étant des constantes.

Donc

$$u\varphi(u) = 2Au + B,$$

et par suite

$$\varphi(u) = 2A + \frac{B}{u} = \int F(u)\,du.$$

Différentiant de nouveau, il vient

$$F(u) = -\frac{B}{u^2},$$

à savoir la loi de Newton.

90. Mais, pour le démontrer, nous avons admis que la fonction $\psi$ était développable en série convergente par la formule de Taylor. On peut éviter cette supposition.

Prenons deux axes rectangulaires OX, OY, et construisons la courbe $y = \psi(u)$ ; sur l'axe des $x$ nous porterons des longueurs

$$OA = a, \qquad OC = a - r, \qquad OF = a + r.$$

Le point A sera le milieu de la distance CF. Élevons aux points C, A, F des ordonnées

$$CD = \psi(a - r), \qquad AB = \psi(a), \qquad FE = \psi(a + r).$$

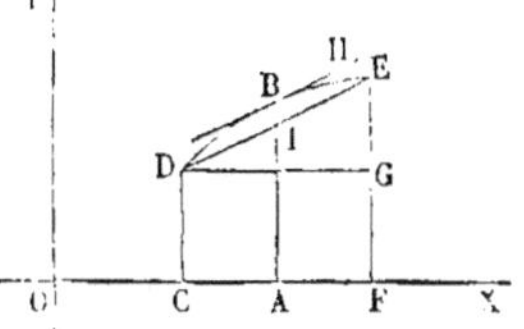

Fig. 72.

Nous obtiendrons ainsi les points D, B, E, et, en faisant varier $r$, nous aurons une suite de points qui dessineront une courbe DBE, représentant l'équation $y = \psi(u)$. Le rapport $\dfrac{\psi(a + r) - \psi(a - r)}{2r}$ est donné sur la figure par le rapport $\dfrac{EG}{DG}$, ou par l'inclinaison de la corde DE. Le premier rapport étant constant, les diverses cordes DE, dont les milieux I sont tous situés sur l'ordonnée BA, sont toutes parallèles entre elles, et parallèles aussi à leur position limite, c'est-à-dire à la tangente BH à la courbe au point B : propriété qui caractérise une parabole à axe parallèle à OY. On a en effet

$$\frac{\psi(a + r) - \psi(a - r)}{r} = 2\psi'(a),$$

équation qui doit être vraie pour toutes valeurs finies de $a$ et de $r$. On en déduit

$$\psi(a + r) - \psi(a - r) = 2r\psi'(a).$$

Prenons successivement les dérivées des deux membres par rapport à $r$, puis par rapport à $a$ ; il viendra

$$\psi'(a + r) + \psi'(a - r) = 2\psi'(a),$$
$$\psi'(a + r) - \psi'(a - r) = 2r\psi''(a).$$

Donc

$$\psi'(a + r) = \psi'(a) + r\psi''(a).$$

Cette équation, étant vraie pour toutes valeurs de $r$ et de $a$, montre que la fonction $\psi'(a + r)$ est une fonction linéaire de $r$, et comme elle ne change pas quand on y permute $r$ en $a$, elle doit être aussi une fonction linéaire de $a$. Donc $\psi''(a)$ est une constante, $\psi'(a)$ une fonction de la forme $Ba + C$, $\psi(u)$ un trinome du second degré $Au^2 + Bu + C$, et enfin $F(u) = -\dfrac{B}{u^2}$.

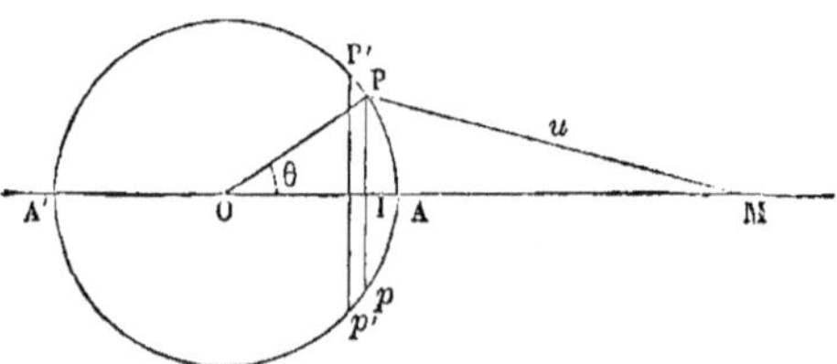


Fig. 73.

91. Cherchons aussi quelle forme il faut donner à la fonction $F(u)$ pour que l'attraction d'une couche sphérique homogène AA' sur un point extérieur M soit la même que si la masse attirante était concentrée au centre O de la couche.

Nous aurons toujours, en faisant varier $\theta$ de 0 à $\pi$,

$$U = 2\pi a^2 \rho \int_0^\pi \varphi(u) \sin\theta\, d\vartheta,$$

et

$$u^2 = a^2 + r^2 - 2ar\cos\theta.$$

On en déduit encore

$$U = \frac{2\pi a\rho}{r} \int_{\theta=0}^{\theta=\pi} u\varphi(u)\, du.$$

Mais pour $\theta = 0$, on a $u = r - a$; pour $\theta = \pi$, on a $u = r + a$; de sorte que

$$U = \frac{2\pi a\rho}{r} \int_{r-a}^{r+a} u\varphi(u)\, du = \frac{2\pi a\rho}{r} [\psi(r+a) - \psi(r-a)].$$

Cela étant, faisons varier infiniment peu le rayon $a$ de la couche sphérique, et, en même temps, faisons varier la densité $\rho$ de cette couche de telle sorte que la masse totale reste la même ; cette masse s'exprime par le produit $4\pi a^2\rho$ ; nous ferons $4\pi\rho \times a^2 = 2K$, quantité constante, ce qui donnera

$$U = \frac{K}{ar}[\psi(r+a) - \psi(r-a)].$$

Si l'attraction de la couche est la même que celle d'une masse égale concentrée au point O, la fonction U ainsi exprimée doit être telle que $\dfrac{dU}{dr}$ soit indépendant de $a$, et par suite la condition donnée s'exprimera en posant

$$\frac{d^2 U}{dr\, da} = 0,$$

équation qui s'intègre aisément, et qui montre que U est la somme d'une fonction de $r$ et d'une fonction de $a$.

92. Cherchons à déterminer sous cette condition la forme générale de la fonction $\psi$.

Remarquons d'abord que, si nous connaissons deux solutions $\psi_0$ et $\psi_1$ du problème, la somme $\psi_0 + \psi_1$ en est une troisième solution. En effet, si l'on a à la fois

$$\frac{\psi_0(r+a) - \psi_0(r-a)}{ar} = F_0(r) + f_0(a)$$

et

$$\frac{\psi_1(r+a) - \psi_1(r-a)}{ar} = F_1(r) + f_1(a),$$

la somme

$$\frac{[\psi_0(r+a) + \psi_1(r+a)] - [\psi_0(r-a) + \psi_1(r-a)]}{ar}$$

$$= [F_0(r) + F_1(r)] + [f_0(a) + f_1(a)]$$

peut s'écrire

$$\frac{\psi_2(r+a) - \psi_2(r-a)}{ar} = \mathrm{F}_2(r) + f_2(a),$$

et par suite la fonction $\psi_2 = \psi_0 + \psi_1$ satisfait aux conditions imposées à la fonction $\psi$.

Plus généralement, P et Q étant des constantes arbitraires, on aura une solution en prenant pour la fonction $\psi$ la somme $\mathrm{P}\psi_0 + \mathrm{Q}\psi_1$.

Nous examinerons successivement divers cas particuliers.

1° Supposons d'abord que $a$ soit infiniment petit par rapport à $r$; nous pourrons remplacer

$$\psi(r+a) \quad \text{par} \quad \psi(r) + a\psi'(r),$$
$$\psi(r-a) \quad \text{par} \quad \psi(r) - a\psi'(r),$$

et

$$\frac{\psi(r+a) - \psi(r-a)}{ar} \quad \text{par} \quad \frac{2\psi'(r)}{r}.$$

Donc

$$\mathrm{U} = 2\mathrm{K} \times \frac{\psi'(r)}{r} = 2\mathrm{K}\varphi(r),$$

quantité indépendante de $a$. On en déduit pour l'attraction

$$-f\mu\frac{d\mathrm{U}}{dr} = -f \times \mu \times 2\mathrm{K} \times \varphi'(r) = -f \times \mu \times 2\mathrm{K} \times \mathrm{F}(r),$$

résultat évident *a priori*, et qui montre qu'à la limite la propriété indiquée appartient à une fonction quelconque : l'attraction d'une couche sphérique de rayon infiniment petit est toujours la même que si la masse était concentrée en son centre.

2° Il en sera de même aussi toutes les fois que la fonction U sera indépendante de $a$. Nous sommes conduits par là à chercher la forme de la fonction $\psi$ qui rend le rapport $\dfrac{\psi(r+a) - \psi(r-a)}{a}$ indépendant de $a$. Dans le paragraphe précédent, nous avons cherché la forme de la fonction $\psi$ qui rend le rapport $\dfrac{\psi(a+r) - \psi(a-r)}{r}$ indépendant de $r$, et nous avons trouvé que $\psi$ devait être une fonction entière du second degré. La nouvelle question qu'il s'agit de résoudre ne diffère de la première que par la permutation des lettres $a$ et $r$, et la conclusion sur la forme de la fonction $\psi$ est la même.

On aura donc une solution en posant

$$\psi(u) = \mathrm{A}u^2 + \mathrm{B}u + \mathrm{C}.$$

On voit du même coup que de ces deux propriétés de la couche sphérique homogène, d'attirer un point extérieur comme si la masse était concentrée en son centre et d'exercer une attraction nulle sur un point quelconque intérieur, la première est un corollaire de la seconde.

3° Pour obtenir d'autres solutions, nous poserons d'une manière générale

$$\psi(u) = u^m,$$

et nous chercherons quelle valeur il convient d'attribuer à l'exposant $m$. Si $m_1, m_2, m_3, \ldots$ sont des valeurs admissibles, nous aurons une solution plus générale en posant

$$\psi(u) = A_1 u^{m_1} + A_2 u^{m_2} + A_3 u^{m_3} + \ldots$$

$A_1, A_2, \ldots$, étant des constantes arbitraires.

De l'équation

$$\psi(u) = u^m$$

on tire successivement

$$\psi(r + a) = (r + a)^m$$
$$= r^m + m r^{m-1} a + m \frac{m-1}{2} r^{m-2} a^2 + m \frac{m-1}{2} \frac{m-2}{3} r^{m-3} a^3 + \ldots,$$

$$\psi(r - a) = (r - a)^m$$
$$= r^m - m r^{m-1} a + m \frac{m-1}{2} r^{m-2} a^2 - m \frac{m-1}{2} \frac{m-2}{3} r^{m-3} a^3 + \ldots,$$

développements qui seront toujours convergents pour une valeur numérique du rapport $\frac{a}{r}$ inférieure à l'unité ; enfin

$$\frac{\psi(r + a) - \psi(r - a)}{ra} = 2mr^{m-2} + 2m \frac{m-1}{2} \frac{m-2}{3} r^{m-4} a^2 + \quad .$$

Tous les termes de cette série à partir du second contiennent les puissances successives de $a^2$ avec les coefficients $m$, $m - 1$ et $m - 2$. On voit tout de suite que le développement sera indépendant de $a$ si l'on a soit $m = 0$, soit $m = 1$, soit $m = 2$, ce qui correspond aux différents termes de la solution déjà indiquée, $\psi(u) = Au^2 + Bu + C$. Mais cette solution n'est pas la seule.

Prenons la dérivée des deux membres par rapport à $r$, il viendra

$$\frac{d}{dr} \frac{\psi(r + a) - \psi(r - a)}{ra}$$
$$= 2m(m - 2) r^{m-3} + 2m \frac{m-1}{2} \frac{m-2}{3} (m - 4) r^{m-5} a^2 + \ldots$$

et tous les termes suivants contiendront en facteur $a^4$, $a^6$, $\ldots$ avec le coefficient numérique $m - 4$. Pour que le développement ne contienne plus $a$, il faut donc et il suffit que l'on ait $m = 4$. Nous trouvons ainsi une nouvelle solution qui consiste à poser

$$\psi(u) = u^4,$$

et nous sommes certains qu'il n'existe pas, parmi les expressions de la forme $u^m$, d'autres solutions que celles que nous avons déjà trouvées, et qui correspondent à $m = 0, = 1, = 2$ ou $= 4$.

On peut vérifier que

$$\frac{(r + a)^4 - (r - a)^4}{ra} = 8(r^2 + a^2),$$

c'est-à-dire la somme d'une fonction de $r$ et d'une fonction de $a$.

Réunissant par voie d'addition algébrique les diverses solutions trouvées, on aura la solution générale

$$\psi(u) = Au^2 + Bu + C + Hu^4.$$

La forme la plus générale de la fonction $\psi$ est un polynome entier du quatrième degré, sans terme du troisième.

Prenons la dérivée des deux membres; nous aurons

$$\psi'(u) = u\varphi(u) = 2Au + B + 4Hu^3.$$

Donc

$$\varphi(u) = 2A + \frac{B}{u} + 2Hu^2,$$

et en prenant une seconde fois la dérivée,

$$F(u) = -\frac{B}{u^2} + 4Hu.$$

Le premier terme exprime la loi newtonienne; le second, la loi de l'attraction proportionnelle à la distance. Nous savons en effet (§ 56) que, si on admet cette dernière loi, l'attraction d'un système sur un point quelconque est la même que si le système était concentré en son centre de gravité.

# CHAPITRE III

## FORME D'ÉQUILIBRE RELATIF D'UNE MASSE FLUIDE HOMOGÈNE ANIMÉE D'UN MOUVEMENT DE ROTATION UNIFORME AUTOUR D'UN AXE FIXE, ET SOUMISE AUX ATTRACTIONS MUTUELLES DE SES PARTIES.

95. Le problème de la détermination de la forme d'équilibre d'une masse fluide homogène, animée d'un mouvement de rotation uniforme autour d'un axe fixe, ne peut être résolu dans toute sa généralité. On peut seulement vérifier que certaines formes satisfont aux conditions d'équilibre. Nous commencerons par faire cette vérification pour l'ellipsoïde de révolution aplati vers les pôles.

Nous prendrons l'axe de révolution pour axe des $x$; la surface terminale de la masse aura pour équation

$$\frac{x^2}{a^2} + \frac{y^2 + z^2}{a^2(1 + \lambda^2)} = 1.$$

Nous allons exprimer que cette surface est une *surface de niveau* par rapport aux forces qui sollicitent chacun de ses points. Ces forces sont la force centrifuge, dont les composantes seront représentées par X', Y', Z', et l'attraction de la masse dont les composantes X, Y, Z, sont données par les équations de la page 157-8 pour un ellipsoïde de révolution aplati, l'axe OX étant l'axe de révolution. Faisons $\mu = 1$; remplaçons $\alpha$ par $x$, $\beta$ par $y$, $\gamma$ par $z$; faisons $\frac{\Lambda}{\Lambda'} = 1$, puisque la surface de l'ellipsoïde passe par le point attiré; enfin remplaçons M par $\frac{4}{3}\pi\rho a^3(1 + \lambda^2)$, $\rho$ étant la densité de la masse fluide. Il viendra

$$X = \frac{4\pi\rho f x}{\lambda^3}(1 + \lambda^2)(\operatorname{arctang}\lambda - \lambda),$$

$$Y = \frac{2\pi\rho f y}{\lambda^3}[\lambda - (1 + \lambda^2)\operatorname{arctang}\lambda],$$

$$Z = \frac{2\pi\rho f z}{\lambda^3}[\lambda - (1 + \lambda^2)\operatorname{arctang}\lambda]$$

pour les composantes de l'attraction, et

$$X' = 0,$$
$$Y' = \omega^2 y,$$
$$Z' = \omega^2 z,$$

pour les composantes de la force centrifuge.

Ces deux forces rencontrent l'axe de rotation, car $Yz - Zy = 0$ et $Y'z - Z'y = 0$. Il suffit qu'elles soient normales à la méridienne pour être normales à la surface. Considérons donc un point du plan méridien ZOX, ce qui revient à faire $y = 0$. L'angle de la résultante et de la surface sera droit si l'on a

$$(X + X') dx + (Z + Z') dz = 0,$$

ou bien

$$\frac{4\pi\rho f}{\lambda^3} (1 + \lambda^2) (\operatorname{arc\,tang}\lambda - \lambda)\, x dx$$

$$+ \left( \omega^2 + \frac{2\pi\rho f}{\lambda^3} [\lambda - (1 + \lambda^2) \operatorname{arc\,tang}\lambda] \right) z dz = 0.$$

Mais l'équation de la méridienne différentiée donne

$$(1 + \lambda^2) x dx + z dz = 0.$$

Éliminons entre ces deux équations le rapport $\dfrac{z dz}{x dx}$, et il viendra pour équation finale

$$\left( \omega^2 + \frac{2\pi\rho f}{\lambda^3} [\lambda - (1 + \lambda^2) \operatorname{arc\,tang}\lambda] \right) (1 + \lambda^2) = \frac{4\pi\rho f}{\lambda^3} (1 + \lambda^2) (\operatorname{arc\,tang}\lambda - \lambda),$$

relation entre la vitesse angulaire $\omega$ et la quantité $\lambda$ qui définit l'aplatissement de l'ellipsoïde.

Résolvant cette équation par rapport à $\omega^2$, il vient

$$\frac{\omega^2}{2\pi\rho f} = \frac{(3 + \lambda^2) \operatorname{arc\,tang}\lambda - 3\lambda}{\lambda^3}.$$

Cette équation peut s'écrire

$$\frac{\omega^2}{2\pi\rho f} = \frac{\operatorname{arc\,tang}\lambda}{\lambda} - 3 \times \frac{\lambda - \operatorname{arc\,tang}\lambda}{\lambda^3}.$$

Pour la discuter, posons $\dfrac{\omega^2}{4\pi\rho f} = n$, et construisons une courbe ayant pour abscisse $\lambda$ et pour ordonnée $n$. L'équation de la courbe sera

$$2n = \frac{\operatorname{arc\,tang}\lambda}{\lambda} - 3\,\frac{\lambda - \operatorname{arc\,tang}\lambda}{\lambda^3}.$$

Pour les petites valeurs de $\lambda$, on pourra employer le développement de arc tang $\lambda$ en série, savoir

$$\operatorname{arc\,tang}\lambda = \lambda - \frac{\lambda^3}{3} + \frac{\lambda^5}{5} - \cdots - \frac{\lambda^{4i-1}}{4i-1} + \frac{\lambda^{4i+1}}{4i+1} - \cdots\,;$$

on en déduit

$$n = \frac{2\lambda^2}{15} - \frac{4\lambda^4}{35} + \cdots + \frac{2\times(2i-1)}{(4i-1)(4i+1)}\lambda^{4i-2} - \frac{2\times 2i}{(4i+1)(4i+3)}\lambda^{4i} + \cdots$$

Sous cette forme, on voit que $n$ est nul pour $\lambda = 0$, et que $\dfrac{n}{\lambda}$ a pour limite 0 quand $\lambda$ diminue indéfiniment. Le changement de $\lambda$ en $-\lambda$ ne change pas la valeur de $n$, de sorte que la courbe est symétrique par rapport à l'axe des $n$. Elle est tout entière au-dessus de l'axe des $\lambda$, $n$ étant positif pour toute valeur réelle de $\lambda$. La série qui donne $n$ est convergente tant que $\lambda$ n'excède pas l'unité, et comme ses termes sont décroissants en valeur absolue et alternativement positifs et négatifs, la somme a le signe du premier terme, $\dfrac{2\lambda^2}{15}$. Donc $n$ est positif pour toute valeur de $\lambda$ comprise entre 0 et 1. Pour $\lambda = 1$, on a $n = \dfrac{\pi - 3}{2}$. Enfin pour $\lambda$ infini, on a $n = 0$; la courbe est donc asymptote à l'axe des $\lambda$, et par conséquent $n$ passe par un maximum au moins entre $\lambda = 0$ et $\lambda = \infty$. Pour déterminer ce maximum, nous construirons la courbe par points, en donnant à $\lambda$ certaines valeurs. Si l'on voulait calculer $n$ par la formule

$$n = \frac{1}{2}\left(\frac{\operatorname{arc\,tang}\lambda}{\lambda} - 3\,\frac{\lambda - \operatorname{arc\,tang}\lambda}{\lambda^3}\right),$$

il faudrait observer que la fonction arc tang $\lambda$ n'est donnée dans les tables trigonométriques qu'avec une certaine erreur; appelons $\delta$ l'erreur commise dans cette première détermination. L'erreur résultante sur $n$ sera donnée par l'équation

$$\Delta = \frac{1}{2}\left(\frac{\delta}{\lambda} + \frac{3\delta}{\lambda^3}\right) = \frac{\delta}{2}\times\left(\frac{1}{\lambda} + \frac{3}{\lambda^3}\right),$$

en supposant que les divisions se fassent avec une parfaite exactitude. Or cette quantité $\Delta$ décroît à mesure que $\lambda$ augmente. Par exemple,

$$\text{pour } \lambda = \frac{1}{4}, \quad \text{on a} \quad \Delta = 93\,\delta,$$

$$\lambda = \frac{1}{2}, \qquad \Delta = 13\,\delta,$$

$$\lambda = \frac{3}{4}, \qquad \Delta = 4{,}22\,\delta,$$

$$\lambda = 1, \qquad \Delta = 2\,\delta.$$

Pour une certaine valeur de $\lambda$ comprise entre 1 et 2, le rapport $\dfrac{\Delta}{\delta}$ est égal à l'unité, et si $\lambda$ continue à croître, ce rapport devient inférieur à l'unité.

Si donc on évalue $\operatorname{arc\,tang}\lambda$ avec une approximation définie, à une minute près, par exemple, on aura $\delta <$ l'arc d'une minute ou $< 0{,}000291$, et pour les valeurs de $\lambda$ supérieures à l'unité, l'erreur commise sur $n$ sera certainement moindre qu'une demi-unité décimale du quatrième ordre. Les trois premières décimales données par le calcul appartiendront donc à la valeur exacte de $n$. On voit du même coup que le calcul direct pour les petites valeurs de $\lambda$ n'aurait aucune précision, à moins qu'on n'évaluât $\operatorname{arc\,tang}\lambda$ avec une exactitude beaucoup plus grande. Il faut alors avoir recours à la série

$$n = \frac{2 \times \lambda^2}{3 \times 5} - \frac{2 \times 2\lambda^4}{5 \times 7} + \frac{2 \times 3}{7 \times 9}\lambda^6 - \frac{2 \times 4}{9 \times 11}\lambda^8 + \dots$$

Faisons successivement

$$\lambda = \frac{1}{4} \quad \text{et} \quad \lambda = \frac{1}{2}.$$

Pour $\lambda = \frac{1}{2}$, on a

$$\lambda^6 = \frac{1}{64}, \quad \text{et} \quad \frac{2 \times 3}{7 \times 9} \times \frac{1}{64} = \frac{1}{7 \times 3 \times 32} = \frac{1}{672},$$

$$\lambda^8 = \frac{1}{256}, \qquad \frac{2 \times 4}{9 \times 11} \times \frac{1}{256} = \frac{1}{9 \times 11 \times 32} = \frac{1}{3168}.$$

Il suffira par conséquent, pour avoir l'approximation du millième, de prendre trois termes de la série lorsque $\lambda = \frac{1}{2}$. Un terme suffit lorsque $\lambda = \frac{1}{4}$.

On trouvera ainsi

$$\text{pour } \lambda = \frac{1}{4}, \quad n = 0{,}008,$$

$$\lambda = \frac{1}{2}, \quad n = 0{,}027.$$

DE RÉVOLUTION. 173

Pour $\lambda = 1$, la formule donne $n = \dfrac{\pi - 3}{2} = 0{,}070796$. Au delà, nous remplirons le tableau suivant.

| $\lambda$ | arc tang $\lambda$ | | $u = \dfrac{\text{arc tang}\,\lambda}{\lambda}$ | $\lambda - \text{arc tang}\,\lambda$ | $\lambda^3$ | $v = \dfrac{\lambda - \text{arc tang}\,\lambda}{\lambda^3}$ | $n = \dfrac{u - 3v}{2}$ |
|---|---|---|---|---|---|---|---|
| | EN DEGRÉS ET MINUTES | EN PARTIES DU RAYON | | | | | |
| 2 | 65° 27′ | 1,107412 | 0,553706 | 0,892588 | 8 | 0,111573 | 0,109494 |
| 3 | 71° 34′ | 1,249075 | 0,416358 | 1,750925 | 27 | 0,064849 | 0,110906 |
| 4 | 75° 57′ | 1,325378 | 0,331394 | 2,674422 | 64 | 0,041788 | 0,103005 |
| 5 | 78° 42′ | 1,373575 | 0,274715 | 3,626425 | 125 | 0,029014 | 0,093841 |
| 6 | 80° 32′ | 1,405573 | 0,234262 | 4,594427 | 216 | 0,021270 | 0,084226 |
| 7 | 81° 52′ | 1,428825 | 0,204118 | 5,571177 | 343 | 0,015951 | 0,078133 |
| 8 | 82° 53′ | 1,446587 | 0,180823 | 6,555413 | 512 | 0,012800 | 0,071211 |
| 9 | 83° 40′ | 1,465260 | 0,162584 | 7,535740 | 729 | 0,010338 | 0,065785 |
| 10 | 84° 17′ | 1,471022 | 0,147102 | 8,528978 | 1000 | 0,008529 | 0,060758 |
| 100 | 89° 25′ | 1,560616 | 0,015606 | 98,439384 | 1000000 | 0,000598 | 0,007656 |

Le maximum de $n$ correspond à environ $\lambda = 3$, et donne pour $n$ une valeur voisine de 0,111. Une interpolation parabolique par les points CDE fait connaître plus exactement l'abscisse OA, et la valeur AB de l'ordonnée maximum. Il suffit d'exprimer l'ordonnée $n$ par la fonction du second degré,

$$n = 0{,}109494 + 0{,}000412 \times (\lambda - 2) - 0{,}003656 \times (\lambda - 2) \times (\lambda - 3),$$

qui donne, en effet,

$n = 0{,}109494$ pour $\lambda = 2$.

$n = 0{,}109494 + 0{,}000412 = 0{,}109906$ pour $\lambda = 3$,

$n = 0{,}109494 + 0{,}000412 \times 2 - 0{,}003656 \times 2 = 0{,}103006$ pour $\lambda = 4$.

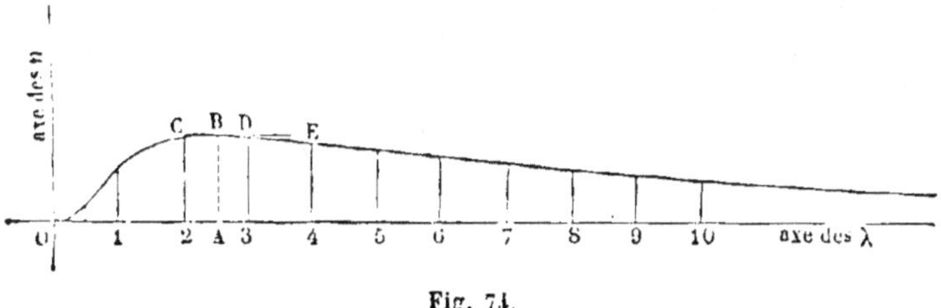


Fig. 74.

On en déduit

$$\frac{dn}{d\lambda} = 0{,}000412 - 0{,}003656(\lambda - 3 + \lambda - 2) = 0{,}000412 - 0{,}003656 \times (2\lambda - 5).$$

Donc $\dfrac{dn}{d\lambda}$ s'annule pour $\lambda = \dfrac{5}{2} + \dfrac{0{,}000206}{0{,}003656} = 2{,}5563$, et la valeur du maximum sera

$$n = \frac{1}{2}\left( \frac{\operatorname{arc\,tang} 2{,}5563}{2{,}5563} - 3 \times \frac{2{,}5563 - \operatorname{arc\,tang} 2{,}5563}{(2{,}5563)^3} \right) = 0{,}1123.$$

Bien que la position du maximum ait été déterminée peu rigoureusement, puisqu'on a substitué un arc de parabole à la courbe proposée, la valeur du maximum est obtenue avec une exactitude suffisante, parce que la fonction $n$ varie très peu pour des valeurs de $\lambda$ voisines de celles qui la rendent la plus grande possible.

En résumé, la forme de l'ellipsoïde de révolution aplati aux pôles convient à l'équilibre tant que le rapport $\dfrac{\omega^2}{4\pi f}$ est inférieur à une valeur limite, égale à $0{,}1123$ environ. A une même valeur de ce rapport correspondent deux valeurs du nombre $\lambda$, l'une plus grande, l'autre plus petite que l'abscisse du maximum ; les limites de ces deux valeurs sont $\lambda = 0$ et $\lambda = \infty$ ; la première détermination correspond à la sphère, la seconde à un plan perpendiculaire à l'axe de révolution, solution évidemment fictive.

ELLIPSOÏDE A AXES INÉGAUX.

**94.** Jacobi a montré le premier qu'un ellipsoïde à trois axes inégaux peut aussi être une forme d'équilibre pour une masse fluide animée d'un mouvement uniforme de rotation autour d'un axe fixe.

Prenons cet axe pour axe des $x$, et soit

$$\frac{x^2}{a^2} + \frac{y^2}{a^2(1+\lambda^2)} + \frac{z^2}{a^2(1+\lambda'^2)} = 1$$

l'équation de la surface ; $\omega$ étant la vitesse angulaire, on aura pour la force centrifuge

$$X' = 0, \quad Y' = \omega^2 y, \quad Z' = \omega^2 z.$$

Les composantes de l'attraction exercée par la masse fluide sur le point $x, y, z$, de la surface sont données page 156, formule (8). Il vient, en y faisant $A = A' = a$,

$$X = -\frac{3M}{a^3} \times fx \int_0^1 \frac{u^2 du}{\sqrt{(1+\lambda^2 u^2)(1+\lambda'^2 u^2)}} = -Px,$$

$$Y = -\frac{3M}{a^3} \times fy \int_0^1 \frac{u^2 du}{\sqrt{(1+\lambda^2 u^2)^3(1+\lambda'^2 u^2)}} = -Qy,$$

$$Z = -\frac{3M}{a^3} \times fz \int_0^1 \frac{u^2 du}{\sqrt{(1+\lambda^2 u^2)(1+\lambda'^2 u^2)^3}} = -Rz,$$

P, Q, R étant des coefficients constants.

On exprimera que la surface terminale est une surface de niveau en posant

$$(X + X')\,dx + (Y + Y')\,dy + (Z + Z')\,dz = 0,$$

ou bien

$$Px\,dx + (Q - \omega^2)\,y\,dy + (R - \omega^2)\,z\,dz = 0,$$

et en identifiant avec l'équation de la surface proposée.

L'équation de la surface différentiée donne

$$x\,dx + \frac{1}{1 + \lambda^2}\,y\,dy + \frac{1}{1 + \lambda'^2}\,z\,dz = 0.$$

Ces deux équations seront identiques si l'on a les équations de condition

$$\frac{Q - \omega^2}{P} = \frac{1}{1 + \lambda^2}, \qquad \frac{R - \omega^2}{P} = \frac{1}{1 + \lambda'^2}.$$

Éliminant $\omega^2$ entre ces deux équations, il vient la condition définitive

$$\frac{Q - R}{P} = \frac{1}{1 + \lambda^2} - \frac{1}{1 + \lambda'^2} = \frac{\lambda'^2 - \lambda^2}{(1 + \lambda^2)(1 + \lambda'^2)}.$$

Or en faisant abstraction dans P, Q, R du facteur commun $\dfrac{3Mf}{a^3}$, qui disparaîtrait dans le premier membre, on a

$$Q - R = \int_0^1 \frac{u^2\,du}{\sqrt{(1 + \lambda^2 u^2)^3(1 + \lambda'^2 u^2)}} - \int_0^1 \frac{u^2\,du}{\sqrt{(1 + \lambda^2 u^2)(1 + \lambda'^2 u^2)^3}}$$

$$= \int_0^1 \frac{u^2\,du}{\sqrt{(1 + \lambda^2 u^2)(1 + \lambda'^2 u^2)}} \left( \frac{1}{1 + \lambda^2 u^2} - \frac{1}{1 + \lambda'^2 u^2} \right)$$

$$= \int_0^1 \frac{(\lambda'^2 - \lambda^2)\,u^4\,du}{(1 + \lambda^2 u^2)^{\frac{3}{2}}(1 + \lambda'^2 u^2)^{\frac{3}{2}}},$$

et par conséquent

$$(\lambda'^2 - \lambda^2) \left[ \int_0^1 \frac{u^4\,du}{(1 + \lambda^2 u^2)^{\frac{3}{2}}(1 + \lambda'^2 u^2)^{\frac{3}{2}}} \right.$$

$$\left. - \frac{1}{(1 + \lambda^2)(1 + \lambda'^2)} \int_0^1 \frac{u^2\,du}{\sqrt{(1 + \lambda^2 u^2)(1 + \lambda'^2 u^2)}} \right] = 0,$$

équation qu'on peut écrire

$$\frac{(\lambda'^2 - \lambda^2)}{(1 + \lambda^2)(1 + \lambda'^2)} \int_0^1 \frac{u^2\,du \times (u^2 - 1)(1 - \lambda^2 \lambda'^2 u^2)}{(1 + \lambda^2 u^2)^{\frac{3}{2}}(1 + \lambda'^2 u^2)^{\frac{3}{2}}} = 0.$$

On peut y satisfaire de deux manières : d'abord en posant $\lambda = \lambda'$, ce qui correspond à l'ellipsoïde de révolution aplati ; ensuite en satisfaisant à la condition

$$\int_0^1 \frac{u^2(1-u^2)(1-\lambda^2\lambda'^2 u^2)\,du}{(1+\lambda^2 u^2)^{\frac{5}{2}}(1+\lambda'^2 u^2)^{\frac{5}{2}}} = 0 \qquad ($$

La somme de tous les éléments indiqués étant nulle, il faut que la différentielle change de signe quand on fait varier $u$ de 0 à 1, ce qui ne peut arriver qu'au facteur $1 - \lambda^2\lambda'^2 u^2$. Pour que ce facteur devienne négatif, il faut que $\lambda^2$ et $\lambda'^2$ soient tous deux positifs, ce qui revient à dire que l'axe $a$, autour duquel l'ellipsoïde tourne, est le plus petit axe de la surface. De plus, il faut que $\lambda^2\lambda'^2$ soit plus grand que l'unité, sans quoi le produit $\lambda^2\lambda'^2 u^2$ serait $< 1$, et le facteur resterait positif. Donc l'un des facteurs au moins est $> 1$, et le demi-axe correspondant surpasse par conséquent le produit $a\sqrt{2}$. Ainsi la forme ellipsoïdale à axes inégaux diffère sensiblement de la sphère et de l'ellipsoïde de révolution, et on est sûr par conséquent qu'aucune planète du système solaire ne rentre dans ce type.

THÉORÈME DE M. LIOUVILLE.

95.. *La pesanteur en un point de la surface de l'ellipsoïde de révolution, ou de l'ellipsoïde à axes inégaux, est inversement proportionnelle à la distance du centre de l'ellipsoïde au plan tangent à la surface en ce point* [1].

Nous appelons ici *pesanteur*, par analogie avec ce qui se passe pour le globe terrestre, la résultante de l'attraction de l'ellipsoïde et de la force centrifuge, ou la résultante des deux forces (X, Y, Z) et (X', Y', Z'). Les composantes de la pesanteur ainsi définie sont

$$X + X' = -Px, \quad Y + Y' = -(Q - \omega^2)y, \quad Z + Z' = -(R - \omega^2)z,$$

quantités respectivement proportionnelles à

$$x, \quad \frac{y}{1+\lambda^2}, \quad \frac{z}{1+\lambda'^2}.$$

Leur résultante, c'est-à-dire la pesanteur, est donc proportionnelle à

$$\sqrt{x^2 + \frac{y^2}{(1+\lambda^2)^2} + \frac{z^2}{(1+\lambda'^2)^2}}.$$

Or le plan tangent à l'ellipsoïde au point $(x, y, z)$ a pour équation

$$\frac{xx'}{a^2} + \frac{yy'}{a^2(1+\lambda^2)} + \frac{zz'}{a^2(1+\lambda'^2)} = 1,$$

[1] *Journal de l'École polytechnique*, 1834, p. 289-296.

et sa distance à l'origine est égale à

$$\cfrac{1}{\sqrt{\dfrac{x^2}{a^2}+\dfrac{y^2}{a^2(1+\lambda^2)^2}+\dfrac{z^2}{a^4(1+\lambda'^2)^2}}}=\cfrac{a}{\sqrt{x^2+\dfrac{y^2}{(1+\lambda^2)^2}+\dfrac{z^2}{(1+\lambda'^2)^2}}},$$

ce qui démontre le théorème.

On parviendrait au même résultat en observant que les surfaces de niveau correspondantes à la résultante de l'attraction et de la force centrifuge, dans le voisinage de la surface terminale de la masse attirante, sont des surfaces ellipsoïdales semblables à la surface donnée ; la force est inversement proportionnelle à l'intervalle infiniment petit compris entre deux surfaces de niveau infiniment voisines (III, § 50) ; or cet intervalle est proportionnel à la distance du centre au plan tangent.

### VARIATIONS DE LA PESANTEUR A LA SURFACE D'UN ELLIPSOÏDE DE RÉVOLUTION APLATI.

96. Soit XX' l'axe de révolution,
  OA le demi-axe ou rayon polaire $=a$,
  OC le rayon équatorial $=a\sqrt{1+\lambda^2}$.

La pesanteur $g$ en un point M quelconque de la méridienne est proportionnelle à $\dfrac{1}{OP}$, OP étant la perpendiculaire abaissée du centre O sur la tangente MP.

L'angle COP, égal à l'angle CNM que fait la normale avec l'équateur, est la latitude $\varphi$ du point M. L'équation de l'ellipse AC est

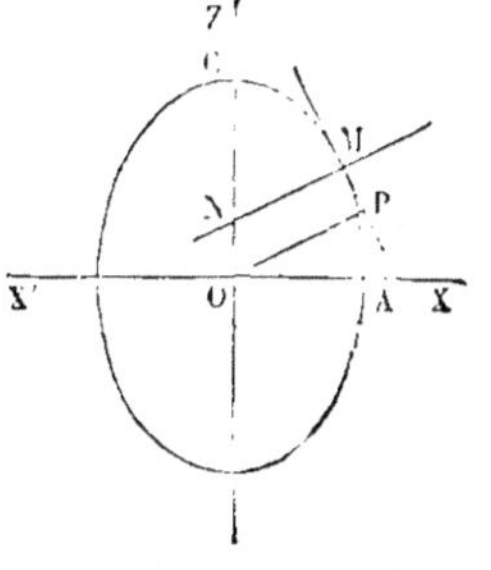

Fig. 75.

$$\frac{x^2}{a^2}+\frac{z^2}{a^2(1+\lambda^2)}=1.$$

On en déduit en différentiant

$$x\,dx+\frac{z\,dz}{1+\lambda^2}=0,$$

et comme $\dfrac{dz}{dx}=-\tan\varphi$, il en résulte

$$x=\frac{z\tan\varphi}{1+\lambda^2}.$$

Cette équation, jointe à celle de l'ellipse, permet d'exprimer $x$ et $z$ en fonction de $\varphi$ ; il vient

$$x=\frac{a\sin\varphi}{\sqrt{1+\lambda^2\cos^2\varphi}},$$

$$z=\frac{a(1+\lambda^2)\cos\varphi}{\sqrt{1+\lambda^2\cos^2\varphi}}.$$

La distance OP s'exprime par $z \cos \varphi + x \sin \varphi$, ou par

$$\frac{a \sin^2 \varphi + a(1 + \lambda^2)\cos^2 \varphi}{\sqrt{1 + \lambda^2 \cos^2 \varphi}} = \frac{a(1 + \lambda^2 \cos^2 \varphi)}{\sqrt{1 + \lambda^2 \cos^2 \varphi}} = a\sqrt{1 + \lambda^2 \cos^2 \varphi}.$$

Appelons $g'$ la pesanteur au pôle. Nous aurons, en vertu du théorème de M. Liouville,

$$\frac{g}{g'} = \frac{OA}{OP},$$

ou bien

$$g = \frac{g'}{\sqrt{1 + \lambda^2 \cos^2 \varphi}}.$$

Or au pôle la pesanteur se réduit à l'attraction, et on l'obtient en faisant $x = a$ dans la formule qui donne X, page 169 ; il vient, en changeant de signe pour avoir la valeur absolue de $g'$,

$$g' = \frac{4 \pi \rho f a}{\lambda^3}(1 + \lambda^2)(\lambda - \operatorname{arc\,tang} \lambda).$$

Donc

$$g = \frac{4 \pi \rho f a}{\lambda^3}(1 + \lambda^2)\frac{(\lambda - \operatorname{arc\,tang} \lambda)}{\sqrt{1 + \lambda^2 \cos^2 \varphi}}.$$

Nous supposerons $\lambda$ assez petit pour qu'on puisse faire sans erreur sensible

$$\operatorname{arc\,tang} \lambda = \lambda - \frac{\lambda^3}{3},$$

$$(1 + \lambda^2 \cos^2 \varphi)^{-\frac{1}{2}} = 1 - \frac{1}{2}\lambda^2 \cos^2 \varphi.$$

Il viendra, toutes réductions faites,

$$g = \frac{4}{3}\pi \rho f a \left(1 + \lambda^2 - \frac{1}{2}\lambda^2 \cos^2 \varphi\right),$$

ou

$$g = g_0 \left(1 - \frac{1}{2}\lambda^2 \cos^2 \varphi\right).$$

Si $g_1$ est la pesanteur à l'équateur, on a, en faisant $\varphi = 0$

$$g_1 = g_0 \left(1 - \frac{\lambda^2}{2}\right).$$

Donc

$$g = g_1 \frac{1 - \frac{1}{2}\lambda^2 \cos^2 \varphi}{1 - \frac{\lambda^2}{2}} = g_1 \left(1 + \frac{\lambda^2}{2}\sin^2 \varphi\right).$$

Cette formule se vérifie le long d'un méridien du globe terrestre ; mais elle conduit à une valeur beaucoup trop élevée de l'aplatissement relatif du globe $\dfrac{c-a}{a}$, sensiblement égal à $\dfrac{\lambda^2}{g}$. La divergence vient sans doute de ce qu'on a supposé dans le calcul précédent la masse spécifique constante, tandis qu'il est vraisemblable qu'elle augmente de la surface au centre de la terre.

## DISTRIBUTION HYPOTHÉTIQUE DE LA DENSITÉ DANS L'INTÉRIEUR DU GLOBE TERRESTRE.

97. Laplace a donné la loi suivant laquelle varie la densité des couches successives dont se compose le globe terrestre supposé fluide. Cette loi est fondée sur une hypothèse proposée par Legendre, à savoir que, dans les liquides soumis à de fortes pressions, le rapport de l'accroissement de la pression à l'accroissement de la densité est proportionnel à la densité même, de sorte que, contrairement à ce qui a lieu dans les gaz soumis à la loi de Mariotte, il faut d'autant plus accroître la pression pour obtenir une augmentation donnée de la densité, que la densité du liquide est déjà plus grande.

Admettons que le globe soit une sphère formée de couches concentriques homogènes. Soit $r$ le rayon d'une couche en particulier, $x$ le rayon plus petit d'une couche intérieure, et $\rho$ la densité de cette couche. L'attraction $\varphi$, subie par un point de masse égale à l'unité situé sur la couche $r$ de la part des couches intérieures, est égale à

$$\varphi = \frac{4\pi f \int_0^r \rho x^2 dx}{r^2}.$$

Si $p$ est la pression de la couche $r$, l'équation de l'hydrostatique donne

$$dp = -\rho \varphi dr$$

Enfin entre $p$ et $\rho$ on a la relation hypothétique $\dfrac{dp}{d\rho} = 2K\rho$, K étant une constante qu'on suppose connue.

De ces équations on tire

$$\varphi = -\frac{dp}{\rho dr} = -\frac{2K \cdot d\rho}{\rho dr} = -2K\frac{d\rho}{dr},$$

et on a pour déterminer la relation entre $\rho$ et $r$ l'équation

$$2K\frac{d\rho}{dr} = -\frac{4\pi f}{r^2} \int_0^r \rho r^2 dr.$$

Posons, pour simplifier l'écriture, $\dfrac{2\pi f}{K} = u^2$, nombre connu. Puis faisons

$\rho_1 = r\rho$, en appelant $\rho_1$ une nouvelle variable. Il viendra $\rho = \dfrac{\rho_1}{r}$, et par suite

$$d\rho = \frac{r\,d\rho_1 - \rho_1\,dr}{r^2}.$$

Substituant ces valeurs dans l'équation précédente, et supprimant le facteur $\dfrac{1}{r^2}$ commun aux deux membres de l'équation, il vient

$$r\,\frac{d\rho_1}{dr} - \rho_1 = -n^2 \int_0^r \rho x^2\,dx.$$

Différentions pour faire disparaître le signe $\displaystyle\int$ :

$$r\,\frac{d^2\rho_1}{dr^2} = -n^2 \times \rho r^2,$$

ou bien

$$\frac{d^2\rho_1}{dr^2} = -n^2 \times \rho r = -n^2\rho_1.$$

L'intégrale générale de cette équation est

$$\rho_1 = A\sin nr + B\cos nr,$$

A et B étant deux constantes.

Donc

$$\rho = \frac{A\sin nr + B\cos nr}{r}.$$

La densité au centre de la terre ne peut pas être infinie; donc $B = 0$, et la loi de distribution des densités est donnée par la formule

$$\rho = \frac{A\sin nr}{r}.$$

Si l'on donne à **r** sa plus grande valeur R, on aura pour $\rho$ une certaine valeur $\rho'$, qui correspond aux pressions sensiblement nulles observées à la surface du globe. Au centre, la densité est $An$; à la surface, elle est $\rho'$. La densité moyenne $\rho_0$ est donnée par le rapport de la masse totale au volume

$$\rho_0 = \frac{\displaystyle\int_0^R \rho r^2\,dr}{\displaystyle\int_0^R r^2\,dr} = \frac{\displaystyle\int_0^R A\sin nr \times r\,dr}{\left(\dfrac{R^3}{3}\right)}.$$

L'intégrale générale $\sin nr \times r\,dr$ est $\dfrac{\sin nr}{n^2} - \dfrac{r\cos nr}{n}$. Entre les limites 0 et R, elle devient $\dfrac{\sin nR}{n^2} - \dfrac{R\cos nR}{n}$. Donc

$$\rho_0 = \frac{3}{R^3}\left(\frac{A\sin nR}{n^2} - \frac{AR\cos nR}{n}\right).$$

Remplaçons $\dfrac{A \sin nR}{R}$ par $\varrho'$; il vient, en mettant cette quantité en facteur.

$$\varrho_0 = \frac{3\varrho'}{R^2 n^2}\left(1 - \frac{n}{\operatorname{tang} n}\right),$$

ou, en mettant pour $n$ sa valeur,

$$\varrho_0 = \frac{3\varrho' K}{2\pi R^2 f}\left(1 - \frac{\sqrt{\dfrac{2\pi f}{K}}}{\operatorname{tang}\sqrt{\dfrac{2\pi f}{K}}}\right).$$

On aurait de même pour la densité en un point quelconque défini par le rayon $r$,

$$\varrho = \varrho' \times \frac{R \sin r \sqrt{\dfrac{2\pi f}{K}}}{r \sin R \sqrt{\dfrac{2\pi f}{K}}}.$$

Le calcul de l'excentricité de l'ellipse méridienne de la terre se rapproche plus des résultats observés quand on tient compte de cette variation de la densité des couches. L'hypothèse de Legendre n'est cependant pas entièrement satisfaisante, et la formule $\dfrac{dp}{d\varrho} = 2K\varrho$ paraît devoir être complétée par un terme proportionnel à $\varrho^2$; cette nouvelle hypothèse, qui rend mieux compte des faits observés, a été développée par M. Roche.

TRAVAUX RÉCENTS SUR LE MÊME SUJET.

98. Les perfectionnements introduits récemment dans la théorie de la figure de la terre ont pour objet principal de tenir compte de la forme ellipsoïdale des surfaces de niveau. Si l'on prend pour unité le demi-axe polaire du globe, et qu'on exprime par une fraction $a$, plus petite que l'unité, le demi-axe polaire d'une surface de niveau, la densité $\varrho$ de la couche infiniment mince comprise entre les surfaces de niveau $a$ et $a + da$ s'exprime, d'après Lipschitz, par l'équation suivante

$$\varrho = \varrho_0\left(1 - Ka^\lambda\right),$$

où $\varrho_0$ est la densité au centre, et où $K$ et $\lambda$ sont des nombres constants, qui restent à déterminer. La densité au centre $\varrho_0$ correspond à $a = 0$, et la densité à la surface $\rho_1$ correspond à $a = 1$; elle est égale par conséquent à $\rho_0 (1 - K)$.

Cette hypothèse conduit à la détermination de l'excentricité de l'ellipse méridienne de la surface de niveau définie par une valeur quelconque de $a$. Les résultats analytiques qu'on en déduit doivent vérifier deux conditions : 1° la *densité moyenne* calculée pour l'ensemble des couches doit être égale à la densité moyenne 5,56, telle qu'elle résulte des observations; 2° l'excentricité de l'ellipse méridienne qui limite le globe, doit être égale à celle qui correspond à l'aplatissement moyen, constaté par les mesures géodésiques. On peut y ajouter que la densité superficielle $\rho_1$ doit être comprise entre des limites connues : on la prend ordinairement égale à 2,5.

Nous renverrons pour les développements des calculs à une note de M. F. Tisserand, *sur la théorie de la surface de la terre*, insérée dans les Comptes rendus de l'Académie des Sciences du 13 octobre 1884

M. R. Radau, dans les Comptes rendus du 15 avril 1885, est parvenu aux résultats suivants, qui correspondent à un aplatissement égal à $\dfrac{1}{293,5}$ : on a à la surface $\rho_1 = 2,65$;

$$\text{au centre } \rho_0 = 9,40.$$

Mais l'aplatissement admis par M. Radau diffère notablement des valeurs que le calcul lui assigne. Une note de M. Callandreau, dans les Comptes rendus du 11 mai 1885, fixe entre des limites déterminées, $\dfrac{1}{295}$ et $\dfrac{1}{306}$, les valeurs de l'aplatissement déduites d'une loi de variation continue des densités à l'intérieur du globe. L'aplatissement effectif paraît être de $\dfrac{1}{298}$ ou de $\dfrac{1}{299}$. Pour une valeur notablement différente de $\dfrac{1}{298}$, il devient impossible de représenter par une courbe continue les densités en fonction du rayon moyen de la couche. M. Callandreau fait observer aussi que « la valeur théorique de l'aplatissement est calculée avec les données numériques actuelles, tandis qu'il aurait fallu prendre celles qui correspondaient à la période de solidification du globe ».

On voit que la question est très complexe. Le globe terrestre n'a pas, en réalité, une figure géométrique régulière. Le coefficient d'aplatissement varie d'un méridien à l'autre, et les irrégularités de la surface peuvent donner une idée des irrégularités possibles dans la distribution des densités à l'intérieur. Tout ce qu'on peut faire, c'est de déterminer des moyennes applicables à l'ensemble du globe.

ANNEAU DE SATURNE.

99. On connaît une dernière forme d'équilibre relatif pour une masse
fluide animée d'un mouvement permanent de rotation. La planète Saturne
en offre un exemple[1]. Cette planète est entourée de plusieurs anneaux concentriques, de forme plate, qui paraissent tous contenus dans un seul et
même plan; leur centre commun coïncide à peu de chose près avec le
centre de la planète, autour duquel, en toute rigueur, il doit être animé
d'un petit mouvement. Nous allons montrer que les lois de l'attraction
newtonienne rendent compte de cette forme particulière d'équilibre, aussi
bien que de la forme ellipsoïdale qui appartient aux autres corps du
système solaire. Nous suivrons la méthode donnée par Laplace dans le
tome II de la *Mécanique céleste*[2] (liv. III, ch. vi).

Cherchons d'abord les composantes de l'attraction exercée par un an-
neau circulaire homogène sur un point $\alpha$, $\beta$, $\gamma$, qui ne fait pas partie du
système attractif.

1. La première observation de *l'anneau de Saturne* est due à Galilée, et
remonte à l'année 1610, peu de temps après l'invention de la lunette as-
tronomique. Les astronomes hésitèrent longtemps sur l'interprétation des
phénomènes révélés par ces premières observations. C'est seulement en 1655
que Huygens parvint à les expliquer de la façon la plus simple et la plus pré-
cise, en admettant autour de la planète un anneau très mince, isolé du globe
principal, et qui le suit dans son mouvement de translation à la façon d'un
satellite. Ce disque aplati montre à la terre une face, puis l'autre; parfois il
disparaît à peu près complètement, lorsque son plan passe par le soleil et que
la tranche mince est seule éclairée : on constate en effet une disparition périodique de l'anneau, qui se reproduit tous les quinze ans environ. La planète
et l'anneau ont d'ailleurs chacun leurs phases, et l'un des corps porte ombre
sur l'autre, suivant leurs positions par rapport au soleil; de là des apparences
très variées, et qu'il était difficile d'expliquer en l'absence de tout phénomène
connu analogue.
L'existence de plusieurs anneaux séparés les uns des autres a été reconnue
en 1675 par Dominique Cassini, qui a aperçu deux anneaux, puis en 1850 par
M. Bond, qui en a découvert un troisième.
2. L'analyse qu'on va exposer d'après Laplace donne prise à plusieurs objec-
tions : elle suppose l'anneau homogène, et fait abstraction des actions exercées par les anneaux voisins. Or l'homogénéité n'est pas admissible, comme
on le verra plus loin, sans créer pour l'anneau un état d'équilibre instable,
qui le ferait tomber sur la surface de Saturne. Quant à l'action des anneaux voisins, elle n'altère pas sensiblement la forme elliptique de la section d'équilibre, pourvu que les anneaux soient très aplatis dans leur plan
moyen.

Soit V le potentiel du système par rapport au point considéré. La fonction V devra satisfaire à l'équation

$$\frac{d^2V}{d\alpha^2} + \frac{d^2V}{d\beta^2} + \frac{d^2V}{d\gamma^2} = 0.$$

Nous supposerons que l'anneau ait pour axe de révolution l'axe des $z$; appelons $r$ la distance du point $(\alpha, \beta, \gamma)$ à cet axe; nous aurons $r^2 = \alpha^2 + \beta^2$, et la fonction V sera évidemment fonction des variables $r$ et $\gamma$ seules. Faisant le changement de variables comme au § 251, l'équation à laquelle V doit satisfaire devient

$$\frac{d^2V}{dr^2} + \frac{1}{r}\frac{dV}{dr} + \frac{d^2V}{d\gamma^2} = 0,$$

équation qui s'applique à l'attraction d'un solide de révolution homogène quelconque.

Comparée à celle du § 65, elle n'en diffère que par le terme $\dfrac{d^2V}{d\gamma^2}$, qui manque dans l'une et qui figure dans la seconde. Cette remarque montre l'analogie qui existe entre la théorie de l'attraction des cylindres indéfinis et la théorie générale de l'attraction des solides de révolution.

Pour passer du cas général des solides de révolution au cas particulier des anneaux de Saturne, observons que les dimensions de la section transversale de chaque anneau sont très petites par rapport à son rayon moyen. Appelant $a$ le rayon moyen, nous pourrons changer d'abord $r$ en $a + u$, ce qui transforme l'équation donnée en

$$\frac{d^2V}{du^2} + \frac{1}{a+u}\frac{dV}{du} + \frac{d^2V}{d\gamma^2} = 0.$$

Puis nous restreindrons notre recherche, en nous occupant seulement des points très voisins de l'anneau, de sorte qu'en faisant coïncider son plan moyen avec le plan XOY, $\gamma$ et $u$ seront des nombres positifs ou négatifs, très petits en valeur absolue. On pourra alors négliger, au moins dans une première approximation, le terme $\dfrac{1}{a+u}\dfrac{dV}{du}$, qui est de l'ordre de grandeur de $\dfrac{1}{a}$, et réduire l'équation à la forme

$$\frac{d^2V}{du^2} + \frac{d^2V}{d\gamma^2} = 0.$$

Cette équation rentre dans le type de celle des *cordes vibrantes*, dont on connaît l'intégrale générale. C'est, en désignant par $\varphi$ et $\psi$ deux fonctions arbitraires,

$$V = \varphi(u + \gamma\sqrt{-1}) + \psi(u - \gamma\sqrt{-1}).$$

On peut aussi écrire l'intégrale sous la forme suivante, en appelant $f$ et F deux fonctions nouvelles, déduites des fonctions $\varphi$ et $\psi$ :

$$V = f(u + \gamma\sqrt{-1}) + f(u - \gamma\sqrt{-1}) + \sqrt{-1}\left[F(u + \gamma\sqrt{-1}) - F(u - \gamma\sqrt{-1})\right].$$

Les fonctions $f(u)$, $F(u)$ étant supposées réelles, il en sera de même de la somme $f(u + \gamma\sqrt{-1}) + f(u - \gamma\sqrt{-1})$, et du produit par $\sqrt{-1}$ de la différence $F(u + \gamma\sqrt{-1}) - F(u - \gamma\sqrt{-1})$, de sorte que V se trouvera réel. La solution se simplifie quand le système attirant est symétrique par rapport à son plan moyen, ce que nous supposerons ici. Alors V ne doit pas changer quand on change $\gamma$ en $-\gamma$; or cette substitution ne change pas la somme des fonctions $f$, tandis qu'elle change le signe de la différence des fonctions F. Pour que V reste le même, il faut et il suffit que $F = 0$, et la valeur de V se réduit à l'expression

$$V = f(u + \gamma\sqrt{-1}) + f(u - \gamma\sqrt{-1}).$$

Si l'on fait $\gamma = 0$, ce qui place le point attirant dans le plan moyen, on aura $V = 2f(u)$; la fonction $f(u)$ se déterminera donc en cherchant la valeur de V pour un point situé dans le plan XOY ; connaissant $f(u)$, il suffira pour avoir la solution générale de changer $u$ en $u \pm \gamma\sqrt{-1}$.

100. Nous admettrons que la section de l'anneau soit une ellipse BCB'C' dont le grand axe BB' est situé dans le plan XOY, et dont le centre A est à une distance très grande, $OA = a$, du centre de l'anneau. Prenons un point M quelconque sur le prolongement de OA, et cherchons la valeur du potentiel V dans le cas particulier où la distance AM, qui est égale à $u$, est très petite par rapport au rayon OA.

Soit $x^2 + z^2 = k^2$ l'équation de l'ellipse BCB', rapportée à ses

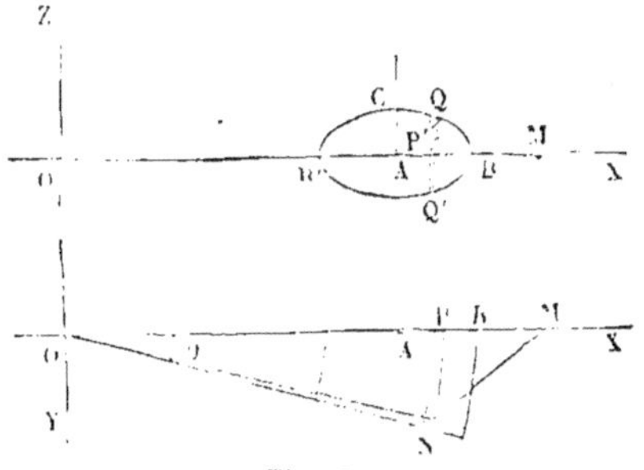

Fig. 76.

axes AB et AC. Décomposons l'aire de l'ellipse génératrice en éléments rectangulaires $dx\,dz$, et formons le potentiel de M par rapport aux anneaux engendrés par la révolution de ces éléments autour de OZ.

L'élément de masse $X$ a pour mesure

$$\rho\,dx\,dz \times (a + x)\,d\theta,$$

en désignant par $\rho$ la masse spécifique, qu'on suppose constante, et par $\theta$ l'angle XOM qui fixe la position de l'élément considéré.

La distance du point M à l'élément $X$ est égale à

$$\sqrt{z^2 + (a + u)^2 + (a + x)^2 - 2(a + u)(a + x)\cos\theta},$$

et par suite

$$V = \rho \int_{x=-K}^{x=+K} \int_{z=-\sqrt{\frac{k^2-x^2}{\lambda^2}}}^{z=+\sqrt{\frac{k^2-x^2}{\lambda^2}}} \int_{\theta=0}^{\theta=2\pi} \frac{(a+x)\,dx\,dz\,d\theta}{\sqrt{z^2+(a+u)^2+(a+x)^2-2(a+u)(a+x)\cos\theta}},$$

intégrale qu'on ne peut obtenir sous forme finie. Mais nous devons nous borner au cas où $x$, $z$ et $u$ sont très petits en valeur absolue par rapport à $a$. Si nous divisions haut et bas par $a$, il viendrait

$$V = \rho \int\int\int \frac{\left(1+\dfrac{x}{a}\right)dx\,dz\,d\theta}{\sqrt{\dfrac{z^2}{a^2}+1+2\dfrac{u}{a}+\dfrac{u^2}{a^2}+1+2\dfrac{x}{a}+\dfrac{x^2}{a^2}-2\cos\theta\left(1+\dfrac{u+x}{a}+\dfrac{ux}{a^2}\right)}},$$

et on simplifierait la fonction en négligeant les termes qui contiennent $a$ en dénominateur; mais cette méthode d'approximation donnerait lieu à une difficulté, car on trouverait

$$V = \rho \int\int\int \frac{dx\,dz\,d\theta}{2\sin\dfrac{\theta}{2}},$$

intégrale qui devient infinie quand on la prend entre les limites $\theta=0$ et $\theta=2\pi$. Pour tourner cette difficulté, observons qu'il n'est pas nécessaire de connaître la fonction V, mais seulement ses dérivées $\dfrac{dV}{du}$, $\dfrac{dV}{d\gamma}$, qui entrent en facteur dans l'expression des composantes de l'attraction cherchée. Il suffit même de connaître $\dfrac{dV}{du}$ en fonction de $u$ seul; on a en effet

$$\frac{dV}{du} = f'(u+\gamma\sqrt{-1}) + f'(u-\gamma\sqrt{-1});$$

et si l'on connaît l'expression générale de la fonction $f'$ pour des valeurs réelles de la variable, on pourra trouver par de simples substitutions les valeurs de cette fonction pour des valeurs imaginaires, $u\pm\gamma\sqrt{-1}$, de cette même variable ; on aura ensuite $\dfrac{dV}{d\gamma}$ au moyen de l'équatio

$$\frac{dV}{d\gamma} = \sqrt{-1}\,[f'(u+\gamma\sqrt{-1}) - f'(u-\gamma\sqrt{-1})],$$

la fonction $f'(u\pm\gamma\sqrt{-1})$ étant supposée connue.

Proposons-nous donc de trouver $\dfrac{dV}{du}$ pour le cas où $\gamma$ est nul, où le rayon moyen $OA = a$ de l'anneau est très grand, où enfin la distance $AM = u$ est très petite en valeur absolue. Dans ce cas particulier, les molécules voisines

de A exercent sur le point M une attraction incomparablement plus grande
que les molécules plus éloignées, et nous
n'aurons à admettre dans le calcul que des
valeurs très petites de l'angle $NOA = \theta$.
La distance projetée en MN a pour valeur
approximative

$$\sqrt{MP^2 + PN^2 + z^2} = \sqrt{(u-x)^2 + a^2\theta^2 + z^2},$$

ou, en faisant $a\theta = t$,

$$\sqrt{(u-x)^2 + t^2 + z^2}.$$

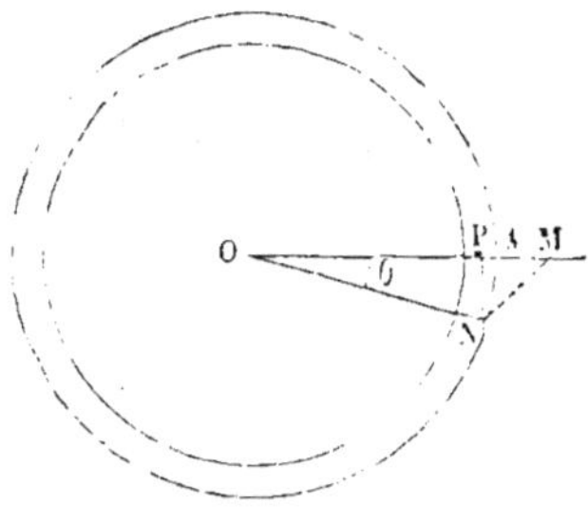

Fig. 77.

Donc on aura, avec une approximation
d'autant plus grande que $a$ est plus grand par rapport aux dimensions transversales de l'anneau,

$$V = \int\int\int \frac{dx\,dz\,dt}{\sqrt{(u-x)^2 + t^2 + z^2}}.$$

Les limites de $x$ et de $z$ seront encore données par le contour de la section
droite de l'anneau. Quant aux limites de $t$, on peut dans le cas d'un anneau
très grand attribuer à $t$ les limites $-\infty$ et $+\infty$, ce qui revient à substituer à l'anneau un cylindre droit indéfini dans les deux sens, ayant même
section droite que l'anneau dans le plan OM. Nous aurons ainsi

$$V = \rho \int_{x=-k}^{x=+k} \int_{z=-\sqrt{\frac{k^2-x^2}{t^2}}}^{z=+\sqrt{\frac{k^2-x^2}{t^2}}} \int_{t=-\infty}^{t=+\infty} \frac{dx\,dz\,dt}{\sqrt{(u-x)^2 + t^2 + z^2}}$$

et, en dérivant par rapport à $u$,

$$\frac{dV}{du} = -\rho \int\int\int \frac{dx\,dz\,dt \cdot (u-x)}{[(u-x)^2 + t^2 + z^2]^{\frac{3}{2}}},$$

les intégrations étant faites entre les limites indiquées.

La première intégration relative à $t$ doit se faire de $-\infty$ à $+\infty$. Elle nous
donnera la composante de l'attraction exercée sur le point M par un prisme
indéfini qui aurait pour base l'élément superficiel $dx\,dz$, et pour masse $\rho\,dx\,dz$
par unité de longueur. Nous connaissons cette attraction (§ 66). Elle est
égale, abstraction faite du facteur constant $\mu$, à $\dfrac{2m}{r}$, $m$ étant la masse par
unité de longueur du prisme attirant, et $r$ la distance de son axe au point
attiré; ici on aura pour l'attraction totale exercée par le filet sur le point M,

$$\frac{2\rho\,dx\,dz}{\sqrt{(u-x)^2 + z^2}}.$$

Pour la projeter sur l'axe OM, il faut la multiplier par le cosinus de l'angle que la distance $r$ fait avec cet axe, ou par $\dfrac{u - x}{\sqrt{(u - x)^2 + z^2}}$. L'attraction estimée suivant OM est égale à

$$\frac{2\rho\, dx\, dz\, (u - x)}{(u - x)^2 + z^2},$$

et nous aurons, en indiquant les deux nouvelles intégrations,

$$\frac{dV}{du} = -2\rho \int\int \frac{dx\, dz\, (u - x)}{(u - x)^2 + z^2} = -2\rho \int\int \frac{dx\, dz}{1 + \left(\dfrac{z}{u - x}\right)^2}.$$

Faisons l'intégration relative à $z$ entre les limites $-\sqrt{\dfrac{k^2 - x^2}{\lambda^2}}$ et $+\sqrt{\dfrac{k^2 - x^2}{\lambda^2}}$. Il viendra, en indiquant d'abord les limites,

$$\frac{dV}{du} = -2\rho \int_{x=-k}^{x=k} dx \left[\left(\operatorname{arc\,tang} \frac{z}{u - x}\right)\right]_{-\sqrt{\frac{k^2 - x^2}{\lambda^2}}}^{+\sqrt{\frac{k^2 - x^2}{\lambda^2}}}$$

$$= -4\rho \int_{-k}^{+k} dx \left(\operatorname{arc\,tang} \frac{\sqrt{\dfrac{k^2 - x^2}{\lambda^2}}}{u - x}\right).$$

La troisième intégrale peut s'effectuer à l'aide de l'intégration par parties, ce qui donne entre les limites $-K$ et $+K$,

$$\frac{dV}{du} = -4\rho \times \frac{\pi\lambda}{\lambda^2 - 1}\left[u - \sqrt{u^2 - k^2 \frac{\lambda^2 - 1}{\lambda^2}}\right].$$

Cette fonction devant être identique à $2f'(u)$, nous aurons pour déterminer la fonction $f'$ l'équation

$$f'(u) = -2\rho \frac{\pi\lambda}{\lambda^2 - 1}\left[u - \sqrt{u^2 - k^2 \frac{\lambda^2 - 1}{\lambda^2}}\right].$$

Remplaçons $u$ par $u \pm \gamma\sqrt{-1}$ ; il vient

$$f'(u \pm \gamma\sqrt{-1})$$
$$= -2\rho \frac{\pi\lambda}{\lambda^2 - 1}\left[u \pm \gamma\sqrt{-1} - \sqrt{(u \pm \gamma\sqrt{-1})^2 - k^2 \frac{\lambda^2 - 1}{\lambda^2}}\right],$$

et enfin, en passant au cas général, où $u$ et $\gamma$ sont variables à la fois,

$$\frac{dV}{du} = -2\frac{\pi\lambda}{\lambda^2-1}\left[\begin{array}{l} u+\gamma\sqrt{-1} - \sqrt{(u+\gamma\sqrt{-1})^2 - K^2\frac{\lambda^2-1}{\lambda^2}} \\[2mm] + u-\gamma\sqrt{-1} - \sqrt{(u-\gamma\sqrt{-1})^2 - K^2\frac{\lambda^2-1}{\lambda^2}} \end{array}\right],$$

$$\frac{dV}{d\gamma} = -2\frac{\pi\lambda\sqrt{-1}}{\lambda^2-1}\left[\begin{array}{l} u+\gamma\sqrt{-1} - \sqrt{(u+\gamma\sqrt{-1})^2 - K^2\frac{\lambda^2-1}{\lambda^2}} \\[2mm] - u+\gamma\sqrt{-1} + \sqrt{(u-\gamma\sqrt{-1})^2 - K^2\frac{\lambda^2-1}{\lambda^2}} \end{array}\right],$$

formules qui sont seulement approximatives, et applicables aux petites valeurs absolues de $u$ et de $\gamma$.

Si l'on suppose le point attiré placé à la surface de l'anneau, on aura entre $u$ et $\gamma$ la relation $u^2 + \lambda^2\gamma^2 = K^2$, qui permet de chasser $\gamma$ de l'expression de $\dfrac{dV}{du}$ et $u$ de l'expression de $\dfrac{dV}{d\gamma}$.

Pour y parvenir plus aisément, changeons de variable, et posons

$$u = K\cos\varphi.$$

Il viendra

$$\gamma = \frac{K\sin\varphi}{\lambda}.$$

Dans l'équation

$$\frac{dV}{du} = -2\frac{\pi\lambda}{\lambda^2-1}\left[2u - \sqrt{(u+\gamma\sqrt{-1})^2 - K^2\frac{\lambda^2-1}{\lambda^2}} - \sqrt{(u-\gamma\sqrt{-1})^2 - K^2\frac{\lambda^2-1}{\lambda^2}}\right],$$

remplaçons sous les radicaux $u$ et $\gamma$ par leurs valeurs en fonction de l'angle $\varphi$; le premier radical devient

$$\sqrt{(u+\gamma\sqrt{-1})^2 - K^2\frac{\lambda^2-1}{\lambda^2}} = \sqrt{\left(K\cos\varphi + \frac{K\sin\varphi\sqrt{-1}}{\lambda}\right)^2 - K^2\frac{\lambda^2-1}{\lambda^2}}$$

$$= \sqrt{K^2\cos^2\varphi - \frac{K^2\sin^2\varphi}{\lambda^2} + 2K^2\cos\varphi\sin\varphi\frac{\sqrt{-1}}{\lambda} - K^2 + \frac{K^2}{\lambda^2}}$$

$$= \sqrt{\frac{K^2}{\lambda^2}\cos^2\varphi + \frac{2K^2\cos\varphi\sin\varphi\sqrt{-1}}{\lambda} - K^2\sin^2\varphi}$$

$$= \frac{K}{\lambda}\cos\varphi + K\sin\varphi\sqrt{-1} = \frac{u}{\lambda} + \gamma\sqrt{-1}.$$

Le second radical serait de même égal à $\frac{u}{\lambda} - \gamma\lambda\sqrt{-1}$, et par suite

$$\frac{dV}{du} = -2\rho\,\frac{\pi\lambda}{\lambda^2-1}\left(2u - \frac{2u}{\lambda}\right) = -4\rho\,\frac{\pi\lambda u}{\lambda^2-1} \times \frac{\lambda-1}{\lambda} = -4\rho \times \frac{\pi u}{\lambda+1}.$$

On trouverait de la même manière

$$\frac{dV}{d\gamma} = -4\rho \times \frac{\pi\lambda\gamma}{\lambda+1}.$$

Ce sont, aux facteurs $f\mu$ près, les composantes de l'attraction exercée par un anneau à section elliptique très mince, de densité $\rho$, sur un point matériel placé à sa surface.

101. Nous pouvons vérifier maintenant si la section elliptique de l'anneau satisfait aux conditions d'équilibre d'une masse fluide animée d'un mouvement de rotation autour de son axe de figure. Les forces qui agissent sur un point $\mu$ de la surface extérieure de l'un des anneaux sont :

1° L'attraction de la planète Saturne ;

2° L'attraction de l'anneau ;

3° L'attraction des autres anneaux concentriques ;

4° Enfin la force centrifuge.

1° Soit M la masse de Saturne ; les coordonnées du point $\mu$ rapportées au centre et aux axes de l'ellipse méridienne sont $u$ et $\gamma$ ; sa distance au centre de la planète est $\sqrt{(a+u)^2+\gamma^2}$ ; l'attraction exercée par la planète sur ce point est donc égale à

$$\frac{f\mu \times M}{(a+u)^2+\gamma^2}.$$

Cette force a pour composantes suivant les axes des $u$ et des $z$

$$-\frac{f\mu \times M}{[(a+u)^2+\gamma]^{\frac{3}{2}}}(a+u) \quad \text{et} \quad -\frac{f\mu M\gamma}{[(a+u)^2+\gamma^2]^{\frac{3}{2}}}.$$

2° Les composantes parallèles aux $u$ et aux $z$ de l'attraction de l'anneau seront, d'après ce qu'on vient de voir,

$$-f\mu \times \frac{4\pi\rho u}{\lambda+1} \quad \text{et} \quad -f\mu \times \frac{4\pi\rho\lambda\gamma}{\lambda+1}.$$

3° L'attraction des autres anneaux s'obtiendrait en appliquant les formules générales ; mais la résultante de toutes ces actions, assez petite sans doute pour pouvoir être négligée, est sensiblement parallèle en chaque point à l'attraction de la planète elle-même, et on peut en tenir approximativement compte en altérant convenablement la masse M.

4° La force centrifuge pour un point de masse $\mu$, placé à la distance $a + u$ de l'axe de rotation, $\omega$ étant la vitesse angulaire, a pour expression

$$\mu \times \omega^2 \times (a + u)\,;$$

elle agit dans le sens positif parallèlement à l'axe des $u$.

L'équation d'équilibre fournie par l'hydrostatique s'obtient en égalant à 0 la somme des produits des composantes de chaque force par la différentielle de la coordonnée correspondante ; nous aurons donc

$$- f\mu\mathrm{M}\,\frac{(a + u)\,du}{[(a + u)^2 + \gamma^2]^{\frac{3}{2}}} - \frac{f\mu\mathrm{M}\gamma d\gamma}{[(a + u)^2 + \gamma^2]^{\frac{3}{2}}}$$
$$- \frac{f\mu \times 4\pi\rho u du}{\lambda + 1} - \frac{f\mu \times 4\pi\rho\gamma d\gamma}{\lambda + 1} + \mu\omega^2 (a + u)\,du = 0.$$

On simplifiera les deux premiers termes de cette équation en observant que $u$ et $\gamma$ sont très petits par rapport à $a$. Dans le premier terme, nous commencerons par négliger $\gamma^2$ devant $(a + u)^2$, ce qui réduira ce terme à

$$f\mu\mathrm{M}\,\frac{(a + u)\,du}{(a + u)^3} = \frac{f\mu\mathrm{M}}{(a + u)^2}\,du,$$

qu'on peut écrire sous la forme $\dfrac{f\mu\mathrm{M}}{a^2} \left( 1 + \dfrac{u}{a} \right)^{-2} du$. Développant la puissance indiquée, et arrêtant le développement au second terme, il vient en définitive pour le premier terme pris positivement

$$\frac{f\mu\mathrm{M}}{a^2}\,du - \frac{2f\mu\mathrm{M}}{a^3}\,u du.$$

Le second terme $\dfrac{f\mu\mathrm{M}\gamma d\gamma}{[(a + u)^2 + \gamma^2]^3}$ se réduit par la même méthode, en négligeant les puissances de $u$ et de $\gamma$, à

$$\frac{f\mu\mathrm{M}}{a^3}\,\gamma d\gamma.$$

L'équation d'équilibre prend la forme suivante, en groupant les termes qui multiplient $du$, $u du$ et $\gamma d\gamma$, et en divisant par $\mu$ :

$$\left( \omega^2 a - \frac{f\mathrm{M}}{a^2} \right) du + \left( \frac{2f\mathrm{M}}{a^3} - \frac{f \times 4\pi\rho}{\lambda + 1} + \omega^2 \right) u du$$
$$- \left( \frac{f\mathrm{M}}{a^3} + \frac{f \times 4\pi\rho}{\lambda + 1} \right) \gamma d\gamma = 0.$$

Cette équation doit coïncider avec celle de l'ellipse méridienne $u^2 + \lambda^2\gamma^2 = \mathrm{K}^2$, ou bien avec sa différentielle $u du + \lambda^2\gamma d\gamma = 0$, ce qui exige qu'on ait à la fois

$$\omega^2 a = \frac{f\mathrm{M}}{a^2}, \quad \text{ou} \quad \omega^2 = \frac{f\mathrm{M}}{a^3},$$

et

$$\omega^2 = \dfrac{\dfrac{fM}{a^3} + \dfrac{f \times 4\pi\rho\lambda}{\lambda + 1}}{\dfrac{f \times 4\pi\rho}{\lambda + 1} - 3\,\dfrac{fM}{a^3}}.$$

De ces deux équations, la première règle la vitesse angulaire de l'anneau en fonction de son rayon moyen et de la masse de Saturne. La seconde assujettit à une condition le rapport $\lambda$, qui définit l'excentricité de l'ellipse méridienne.

L'observation directe des anneaux de Saturne ne permet pas de déterminer avec exactitude les valeurs de $\lambda$; la masse M de la planète ne peut être obtenue qu'avec une approximation assez grossière, et en confondant dans cette quantité la somme des masses de la planète, des anneaux et des satellites, de toutes les masses, en un mot, qui constituent le système de la planète. Les seules quantités qu'on puisse mesurer un peu exactement sont les rayons des circonférences, intérieure et extérieure, de l'ensemble des anneaux, et la durée de leur révolution autour de la planète : ce qui permet de vérifier approximativement l'équation $\omega^2 = \dfrac{fM}{a^3}$, laquelle assimile l'anneau à un satellite qui tournerait autour de la planète à la distance $a$ (III, § 220, 3°). Cette équation montre que la vitesse angulaire des différents anneaux doit varier de l'un à l'autre.

L'anneau homogène que nous avons considéré serait dans un état d'équilibre instable ; car si, par un accident quelconque, le centre de l'anneau quittait le centre de la planète, l'attraction devenant plus forte sur les parties de l'anneau qui se rapprochent de Saturne, et moins forte sur celles qui s'en éloignent, tendrait à accroître la distance des centres, et non à la ramener à zéro. La stabilité du système peut s'expliquer par l'irrégularité de la densité et de la forme des anneaux, qui éloigne le centre de gravité général du système de son centre de figure, et en fait une espèce de satellite assujetti à un mouvement autour du corps attirant. Remarquons d'ailleurs que les corps célestes étant plutôt assimilables à des fluides qu'à des solides invariables, leur forme extérieure peut se modifier à la demande des forces qui agissent sur eux, de manière à réaliser à chaque instant les nouvelles conditions d'équilibre qui leur sont imposées, de sorte que le déplacement d'un anneau pourrait très bien être corrigé par une altération de la figure, et par une modification des vitesses des diverses parties dont il est formé.

## MARÉES.

102. La théorie complète des marées constitue un problème d'hydrodynamique qu'il parait impossible de résoudre en toute rigueur. Laplace, dans le livre IV de la *Mécanique céleste*, en a donné les équations différentielles, en tenant compte du mouvement de la terre et des actions du soleil et de la lune, mais en laissant de côté, d'une part, les effets de la viscosité des liquides, qui sont peu connus encore aujourd'hui, et de l'autre l'influence des formes des continents et des profondeurs variables de la mer. Son analyse, sans rendre compte de tous les phénomènes observés, conduit à distinguer trois espèces d'oscillations de périodes différentes, quand on se borne pour l'expression des forces aux termes qui contiennent en facteur le cube de l'inverse de la distance de l'astre attirant.

Les *oscillations de première espèce* dépendent uniquement du mouvement de l'astre attirant ; elles sont indépendantes du mouvement de la terre.

Les *oscillations de seconde espèce* dépendent du mouvement diurne, et ont pour période un jour.

Les *oscillations de troisième espèce* ont une période d'une demi-journée environ.

Les formules permettent de calculer séparément chacune de ces oscillations et de déterminer la part de chaque astre attirant. On trouve l'oscillation totale en *composant* les oscillations partielles ainsi obtenues.

Nous nous bornerons ici à donner la théorie élémentaire des marées, et l'indication sommaire des principaux résultats auxquels l'observation a conduit.

Nous avons remarqué (III, § 226) que le phénomène des marées s'explique par les oscillations périodiques que subissent les verticales autour de leur position moyenne. Nous allons reprendre ce principe

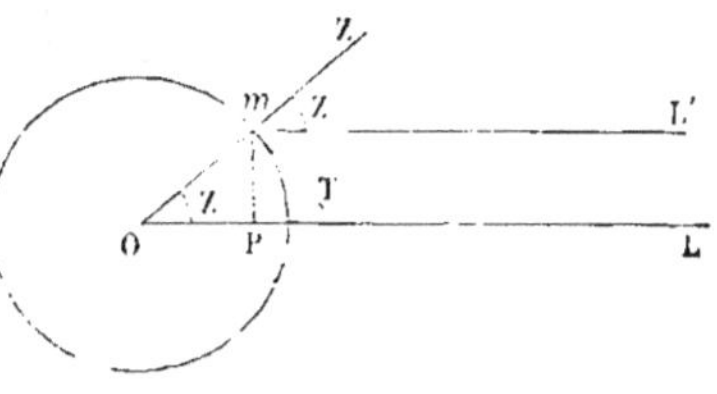

Fig. 78.

pour le soumettre au calcul. Pour simplifier, nous supposerons la terre rigoureusement sphérique et homogène.

Soit O son centre. Cherchons la déviation produite sur la direction de la verticale en un point $m$ de sa surface, par l'attraction d'un corps L, situé à une grande distance R dans la direction OL. Appelons $\rho$ la distance $mL'$ du corps L au point $m$. Les distances R et $\rho$ sont assez grandes pour qu'on puisse regarder les droites $mL'$ et $mL$ comme parallèles. Joignons O$m$ ; le prolongement $mZ$ de cette droite sera la verticale du point $m$, abstraction faite des oscillations produites par la présence du corps attirant. Or si l'on appelle M la masse de ce corps, l'attraction exercée sur le globe terrestre est une force dirigée suivant OL, et qui imprime au centre du globe une accélération égale à $\dfrac{fM}{R^2}$. L'accélération imprimée au point $m$ par l'attraction du même astre est $\dfrac{fM}{\rho^2}$, et l'accélération relative, qui produit la déviation par rapport au globe supposé fixe, est égale à la différence

$$fM\left(\frac{1}{\rho^2} - \frac{1}{R^2}\right).$$

Soit Z l'angle $ZmL' = ZOL$, angle zénithal de l'astre L par rapport à la verticale moyenne. Projetons le point $m$ en P sur la droite OL; nous aurons

$$\rho = R - OP = R - r\cos Z,$$

$r$ étant le rayon de la sphère terrestre. Donc

$$\frac{1}{\rho} = \frac{1}{R - r\cos Z} = \frac{1}{R}\,\frac{1}{\left(1 - \frac{r}{R}\cos Z\right)} = \frac{1}{R}\left(1 + \frac{r}{R}\cos Z\right),$$

en négligeant dans le développement du quotient les termes affectés des puissances du rapport $\dfrac{r}{R}$, qui est toujours très petit.

Élevons au carré, et négligeons de même le terme qui contient le carré $\dfrac{r^2}{R^2}$, il viendra

$$\frac{1}{\rho^2} = \frac{1}{R^2}\left(1 + \frac{2r}{R}\cos Z\right) = \frac{1}{R^2} + \frac{2r}{R^3}\cos Z,$$

enfin

$$\frac{1}{\rho^2} - \frac{1}{R^2} = \frac{2r}{R^3}\cos Z.$$

L'accélération apparente due à l'attraction du corps L est donc égale à

$$\frac{2fMr}{R^3}\cos Z.$$

Nous pouvons la décomposer suivant la direction $mZ$ normale, et la direction $mT$, tangente à la surface terrestre menée au point $m$ dans le plan vertical $ZML'$ qui contient le corps attirant. La composante suivant $mZ$ sera égale à

$$\frac{2fMr}{R^3}\cos^2 Z,$$

et la composante suivant $mT$ égale à

$$\frac{2f\mathrm{M}r}{\mathrm{R}^5}\cos Z \sin Z = \frac{f\mathrm{M}r}{\mathrm{R}^5}\sin 2Z.$$

La première se retranche de l'accélération $g$ due à la pesanteur, et comme elle est toujours très petite par rapport à $g$ à cause de la petitesse du coefficient $\frac{f\mathrm{M}r}{\mathrm{R}^5}$, on peut la négliger sans erreur sensible. La seconde, qui est du même ordre de grandeur, produit la déviation cherchée.

Si l'on appelle $\alpha$ l'angle très petit dont l'attraction de l'astre L déplace la direction de la verticale dans l'azimut de l'astre attirant, cet angle $\alpha$ sera donné par l'équation

$$\tan g\alpha, \quad \text{ou plus simplement} \quad \alpha = \frac{\dfrac{f\mathrm{M}r}{\mathrm{R}^5}\sin 2Z}{g}.$$

On voit que l'angle $\alpha$ est nul quand $\sin 2Z = 0$, c'est-à-dire quand $Z$ est égal à $0$, à $90°$ ou à $180°$, c'est-à-dire quand l'astre attirant est à l'horizon, au zénith ou au nadir. Il est maximum en valeur absolue pour $Z = 45°$ ou $135°$.

105. Ce calcul, qui suppose la terre sphérique, s'applique encore approximativement au sphéroïde terrestre ; la verticale moyenne en un point donné de la surface terrestre est la direction de la résultante de deux forces, savoir : l'attraction du globe sur ce point et la force centrifuge ; $g$ est l'accélération correspondante ; l'attraction de la lune produit, dans le plan vertical qui passe par le centre de cet astre, une déviation très petite $\alpha$, donnée par la formule

$$\alpha = \frac{f\mathrm{L}r\sin 2Z}{g\mathrm{R}^5},$$

où L représente la masse de la lune, R sa distance actuelle au centre de la terre, et $Z$ sa distance zénithale. Le soleil produit en même temps sur la verticale une déviation $\alpha'$, dirigée dans le plan vertical qui contient son centre, et donnée par l'équation

$$\alpha' = \frac{f\mathrm{S}r\sin 2Z'}{g\mathrm{R}'^5},$$

où S est la masse du soleil, $Z'$ sa distance zénithale, et $R'$ la distance de son centre au centre de la terre. Ces deux déviations se composent en une seule, et donnent la direction définitive de la verticale. Dans ces formules $r$ représente le rayon moyen de la terre. Quant à l'accélération $g$, sa valeur n'est pas sensiblement altérée par les actions des astres.

104. Nous pouvons déterminer d'après ces principes la figure que tend à prendre la surface de la mer par suite de l'attraction d'un astre L en par-

ticulier. Pour cela, nous supposerons encore que la forme naturelle de la terre soit rigoureusement sphérique, et que la pesanteur $g$ soit la même en tous ses points ; nous admettrons de plus que la déformation subie par la surface soit assez petite pour ne pas altérer sensiblement les forces, de telle sorte qu'on puisse les calculer par une méthode de fausse position, en cherchant leurs valeurs dans l'état primitif où la déformation n'aurait pas lieu.

Les forces qui agissent sur un point M sont : la pesanteur $g$ suivant la verticale moyenne MO, et l'attraction relative de l'astre L suivant ML ; l'accélération correspondante à cette dernière force est $\dfrac{2f\mathrm{M}r}{\mathrm{R}^3}\cos Z$.

La pesanteur $g$ se décompose parallèlement aux axes rectangulaires OX, OY, dont l'un, OX, est dirigé vers le centre de l'astre L ; on a suivant l'axe OX, $-g\cos Z$, et suivant l'axe OY, $-g\sin Z$.

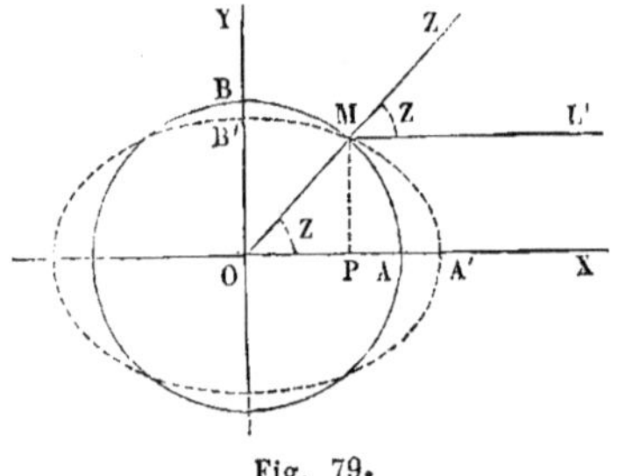

Fig. 79.

Appelant X et Y les composantes de la force totale qui agit sur le point M, nous aurons

$$X = -g\cos Z + \frac{2f\mathrm{M}r}{\mathrm{R}^3}\cos Z,$$
$$Y = -g\sin Z.$$

Dans ces expressions, nous remplacerons $\cos Z$ et $\sin Z$ par les rapports $\dfrac{\mathrm{OP}}{\mathrm{OM}}$, $\dfrac{\mathrm{MP}}{\mathrm{OM}}$, ou par $\dfrac{x}{r}$ et par $\dfrac{y}{r}$, ce qui donnera

$$X = -\frac{gx}{r} + \frac{2f\mathrm{M}}{\mathrm{R}^3}\,x,$$
$$Y = -\frac{gy}{r}$$

L'équation de la méridienne altérée, qui doit couper à angle droit les résultantes des forces X et Y, est

$$X\,dx + Y\,dy = 0,$$

ou bien

$$\frac{g\,(x\,dx + y\,dy)}{r} = \frac{2f\mathrm{M}}{\mathrm{R}^3}\,x\,dx.$$

Cette équation est intégrable, puisque $r$ représente la valeur constante du rayon moyen de la terre. Il vient, en désignant par C une constante,

$$\frac{g}{r}\,(x^2 + y^2) = \frac{2f\mathrm{M}}{\mathrm{R}^3}\,x^2 + C,$$

ou bien

$$\frac{g}{r}\,y^2 + \left(\frac{g}{r} - \frac{2fM}{R^3}\right) x^2 = C,$$

équation d'une ellipse qui a pour demi-axes $OA' = \sqrt{\dfrac{C}{\dfrac{g}{r} - \dfrac{2fM}{R^3}}}$ et

$OB' = \sqrt{\dfrac{Cr}{g}}$.

La constante $C$ se déterminera en exprimant que le sphéroïde déformé a le même volume que la sphère primitive, ce qui donnera l'équation

$$\frac{Cr}{g} \times \sqrt{\frac{C}{\dfrac{g}{r} - \dfrac{2fM}{R^3}}} = r^3,$$

ou bien

$$C^{\frac{3}{2}} = gr^2 \sqrt{\frac{g}{r} - \frac{2fM}{R^3}} = \sqrt{g^3 r^3 - \frac{2fM g^2 r^4}{R^3}}.$$

Élevant les deux membres à la puissance $\dfrac{2}{3}$, il vient

$$C = \left(g^3 r^3 - \frac{2fM g^2 r^4}{R^3}\right)^{\frac{1}{3}} = gr\left(1 - \frac{2fMr}{gR^3}\right)^{\frac{1}{3}}$$
$$= \text{approximativement } gr\left(1 - \frac{2}{3}\frac{fMr}{gR^3}\right).$$

Il en résulte, au même degré d'approximation,

$$OB' = \sqrt{\frac{Cr}{g}} = r\left(1 - \frac{1}{3}\frac{fMr}{gR^3}\right),$$

$$OA' = \sqrt{\frac{C}{\dfrac{g}{r} - \dfrac{2fM}{R^3}}} = \sqrt{\frac{gr\left(1 - \dfrac{2}{3}\dfrac{fMr}{gR^3}\right)}{\dfrac{g}{r}\left(1 - \dfrac{2fMr}{gR^3}\right)}} = r\sqrt{1 + \frac{4}{3}\frac{fMr}{gR^3}}$$
$$= r\left(1 + \frac{2}{3}\frac{fMr}{gR^3}\right).$$

Le demi-axe dirigé vers l'astre attirant surpasse donc le demi-axe perpendiculaire de la quantité $\dfrac{fMr^2}{gR^3}$; la *montée maximum*, $\dfrac{2}{3}\dfrac{fMr^2}{gR^3}$, est double de la *descente maximum*, $\dfrac{1}{3}\dfrac{fMr^2}{gR^3}$.

105. Cette recherche n'a qu'un intérêt théorique. Elle fait connaître les altérations subies par les surfaces de niveau assujetties à couper à angle droit toutes les verticales. Mais l'équilibre n'existant pas, rien ne prouve que la surface de la mer coïncide à chaque instant avec la surface de niveau qui correspond à la distribution des forces à ce même instant. Le problème est en réalité beaucoup plus complexe.

Les mouvements du soleil et de la lune étant bien connus, on pourra déterminer pour un instant quelconque et pour un lieu donné du globe les distances zénithales $Z$ et $Z'$ des deux astres, et les distances $R$ et $R'$ de leurs centres au centre de la terre; on pourra ensuite décomposer les forces horizontales $\dfrac{fMr}{R^3} \sin 2Z$, correspondantes à chaque astre, en deux composantes suivant les directions du méridien et du parallèle. Les forces que l'on obtiendra subiront d'instant en instant des variations correspondantes aux variations des angles $Z$ et $Z'$; la portion principale de ces variations sera due au mouvement diurne de la terre. La hauteur de la mer est réglée par les valeurs successives de ces forces, qui sont sensiblement périodiques pendant la durée d'une demi-journée; or on peut admettre avec Laplace comme un principe général, que lorsque les forces sont périodiques, « l'état d'un système de corps dans lequel les conditions primitives du mouvement ont disparu par les résistances qu'il éprouve, est périodique comme les forces qui l'animent. » Ce principe permet d'éliminer toutes les circonstances initiales et toutes les perturbations accidentelles qui compliqueraient singulièrement le problème des mouvements de la mer. A ce point de vue, l'état de hauteur de la mer est assujetti à des oscillations sensiblement périodiques, dont la durée est d'environ une demi-journée. En réalité, la période est un peu plus longue, à cause des mouvements propres des astres attirants, et les périodes successives ne sont pas toutes égales à cause de la variation des distances angulaires du soleil et de

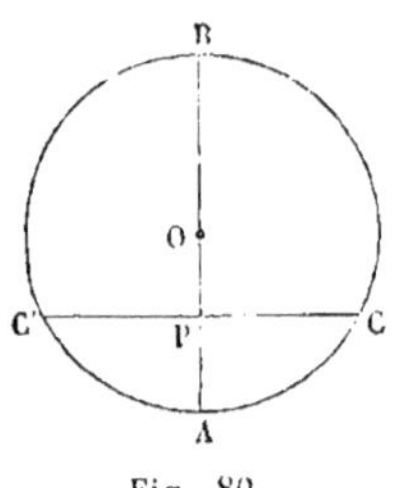

Fig. 80.

la lune. La loi de montée et de descente de la mer dans une période en particulier est très variable d'un point à l'autre; mais on peut admettre comme règle générale qu'elle suit la loi des oscillations simples d'un point attiré par un centre fixe proportionnellement à sa distance à ce centre. Soit A le niveau de la basse mer, B le niveau de la mer haute, $AB = h$ l'amplitude totale de l'oscillation. Du point O, milieu de AB, comme centre avec $\dfrac{h}{2}$ pour rayon, décrivons un cercle, et imaginons qu'un point mobile C parcoure ce cercle dans un sens ou dans l'autre avec une vitesse uniforme, de manière à passer en A à l'instant de la basse mer, et en B à l'instant de la mer haute. On admettra que le niveau de la mer coïncide à chaque instant avec la hauteur du point C. Si donc $t'$ est l'heure de la mer basse, $t''$ l'heure de la mer haute, ces deux heures étant exprimées en secondes, la montée $AP = x$ de la mer à l'instant $t$ s'obtiendra par l'équation

$$x = \frac{h}{2}\left[1 - \cos \frac{\pi}{t'' - t'} \times (t - t')\right].$$

106. La loi exacte est beaucoup plus compliquée, et ne peut, pour certains points du globe, s'exprimer que par une somme de plusieurs termes de périodes différentes : l'observation seule permet de les découvrir pour chaque port en particulier. Voici, du reste, un résumé des principales lois générales du phénomène.

1° La hauteur de la mer se règle principalement sur la hauteur de la lune, à cause de la plus grande proximité de cet astre ; mais l'observation montre qu'il y a un retard de 36 heures environ entre l'état de la mer et la position de la lune qui correspond à cet état ; ce retard est dû à l'inertie de la mer, qui ne peut prendre instantanément la forme d'équilibre correspondante à une position donnée de la lune.

2° Les marées sont peu sensibles sur les mers fermées, telles que la Méditerranée [1] et la Baltique ; elles sont tout à fait insensibles sur les mers de petite étendue, comme la Caspienne ; elles ont une faible amplitude en pleine mer, et notamment dans l'Océan Pacifique, où l'intumescence produite par l'attraction du soleil et de la lune se propage avec une extrême facilité à la surface des eaux. Le phénomène est extrêmement sensible au contraire sur les côtes de l'Océan, surtout sur celles qui font obstacle à la propagation du flot. Ainsi l'amplitude de la marée, qui s'élève à 6 mètres sur les côtes de Saintonge et de Bretagne, atteint 14 mètres dans la baie du Mont-Saint-Michel, 8 mètres sur les côtes de Normandie, et se trouve réduite à 2 mètres environ le long des côtes de la mer du Nord.

3° On a déterminé par l'observation pour chaque port deux constantes qui servent à calculer l'heure de la pleine mer pour un jour donné, et la hauteur probable de la marée. Ces constantes sont *l'établissement du port* et *l'unité de hauteur.*

L'établissement du port est le retard de la haute mer par rapport à l'instant du passage de la lune au méridien, ce retard étant constaté aux environs de l'équinoxe, et quand la lune est à une distance moyenne de la terre.

L'unité de hauteur est la moitié de l'amplitude totale de la marée à l'époque des syzygies équinoxiales, c'est-à-dire à l'époque la plus voisine des équinoxes où la lune est nouvelle ou pleine.

---

[1] Il y a exception dans la Méditerranée pour le fond de l'Adriatique et pour le golfe de la grande Syrte, où l'on observe un retour périodique de marées d'une faible amplitude.

On appelle *lignes cotidales* les lieux géométriques des points du globe terrestre qui ont la pleine mer au même instant.

4° La hauteur de la haute mer en un point donné, au-dessus du niveau moyen correspondant aux syzygies équinoxiales, dépend des distances du soleil et de la lune à la terre, et de leurs déclinaisons. Elle est donnée par la formule

$$z = H \times \left[ A \left( \frac{R_0}{R} \right)^3 \cos 2D + B \left( \frac{R'_0}{R'} \right)^3 \cos 2D' \right],$$

où H est l'unité de hauteur du port considéré;

R, la distance actuelle du soleil à la terre ;

$R_0$, la distance moyenne de ces deux corps ;

D la déclinaison actuelle du soleil ;

R′ la distance actuelle de la lune à la terre ;

$R'_0$ la distance moyenne de ces deux corps ;

D′ la déclinaison de la lune ;

et A et B deux constantes, savoir A = 0,80029 et B = 0,31211.

Cette formule se met sous la forme $z = Hm$, et le coefficient numérique $m$ varie de 0,68 à 1,17 ; le nombre de centièmes contenus dans ce coefficient exprime le *nombre de degrés de la marée*.

L'action du vent peut modifier notablement la hauteur ainsi calculée.

5° L'heure de la pleine mer pour un jour donné s'obtient en ajoutant à l'heure du passage de la lune au méridien du lieu l'établissement du port; mais le résultat doit être corrigé par l'addition d'un terme ω qui se calcule comme il suit. Soient, comme tout à l'heure, D et D′ les déclinaisons du soleil et de la lune, $\delta$ et $\delta'$ leurs diamètres apparents au jour donné, ou mieux 36 heures avant le passage de la lune au méridien du lieu; enfin, Æ et Æ′ les ascensions droites des deux astres à cette même époque : la correction ω s'exprime par la formule

$$\omega = \frac{1}{50} \arctan \left[ \frac{\sin 2(Æ - Æ')}{\dfrac{\delta'^3 \cos^2 D'}{\delta^3 \cos^2 D} \times 3,06 + \cos 2(Æ - Æ')} \right] - 19 \text{ minutes.}$$

Le retard de 36 heures que l'on observe dans les marées par rapport à la position du soleil et de la lune, indique une tendance au ralentissement dans le mouvement de rotation de notre globe. Si le renflement dû à la marée solaire était constamment dirigé vers le soleil, la résultante des attractions exercées par le soleil sur les molécules du sphéroïde déformé passerait toujours par le centre de la terre, et ne contribuerait pas à altérer sa vitesse angulaire. En réalité, les pôles du sphéroïde déformé étant toujours en retard par rapport au soleil, la résultante des attractions ne passe plus par le centre du globe, et donne naissance à un couple très faible qui tend à diminuer la vitesse de rotation. On peut comparer le bourrelet fluide

créé par la marée à un frein que le soleil promènerait sur la surface de
l'Océan dans le sens opposé au mouvement propre de la terre. M. Delaunay,
l'un des premiers qui aient étudié cette influence, évaluait à une seconde en
cent mille ans la diminution correspondante du jour moyen. Il faisait observer en même temps que cette diminution pouvait n'être pas indéfinie, et
qu'elle cesserait le jour où, le refroidissement complet du globe ayant
réduit à l'état solide la masse entière des eaux de l'Océan, la terre tournerait constamment vers le soleil la même face. On pense que c'est par un
effet semblable que la lune et les satellites présentent toujours la même
face à la planète autour de laquelle ils se meuvent.

QUELQUES IRRÉGULARITÉS DU PHÉNOMÈNE DES MARÉES.

107. M. l'amiral de Jonquières a rassemblé, dans une note insérée aux
Comptes rendus du 9 mars 1885, un certain nombre d'exceptions locales
à la loi des marées. Nous en extrayons les détails suivants.

Sur certains rivages, et notamment à Papeete, dans l'île de Tahiti, on
n'observe qu'une marée en vingt-quatre heures, au lieu des deux qu'on
constate partout ailleurs. L'influence lunaire disparait, et la pleine mer
revient chaque jour régulièrement à la même heure.

À Akaroa (presqu'île de Banks), au contraire, l'influence solaire semble
disparaitre, et la pleine mer arrive deux fois chaque jour, trois heures
environ après le passage de la lune au méridien de Paris.

Dans le golfe du Tonkin, sur la côte de Chine qui l'avoisine au nord, à
Manille et dans les ports des îles Philippines, la marée présente un caractère anormal; deux ou trois jours après que la lune a traversé l'équateur, on observe toutes les vingt-quatre heures deux pleines mers et
deux basses mers d'amplitude à peu près égales. Les jours suivants, l'un
des flots va en augmentant, l'autre en diminuant, et bientôt on ne
constate plus qu'une marée unique dans les vingt-quatre heures; cette
marée atteint son maximum d'amplitude lorsque la lune atteint sa plus
grande déclinaison.

La hauteur qu'atteint la marée présente aussi de très notables différences d'un rivage à l'autre. Très grande dans les estuaires dont les
côtes se resserrent graduellement, comme la Manche, la baie de Fundy,
le golfe de Corée, elle est presque nulle pour les îles de l'océan Pacifique;
elle ne dépasse pas une dénivellation totale de $3^m,75$ sur la côte ouest de
l'Amérique, du cap Horn au détroit de Behring, et cette dénivellation
maximum se réduit même à 2 mètres entre les tropiques. Sur la côte est,
au contraire, elle atteint 12 mètres vers le détroit de Magellan, et décroit
graduellement à mesure qu'on se rapproche de l'Équateur.

En résumé, la question des marées est encore très peu étudiée, surtout
au point de vue local.

# CHAPITRE IV

## EXTENSION DE LA THÉORIE DU POTENTIEL.

108. Étant donnés un système matériel et un point dont les coordonnées rectangles sont $\alpha$, $\beta$, $\gamma$, le *potentiel* du système par rapport au point est une fonction V des trois variables $\alpha$, $\beta$, $\gamma$, telle que les dérivées partielles $\dfrac{dV}{d\alpha}$, $\dfrac{dV}{d\beta}$, $\dfrac{dV}{d\gamma}$, représentent, à un facteur constant près, les valeurs des composantes de l'attraction exercée sur le point par le système. Nous avons vu l'usage de cette fonction pour résoudre certaines questions relatives à l'attraction des systèmes matériels ou à la forme des corps célestes. On l'emploie aussi très fréquemment dans la physique mathématique, notamment dans l'étude de la capillarité et des attractions magnétiques ou électriques.

La définition du potentiel peut être généralisée, et appropriée aux recherches de dynamique analytique. Reprenons l'équation des forces vives appliquée à un système matériel quelconque considéré dans deux positions distinctes. Nous aurons (III, § 171)

$$\sum \tfrac{1}{2} mv^2 - \sum \tfrac{1}{2} mv_0^2 = \int (Xdx + Ydy + Zdz + X'dx' + Y'dy' + Z'dz' + \ldots).$$

Dans cette équation, X, Y, Z représentent les composantes de la force totale qui sollicite le point $(x, y, z)$; X', Y', Z', les composantes de la force totale qui sollicite le point $(x', y', z')$, ... Supposons que les composantes X, Y, Z, X', ... soient exprimables en fonction des coordonnées $x, y, z, x', \ldots$, supposons de plus que la fonction placée sous le signe $\int$ dans le second membre soit la différentielle exacte d'une fonction $\Phi$ des variables $x, y, z, x', \ldots$ considérées comme indépendantes; on pourra poser (III, § 182)

$$\sum \tfrac{1}{2} mv^2 - \sum \tfrac{1}{2} mv_0^2 = \Phi(x, y, z, x', \ldots) - \Phi(x_0, y_0, z_0, x_0', \ldots).$$

et la fonction $\Phi$ aura par rapport aux composantes X, Y, Z, X', ... la même propriété que le potentiel relativement aux composantes de l'attraction. On a en effet, en différentiant, l'identité

$$\frac{d\Phi}{dx}\,dx + \frac{d\Phi}{dy}\,dy + \frac{d\Phi}{dz}\,dz + \frac{d\Phi}{dx'}\,dx' + \ldots = Xdx + Ydy + Zdz + X'dx' \ldots,$$

d'où l'on déduit, puisque $dx,\ dy,\ dz,\ \ldots$ sont des facteurs indéterminés,

$$X = \frac{d\Phi}{dx}, \quad Y = \frac{d\Phi}{dy}, \quad Z = \frac{d\Phi}{dz}, \quad X' = \frac{d\Phi}{dx'} \ldots$$

Connaissant la fonction $\Phi$, on en déduira les composantes de la force qui agit sur un point $(x,\ y,\ z)$ du système, en prenant les dérivées partielles de la fonction $\Phi$ par rapport aux coordonnées $x, y, z$ de ce point.

La fonction $\Phi$ s'appelle pour cette raison *fonction des forces*; quelques auteurs lui donnent par extension le nom de *potentiel*.

S'il n'y a qu'un point mobile, la fonction des forces égalées à une constante arbitraire définit la série des *surfaces de niveau* (III, § 46).

Tous les problèmes de la dynamique n'admettent pas une fonction des forces. Si parmi les forces on considère un frottement, par exemple, les composantes de ce frottement dépendent de la direction du mouvement de son point d'application, et leur expression analytique contiendra par conséquent en facteurs les cosinus $\dfrac{dx}{ds},\ \dfrac{dy}{ds},\ \dfrac{dz}{ds}$, des angles que cette direction fait avec les axes ; s'il y a des résistances de milieux, qui s'expriment en fonction des vitesses, les expressions analytiques des forces correspondantes contiendront certaines puissances de la vitesse $v$. Dans ces cas, les composantes X, Y, Z, ... n'étant plus des fonctions des coordonnées $x, y, z, \ldots$ l'intégration *a priori* de la fonction $(Xdx + ..)$ n'a plus aucun sens et la fonction des forces n'existe pas. Il en serait de même si $Xdx + Ydy + \ldots$ n'était pas une différentielle exacte, bien que X, Y, ... fussent des fonctions comme des coordonnées. Parfois cependant on trouve utile d'admettre une *fonction fictive des forces*, quoique cette fonction n'existe pas en réalité, et de représenter sous forme de dérivées partielles $\dfrac{d\Phi}{dx},\ \dfrac{d\Phi}{dy},\ \ldots$ les valeurs des composantes X, Y, Z, ... Ce n'est plus alors qu'une notation particulière, dont l'usage est légitime, pourvu qu'on n'en déduise aucune transformation supposant l'existence réelle d'une fonction $\Phi$.

Nous trouverons dans les livres suivants de nombreuses applications de la fonction des forces. Ici nous en montrerons l'usage, en reprenant avec plus de détails une théorie que nous avons esquissée (III, § 187) sur la *stabilité de l'équilibre d'un système à liaisons*.

### STABILITÉ DE L'ÉQUILIBRE D'UN SYSTÈME.

**109.** *Lorsque la fonction des forces existe,* 1° *le système mobile est en équilibre dans les positions qui font passer cette fonction par un maximum ou un minimum;* 2° *l'équilibre est stable dans les positions qui rendent cette fonction maximum.*

Soient

$$L = 0,$$
$$M = 0,$$
$$\cdots \cdots$$

les équations qui définissent les liaisons auxquelles le système est assujetti. On suppose que ces liaisons dépendent seulement des coordonnées $x$, $y$, $z$, ..., et ne contiennent ni le temps $t$, ni les vitesses, ni les angles des vitesses avec les axes.

La condition du maximum ou du minimum de la fonction $\Phi$ des forces est

$$d\Phi = 0.$$

Les différentielles $dx$, $dy$, $dz$, ... des variables qui entrent dans la fonction $\Phi$ doivent d'ailleurs satisfaire aux équations de condition

$$dL = 0,$$
$$dM = 0,$$
$$\cdots \cdots$$

Or ces équations sont celles que la statique donne à résoudre pour déterminer les positions d'équilibre du système; il suffit en effet de satisfaire à la fois aux équations

$$X\delta x + Y\delta y + Z\delta z + X'\delta x' + \ldots = 0,$$
$$\frac{dL}{dx}\delta x + \frac{dL}{dy}\delta y + \frac{dL}{dz}\delta z + \frac{dL}{dx'}\delta x' + \ldots = 0,$$
$$\frac{dM}{dx}\delta x + \frac{dM}{dy}\delta y + \frac{dM}{dz}\delta z + \frac{dM}{dx'}\delta x' + \ldots = 0,$$
$$\cdots \cdots \cdots \cdots \cdots \cdots \cdots$$

dont la première est l'équation du travail virtuel et exprime l'équilibre, et dont les suivantes expriment les conditions auxquelles les variations $\delta x$, $\delta y$, ... sont assujetties. On passe du second système au premier par un simple changement de notation qui consiste à remplacer les variations $\delta x$, $\delta y$, ... par les différentielles $dx$, $dy$, ... Les résultats des deux calculs sont donc identiques, puisqu'on les obtient par l'élimination des variations dans un cas, des différentielles dans l'autre, et la première partie du théorème est démontrée.

Venons à la seconde partie, relative à la *stabilité*.

Nous avons déjà vu (IV, § 119) comment une question de stabilité se traite au moyen de l'équation des forces vives. On s'explique facilement l'emploi de cette équation en considérant l'équilibre d'un point unique pesant, ou plus généralement d'un système pesant à liaisons. Si les liaisons du système sont telles que le centre de gravité, aux environs d'une position d'équilibre, ne puisse que s'élever, quel que soit le déplacement infiniment petit qu'on suppose imprimé au système, le travail de la pesanteur sera toujours négatif et tendra à réduire l'amplitude et les vitesses du déplacement considéré. La stabilité est donc assurée si la hauteur du centre de gravité, compté en montant à partir d'un plan horizontal inférieur, est minimum; or la fonction des forces est, dans le cas de la pesanteur, égale à $- \Sigma mgz$, ou à $- Mgz_1$, en appelant $z_1$ le $z$ du centre de gravité, et le minimum de $z_1$ correspond au maximum de $- Mgz_1$ (III, § 188).

Nous allons démontrer d'une manière générale que l'équilibre est stable quand $\Phi$ passe par un maximum.

Le maximum de $\Phi$ est défini en général par les deux conditions suivantes :

$$d\Phi = \frac{d\Phi}{dx}\,dx + \frac{d\Phi}{dy}\,dy + \ldots = 0$$

et

$$d^2\Phi < 0,$$

quelles que soient les différentielles $dx$, $dy$, ... La première condition est satisfaite dans la position d'équilibre.

Désignons par $\xi$, $\eta$, $\zeta$, ... des variations infiniment petites des coordonnées $x$, $y$, $z$, ... comptées à partir de la position d'équilibre. Nous pourrons remplacer $dx$ par $\xi$, $dy$ par $\eta$, $dz$ par $\zeta$, ... Formons la fonction $d^2\Phi$, en y faisant la même substitution. Il vient d'abord un polynome du second degré en $\xi$, $\eta$, $\zeta$, ...

$$d^2\Phi = P\xi^2 + Q\xi\eta + R\eta^2 + \ldots$$

Mais $\xi$, $\eta$, $\zeta$, ... ne sont pas des variables complétement indépendantes, car elles satisfont aux équations de liaisons. On devra d'abord réduire ces variables au moindre nombre possible, en chassant celles qui peuvent s'exprimer en fonction des autres. La condition du maximum de la fonction $\Phi$ sera, après ces diverses préparations, que $d^2\Phi$ puisse se mettre sous la forme d'une somme de termes négatifs, quels que soient les signes des variables qui y figurent. Appelons $s$, $s'$, $s''$, ... certaines fonctions linéaires de celles des variables $\xi$, $\eta$, $\zeta$, ... qui sont conservées dans $d^2\Phi$, ces fonctions $s$, $s'$, ... s'annulant avec les variables $\xi$, $\eta$, $\zeta$ ... Cela posé, on pourra en général, dans le cas du maximum, mettre $d^2\Phi$ sous la forme

$$d^2\Phi = - As^2 - A's'^2 - A''s''^2 - \ldots,$$

A, A′, A″, ... étant des *fonctions essentiellement positives* des coordonnées $x, y, z, ...$ qui définissent l'équilibre.

Imaginons qu'on amène le système dans une position infiniment voisine de la position d'équilibre, et soient $\xi_0, \eta_0, \zeta_0, ...$ les écarts correspondants projetés sur les axes; soit de même $v_0$ la vitesse infiniment petite imprimée à un point en particulier dans cette position du système. Appliquons le théorème des forces vives au mouvement qui succède à l'état initial ainsi défini. Il viendra

$$\sum \frac{1}{2} mv^2 - \sum \frac{1}{2} mv_0^2$$
$$= \Phi(x + \xi, y + \eta, z + \zeta, ...) - \Phi(x + \xi_0, y + \eta_0, z + \zeta_0, ...),$$

ou bien, en développant les fonctions $\Phi$ par la série de Taylor, et en observant que

$$\frac{d\Phi}{dx}\xi + \frac{d\Phi}{dy}\eta + ...,$$

aussi bien que

$$\frac{d\Phi}{dx}\xi_0 + \frac{d\Phi}{dy}\eta_0 + ...,$$

est nul à cause de l'équilibre, et que les fonctions $\Phi(x,y,z...) - \Phi(x,y,z...)$ se détruisent, on aura

$$\sum \frac{1}{2} mv^2 - \sum \frac{1}{2} mv_0^2 = - As^2 - A's'^2 - A''s''^2 - ...$$
$$+ As_0^2 + A's_0'^2 + A''s_0''^2 - ...;$$

$s_0, s'_0, s''_0, ...$ sont ce que deviennent les fonctions $s, s', s'', ...$ quand on y remplace $\xi$ par $\xi_0, ...$ Les autres termes de la série seraient infiniment plus petits en valeur absolue que ceux que nous avons écrits, et nous pouvons n'en pas tenir compte, car ils n'influent pas sur le signe de la série.

Posons

$$C = \sum \frac{1}{2} mv_0^2 + As_0^2 + A's_0'^2 + A''s_0''^2 + ...$$

La constante C sera une quantité infiniment petite positive, qui dépend des circonstances initiales. L'équation des forces vives devient alors

$$\sum \frac{1}{2} mv^2 = C - As^2 - A's'^2 - A''s''^2 - ...$$

Le premier membre étant toujours positif, le second l'est aussi, et par suite la somme des quantités positives

$$As^2 + A's'^2 + A''s''^2 + ...$$

est toujours au plus égale à la constante C. Donc $s, s', s'', ...$ ne peuvent croître au delà d'une certaine limite ; il en est par conséquent de même de $\xi$, $\eta$, $\zeta$, ... qui s'expriment linéairement en fonction de $s$, $s'$, $s''$, ...

Si donc la fonction $\Phi$ passe par un maximum, les écarts $\xi$, $\eta$, $\zeta$, ... à partir de la position d'équilibre sont essentiellement limités, et on peut supposer des écarts initiaux et des vitesses initiales assez petits pour qu'ils ne puissent dépasser ni même atteindre les limites correspondantes à

$$ s = \sqrt{\frac{C}{A}}, \quad s' = \sqrt{\frac{C}{A'}}, \quad s'' = \sqrt{\frac{C}{A''}} \cdots , $$

ce qui est la définition même de l'équilibre stable.

110. La démonstration ne suppose pas nécessairement l'emploi de la série de Taylor. Dire que $\Phi(x, y, z, ...)$ passe par un maximum dans la position d'équilibre, c'est dire qu'en prenant les variations $\xi$, $\eta$, $\zeta$, ... suffisamment petites en valeur absolue, la différence

$$ \Phi(x + \xi, y + \eta, z + \zeta \ldots) - \Phi(x, y, z, \ldots), $$

est négative. Cette différence dépend des valeurs particulières de $\xi$, $\eta$, $\zeta$, ... Représentons-la pour abréger par l'expression

$$ - \varphi(\xi, \eta, \zeta, \ldots) $$

en mettant le signe négatif en évidence.

L'équation des forces vives, appliquée au mouvement dont l'état initial est représenté par le système de valeurs $(\xi_0, \eta_0, \zeta_0, ... v_0, ...)$, prendra la forme

$$ \sum \tfrac{1}{2} m v^2 - \sum \tfrac{1}{2} m v_0^2 = \varphi(\xi_0, \eta_0, \zeta_0, \ldots) - \varphi(\xi, \eta, \zeta, \ldots), $$

ou bien

$$ \sum \tfrac{1}{2} m v^2 = C - \varphi(\xi, \eta, \zeta, \ldots), $$

et si la constante C est positive et infiniment petite, la fonction $\varphi(\xi, \eta, \zeta, ...)$ sera limitée à la valeur C au maximum, puisque $\Sigma \tfrac{1}{2} m v^2$ est toujours positif.

Mais la fonction $\varphi$ est nécessairement positive et croissante pour des valeurs des variables $\xi$, $\eta$, $\zeta$, ... à partir de la valeur 0, sans quoi $\Phi$ ne serait pas maximum dans la position $(x, y, z ...)$, et il en est ainsi tant que les variables $\xi$, $\eta$, $\zeta$, ... ne dépassent pas certaines limites $\xi_1$, $\eta_1$, $\zeta_1$, ... à partir desquelles la fonction $\Phi$ peut devenir décroissante. On peut admettre que les valeurs initiales $\xi_0$, $\eta_0$, $\zeta_0$, ... soient choisies au-dessous de ces limites. Alors C sera une quantité positive, qu'on pourra supposer aussi petite qu'on voudra en attribuant à $\xi_0$, $\eta_0$, $\zeta_0$, ... et à $v_0$ des valeurs absolues suffisamment petites. La fonction $\varphi(\xi, \eta, \zeta, ...)$, étant positive et moindre que la constante C, les variations $\xi$, $\eta$, $\zeta$, ... sont elles-mêmes limitées, en valeur absolue, à des maxima qu'on peut rendre aussi petits qu'on veut en disposant convenablement de la constante C.

111. M. Clausius a introduit dans le calcul une nouvelle espèce de fonction des forces, à laquelle il donne le nom de *viriel*, et qui s'exprime par la somme

$$\mathrm{X}x + \mathrm{Y}y + \mathrm{Z}z + \mathrm{X}'x' + \mathrm{Y}'y' + \mathrm{Z}'z' + \ldots$$

Chaque composante est multipliée par la coordonnée parallèle de son point d'application, et cette somme est étendue à toutes les forces qui sont appliquées au système que l'on considère.

Cette définition fait intervenir la position et la direction des axes coordonnés ; le viriel est donc relatif à un système d'axes particulier, et change avec le changement des axes. On pourrait modifier cette définition. M. Lucas, dans un mémoire sur la vibration des systèmes élastiques, a été conduit à considérer une autre fonction analogue au viriel, mais dans laquelle les coordonnées $x, y, z$, par lesquelles on multiplie respectivement les composantes X, Y, Z, sont remplacées par les projections sur les mêmes axes de l'écart du point mobile par rapport à la position d'équilibre autour de laquelle il oscille.

Pour montrer l'utilité de la considération du viriel, nous donnerons un théorème dû à M. Yvon Villarceau.

Les équations du mouvement d'un point unique de masse $m$ sont

$$m\frac{d^2 x}{dt^2} = \mathrm{X},$$

$$m\frac{d^2 y}{dt^2} = \mathrm{Y},$$

$$m\frac{d^2 z}{dt^2} = \mathrm{Z}.$$

Multiplions la première par $x$, la seconde par $y$, la troisième par $z$ et ajoutons. Il vient

$$(1) \qquad m\left( x\frac{d^2 x}{dt^2} + y\frac{d^2 y}{dt^2} + z\frac{d^2 z}{dt^2} \right) = \mathrm{X}x + \mathrm{Y}y + \mathrm{Z}z.$$

Transformons le premier membre de cette équation.

Soit $r$ la distance de l'origine O au point mobile. Nous aurons

$$r^2 = x^2 + y^2 + z^2.$$

Différentiant, on a

$$r\,dr = x\,dx + y\,dy + z\,dz,$$

et différentiant de nouveau, en prenant toujours le temps $t$ pour variable indépendante, et en divisant par $dt^2$,

$$(2) \quad \frac{d}{dt}\left(\frac{rdr}{dt}\right) = \frac{dx^2}{dt^2} + \frac{dy^2}{dt^2} + \frac{dz^2}{dt^2} + x\frac{d^2x}{dt^2} + y\frac{d^2y}{dt^2} + z\frac{d^2z}{dt^2}$$

$$= v^2 + x\frac{d^2x}{dt^2} + y\frac{d^2y}{dt^2} + z\frac{d^2z}{dt^2}.$$

Multiplions par $m$, et remplaçons dans (1) le premier membre par sa valeur déduite de (2); il vient l'équation

$$mv^2 = m\frac{d}{dt}\left(\frac{rdr}{dt}\right) - (Xx + Yy + Zz),$$

ou bien, en observant que $\dfrac{d}{dt}\left(\dfrac{rdr}{dt}\right) = \dfrac{d}{dt}\left[\dfrac{1}{2}\dfrac{d\left(r^2\right)}{dt}\right] = \dfrac{1}{2}\dfrac{d^2\left(r^2\right)}{dt}$,

$$(3) \quad mv^2 = \frac{m}{2}\frac{d^2\left(r^2\right)}{dt^2} - (Xx + Yy + Zz).$$

Cette équation étant écrite pour tous les points d'un système mobile, on aura un théorème applicable au mouvement de ce système en les ajoutant toutes ensemble; l'équation finale donnera la force vive totale en fonction du viriel et des quantités $m\,\dfrac{d^2\left(r^2\right)}{dt^2}$ :

$$(4) \quad \sum mv^2 = \frac{1}{2}\sum m\frac{d^2\left(r^2\right)}{dt^2} - \sum(Xx + Yy + Zz).$$

Le viriel, pour un point M en particulier, est le produit de la force P qui sollicite ce point par la distance $r$ du point à l'origine et par le cosinus de l'angle formé par la direction de la force MP avec le prolongement du rayon OM qui joint le point M à l'origine.

En effet,

$$Xx + Yy + Zz = \left(\frac{X}{P}\frac{x}{r} + \frac{Y}{P}\frac{y}{r} + \frac{Z}{P}\frac{z}{r}\right)Pr = Pr\cos(P, r).$$

C'est le travail que produirait la force P, agissant toujours parallèlement à elle-même, si son point d'application était transporté du point O au point M.

Lorsque les points mobiles exercent les uns sur les autres des actions mutuelles proportionnelles à leurs masses et à une fonction de leur distance, la portion du viriel afférente aux forces intérieures peut s'exprimer d'une manière très élégante.

Soient $m$, $m'$ les masses de deux points M, M′, dont les coordonnées sont $x$, $y$, $z$ pour le premier, $x'$, $y'$, $z'$ pour le second; soit $\rho$ leur distance MM′.

Le produit $fmm'\varphi(\rho)$ représentera la force mutuelle F subie par les deux points dans les directions MM', M'M. Le viriel correspondant sera le travail de la force F agissant dans le sens MM' quand son point d'application reçoit le déplacement NM, augmenté du travail de la seconde force F agissant dans le sens M'M, quand son point d'application reçoit le déplacement OM'. La somme de ces deux quantités de travail sera le produit de la force F par la distance MM', ou enfin par $\rho$. Le viriel correspondant est donc exprimé par $fmm'\varphi(\rho)\rho$.

S'il n'y a dans le système que des forces intérieures, exprimables en fonction des masses et des distances, l'équation de M. Yvon Villarceau deviendra donc

$$(5) \qquad \sum mv^2 = \frac{1}{2}\sum m\,\frac{d^2(r^2)}{dt^2} - \sum fmm'\varphi(\rho)\times\rho.$$

Sous cette forme, le théorème s'applique aux mouvements vibratoires d'un système élastique.

DÉFINITIONS ET NOTATIONS DE LAMÉ.

112. Lamé a introduit, dans ses recherches de physique mathématique, es définitions suivantes, qui ont été généralement adoptées par les analystes.

Soit F une fonction des coordonnées rectangles, $x$, $y$, $z$, d'un point dans l'espace. Lamé appelle *paramètre différentiel du premier ordre* de la fonction F l'expression

$$\sqrt{\left(\frac{dF}{dx}\right)^2 + \left(\frac{dF}{dy}\right)^2 + \left(\frac{dF}{dz}\right)^2},$$

ou la racine carrée de la somme des carrés des dérivées partielles du premier ordre, et *paramètre différentiel du second ordre* de la même fonction l'expression

$$\frac{d^2F}{dx^2} + \frac{d^2F}{dy^2} + \frac{d^2F}{dz^2},$$

ou la somme des dérivées partielles du second ordre, prises chacune deux fois par rapport à la même variable.

Il est facile de s'assurer qu'un changement de coordonnées, opéré en conservant les axes rectangulaires, n'altère pas les paramètres du premier et du second ordre d'une fonction quelconque.

Nous pouvons regarder, en effet, la fonction F comme une *fonction des forces*, définissant, pour chaque point $(x, y, z)$ de l'espace, les composantes $\frac{dF}{dx}$, $\frac{dF}{dy}$, $\frac{dF}{dz}$, parallèles aux axes, de la force qui correspond à ce point. Le système de forces se trouve parfaitement défini pour tous les points, et un changement d'axes quelconque n'aura sur ce système aucune influence. Or le paramètre différentiel du premier ordre

$$\sqrt{\left(\frac{dF}{dx}\right)^2 + \left(\frac{dF}{dy}\right)^2 + \left(\frac{dF}{dz}\right)^2}$$

exprime, en coordonnées rectangles, la force totale qui est appliquée au point $(x, y, z)$; il ne change donc pas par un changement de l'origine et de l'orientation des axes, pourvu qu'ils continuent à être rectangulaires, puisqu'il représente une quantité absolue, indépendante des axes auxquels on la rapporte. La même propriété appartient au paramètre différentiel du second ordre, et a été démontrée plus haut (§ 59).

Lamé a proposé de représenter le paramètre du premier ordre de la fonction F par la notation $\Delta^1 F$, et le paramètre du second ordre par la notation $\Delta^2 F$. L'emploi des exposants dans ce cas a un inconvénient. Car il semblerait que l'opération $\Delta^2 F$ est le résultat de la répétition de l'opération $\Delta^1 F$. On n'a pas cependant $\Delta^2 F = \Delta^1 (\Delta^1 F)$. Bien qu'il suffise d'être prévenu que la notation ne se prête pas à l'algorithme ordinaire des exposants, certains auteurs préfèrent substituer, pour éviter toute confusion, les indices aux exposants, et écrire $\Delta_1 F$, $\Delta_2 F$.

L'équation

$$\Delta^2(F) = 0$$

revient à l'équation

$$\frac{d^2F}{dx^2} + \frac{d^2F}{dy^2} + \frac{d^2F}{dz^2} = 0,$$

que nous avons déjà rencontrée en hydrodynamique (IV, § 125). On y satisfait en égalant F à un *potentiel de l'attraction newtonienne*, ce que Lamé appelle un *potentiel inverse*, parce que le radical s'y trouve en dénominateur, ou *potentiel de première espèce*, par analogie avec les intégrales elliptiques, c'est-à-dire en posant l'équation

$$F = \int\int\int \frac{f(\alpha, \beta, \gamma)}{\sqrt{(x-\alpha)^2 + (y-\beta)^2 + (z-\gamma)^2}}\, d\alpha\, d\beta\, d\gamma;$$

$f(\alpha, \beta, \gamma)$ représente dans cette intégrale triple une fonction arbitraire des coordonnées $\alpha, \beta, \gamma$ d'un point d'un système matériel quelconque, cette fonction est la *densité*, ou *masse spécifique*, du système en ce point $\alpha$, $\beta$, $\gamma$. Les intégrations s'étendent à tous les éléments dans lesquels le système se décompose. On reconnaît la solution donnée en hydrodynamique (IV, § 127).

De même l'équation

$$\Delta \left( \Delta^{2} \varphi \right) = 0,$$

par laquelle on indique que le paramètre différentiel du second ordre du paramètre du second ordre de la fonction cherchée $\varphi$ est constamment nul, revient à l'équation développée

$$\frac{d^4\varphi}{dx^4} + \frac{d^4\varphi}{dy^4} + \frac{d^4\varphi}{dz^4} + 2\frac{d^4\varphi}{dx^2dy^2} + 2\frac{d^4\varphi}{dx^2dz^2} + 2\frac{d^4\varphi}{dy^2dz^2} = 0,$$

et admet pour solution l'intégrale triple

$$\varphi = \int \int \int f(\alpha,\beta,\gamma) \sqrt{(x-\alpha)^2 + (y-\beta)^2 + (z-\gamma)^2}\, d\alpha\, d\beta\, d\gamma,$$

qu'on peut nommer avec Lamé *potentiel direct*, ou *potentiel de seconde espèce*, d'après les mêmes analogies.

Comme applications des notions précédentes et des fonctions qu'on vient de définir, on peut consulter un mémoire de M. J. Boussinesq, professeur à la faculté des sciences de Lille, intitulé : *Application des potentiels à l'étude de l'équilibre et du mouvement des solides élastiques* (Paris, Gauthier-Villars, 1885).

### FORCE VIVE D'UN SYSTÈME DE CORPS SOLIDES, QUAND ON TIENT COMPTE DES MOUVEMENTS VIBRATOIRES.

113. Étant donné un système de corps solides, on pourra toujours isoler chacun de ces corps, en introduisant les forces qui se développent au contact des uns et des autres. Ces forces, intérieures et mutuelles lorsqu'on considère le système entier, deviennent des forces extérieures relativement à chaque corps en particulier.

Occupons-nous spécialement d'un des corps solides, que nous appellerons le corps A. On suppose ce corps soumis à des vibrations, qui font osciller ses molécules autour de leurs *positions moyennes*. La position moyenne du corps, à un instant donné, s'obtiendra en supposant que le corps se solidifie, qu'il conserve sa forme géométrique, et qu'on le dépouille de tout mouvement vibratoire. Cela revient à décomposer le mouvement de chaque molécule en deux parties : l'une, comprenant le mouvement dû au déplacement géométrique du solide A, l'autre aux déplacements propres de chaque molécule par rapport aux positions que ce déplacement géométrique lui fait prendre. On conçoit donc ce qu'on entend par le *mouvement moyen* du corps, qui n'est autre que le mouvement qu'aurait le corps s'il était réduit à la solidité géométrique, et par le *mouvement vibratoire*, qui complète le mouvement moyen. Cette décomposition est analogue à celle qu'on opère dans la dynamique du système matériel, quand on considère à part le mouvement du centre de gravité, et le mouvement par rapport à des axes de direction constante, menés par le centre de gravité.

Nous allons chercher comment se décompose la force vive du corps A, lorsqu'on partage ainsi son mouvement en deux, mouvement vibratoire et mouvement moyen.

114. Considérons un point matériel M du corps A; soit $m$ sa masse, $v$ sa vitesse à un instant donné, $x$, $y$, $z$ ses coordonnées, exprimées en fonction du temps, dans le *mouvement total*. Le même point a dans le *mouvement moyen* une vitesse $v_0$, et des coordonnées $x_0$, $y_0$, $z_0$, qui satisfont d'un point à l'autre aux conditions de la solidité géométrique.

Le mouvement vibratoire sera défini par des coordonnées $\xi$, $\eta$, $\zeta$, rapportées pour chaque point à des axes parallèles aux axes fixes; elles sont très petites en valeur absolue, et sont alternativement positives et négatives, puisque les vibrations du point M s'opèrent autour de sa position moyenne.

On aura entre ces diverses coordonnées les relations

$$\begin{cases} x = x_0 + \xi, \\ y = y_0 + \eta, \\ z = z_0 + \zeta. \end{cases}$$

Nous exprimerons que les coordonnées $x_0$, $y_0$, $z_0$ sont celles de la position moyenne, en appliquant la remarque suivante : *le mouvement vibratoire du système A ne change rien, ni à la position du centre de gravité, ni à la somme des moments des quantités de mouvement par rapport à des axes de direction constante.* Cela revient à dire que le mouvement moyen est entièrement dû au jeu des forces extérieures, qui ne subissent aucune altération sensible par l'effet des vibrations, et conservent les mêmes composantes et les mêmes moments par rapport aux axes.

On aura donc à la fois les six équations, en étendant les sommes à tous les points matériels du corps A,

$$(2) \quad \begin{cases} \sum mx = \sum mx_0, \\ \sum my = \sum my_0, \\ \sum mz = \sum mz_0. \end{cases}$$

$$(3) \quad \begin{cases} \sum m\left(\dfrac{dz}{dt}y - \dfrac{dy}{dt}z\right) = \sum m\left(\dfrac{dz_0}{dt}y_0 - \dfrac{dy_0}{dt}z_0\right), \\ \sum m\left(\dfrac{dx}{dt}z - \dfrac{dz}{dt}x\right) = \sum m\left(\dfrac{dx_0}{dt}z_0 - \dfrac{dz_0}{dt}x_0\right), \\ \sum m\left(\dfrac{dy}{dt}x - \dfrac{dx}{dt}y\right) = \sum m\left(\dfrac{dy_0}{dt}x_0 - \dfrac{dx_0}{dt}y_0\right). \end{cases}$$

Les trois premières équations donnent

$$(4) \quad \begin{cases} \sum m\xi = 0, \\ \sum m\eta = 0, \\ \sum m\zeta = 0, \end{cases} \quad \text{et par suite} \quad (5) \quad \begin{cases} \sum m\dfrac{d\xi}{dt} = 0, \\ \sum m\dfrac{d\eta}{dt} = 0, \\ \sum m\dfrac{d\zeta}{dt} = 0. \end{cases}$$

Quant aux trois suivantes, observons que la vitesse totale $v$ de la molécule $m$ a pour composantes la vitesse $v_0$ du mouvement moyen, et la vitesse $u$ du mouvement vibratoire, de sorte que, si l'on prend par rapport à un axe quelconque les moments de ces trois vitesses appliquées au point M, et qu'on multiplie par la masse, on aura

$$\mathrm{M}(mv) = \mathrm{M}(mv_0) + \mathrm{M}(mu),$$

et par suite, faisant la somme de toutes ces équations appliquées à tous les points, on aura aussi

$$(6) \quad \sum \mathrm{M}(mv) = \sum \mathrm{M}(mv_0) + \sum \mathrm{M}(mu).$$

Les équations (3) font voir qu'on a

$$\sum \mathrm{M}(mv) = \sum \mathrm{M}(mv_0)$$

par rapport à chacun des trois axes coordonnés. Donc enfin

$$(7) \quad \begin{cases} \sum \mathrm{M}_{0x}(mu) = 0, \\ \sum \mathrm{M}_{0y}(mu) = 0, \\ \sum \mathrm{M}_{0z}(mu) = 0. \end{cases}$$

Des équations (7) et des équations (5) on déduit que *les quantités de mouvement du mouvement vibratoire, considérées comme des forces appliquées au solide géométrique* A, *se font à chaque instant équilibre.*

115. Cette proposition va nous servir à opérer la décomposition de la force vive.

Des équations (1) on tire en différentiant

$$\frac{dx}{dt} = \frac{dx_0}{dt} + \frac{d\xi}{dt},$$

$$\frac{dy}{dt} = \frac{dy_0}{dt} + \frac{d\eta}{dt},$$

$$\frac{dz}{dt} = \frac{dz_0}{dt} + \frac{d\zeta}{dt}.$$

Élevant au carré et ajoutant, puis multipliant par $m$, et faisant la somme étendue à toutes les molécules du système A, il vient

$$\sum m \left[ \left(\frac{dx}{dt}\right)^2 + \left(\frac{dy}{dt}\right)^2 + \left(\frac{dz}{dt}\right)^2 \right] = \sum m \left[ \left(\frac{dx_0}{dt}\right)^2 + \left(\frac{dy_0}{dt}\right)^2 + \left(\frac{dz_0}{dt}\right)^2 \right]$$

$$+ \sum m \left[ \left(\frac{d\xi}{dt}\right)^2 + \left(\frac{d\eta}{dt}\right)^2 + \left(\frac{d\zeta}{dt}\right)^2 \right]$$

$$+ 2 \sum m \left[ \frac{d\xi}{dt}\frac{dx_0}{dt} + \frac{dy}{d\eta}\frac{dy_0}{dt} + \frac{dz}{dt}\frac{dz_0}{dt} \right].$$

Le premier membre de cette équation est la *force vive totale* $\sum mv^2$.

La première ligne du second membre est la force vive $\sum mv_0^2$ du solide dans le *mouvement moyen*.

La seconde ligne est la force vive $\sum mu^2$ due au *mouvement vibratoire* considéré seul.

La troisième ligne se réduit identiquement à zéro, en vertu de la proposition qu'on vient d'établir.

Considérons en effet la somme

$$m\frac{d\xi}{dt}dx_0 + m\frac{d\eta}{dt}dy_0 + m\frac{d\zeta}{dt}dz_0.$$

Elle représente le travail d'une force dont les composantes sont $m\frac{d\xi}{dt}, m\frac{d\eta}{dt}, m\frac{d\zeta}{dt}$ lorsque son point d'application reçoit un déplacement dont les projections sur les axes sont $dx_0$, $dy_0$, $dz_0$. Elle exprime donc le travail de la quantité de mouvement appliquée à la molécule M, quand le solide reçoit le déplacement infiniment petit qui est dû à son mouvement moyen. L'ensemble des quantités de mouvement vibratoires se faisant équilibre, la somme de tous leurs travaux élémentaires est nulle et l'on a par conséquent

$$\sum \left( m\,\frac{d\xi}{dt}\,dx_0 + m\,\frac{d\eta}{dt}\,dy_0 + m\,\frac{d\zeta_0}{dt}\,dz_0 \right)$$
$$= dt \sum m\left[ \frac{d\xi}{dt}\frac{dx_0}{dt} + \frac{d\eta}{dt}\frac{dy_0}{dt} + \frac{d\zeta}{dt}\frac{dz_0}{dt} \right] = 0.$$

On en déduit l'égalité

8) $$\sum mv^2 = \sum mv_0^2 + \sum mu^2,$$

égalité de même forme que celle qu'on a démontrée pour la décomposition de la force vive en deux parts, quand on rapporte le mouvement d'un système à des axes de direction constante menés par le centre de gravité.

*La force vive totale est la somme de la force vive dans le mouvement moyen et de la force vive vibratoire.*

En général, le terme $\sum mu^2$ est assez petit pour qu'on puisse le négliger sans erreur appréciable; ou bien il conserve une valeur sensiblement constante, et disparaît dans la différence des forces vives, prises à deux époques déterminées.

116. Occupons-nous actuellement du travail des forces. Les forces extérieures figurent seules dans les équations des quantités de mouvement projetées et des moments de ces quantités; la substitution du mouvement moyen au mouvement total n'altère pas sensiblement ces forces extérieures, soit en grandeur, soit en direction, à cause de la petitesse des différences $\xi$, $\eta$, $\zeta$; cette substitution, qui, par hypothèse, est sans effet sur les quantités de mouvement et leurs moments, laisse donc subsister sans changement les équations où elles figurent. Il n'en est pas de même pour le théorème des forces vives, car si les forces ne changent pas, le chemin parcouru par lequel elles doivent être multipliées est altéré par le mouvement vibratoire. Soient X, Y, Z les composantes d'une force extérieure appliquée au point dont les coordonnées sont $x$, $y$, $z$. Le travail élémentaire de cette force dans le mouvement réel sera

$$X\,dx + Y\,dy + Z\,dz,$$

tandis que, pris pour le mouvement moyen, le travail serait

$$X\,dx_0 + Y\,dy_0 + Z\,dz_0.$$

La différence entre ces deux fonctions est

$$X d\xi + X d\eta + Z d\zeta,$$

de sorte que le travail des forces extérieures se partage en deux parties : l'une comprend le travail de ces forces dans le mouvement moyen, et l'autre le travail des mêmes forces qui est dû aux vibrations.

L'équation des forces vives appliquée au mouvement total prend la forme

$$\sum \frac{1}{2} m v^2 - \sum \frac{1}{2} m v^2_0 = \sum \int (X dx + Y dy + Z dz) + \sum \int f dr,$$

en désignant par $\sum f dr$ le travail élémentaire des forces intérieures, et par $\sum \frac{1}{2} m r_0^2$ la force vive initiale.

Remplaçons

$$\sum m v^2 \quad \text{par} \quad \sum m v_0^2 + \sum m u^2,$$

et

$$\sum \int (X dx + Y dy + Z dz)$$

par la somme

$$\sum \int X d x_0 + Y dy_0 + Z dz_0 + \sum \int (X d\xi + Y d\eta + Z d\zeta).$$

Il viendra

$$\left. \begin{array}{l} \sum \frac{1}{2} m v_0^2 - \sum \frac{1}{2} m v^2_0 \\ + \sum \frac{1}{2} m u^2 - \sum \frac{1}{2} m u^2_0 \end{array} \right\} = \left\{ \begin{array}{l} \sum \int X d x_0 + Y dy_0 + Z dz_0) \\ \sum \int X d\xi + Y d\eta + Z d\zeta + \sum f dr. \end{array} \right.$$

La première ligne de cette équation, prise à part, est l'équation des forces vives appliquée au mouvement moyen. Les forces intérieures n'y figurent pas, puisque le système est alors considéré comme invariable. On a donc aussi

$$\sum \frac{1}{2} m u^2 - \sum \frac{1}{2} m u^2_0 = \sum \int X d\xi + Y d\eta + Z d\zeta + \sum \int f dr,$$

de sorte que l'accroissement de la demi-force vive vibratoire n'est pas dû uniquement au travail des forces intérieures ; il est encore dû pour une part à l'excès du travail des forces extérieures, afférent aux excès de déplacements subis par leurs points d'application.

En général, $\xi$, $\eta$, $\zeta$ sont assez petits pour que la quantité de travail $\sum \int (X d\xi + Y d\eta + Z d\zeta)$ soit négligeable vis-à-vis du travail $\sum \int f dr$ des forces intérieures, et l'on peut dire approximativement que l'équation des forces vives s'applique au mouvement moyen, en tenant compte du travail des forces extérieures, et au mouvement vibratoire, en tenant compte seulement du travail des forces intérieures et en faisant abstraction du mouvement moyen. En même temps $\sum \frac{1}{2} m u^2 - \sum \frac{1}{2} m u^2_0$ reste sensiblement nul si le système est élastique, pourvu qu'on prenne les forces vives à deux époques où le système ait repris la même forme. On a alors, entre ces deux époques qui comprennent un nombre entier de périodes,

$$\sum \int (X d\xi + Y d\eta + Z d\zeta) + \sum \int f dr = 0.$$

Mais alors on a aussi $\sum \int f dr = 0$, et par conséquent

$$\sum \int (X d\xi + Y d\eta + Z d\zeta) = 0.$$

On peut prendre indifféremment, dans ce cas, le travail des forces pour le déplacement moyen, ou pour le déplacement total. Cela revient à laisser entièrement de côté le mouvement vibratoire.

La théorie des forces vives dans le mouvement vibratoire des solides est due à Coriolis.

# LIVRE II

## PRINCIPES DE LA THÉORIE DE L'ÉLASTICITÉ

---

117. Les corps solides que l'on rencontre dans la nature n'ont pas l'invariabilité géométrique qu'on leur attribue communément dans la mécanique rationnelle. Ils sont *déformables* plus ou moins, suivant les efforts plus ou moins grands qu'on leur fait subir. Lorsque la déformation est très petite, et qu'on fait cesser l'effort qui l'a produite, le corps revient à sa forme naturelle d'équilibre, après une série de vibrations qui s'éteignent en général assez rapidement. Cette tendance des corps solides déformés vers leur état primitif constitue l'*élasticité* des corps ; elle suppose que les efforts subis par le corps n'ont pas dépassé une certaine limite, assez mal définie, qu'on nomme *limite d'élasticité*, et au delà de laquelle la déformation resterait permanente en totalité ou en partie. Les différents corps sont plus ou moins élastiques, suivant que leur limite d'élasticité est plus ou moins élevée. Du reste, dans ce qui suit on supposera toujours que les efforts qu'on leur applique pour y produire des déformations sont inférieurs à cette limite.

Il ne sera question ici que des corps *homogènes*, de telle sorte qu'on puisse admettre l'identité de toutes leurs parties. Parmi ces corps homogènes, il y a lieu de distinguer les corps *d'élasticité constante en tous sens*, et les corps qui ont, au contraire, une élasticité différente suivant le sens dans lequel s'opère la déformation. Cette dernière classe comprend certains corps cristallisés, dont les déformations obéissent à des lois spéciales. Mais la plupart des corps homogènes ont aussi une élasticité constante, et c'est d'eux seuls que nous aurons à nous occuper. Théoriquement on peut les concevoir comme formés d'un assemblage de *systèmes moléculaires* tellement disposés autour d'un point O, qu'une droite de longueur finie, issue de ce point O, rencontre dans tous les sens le même nombre de ces systèmes : condition qui suppose un nombre infiniment grand de systèmes moléculaires, et qui serait impossible à satisfaire s'il n'y en avait qu'un nombre limité.

**118.** La théorie de l'élasticité est toute moderne. Elle a été créée par les travaux de Navier, de Poisson, de Cauchy, de Lamé; les leçons de ce dernier à la Faculté des sciences de Paris [1], publiées en 1852, ont résumé les principes de la science, et en ont donné des applications aux problèmes les plus importants de la physique mathématique et de la mécanique vibratoire. Elles forment le point de départ d'une foule de travaux récents. Nous les prendrons pour guide dans le présent livre.

L'hypothèse fondamentale de la nouvelle doctrine est que l'augmentation de la distance de deux molécules fait naître entre ces deux molécules une attraction mutuelle proportionnelle à cette augmentation. Si l'on appelle $\zeta$ la distance primitive de deux molécules, $\delta\zeta$ l'accroissement de distance résultant de la déformation du solide auquel elles appartiennent, l'action mutuelle développée entre les deux molécules par cette variation de distance sera exprimée par le produit

$$F(\zeta) \times \delta\zeta,$$

$F(\zeta)$ étant une fonction de la distance $\zeta$ qui reste complètement inconnue; on sait seulement qu'elle devient nulle, ou au moins insensible, dès que la variable $\zeta$ atteint une valeur appréciable. De cette manière on limite à une sphère de rayon très petit, décrite de chaque point du solide comme centre, la région du solide qui peut exercer une action appréciable sur le point considéré.

**119.** Pour définir la *force élastique* en un point donné M d'un corps solide, imaginons en ce point M un élément plan $\varpi$ très petit, comprenant le point M, et sur cet élément comme base construisons un cylindre droit P de hauteur très petite. Du point M comme centre avec un rayon égal à la limite de distance à partir de laquelle les actions mutuelles deviennent insensibles, décrivons une sphère S, que le plan $\varpi$ prolongé partage en deux moitiés. Le cylindre P, que nous venons de construire, est tout entier contenu dans une de ces moitiés. Or il subit les actions de tous les systèmes moléculaires qui sont compris dans la moitié opposée. La résultante de toutes ces actions est une force qui traverse la base $\varpi$ du cylindre, et dont la grandeur varie avec l'étendue de cette base. Si donc on la divise par l'aire $\varpi$, le quotient E est un nombre fini qu'on appelle la *force élastique au point* M, rapportée à l'unité de surface prise suivant le plan $\varpi$. En général cette force E est oblique au plan auquel elle se rapporte. La définition qu'on vient de donner ne suppose pas la continuité de la matière; elle pourrait être beaucoup plus rapide si l'on admettait la répartition continue des molécules. Du reste elle suppose que les molécules sont assez voisines les unes des autres pour qu'on en trouve toujours un très

1. *Leçons sur la théorie mathématique de l'élasticité des corps solides*, par M. G. Lamé. Paris, Bachelier, 1852.

grand nombre dans un espace très restreint. Cette quasi-continuité permet d'appliquer au système les méthodes du calcul infinitésimal.

Le problème général de la théorie de l'élasticité comprend deux questions distinctes :

1° *Trouver la force élastique en un point d'un solide, sur un plan quelconque passant par ce point, connaissant les forces qui sont appliquées au solide ;*

2° *Déterminer les déformations produites par ces mêmes forces.*

Nous nous occuperons d'abord de la répartition des forces élastiques.

ÉQUILIBRE DU PARALLÉLÉPIPÈDE RECTANGLE.

120. Rapportons les points du système solide à trois axes rectangulaires OX, OY. OZ. En un point M, menons trois plans parallèles aux axes, et prenons des longueurs infiniment petites MA $= dx$, MB $= dy$, M $= dz$ sur les intersections de ces plans deux à deux ; puis achevons le parallélépipède.

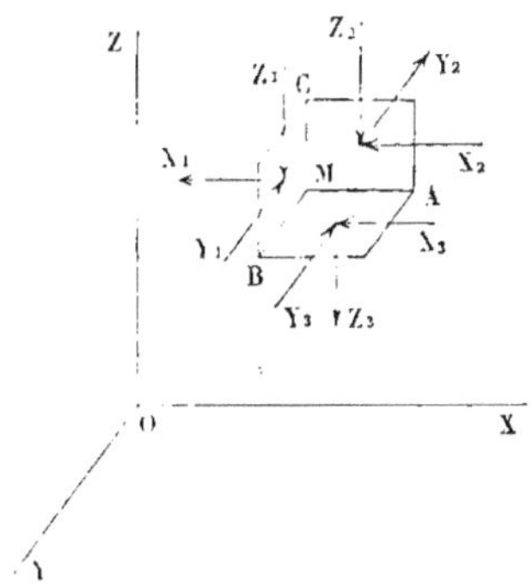

Soit $\rho$ la masse spécifique du point M, et $X_0$, $Y_0$, $Z_0$, les composantes suivant les axes de la force extérieure qui sollicite le parallélépipède, rapportée à l'unité de masse. Les composantes de cette force seront

$$X_0 \times \rho\,dx\,dy\,dz,$$
$$Y_0 \times \rho\,dx\,dy\,dz,$$
$$Z_0 \times \rho\,dx\,dy\,dz.$$

Fig. 81.

Ces forces sont tenues en équilibre par les forces élastiques développées sur les six faces du parallélépipède. Occupons-nous d'abord des trois faces qui concourent au point M. Sur la face CMB, perpendiculaire à OX, la force élastique rapportée à l'unité de surface est décomposable en trois composantes parallèles aux axes, que nous désignerons par les lettres $X_1$, $Y_1$, $Z_1$ ; de même sur la face CMA, perpendiculaire à OY, nous trouverons trois composantes $X_2$, $Y_2$, $Z_2$, rapportées à l'unité de surface ; et enfin trois composantes $X_3$, $Y_3$, $Z_3$, toujours rapportées à l'unité de surface, sur la face AMB perpendiculaire à OZ. Les mêmes forces se retrouveront sur les faces opposées, changées de sens, et augmentées de leurs différentielles partielles relatives à la coordonnée qui varie d'une face à l'autre. Si l'on réunit dans une même équation les forces qui agissent suivant la direction d'un même axe, on aura une équation de l'équilibre intérieur du solide ; on obtiendra trois équations analogues en opérant de même pour chacun des trois axes. Pour écrire ces équations, on devra convenir du signe avec lequel les forces élastiques doivent être prises. Si l'on convient, avec Lamé, de prendre positivement les forces qui correspondent à une traction, et négativement celles qui correspondent à une compression, il faudra donner le signe — aux forces indiquées sur la figure, qui agissent sur les faces aboutissant au point M, et le signe + par conséquent à ces mêmes forces augmentées de leurs différentielles, qui agissent sur les faces opposées. Il vient alors, en prenant les composantes parallèles à l'axe OX,

$$X_0 \times \rho\,dx\,dy\,dz - X_1\,dy\,dz + \left(X_1 + \frac{dX_1}{dx}\,dx\right)dy\,dz \left.\right\}$$
$$- X_2\,dx\,dz + \left(X_2 + \frac{dX_2}{dy}\,dy\right)dx\,dz \left.\right\} = 0,$$
$$- X_3\,dx\,dy + \left(X_3 + \frac{dX_3}{dz}\,dz\right)dx\,dy \left.\right\}$$

ce qui se réduit à l'équation

$$\frac{dX_1}{dx} + \frac{dX_2}{dy} + \frac{dX_3}{dz} + \rho X_0 = 0.$$

On trouverait de même, en prenant les composantes parallèles à OY et à OZ,

$$(1) \qquad \frac{dY_1}{dx} + \frac{dY_2}{dy} + \frac{dY_3}{dz} + \rho Y_0 = 0,$$
$$\frac{dZ_1}{dx} + \frac{dZ_2}{dy} + \frac{dZ_3}{dz} + \rho Z_0 = 0.$$

On peut aussi prendre les moments par rapport aux axes, ou mieux par rapport à des parallèles aux axes menés par le centre du parallélépipède. Ces parallèles rencontrent à la fois la force extérieure et les forces élastiques normales aux faces, qui se trouveront ainsi éliminées. Si l'on considère la parallèle GX' à OX, les trois forces $X_1, Y_1, Z_1$ rencontrant cette droite n'ont pas de moment ; les forces $X_2$ et $X_3$, qui lui sont parallèles, n'en ont pas davantage ; il reste les forces tangentielles $Z_2$ et $X_3$, et celles qui leur correspondent dans les faces opposées. L'équation des moments par rapport à GX' donne donc simplement

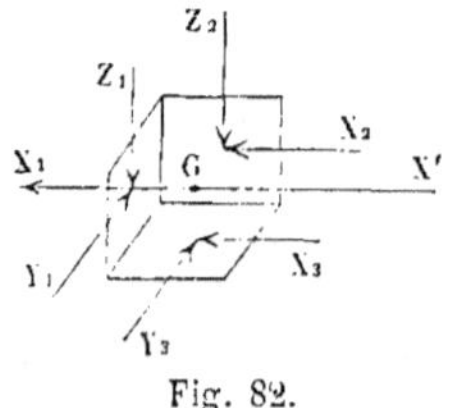


Fig. 82.

$$\left\{ Z_2\,dx\,dz + \left(Z_2 + \frac{dZ_2}{dy}\,dy\right)dx\,dz \right\} dy$$
$$- \left\{ Y_3\,dz\,dy + \left(Y_3 + \frac{dY_3}{dz}\,dz\right)dx\,dy \right\} dz = 0,$$

équation qui se réduit, en supprimant les termes infiniment petits du quatrième ordre, et en divisant par $dx\,dy\,dz$, à la relation très simple

$$Z_2 = Y_3,$$

ce qui entraîne les relations analogues

$$X_3 = Z_1,$$
$$Y_1 = X_2.$$

On voit que *les composantes tangentielles de la force élastique qui sont perpendiculaires à une même arête, sont égales entre elles* ; de sorte que les neuf composantes des forces élastiques sur les trois faces rectangulaires aboutissant au point M se réduisent à six composantes distinctes.

En général, nous représenterons par $N$ une composante normale à la face considérée, et par $T$ les composantes tangentielles ; et nous affecterons ces lettres des indices 1, 2, 3, pour montrer à quel axe elles se rapportent ; pour les forces $N$, l'indice 1 se rapportera à l'axe OX, l'indice 2 à l'axe OY, l'indice 3 à l'axe OZ. Pour les forces T, l'indice désignera l'axe auquel les deux forces égales sont perpendiculaires. Avec cette notation, le système des neuf composantes de la figure 81 sera remplacé par le système des six composantes de la figure 83, et l'on aura les trois équations d'équilibre :

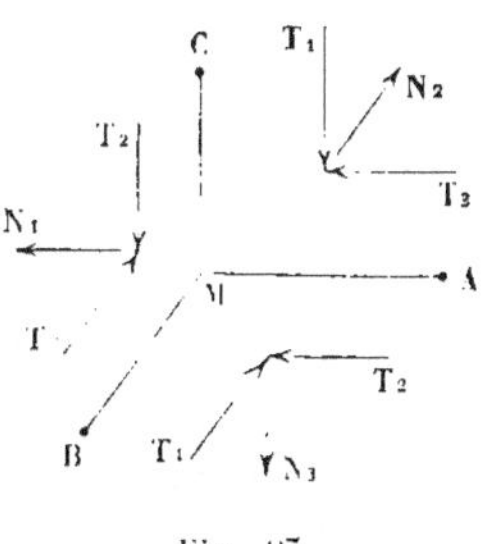

Fig. 83.

$$\frac{dN_1}{dx} + \frac{dT_3}{dy} + \frac{dT_2}{dz} + \rho X_0 = 0,$$

$$\frac{dT_3}{dx} + \frac{dN_2}{dy} + \frac{dT_1}{dz} + \rho Y_0 = 0,$$

$$\frac{dT_2}{dy} + \frac{dT_1}{dy} + \frac{dN_3}{dz} + \rho Z_0 = 0.$$

ÉQUILIBRE DU TÉTRAÈDRE ÉLÉMENTAIRE.

121. Pour déterminer la force élastique sur un plan quelconque mené par le point M, considérons en ce point des parallèles aux axes MX, MY, MZ, et coupons le trièdre MXYZ par un plan oblique ABC, infiniment voisin du point M. Soient $MA = a$, $MB = b$, $MC = c$ les trois arêtes issues du point

M. Le volume du tétraèdre compris sous les quatre plans sera égal à $\frac{1}{6}abc$,

et sa masse sera $\frac{1}{6}\rho abc$, en appelant $\rho$ la masse spécifique du système

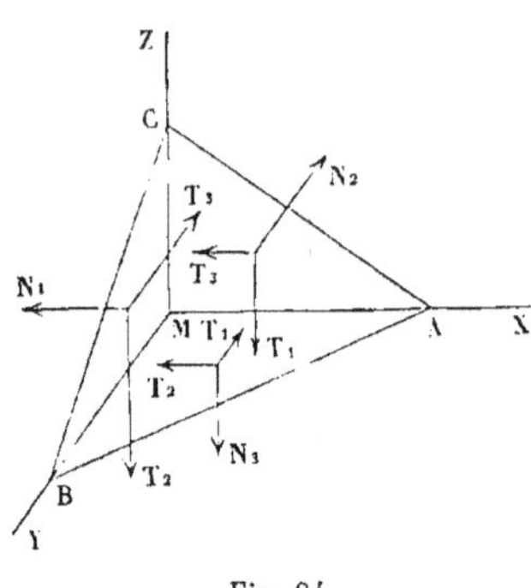



Fig. 84.

au point M. Le produit de cette masse par la force extérieure rapportée à l'unité de masse sera un infiniment petit du troisième ordre, qui disparaîtra des équations d'équilibre.

Le tétraèdre est en équilibre sous l'action de la force extérieure et des forces élastiques développées sur ses quatre faces. Nous avons donné des noms aux composantes de la force élastique sur les diverses faces de l'angle trièdre; appelons X, Y, Z, les composantes de la force élastique, rapportée à l'unité de surface, sur la face inclinée. Écrivons l'équation des composantes projetées sur l'axe MX; il viendra

$$X \times \operatorname{surf} ABC = N_1 \times \operatorname{surf} MBC + T_3 \times \operatorname{surf} MCA + T_2 \operatorname{surf} MAB - \frac{1}{6}\rho abc X_0;$$

ou bien, en divisant par surf ABC, et observant que $\dfrac{\operatorname{surf} MBC}{\operatorname{surf} ABC}$, $\dfrac{\operatorname{surf} MCA}{\operatorname{surf} ABC}$, $\dfrac{\operatorname{surf} MAB}{\operatorname{surf} ABC}$, sont respectivement égaux aux cosinus des angles que le plan ABC fait avec les trois plans coordonnés, ou des angles que la normale au plan fait avec les axes, que d'ailleurs le dernier terme conserve un facteur infiniment petit, et disparaît à la limite, on aura, en définitive,

$$X = N_1 \cos \alpha + T_3 \cos \beta + T_2 \cos \gamma,$$

$\alpha$, $\beta$ et $\gamma$ désignant les angles que fait la normale au plan ABC avec les trois axes. On aura de même

$$(5) \qquad \begin{aligned} Y &= T_3 \cos \alpha + N_2 \cos \beta + T_1 \cos \gamma, \\ Z &= T_2 \cos \alpha + T_1 \cos \beta + N_3 \cos \gamma. \end{aligned}$$

Les trois équations (5) font connaître en chaque point les composantes de la force élastique pour un plan quelconque, défini par les angles, $\alpha$, $\beta$, $\gamma$, en fonction des six composantes N et T sur les plans coordonnés.

122. Ces équations conduisent à une généralisation du théorème cité

tout à l'heure, en vertu duquel les composantes tangentielles de la force élastique dans deux faces rectangulaires sont égales par unité de surface, quand elles sont perpendiculaires à l'arête commune. Considérons la première équation (5). La composante $X$ est la projection sur l'axe OX de la force élastique qui agit sur le plan $(\alpha, \beta, \gamma)$ mené par le point M ; or elle est égale à $N_1 \cos \alpha + T_3 \cos \beta + T_2 \cos \gamma$, c'est-à-dire à la projection sur la normale à ce plan de la force élastique totale dont les composantes sont $N_1$, $T_3$, $T_2$, c'est-à-dire de la force qui agit sur la face normale à l'axe MX. Les axes coordonnés sont ici des droites quelconques ; l'équation indique donc qu'il y a égalité entre la projection de la force élastique du plan $(\alpha, \beta, \gamma)$ sur la droite MX normale à la face MBC, et la projection de la force élastique du plan MBC sur la normale au plan $(\alpha, \beta, \gamma)$ ; d'où résulte ce théorème : *Si en un point M d'un milieu on considère deux plans P et P' et les normales N et N' à ces deux plans, et qu'on détermine les forces élastiques E et E' qui agissent sur chacun d'eux au point M, rapportées à l'unité de surface, la projection de E sur N' sera égale à la projection de E' sur N.*

L'égalité des composantes T perpendiculaires à une même arête dans deux faces rectangulaires est un cas particulier de ce théorème : les normales N et N' coïncident alors avec les axes coordonnés.

Les équations (4) et (5) expriment les conditions de l'équilibre intérieur de chaque élément infiniment petit, à faces parallèles, dans lequel on peut concevoir le système matériel décomposé ; les équations (5) en particulier font connaître ce qui se passe à la surface extérieure, où les parallélépipèdes élémentaires peuvent être tronqués par des plans obliques. Prises ensemble, elles définissent donc entièrement l'équilibre d'une portion quelconque du système solide. On vérifiera en effet aisément, en multipliant les trois équations (4) par $dx\,dy\,dz$, et en intégrant, puis en formant les équations des moments, que ces équations conduisent aux conditions d'équilibre entre les forces extérieures, pour une portion quelconque du système. Il faut alors faire entrer dans les forces extérieures les forces élastiques développées sur toute la surface qui limite la portion de solide considérée. Nous renverrons pour cette vérification à l'ouvrage de Lamé, leçon II, § 10.

ELLIPSOÏDE D'ÉLASTICITÉ.

125. Reprenons les équations

$$(5) \quad \begin{cases} N_1 \cos \alpha + T_3 \cos \beta + T_2 \cos \gamma = X, \\ T_3 \cos \alpha + N_2 \cos \beta + T_1 \cos \gamma = Y, \\ T_2 \cos \alpha + T_1 \cos \beta + N_3 \cos \gamma = Z, \end{cases}$$

et considérons les trois composantes $X$, $Y$, $Z$ de la force élastique relative au plan $(\alpha, \beta, \gamma)$, comme les coordonnées d'un point rapporté aux axes MX, MY, MZ. Ce point sera l'extrémité de la droite MF qui représente en grandeur et en direction la force élastique. Cela étant, résolvons les trois équations par rapport aux trois cosinus.

Il viendra pour $\cos\alpha$

$$\cos\alpha = \frac{\begin{vmatrix} X & T_3 & T_2 \\ Y & N_2 & T_1 \\ Z & T_1 & N_3 \end{vmatrix}}{\begin{vmatrix} N_1 & T_3 & T_2 \\ T_3 & N_2 & T_1 \\ T_2 & T_1 & N_3 \end{vmatrix}} = \frac{X(N_2N_3 - T_1^2) - Y(T_3N_3 - T_1T_2) + Z(T_3T_1 - T_2N_2)}{N_1(N_2N_3 - T_1^2) - T_3(T_3N_3 - T_1T_2) + T_2(T_3T_1 - T_2N_2)},$$

de sorte que $\cos\alpha$ est une fonction linéaire homogène de X, Y, Z.

Les deux autres cosinus, $\cos\beta$ et $\cos\gamma$, s'expriment aussi linéairement en fonction des coordonnées X, Y, Z, et nous pouvons poser d'une manière générale

$$\cos\alpha = aX + bY + cZ,$$
$$\cos\beta = a'X + b'Y + c'Z,$$
$$\cos\gamma = a''X + b''Y + c''Z,$$

$a$, $b$, $c$, ... $c''$ étant neuf coefficients, qui ne peuvent être ni infinis ni indéterminés, d'après la nature même du problème. Élevons au carré ces trois équations, puis faisons la somme. Il viendra

$$\cos^2\alpha + \cos^2\beta + \cos^2\gamma = 1 = (aX + bY + cZ)^2 + (a'X + b'Y + c'Z)^2$$
$$+ (a''X + b''Y + c''Z)^2,$$

équation du second degré en X, Y, Z, qui représente une surface du second degré dont le centre est au point M. Les coordonnées X, Y, Z ne peuvent être infinies. Donc enfin *la surface lieu de l'extrémité de la force élastique au point M est un ellipsoïde qui a ce point pour centre.* On donne à cette surface le nom d' *ellipsoïde d'élasticité.*

124. L'ellipsoïde d'élasticité a des plans principaux qui forment au point M un trièdre trirectangle. Rapportons la surface aux arêtes de ce trièdre. Elle aura pour équation

$$(6) \qquad \frac{X^2}{A^2} + \frac{Y^2}{B^2} + \frac{Z^2}{C^2} = 1 \, ;$$

et par la construction même de la surface, le demi-axe A sera la force élastique relative au plan principal YMZ; B sera la force élastique sur le plan principal ZMX, et C la force élastique sur le plan principal XMY. Les forces élastiques sur les trois plans principaux sont donc normales à ces plans. et, par conséquent, les composantes tangentielles T relatives à ces mêmes plans sont nulles.

Il reste à chercher à quel plan P, défini par les angles $\alpha$, $\beta$, $\gamma$ qu'il forme avec les plans principaux, correspond la force élastique MF, terminée en un point quelconque F de l'ellipsoïde d'élasticité.

Soient X, Y, Z les coordonnées de F. A ce point correspondent des valeurs des angles $\alpha$, $\beta$, $\gamma$, qui sont données par les équations (5). Ces équations se simplifient du reste, en observant qu'on a $N_1 = A$, $N_2 = B$, $N_3 = C$, et $T_1 = T_2 = T_3 = 0$.

Il vient donc

$$\cos \alpha = \frac{X}{A}, \quad \cos \beta = \frac{Y}{B}, \quad \cos \gamma = \frac{Z}{C}.$$

L'équation d'un plan passant par l'origine M, et faisant des angles $\alpha$, $\beta$, $\gamma$ avec les plans coordonnés, est

$$x \cos \alpha + y \cos \beta + z \cos \gamma = 0.$$

Le plan correspondant au point F et à la force élastique MF a donc pour équation

$$7, \qquad \frac{Xx}{A} + \frac{Yy}{B} + \frac{Zz}{C} = 0.$$

Considérons une seconde surface du second degré, qui aura son centre au point M, et dont les plans principaux coïncideront avec ceux de l'ellipsoïde d'élasticité; l'équation de cette surface sera

$$8. \qquad \frac{x^2}{A} + \frac{y^2}{B} + \frac{z^2}{C} = \pm K^2,$$

$K$ représentant une quantité qu'on peut choisir arbitrairement. La droite MF perce la surface (8) en un point F', dont les coordonnées seront proportionnelles à X, Y, Z, et pourront être exprimées par les produits $\lambda X$, $\lambda Y$, $\lambda Z$, $\lambda$ étant un facteur convenablement déterminé. Si en ce point F' on mène à la surface (8) un plan tangent, ce plan aura pour équation

$$\frac{\lambda X x}{A} + \frac{\lambda Y y}{B} + \frac{\lambda Z z}{C} = \pm K^2,$$

et par conséquent le plan (7), correspondant à la force élastique MF, est parallèle au plan tangent à la surface (8) au point F'. En définitive, *à la force élastique MF définie par un des rayons de l'ellipsoïde d'élasticité (6) correspond un plan (7), qui est le plan conjugué du rayon MF dans la surface du second degré (8).* Cette surface du second degré a reçu le nom d'*ellipsoïde directeur*. C'est un ellipsoïde seulement lorsque A, B, C sont de même signe ; alors les demi-axes $K\sqrt{A}$, $K\sqrt{B}$, $K\sqrt{C}$ sont proportionnels aux racines carrées des forces élastiques principales. Si A, B, C ne sont pas de même signe, la surface (8) représente l'ensemble de deux hyperboloïdes, l'un à une nappe, l'autre à deux nappes, séparés par le cône asymptote commun aux deux surfaces. Un rayon MF qui coïncide avec le cône asymptote est conjugué au plan tangent au cône suivant ce rayon MF. La force élastique correspondante n'a donc pas de composante normale : aussi le cône asymptote est désigné également sous le nom de *cône des forces élastiques tangentielles*, ou de *cône de glissement*.

125. Si dans les équations (5) nous exprimons que la force élastique (X, Y, Z) relative au plan ($\alpha$, $\beta$, $\gamma$) est normale à ce plan, nous aurons défini l'un des plans principaux. Soit F la force élastique qui a X, Y, Z pour composantes ; si elle est normale au plan ($\alpha$, $\beta$, $\gamma$), elle fait avec les axes ces mêmes angles $\alpha$, $\beta$, $\gamma$, et l'on a $X = F\cos\alpha$ $Y = F\cos\beta$, $Z = F\cos\gamma$. Les équations (5) deviennent donc

$$
\begin{aligned}
(N_1 - F)\cos\alpha + T_3\cos\beta \quad\;\; + T_2\cos\gamma \quad\;\; &= 0,\\
T_3\cos\alpha \quad\;\; + (N_2 - F)\cos\beta + T_1\cos\gamma \quad\;\; &= 0,\\
T_2\cos\alpha \quad\;\; + T_1\cos\beta \quad\;\; + (N_3 - F)\cos\gamma &= 0.
\end{aligned}
$$

Entre ces trois équations, éliminons les rapports $\dfrac{\cos\beta}{\cos\alpha}$, $\dfrac{\cos\gamma}{\cos\alpha}$. L'équation finale sera une relation qui ne contiendra plus que la force F ; elle sera du troisième degré en F, et fera connaître les trois forces principales.

Il vient

$$
(N_1 - F)(N_2 - F)(N_3 - F) - (N_1 - F)T_1{}^2 - T_3\left(T_3(N_3 - F) - T_2 T_1\right)
$$
$$
+ T_2\left(T_3 T_1 - T_2(N_2 - F)\right) = 0,
$$

ou bien, en ordonnant par rapport à F,

$$
F^3 - (N_1 + N_2 + N_3)F^2 + (N_2 N_3 + N_3 N_1 + N_1 N_2 - T_1{}^2 - T_2{}^2 - T_3{}^3)F
$$
$$
- (N_1 N_2 N_3 + 2T_1 T_2 T_3 - N_1 T_1{}^2 - N_2 T_2{}^2 - N_3 T_3{}^2) = 0.
$$

Cette équation fait connaître les trois axes de l'ellipsoïde d'élasticité, et détermine les valeurs des forces élastiques principales, en grandeur et en signe.

Connaissant les trois valeurs de F, on substituera dans les équations (5), qui, en s'aidant de la relation générale $\cos^2\alpha + \cos^2\beta + \cos^2\gamma = 1$, feront connaître les angles $\alpha$, $\beta$, $\gamma$ et les directions des axes principaux.

## DÉFORMATION DU SOLIDE.

126. Les forces élastiques se développent aux divers points du corps par suite des déformations qu'il subit. Venons à l'étude de ces déformations. Nous considérerons pour cela deux molécules M et M', qui sont situées à la distance très petite $\zeta$ dans leur position naturelle, et qui acquièrent une distance $\zeta + \delta\zeta$ lorsque le corps est déformé.

Soient $x$, $y$, $z$ les coordonnées de M dans l'état naturel, et $x + u$, $y + v$, $z + w$ les nouvelles coordonnées du même point dans l'état déformé.

Les coordonnées $x'$, $y'$, $z'$ du second point M' diffèrent peu des coordonnées $x$, $y$, $z$ du point M ; et nous poserons

$$x' = x + h,$$
$$y' = y + k,$$
$$z' = z + l,$$

en appelant $h$, $k$, $l$ les variations très petites que subissent les coordonnées $x$, $y$, $z$ quand on passe du point M au point M'. Ces coordonnées $x'$, $y'$, $z'$ se rapportent à l'état naturel du solide. Dans l'état déformé, elles s'accroissent respectivement de quantités $u'$, $v'$, $w'$, et deviennent $x' + u'$, $y' + v'$, $z' + w'$.

Les déplacements projetés $u$, $v$, $w$ peuvent être regardés comme des fonctions des coordonnées primitives $x$, $y$, $z$ du point auxquels ils se rapportent ; et ces fonctions seront continues, et varieront par degrés insensibles, si l'on admet qu'il y a un très grand nombre de systèmes moléculaires compris dans un espace très restreint. On pourra donc appliquer aux fonctions $u$, $v$, $w$ le développement de Taylor, en prenant $h$, $k$ et $l$ pour les accroissements qu'on donne aux variables indépendantes $x$, $y$, $z$ et en s'arrêtant aux termes du premier degré, à cause de la petitesse de ces accroissements. On passera des fonctions $u$, $v$, $w$, relatives au point M, aux fonctions $u'$, $v'$, $w'$ relatives à M', par les équations

$$(1,\qquad
\begin{cases}
u' = u + \dfrac{du}{dx}\,h + \dfrac{du}{dy}\,k + \dfrac{du}{dz}\,l, \\[2mm]
v' = v + \dfrac{dv}{dx}\,h + \dfrac{dv}{dy}\,k + \dfrac{dv}{dz}\,l, \\[2mm]
w' = w + \dfrac{dw}{dx}\,h + \dfrac{dw}{dy}\,k + \dfrac{dw}{dz}\,l.
\end{cases}$$

Pour déterminer l'accroissement de distance $\delta\zeta$ des deux molécules, imaginons qu'on ramène parallèlement à lui-même le solide déformé, de manière à faire coïncider la seconde position du point M avec sa position primitive, ce qui revient à retrancher $x + u$, $y + v$, $z + w$ des coordonnées $x' + u'$, $y' + v'$, $z' + w'$. Le point M' prendra la position M'$_1$, et la

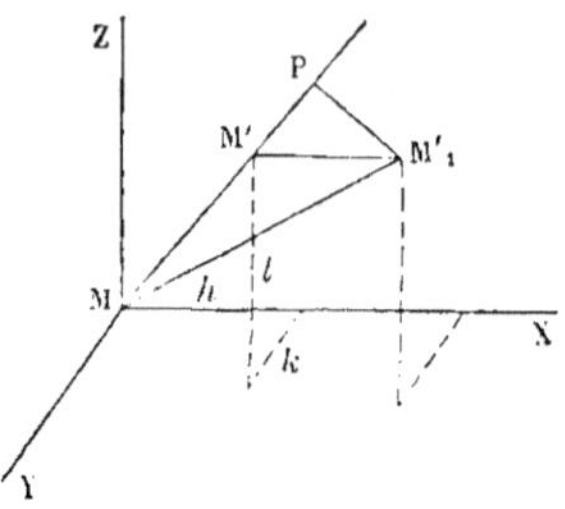

distance originelle $\zeta =$ MM' sera changée en la distance MM'$_1$ ; ces deux droites MM' et MM'$_1$ font entre elles un angle infiniment petit. Si l'on projette M'$_1$ en P sur la direction de MM', on aura, aux infiniment petits d'ordre supérieur près,

$$\delta\zeta = \text{M'P}.$$

Fig. 85.

Menons par le point M des parallèles aux axes MX, MY, MZ ; les coordonnées de M' par rapport à ce système d'axes seront $h$, $k$, $l$ ; et les projections sur les axes de la droite MM'$_1$ seront respectivement égales à $u' - u$, $v' - v$, $w' - w$. La droite M'P est donc égale à la somme des projections sur la propre direction des différences $u' - u$, $v' - v$, $w' - w$ prises respectivement sur les axes, et l'on a

$$(2) \qquad \delta\zeta = (u' - u)\times\frac{h}{\zeta} + (v' - v)\times\frac{k}{\zeta} + (w' - w)\frac{l}{\zeta}.$$

Substituons à $u' - u$, $v' - v$, $w' - w$ les expressions fournies par les équations (1) ; il viendra

$$(3) \qquad \begin{aligned}
\delta\zeta &= \frac{1}{\zeta}\left[\left(\frac{du}{dx}h + \frac{du}{dy}k + \frac{du}{dz}l\right)h\right. \\
&\quad + \left(\frac{dv}{dx}h + \frac{dv}{dy}k + \frac{dv}{dz}l\right)k \\
&\quad \left. + \left(\frac{dw}{dx}h + \frac{dw}{dy}k + \frac{dw}{dz}l\right)l\right] \\
&= \frac{1}{\zeta}\left[\frac{du}{dx}h^2 + \frac{dv}{dy}k^2 + \frac{dw}{dz}l^2 + \left(\frac{dv}{dx} + \frac{du}{dy}\right)hk\right. \\
&\quad + \left(\frac{dw}{dy} + \frac{dv}{dz}\right)kl \\
&\quad \left. + \left(\frac{du}{dz} + \frac{dw}{dx}\right)lh\right].
\end{aligned}$$

Au lieu de conserver $h$, $k$, $l$ dans cette équation, nous exprimerons ces quantités en fonction de $\zeta$ et des angles $\alpha$, $\beta$, $\gamma$ que la droite MM' fait avec les trois axes. Il vient alors

$$\begin{aligned}
h &= \zeta\cos\alpha, \\
k &= \zeta\cos\beta, \\
l &= \zeta\cos\gamma,
\end{aligned}$$

et

$$(4) \quad \delta\zeta = \zeta \left[ \frac{du}{dx} \cos^2 \alpha + \frac{dv}{dy} \cos^2 \beta + \frac{dw}{dz} \cos^2 \gamma + \left( \frac{dv}{dx} + \frac{du}{dy} \right) \cos \alpha \cos \beta \right.$$
$$\left. + \left( \frac{dw}{dy} + \frac{dv}{dz} \right) \cos \beta \cos \gamma + \left( \frac{dv}{dz} + \frac{dw}{dx} \right) \cos \gamma \cos \alpha \right],$$

équation qui a l'avantage de faire connaitre le rapport $\frac{\delta\zeta}{\zeta}$, c'est-à-dire la *dilatation linéaire* subie par le système au point M, dans la direction définie par les angles $\alpha$, $\beta$, $\gamma$. Ce rapport devant être très petit, on voit que les dérivées partielles $\frac{du}{dx} \dots \frac{dw}{dz}$ sont toujours très petites.

La *dilatation cubique* au même point se calcule aisément.

Considérons le parallélépipède élémentaire qui a pour arêtes dans l'état primitif $dx$, $dy$ et $dz$. La dimension $dx$ devient, par suite de la déformation, $d(x + u)$, ou $dx + du$, en désignant par $du$ l'accroissement que subit la fonction $u$ lorsque la variable $x$ reçoit seule un accroissement $dx$. La dimension $dx$ devient, en définitive,

$$dx + \frac{du}{dx} dx = dx \left( 1 + \frac{du}{dx} \right).$$

On reconnaitrait de même que la dimension $dy$ se change en

$$dy \left( 1 + \frac{dv}{dy} \right) \quad \text{et} \quad dz \text{ en } dz \left( 1 + \frac{dw}{dz} \right).$$

Le volume $dx\, dy\, dz$ se change donc dans le produit

$$dx\,dy\,dz \left( 1 + \frac{du}{dx} \right) \left( 1 + \frac{dv}{dy} \right) \left( 1 + \frac{dw}{dz} \right)$$
$$= dx\,dy\,dz \left( 1 + \frac{du}{dx} + \frac{dv}{dy} + \frac{dw}{dz} \right),$$

en négligeant les produits des dérivées, à cause de leur petitesse. Le volume primitif étant multiplié par un nombre $1 + \theta$, l'excès $\theta$ du multiplicateur sur l'unité est ce qu'on appellera le *coefficient de dilatation cubique* [1], et l'on a, par conséquent,

$$(5) \qquad \theta = \frac{du}{dx} + \frac{dv}{dy} + \frac{dw}{dz}.$$

---

1. Cf. t. IV, § 122. L'équation *de continuité* dans le mouvement des liquides seconde équation (5), de la page 197, exprime que *le coefficient de dilatation cubique est nul*.

Les dérivées partielles $\dfrac{du}{dx}$, $\dfrac{dv}{dy}$, $\dfrac{dw}{dz}$ sont calculées pour le point M, centre de la sphère d'action du point considéré. Elles varient très lentement autour de ce point ; et on peut reconnaître qu'elles subissent des variations insensibles toutes les fois que la droite MM′ joint un point du cylindre droit P de base $\varpi$, et aboutit en un point intérieur à l'hémisphère opposé à ce cylindre dans la sphère S. La vérification a été faite par Lamé, et nous ne nous y arrêterons pas.

ÉVALUATION DES FORCES ÉLASTIQUES DUES AUX DÉFORMATIONS.

127. Considérons le cylindre MP, de base $\varpi$, qui contient le point M, et soit S la sphère décrite de M comme centre avec la plus petite valeur de $\zeta$

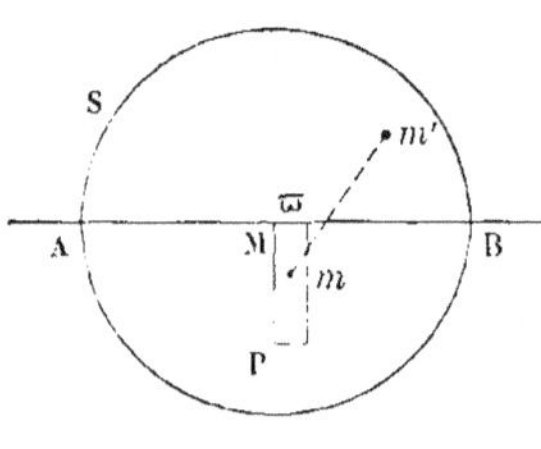


Fig. 86.

qui rende l'action mutuelle insensible. Pour avoir la force élastique qui s'exerce sur la base $\varpi$, appliquons l'équation (4) à tous les systèmes de deux molécules $m$, $m′$, prises l'une dans le cylindre MP, l'autre dans l'hémisphère opposé ASB. Pour chacun de ces groupes, on formera la valeur $\delta\zeta$ d'après la direction de la droite $mm′$ et la distance des deux molécules, puis on fera le produit $m \times m′ \times \mathrm{F}(\zeta) \times \delta\zeta$, qui mesure la force élastique correspondante. On composera ensuite ces diverses forces élémentaires. Le résultat sera une somme, ou une intégrale, qui représentera la force élastique relative à l'élément plan $\varpi$, et qu'on devra diviser par la surface de cet élément. On pourra ensuite imaginer qu'on décompose la force E rapportée à l'unité de surface, suivant la normale au plan $\varpi$, et deux autres droites rectangulaires menées dans le plan. On aura ainsi les trois composantes de la force élastique, l'une normale, les deux autres tangentielles. Ces diverses opérations sont inexécutables, puisqu'on ne connaît ni les positions des diverses molécules, ni leurs masses, ni la fonction F $(\zeta)$. Mais, quel qu'en soit le résultat, ce qu'il importe d'observer, c'est qu'on arrivera à des expressions finales, contenant une suite de termes ayant respectivement pour facteurs les fonctions

$$\frac{du}{dx}, \quad \frac{dv}{dy}, \quad \frac{dw}{dz}, \quad \frac{dw}{dy}+\frac{dv}{dz}, \quad \frac{du}{dz}+\frac{dw}{dx}, \quad \frac{dv}{dx}+\frac{du}{dy},$$

qui entrent linéairement dans l'expression de $\delta\zeta$, et qui ne subissent d'ailleurs pas de variations sensibles quand on passe du point M, pour lequel elles ont été calculées, à un point $m$ quelconque du petit cylindre P. Elles entreront, en effet, en facteur dans tous les éléments des sommes qu'on aura à former, et se retrouveront dans les sommes finales. Sans connaître les coefficients par lesquels elles seront multipliées, on pourra donc poser d'une manière générale :

$$
\left\{
\begin{aligned}
\mathrm{N}_i &= \mathrm{A}_i \frac{du}{dx} + \mathrm{B}_i \frac{dv}{dy} + \mathrm{C}_i \frac{dw}{dz} + \mathrm{D}_i \left( \frac{dv}{dz} + \frac{dw}{dy} \right) \\
&\quad + \mathrm{E}_i \left( \frac{dw}{dx} + \frac{du}{dz} \right) + \mathrm{F}_i \left( \frac{du}{dy} + \frac{dv}{dx} \right), \\
\mathrm{T}_i &= \mathcal{A}_i \frac{du}{dx} + \mathcal{B}_i \frac{dv}{dy} + \mathcal{C}_i \frac{dw}{dz} + \Delta_i \left( \frac{dv}{dz} + \frac{dw}{dy} \right) \\
&\quad + \mathcal{E}_i \left( \frac{dw}{dx} + \frac{du}{dz} \right) + \mathcal{F}_i \left( \frac{du}{dy} + \frac{dv}{dz} \right),
\end{aligned}
\right.
$$

équations dans lesquelles l'indice $i$ doit recevoir les valeurs 1, 2 et 3, et qui feront connaître les composantes normales et tangentielles de la force élastique, si l'on parvient à déterminer les coefficients A, B, ...F, $\mathcal{A}$, $\mathcal{F}$ ..., qui y figurent, et qui y tiennent lieu de certaines intégrales définies, ou plutôt de *sommes définies*, en tenant compte de la discontinuité de la matière. A première vue, il semble qu'il y ait là trente-six coefficients à déterminer. Mais on verra plus loin que ce nombre se réduit notablement dans le cas des solides homogènes et d'élasticité constante.

RÉDUCTION DES COEFFICIENTS DANS LE CAS DES SOLIDES HOMOGÈNES
ET D'ÉLASTICITÉ CONSTANTE.

128. Les trente-six coefficients $A_i$, $B_i$, ... $\mathcal{A}_i$, ... doivent être regardés comme des constantes en tous les points du système solide, si l'on admet l'homogénéité du système, et la constance en tous ses points de ses propriétés élastiques. On les détermine, en effet, par des sommations qui donneront toujours les mêmes résultats, en quelque point qu'on place le centre M de la sphère au dedans de laquelle on les opère. Il ne pourrait y avoir d'exception que pour les molécules situées très près de la surface terminale du corps, auquel cas la sphère déborderait l'espace occupé par le corps, et ne conduirait pas aux mêmes sommes qu'une sphère entièrement pleine. Cette exception ne s'applique pas aux milieux indéfinis.

Dans les corps cristallisés, au contraire, les coefficients $A_i$, $B_i$, ... peuvent varier d'un point à l'autre : ils peuvent aussi se retrouver périodiquement les mêmes, si l'on admet qu'un cristal est l'assemblage d'une infinité d'espaces polyédraux, tous égaux entre eux, semblablement placés les uns à côté des autres, et contenant un même nombre de molécules semblablement placées dans chacun d'eux. Pour un tel milieu, les coefficients $A_i$, $B_i$, ..., appliqués au groupe entier, seront encore constants si les déformations ou les vibrations subies par le système déplacent en totalité chaque groupe polyédral, sans altérer les positions relatives des éléments du groupe ; mais, si les déplacements portent non seulement sur les groupes, mais encore sur les éléments constitutifs de chaque groupe, les coefficients $A_i$ ... doivent être considérés comme périodiques, et le problème de la déformation devient plus compliqué.

Nous supposerons ici l'homogénéité du corps et la constance des coefficients $A_i$.... $\alpha_i$....

Dans ce cas, les expressions de $N_i$ et de $T_i$ se simplifient.

Ces formules (6), qui font connaître ces composantes, doivent conserver leur forme lorsqu'on opère un changement quelconque d'axes coordonnés ; car les axes que nous avons admis n'ont aucune particularité, et sont assujettis seulement à la condition d'être menés par le point M et de former un trièdre trirectangle. Si l'on permute notamment deux des axes, les formules devront continuer à donner les mêmes valeurs pour celles des composantes N et T qui conservent leur signification dans ce changement. On reconnaît ainsi que $N_1$, parallèle à l'axe des $x$, doit conserver sa valeur lorsqu'on échange l'axe des $y$ avec l'axe des $z$ ; dans ce cas, il faut changer, dans la formule qui donne $N_1$, $v$ en $w$ et $y$ en $z$ : de sorte qu'on a à la fois

$$N_1 = A_1 \frac{du}{dx} + B_1 \frac{dv}{dy} + C_1 \frac{dw}{dz} + D_1 \left( \frac{dv}{dz} + \frac{dw}{dy} \right)$$
$$+ E_1 \left( \frac{dw}{dx} + \frac{du}{dz} \right) + F_1 \left( \frac{du}{dy} + \frac{dv}{dx} \right)$$

et

$$N_1 = A_1 \frac{du}{dx} + B_1 \frac{dw}{dz} + C_1 \frac{dv}{dy} + D_1 \left( \frac{dw}{dy} + \frac{dv}{dz} \right)$$
$$+ E_1 \left( \frac{dv}{dx} + \frac{du}{dy} \right) + F_1 \left( \frac{du}{dz} + \frac{dw}{dx} \right),$$

ce qui exige qu'on ait

$$B_1 = C_1 \quad \text{et} \quad E_1 = F_1.$$

On prouverait de même, en considérant les composantes $N_2$ et $N_3$, et en échangeant les axes des $x$ et des $z$, puis des $x$ et des $y$, qu'on a aussi

$$A_2 = C_2, \qquad D_2 = F_2,$$

et

$$A_3 = B_3, \qquad D_3 = E_3 :$$

de sorte qu'en réalité les valeurs des N ne contiennent chacune que quatre

coefficients distincts. Mais on peut aller plus loin, en observant que la
formule réduite

$$(7) \qquad \mathrm{X}_1 = \mathrm{A}_1 \frac{du}{dx} + \mathrm{B}_1 \left( \frac{dv}{dy} + \frac{dw}{dz} \right) + \mathrm{D}_1 \left( \frac{dv}{dz} + \frac{dw}{dy} \right)$$
$$+ \mathrm{E}_1 \left( \frac{dw}{dx} + \frac{du}{dz} + \frac{du}{dy} + \frac{dv}{dx} \right)$$

donnera aussi $\mathrm{X}_2$ et $\mathrm{X}_3$, moyennant qu'on y change

$$x, \quad y, \quad z, \qquad u, \quad v, \quad w,$$

en

$$y, \quad z, \quad x, \qquad v, \quad w, \quad u,$$

puis en

$$z, \quad x, \quad y, \qquad w, \quad u, \quad v;$$

car cela revient à changer les noms des axes. Il vient alors

$$\mathrm{X}_2 = \mathrm{A}_1 \frac{dv}{dy} + \mathrm{B}_1 \left( \frac{dw}{dz} + \frac{du}{dx} \right) + \mathrm{D}_1 \left( \frac{dw}{dx} + \frac{du}{dz} \right)$$
$$+ \mathrm{E}_1 \left( \frac{du}{dy} + \frac{dv}{dx} + \frac{dv}{dz} + \frac{dw}{dy} \right),$$
$$\mathrm{X}_3 = \mathrm{A}_1 \frac{dw}{dz} + \mathrm{B}_1 \left( \frac{du}{dx} + \frac{dv}{dy} \right) + \mathrm{D}_1 \left( \frac{du}{dy} + \frac{dv}{dx} \right)$$
$$+ \mathrm{E}_1 \left( \frac{dv}{dz} + \frac{dw}{dy} + \frac{dw}{dx} + \frac{du}{dz} \right),$$

formules qui ne contiennent plus que quatre coefficients distincts, et
dans lesquelles on peut sans inconvénient supprimer les indices des coefficients.

Les formules qui donneront $\mathrm{T}_1$, $\mathrm{T}_2$, $\mathrm{T}_3$ sont susceptibles de semblables
réductions par la même méthode; et l'on trouvera, en définitive, en effa-
çant les indices devenus inutiles,

$$\mathrm{T}_1 = \mathcal{A} \frac{du}{dx} + \mathcal{B} \left( \frac{dv}{dy} + \frac{dw}{dz} \right) + \Delta \left( \frac{dv}{dz} + \frac{dw}{dy} \right)$$
$$+ \mathcal{C} \left( \frac{dw}{dx} + \frac{du}{dz} + \frac{du}{dy} + \frac{dv}{dx} \right),$$
$$\mathrm{T}_2 = \mathcal{A} \frac{dv}{dy} + \mathcal{B} \left( \frac{dw}{dz} + \frac{du}{dx} \right) + \Delta \left( \frac{dw}{dx} + \frac{du}{dz} \right)$$
$$+ \mathcal{C} \left( \frac{du}{dy} + \frac{dv}{dx} + \frac{dv}{dz} + \frac{dw}{dy} \right),$$
$$\mathrm{T}_3 = \mathcal{A} \frac{dw}{dz} + \mathcal{B} \left( \frac{du}{dx} + \frac{dv}{dy} \right) + \Delta \left( \frac{du}{dy} + \frac{dv}{dx} \right)$$
$$+ \mathcal{C} \left( \frac{dv}{dz} + \frac{dw}{dy} + \frac{dw}{dx} + \frac{du}{dz} \right).$$

**129.** On pousse plus loin la simplification en considérant successivement deux déformations particulières qui seraient imposées au milieu élastique.

1° La première déformation que nous admettrons est une *traction simple*. Chaque molécule du corps se déplace parallèlement à l'axe fixe OZ d'une quantité proportionnelle à sa distance au plan fixe XOY : le déplacement subi par le point M $(x, y, z)$ sera exprimé par ses composantes

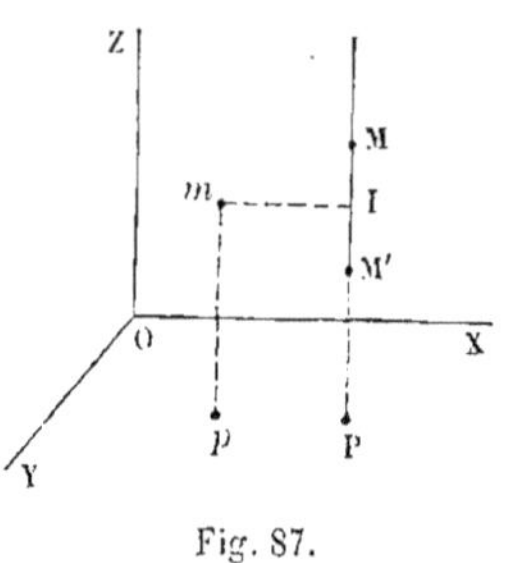

Fig. 87.

$$u = 0, \qquad v = 0, \qquad w = cz,$$

$c$ étant un coefficient constant. Si l'on considère, en un point $m$ quelconque du milieu, un élément plan infiniment petit, perpendiculaire à l'axe OX, et qu'on cherche les actions exercées, par suite de la déformation, sur les molécules contenues dans cet élément, il est facile de reconnaitre que ces actions ont une résultante normale à l'élément, c'est-à-dire parallèle à l'axe OX. Par le point M faisons passer deux plans rectangulaires, parallèles à YOX et à ZOX. Les molécules voisines de $m$ se trouvent, par l'hypothèse même de l'homogénéité, distribuées symétriquement par rapport à ces deux plans. Elles subissent de plus des déplacements qui les laissent symétriques, par rapport aux mêmes plans entrainés par le point $m$. Si l'on considère, par exemple, sur la verticale PM deux points M et M', symétriques par rapport au point I où cette verticale rencontre le plan parallèle à XOY, ces deux points et le point $m$, subissant des déplacements proportionnels aux distances PM, PM', $pm$, le point $m$ reste, en projection sur l'axe OZ, le milieu de la droite MM', et les actions dues aux accroissements de distance de M$m$ et de M'$m$ n'ont pas de composantes suivant cet axe. Deux points symétriques par rapport au plan parallèle à ZOX conservent leurs distances au point $m$, et aucune force élastique ne se développe entre eux. En définitive, on a, sur tout élément plan parallèle au plan ZOY,

$$T_3 = T_2 = 0$$

et la force élastique se réduit à sa composante normale $N_1$.

La même conclusion s'applique aussi au plan ZOX, parallèle à la traction, et par conséquent on a encore

$$T_3 = T_1 = 0.$$

Donc enfin les trois plans coordonnés et les plans parallèles sont dans ce cas des plans principaux de l'ellipsoïde d'inertie.

Introduisons l'hypothèse $u=0$, $v=0$, $w=cz$ dans les équations (8). Il vient pour les dérivées partielles

$$\frac{du}{dx}=0, \qquad \frac{du}{dy}=0, \qquad \frac{du}{dz}=0,$$

$$\frac{dv}{dx}=0, \qquad \frac{dv}{dy}=0, \qquad \frac{dv}{dz}=0,$$

$$\frac{dw}{dx}=0, \qquad \frac{dw}{dy}=0, \qquad \frac{dw}{dz}=c,$$

et par conséquent on a les six équations

$$T_1 = \mathfrak{B}\,c, \qquad\qquad N_1 = D\,\frac{dw}{dz} = Dc,$$

$$T_2 = \mathfrak{B}\,c, \qquad\qquad N_2 = Dc,$$

$$T_3 = \mathfrak{A}\,c, \qquad\qquad N_3 = Ac.$$

Pour que les T soient nuls, il faut et il suffit qu'on ait $\mathfrak{A} = \mathfrak{B} = 0$, de sorte que les équations (8) perdent leurs deux premiers termes.

La seconde déformation que nous imaginerons consiste à poser

$$u = -\omega yz, \qquad v = \omega xz, \qquad w = 0,$$

ce qui montre que chaque point se déplace dans le plan parallèle à XOY proportionnellement à ses distances à ce plan et à l'axe OZ. Ce mouvement définit la *torsion simple*.

Imaginons un élément plan $p$, infiniment petit, perpendiculaire à OX, et ayant son centre situé dans le plan des ZOX; cherchons la résultante des actions élastiques exercées par les molécules voisines situées d'un côté de cet élément. Cette résultante sera égale à zéro. En effet, considérons quatre molécules M, M', M'', M''' symétriques deux à deux par rapport au plan ZOX, ainsi qu'au plan parallèle à XOY mené par le point $p$, centre de l'élément plan. Soient $m$ la projection des molécules M et M''; $m'$ la projection des molécules M' et M'''. Dans la déformation, les quatre points M, M', M''', M'' et le point $p$ tournent de quantités inégales autour de l'axe OZ projeté en O. On peut concevoir qu'on ramène après la déformation le point $p$ à sa position première : alors les points M se seront déplacés, et les écarts avec leurs positions premières feront connaître les forces élastiques développées sur le point $p$. Ces écarts sont des arcs de cercle égaux, diversement dirigés.

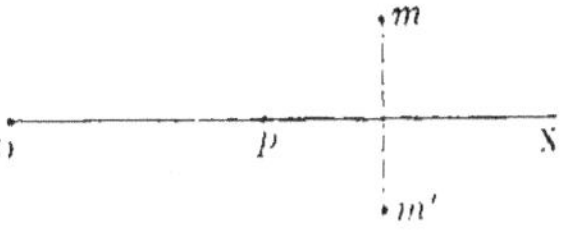

Fig. 88.

Deux des points M se seront éloignés de $p$, deux s'en seront rapprochés, mais de quantités égales deux à deux, au signe près. Il en résulte que des quatre actions, égales en valeur absolue, exercées sur le plan $p$, il y a deux actions attractives et deux répulsives, faisant des angles égaux avec les parallèles aux axes coordonnés menés par le point $p$. La somme algébrique des composantes de ces actions projetées sur les trois axes est donc nulle, et par suite on a pour l'élément plan $p$, dont le centre est dans le plan méridien ZOX,

$$N_1 = 0, \quad T_3 = T_2 = 0.$$

Si, au contraire, on prend un élément plan $p'$, au même point $p$, mais perpendiculaire à l'axe OZ, on reconnaîtrait que la résultante des deux actions développées par les écarts des deux points M et M', symétriques par rapport au plan $p'$, et situés par conséquent sur une parallèle à OZ, est une force tangentielle à l'élément, de sorte que, sur ce plan $p'$ parallèle à XOY et ayant son centre dans le plan méridien ZOY, on a

$$N_3 = 0,$$

et la force élastique se réduit à sa composante tangentielle $T_1$.

Si l'on introduit les hypothèses

$$u = -\omega yz, \quad v = \omega xz, \quad w = 0,$$

dans les équations (7) et (8), on trouve d'abord

$$\frac{du}{dx} = 0, \quad \frac{du}{dy} = -\omega z, \quad \frac{du}{dz} = -\omega y,$$

$$\frac{dv}{dx} = \omega z, \quad \frac{dv}{dy} = 0, \quad \frac{dv}{dz} = \omega x,$$

$$\frac{dw}{dx} = 0, \quad \frac{dw}{dy} = 0, \quad \frac{dw}{dz} = 0,$$

et par suite, en observant que les plans $p$ et $p'$ ont tous deux le plan ZOX pour plan moyen, ce qui entraîne $y = 0$,

$$N_1 = D\,\omega x,$$

$$N_3 = E\,\omega x,$$

$$T_3 = T_3 = \mathcal{C}\,\omega x.$$

Ces trois quantités devant être nulles, on a nécessairement

$$D = 0, \quad E = 0, \quad \mathcal{E} = 0.$$

La première hypothèse a supprimé deux coefficients; la seconde en supprime trois; et comme il y en avait huit dans les équations (7) et (8), il n'en reste plus que trois.

On peut se rendre compte des résultats obtenus dans la première hypothèse, en considérant le corps solide comme décomposé en *fibres* jointives, à section rectangulaire, parallèles à la direction dans laquelle s'exerce l'*extension simple*. Comme chacune de ces fibres s'allonge de la même quantité, il n'y a aucun glissement sur leurs faces latérales. Mais il peut y avoir *contraction*, comme l'expérience le démontre, et cet effet suppose des actions normales à ces mêmes faces.

Pour la seconde hypothèse, on décomposera le solide par des plans passant par l'axe OZ, autour duquel la *torsion* s'opère, et par des cylindres concentriques. Les fibres jointives constituées par cette décomposition sont rectilignes dans l'état naturel; elles se courbent en forme d'hélices de même pas par suite de la déformation. Si l'on achève de les décomposer en éléments infiniment petits par des plans perpendiculaires à OZ, on reconnait qu'il y a tendance au glissement de deux éléments successifs, suivant le plan de la base commune, dans le sens perpendiculaire au rayon, et aussi suivant les faces situées primitivement dans les plans méridiens, mais que les actions normales sont toutes nulles, car il n'y a ni compression ni extension sensible de l'élément de fibre considéré, qui, de prisme droit qu'il était, se transforme simplement en prisme oblique par une déviation angulaire infiniment petite de ses génératrices rectilignes.

150. Introduisons ces simplifications dans les équations (7) et (8); il viendra les équations

$$(9)\quad \left\{\begin{aligned} N_1 &= A\frac{du}{dx} + B\left(\frac{dv}{dy} + \frac{dw}{dz}\right),\\ N_2 &= A\frac{dv}{dy} + B\left(\frac{dw}{dz} + \frac{du}{dx}\right),\\ N_3 &= A\frac{dw}{dz} + B\left(\frac{du}{dx} + \frac{dv}{dy}\right),\\ T_1 &= \Delta\left(\frac{dv}{dz} + \frac{dw}{dy}\right),\\ T_2 &= \Delta\left(\frac{dw}{dx} + \frac{du}{dz}\right),\\ T_3 &= \Delta\left(\frac{du}{dy} + \frac{dv}{dx}\right).\end{aligned}\right.$$

Ces trois coefficients distincts A, B, Δ, peuvent se réduire à deux.

On transforme les trois premières équations (9) en introduisant la fonction $\theta = \dfrac{du}{dx} + \dfrac{dv}{dy} + \dfrac{dw}{dz}$, qui représente le coefficient de dilatation cubique; on peut écrire en effet

$$A \frac{du}{dx} + B \left( \frac{dv}{dy} + \frac{dw}{dz} \right) = B \left( \frac{du}{dx} + \frac{dv}{dy} + \frac{dw}{dz} \right) + (A - B) \frac{du}{dx}.$$

On est conduit par là à poser $A - B = 2\mu$, $\mu$ étant un nouveau coefficient; de plus on remplace ordinairement B par la lettre $\lambda$; il vient alors les trois équations :

$$(10) \qquad \begin{cases} N_1 = \lambda\theta + 2\mu \dfrac{du}{dx}, \\[2mm] N_2 = \lambda\theta + 2\mu \dfrac{dv}{dy}, \\[2mm] N_3 = \lambda\theta + 2\mu \dfrac{dw}{dz}. \end{cases}$$

Quant aux trois autres équations (9), nous allons démontrer qu'on peut y remplacer le coefficient $\Delta$ par $\mu$. Pour le démontrer, on observera que l'équation $N_1 = \lambda\theta + 2\mu \dfrac{du}{dx}$ peut s'appliquer à un autre système d'axes issus du point M aussi bien qu'au premier ; on devra trouver pour ce nouveau système $N'_1 = \lambda\theta + 2\mu \dfrac{du'}{dx'}$. Le facteur $\theta$, qui exprime la dilatation cubique au point M, reste le même, quel que soit le système d'axe adopté.

Il suffira donc de changer les axes $(x, y, z,)$ dans les axes $(x', y', z')$ par les formules connues de transformation, et de déterminer les nouvelles dérivées partielles en fonction des anciennes et des cosinus des angles que les anciens axes font avec les nouveaux. On a d'abord, en appelant $m_1, n_1, p_1$, les cosinus des angles que forme l'ancien axe des $x$ avec les trois nouveaux axes coordonnés,

$$N'_1 = \lambda\theta + 2\mu \left( m_1^2 \frac{du}{dx} + n_1^2 \frac{dv}{dy} + p_1^2 \frac{dw}{dz} \right)$$
$$+ 2\Delta \left[ n_1 p_1 \left( \frac{dv}{dz} + \frac{dw}{dy} \right) + p_1 m_1 \left( \frac{dw}{dx} + \frac{du}{dz} \right) + m_1 n_1 \left( \frac{du}{dx} + \frac{dv}{dy} \right) \right],$$

formule qui doit se réduire à la suivante :

$$N'_1 = \lambda\theta + 2\mu \frac{du'}{dx'}$$

Le calcul de $\dfrac{du'}{dx'}$ en fonction des anciennes dérivées est long, mais il ne présente aucune difficulté. Nous renverrons pour la suite des opérations à la 4ᵉ leçon de Lamé. On trouve

$$\frac{du'}{dx'} = m_1{}^2 \frac{du}{dx} + n_1{}^2 \frac{dv}{dy} + p_1{}^2 \frac{dw}{dz}$$
$$+ n_1 p_1 \left( \frac{dv}{dz} + \frac{dw}{dy} \right) + p_1 m_1 \left( \frac{dw}{dx} + \frac{du}{dz} \right) + m_1 n_1 \left( \frac{du}{dy} + \frac{dv}{dx} \right),$$

et par suite

$$N'_1 = \lambda \theta + 2\mu \left( m_1{}^2 \frac{du}{dx} + n_1{}^2 \frac{dv}{dy} + p_1{}^2 \frac{dw}{dz} \right)$$
$$+ 2\mu \left[ n_1 p_1 \left( \frac{dv}{dz} + \frac{dw}{dy} \right) + p_1 m_1 \left( \frac{dw}{dx} + \frac{du}{dz} \right) + m_1 n_1 \left( \frac{du}{dy} + \frac{dv}{dx} \right) \right],$$

équation qui, comparée à celle qu'on vient d'obtenir, entraine la relation

$$\Delta = \mu.$$

On a donc, à la place des trois dernières équations (9), les équations (11)

$$(11) \quad \begin{cases} T_1 = \mu \left( \dfrac{dv}{dz} + \dfrac{dw}{dy} \right), \\[2mm] T_2 = \mu \left( \dfrac{dw}{dx} + \dfrac{du}{dz} \right), \\[2mm] T_3 = \mu \left( \dfrac{du}{dy} + \dfrac{dv}{dx} \right). \end{cases}$$

La théorie de Lamé ne conserve, en définitive, que deux coefficients distincts, $\lambda$ et $\mu$. Ils se réduiraient à un seul, et l'on aurait $\lambda = \mu$, si l'on admettait la continuité de la matière. C'était la méthode des anciens auteurs, Poisson, Cauchy. Depuis, M. de Saint-Venant, dans ses notes sur les *Leçons de Navier*, a fait voir que, contrairement aux idées de Lamé, cette réduction des coefficients à un seul était légitime, et qu'elle résultait rationnellement de l'hypothèse même des actions mutuelles des molécules fonctions de leur distance. La plupart des géomètres modernes se sont ralliés à cette nouvelle doctrine. Nous conserverons néanmoins dans ce qui suit les deux coefficients de Lamé, qu'il sera toujours possible de réduire à un seul, et qui donnent plus de facilité pour mettre la théorie d'accord avec les faits observés.

ÉQUILIBRE D'ÉLASTICITÉ.

**131.** Les équations (10) et (11), qui rattachent les six composantes de la force élastique aux déplacements $u$, $v$, $w$, font connaître les N et les T, et permettent de substituer ces valeurs dans les équations (4) du § 120, lesquelles expriment l'équilibre du parallélépipède élémentaire. Reproduisons ici le tableau des diverses équations dont on aura à faire usage :

$$(1) \quad \begin{cases} N_1 = \lambda \theta + 2\mu \dfrac{du}{dx}, \\[2mm] N_2 = \lambda \theta + 2\mu \dfrac{dv}{dy}, \\[2mm] N_3 = \lambda \theta + 2\mu \dfrac{dw}{dz}; \\[2mm] \hline \\ T_1 = \mu \left( \dfrac{dv}{dz} + \dfrac{dw}{dy} \right), \\[2mm] T_2 = \mu \left( \dfrac{dw}{dx} + \dfrac{du}{dz} \right), \\[2mm] T_3 = \mu \left( \dfrac{du}{dy} + \dfrac{dv}{dx} \right). \end{cases}$$

$$(2) \quad \theta = \frac{du}{dx} + \frac{dv}{dy} + \frac{dw}{dz}.$$

$$(3) \quad \begin{cases} \dfrac{dN_1}{dx} + \dfrac{dT_3}{dy} + \dfrac{dT_2}{dz} + \rho X_0 = 0, \\[2mm] \dfrac{dT_3}{dx} + \dfrac{dN_2}{dy} + \dfrac{dT_1}{dz} + \rho Y_0 = 0, \\[2mm] \dfrac{dT_2}{dx} + \dfrac{dT_1}{dy} + \dfrac{dN_3}{dz} + \rho Z_0 = 0. \end{cases}$$

Si, au lieu de l'équilibre, on voulait traiter la question du mouvement, par exemple celle des oscillations, il faudrait remplacer, dans le second membre des équations (3), zéro par les produits $\rho \dfrac{d^2u}{dt^2}$, $\rho \dfrac{d^2v}{dt^2}$, $\rho \dfrac{d^2w}{dt^2}$, de la masse spécifique par les accélérations du point mobile projetées sur les axes.

Remplaçons, dans la première des équations (3), $N_1$, $T_3$ et $T_2$ par leurs valeurs ; il viendra d'abord

$$\lambda \frac{d\theta}{dx} + 2\mu \frac{d^2u}{dx^2} + \mu \left( \frac{d^2u}{dy} + \frac{d^2v}{dxdy} + \frac{d^2w}{dxdz} + \frac{d^2u}{dz^2} \right) + \rho X_0 = 0.$$

Or l'équation [2] donne, en prenant la dérivée par rapport à $x$,

$$\frac{d\vartheta}{dx} = \frac{d^2u}{dx^2} + \frac{d^2v}{dxdy} + \frac{d^2w}{dxdz},$$

ce qui permet d'écrire l'équation précédente sous la forme

$$(4) \qquad \lambda + \mu \; \frac{d\vartheta}{dx} + \mu \left( \frac{d^2u}{dx^2} + \frac{d^2u}{dy^2} + \frac{d^2u}{dz^2} \right) + \rho X_0 = 0$$

ou encore sous la forme

$$\lambda + 2\mu \; \frac{d\vartheta}{dx} + \mu \left[ \frac{d\left( \dfrac{du}{dy} - \dfrac{dv}{dx} \right)}{dy} - \frac{d\left( \dfrac{dw}{dx} - \dfrac{du}{dz} \right)}{dz} \right] + \rho X_0 = 0.$$

En effet, on a

$$\frac{d\left( \dfrac{du}{dy} - \dfrac{dv}{dx} \right)}{dy} = \frac{d^2u}{dy^2} - \frac{d^2v}{dxdy},$$

$$\frac{d\left( \dfrac{dw}{dx} - \dfrac{du}{dz} \right)}{dz} = \frac{d^2w}{dxdz} - \frac{d^2u}{dz^2},$$

et la différence de ces deux expressions est

$$\frac{d^2u}{dy^2} + \frac{d^2u}{dz^2} - \frac{d^2v}{dxdy} - \frac{d^2w}{dxdz},$$

c'est-à-dire

$$\frac{d^2u}{dx^2} + \frac{d^2u}{dy^2} + \frac{d^2u}{dz^2} - \frac{d\vartheta}{dx}.$$

On passe donc de la première forme à la seconde en ajoutant et en retranchant au premier membre de l'équation le produit $\mu \; \dfrac{d\vartheta}{dx}$.

De l'équation ainsi formée, on déduit deux autres équations, en changeant

$$x, \; y, \; z, \; u, \; v, \; w, \; X_0$$

en

$$y, \; z, \; x, \; v, \; w, \; u, \; Y_0$$

puis en

$$z, \; x, \; y, \; w, \; u, \; v, \; Z_0.$$

et l'on obtient les trois équations

$$(5)\begin{cases}(\lambda+2\mu)\dfrac{d\theta}{dx}+\mu\left[\dfrac{d\left(\dfrac{du}{dy}-\dfrac{dv}{dx}\right)}{dy}-\dfrac{d\left(\dfrac{dw}{dx}-\dfrac{du}{dz}\right)}{dz}\right]+\rho X_0=0,\\[3em](\lambda+2\mu)\dfrac{d\theta}{dy}+\mu\left[\dfrac{d\left(\dfrac{dv}{dz}-\dfrac{dw}{dy}\right)}{dz}-\dfrac{d\left(\dfrac{du}{dy}-\dfrac{dv}{dx}\right)}{dx}\right]+\rho Y_0=0,\\[3em](\lambda+2\mu)\dfrac{d\theta}{dz}+\mu\left[\dfrac{d\left(\dfrac{dw}{dx}-\dfrac{du}{dz}\right)}{dx}-\dfrac{d\left(\dfrac{dv}{dz}-\dfrac{dw}{dy}\right)}{dy}\right]+\rho Z_0=0.\end{cases}$$

132. En général, les forces $X_0$, $Y_0$, $Z_0$ sont les composantes d'une ou plusieurs attractions ou répulsions exercées par des centres fixes, ce qui comprend comme cas particulier la pesanteur. S'il en est ainsi, $X_0$, $Y_0$, $Z_0$ sont les dérivées partielles, par rapport aux coordonnées $x$, $y$, $z$ du point qui subit ces attractions, d'une certaine fonction de ces variables, et si les attractions et répulsions suivent la loi newtonienne de la raison inverse des carrés des distances, la fonction potentielle F satisfera à l'équation

$$\frac{d^2F}{dx^2}+\frac{d^2F}{dy^2}+\frac{d^2F}{dz^2}=0,$$

ou bien

$$\frac{dX_0}{dx}+\frac{dY_0}{dy}+\frac{dZ_0}{dz}=0.$$

Dans cette hypothèse, prenons la dérivée par rapport à $x$ de la première équation (4), la dérivée par rapport à $y$ de la seconde, la dérivée par rapport à $z$ de la troisième, et ajoutons les trois équations résultantes. Les $X_0$, $Y_0$, $Z_0$ seront éliminés, ainsi que les crochets qui multiplient $\mu$; car le terme $\dfrac{d^2\left(\dfrac{du}{dy}-\dfrac{dv}{dx}\right)}{dxdy}$, fourni par la première équation, détruit le terme $-\dfrac{d^2\left(\dfrac{du}{dy}-\dfrac{dv}{dx}\right)}{dxdy}$ que fournit la seconde. Il vient donc en définitive

$$(6)\qquad(\lambda+2\mu)\left(\frac{d^2\theta}{dx^2}+\frac{d^2\theta}{dy^2}+\frac{d^2\theta}{dz^2}\right)=0,$$

ou

$$=\rho\frac{d^2\theta}{dt^2},$$

si les zéros des seconds membres des équations (5) sont remplacés par les produits $\rho \frac{du^2}{dt^2}$, $\rho \frac{d^2v}{dt^2}$, $\rho \frac{d^2w}{dt^2}$ dans le cas du mouvement. On a en effet identiquement

$$\rho \left( \frac{d^3u}{dt^2dx} + \frac{d^3v}{dt^2dy} + \frac{d^3w}{dt^2dz} \right) = \rho \frac{d^2}{dt^2} \left( \frac{du}{dx} + \frac{dv}{dy} + \frac{dw}{dz} \right) = \rho \frac{d^2\theta}{dt^2}.$$

L'équation (6), l'équation (4) et les deux autres qu'on en déduit (ou les équations (5) équivalentes), sont en définitive les équations générales de l'équilibre élastique; elles sont réunies dans le tableau suivant :

$$(4) \quad \begin{cases} \left( \lambda + \mu \right) \dfrac{d\theta}{dx} + \mu \left( \dfrac{d^2u}{dx^2} + \dfrac{d^2u}{du^2} + \dfrac{d^2u}{dz^2} \right) + \rho X_0 = 0, \\[2ex] \left( \lambda + \mu \right) \dfrac{d\theta}{dy} + \mu \left( \dfrac{d^2v}{dx^2} + \dfrac{d^2v}{dy^2} + \dfrac{d^2v}{dz^2} \right) + \rho Y_0 = 0, \\[2ex] \left( \lambda + \mu \right) \dfrac{d\theta}{dz} + \mu \left( \dfrac{d^2w}{dx^2} + \dfrac{d^2w}{dy^2} + \dfrac{d^2w}{dz^2} \right) + \rho Z_0 = 0, \end{cases}$$

$$(6) \quad \frac{d^2\theta}{dx^2} + \frac{d^2\theta}{dy^2} + \frac{d^2\theta}{dz^2} = 0.$$

Cette dernière équation est identique à celle qui régit la distribution des températures à l'intérieur du corps solide; elle assimile en même temps la dilatation cubique $\theta$ au potentiel des attractions newtoniennes. « Ce double rapprochement entre des théories en apparence si différentes, dit Lamé, est un fait analytique très remarquable, et qui pourra servir de point de départ quand il s'agira de ramener à l'unité toutes les théories partielles. »

135. Les équations (4) sont des équations *linéaires* à coefficients constants, qui renferment des termes donnés, $\rho X_0$, $\rho Y_0$, $\rho Z_0$. Les fonctions cherchées $u$, $v$, $w$ se composeront donc d'une somme de termes, dont chacun satisfera individuellement aux équations, et qu'on peut partager en deux groupes distincts : 1° ceux qui constituent les intégrales générales des équations (4) dépourvues des termes connus; 2° ceux qui sont destinés à faire évanouir les termes $\rho X_0$, $\rho Y_0$, $\rho Z_0$. Ces derniers sont faciles à déterminer, lorsque les forces $X_0$, $Y_0$, $Z_0$ dérivent d'un potentiel, ou lorsqu'elles sont constantes. Dans le cas où elles sont constantes, on reconnaît facilement que les solutions suivantes

$$u = -\frac{\rho}{\lambda + 2\mu} \frac{X_0}{2} x^2,$$

$$v = -\frac{\rho}{\lambda + 2\mu} \frac{Y_0}{2} y^2,$$

$$w = -\frac{\rho}{\lambda + 2\mu} \frac{Z_0}{2} z^2,$$

ont la propriété d'annuler les termes $\rho X_0$, $\rho Y_0$, $\rho Z_0$. Dans tous les cas, on pourra faire abstraction de ces termes, en sous-entendant les termes correctifs qu'il conviendrait d'ajouter à la solution, si l'on voulait en tenir compte.

La forme linéaire des équations démontre en même temps le principe si fécond de la *superposition des effets des forces*, analogue au principe de la *coexistence des petites oscillations* dans l'hydrodynamique et la mécanique vibratoire.

COEFFICIENT D'ÉLASTICITÉ.

**134.** Les coefficients $\lambda$ et $\mu$ sont homogènes aux tensions N et T, c'est-à-dire à des forces rapportées à l'unité de surface. Leurs valeurs peuvent se déduire de l'expérience, en soumettant un corps élastique à un certain nombre de déformations. Il suffit de deux expériences pour arriver à déterminer les deux inconnues $\lambda$ et $\mu$. D'autres expériences fourniraient des vérifications de la théorie.

1° Imaginons qu'on exerce sur toute la surface extérieure du solide élastique une pression normale uniforme. Le solide devra se contracter en restant semblable à lui-même, et la pression exercée à l'extérieur se transmettra partout dans la masse du corps, comme s'il s'agissait d'un fluide parfait. Si l'on suppose que l'origine des coordonnées reste fixe, les variations des coordonnées de chaque point $(x,\ y,\ z)$ seront proportionnelles à ces mêmes coordonnées. On pourra donc poser

$$u = -ax,$$
$$v = -ay,$$
$$w = -az,$$

$a$ étant un coefficient constant pour tout le corps. Les composantes tangentielles T sont nulles en tout point, comme le montrent les équations (1). En même temps les N deviennent égaux autour d'un point, et on a $N = -(3\lambda + 2\mu)\,a$. Soit $p$ la pression par unité de surface uniformément exercée sur le corps; on aura $p = -N$, et par suite $a = \dfrac{p}{3\lambda + 2\mu}$. Le coefficient $a$ mesurant la contraction linéaire, la dilatation cubique $\theta$ est égale à $-3a = \dfrac{3p}{3\lambda + 2\mu}$.

Si donc on a déterminé par expérience la *compressibilité cubique* du corps, c'est-à-dire le rapport de sa diminution de volume à la pression extérieure qui la produit, et qu'on appelle $\alpha$ ce rapport, on aura

$$\alpha = \frac{3}{3\lambda + 2\mu},$$

première équation qui lie les coefficients $\lambda$ et $\mu$ au nombre $\alpha$, que l'expérience peut déterminer.

2° Supposons en second lieu un corps prismatique, à arêtes verticales parallèles à l'axe OZ, et soumettons-le à une traction F, uniformément répartie par unité de surface sur ses deux bases. Le corps s'allongera, mais il se contractera en même temps, et les déplacements $u$, $v$, $w$ seront donnés par les équations

$$u = -ax, \quad v = -ay, \quad w = cz,$$

en appelant $a$ le coefficient de *contraction latérale* et $c$ le coefficient d'*extension longitudinale*.

Ces hypothèses rendent nulles les composantes T, et donnent aux N les valeurs suivantes :

$$N_1 = N_2 = (c - 2a)\lambda - 2a\mu,$$
$$N_3 = (c - 2a)\lambda + 2c\mu.$$

$N_1$ et $N_2$ étant partout les mêmes, et étant nulles à la surface latérale, où nous ne supposons aucune force appliquée, on aura

$$(c - 2a)\lambda - 2a\mu = 0, \quad \text{ou bien} \quad \lambda c - 2(\lambda + \mu)a = 0.$$

De plus $N_3$ est aussi partout la même, et a pour valeur la tension F exercée sur le prisme. Donc

$$(c - 2a)\lambda + 2c\mu = F, \quad \text{ou bien} \quad (\lambda + 2\mu)c - 2\lambda a = F.$$

Ces deux équations, résolues par rapport à $a$ et à $c$, donnent

$$c = \frac{1 + \dfrac{\lambda}{\mu}}{3\lambda + 2\mu}\, F, \quad a = \frac{1}{2}\frac{\lambda}{\mu}\frac{F}{3\lambda + 2\mu},$$

d'où l'on conclut

$$\theta = c - 2a = \frac{F}{3\lambda + 2\mu}.$$

On voit qu'il y a dilatation cubique lorsque le corps subit une traction ; le rapport de l'accroissement du volume à la tension F qui le produit, est égal à $\dfrac{1}{3\lambda + 2\mu}$, c'est-à-dire au tiers de la compressibilité cubique $\alpha$, déterminée dans la première expérience.

L'*allongement relatif*, $\dfrac{c}{F}$, de l'unité de longueur du prisme, *rapporté à la tension* F *qui le produit*, est égal à

$$\frac{1 + \dfrac{\lambda}{\mu}}{3\lambda + 2\mu} = \beta.$$

Si l'on détermine par l'expérience cet allongement relatif $\beta$, on aura une seconde équation, qui achèvera de déterminer $\lambda$ et $\mu$. On arrive aux équations

$$\mu = \frac{3}{9\beta - \alpha},$$

$$\lambda = \frac{1}{\alpha} - \frac{2}{9\beta - \alpha}.$$

Le *coefficient d'élasticité* E de la résistance des matériaux est l'inverse du rapport $\beta$, et l'on a par conséquent

$$E = \frac{3\lambda + 2\mu}{1 + \dfrac{\lambda}{\mu}}.$$

Le coefficient E représente alors une force rapportée à l'unité de surface. Lamé définit au contraire le *coefficient d'élasticité* par l'allongement de l'unité de longueur d'un prisme sous l'influence d'une traction égale à l'unité. Alors il est égal à $\beta$, c'est-à-dire à l'inverse $\dfrac{1}{E}$ du coefficient d'élasticité tel qu'on l'entend communément.

Lamé repousse la relation $\lambda = \mu$, qui résulterait de la continuité de la matière; il propose $\lambda = 2\mu$, d'après des expériences de Wertheim. A vrai dire, le rapport $\dfrac{\lambda}{\mu}$ n'est pas encore connu avec assez de précision pour qu'on puisse affirmer qu'il soit le même dans tous les corps.

TRAVAIL DE LA DÉFORMATION.

**155.** Le travail de la déformation d'un corps homogène et d'élasticité constante est donné par un théorème dû à Clapeyron. Voici comment on peut déduire ce théorème des équations générales de l'élasticité.

Reprenons les équations de l'équilibre élastique, et faisons abstraction des forces extérieures qui sollicitent les diverses molécules du corps, pour ne tenir compte que des forces appliquées directement à sa surface terminale. Le travail des forces qu'on supprime serait facile à rétablir s'il était nécessaire de le déterminer. Nous aurons dans cette hypothèse

$$(1) \quad \begin{cases} \dfrac{dN_1}{dx} + \dfrac{dT_3}{dy} + \dfrac{dT_2}{dz} = 0, \\[2mm] \dfrac{dT_3}{dx} + \dfrac{dN_2}{dy} + \dfrac{dT_1}{dz} = 0, \\[2mm] \dfrac{dT_2}{dx} + \dfrac{dT_1}{dy} + \dfrac{dN_3}{dz} = 0, \end{cases}$$

équations dans lesquelles les N et les T ont les valeurs suivantes :

$$(2) \quad \begin{cases} N_1 = \lambda\theta + 2\,\mu\,\dfrac{du}{dx}, \\[2mm] N_2 = \lambda\theta + 2\,\mu\,\dfrac{dv}{dy}, \\[2mm] N_3 = \lambda\theta + 2\,\mu\,\dfrac{dw}{dz}. \\[2mm] T_1 = \mu\left(\dfrac{dv}{dz} + \dfrac{dw}{dy}\right), \\[2mm] T_2 = \mu\left(\dfrac{dw}{dx} + \dfrac{du}{dz}\right), \\[2mm] T_3 = \mu\left(\dfrac{du}{dy} + \dfrac{dv}{dx}\right). \end{cases}$$

Multiplions la première des équations (1) par $u$, la seconde par $v$, la troisième par $w$; on aura les travaux des forces. Par exemple, les forces $N_1$, $T_3$, $T_2$ qui agissent dans la direction de l'axe OX, c'est-à-dire dans la direction du déplacement composant $u$, donneront, lorsqu'on les multiplie par $u$, le travail correspondant au déplacement de leur point d'application. On fera la somme des trois équations, et on multipliera par le produit $dx\,dy\,dz$, après quoi on intégrera dans toute l'étendue du corps; ce qui donnera

$$\begin{cases} \displaystyle\int\!\!\int\!\!\int \frac{dN_1}{dx}\,u\,dx\,dy\,dz + \int\!\!\int\!\!\int \frac{dT_3}{dy}\,u\,dx\,dy\,dz + \int\!\!\int\!\!\int \frac{dT_2}{dz}\,u\,dx\,dy\,dz \\[3mm] + \displaystyle\int\!\!\int\!\!\int \frac{dT_3}{dx}\,v\,dx\,dy\,dz + \int\!\!\int\!\!\int \frac{dN_2}{dy}\,v\,dx\,dy\,dz + \int\!\!\int\!\!\int \frac{dT_1}{dz}\,v\,dx\,dy\,dz \\[3mm] + \displaystyle\int\!\!\int\!\!\int \frac{dT_2}{dx}\,w\,dx\,dy\,dz + \int\!\!\int\!\!\int \frac{dT_1}{dy}\,w\,dx\,dy\,dz + \int\!\!\int\!\!\int \frac{dN_3}{dz}\,w\,dx\,dy\,dz \end{cases} = 0.$$

Considérons à part une des triples sommes, la première par exemple. Il vient, en effectuant une intégration, celle qui porte sur la variable par rapport à laquelle la dérivée est prise dans l'expression placée sous le signe $\int$, et en intégrant par parties,

$$\int u \frac{d\mathrm{N}_1}{dx}\, dx\,dy\,dz = dy\,dz \int u \frac{d\mathrm{N}_1}{du}\, dx = dy\,dz \left[ \left( \mathrm{N}_1 u \right) - \int \mathrm{N}_1 \frac{du}{dx}\, dx \right].$$

Le terme $\mathrm{N}_1 u$, en dehors du signe $\int$, doit être pris entre les limites correspondantes aux valeurs données de $y$ et de $z$ ; supposons que la droite parallèle aux $x$ qui correspond à ces valeurs, perce en deux points seulement la surface extérieure du corps : soient $\mathrm{N}'_1$ et $u'$, $\mathrm{N}''_1$ et $u''$, les valeurs des fonctions $\mathrm{N}_1$ et $u$ en ces deux points. On aura, en indiquant seulement les deux autres intégrations,

$$\int\int\int u \frac{d\mathrm{N}_1}{dx}\, dx\,dy\,dz = \int\int dy\,dz\,(\mathrm{N}_1' u' - \mathrm{N}_1'' u'') - \int\int\int \mathrm{N}_1 \frac{du}{dx}\, dx\,dy\,dz.$$

156. L'intégrale double du second membre représente, sauf un coefficient constant que nous définirons tout à l'heure, le travail des tensions élastiques extérieures qui s'exercent sur les deux éléments extrêmes faisant partie de la surface terminale du corps. Le facteur $\mathrm{N}'_1 dx\,dz$ représente, par exemple, la tension totale qui s'exerce sur l'un de ces éléments, projetée sur l'axe OX, et l'autre facteur $u$ est le déplacement que subit son point d'application en projection sur le même axe. Le produit $\mathrm{N}'_1\, dy\, dz \times u'$ représenterait donc le travail partiel de la force élastique superficielle, si cette force conservait la même valeur $\mathrm{N}'_1$ pour toutes les valeurs du déplacement $u'$. Il n'en est pas ainsi, puisque les forces élastiques varient proportionnellement aux déplacements qui les font naître, et la somme indiquée est égale, non pas au travail des forces élastiques extérieures, mais bien *au double de ce travail*, quand on tient compte des valeurs régulièrement croissantes de ces forces depuis 0 jusqu'aux valeurs finales qu'elles acquièrent par l'effet de la déformation.

Si une tige élastique, par exemple, de longueur $l$, de section $\Omega$, s'est allongée d'une quantité $\delta l$ sous l'action d'une force de traction égale à F, le travail de cette force sera F$a$ ; mais le travail des forces élastiques ne sera pas égal à F$a$, car les forces élastiques ont varié de 0 à F ; et si l'on appelle $f$ leur valeur lorsque la tige avait un allongement $x$, leur travail sera, pour un nouvel allongement $dx$, égal au produit $f dx$. Mais on a

$$f = \frac{\mathrm{E}\omega x}{l},$$

ce qui donne pour le travail élémentaire $\dfrac{\mathrm{E}\omega x\,dx}{l}$, et pour le travail total $\dfrac{1}{2}\dfrac{\mathrm{E}\omega a^2}{l} = \dfrac{1}{2}\dfrac{\mathrm{E}\omega a}{l} \times a = \dfrac{1}{2}\mathrm{F}a$, puisque $\mathrm{F} = \dfrac{\mathrm{E}\omega a}{l}$. Le travail F$a$, calculé d'après la force finale, doit donc être réduit à moitié.

Les huit autres termes de l'équation (3) se prêtent à la même transformation que le premier; on trouvera donc, en faisant seulement une intégration, et en se bornant à indiquer les deux autres, d'abord le double 2T des travaux de toutes les forces appliquées à la surface du corps, et ensuite, comme second terme, l'intégrale triple, à prendre avec le signe — :

$$\int\int\int dxdydz\left\{\begin{array}{l} N_1\dfrac{du}{dx}+T_1\left(\dfrac{dv}{dz}+\dfrac{dw}{dy}\right)\\[2mm] +N_2\dfrac{dv}{dy}+T_2\left(\dfrac{dw}{dx}+\dfrac{du}{d}\right)\\[2mm] +N_3\dfrac{dw}{dz}+T_3\left(\dfrac{du}{dy}+\dfrac{dv}{dx}\right)\end{array}\right\};$$

le tout doit être égalé à zéro.

La somme des deux termes devant être nulle, on a l'équation

$$2T=\int\int\int dxdydz\left\{\begin{array}{l} N_1\dfrac{du}{dx}+T_1\left(\dfrac{dv}{dz}+\dfrac{dw}{dy}\right)\\[2mm] +N_2\dfrac{dv}{dy}+T_2\left(\dfrac{dw}{dx}+\dfrac{du}{dz}\right)\\[2mm] +N_3\dfrac{dw}{dz}+T_3\left(\dfrac{du}{dy}+\dfrac{dv}{dx}\right)\end{array}\right\},$$

qui exprime le travail des *forces superficielles* en fonction des forces élastiques intérieures.

Dans l'équation (4) nous remplacerons $\dfrac{du}{dx}$, $\dfrac{du}{dz}$, $\cdots\dfrac{dw}{dz}$ par leurs valeurs en fonction des N et des T, déduites des équations (2). Si l'on fait, pour abréger, $\theta=\dfrac{du}{dx}+\dfrac{dv}{dy}+\dfrac{dw}{dz}$, il vient d'abord

$$(5)\quad\left\{\begin{array}{l} \theta=\dfrac{N_1+N_2+N_3}{3\lambda+2\mu},\\[2mm] \dfrac{du}{dx}=\dfrac{N_1-\lambda\theta}{2\mu},\\[2mm] \dfrac{dv}{dy}=\dfrac{N_2-\lambda\theta}{2\mu},\\[2mm] \dfrac{dw}{dz}=\dfrac{N_3-\lambda\theta}{2\mu},\\[2mm] \dfrac{dv}{dz}+\dfrac{dw}{dy}=\dfrac{T_1}{\mu},\\[2mm] \dfrac{dw}{dx}+\dfrac{du}{dz}=\dfrac{T_2}{\mu},\\[2mm] \dfrac{du}{dy}+\dfrac{dv}{dx}=\dfrac{T_3}{\mu}.\end{array}\right.$$

et la parenthèse de la triple somme, dans l'équation (5), devient par ces substitutions

$$\frac{N_1{}^2 + N_2{}^2 + N_3{}^2}{2\mu} - \frac{\lambda}{2\mu} \frac{(N_1 + N_2 + N_3)^2}{3\lambda + 2\mu} + \frac{T_1{}^2 + T_2{}^2 + T_3{}^2}{\mu},$$

expression qui peut s'écrire :

$$\frac{1 + \dfrac{\lambda}{\mu}}{3\lambda + 2\mu} (N_1 + N_2 + N_3)^2 - \frac{1}{\mu} (N_2 N_3 + N_3 N_1 + N_1 N_2 - T_1{}^2 - T_2{}^2 - T_3{}^2).$$

Les sommes $N_1 + N_2 + N_3$ et $N_2 N_3 + N_3 N_1 + N_1 N_2 - T_1{}^2 - T_2{}^2 - T_3{}^2$ forment deux des coefficients de l'équation en F, qui fait connaître les *forces élastiques principales* (§ 125). $N_1 + N_2 + N_3$ est la somme des trois racines : désignons-la par H; et $N_2 N_3 + N_3 N_1 + N_1 N_2 - T_1{}^2 - T_2{}^2 - T_3{}^2$ est la somme de leurs produits deux à deux : désignons-la par G. Observons enfin que le coefficient E d'élasticité est égal à $\dfrac{3\lambda + 2\mu}{1 + \dfrac{\lambda}{\mu}}$. Nous aurons, en opérant ces substitutions,

$$(6) \qquad T = \frac{1}{2} \int \int \int \left( \frac{H^2}{E} - \frac{G}{\mu} \right) dx\,dy\,dz,$$

où le second membre est une intégrale triple portant sur tous les éléments de volume du corps. Il faut remarquer que le facteur $\dfrac{H^2}{E} - \dfrac{G}{\mu}$ est constant en un même point du corps, quel que soit le système d'axes coordonnés qu'on adopte, dès qu'on admet l'homogénéité et l'élasticité constante ; c'est une fonction déterminée en chaque point du milieu élastique, et qui représente le *travail des forces élastiques en ce point, rapporté à l'unité de volume.*

137. On peut introduire dans cette formule les *forces élastiques* principales A, B, C. En effet, H est leur somme et G la somme de leurs produits deux à deux. On a donc

$$(8) \qquad T = \frac{1}{2} \int \int \int \left[ \frac{(A + B + C)^2}{E} - \frac{1}{\mu} (BC + CA + AB) \right] dx\,dy\,dz.$$

Cette expression se simplifie dans le cas où deux des forces élastiques sont nulles, par exemple dans le cas de la traction simple. On a alors A constant en tout point, et B et C nuls ; il vient

$$T = \frac{1}{2} \frac{A^2}{E} V,$$

en appelant V le volume du corps. Si l'on observe que A est égal à la traction finale exercée, rapportée à l'unité de surface, et s'exprime par $\dfrac{Ea}{l}$, le travail se ramène à l'équation trouvée tout à l'heure :

$$\frac{1}{2}\left(\frac{Ea}{l}\right)^{2}\times\frac{\Omega l}{E}=\frac{1}{2}\frac{E\Omega a^{2}}{l}=\frac{1}{2}\frac{E\Omega a}{l}\times a.$$

Observons encore que le travail des forces élastiques n'est pas nul lorsque le volume du corps conserve la même valeur, ou lorsque la fonction $\theta$ est nulle. On a dans ce cas $X_1 + X_2 + X_3 = 0$, de sorte que II est nul ; mais G n'est pas égal à zéro, et l'expression de T conserve la valeur

$$-\frac{1}{2\mu}\int\int\int G\,dx\,dy\,dz,$$

de sorte que le travail n'est pas nul, bien que le volume soit conservé. « Ce caractère, dit Lamé, sépare complètement les solides des fluides, et montre que le travail des forces élastiques peut acquérir une très grande importance sans qu'il y ait changement du volume total occupé par le corps déformé. »

138. Les principes que nous venons d'exposer d'après Lamé ont été le point de départ de diverses recherches, que nous nous bornerons à signaler brièvement. Dans l'ouvrage même de Lamé, on en trouve l'application à l'équilibre élastique et aux mouvements vibratoires des fils ou des cordes et des membranes planes de différentes formes, à la propagation des actions et des ondes dans les milieux, à la torsion des cylindres pleins ou creux, aux vibrations longitudinales ou tournantes des tiges, à la vibration des timbres de forme sphérique, à l'équilibre des enveloppes sphériques, et en particulier à l'équilibre intérieur de la croûte du globe terrestre ; enfin à la double réfraction et à la théorie des ondes lumineuses.

Dans une autre direction, on a appliqué les mêmes principes aux questions qui rentrent dans le cadre de la *résistance des matériaux*. Cette dernière science, que Lamé range parmi les *sciences d'attente*, destinées à disparaître devant les progrès de la physique et de l'analyse mathématique[1], donne des solutions approximatives des problèmes de construction qui se présentent dans la carrière de l'ingénieur. La théorie de l'élasticité éclaire ces solutions d'un jour nouveau, quand elle n'a pas pour résultat de les rectifier et de les compléter ; mais on n'y a encore abordé l'étude que d'un petit nombre de cas particuliers, et généralement parmi les plus symétriques et les plus simples.

---

1. *Leçons sur la théorie mathématique de l'élasticité des corps solides.* Avant-propos, « Origine et but de cet ouvrage ».

M. de Saint-Venant a appliqué les principes de la théorie de l'élasticité à la question de la *torsion des prismes*, et rectifié analytiquement les notions inexactes et incomplètes qu'on s'était faites du phénomène, par une généralisation non justifiée des résultats simples obtenus pour la torsion des cylindres.

M. Maurice Lévy, M. Boussinesq, M. Flamant, etc., ont fait l'application des principes généraux sur la répartition des forces dans un milieu, d'une part au mouvement permanent des fluides doués de viscosité, d'autre part à l'équilibre intérieur d'un massif de terre à l'état pulvérulent.

Signalons encore, en terminant ce livre, l'ouvrage de Clebsch, *Théorie de l'élasticité des corps solides*, traduit de l'allemand par MM. de Saint-Venant et Flamant, et, dans un autre ordre d'idées, les travaux de M. Henri Tresca *sur l'écoulement des corps solides*, lorsqu'ils sont soumis à des pressions suffisamment grandes. M. de Saint-Venant, appréciant l'œuvre de Tresca dans la séance de l'Académie des sciences du 13 juillet 1885, réclame pour cet éminent ingénieur une large part dans les perfectionnements récents de la théorie, et montre dans ses recherches la création d'une nouvelle branche de la mécanique, la *plastico-dynamique*, qui prend pour objets d'étude tous les phénomènes de plasticité ou de fluidité, tels que le laminage, le forage, l'emboutissage,... lorsque la limite d'élasticité est dépassée, et que les molécules du corps solide retrouvent un nouveau groupement et un nouvel équilibre.

# LIVRE III

DYNAMIQUE ANALYTIQUE[1]

---

## CHAPITRE PREMIER

### MÉTHODE DE JACOBI, DANS LE CAS DES POINTS LIBRES

---

159. La méthode de Jacobi pour la résolution des questions de mécanique analytique consiste à ramener l'intégration des équations du mouvement à l'intégration d'une équation aux dérivées partielles du premier ordre. Pour exposer cette méthode avec clarté, nous commencerons par en faire l'application au mouvement d'un point unique libre dans l'espace.

Soit $m$ la masse d'un point mobile, $mX$, $mY$, $mZ$ les composantes de la force qui le sollicitent; $X$, $Y$, $Z$ sont supposées des fonctions connues du temps $t$ et des coordonnées $x$, $y$, $z$ du point $m$. Les équations du mouvement sont, en supprimant la masse $m$ qui devient facteur commun,

$$\frac{d^2x}{dt^2} = X,$$

$$\frac{d^2y}{dt^2} = Y,$$

$$\frac{d^2z}{dt^2} = Z.$$

Dans la plupart des problèmes de mécanique analytique, la fonction $X dx + Y dy + Z dz$ est la différentielle exacte d'une fonction $U$ des variables $x$, $y$, $z$, le temps $t$ étant traité comme une constante dans la différentiation. La fonction $U$ est alors ce que nous avons appelé la *fonction des forces*. S'il

---

[1] C'est au Cours de M. Serret au Collège de France que nous avons emprunté les démonstrations exposées dans ce livre.

en est ainsi, on pourra poser $x = \dfrac{d\mathrm{U}}{dx}$, $y = \dfrac{d\mathrm{U}}{dy}$, $z = \dfrac{d\mathrm{U}}{dz}$, c'est-à-dire expri-

mer les composantes X, Y, Z, ou encore les accélérations $\dfrac{d^2x}{dt^2}$, $\dfrac{d^2y}{dt^2}$, $\dfrac{d^2z}{dt^2}$,

par les dérivées partielles d'une certaine fonction U par rapport aux coordonnées $x$, $y$, $z$, et l'on aura

$$(1) \qquad \frac{d^2x}{dt^2} = \frac{d\mathrm{U}}{dx}, \quad \frac{d^2y}{dt^2} = \frac{d\mathrm{U}}{dy}, \quad \frac{d^2z}{dt^2} = \frac{d\mathrm{U}}{dz}.$$

Proposons-nous de trouver une fonction S du temps $t$ et des coordonnées $x$, $y$, $z$, telle que l'on ait de même

$$(2) \qquad \left\{ \begin{array}{l} \dfrac{dx}{dt} = \dfrac{d\mathrm{S}}{dx}, \\[2mm] \dfrac{dy}{dt} = \dfrac{d\mathrm{S}}{dy}, \\[2mm] \dfrac{dz}{dt} = \dfrac{d\mathrm{S}}{dz}, \end{array} \right.$$

c'est-à-dire telle que les dérivées partielles de cette fonction par rapport aux coordonnées soient respectivement égales aux vitesses de ces coordonnées. Supposons le problème résolu.

Différentions les équations (2) et divisons par $dt$; il viendra pour la première équation du groupe

$$\frac{d^2x}{dt^2} = \frac{1}{dt} d\left(\frac{d\mathrm{S}}{dx}\right) = \frac{1}{dt}\left( \frac{d.\frac{d\mathrm{S}}{dx}}{dt} dt + \frac{d.\frac{d\mathrm{S}}{dx}}{dx} dx + \frac{d.\frac{d\mathrm{S}}{dx}}{dy} dy + \frac{d.\frac{d\mathrm{S}}{dx}}{dz} dz \right)$$

$$= \frac{d.\frac{d\mathrm{S}}{dx}}{dt} + \frac{d.\frac{d\mathrm{S}}{dx}}{dx} \frac{dx}{dt} + \frac{d.\frac{d\mathrm{S}}{dx}}{dy} \frac{dy}{dt} + \frac{d.\frac{d\mathrm{S}}{dx}}{dz} \frac{dz}{dt}.$$

Remplaçons $\dfrac{dx}{dt}$, $\dfrac{dy}{dt}$, $\dfrac{dz}{dt}$, par leurs valeurs fournies par les équations (2); il viendra

$$\frac{d^2x}{dt^2} = \frac{d.\frac{d\mathrm{S}}{dx}}{dt} + \frac{d.\frac{d\mathrm{S}}{dx}}{dx} \frac{d\mathrm{S}}{dx} + \frac{d.\frac{d\mathrm{S}}{dx}}{dy} \frac{d\mathrm{S}}{dy} + \frac{d.\frac{d\mathrm{S}}{dx}}{dz} \frac{d\mathrm{S}}{dz},$$

ou encore, en intervertissant l'ordre des dérivations partielles,

$$\frac{d^2x}{dt^2} = \frac{d.\frac{d\mathrm{S}}{dt}}{dx} + \frac{d\mathrm{S}}{dx} \frac{d.\frac{d\mathrm{S}}{dx}}{dx} + \frac{d\mathrm{S}}{dy} \frac{d.\frac{d\mathrm{S}}{dy}}{dx} + \frac{d\mathrm{S}}{dz} \frac{d.\frac{d\mathrm{S}}{dz}}{dx}$$

$$= \frac{d}{dx}\left( \frac{d\mathrm{S}}{dt} + \frac{1}{2}\left[ \left(\frac{d\mathrm{S}}{dx}\right)^2 + \left(\frac{d\mathrm{S}}{dy}\right)^2 + \left(\frac{d\mathrm{S}}{dz}\right)^2 \right] \right) = \frac{d\mathrm{U}}{dx}.$$

Donc les dérivées partielles par rapport à $x$ de la fonction U et de la fonction

$$\frac{dS}{dt} + \frac{1}{2}\left[\left(\frac{dS}{dx}\right)^2 + \left(\frac{dS}{dy}\right)^2 + \left(\frac{dS}{dz}\right)^2\right]$$

sont égales. On prouverait de même que les dérivées de ces deux fonctions par rapport à $y$ et à $z$ sont aussi égales, et par conséquent ces deux fonctions sont égales ou ne diffèrent que d'une fonction de la variable $t$. Comme d'ailleurs la fonction S est définie seulement pas ses dérivées partielles $\frac{dS}{dx}$, $\frac{dS}{dy}$, $\frac{dS}{dz}$, données par les équations (2), on peut y ajouter telle fonction de $t$ qu'on voudra, et en déterminant convenablement cette fonction additionnelle, on pourra faire en sorte que la fonction de $t$ qui représente la différence entre les fonctions U et

$$\frac{dS}{dt} + \frac{1}{2}\left[\left(\frac{dS}{dx}\right)^2 + \left(\frac{dS}{dy}\right) + \left(\frac{dS}{dz}\right)^2\right],$$

soit réduite à zéro, de sorte qu'en définitive le problème est ramené à déterminer une fonction S des variables $t$, $x$, $y$, $z$, telle qu'on ait l'équation

$$\frac{dS}{dt} + \frac{1}{2}\left[\left(\frac{dS}{dx}\right)^2 + \left(\frac{dS}{dy}\right)^2 + \left(\frac{dS}{dz}\right)^2\right] = U.$$

Cette fonction S prend le nom de *fonction principale*.

L'équation (5) est *une équation aux dérivées partielles du premier ordre*, avec quatre variables indépendantes. L'*intégrale générale* de cette équation exprimera S en fonction de ces quatre variables $x$, $y$, $z$ et $t$, et de quatre constantes arbitraires $\alpha_1$, $\alpha_2$, $\alpha_3$, $\alpha_4$. On voit d'ailleurs que si une certaine fonction S est une solution de l'équation (5), la même fonction augmentée d'une constante arbitraire, $S + C$, y satisfera également, puisque la fonction S n'entre dans l'équation (5) que par ses dérivées partielles, où ne parait plus la constante C. Des quatre constantes $\alpha_1$, $\alpha_2$, $\alpha_3$, $\alpha_4$, l'une se joint donc à la fonction cherchée par une simple addition, tandis que les autres y entrent d'une manière plus complexe. Nous pourrons par conséquent exprimer la fonction S de la manière suivante

$$S = F(t, x, y, z, \alpha_1, \alpha_2, \alpha_3) + C,$$

en mettant à part la constante additionnelle C. Cette fonction S une fois trouvée, on obtiendra les vitesses des coordonnées au moyen des équations (2), en formant les dérivées partielles $\frac{dS}{dx}$, $\frac{dS}{dy}$, $\frac{dS}{dz}$; ces expressions contiendront les trois constantes arbitraires $\alpha_1$, $\alpha_2$, $\alpha_3$, de sorte que l'on aura par cette méthode *les intégrales générales du premier ordre* des équations proposées.

**140.** Pour achever la solution, il y aurait encore à faire l'intégration des équations (2), ce qui introduirait trois nouvelles constantes arbitraires, $\beta_1$, $\beta_2$, $\beta_3$. Mais Jacobi a reconnu que cette seconde opération pouvait se faire en égalant à trois constantes les dérivées partielles de S par rapport aux paramètres $\alpha_1$, $\alpha_2$, $\alpha_3$, contenus dans l'équation (4). En effet, prenons la dérivée partielle de l'équation (3) par rapport à l'un, $\alpha_1$, de ces paramètres. Il viendra, en observant que la fonction U est indépendante de $\alpha_1$,

$$\frac{d.\frac{dS}{dt}}{d\alpha_1} + \frac{1}{2}\left( 2\frac{dS}{dx}\frac{d.\frac{dS}{dx}}{d\alpha_1} + 2\frac{dS}{dy}\frac{d.\frac{dS}{dy}}{d\alpha_1} + 2\frac{dS}{dz}\frac{d.\frac{dS}{dz}}{d\alpha_1} \right) = 0,$$

ou bien en intervertissant l'ordre des dérivations, et en remplaçant $\frac{dS}{dx}$ par $\frac{dx}{dt}$, $\frac{dS}{dy}$ par $\frac{dy}{dt}$, …

$$\frac{d.\frac{dS}{d\alpha_1}}{dt} + \frac{d.\frac{dS}{d\alpha_1}}{dx}\frac{dx}{dt} + \frac{d.\frac{dS}{d\alpha_1}}{dy}\frac{dy}{dt} + \frac{d.\frac{dS}{d\alpha_1}}{dz}\frac{dz}{dt} = 0.$$

Or le premier membre est la différentielle totale de $\frac{dS}{d\alpha_1}$ divisée par $dt$. Cette différentielle étant nulle, la fonction $\frac{dS}{d\alpha_1}$ ne varie pas avec le temps, et reste constante pendant toute la durée du mouvement (III, § 57). Donc enfin $\frac{dS}{d\alpha_1} = \beta_1$ est une nouvelle intégrale du mouvement. On aura de même $\frac{dS}{d\alpha_2} = \beta_2$, et $\frac{dS}{d\alpha_3} = \beta_3$.

En résumé, le problème est ramené à intégrer l'équation (3), avec trois constantes arbitraires, $\alpha_1$, $\alpha_2$, $\alpha_3$, non compris la constante additionnelle, et les intégrales de la question s'obtiendront ensuite : 1° en prenant les dérivées de la fonction S par rapport aux variables $x$, $y$, $z$, et en les égalant aux vitesses $\frac{dx}{dt}$ des coordonnées; 2° en prenant les dérivées de la fonction S par rapport aux arbitraires $\alpha_1$, $\alpha_2$, $\alpha_3$, et en les égalant à de nouvelles constantes arbitraires $\beta_1$, $\beta_2$, $\beta_3$.

INTÉGRALE DES FORCES VIVES. — SIMPLIFICATION DE LA QUESTION DANS LE CAS OÙ CETTE INTÉGRALE EXISTE.

**141.** Dans le cas particulier où la fonction U ne contient pas le temps $t$, la question se simplifie. On peut alors considérer la fonction S comme linéaire par rapport au temps, ce qui revient à mettre l'équation (4) sous la forme

$$S = F(x, y, z, \alpha_1, \alpha_2) - Ct + C'.$$

Les dérivées partielles de S par rapport à $t$, à $x$, à $y$ et à $z$ ne contiendront plus la variable $t$. Appelons $\Theta$ la fonction $F(x, y, z, \alpha_1, \alpha_2)$ qui est indépendante du temps, et remplaçons S par sa valeur dans l'équation (5); il viendra

$$- C + \frac{1}{2}\left[\left(\frac{d\Theta}{dx}\right)^2 + \left(\frac{d\Theta}{dy}\right)^2 + \left(\frac{d\Theta}{dz}\right)^2\right] = U,$$

ou bien

$$(5) \qquad \left(\frac{d\Theta}{dx}\right)^2 + \left(\frac{d\Theta}{dy}\right)^2 + \left(\frac{d\Theta}{dz}\right)^2 = 2(U + C).$$

Cette équation est une simple conséquence de l'équation des forces vives; car le premier membre représente le carré de la vitesse du point mobile, et le second est, à une constante près, le double de la somme $\int (X dx + Y dy + Z dz)$, ou du travail accompli par la force qui sollicite le point. On intégrera cette équation (5); l'intégrale générale exprimera $\Theta$ en fonction de $x$, $y$, $z$ et de quatre constantes arbitraires, savoir $\alpha_1$, $\alpha_2$, C et la constante additionnelle $C'$. On donne à la fonction $\Theta$ le nom de *fonction caractéristique*. La dérivation de $\Theta$ par rapport à $x$, à $y$ et à $z$ donnera les vitesses $\frac{dx}{dt}$, $\frac{dy}{dt}$, $\frac{dz}{dt}$, contenant les arbitraires $\alpha_1$, $\alpha_2$ et C; la dérivation de $\Theta$ par rapport à $\alpha_1$ et à $\alpha_2$ fournira deux nouvelles intégrales. Pour avoir la sixième intégrale, on doit égaler à une constante la dérivée de S par rapport à C; or cette dérivée est égale à $\frac{d\Theta}{dC} - t$: la dernière intégrale prend donc la forme $\frac{d\Theta}{dC} - t = \tau$, en appelant $\tau$ une nouvelle arbitraire. Cette dernière équation est la seule qui renferme le temps $t$.

APPLICATION AU MOUVEMENT D'UN POINT ATTIRÉ VERS UN CENTRE FIXE.

142. Supposons (fig. 89) que le point M soit attiré vers le point O par une force proportionnelle à l'inverse du carré de la distance OM; la fonction des forces U sera indépendante du temps et inversement proportionnelle à la distance OM. Soit donc OM $= r$: nous aurons, en appelant A une constante donnée, $U = \frac{A}{r}$. La question est ramenée à chercher l'intégrale générale de l'équation aux dérivées partielles

$$(6) \qquad \left(\frac{d\Theta}{dx}\right)^2 + \left(\frac{d\Theta}{dy}\right)^2 + \left(\frac{d\Theta}{dz}\right)^2 = \frac{2A}{r} + 2C.$$

On y parvient aisément par un changement de variables, en passant des variables $x = OR$, $y = RN$, $z = NM$, aux variables $r = OM$, $\psi = $ angle $MOZ$, $\varphi = $ angle $POX$; l'avantage de cette substitution résulte de ce que le second membre de l'équation ne contient que la variable $r$.

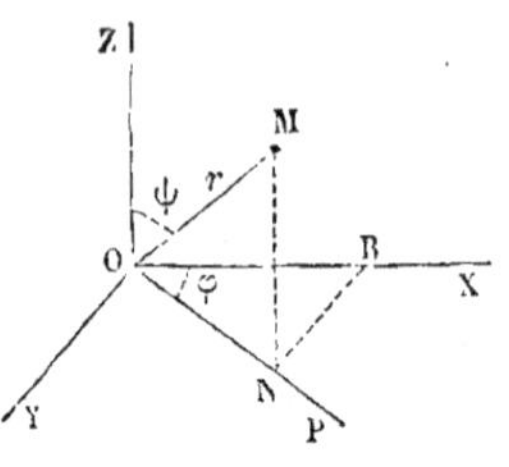


Fig. 89.

Il faut donc exprimer les dérivées partielles $\dfrac{d\Theta}{dx}$, $\dfrac{d\Theta}{dy}$, $\dfrac{d\Theta}{dz}$ en fonction des variables $r$, $\psi$ et $\varphi$, et des dérivées partielles de $\Theta$ par rapport à ces nouvelles variables.

Or on passe des coordonnées $r$, $\psi$, $\varphi$ aux coordonnées $x$, $y$, $z$, par les équations

$$x = r\sin\psi\cos\varphi,$$
$$y = r\sin\psi\sin\varphi,$$
$$z = r\cos\psi.$$

On en déduit en différentiant

$$dx = dr\sin\psi\cos\varphi + r\cos\psi\cos\varphi\,d\psi - r\sin\psi\sin\varphi\,d\varphi,$$
$$dy = dr\sin\psi\sin\varphi + r\cos\psi\sin\varphi\,d\psi + r\sin\psi\cos\varphi\,d\varphi,$$
$$dz = dr\cos\psi - r\sin\psi\,d\psi.$$

Résolvons par rapport à $dr$, $d\psi$, $d\varphi$; il vient, en multipliant la première par $\sin\psi\cos\varphi$, la seconde par $\sin\psi\sin\varphi$, la troisième par $\cos\psi$, et en ajoutant

$$dr = \sin\psi\cos\varphi\,dx + \sin\psi\sin\varphi\,dy + \cos\psi\,dz.$$

Multiplions la première par $\cos\psi\cos\varphi$, la seconde par $\cos\psi\sin\varphi$, la troisième par $-\sin\psi$, ajoutons, puis divisons par $r$ :

$$d\psi = \frac{\cos\psi\cos\varphi\,dx + \cos\psi\sin\varphi\,dy - \sin\psi\,dz}{r}.$$

Enfin multiplions la première par $-\sin\varphi$, la seconde par $\cos\varphi$, et ajoutons les deux équations; il viendra, en divisant par $r\sin\psi$,

$$d\varphi = \frac{\cos\varphi\,dy - \sin\varphi\,dx}{r\sin\psi}.$$

Ces relations vont nous servir à exprimer les anciennes dérivées partielles en fonction des nouvelles variables. On a en effet identiquement

$$\frac{d\Theta}{dx}dx + \frac{d\Theta}{dy}dy + \frac{d\Theta}{dz}dz = \frac{d\Theta}{dr}dr + \frac{d\Theta}{d\psi}d\psi + \frac{d\Theta}{d\varphi}d\varphi.$$

Remplaçons $dr$, $d\psi$, $d\varphi$ par leurs valeurs en $dx$, $dy$, $dz$, puis identifions les multiplicateurs de ces derniers accroissements, qui doivent rester arbitraires ; nous aurons

$$\frac{d\Theta}{dx} = \sin\psi\cos\varphi\,\frac{d\Theta}{dr} + \frac{\cos\psi\cos\varphi}{r}\,\frac{d\Theta}{d\psi} - \frac{\sin\varphi}{r\sin\psi}\,\frac{d\Theta}{d\varphi},$$

$$\frac{d\Theta}{dy} = \sin\psi\sin\varphi\,\frac{d\Theta}{dr} + \frac{\cos\psi\sin\varphi}{r}\,\frac{d\Theta}{d\psi} + \frac{\cos\varphi}{r\sin\psi}\,\frac{d\Theta}{d\varphi},$$

$$\frac{d\Theta}{dz} = \cos\psi\,\frac{d\Theta}{dr} - \frac{\sin\psi}{r}\,\frac{d\Theta}{d\psi}.$$

Élevons au carré chacune de ces équations, puis ajoutons et substituons dans l'équation (6) :

$$(7) \qquad \left(\frac{d\Theta}{dr}\right)^2 + \frac{1}{r^2}\left(\frac{d\Theta}{d\psi}\right)^2 + \frac{1}{r^2\sin^2\psi}\left(\frac{d\Theta}{d\varphi}\right)^2 = \frac{2A}{r} + 2C.$$

Les doubles produits qui proviennent de l'élévation au carré se détruisent dans la somme.

145. On intègre cette équation en observant que $\Theta$ peut être considéré comme la somme de trois fonctions d'une seule variable chacune, savoir une fonction de $r$, une fonction de $\psi$ et une fonction de $\varphi$. Posons en effet

$$\Theta = R + \Psi + \Phi,$$

R étant une fonction de la variable unique $r$, $\Psi$ une fonction de la variable $\psi$, et $\Phi$ une fonction de la variable $\varphi$. Les accents désignant les dérivées de chacune de ces fonctions par rapport à la variable qu'elle contient, l'équation (7) devient

$$R'^2 + \frac{1}{r^2}\,\Psi'^2 + \frac{1}{r^2\sin^2\psi}\,\Phi'^2 = \frac{2A}{r} + 2C.$$

On satisfait aux conditions en posant les équations suivantes, où H et G désignent des constantes arbitraires ,

$$\Phi' = H,$$

$$\Psi'^2 + \frac{H^2}{\sin^2\psi} = G^2,$$

$$R'^2 + \frac{G^2}{r^2} = \frac{2A}{r} + 2C,$$

équations différentielles qui contiennent chacune une variable unique. On en déduit, en indiquant seulement les quadratures, prises à partir de limites que nous définirons plus tard :

$$\Phi = H\varphi,$$

$$\Psi = \int_0^\psi \sqrt{G^2 - \frac{H^2}{\sin^2\psi}}\,d\psi,$$

$$R = \int_{r_0}^r \sqrt{-\frac{G^2}{r^2} + \frac{2A}{r} + 2C}\,dr.$$

La fonction $\Theta$ est formée par l'addition de ces trois fonctions, et l'on a

$$(8) \qquad \Theta = \Pi\varphi + \int_c^\psi \sqrt{G^2 - \frac{\Pi^2}{\sin^2\psi}}\, d\psi + \int_{r_0}^r \sqrt{-\frac{G^2}{r^2} + \frac{2A}{r} + 2C}\, dr.$$

Il est inutile d'ajouter une constante $C'$, qui n'influerait pas sur la solution du problème proposé. La fonction $\Theta$ une fois trouvée, on reviendra aux anciennes variables $x$, $y$, $z$ et la solution sera contenue dans le tableau suivant :

$$(9) \quad \begin{cases} \dfrac{dx}{dt} = \dfrac{d\Theta}{dx}, \\[2mm] \dfrac{dy}{dt} = \dfrac{d\Theta}{dy}, \\[2mm] \dfrac{dz}{dt} = \dfrac{d\Theta}{dz}, \end{cases} \qquad\qquad (10) \quad \begin{cases} \dfrac{d\Theta}{d\Pi} = h, \\[2mm] \dfrac{d\Theta}{dG} = g, \\[2mm] \dfrac{d\Theta}{dC} = t + \tau, \end{cases}$$

$h, g, \tau$ étant trois nouvelles constantes.

143. Nous allons développer cette solution en cherchant la signification des constantes.

On a d'abord, en prenant les dérivées de $\Theta$ par rapport aux variables $\varphi$, $\psi$ et $r$,

$$(11) \quad \begin{cases} \dfrac{d\Theta}{d\varphi} = \Pi, \\[2mm] \dfrac{d\Theta}{d\psi} = \sqrt{G^2 - \dfrac{\Pi^2}{\sin^2\psi}}, \\[2mm] \dfrac{d\Theta}{dr} = \sqrt{-\dfrac{G^2}{r^2} + \dfrac{2A}{r} + 2C}, \end{cases}$$

et par conséquent

$$\frac{dx}{dt} = \frac{d\Theta}{dx}$$
$$= \sin\psi \cos\varphi \sqrt{-\frac{G^2}{r^2} + \frac{2A}{r} + 2C} + \frac{\cos\psi\cos\varphi}{r}\sqrt{G^2 - \frac{\Pi^2}{\sin^2\varphi}} - \frac{\Pi\sin\varphi}{r\sin\psi},$$

$$\frac{dy}{dt} = \frac{d\Theta}{dy}$$
$$= \sin\psi\sin\varphi \sqrt{-\frac{G^2}{r^2} + \frac{2A}{r} + 2C} + \frac{\cos\psi\sin\varphi}{r}\sqrt{G^2 - \frac{\Pi^2}{\sin^2\varphi}} + \frac{\Pi\cos\varphi}{r\sin\psi},$$

$$\frac{dz}{dt} = \frac{d\Theta}{dz}$$
$$= \cos\psi \sqrt{-\frac{G^2}{r^2} + \frac{2A}{r} + 2C} - \frac{\sin\psi}{r}\sqrt{G^2 - \frac{\Pi^2}{\sin^2\psi}}.$$

De ces équations on tire, en élevant au carré et en ajoutant,

$$\left(\frac{dx}{dt}\right)^2 + \left(\frac{dy}{dt}\right)^2 + \left(\frac{dz}{dt}\right)^2 = \frac{2A}{r} + 2C,$$

c'est-à-dire l'équation des forces vives, qui définit la constante C d'après la vitesse initiale et la distance initiale du mobile au centre d'attraction.

Multiplions la première équation par $y$ dans le premier membre, et par $r \sin \psi \sin \varphi$ dans le second ; la seconde par $x$ dans le premier membre, et par $r \sin \psi \cos \varphi$ dans le second ; il vient, en retranchant la seconde de la première,

$$\frac{x\,dy - y\,dx}{dt} = H,$$

équation qui définit la constante H comme le double de la vitesse aréolaire en projection sur le plan XOY.

Pour définir la constante G, formons de même les équations des aires en projection sur les plans YOZ, ZOX ; il viendra

$$\frac{y\,dz - z\,dy}{dt} = -\sin\varphi \sqrt{G^2 - \frac{H^2}{\sin^2\psi}} - H\cos\varphi\cot\psi,$$

$$\frac{z\,dx - x\,dz}{dt} = +\cos\varphi \sqrt{G^2 - \frac{H^2}{\sin^2\psi}} - H\sin\varphi\cot\psi.$$

Élevons au carré, puis ajoutons les trois équations des aires ; nous aurons

$$\frac{(x\,dy - y\,dx)^2 + (y\,dz - z\,dy)^2 + (z\,dx - x\,dz)^2}{dt^2}$$

$$= G^2 - \frac{H^2}{\sin^2\psi} + H^2(1 + \cot^2\psi) = G^2.$$

Le premier membre représente le carré du double de la vitesse aréolaire du mobile dans le plan de la trajectoire, et l'équation exprime que cette quantité est constante et égale à $G^2$.

Les trois premières constantes C, H, G ont donc les significations suivantes : C est la constante des forces vives, H le double de la vitesse de l'aire décrite autour de l'origine en projection sur le plan XOY, et G la quantité analogue dans le plan où le mouvement s'effectue.

144. Il reste à chercher la signification des constantes $h$, $g$ et $\tau$.

Reportons-nous pour cela aux équations (8) et (10). Il vient, en prenant la dérivée par rapport à la constante H,

$$\frac{d\Theta}{dH} = h = \varphi - \int_0^\psi \frac{\dfrac{H\,d\psi}{\sin^2\psi}}{\sqrt{G^2 - \dfrac{H^2}{\sin^2\psi}}} = \varphi + \arcsin\frac{H\cot\psi}{\sqrt{G^2 - H^2}},$$

d'où résulte

$$(12) \qquad H\cot\psi = \sqrt{G^2 - H^2}\sin(h - \varphi) = -\sqrt{G^2 - H^2}\sin(\varphi - h).$$

Le radical peut être pris dans cette équation avec le signe $+$ ou avec le signe —. Si l'on y fait $\varphi = h$, on en déduit cot $\psi = 0$, et $\psi = \dfrac{\pi}{2}$, ce qui montre que pour $\varphi = h$ le mobile se trouve dans le plan XOY. Donc $h$ est l'angle que fait avec l'axe OX la droite suivant laquelle le plan de la trajectoire coupe ce plan coordonné.

Le plan de la trajectoire fait avec le plan XOY un angle dont le cosinus est égal à $\dfrac{H}{G}$. En effet $Hdt$ est le double de l'aire décrite par le rayon vecteur du mobile projeté sur le plan XOY, et $Gdt$ est le double de l'aire décrite dans le plan de la trajectoire. Donc

$$Hdt = Gdt \times \cos\omega,$$

ou bien

$$\cos\omega = \frac{H}{G},$$

en appelant $\omega$ l'angle du plan BOA dans lequel s'effectue le mouvement, avec le plan OAY (fig. 90). On en déduit

$$\operatorname{tang}\omega = \pm\,\frac{\sqrt{G^2 - H^2}}{H},$$

et en substituant dans l'équation (12),

$$\cot\psi = \pm\,\operatorname{tang}\omega \times \sin(\varphi - h).$$

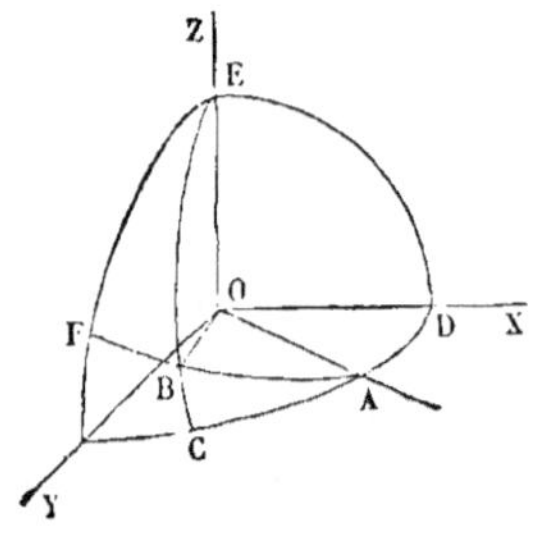

Fig. 90.

Cette relation peut s'établir directement. Du point O comme centre, décrivons une sphère ayant pour rayon l'unité ; soit B à un certain instant la projection du mobile sur la sphère ; nous aurons BE $= \psi$, CD $= \varphi$. Soit OA la trace du plan de la trajectoire ; l'arc AD est égal à $h$, et l'angle BAC à $\omega$. Cela posé, le triangle BCA rectangle en C donne l'égalité

$$\operatorname{tang} BC = \sin AC \times \operatorname{tang} BAC,$$

ou bien

$$\cot\psi = \sin(\varphi - h)\,\operatorname{tang}\omega.$$

Cette équation fixe le signe qu'on doit attribuer au radical $\sqrt{G^2 - H^2}$. En effet, l'angle $\omega$ doit être pris positivement ou négativement, suivant que pour les valeurs croissantes de $\varphi$ à partir de $\varphi = h$, l'angle $\psi$ est lui-même décroissant ou croissant. Dans le premier cas, le plan de la trajectoire s'élève au-dessus du plan XOY ; dans le second il s'abaisse au-dessous ; par conséquent dans le premier cas on devra changer le signe de $\sqrt{G^2 - H^2}$ dans l'équation (12), et poser

$$(13) \qquad H \cot \psi = \sqrt{G^2 - H^2} \sin(\varphi - h).$$

On conserverait l'équation (12) si la trajectoire s'abaissait au-dessous du plan XOY dans le sens des angles $\varphi$ croissants.

Prenons ensuite la dérivée de l'équation (8) par rapport à G, et égalons à $g$. Il vient

$$\frac{d\Theta}{dG} = g = \int_0^\psi \frac{G\,d\psi}{\sqrt{G^2 - \dfrac{H^2}{\sin^2 \psi}}} + \int_{r_0}^r \frac{-\dfrac{G}{r^2}\,dr}{\sqrt{-\dfrac{G^2}{r^2} + \dfrac{2A}{r} + 2C}},$$

ou bien, en faisant les intégrations,

$$(14) \qquad g = \arccos\left(\frac{G \cos \psi}{\sqrt{G^2 - H^2}}\right) - \arccos \frac{\dfrac{G^2}{Ar} - 1}{\sqrt{1 + \dfrac{2CG^2}{A^2}}}.$$

Les radicaux sont pris positivement. Il est inutile de tenir compte des limites inférieures des intégrales définies qui fourniraient des termes constants, lesquels se fondraient avec la constante $g$.

Pour interpréter ce résultat, reportons-nous à la figure, et observons que $\sin \omega = \dfrac{\sqrt{G^2 - H^2}}{G}$, et que $\cos \psi = \sin BC$. Donc $\dfrac{G \cos \psi}{\sqrt{G^2 - H^2}} = \dfrac{\sin BC}{\sin BAC}$.

La proportion des sinus appliquée au triangle rectangle BCA donne $\dfrac{\sin BC}{\sin BAC} = \dfrac{\sin AB}{1}$. Donc le premier terme de l'intégrale (14) est égal à

$$\arccos(\sin AB) = \frac{\pi}{2} - AB.$$

Appelons $\zeta$ l'arc AB, décrit par le rayon vecteur dans le plan de la trajectoire à partir de la trace OA ; faisons de plus entrer la constante $\dfrac{\pi}{2}$ dans la constante $g$, en posant $g' = \dfrac{\pi}{2} - g$. L'équation (14) devient

$$\arccos \frac{\dfrac{G^2}{Ar} - 1}{\sqrt{1 + \dfrac{2CG^2}{A^2}}} = g' - \zeta,$$

ou, en prenant les cosinus des deux membres et en résolvant par rapport à $r$,

$$(15) \qquad r = \frac{\dfrac{G^2}{A}}{1 + \sqrt{1 + \dfrac{2CG^2}{A^2}} \cos(\zeta - g')},$$

équation polaire d'une courbe du second ordre, rapportée dans le plan POA au pôle O et à l'axe polaire OA. $\dfrac{G^2}{A}$ est le paramètre, et $\sqrt{1 + \dfrac{2CG^2}{A^2}}$ l'excentricité de la courbe. La forme de la courbe dépend uniquement du signe de la quantité $\dfrac{2CG^2}{A^2}$, c'est-à-dire, en définitive, du signe de C. Si C est négatif, l'équation (15) représente une ellipse, si $C = 0$, une parabole; si enfin C est positif, une hyperbole. Le minimum de $r$ est, dans tous les cas, fourni par la plus grande valeur du dénominateur, et correspond à $\zeta = g'$; appelons $r_0$ cette valeur; il viendra

$$r_0 = \frac{\dfrac{G^2}{A}}{1 + \sqrt{1 + \dfrac{2CG^2}{A^2}}},$$

de sorte que $g'$ est la valeur de $\zeta$ qui correspond à la moindre distance du mobile au point O, et $r_0$ la valeur de cette moindre distance.

145. Venons enfin à la détermination de la constante $\tau$. Nous aurons pour cela à prendre dans l'équation (8) la dérivée de $\Theta$ par rapport à la constante C, et à égaler cette dérivée à la somme $t + \tau$. Ici il faut observer que la limite inférieure, $r_0$, de l'intégrale dans laquelle figure le paramètre C, est elle-même fonction de ce paramètre, de sorte que l'on doit poser, en différentiant par rapport à cette limite,

$$\frac{d\Theta}{dC} = t + \tau = \int_{r_0}^{r} \frac{dr}{\sqrt{-\dfrac{G^2}{r^2} + \dfrac{2A}{r} + 2C}} - \sqrt{-\dfrac{G^2}{r_0^2} + \dfrac{2A}{r_0} + 2C}\ \frac{dr_0}{dC}.$$

Mais de l'équation (15) on tire en général

$$\sqrt{-\frac{G^2}{r^2} + \frac{2A}{r} + 2C} = \frac{1}{G}\sqrt{A^2 + 2CG^2}\sin(\zeta - g'),$$

et comme on a $r = r_0$ pour $\zeta = g'$, le facteur par lequel est multipliée la dérivée $\dfrac{dr_0}{dC}$ est nul de lui-même. On a donc simplement

$$t + \tau = \int_{r_0}^{r} \frac{dr}{\sqrt{-\dfrac{G^2}{r^2} + \dfrac{2A}{r} + 2C}},$$

ou, en effectuant l'intégration,

$$(16) \qquad t + \tau = \frac{1}{2C}\sqrt{-G^2 + 2Ar + 2Cr^2} - \frac{A}{2C\sqrt{-2C}}\arccos\frac{2Cr + A}{\sqrt{2CG^2 + A^2}}.$$

Si l'on différentie, on trouve en effet

$$\frac{1}{2C} \frac{(A + 2Cr)\,dr}{\sqrt{-G^2 + 2Ar + 2Cr^2}} + \frac{A}{2C\sqrt{-2C}} \frac{\dfrac{2C\,dr}{\sqrt{2CG^2 + A^2}}}{\sqrt{1 - \dfrac{(2Cr + A)^2}{2CG^2 + A^2}}}$$

$$= \frac{A\,dr}{2C\sqrt{-G^2 + 2Ar + 2Cr^2}} + \frac{2CA}{2C\sqrt{-2C}\sqrt{-2C}} \frac{dr}{\sqrt{-G^2 + 2Ar + 2Cr^2}}$$

$$+ \frac{dr}{\sqrt{-\dfrac{G^2}{r^2} + \dfrac{2A}{r} + 2C}} = \frac{dr}{\sqrt{-\dfrac{G^2}{r^2} + \dfrac{2A}{r} + 2C}}.$$

L'équation (16) donne immédiatement $t + \tau$ sous forme réelle si $\sqrt{-2C}$ est réel, ou si C est négatif; on sait qu'alors la trajectoire est une ellipse. Si C était positif, $\sqrt{-2C}$ serait imaginaire de la forme $\beta\sqrt{-1}$; mais en même temps $\dfrac{2Cr + A}{\sqrt{2CG^2 + A^2}}$ serait un nombre supérieur à l'unité, et l'arc correspondant à ce cosinus étant un nombre imaginaire de la même forme, le rapport ne contiendrait plus $\sqrt{-1}$; on pourrait d'ailleurs éviter les imaginaires en introduisant les logarithmes au lieu de l'arc cosinus. Nous nous bornerons ici à développer les calculs dans l'hypothèse de la trajectoire elliptique.

Posons

$$(17) \qquad \cos u = \frac{2Cr + A}{\sqrt{2CG^2 + A^2}},$$

on en déduit

$$\sin u = \sqrt{1 - \frac{(2Cr + A)^2}{2CG^2 + A^2}} = \sqrt{\frac{-2C}{2CG^2 + A^2}}\,\sqrt{-G^2 + 2Ar + 2Cr^2},$$

et, substituant dans (16),

$$t + \tau = \frac{\sqrt{2CG^2 + A^2}}{2C\sqrt{-2C}}\sin u - \frac{A}{2C\sqrt{-2C}}\,u,$$

ou enfin

$$(18) \qquad u - \sqrt{1 + \frac{2CG^2}{A^2}}\,\sin u = \frac{(-2C)^{\frac{3}{2}}}{A}(t + \tau).$$

Si dans l'équation (18) on fait $u = 0$, on a $t = -\tau$.

La constante $\tau$ prise négativement est donc la valeur du temps pour laquelle la variable $u$ se réduit à zéro.

Connaissant $u$ en fonction du temps $t$, on déduira les valeurs de $r$ de l'équation (17), puis l'équation (15) fera connaître l'angle $\zeta$, qui achève de définir la position du mobile.

On peut remarquer que $\sqrt{1 + \dfrac{2CG^2}{A^2}}$ est l'excentricité relative de l'ellipse, et que le demi grand axe de la courbe est égal à la demi-somme

$$\frac{1}{2}\left( \frac{\dfrac{G^2}{A}}{1 + \sqrt{1 + \dfrac{2CG^2}{A^2}}} + \frac{\dfrac{G^2}{A}}{1 + \sqrt{1 - \dfrac{2CG^2}{A^2}}} \right) = \frac{A}{-2C}.$$

Appelons $e$ l'excentricité et $a$ le demi grand axe; l'équation (18) deviendra

$$(19) \qquad\qquad u - e\sin u = \sqrt{A}\,\frac{t + \tau}{\sqrt{a^3}}.$$

Il reste à exprimer les variables $r$ et $\zeta$ en fonction de la variable auxiliaire $u$. Or on a, en résolvant l'équation (17) par rapport à $r$,

$$(20) \qquad\qquad r = -\frac{A}{2C} + \frac{\sqrt{2CG^2 + A^2}}{2C}\cos u$$

$$= \frac{A}{-2C}\left(1 - \sqrt{1 + \frac{2CG^2}{A^2}}\cos u\right) = a(1 - e\cos u).$$

Pour avoir une relation entre $\zeta$ et $u$, reportons-nous à l'équation (15), d'où nous avons déjà déduit

$$\sin(\zeta - g') = \frac{\sqrt{-\dfrac{G^2}{r^2} + \dfrac{2A}{r} + 2C}}{\dfrac{1}{G}\sqrt{A^2 + 2CG^2}},$$

et à l'équation (17), d'où nous avons tiré

$$\sin u = \sqrt{\frac{-2C}{2CG^2 + A^2}}\,\sqrt{-G^2 + 2Ar + 2Cr}.$$

Multiplions la première de ces deux équations par $r$, la seconde par $a$, et divisons ensuite la première par la seconde. Il viendra

$$\frac{r\sin(\zeta - g')}{a\sin u} = \frac{G}{a\sqrt{-2C}} = \frac{\dfrac{G^2}{A}}{a\sqrt{\dfrac{-2CG^2}{A^2}}}.$$

Or $\dfrac{G^2}{A}$ est le paramètre de l'ellipse, ou l'ordonnée au foyer, ou enfin

$\dfrac{b^2}{a}$, en appelant $b$ le demi petit axe ; $-\dfrac{2CG^2}{A^2}$ est égal à $1-e^2$. Donc enfin

$$\frac{-\dfrac{G^2}{A}}{\sqrt{-\dfrac{2CG^2}{A^2}}} = \frac{\left(\dfrac{b^2}{a}\right)}{\sqrt{1-e^2}} = \frac{b^2}{a\sqrt{1-e^2}} = b,$$

et par conséquent

$$(21) \qquad \frac{r\sin(\zeta-g')}{a\sin u} = \frac{b}{a}.$$

146. Soit AA' le grand axe, O le foyer, C le centre de l'ellipse décrite par le mobile. Pour une quelconque de ses positions M, on a $OM = r$ et $MOA = \zeta - g'$. Donc

$$MP = r\sin(\zeta-g').$$

Sur AA' comme diamètre, décrivons une circonférence et prolongeons l'ordonnée PM jusqu'à la rencontre de cette circonférence en N. On sait que le rapport $\dfrac{PM}{PN}$ est constant et égal à $\dfrac{b}{a}$, $b$ étant le demi petit axe de l'ellipse.

L'ordonnée du cercle $PN = CN\sin NCA = a\sin NCA$, et par suite $u = NCA$.

L'angle $u$ est compté à partir du grand axe CA, dans le sens du mouvement, autour du centre de l'ellipse. Les angles $\zeta - g'$ et $u$ passent à la fois par les valeurs $0, \pi, 2\pi, 3\pi \ldots$; ils ne diffèrent que pour les valeurs intermédiaires. L'équation (19) donne l'angle $u$ en fonction du temps $t$; l'équation (20) fait ensuite connaître le rayon $r = OM$, et l'équation (21) l'angle $\zeta - g' = MOA$.

On peut remarquer que l'équation (20) a une interprétation géométrique. La demi-distance des foyers, OC, est égale à $ae$. D'ailleurs $CN = a$, et l'angle OCN est égal à $u$. Projetons le point O en D sur le rayon CN. Nous aurons $CD = CO\cos u = ae\cos u$. Donc

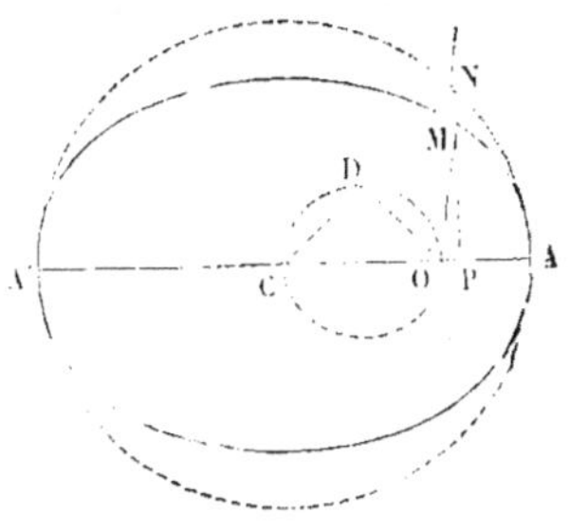

Fig. 91.

$DN = a(1-e\cos u)$, et $DN = r = OM$. Le point D est situé sur une circonférence décrite sur CO comme diamètre; de sorte que les rayons vecteurs OM, issus du foyer O, sont respectivement égaux aux segments DN interceptés entre les deux circonférences OC et AA', sur les rayons correspondants CN, issus du centre C.

Pour trouver à un instant donné la position du mobile sur l'ellipse, on a à résoudre l'équation transcendante

$$(22) \qquad u - e\sin u = \sqrt{A}\,\frac{t+\tau}{\sqrt{a^3}},$$

qu'on peut écrire plus simplement

$$(23) \qquad u - e\sin u = nt + \alpha,$$

en appelant $n$ le *moyen mouvement* du mobile autour du centre d'attraction, c'est-à-dire le quotient de la division de $2\pi$ par la durée T d'une révolution entière. Augmentons en effet l'angle $u$ de $2\pi$ dans l'équation (19), et soit T la durée de la révolution. On aura à la fois

$$u - e\sin u = \sqrt{A}\,\frac{t + \tau}{\sqrt{a^3}}$$

et

$$u + 2\pi - e\sin u = \sqrt{A}\,\frac{t + T + \tau}{\sqrt{a^3}};$$

donc, en retranchant,

$$2\pi = \frac{T\sqrt{A}}{\sqrt{a^3}}.$$

Il en résulte

$$\frac{2\pi}{T} = n = \sqrt{\frac{A}{a^3}}.$$

Le moyen mouvement $n$ et le demi grand axe $a$ sont donc liés ensemble par l'équation

$$n^2 a^3 = A.$$

Faisant de plus $\dfrac{\tau \times \sqrt{A}}{\sqrt{a^3}} = n\tau = \alpha$, on parvient à l'équation (23). La constante $\alpha$ serait nulle si l'on comptait le temps à partir de l'instant où le mobile passe au sommet A de l'ellipse.

147. Pour résoudre cette équation, on peut employer une méthode géométrique.

Sur une droite indéfinie $xy$ faisons rouler une circonférence $aa'$ de rayon $oa$ égal à l'unité. Le point $p$ de cette circonférence décrira une cycloïde $qpr$; nous représentons seulement l'arc compris entre le point de rebroussement $q$ et le sommet $r$ de cette courbe.

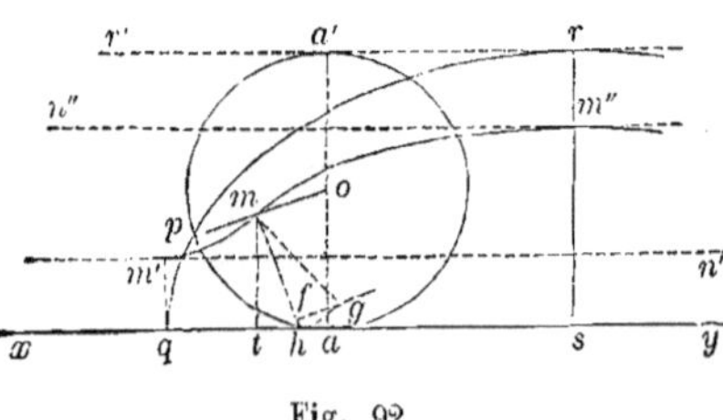

Fig. 92.

Considérons un second point $m$, placé sur le rayon $op$, à une distance $om = e$. Ce point décrira dans le mouvement du cercle une cycloïde allongée $m'mm''$, tout entière comprise entre les parallèles $m'n'$, $n''m''$; l'arc $m'mm''$ se prolongerait au delà du point $m''$ par un arc symétrique par rapport à la droite $rs$, puis l'ensemble de ces deux arcs se répéterait indéfiniment comme les arcs successifs de la cycloïde elle-même.

Cherchons les coordonnées du point décrivant $m$ en fonction de l'angle $poa = u$, dont le cercle tourne pendant que le point $p$ décrit l'arc $qp$, et que le point $m$ décrit l'arc $m'm$: comptons les abscisses $x$ à partir du point $q$ sur l'axe $xy$, et les ordonnées $y$ à partir du même axe sur des perpendiculaires. Nous aurons

$$x = qt = qa - ta = \text{arc } ap - ta = u - om \times \sin u = u - e \sin u,$$
$$y = mt = oa - om \cos u = 1 - e \cos u.$$

Comparons ces équations aux équations (23) et (20). Nous en déduirons les relations

$$nt + \alpha = x,$$
$$\frac{r}{a} = y.$$

La courbe cycloïdale $m'mm''$ une fois construite, on aura la valeur de $u$ en fonction de $t$ en coupant cette courbe par une verticale ayant pour abscisse $nt + \alpha$, ou simplement $nt$, si l'on convient de compter le temps à partir de l'époque du passage du mobile au point A, auquel sur l'épure correspond le point $q$. D'après l'inspection seule de la courbe, à chaque valeur du temps correspondra une valeur réelle pour l'angle $u = poa$, et une seule. L'ordonnée $y$ correspondante fera connaître la valeur correspondante du rapport $\frac{r}{a}$.

Une construction simple donne sur la même figure l'angle $\zeta - g'$. On a en effet (21)

$$\frac{r \sin \zeta - g'}{a \sin u} = \frac{b}{a} = \sqrt{1 - e^2}.$$

Au point $m$ élevons sur $op$ une perpendiculaire $mf$, et prolongeons-la jusqu'à la rencontre en $h$ avec la droite $xy$. Prenons $mf = \sqrt{1 - e^2}$. On a dans le triangle $mth$

$$mt = mh \times \sin mht = mh \sin u,$$

ou bien

$$y = \frac{r}{a} = mh \sin u.$$

Donc

$$\frac{r}{a \sin u} = mh.$$

Substituant dans (21), il vient la relation

$$mh \sin \zeta - g' = mf.$$

Au point $f$ élevons donc sur $mf$ une perpendiculaire $fg$, et coupons cette perpendiculaire par un arc de cercle décrit du point $m$ comme centre avec $mh$ pour rayon. L'angle $fmg$ sera le complément de $\zeta - g'$.

La résolution de l'équation transcendante $u - e\sin u = nt + \alpha$ a exercé les analystes ; la *série de Lagrange* permet, lorsque $e$ est inférieur à une certaine limite, d'exprimer $u$ en fonction de $t$ par une série convergente. Si $e$ est très petit, on peut trouver $u$ en fonction de $t$ par approximations successives, conformément au tableau suivant, qu'on peut prolonger aussi loin qu'on voudra :

$$u_1 = nt + \alpha,$$
$$u_2 = nt + \alpha + e\sin u_1 = nt + \alpha + e\sin(nt + \alpha),$$
$$u_3 = nt + \alpha + e\sin u_2 = nt + \alpha + e\sin[(nt + \alpha) + e\sin(nt + \alpha)],$$
$$\vdots$$
$$u_n = nt + \alpha + e\sin u_{n-1}.$$

286. Cherchons enfin à exprimer la fonction $\Theta$ en fonction de la variable $u$. Pour cela, il suffirait de se reporter à l'équation (8), et de remplacer les variables $\varphi$, $\psi$ et $r$ par leurs valeurs en fonction de $u$. Mais il est plus simple de procéder comme il suit.

Nous avons

$$\frac{d\Theta}{dx} = \frac{dx}{dt},$$
$$\frac{d\Theta}{dy} = \frac{dy}{dt},$$
$$\frac{d\Theta}{dz} = \frac{dz}{dt}.$$

Multiplions la première par $dx$, la seconde par $dy$, la troisième par $dz$ et ajoutons. Il viendra

$$d\Theta = \frac{dx^2 + dy^2 + dz^2}{dt^2}\, dt = V^2 dt\,.$$

en appelant V la vitesse.

Mais l'équation des forces vives nous donne

$$V^2 = \frac{2A}{r} + 2C.$$

Donc enfin

$$d\Theta = \frac{2A\,dt}{r} + 2C\,dt.$$

Cela posé,

$$u - e\sin u = nt + \alpha,$$

donc

$$du(1 - e\cos u) = n\,dt.$$

D'ailleurs

$$r = a(1 - e\cos u).$$

Substituant ces valeurs dans l'équation en $d\Theta$, il vient

$$d\Theta = \frac{2A\,du\,(1 - e\cos u)}{na\,(1 - e\cos u)} + \frac{2C\,du\,(1 - e\cos u)}{n}$$
$$= \frac{2A}{na}\,du + \frac{2C}{n}\,(1 - e\cos u)\,du.$$

Mais $A = n^2a^3$, et $\dfrac{A}{-2C} = a$. Donc

$$2C = -\frac{A}{a} = -n^2a^2,$$

et enfin

$$d\Theta = 2na^2 du - na^2(1 - e\cos u)\,du = na^2 du + na^2 e\cos u\,du.$$

On en déduit en intégrant

$$(24) \qquad \Theta = na^2(u - u_0) + na^2 e(\sin u - \sin u_0),$$

$u_0$ étant une valeur arbitraire.

148. La solution que nous venons de développer trouve son application dans la Mécanique céleste, lorsqu'on cherche le mouvement relatif d'une planète unique autour du soleil.

La constante $A$ est alors égale à $f\mu$, $f$ étant l'attraction de l'unité de masse sur l'unité de masse à une distance égale à l'unité de longueur, et $\mu$ la somme des masses du soleil et de la planète. Le plan XOY (fig. 90) est le *plan fixe*; l'axe OX, la *droite fixe*;

L'angle $\varphi$ mesure la *longitude relative au plan fixe*;

L'angle $\psi$ est la *colatitude*;

La distance $r$ est le *rayon vecteur*,

Le plan AB, dans lequel s'effectue le mouvement, est le *plan de l'orbite*;

L'angle $\omega = BAC$ est l'*inclinaison* de l'orbite;

La droite OA est la *ligne des nœuds*;

L'angle $h = XOA$ est la *longitude du nœud*;

Le sommet de l'ellipse le plus voisin du point O est le *périhélie* de la planète.

L'angle $g' = \dfrac{\pi}{2} - g$ est la *longitude du périhélie* comptée dans le plan de l'orbite à partir de la ligne des nœuds.

La distance $r_0$ est la distance de la planète au soleil, à son passage au périhélie.

La constante $- \tau$ est la valeur du temps qui correspond au passage de la planète au périhélie.

L'angle $u$ est l'*anomalie excentrique*.

L'angle $(\zeta - g')$ est l'*anomalie vraie*.

A la place de l'angle constant $\alpha$, on peut mettre une différence $\varepsilon - g'$; l'équation

$$u - e \sin u = nt + \alpha$$

devient

$$u - e \sin u = nt + \varepsilon - g'.$$

L'angle $u$ est compté dans le plan de l'orbite à partir du grand axe de la trajectoire, ou du rayon qui va au périhélie. Pour $t = 0$, on aura $\varepsilon = g' + u_0 - e \sin u_0$, et abstraction faite du terme correctif $e \sin u_0$, $\varepsilon = g' + u_0$. Or $g'$ est l'angle compris entre le rayon du périhélie et la ligne des nœuds : $\varepsilon$ représente donc la *longitude moyenne* correspondante à $t = 0$, ou, comme on dit en astronomie, la *longitude moyenne de l'époque*. La somme $nt + \varepsilon$ est la *longitude moyenne* de la planète à l'instant $t$. En général, lorsqu'une quantité variable en fonction du temps est exprimée par une série de sinus et de cosinus des multiples du temps $t$, chaque terme de la série constitue une *inégalité*, et les termes en dehors des signes sinus et cosinus forment la *valeur moyenne* de la fonction variable.

### MOUVEMENT D'UN POINT ATTIRÉ PAR DEUX CENTRES FIXES.

**149.** Le problème du mouvement d'un point matériel attiré simultanément par deux centres fixes, proportionnellement aux masses des centres d'attraction et à l'inverse du carré des distances, a été résolu pour la première fois par Euler, à l'aide d'un choix convenable de coordonnées. La solution qu'il a donnée est rapportée par Legendre dans le premier volume du traité des *Fonctions elliptiques*, et nous renverrons le lecteur à cet ouvrage, où elle est exposée dans tous ses détails. Nous nous bornerons ici à faire voir comment le problème peut être mis en équation par la méthode de Jacobi.

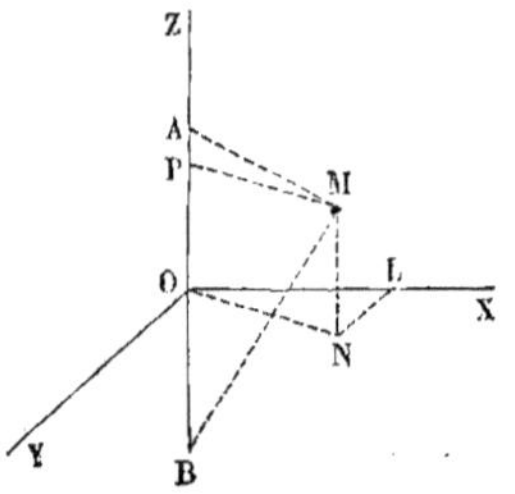

Soient A et B les deux centres d'attraction; prenons la droite AB pour axe des $z$, et fixons l'origine O au milieu de la distance AB, que nous représenterons par $2a$. L'axe des $x$ et l'axe des $y$ seront deux droites rectangulaires élevées au point O perpendiculairement à la droite AB.

Nous représenterons par A et B des quantités données, proportionnelles aux masses attribuées aux points A et B. Soit M le point attiré.

Fig. 93.

Faisons MA $= r$, MB $= s$; la fonction des forces U pourra s'exprimer par la somme

$$U = \frac{A}{r} + \frac{B}{s}.$$

Les coordonnées du point M attiré sont

$$\mathrm{OL} = x, \qquad \mathrm{LN} = y, \qquad \mathrm{NM} = z,$$

et la recherche des équations du mouvement est ramenée à l'intégration de
l'équation aux dérivées partielles :

$$\left(\frac{d\Theta}{dx}\right)^2 + \left(\frac{d\Theta}{dy}\right)^2 + \left(\frac{d\Theta}{dz}\right)^2 = \frac{2\mathrm{A}}{r} + \frac{2\mathrm{B}}{s} + 2\mathrm{C},$$

C étant la constante arbitraire de l'équation des forces vives.

Nous transformerons cette équation en prenant d'autres variables, savoir :

L'angle $\varphi$ du plan AMB avec le plan fixe ZOX ;

La distance $\mathrm{MP} = \mathrm{ON}$ du point M à l'axe OZ : nous la représenterons
par $h$ ;

Enfin la distance $\mathrm{OP} = z$ du point M au plan XOY ; cette dernière coordonnée est commune aux deux systèmes de variables.

La transformation s'opérera donc au moyen des équations

$$\mathrm{tang}\,\varphi = \frac{y}{x},$$
$$h^2 = x^2 + y^2,$$
$$z = z.$$

Représentons provisoirement par les notations $\left(\dfrac{d\Theta}{d\varphi}\right)$, $\left(\dfrac{d\Theta}{dh}\right)$, $\left(\dfrac{d\Theta}{dz}\right)$,
les dérivées de $\Theta$ prises par rapport aux variables $\varphi$, $h$, $z$ ; les notations
$\dfrac{d\Theta}{dx}$, $\dfrac{d\Theta}{dy}$, $\dfrac{d\Theta}{dz}$, sans parenthèses, représentant les dérivées de $\Theta$ par rapport
aux variables $x$, $y$, $z$. Nous aurons l'identité

$$\frac{d\Theta}{dx}\,dx + \frac{d\Theta}{dy}\,dy + \frac{d\Theta}{dz}\,dz = \left(\frac{d\Theta}{d\varphi}\right)d\varphi + \left(\frac{d\Theta}{dh}\right)dh + \left(\frac{d\Theta}{dz}\right)dz.$$

Mais des équations de transformation on tire

$$d\varphi = \frac{x\,dy - y\,dx}{x^2 + y^2},$$
$$dh = \frac{x\,dx + y\,dy}{h},$$
$$dz = dz.$$

Substituons dans le second membre de l'identité, puis égalons séparément à zéro les coefficients de $dx$, $dy$, $dz$ ; il viendra les équations

$$\frac{d\Theta}{dx} = -\frac{y}{x^2 + y^2}\left(\frac{d\Theta}{d\varphi}\right) + \frac{x}{h}\left(\frac{d\Theta}{dh}\right),$$
$$\frac{d\Theta}{dy} = \frac{x}{x^2 + y^2}\left(\frac{d\Theta}{d\varphi}\right) + \frac{y}{h}\left(\frac{d\Theta}{dh}\right),$$
$$\frac{d\Theta}{dz} = \left(\frac{d\Theta}{dz}\right).$$

Élevons au carré et ajoutons; on trouve

$$\overline{\frac{d\Theta}{dx}}^2 + \overline{\frac{d\Theta}{dy}}^2 + \overline{\frac{d\Theta}{dz}}^2 = \frac{x^2+y^2}{(x^2+y^2)^2}\left(\frac{d\Theta}{d\varphi}\right)^2 + \frac{x^2+y^2}{h^2}\left(\frac{d\Theta}{dh}\right)^2 + \left(\frac{d\Theta}{dz}\right)^2$$
$$= \frac{1}{h^2}\left(\frac{d\Theta}{d\varphi}\right)^2 + \left(\frac{d\Theta}{dh}\right)^2 + \left(\frac{d\Theta}{dz}\right)^2,$$

et l'équation transformée est

$$\frac{1}{h^2}\left(\frac{d\Theta}{d\varphi}\right)^2 + \left(\frac{d\Theta}{dh}\right)^2 + \left(\frac{d\Theta}{dz}\right)^2 = \frac{2A}{r} + \frac{2B}{s} + 2C.$$

Dans le second membre on peut exprimer $r$ et $s$ en fonction de $h$ et $z$, au moyen des équations

$$r = \sqrt{h^2 + (a-z)^2},$$
$$s = \sqrt{h^2 + (a+z)^2}.$$

Le second membre est indépendant de $\varphi$. Pour satisfaire à l'équation avec deux constantes arbitraires, on pourra donc poser

$$\Theta = \Phi + F(h, z),$$

$\Phi$ représentant une fonction de $\varphi$, et F une fonction de $h$ et $z$ indépendante de $\varphi$; et pour que $\varphi$ n'entre pas dans l'équation aux dérivées, on fera $\Phi = H\varphi$, H étant une constante arbitraire. L'équation prend alors la forme

$$\left(\frac{d\Theta}{dh}\right)^2 + \left(\frac{d\Theta}{dz}\right)^2 = \frac{2A}{\sqrt{h^2+(a-z)^2}} + \frac{2B}{\sqrt{h^2+(a+z)^2}} - \frac{H^2}{h^2} + 2C,$$

où il n'y a plus que deux variables indépendantes $h$ et $z$. La question se trouve ainsi ramenée à un problème de mouvement dans un plan fixe mené par l'axe OZ.

Il suffira de trouver pour cette dernière équation une solution contenant une constante arbitraire $\alpha$; car si $\Theta = F(h, z, \alpha)$ est cette solution, on aura pour la solution générale

$$\Theta = H\varphi + F(h, z, \alpha),$$

équation qui contient les deux arbitraires H et $\alpha$.

Pour la fonction S, on aura par conséquent

$$S = H\varphi + F(h, z, \alpha) - Ct.$$

Les dérivées $\dfrac{d\Theta}{dx}, \dfrac{d\Theta}{dy}, \dfrac{d\Theta}{dz}$, représenteront les vitesses projetées sur les axes, et les dérivées $\dfrac{d\Theta}{dH}, \dfrac{d\Theta}{d\alpha}, \dfrac{dS}{dC}$, égalées à des constantes, compléteront les équations du mouvement.

L'équation à intégrer est de la forme

$$\left(\frac{d\theta}{du}\right)^2 - \left(\frac{d\theta}{ds}\right)^2 = f(h, z);$$

si l'on prend de nouvelles variables imaginaires, $\xi = h - z\sqrt{-1}$ et $\eta = h - z\sqrt{-1}$, elle se ramène à la forme suivante,

$$\frac{d\theta}{d\xi} \cdot \frac{d\theta}{d\eta} = f_1(\xi, \eta).$$

qui est intégrable.

La solution conduit à des fonctions elliptiques, que l'on ne peut exprimer sous forme finie. Euler était parvenu à l'intégration directe des équations différentielles du problème en prenant pour variables, $p$ et $q$, des quantités liées aux angles $MBA = \omega$, $MAZ = \psi$, par les relations

$$\tan\frac{1}{2}\omega = pq, \qquad \tan\frac{1}{2}\psi = \frac{p}{q}.$$

C'est cette méthode qu'a développée Legendre. Le même problème a été traité par divers géomètres, entre autres par Jacobi, qui y a appliqué ses méthodes d'intégration des équations aux dérivées partielles. Plus récemment, M. Serret a fait voir que la solution s'achève en employant les *coordonnées elliptiques*. On sait que, dans ce système, chaque point du plan est déterminé par la rencontre d'une ellipse et d'une hyperbole homofocales, et se trouve défini par les paramètres spéciaux des deux courbes qui s'y coupent à angle droit. De son côté, M. Bertrand a fait à ce problème l'application de la méthode fondée sur le théorème de Poisson, dont il sera question plus loin.

### THÉORÈME DE JACOBI, DANS LE CAS D'UN NOMBRE QUELCONQUE DE POINTS LIBRES.

130. Soient

$$x, y, z, \quad x', y', z', \quad x'', y'', z'', \ldots$$

les coordonnées rectangles de $n$ points mobiles;

$$m, \qquad m', \qquad m'', \ldots,$$

les masses respectives de ces $n$ points;

$$X, Y, Z, \quad X', Y', Z', \quad X'', Y'', Z'', \ldots$$

les composantes parallèles aux axes des forces qui agissent sur eux.

Les équations du mouvement, au nombre de $3n$, seront

$$(1)\quad\begin{cases} m\dfrac{d^2x}{dt^2} = X \\[2mm] m\dfrac{d^2y}{dt^2} = Y \\[2mm] m\dfrac{d^2z}{dt^2} = Z \end{cases}\ \text{pour le premier point;} \\ \begin{cases} m'\dfrac{d^2x'}{dt^2} = X' \\[2mm] m'\dfrac{d^2y'}{dt^2} = Y' \\[2mm] m'\dfrac{d^2z'}{dt'^2} = Z' \end{cases}\ \text{pour le second;} \\ \vdots$$

Les quantités X, Y, Z, X', Y', Z', ... sont des fonctions données des coordonnées $x$, $y$, $z$, $x'$, $y'$, $z'$, ... de tous les points mobiles; elles peuvent en outre contenir le temps $t$. On appellera *fonction des forces* une fonction U telle, qu'on ait identiquement

$$X = \frac{dU}{dx}, \qquad Y = \frac{dU}{dy}, \qquad Z = \frac{dU}{dz},$$
$$X' = \frac{dU}{dx'}, \qquad Y' = \frac{dU}{dy'}, \qquad Z' = \frac{dU}{dz'},$$
$$X'' = \frac{dU}{dx''}, \qquad Y'' = \frac{dU}{dy''}, \qquad Z'' = \frac{dU}{dz''},$$
$$\cdot\quad\cdot\quad\cdot\quad\cdot\quad\cdot\quad\cdot\quad\cdot\quad\cdot\quad\cdot$$

de sorte qu'on ait l'identité

$$\delta U = X\delta x + Y\delta y + Z\delta z + X'\delta x' + Y'\delta y' + Z'\delta z' + \ldots,$$

le temps $t$ étant toujours regardé comme une constante. Lorsque la fonction différentielle $X\delta x + Y\delta y + Z\delta z + X'\delta x' + \ldots$ est intégrable *a priori*, la fonction des forces, U, existe, et les équations (1) expriment que les produits des masses des points par leurs accélérations projetées sur les axes sont respectivement égaux aux dérivées partielles de cette fonction U.

La méthode de Jacobi a pour objet de déterminer une fonction S du temps $t$ et des coordonnées $x$, $y$, $z$, $x'$, $y'$, $z'$, ... telle, que les dérivées partielles de S par rapport aux $3n$ coordonnées soient respectivement égales à

$m\dfrac{dx}{dt}$, $m\dfrac{dy}{dt}$, $m\dfrac{dz}{dt}$, $m'\dfrac{dx'}{dt}$, ..., de sorte qu'on ait les $3n$ égalités suivantes :

$$(2)\qquad\begin{cases} m\dfrac{dx}{dt} = \dfrac{dS}{dx}, \\[2mm] m\dfrac{dy}{dt} = \dfrac{dS}{dy}, \\[2mm] m\dfrac{dz}{dt} = \dfrac{dS}{dz}, \\[2mm] m'\dfrac{dx'}{dt} = \dfrac{dS}{dx'}, \\[2mm] m'\dfrac{dy'}{dt} = \dfrac{dS}{dy'}, \\[2mm] m'\dfrac{dz'}{dt} = \dfrac{dS}{dz'}, \\[2mm] \vdots \end{cases}$$

La fonction $S$ doit contenir d'ailleurs $3n$ arbitraires, de sorte que le groupe (2) représente l'intégrale première du groupe (1).

Différentions l'une des équations (2), la première par exemple, en y faisant varier le temps et les coordonnées. Il viendra

$$(3)\qquad m\dfrac{d^2x}{dt^2} = \dfrac{d\,\dfrac{dS}{dx}}{dt} + \dfrac{d\,\dfrac{dS}{dx}}{dx}\dfrac{dx}{dt} + \dfrac{d\,\dfrac{dS}{dx}}{dy}\dfrac{dy}{dt} + \dfrac{d\,\dfrac{dS}{dx}}{dz}\dfrac{dz}{dt}$$
$$+ \dfrac{d\,\dfrac{dS}{dx}}{dx'}\dfrac{dx'}{dt} + \dfrac{d\,\dfrac{dS}{dx}}{dy'}\dfrac{dy'}{dt} + \dfrac{d\,\dfrac{dS}{dx}}{dz'}\dfrac{dz'}{dt} + \cdots$$

Dans cette équation remplaçons $\dfrac{dx}{dt}$, $\dfrac{dy}{dt}$, $\dfrac{dz}{dt}$, $\dfrac{dx'}{dt}$, ... par leurs valeurs tirées du groupe (2) : nous en déduirons, en changeant l'ordre des dérivations partielles,

$$(4)\qquad m\dfrac{d^2x}{dt^2} = \dfrac{d\,\dfrac{dS}{dt}}{dx} + \dfrac{1}{m}\left( \dfrac{d\,\dfrac{dS}{dx}}{dx}\dfrac{dS}{dx} + \dfrac{d\,\dfrac{dS}{dy}}{dx}\dfrac{dS}{dy} + \dfrac{d\,\dfrac{dS}{dz}}{dx}\dfrac{dS}{dz}\right)$$
$$+ \dfrac{1}{m'}\left( \dfrac{d\,\dfrac{dS}{dx'}}{dx}\dfrac{dS}{dx'} + \dfrac{d\,\dfrac{dS}{dy'}}{dx}\dfrac{dS}{dy'} + \dfrac{d\,\dfrac{dS}{dz'}}{dx}\dfrac{dS}{dz'}\right) + \cdots,$$

équation qu'on peut écrire

$$m\dfrac{d^2x}{dt^2} = \dfrac{d}{dx}\left( \dfrac{dS}{dt} + \dfrac{1}{2m}\left[\left(\dfrac{dS}{dx}\right)^2 + \left(\dfrac{dS}{dy}\right)^2 + \left(\dfrac{dS}{dz}\right)^2\right]\right.$$
$$\left. + \dfrac{1}{2m'}\left[\left(\dfrac{dS}{dx'}\right)^2 + \left(\dfrac{dS}{dy'}\right)^2 + \left(\dfrac{dS}{dz'}\right)^2\right] + \cdots\right),$$

'ou encore

$$m \frac{d^2x}{dt^2} \quad \text{ou} \quad \frac{dU}{dx} = \frac{d}{dx}\left(\frac{dS}{dt} + \sum \frac{1}{2m}\left[\left(\frac{dS}{dx}\right)^2 + \left(\frac{dS}{dy}\right)^2 + \left(\frac{dS}{dz}\right)^2\right]\right),$$

la somme $\sum$ s'étendant aux $n$ points $m$, $m'$, ...

Donc les fonctions U et $\dfrac{dS}{dt} + \sum \dfrac{1}{2m}\left[\left(\dfrac{dS}{dx}\right)^2 + \left(\dfrac{dS}{dy}\right)^2 + \left(\dfrac{dS}{dz}\right)^2\right]$
ont des dérivées partielles identiques par rapport à la variable $x$. On prou-
verait de même qu'elles ont même dérivée par rapport à $y$, par rapport à $z$,
par rapport à $x'$, et ainsi de suite pour les $3n$ coordonnées des points mobiles. Donc ces deux fonctions sont égales, à moins qu'elles ne diffèrent
d'une constante ou d'une fonction du temps. Mais, comme la fonction S
entre dans le calcul seulement par ses dérivées partielles prises relativement aux coordonnées, on peut, sans rien changer à la solution, ajouter
à cette fonction telle constante ou telle fonction du temps qu'on voudra, et
choisir cette quantité additionnelle de manière à annuler la différence
entre la fonction U et la fonction $\dfrac{dS}{dt} + \ldots$. On aura donc l'équation

$$(5) \qquad \frac{dS}{dt} + \sum \frac{1}{2m}\left[\left(\frac{dS}{dx}\right)^2 + \left(\frac{dS}{dy}\right)^2 + \left(\frac{dS}{dz}\right)^2\right] = U,$$

et si l'on peut trouver une fonction S du temps $t$ et des $3n$ coordonnées
$x$, $y$, $z$, ... qui satisfasse à cette équation avec $3n$ constantes arbitraires,
on aura les intégrales premières du problème en prenant les dérivées partielles de S par rapport à chaque coordonnée.

151. Lagrange a donné le nom d'*intégrale complète* d'une équation aux
dérivées partielles du premier ordre à l'équation qui satisfait à l'équation
proposée avec autant de constantes arbitraires qu'il y a de variables indépendantes. Ici, l'intégrale complète de l'équation (5) contiendra donc
$3n + 1$ arbitraires, puisqu'il y a $3n + 1$ variables, savoir le temps $t$ et les
$3n$ coordonnées $x$, $y$, ... Mais l'équation (5) ne contient que les dérivées
de la fonction S ; de sorte que toute fonction S qui satisfait à l'équation
donnée y satisfait encore quand on y ajoute une constante. L'une des
$3n + 1$ constantes est donc une constante additionnelle, qui n'influe pas
sur la solution et qu'on peut omettre. Les $3n$ autres constantes sont les
seules arbitraires utiles.

Soit donc

$$(6) \qquad S = F(t, x, y, z, x', y', z', \ldots, \alpha_1, \alpha_2, \alpha_3, \ldots, \alpha_{3n})$$

la solution de l'équation (5) avec les $3n$ arbitraires $\alpha_1$, $\alpha_2$, ... $\alpha_{3n}$, indépendamment de la constante qu'on pourrait ajouter à la fonction F. Les
dérivations par rapport à $x$, $y$, $z$, ... donneront les $3n$ équations du
groupe (2). Pour compléter la solution, il faut encore trouver un groupe

de $3n$ équations avec $3n$ nouvelles arbitraires. Mais Jacobi a fait voir que ce second groupe peut se déduire de l'équation (6) en prenant les dérivées partielles de S par rapport aux arbitraires $\alpha_1$, $\alpha_2$, ... $\alpha_{3n}$. Considérons, en effet, l'une de ces arbitraires, $\alpha$, prise à part. S étant fonction de $\alpha$, mais U ne contenant pas cette quantité, prenons la dérivée partielle de l'équation (5) par rapport à $\alpha$; il viendra, en changeant l'ordre des dérivations successives,

$$\frac{d\,\frac{dS}{d\alpha}}{dt} + \sum \frac{1}{m}\left(\frac{dS}{dx}\frac{d\,\frac{dS}{d\alpha}}{dx} + \frac{dS}{dy}\frac{d\,\frac{dS}{d\alpha}}{dy} + \frac{dS}{dz}\frac{d\,\frac{dS}{d\alpha}}{dz}\right) = 0,$$

ou bien, en remplaçant $\frac{1}{m}\frac{dS}{dx}$, $\frac{1}{m}\frac{dS}{dy}$, ... par leurs valeurs $\frac{dx}{dt}$, $\frac{dy}{dt}$, ... tirées du groupe (2),

$$\frac{d\,\frac{dS}{d\alpha}}{dt} + \sum\left(\frac{d\,\frac{dS}{d\alpha}}{dx}\frac{dx}{dt} + \frac{d\,\frac{dS}{d\alpha}}{dy}\frac{dy}{dt} + \frac{d\,\frac{dS}{d\alpha}}{dz}\frac{dz}{dt}\right) = 0.$$

Or le premier membre, multiplié par $dt$, est la différentielle totale de la fonction $\frac{dS}{d\alpha}$, quand le temps augmente de sa différentielle $dt$. Cette différentielle étant identiquement nulle, la fonction $\frac{dS}{d\alpha}$ est constante, et par suite

$$\frac{dS}{d\alpha} = \text{constante}$$

est une intégrale du problème. On aura donc les $3n$ intégrales qui restent à trouver en posant les $3n$ équations

$$\frac{dS}{d\alpha_1} = \beta_1, \qquad \frac{dS}{d\alpha_2} = \beta_2, \; \dots \; \frac{dS}{d\alpha_{3n}} = \beta_{3n},$$

où $\beta_1$, $\beta_2$, ... désignent $3n$ nouvelles constantes.

Lorsque la fonction U est indépendante du temps $t$, auquel cas l'intégrale des forces vives a lieu, on satisfait à l'équation (5) en prenant pour S une fonction linéaire du temps, plus une fonction des coordonnées. Posons

$$(7) \qquad\qquad S = \Theta - Ct,$$

$\Theta$ étant une fonction de $x$, $y$, $z$, $x'$, ... indépendante de $t$, et C une des $3n$ constantes $\alpha$. On aura alors

$$\frac{dS}{dt} = -C,$$

et $\dfrac{dS}{dx} = \dfrac{d\Theta}{dx}, \ldots$ de sorte qu'il suffira de changer S en $\Theta$ dans le groupe (2). L'équation (5) devient dans ce cas

$$(8) \qquad \sum \frac{1}{m} \left[ \left( \frac{d\Theta}{dx} \right)^2 + \left( \frac{d\Theta}{dy} \right)^2 + \left( \frac{d\Theta}{dz} \right)^2 \right] = 2(U + C).$$

Il suffira de trouver une fonction $\Theta$ des coordonnées $x$, $y$, ... satisfaisant à cette équation (8) avec $3n - 1$ constantes arbitraires $\alpha_1$, $\alpha_2$, ... $\alpha_{3n-1}$.

Les dérivées partielles $\dfrac{d\Theta}{dx}$, $\dfrac{d\Theta}{dy}$, ... contiendront les $3n$ arbitraires $\alpha_1$, $\alpha_2$, ... $\alpha_{3n-1}$ et C, et donneront les valeurs de $\dfrac{dx}{dt}$, $\dfrac{dy}{dt}$, ..., c'est-à-dire les $3n$ intégrales premières. Les $3n$ intégrales définitives s'obtiendront en égalant à des constantes les $3n$ dérivées $\dfrac{dS}{d\alpha_1}$, $\dfrac{dS}{d\alpha_2}$, ... $\dfrac{dS}{d\alpha_{3n-1}}$, $\dfrac{dS}{dC}$. Les $3n - 1$ premières sont identiques à $\dfrac{d\Theta}{d\alpha_1}$, $\dfrac{d\Theta}{d\alpha_2}$, ... $\dfrac{d\Theta}{d\alpha_{3n-1}}$; la dernière $\dfrac{dS}{dC}$ est égale à $\dfrac{d\Theta}{dC} - t$, de sorte que la dernière des équations définitives, la seule qui contienne le temps, prend la forme

$$\frac{d\Theta}{dC} - t = \tau,$$

$\tau$ étant une arbitraire.

On peut observer que l'équation (8) n'est autre chose que l'équation des forces vives; C est la constante qui figure dans cette équation.

La méthode de Jacobi s'applique aussi à des systèmes soumis à des liaisons, mais moyennant qu'on fasse un choix particulier de variables indépendantes les unes des autres; nous nous occuperons de ce sujet dans le chapitre suivant.

# CHAPITRE II

### RÉDUCTION DES ÉQUATIONS DU MOUVEMENT A LA FORME CANONIQUE, ET THÉORÈME DE JACOBI DANS LE CAS GÉNÉRAL.

152. On appelle, en général, *forme canonique* d'une fonction ou d'un groupe d'équations, la forme la plus simple à laquelle on puisse ramener cette fonction ou ce groupe d'équations sans lui faire rien perdre de sa généralité. Les équations du mouvement d'un système de points dont les liaisons peuvent être exprimées par des équations, sont réductibles à une forme canonique que Lagrange a le premier indiquée, et que Hamilton a su perfectionner depuis. On y parvient facilement par la méthode suivante, beaucoup plus rapide que celle dont Lagrange avait fait usage.

Considérons un système matériel composé de $n$ points, dont les masses soient $m, m_1, m_2 .., m_{n-1}$; les coordonnées de ces points, au nombre de $3n$, seront désignées par

$$x, y, z; \quad x_1, y_1, z_1 \ldots x_{n-1}, y_{n-1}, z_{n-1}.$$

Nous représenterons par $mX, mY, mZ, m_1X_1, m_1Y_1, m_1Z_1, \ldots m_{n-1}X_{n-1}, m_{n-1}Y_{n-1}, m_{n-1}Z_{n-1}$, les composantes parallèles aux axes des forces qui agissent sur ces $n$ points. Les quantités $X, Y, Z, X_1, Y_1, \ldots Z_{n-1}$ sont des fonctions connues des coordonnées $x, y, z, x_1, y_1, \ldots z_{n-1}$, et peuvent en outre contenir le temps $t$.

Soient enfin

$$L_1 = 0,$$
$$L_2 = 0,$$

$$\cdot$$
$$\cdot$$
$$\cdot$$

$$L_{3n-k} = 0,$$

$3n-k$ équations entre les coordonnées, équations qui peuvent contenir aussi le temps $t$, et qui expriment les liaisons auxquelles le système est assujetti.

Les équations différentielles du mouvement se déduiront du théorème de d'Alembert, à l'aide de l'équation du travail virtuel :

$$(1) \quad \sum m \left[ \left( X - \frac{d^2x}{dt^2} \right) \delta x + \left( Y - \frac{d^2y}{dt^2} \right) \delta y + \left( Z - \frac{d^2z}{dt^2} \right) \delta z \right] = 0.$$

La somme $\Sigma$ est étendue aux $n$ points, et les variations $\delta x$, $\delta y$, $\delta z$... satisfont aux équations $L = 0$. Le nombre des équations différentielles distinctes qu'on en déduit sera égal à $k$ (III, § 132).

L'équation (1) peut s'écrire, en séparant les forces dans un membre et les accélérations dans l'autre,

$$(1 \ bis) \quad \sum m \left( \frac{d^2x}{dt^2} \delta x + \frac{d^2y}{dt^2} \delta y + \frac{d^2z}{dt^2} \delta z \right) = \sum m \left( X \delta x + Y \delta y + Z \delta z \right).$$

Nous supposerons qu'il existe une fonction U telle, qu'on ait identiquement, en différentiant la fonction U sans faire varier le temps $t$, opération que nous indiquerons par la caractéristique $\delta$,

$$(2) \quad \delta U = \sum m \left( X \delta x + Y \delta y + Z \delta z \right).$$

U sera la *fonction des forces*; on en déduit $mX = \left( \dfrac{dU}{dx} \right)$, $mY = \left( \dfrac{dU}{dy} \right)$, etc., de sorte que les composantes des forces données seront les dérivées partielles de cette fonction par rapport aux coordonnées.

On peut donc remplacer par $\delta U$ le second membre de l'équation (1 *bis*). Quant au premier, on le transforme d'une manière analogue en introduisant la force vive 2T :

$$(3) \quad 2T = \sum m \left[ \left( \frac{dx}{dt} \right)^2 + \left( \frac{dy}{dt} \right)^2 + \left( \frac{dz}{dt} \right)^2 \right].$$

Faisons pour abréger

$$\frac{dx}{dt} = x', \quad \frac{dy}{dt} = y', \quad \frac{dz}{dt} = z',$$

l'accent indiquant ici *le rapport de la différentielle totale* de la variable qui en est affectée *à la différentielle du temps*, ou la *vitesse* de cette variable.

Il viendra

$$(3 \ bis) \quad 2T = \sum m \left( x'^2 + y'^2 + z'^2 \right),$$

et tirant de cette relation les dérivées partielles de T par rapport aux variables immédiates $x'$, $y'$, $z'$ qui y figurent, on aura

$$\left(\frac{dT}{dx'}\right) = mx', \quad \left(\frac{dT}{dy'}\right) = my', \quad \left(\frac{dT}{dz'}\right) = mz', \ \ldots;$$

puis, différentiant ces dernières équations et divisant par $dt$,

$$\frac{d\,mx'}{dt} = m\,\frac{dx'}{dt} = m\,\frac{d^2x}{dt^2} = \frac{d\left(\frac{dT}{dx'}\right)}{dt}.$$

De même

$$m\,\frac{d^2y}{dt^2} = \frac{d\left(\frac{dT}{dy'}\right)}{dt},$$

$$m\,\frac{d^2z}{dt^2} = \frac{d\left(\frac{dT}{dz'}\right)}{dt}.$$

Substituant dans l'équation (1 *bis*), nous obtiendrons l'équation transformée

$$4 \qquad \Sigma\left[\frac{d\left(\frac{dT}{dx'}\right)}{dt}\,\delta x + \frac{d\left(\frac{dT}{dy'}\right)}{dt}\,\delta y + \frac{d\left(\frac{dT}{dz'}\right)}{dt}\,\delta z\right] = \delta U.$$

La somme $\Sigma$ s'étend aux $n$ points mobiles, dont chacun fournit à l'équation trois termes semblables à ceux que nous avons écrits.

Souvenons-nous que la notation $\left(\frac{dT}{dx'}\right)$ représente la dérivée partielle de T par rapport à $x'$, déduite de l'équation (3 *bis*) ; les caractéristiques $d$ sont les signes de la différentiation totale, le temps étant regardé comme la seule variable indépendante ; les caractéristiques $\delta$ indiquent aussi une différentiation totale, mais lorsque le temps $t$ est regardé comme constante. La principale difficulté des transformations analytiques qui vont être développées résulte des points de vue divers auxquels on doit se placer pour opérer ces dérivations et ces différentiations successives ; nous éviterons la confusion dans les résultats en employant autant que possible des notations spéciales pour représenter les différentes opérations à exécuter.

155. Proposons-nous de changer les variables $x$, $y$, $z$,... en d'autres variables $q_1$, $q_2$,... $q_k$, au nombre de $k$. Les $3n-k$ équations de liaisons permettent, par exemple, d'exprimer $3n-k$ des coordonnées $x$, $y$, $z$,... en fonction des $k$ coordonnées restantes, lesquelles demeureront indépendantes comme s'il s'agissait d'un système de points libres. On peut aussi exprimer les $k$ coordonnées restantes en fonction de $k$ autres variables, ce qui revient à exprimer les $3k$ coordonnées $x$, $y$, $z$,... en fonction de $k$ varia-

bles nouvelles, $q_1, \ldots q_k$, qui resteront indépendantes. Cette seconde marche présente plus de symétrie que la première. Il est possible d'ailleurs que le temps $t$ figure dans les équations $L = 0$, et qu'il subsiste dans les équations qui expriment $x$, $y$ et $z$ en fonction des $q$, de sorte que nous poserons d'une manière générale, comme type des équations qui servent au changement de variables, la formule

$$x = F\,(t,\, q_1,\, q_2,\, \ldots \ldots q_k).$$

La lettre accentuée $q'$ indiquera encore le rapport $\dfrac{1}{dt}\,dq$, ou la vitesse de la variable $q$. Cela posé, différentions l'équation précédente et divisons par $dt$; il viendra, en représentant par les notations $\dfrac{dx}{dt}$, $\dfrac{dx}{dq}$, les dérivées partielles de $x$ par rapport à $t$ ou à $q$,

$$\frac{1}{dt}\,dx = x' = \frac{dx}{dt} + \frac{dx}{dq_1}\,q'_1 + \frac{dx}{dq_2}\,q'_2 + \cdots + \frac{dx}{dq_k}\,q'_k.$$

Cette équation montre que $x'$, fonction du temps $t$, des nouvelles coordonnées $q$ et de leurs vitesses $q'$, est linéaire par rapport aux vitesses $q'$; on en déduit par conséquent, en prenant la dérivée partielle de $x'$ par rapport à l'une quelconque des variables $q'$, par rapport à $q'_i$ par exemple,

$$\frac{dx'}{dq'_i} = \frac{dx}{dq_i}.$$

Cette relation va nous servir à trouver les valeurs de $\dfrac{dT}{dq'_i}$ et de $\dfrac{dT}{dq_i}$, dont nous aurons besoin pour transformer l'équation (4).

Il vient d'abord, en observant qu'en vertu de l'équation (3 *bis*), T est une fonction de $x'$, $y'$, $z'$, et que ces variables s'expriment en fonction des $q$ et des $q'$,

$$\frac{dT}{dq'_i} = \Sigma \left[ \left( \frac{dT}{dx'} \right) \frac{dx'}{dq'_i} + \left( \frac{dT}{dy'} \right) \frac{dy'}{dq'_i} + \left( \frac{dT}{dz'} \right) \frac{dz'}{dq'_i} \right],$$

et par suite, en remplaçant $\dfrac{dx'}{dq'_i}$ par $\dfrac{dx}{dq_i}$, $\dfrac{dy'}{dq'_i}$ par $\dfrac{dy}{dq_i}$,....,

$$(5) \qquad \frac{dT}{dq'_i} = \Sigma \left[ \left( \frac{dT}{dx'} \right) \frac{dx}{dq_i} + \left( \frac{dT}{dy'} \right) \frac{dy}{dq_i} + \left( \frac{dT}{dz'} \right) \frac{dz}{dq_i} \right],$$

les sommes $\Sigma$ s'étendant à tous les points du système.

On aurait de même, en prenant la dérivée de T par rapport à $q_i$,

$$\frac{dT}{dq_i} = \Sigma \left[ \left( \frac{dT}{dx'} \right) \frac{dx'}{dq_i} + \left( \frac{dT}{dy'} \right) \frac{dy'}{dq_i} + \left( \frac{dT}{dz'} \right) \frac{dz'}{dq_i} \right].$$

Considérons en particulier le premier terme $\left(\dfrac{d\mathrm{T}}{dx'}\right)\dfrac{dx'}{dq_i}$ dans le second membre de cette équation. Pour le transformer, prenons dans l'équation écrite plus haut la dérivée partielle de $x'$ par rapport à $q_i$; il viendra

$$\frac{dx'}{dq_i} = \frac{d\,\dfrac{dx}{dt}}{dq_i} + q'_1\,\frac{d\,\dfrac{dx}{dq_1}}{dq_i} + q'_2\,\frac{d\,\dfrac{dx}{dq_2}}{dq_i} + \ldots + q'_k\,\frac{d\,\dfrac{dx}{dq_k}}{dq_i},$$

ou bien, en intervertissant l'ordre des dérivations,

$$\frac{dx'}{dq_i} = \frac{d\,\dfrac{dx}{dq_i}}{dt} + q'_1\,\frac{d\,\dfrac{dx}{dq_i}}{dq_1} + q'_2\,\frac{d\,\dfrac{dx}{dq_i}}{dq_2} + \ldots + q'_k\,\frac{d\,\dfrac{dx}{dq_i}}{dq_k}.$$

On aurait de même

$$\frac{dy'}{dq_i} = \frac{d\,\dfrac{dy}{dq_i}}{dt} + q'_1\,\frac{d\,\dfrac{dy}{dq_i}}{dq_1} + q'_2\,\frac{d\,\dfrac{dy}{dq_i}}{dq_2} + \ldots + q'_k\,\frac{d\,\dfrac{dy}{dp_i}}{dq_k},$$

$$\frac{dz'}{dq_i} = \frac{d\,\dfrac{dz}{dq_i}}{dt} + q'_1\,\frac{d\,\dfrac{dz}{dq_i}}{dq_1} + q'_2\,\frac{d\,\dfrac{dz}{dq_i}}{dq_2} + \ldots + q'_k\,\frac{d\,\dfrac{dz}{dq_i}}{dq_k}.$$

Substituons dans $\dfrac{d\mathrm{T}}{dq_i}$; il viendra

$$(6) \qquad \frac{d\mathrm{T}}{dq_i} = \Sigma\left\{\left(\frac{d\mathrm{T}}{dx'}\right)\left[\frac{d\,\dfrac{dx}{dq_i}}{dt} + q'_1\,\frac{d\,\dfrac{dx}{dq_i}}{dq_1} + \cdots\right]\right.$$
$$+ \left(\frac{d\mathrm{T}}{dy'}\right)\left[\frac{d\,\dfrac{dy}{dq_i}}{dt} + q'_1\,\frac{d\,\dfrac{dy}{dq_i}}{dq_1} + \cdots\right]$$
$$\left. + \left(\frac{d\mathrm{T}}{dz'}\right)\left[\frac{d\,\dfrac{dz}{dq_i}}{dt} + q'_1\,\frac{d\,\dfrac{dz}{dq_i}}{dq_1} + \cdots\right]\right\}.$$

Or, si l'on différentie l'équation (5), et qu'on divise par $dt$, on obtient l'équation suivante,

$$(7) \qquad \frac{d\,\dfrac{d\mathrm{T}}{dq'_i}}{dt} = \Sigma\left\{\left(\frac{d\mathrm{T}}{dx'}\right)\left[\frac{d\,\dfrac{dx}{dq_i}}{dt} + q'_1\,\frac{d\,\dfrac{dx}{dq_i}}{dq_1} + \cdots\right] + \frac{d\left(\dfrac{d\mathrm{T}}{dx'}\right)}{dt}\,\frac{dx}{dq_i}\right\},$$

en n'écrivant, pour abréger, que les termes fournis par le premier terme de l'équation (5) ; l'équation complétée devrait contenir $3n-1$ doubles termes semblables à celui qui est écrit.

On retrouve dans (7) les termes mêmes du second membre de (6). Résolvant l'équation (7) par rapport à la somme de ces termes, il vient

$$\sum \left(\frac{dT}{dx'}\right) \left[ \frac{d\frac{dx}{dq_i}}{dT} + q'_1 \frac{d\frac{dx}{dq_i}}{dq_1} + \cdots \right] = \frac{d\frac{dT}{dq'_i}}{dt} - \sum \frac{d\left(\frac{dT}{dx'}\right)}{dt}\frac{dx}{dq_i},$$

et enfin, en vertu de l'équation (6),

$$\frac{d\frac{dT}{dq'_i}}{dt} - \sum \frac{d\left(\frac{dT}{dx'}\right)}{dt} \cdot \frac{dx}{dq_i} = \frac{dT}{dq_i},$$

ou bien encore

$$(8) \qquad \frac{d\frac{dT}{dq'_i}}{dt} - \frac{dT}{dq_i} = \sum \frac{d\left(\frac{dT}{dx'}\right)}{dt}\frac{dx}{dq_i},$$

la somme $\Sigma$ du second membre comprenant en tout $3k$ termes semblables à celui qui est écrit.

L'équation (8) nous fournit en réalité $k$ équations, en donnant à $i$ toutes les valeurs entières de 1 à $k$. Multiplions l'équation (8) par $\delta q_i$, puis faisons la somme des $k$ équations ainsi préparées ; il viendra

$$\sum_{i=1}^{i=k} \left( \frac{d\frac{dT}{dq'_i}}{dt} - \frac{dT}{dq_i} \right) \delta q_i = \sum_{i=1}^{i=k} \sum \frac{d\left(\frac{dT}{dx'}\right)}{dt}\frac{dx}{dq_i}\delta q_i,$$

le $\sum$ sans indices s'appliquant aux $3n$ coordonnées $x, y, z,\ldots$ Si l'on intervertit les deux sommations, on aura

$$\sum \sum_{i=1}^{i=k} \frac{d\left(\frac{dT}{dx'}\right)}{dt} \cdot \frac{dx}{dq_i}\delta q_i$$

$$= \sum \frac{d\left(\frac{dT}{dx'}\right)}{dt} \left( \frac{dx}{dq_1}\delta q_1 + \frac{dx}{dq_1}\delta q_2 + \ldots + \frac{dx}{dq_k}\delta q_k \right)$$

$$= \sum \frac{d\left(\frac{dT}{dx'}\right)}{dt}\delta x,$$

c'est-à-dire, on retrouve la somme même qui forme le premier membre de

l'équation (4) ; cette somme est égale à $\delta U$, et par conséquent on obtient
l'équation

$$(9) \qquad \sum_{i=1}^{i=k} \left( \frac{d\,\dfrac{dT}{dq'_i}}{dt} - \frac{dT}{dq_i} \right) \delta q_i = \delta U,$$

équation où la fonction T est supposée exprimée en fonctions des $q$ et des
$q'$, et la fonction U en fonction des nouvelles coordonnées $q$ seulement.

Les nouvelles coordonnées étant indépendantes, par hypothèse, les $\delta q$ sont
arbitraires, et, par suite, l'équation (9) fournit $k$ équations distinctes, de la
forme

$$(10) \qquad \frac{d\,\dfrac{dT}{dq'_i}}{dt} - \frac{dT}{dq_i} = \frac{dU}{dq_i}.$$

C'est la première *forme canonique* à laquelle on peut ramener les équations
du mouvement. La méthode se résume dans le choix de $k$ coordonnées
indépendantes, $q_1$, $q_2$.... $q_k$, en fonction desquelles on exprime la fonction
des forces. U; on appelle ensuite $q'_1$, $q'_2$,... $q'_k$, les vitesses de ces nouvelles coordonnées, et on exprime la demi-force vive T en fonction de
$q_1, q_2,.., q_k$, et de $q'_1, q'_2.... q'_k$. On forme au moyen des équations qui donnent U et T les dérivées partielles de U par rapport à $q_1$, $q_2$... $q_k$, et les
dérivées partielles de T par rapport à $q_1$, $q_2$.... $q_k$, et à $q'_1$, $q'_2$,... $q'_k$.

On substitue dans les $k$ équations (10), et on a les $k$ équations différentielles du mouvement, qu'il reste à intégrer.

Remarquons que les équations (10) subsistent encore lorsqu'il n'y a pas
de fonction des forces, c'est-à-dire lorsque la fonction $\Sigma\, m(X\delta x + Y\delta y + Z\delta z)$
n'est pas une différentielle exacte. Il suffit, en effet, d'exprimer cette somme
en fonction des variables $q$ et $\delta q$, et de regarder $\dfrac{dU}{dq_i}$ comme le coefficient
de $\delta q_i$ dans le développement de cette somme.



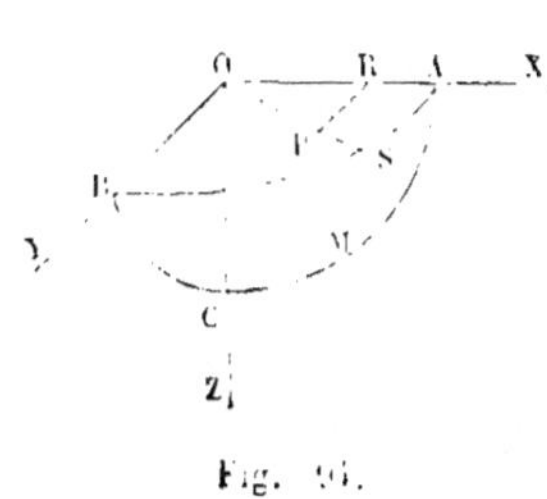

Fig. 96.

154. Prenons pour axes la verticale et deux
droites horizontales rectangulaires se coupant
au centre O de la sphère. Le sens positif de
l'axe des $z$ sera supposé descendant. Les coordonnées rectangulaires du point M seront

$$x = OR, \qquad y = RP, \qquad z = PM.$$

Nous y substituerons les coordonnées indépendantes qui suivent,

$q_1 =$ angle AOS, *longitude* du point,

$q_2 =$ angle SOM, *latitude*.

Le rayon OA de la sphère étant pris pour unité de longueur, et la masse du point pour unité de masse, on aura

$$x = \cos q_2 \cos q_1, \qquad\qquad U = gz = g \sin q_2.$$
$$y = \cos q_2 \sin q_1,$$
$$z = \sin q_2,$$

D'où résultent les vitesses

$$x' = -\sin q_2 \cos q_1 \times q'_2 - \cos q_2 \sin q_1 \times q'_1,$$
$$y' = -\sin q_2 \sin q_1 \times q'_2 + \cos q_2 \cos q_1 \times q'_1,$$
$$z' = \cos q_2 \times q'_2.$$

La demi-force vive, T, sera égale à

$$T = \tfrac{1}{2}(x'^2 + y'^2 + z'^2) = \tfrac{1}{2} q'^2_2 + \tfrac{1}{2} \cos^2 q_2 \times q'^2_1;$$

donc

$$\frac{dT}{dq_1} = 0, \qquad\qquad \frac{dT}{dq'_1} = \cos^2 q_2 \times q'_1,$$

$$\frac{dT}{dq_2} = \cos q_2 \sin q_2 \times q'^2_1, \qquad\qquad \frac{dT}{dq'_2} = q'_2;$$

de plus

$$\frac{dU}{dq_1} = 0, \qquad\qquad \frac{dU}{dq_2} = g \cos q_2.$$

Les équations du mouvement seront donc

$$\frac{d\,(q'_1 \cos^2 q_2)}{dt} = 0,$$

$$\frac{dq'_2}{dt} - \cos q_2 \sin q_2 \times q'^2_1 = g \cos q_2.$$

La première équation intégrée donne

$$q'_1 \cos^2 q_2 = C.$$

Substituant dans la seconde équation cette valeur de $q'_1$, il vient

$$\frac{dq'_2}{dt} - \cos q_2 \sin q_2 \times \frac{C^2}{\cos^4 q_2} = g \cos q_2,$$

ou bien

$$\frac{dq'_2}{dt} - C^2 \frac{\sin q_2}{\cos^3 q_2} - g \cos q_2 = 0,$$

équation du second ordre en $q_2$, puisque $\dfrac{dq'_2}{dt}$ est égal à $\dfrac{d^2 q_2}{dt^2}$.

### SECONDE FORME CANONIQUE.

155. Lorsque les équations des liaisons, $L_1 = 0, \ldots$ ne contiennent pas explicitement le temps $t$, on peut simplifier les équations (10) et les ramener à une forme plus symétrique et plus élégante. On y parvient en changeant encore de variables, et en substituant aux $2k$ variables, $q$ et $q' = \dfrac{dq}{dt}$, dont on s'est d'abord servi, $2k$ autres variables $q$ et $p$, ces dernières variables étant égales aux dérivées partielles $\dfrac{dT}{dq'}$.

La fonction U étant exprimée en fonction des variables $q$ seules, le changement de variables est indifférent pour elle, et ses dérivées partielles $\dfrac{dU}{dq}$ sont les mêmes dans les deux systèmes.

Il n'en est pas de même de la fonction T. Dans le système des variables $q$ et $q'$, cette fonction a des dérivées partielles représentées par les symboles $\dfrac{dT}{dq}$ et $\dfrac{dT}{dq'}$. Dans le système des variables $q$ et $p$, elle aura d'autres dérivées, qu'on représentera par les symboles $\left(\dfrac{dT}{dq}\right)$ et $\left(\dfrac{dT}{dp}\right)$ entre parenthèses, pour éviter toute confusion.

Nous avons posé l'équation générale

$$(11) \qquad p_i = \frac{dT}{dq'_i},$$

qui définit les variables $p_i$, et qui exprime les dérivées $\dfrac{dT}{dq'_i}$ en fonction de ces nouvelles variables. Cherchons maintenant les dérivées $\dfrac{dT}{dq_i}$ en fonction de $p_i$ et de $q$. On y parvient très rapidement par la méthode suivante.

La fonction T étant exprimée en fonction des $q$ et des $q'$, différentions cette fonction en ne faisant varier que les $q'$. Nous représenterons par la caractéristique $\mathbf{d}$ la différentiation faite à ce point de vue particulier.

Nous aurons

$$\mathbf{d}T = \frac{dT}{dq'_1}\,\mathbf{d}q'_1 + \frac{dT}{dq'_2}\,\mathbf{d}q'_2 + \ldots + \frac{dT}{dq'_k}\,\mathbf{d}q'_k,$$

ou, en remplaçant $\dfrac{dT}{dq'}$ par $p'$,

$$(12) \qquad \mathbf{d}T = p'_1\mathbf{d}q'_1 + p'_2\mathbf{d}q'_2 + \ldots + p'_k\mathbf{d}q'_k.$$

Mais T est la demi-force vive du système. Les liaisons $L_1 = 0, \ldots$ étant supposées indépendantes du temps, les coordonnées primitives $x$, $y$, $z\ldots$ s'exprimeront aussi indépendamment du temps $t$, en fonction des nouvelles variables $q_1$, $q_2\ldots q_k$ : par suite, on aura les *vitesses* des coordonnées par des équations de la forme

$$x' = \frac{dx}{dq_1} q'_1 + \frac{dx}{dq_2} q'_2 + \ldots + \frac{dx}{dq_k} q'_k,$$

c'est-à-dire que les $x'$ seront des fonctions homogènes du premier degré des variables $q'$. La demi-force vive, $T = \frac{1}{2} \sum m (x'^2 + y'^2 + z'^2)$, sera donc aussi une fonction homogène du second degré des variables $q'$. Le *théorème des fonctions homogènes* donne l'équation

$$2T = \frac{dT}{dq'_1} q'_1 + \frac{dT}{dq'_2} q'_2 + \ldots + \frac{dT}{dq'_i} q'_k,$$

ou bien

$$(13) \qquad 2T = p_1 q'_1 + p_2 q'_2 + \ldots + p_k q'_n.$$

Différentions cette équation sans faire varier les variables $q$ ; il viendra, en employant encore la caractéristique $\mathbf{d}$,

$$(14) \qquad 2\mathbf{d}T = (p_1 \mathbf{d}q'_1 + p_2\mathbf{d}q'_2 + \ldots + p_k \mathbf{d}q'_k)$$
$$+ (q_1'\mathbf{d}p_1 + q'_2\mathbf{d}p_2 + \ldots + q'_k \mathbf{d}p_k).$$

La première parenthèse étant égale à $\mathbf{d}T$ en vertu de l'équation (12), il vient aussi

$$(15) \qquad q'_1 \mathbf{d}p_1 + q'_2 \mathbf{d}p_2 + \ldots + q'_k \mathbf{d}p_k = \mathbf{d}T.$$

Donc $q'_1$ est la dérivée partielle de T par rapport à $p_1$, $q'_2$ la dérivée par rapport à $p_2, \ldots q'_k$ la dérivée par rapport à $p_k$, et enfin on a généralement

$$(16) \qquad \left(\frac{dT}{dp_i}\right) = q'_i,$$

équation qui fait connaître $q'_i$ en fonction des nouvelles variables.

T étant exprimé en fonction des $q$ et des $p$, on a identiquement

$$(17) \ \frac{dT}{dq_i} = \left(\frac{dT}{dq_i}\right) + \left[\left(\frac{dT}{dp_1}\right)\frac{dp_1}{dq_i} + \left(\frac{dT}{dp_2}\right)\frac{dp_2}{dq_i} + \ldots + \left(\frac{dT}{dp}\right)\frac{dp}{dq_i}\right]$$
$$= \left(\frac{dT}{dq_i}\right) + \left[q'_1\frac{dp_1}{dq_i} + q'_2\frac{dp_2}{dq_i} + \ldots + q'_k\frac{dp^k}{dq_i}\right].$$

Dans cette équation, changeons chaque dérivée $\dfrac{dp_j}{dq_i}$ en $\dfrac{d\,\dfrac{dT}{dq'_j}}{dq_i}$, ou, en intervertissant l'ordre des opérations, en

$$\frac{d\,\dfrac{dT}{dq_i}}{dq'_j};$$

il viendra

$$(18)\quad \frac{dT}{dq_i} = \left(\frac{dT}{dq_i}\right) + \left[\frac{d\,\dfrac{dT}{dq_i}}{dq'_1}\,q'_1 + \frac{d\,\dfrac{d}{dq_i}}{dq'_2}\,q'_2 + \cdots + \frac{d\,\dfrac{dT}{dq_i}}{dq'_k}\,q'_k\right].$$

Or T est une fonction homogène du second degré en $q'$ ; ses dérivées partielles, $\dfrac{dT}{dq_i}$, par rapport aux variables $q$, sont encore homogènes et du second degré par rapport aux variables $q'$, et par conséquent on a, en appliquant le théorème des fonctions homogènes,

$$(19)\quad \frac{d\,\dfrac{dT}{dq_i}}{dq'_1}\,q'_1 + \frac{d\,\dfrac{dT}{dq_i}}{dq'_2}\,q'_2 + \cdots + \frac{d\,\dfrac{dT}{dq_i}}{dq'_k}\,q'_k = 2\,\frac{dT}{dq_k}.$$

Substituons dans (18) ; il viendra l'équation très simple

$$\frac{dT}{dq_i} = \left(\frac{dT}{dq_i}\right) + 2\,\frac{dT}{dq_i},$$

ou bien

$$(20)\qquad \frac{dT}{dq_i} = -\left(\frac{dT}{dq_i}\right).$$

Ainsi le changement des variables $(q, q')$ en $(q, p)$ a pour effet de changer le signe des dérivées de T par rapport aux variables $q$, communes à ces deux groupes.

Nous avons déjà remarqué que ce changement de variables n'influe pas sur les dérivées partielles de U par rapport à $q$, de sorte qu'on a, en employant toujours la notation convenue,

$$(21)\qquad \frac{dU}{dq_i} = \left(\frac{dU}{dq_i}\right).$$

Substituons dans les équations (10) les valeurs de $\dfrac{dT}{dq'_i}$ et de $\dfrac{dT}{dq_i}$ déduites de (11) et de (20), et la valeur de $\dfrac{dU}{dq_i}$ fournie par (21); il viendra

$$\left(\frac{dp_i}{dt}\right) + \left(\frac{dT}{dq_i}\right) = \left(\frac{dU}{dq_i}\right),$$

ou bien

$$(22) \qquad \frac{dp_i}{dt} = \left[\frac{d\,(U - T)}{dq_i}\right].$$

Aux équations (10), qui contiennent explicitement deux séries de variables, $q$ et $q'$, il faut joindre les équations

$$q'_i = \frac{dq_i}{dt},$$

ou, en vertu de l'équation (16),

$$(23) \qquad \frac{dq_i}{dt} = \left(\frac{dT}{dp_i}\right).$$

La fonction U ne contenant que les variables $q$ à l'exclusion des variables $p$, on a identiquement $\left(\dfrac{dU}{dp_i}\right) = 0$; on peut donc écrire l'équation (23) sous la forme

$$(24) \qquad \frac{dq_i}{dt} = \left(\frac{d\,(T - U)}{dp_i}\right) = -\left(\frac{d\,(U - T)}{dp_i}\right).$$

Les équations du mouvement, au nombre de $2k$, sont en définitive amenées à la forme symétrique suivante, dans laquelle H est la fonction T— U, différence entre la demi-force vive et la fonction des forces :

$$(25) \qquad \left\{ \begin{aligned} \frac{dp_i}{dt} &= -\frac{dH}{dq_i}, \\[2mm] \frac{dq_i}{dt} &= +\frac{dH}{dp_i}. \end{aligned} \right.$$

Les seconds membres indiquent des dérivées partielles de la fonction H par rapport avec variables $q$ et $p$. On a supprimé les parenthèses dans ces dernières équations, parce qu'il n'y a plus aucune confusion à craindre, les anciennes variables $q'$ étant entièrement éliminées.

156. C'est au groupe (25) qu'on réserve ordinairement aujourd'hui le nom d'*équations canoniques* du mouvement. Cette forme suppose que les liaisons ne contiennent pas le temps $t$, et que la fonction $\sum m\,(X\delta x + Y\delta y + Z\delta z)$ soit intégrable. Elle est donc moins générale que la forme (10).

Pour former les $2k$ équations (25), on opérera comme il suit :

1° On exprimera, au moyen des équations de liaisons, les $3n$ coordonnées $x$, $y$, $z$... en fonction de $k$ variables $q$, non liées ensemble ;

2° Avec les variables $q$, on formera la fonction des forces, U ;

3° Des équations qui donnent $x$, $y$, $z$,... en fonction de $q_1$, $q_2$,... on déduira les vitesses $x'$, $y'$, $z'$,... en fonction de $q_1$, $q_2$,... et de leurs vitesses $q'_1$, $q'_2$,... ;

4° Avec les variables $q$ et les variables $q'$, on exprimera la demi-force vive T ;

5° On formera la fonction $\text{H} = \text{T} - \text{U}$, qui contiendra les variables $q$ et les variables $q'$ ;

6° On prendra les dérivées partielles de T par rapport aux variables $q'$, et on les égalera à de nouvelles variables $p$ ;

7° On exprimera les $q'$ en fonction des $q$ et des $p$ en résolvant les équations ainsi formées, et on substituera ces valeurs dans la fonction H ;

8° On formera les dérivées partielles de la fonction H par rapport aux variables $q$ et par rapport aux variables $p$ ; on égalera les dérivées $\dfrac{d\text{H}}{dq}$ changées de signe aux vitesses des variables $p$ de même indice ; et les dérivées $\dfrac{d\text{H}}{dp}$, prises avec leurs signes, aux vitesses des variables $q$ de même indice. On obtiendra ainsi le tableau des $2k$ équations canoniques du mouvement.

Pour que cette seconde forme canonique soit applicable, il est nécessaire, comme nous l'avons dit plus haut, que la fonction U existe réellement. Autrement on ne pourrait former la fonction H.

EXEMPLE. — MOUVEMENT D'UN POINT PESANT SUR UNE SPHÈRE FIXE.

157. Nous avons trouvé dans le § 154 :

$$\text{T} = \tfrac{1}{2}\, q'^2_2 + \tfrac{1}{2}\cos^2 q_2 \times q'^2_1,$$
$$\text{U} = g \sin q_2.$$

Les dérivées partielles par rapport aux $q'$ nous donnent

$$\frac{d\text{T}}{dq'_1} = \cos^2 q_2 \times q'_1,\ \text{que nous égalerons à } \boldsymbol{p_1},$$
$$\frac{d\text{T}}{dq'_2} = q'_2,\ \text{que nous égalerons à } \boldsymbol{p_2}.$$

On a donc

$$q'_2 = p_2,$$
$$q'_1 = \frac{p_1}{\cos^2 q_2}$$

et

$$T = \tfrac{1}{2} p^2{}_2 + \tfrac{1}{2} \frac{p_1{}^2}{\cos{}^2 q_2}.$$

La fonction $H = T - U = \tfrac{1}{2} p^2{}_2 + \tfrac{1}{2} \dfrac{p_1{}^2}{\cos^2 q_2} - g \sin q_2$. On en déduit

$$\frac{dH}{dq_1} = 0,$$

$$\frac{dH}{dq_2} = -\frac{p_1{}^2 \sin q_2}{\cos{}^3 q_2} - g \cos q_2,$$

$$\frac{dH}{dp_1} = \frac{p_1}{\cos{}^2 q_2},$$

$$\frac{dH}{dp_2} = p_2.$$

Les quatre équations canoniques du mouvement du point sont donc :

$$\frac{dp_1}{dt} = 0, \qquad\qquad \frac{dp_2}{dt} = -\frac{p_1{}^2 \sin q_2}{\cos{}^3 q_2} + g \cos q_2,$$

$$\frac{dq_1}{dt} = \frac{p_1}{\cos{}^2 q_2}, \qquad\qquad \frac{dq_2}{dt} = p_2.$$

INTÉGRALE DES FORCES VIVES.

**158.** Reprenons les équations (10), et supposons que les liaisons, $L_1 = 0$, $L_2 = 0$,... soient indépendantes du temps $t$, auquel cas T est une fonction homogène du second degré par rapport aux variables $q'$. Multiplions chaque équation d'indice $i$ par $dq_i$ ou par $q'_i \, dt$, puis faisons la somme des $k$ équations ainsi préparées. Il viendra

$$\sum q'_i d \, \frac{dT}{dq'_i} - \sum \frac{dT}{dq_i} dq_i = \sum \frac{dU}{dq_i} dq_i,$$

les $\sum$ s'étendant à toutes les valeurs de l'indice $i$, de 1 à $k$.

En vertu du théorème des fonctions homogènes, on a identiquement

$$\sum q'_i \frac{dT}{dq'_i} = 2T.$$

Différentions cette équation. Il viendra

$$\sum q'_i d \, \frac{dT}{dq'_i} + \sum \frac{dT}{dq'_i} dq'_i = 2dT.$$

Substituant dans la première équation la valeur de $\sum q'_i \, d \, \dfrac{d\mathrm{T}}{dq'_i}$ tirée de la dernière, il vient

$$2d\mathrm{T} - \sum \frac{d\mathrm{T}}{dq'_i} \, dq'_i - \sum \frac{d\mathrm{T}}{dq_i} \, dq_i = \sum \frac{d\mathrm{U}}{dq_i} \, dq_i.$$

Mais $\sum \dfrac{d\mathrm{T}}{dq'_i} \, dq'_i + \sum \dfrac{d\mathrm{T}}{dq_i} \, dq_i$ est la somme des différentielles partielles de la fonction T par rapport à toutes les variables, $q$ et $q'$, au moyen desquelles cette fonction est exprimée ; cette somme est égale à la différentielle totale $d\mathrm{T}$, et l'équation qui précède revient à

$$2d\mathrm{T} - d\mathrm{T} = d\mathrm{T} = \sum \frac{d\mathrm{U}}{dq_i} \, dq_i.$$

Si la fonction U ne contient pas le temps $t$, elle ne dépend que des variables $q$, et l'on a

$$\sum \frac{d\mathrm{U}}{dq_i} \, dq_i = d\mathrm{U}.$$

L'équation différentielle devient alors $d\mathrm{T} = d\mathrm{U}$, ce qui donne

$$\mathrm{T} = \mathrm{U} + \mathrm{C},$$

C étant une constante. Dans ce cas *l'intégrale des forces vives a lieu ;* il en est ainsi quand les équations de liaisons et la fonction des forces sont indépendantes du temps $t$.

Si, au contraire, la fonction des forces, U, contient le temps $t$, on n'a plus

$$d\mathrm{U} = \sum \frac{d\mathrm{U}}{dq_i} \, dq_i,$$

mais bien

$$d\mathrm{U} = \frac{d\mathrm{U}}{dt} \, dt + \sum \frac{d\mathrm{U}}{dq_i} \, dq_i,$$

de sorte que l'équation différentielle devient

$$d\mathrm{T} = d\mathrm{U} - \frac{d\mathrm{U}}{dt} \, dt,$$

dont l'intégrale ne peut être posée *à priori*.

Par exemple, dans le problème que nous venons de traiter (§ 157), les liaisons sont indépendantes du temps, ce qui nous a permis de donner aux équations la seconde forme canonique. De plus, la fonction U ne contient pas le temps $t$. Donc $T - U =$ constante, ou $H =$ constante, est une intégrale du mouvement.

THÉORÈME DE JACOBI DANS LE CAS GÉNÉRAL.

159. Supposons les équations du mouvement ramenées à la forme canonique suivante :

$$(1) \qquad \begin{cases} \dfrac{dp_i}{dt} = \dfrac{dU}{dq_i} - \dfrac{dT}{dq_i}, \\[2ex] \dfrac{dq_i}{dt} = + \dfrac{dT}{dp_i}, \end{cases}$$

en observant que la fonction $H$ est égale à $T - U$, et que $U$ est indépendant des variables $p$.

Proposons-nous de trouver une fonction S des variables $q$ telle, que les dérivées partielles $\dfrac{dS}{dq}$ soient égales aux valeurs de $p$ : qu'on ait, en d'autres termes, l'équation générale

$$(2) \qquad p_i = \frac{dS}{dq_i},$$

la fonction S contenant d'ailleurs le temps $t$.

Le groupe des $k$ équations (2) constituera une intégrale première des $2k$ équations du groupe (1); pour qu'il en soit ainsi, il faut que la fonction S contienne, outre les $k$ variables $q$, $k$ arbitraires $\alpha_1, \alpha_1, \ldots \alpha_k$. On pourra donc, au moyen des équations (2), exprimer les $p$ en fonction des $q$ et des arbitraires $\alpha$, puis substituer dans la fonction T, qui se trouvera dès lors exprimée en fonction des quantités $\alpha$ et $q$. La fonction T a donc deux formes distinctes : dans l'une, elle contient les variables $q$ et les variables $p$ ; dans la seconde, elle ne contient plus que les variables $q$, les $p$ étant éliminés au moyen des équations (2). Nous représenterons par T′ cette seconde forme de la fonction T, la lettre T sans accent continuant de représenter la première.

Formons les dérivées de T′ par rapport aux variables $q$ ; nous aurons, en observant que T′ n'est autre chose que la fonction T, dans laquelle les variables $p$ sont exprimées en fonction des variables $q$,

$$(3) \qquad \frac{dT'}{dq_i} = \frac{dT}{dq_i} + \sum_{j=1}^{j=k} \frac{dT}{dp_j} \frac{dp_j}{dq_i}.$$

Les équations (1) nous donnent

$$\frac{d\Gamma}{dp_j} = \frac{dq_j}{dt},$$

et les équations (2)

$$\frac{dp_j}{dq_i} = \frac{d\dfrac{dS}{dq_j}}{dq_i} = \frac{d^2S}{dq_i\,dq_j} = \frac{d\dfrac{dS}{dq_i}}{dq_j} = \frac{dp_i}{dq_j}.$$

Substituant dans l'équation (3), il vient

$$(4) \qquad \frac{dT'}{dq_i} = \frac{dT}{dq_i} + \sum_{j=1}^{j=k} \frac{dp_i}{dq_j}\frac{dq_j}{dt}.$$

Or $p_i$ est une fonction du temps $t$ et des variables $q_1$, $q_2$, $q_3$... ; on a donc, en prenant la différentielle totale de $p_i$,

$$dp_i = \frac{dp_i}{dt}\,dt + \frac{dp_i}{dq_1}\,dq_1 + \frac{dp_i}{dq_2}\,dq_2 + \ldots + \frac{dp_i}{dq_k}\,dq_k$$
$$= \frac{dp_i}{dt}\,dt + \sum_{j=1}^{j=k} \frac{dp_i}{dq_j}\,dq_j.$$

Divisant par $dt$ et résolvant par rapport à la somme, on a

$$(5) \qquad \sum_{j=1}^{j=k} \frac{dp_i}{dq_j}\frac{dq_j}{dt} = \frac{1}{dt}\,dp_i - \frac{dp_i}{dt}.$$

Mais l'équation (2) nous donne, en prenant les dérivées partielles des deux membres par rapport au temps $t$,

$$(6) \qquad \frac{dp_i}{dt} = \frac{d\dfrac{dS}{dq_i}}{dt} = \frac{d\dfrac{dS}{dt}}{dq_i}.$$

Substituons cette valeur dans (5), puis la valeur de la somme $\Sigma$ dans (4); il vient

$$(7) \qquad \frac{dT'}{dq_i} = \frac{dT}{dq_i} + \frac{1}{dt}\,dp_i - \frac{d\dfrac{dS}{dt}}{dq_i}.$$

Mais $\dfrac{1}{dt}\,dp_i$, vitesse de la variable $p_i$, est donnée par la première des équations (1)

$$\frac{1}{dt}\,dp_i + \frac{dT}{dq_i} = \frac{dU}{dq_i},$$

ce qui change l'équation (7) en l'équation suivante,

$$\frac{d\mathrm{T}'}{dq_i} = \frac{d\mathrm{U}}{dq_i} - \frac{d\,\dfrac{d\mathrm{S}}{dt}}{dq_i},$$

ou encore

$$(8) \qquad \frac{d}{dq_i}\left(\frac{d\mathrm{S}}{dt} + \mathrm{T}'\right) = \frac{d\mathrm{U}}{dq_i}.$$

Cette équation, ayant lieu pour toutes les valeurs de l'indice $i$, montre que les fonctions U et $\dfrac{d\mathrm{S}}{dt} + \mathrm{T}'$ ont les mêmes dérivées partielles par rapport aux variables $q$; que, par conséquent, la différence de ces deux fonctions est une constante ou une fonction de $t$ seul; comme d'ailleurs la fonction S ne sert qu'à fournir les dérivées partielles par rapport aux variables $q$, on peut y ajouter indifféremment telle constante ou telle fonction de $t$ qu'on voudra, et par conséquent on peut faire disparaître la différence; ce qui conduit à l'équation

$$(9) \qquad \frac{d\mathrm{S}}{dt} + \mathrm{T}' = \mathrm{U},$$

dans laquelle T' est la demi-force vive exprimée en fonction des $q$ et des dérivées de S. La condition à laquelle doit satisfaire la fonction cherchée est donc simplement exprimée par l'équation (9), qui est une équation aux dérivées partielles du premier ordre, liant la fonction S aux variables $q$.

Il reste à former la fonction T'.

Observons pour cela que la fonction T, égale à $\frac{1}{2}\Sigma\, m\,(x'^2 + y'^2 + z'^2)$, est homogène et du second degré par rapport aux vitesses $x'$, $y'$, $z'$, lesquelles sont linéaires en $q'$, dès que les liaisons sont indépendantes du temps. La fonction T est donc aussi homogène et du second degré par rapport aux vitesses $q'$. Mais les variables $p$ étant liées aux variables $q'$ par la relation

$$p_i = \frac{d\mathrm{T}}{dq'_i},$$

les $p$ sont linéaires par rapport aux $q'$; réciproquement les $q'$ sont linéaires par rapport aux $p$; par suite enfin, la fonction T est homogène et du second degré par rapport aux variables $p$.

Le calcul donnera donc pour T une expression de la forme

$$(10) \qquad \mathrm{T} = \mathrm{A}p_1^2 + 2\mathrm{B}p_1p_2 + \mathrm{C}p_2^2 + 2\mathrm{D}p_1p_3 + \ldots$$

Pour en déduire T', il suffira de changer $p_1$ en $\dfrac{dS}{dq_1}$, $p_2$ en $\dfrac{dS}{dq_2}$, $p_3$ en $\dfrac{dS}{dq_3}$, ...

et l'on aura

$$(11) \qquad \mathrm{T'} = \mathrm{A} \left(\frac{dS}{dq_1}\right)^2 + 2\mathrm{B}\,\frac{dS}{dq_1}\,\frac{dS}{dq_2} + \mathrm{C} \left(\frac{dS}{dq_2}\right)^2 + \cdots$$

L'équation (9) prend donc la forme définitive

$$(12) \qquad \frac{dS}{dt} + \mathrm{A} \left(\frac{dS}{dq_1}\right)^2 + 2\mathrm{B}\,\frac{dS}{dq_1}\,\frac{dS}{dq_2} + \mathrm{C} \left(\frac{dS}{dq_2}\right)^2 + \cdots = \mathrm{U}.$$

L'équation (12), qui est du premier ordre, exprime une relation qui lie la fonction S aux $k+1$ variables indépendantes $t$, $q_1$, $q_2$,..., $q_k$; *l'intégrale complète* de cette équation contiendra $k+1$ constantes arbitraires, dont l'une peut s'ajouter à la fonction S elle-même, puisque ses dérivées seules figurent dans l'équation donnée, et se trouve sans influence sur la solution du problème proposé. On peut laisser de côté cette constante, et mettre la fonction cherchée sous la forme

$$(13) \qquad \mathrm{S} = f(t, q_1, q_2, \ldots, q_k, \alpha_1, \alpha_2, \ldots, \alpha_k),$$

$\alpha_1$, $\alpha_2$, ... $\alpha_k$ étant les arbitraires introduites par l'intégration.

160. Lorsqu'on aura trouvé cette fonction, on pourra en déduire le groupe des valeurs de $p$ fourni par les équations (2), en prenant les dérivées de S par rapport à $q_1$, $q_2$,... On aura ainsi $k$ intégrales premières des équations (1). Pour achever l'intégration, on remarquera qu'il suffit de prendre les dérivées de S par rapport aux arbitraires $\alpha$, et d'égaler ces $k$ dérivées à de nouvelles constantes $\beta_1$, ..., $\beta_k$. En effet, prenons la dérivée de l'équation (12) par rapport à une arbitraire $\alpha$ quelconque, nous aurons

$$\frac{d\,\dfrac{dS}{dt}}{d\alpha} + 2\mathrm{A}\,\frac{dS}{dq_1}\,\frac{d\,\dfrac{dS}{dq_1}}{d\alpha} + 2\mathrm{B}\,\frac{dS}{dq_2}\,\frac{d\,\dfrac{dS}{dq_1}}{d\alpha} + 2\mathrm{B}\,\frac{dS}{dq_1}\,\frac{d\,\dfrac{dS}{dq_2}}{d\alpha}$$

$$+ 2\mathrm{C}\,\frac{dS}{dq_2}\,\frac{d\,\dfrac{dS}{dq_2}}{d\alpha} + \cdots = 0.$$

Nous égalons à zéro parce que la fonction U ne contient pas les $\alpha$. Intervertissons l'ordre des dérivations partielles, puis remplaçons les $\dfrac{dS}{dq}$ par les $p$ de même indice. Il viendra

$$\frac{d\,\dfrac{dS}{d\alpha}}{dt} + 2\mathrm{A}p_1\,\frac{d\,\dfrac{dS}{d\alpha}}{dq_1} + 2\mathrm{B}p_2\,\frac{d\,\dfrac{dS}{d\alpha}}{dq_1} + 2\mathrm{B}p_1\,\frac{d\,\dfrac{dS}{d\alpha}}{dq_2}$$

$$+ 2\mathrm{C}p_2\,\frac{d\,\dfrac{dS}{d\alpha}}{dq_2} + \cdots = 0,$$

ou bien

$$(14) \qquad \frac{d\,\frac{dS}{d\alpha}}{dt} + (2Ap_1 + 2Bp_2 + \ldots)\,\frac{d\,\frac{dS}{d\alpha}}{dq_1}$$
$$+ (2Bp_1 + 2Cp_2 + \ldots)\,\frac{d\,\frac{dS}{d\alpha}}{dq_2} + \ldots = 0.$$

De l'équation (10) on tire, en prenant les dérivées partielles de T par rapport aux $p$,

$$\frac{dT}{dp_1} = 2Ap_1 + 2Bp_2 + \ldots,$$
$$\frac{dT}{dp_2} = 2Bp_1 + 2Cp_2 + \ldots,$$
$$\cdot \quad \cdot \quad \cdot \quad \cdot \quad \cdot \quad \cdot \quad \cdot$$

et substituant dans (14), il vient

$$(15) \qquad \frac{d\,\frac{dS}{d\alpha}}{dt} + \frac{dT}{dp_1}\,\frac{d\,\frac{dS}{d\alpha}}{dq_1} + \frac{dT}{dp_2}\,\frac{d\,\frac{dS}{d\alpha}}{dq_2} + \ldots = 0.$$

Mais, en vertu des équations (1),

$$\frac{dT}{dp_1} = \frac{dq_1}{dt},$$
$$\frac{dT}{dp_2} = \frac{dq_2}{dt},$$
$$\cdot \quad \cdot \quad \cdot \quad \cdot$$

ce qui, substitué dans (15), donne

$$(16) \qquad \frac{d\,\frac{dS}{d\alpha}}{dt} + \frac{d\,\frac{dS}{d\alpha}}{dq_1}\,\frac{dq_1}{dt} + \frac{d\,\frac{dS}{d\alpha}}{dq_2}\,\frac{dq_2}{dt} + \ldots = 0,$$

ou bien, puisque $\frac{dS}{d\alpha}$ est fonction seulement des $q$ et de $t$,

$$\frac{1}{dt}\,d\,\frac{dS}{d\alpha} = 0.$$

Donc la fonction $\frac{dS}{d\alpha}$ est constante, et, par suite, on déduira de l'équation (13) $k$ intégrales nouvelles en égalant à des constantes arbitraires les dérivées de la fonction S par rapport à chacune des $k$ arbitraires qu'elle contient déjà. Les $2k$ intégrales du problème sont donc

$$p_1 = \frac{dS}{dq_1}, \quad p_2 = \frac{dS}{dq_2}, \ldots p_k = \frac{dS}{dq_k},$$
$$\frac{dS}{d\alpha_1} = \beta_1, \quad \frac{dS}{d\alpha_2} = \beta_2, \ldots, \frac{dS}{d\alpha_k} = \beta_k.$$

161. Lorsque la fonction U est indépendante du temps $t$, on simplifie la solution en posant $S = \Theta - ct$, $c$ étant une constante, et $\Theta$ une fonction des variables $q$, indépendante du temps. Grâce à cette transformation, l'équation (12) devient

$$(17) \qquad A \left( \frac{d\Theta}{dq_1} \right)^2 + 2B \frac{d\Theta}{dq_1} \frac{d\Theta}{dq_2} + C \left( \frac{d\Theta}{dq_2} \right)^2 + \ldots = U + c.$$

La constante $c$ est alors la constante de l'équation des forces vives.

Le problème est ramené à trouver une fonction $\Theta$ des $k$ variables $q$, qui satisfasse à l'équation (17) avec $k - 1$ constantes arbitraires $\alpha_1,\ \alpha_2,\ldots \alpha_k - 1$, outre la constante $c$. Les $k$ intégrales premières seront encore

$$p_1 = \frac{d\Theta}{dq_1}, \quad p_2 = \frac{d\Theta}{dq_2}, \ \ldots\ p_k = \frac{d\Theta}{dq_k},$$

et les intégrales définitives,

$$\frac{d\Theta}{d\alpha_1} = \beta_1, \quad \frac{d\Theta}{d\alpha_2} = \beta_2, \ \ldots\ \frac{d\Theta}{d\alpha_{k-1}} = \beta_{k-1}, \quad \frac{d\Theta}{dc} - t = \tau.$$

Reprenons comme exemple le mouvement d'un point pesant sur une sphère.

Nous avons trouvé

$$T = \frac{1}{2} p_2^2 + \frac{1}{2} \frac{p_1^2}{\cos^2 q_2}.$$

Donc

$$T' = \frac{1}{2} \left( \frac{dS}{dq_2} \right)^2 + \frac{1}{2\cos^2 q_2} \left( \frac{dS}{dq_1} \right)^2,$$

ou, en adoptant tout de suite la forme (17), puisque l'intégrale des forces vives a lieu,

$$T' = \frac{1}{2} \left( \frac{d\Theta}{dq_2} \right)^2 + \frac{1}{2\cos^2 q^2} \left( \frac{d\Theta}{dq_1} \right)^2.$$

L'équation (17) devient, en remplaçant U par sa valeur $g \sin q_2$,

$$\frac{1}{2\cos^2 q_2} \left( \frac{d\Theta}{dq_1} \right)^2 + \frac{1}{2} \left( \frac{d\Theta}{dq_2} \right)^2 = g \sin q_2 + c,$$

et le problème consistera à déterminer $\Theta$ en fonction de $q_1$, de $q_2$, de $c$ et d'une nouvelle arbitraire unique $\alpha_1$.

162. Supposons qu'on ait trouvé les équations primitives du groupe canonique de $2k$ équations du premier ordre :

$$(1) \quad \left\{ \begin{aligned} \frac{dp_i}{dt} &= -\frac{d\mathrm{H}}{dq_i}, \\ \frac{dq_i}{dt} &= +\frac{d\mathrm{H}}{dp_i}. \end{aligned} \right.$$

Ces équations renfermeront $2k$ arbitraires, et les valeurs des $p$ et des $q$ seront exprimables en fonction de ces $2k$ quantités et du temps $t$. Résolvant les $2k$ équations par rapport aux arbitraires, on exprimera inversement chaque arbitraire $\alpha$ en fonction du temps $t$ et des variables $p$ et $q$. Mises sous cette forme, les équations intégrales du mouvement expriment que certaines fonctions du temps et des variables $p$ et $q$ restent constantes pendant toute la durée du mouvement, et si l'on a été conduit à poser l'équation

$$(2) \qquad \alpha = f(t,\, p_1,\, p_2,\, \ldots,\, p_k,\, q_1,\, q_2,\, \ldots,\, q_k),$$

on pourra dire, en regardant $\alpha$, non plus comme une constante, mais comme la fonction même à laquelle l'arbitraire $\alpha$ se trouve égalée dans l'équation (2), que *l'équation $\alpha =$ constante est une intégrale du système* (1).

Le théorème de Poisson montre que si l'on connaît deux intégrales distinctes, $\alpha =$ constante et $\beta =$ constante, du système (1), on peut, à l'aide des deux fonctions $\alpha$ et $\beta$, en former une troisième $\gamma$ qui reste aussi constante pendant toute la durée du mouvement ; de sorte que *si cette troisième fonction ne se réduit pas identiquement à une constante*, on obtiendra une troisième intégrale du système (1) en l'égalant à une constante arbitraire.

Pour former la fonction $\gamma$, différentions l'équation (2), et divisons par $dt$ ; il viendra, en mettant entre parenthèses les dérivées partielles déduites de l'équation (2),

$$0 = \left(\frac{d\alpha}{dt}\right) + \sum_{i=1}^{i=k} \left(\frac{d\alpha}{dq_i}\right) \frac{dq_i}{dt} + \sum_{i=1}^{i=k} \left(\frac{d\alpha}{dp_i}\right) \frac{dp_i}{dt},$$

ou bien, en remplaçant $\dfrac{dq_i}{dt}$ par $\dfrac{d\mathrm{H}}{dp_i}$ et $\dfrac{dp_i}{dt}$ par $-\dfrac{d\mathrm{H}}{dq}$,

$$(3) \qquad 0 = \left(\frac{d\alpha}{dt}\right) + \sum_{i=1}^{i=k} \left(\frac{d\alpha}{dq_i}\right) \frac{d\mathrm{H}}{dp_i} - \sum_{i=1}^{i=k} \left(\frac{d\alpha}{dp_i}\right) \frac{d\mathrm{H}}{dq}.$$

L'équation (3) étant identiquement satisfaite en vertu des équations du mouvement, si $\alpha =$ constante est, comme on le suppose, une intégrale de ces équations, on aura encore des équations identiques en prenant les dérivées de l'équation (3) par rapport à l'une des variables $q$ ou par rapport à une variable $p$. Prenons d'abord la dérivée par rapport à la variable $q_j$. Il vient

$$0 = \frac{d\left(\frac{d\alpha}{dt}\right)}{dq_j} + \sum_{i=1}^{i=k} \frac{d\Pi}{dp_i} \frac{d\left(\frac{d\alpha}{dq_i}\right)}{dq_j} - \sum_{i=1}^{i=k} \frac{d\Pi}{dq_i} \frac{d\left(\frac{d\alpha}{dp_i}\right)}{dq_j}$$

$$+ \sum_{i=1}^{i=k} \left(\frac{d\alpha}{dq_i}\right) \frac{d^2\Pi}{dp_i dq_j} - \sum_{i=1}^{i=k} \left(\frac{d\alpha}{dp_i}\right) \frac{d^2\Pi}{dq_i dq_j}.$$

Remplaçons dans la première ligne $\dfrac{d\Pi}{dp_i}$ par $\dfrac{dq_i}{dt}$, et $\dfrac{d\Pi}{dq_i}$ par $-\dfrac{dp_i}{dt}$, puis intervertissons l'ordre des différentiations :

$$0 = \frac{d\left(\frac{d\alpha}{dq_j}\right)}{dt} + \sum_{i=1}^{i=k} \frac{d\left(\frac{d\alpha}{dq_j}\right)}{dq_i} \frac{dq_i}{dt} + \sum_{i=1}^{i=k} \frac{d\left(\frac{d\alpha}{dq_j}\right)}{dp_i} \frac{dp_i}{dt}$$

$$+ \sum_{i=1}^{i=k} \left(\frac{d\alpha}{dq_i}\right) \frac{d^2\Pi}{dp_i dq_j} - \sum_{i=1}^{i=k} \left(\frac{d\alpha}{dp_i}\right) \frac{d^2\Pi}{dq_i dq_j}.$$

La première ligne du second membre est la *vitesse* de la fonction $\left(\dfrac{d\alpha}{dq_j}\right)$, qu'on peut écrire sous la forme $\dfrac{1}{dt}\, d\left(\dfrac{d\alpha}{dq_j}\right)$ ; on a donc l'équation

$$4 \qquad 0 = \frac{1}{dt}\, d\left(\frac{d\alpha}{dq_j}\right) + \sum_{i=1}^{i=k} \frac{d^2\Pi}{dp_i dq_j} \left(\frac{d\alpha}{dq_i}\right) - \sum_{i=1}^{i=k} \frac{d^2\Pi}{dq_i dq_j} \left(\frac{d\alpha}{dp_i}\right).$$

Opérons de même pour la variable $p_j$ ; nous obtiendrons une équation qui ne différera de l'équation (4) que par le changement de $q_j$ en $p_j$ :

$$5 \qquad 0 = \frac{1}{dt}\, d\left(\frac{d\alpha}{dp_j}\right) + \sum_{i=1}^{i=k} \frac{d^2\Pi}{dp_i dp_j} \left(\frac{d\alpha}{dq_i}\right) - \sum_{i=1}^{i=k} \frac{d^2\Pi}{dq_i dp_j} \left(\frac{d\alpha}{dp_i}\right).$$

La seconde intégrale, $\beta =$ constante, conduit de même à deux équations, qu'on déduira des équations (4) et (5) en changeant simplement $\alpha$ en $\beta$, ce qui donne

$$(6) \qquad 0 = \frac{1}{dt}\, d\left(\frac{d\beta}{dq_j}\right) + \sum_{i=1}^{i=k} \frac{d^2H}{dp_i dq_j}\left(\frac{d\beta}{dq_i}\right) - \sum_{i=1}^{i=k} \frac{d^2H}{dq_i dq_j}\left(\frac{d\beta}{dp_i}\right),$$

$$(7) \qquad 0 = \frac{1}{dt}\, d\left(\frac{d\beta}{dp_j}\right) + \sum_{i=1}^{i=k} \frac{d^2H}{dp_i dp_j}\left(\frac{d\beta}{dq_i}\right) - \sum_{i=1}^{i=k} \frac{d^2H}{dq_i dp_j}\left(\frac{d\beta}{dp_i}\right).$$

L'indice $j$ a la même valeur dans les quatre équations (4), (5), (6) et (7).

Ajoutons ces quatre équations, après avoir multiplié la première par $-\left(\frac{d\beta}{dp_j}\right)$, la seconde par $+\left(\frac{d\beta}{dq_j}\right)$, la troisième par $+\left(\frac{d\alpha}{dp_j}\right)$, la dernière par $-\left(\frac{d\alpha}{dq_j}\right)$; nous aurons, en faisant passer les premiers termes du second membre dans le premier membre de l'équation finale,

$$(8) \qquad \frac{1}{dt}\left[\left(\frac{d\beta}{dp_j}\right) d\left(\frac{d\alpha}{dq_j}\right) - \left(\frac{d\beta}{dq_j}\right) d\left(\frac{d\alpha}{dp_j}\right) - \left(\frac{d\alpha}{dp_j}\right) d\left(\frac{d\beta}{dq_j}\right)\right.$$

$$\left. + \left(\frac{d\alpha}{dq_j}\right) d\left(\frac{d\beta}{dp_j}\right)\right] = \sum_{i=1}^{i=k} \frac{d^2H}{dq_i dq_j}\left[\left(\frac{d\alpha}{dp_i}\right)\left(\frac{d\beta}{dp_j}\right) - \left(\frac{d\beta}{dp_i}\right)\left(\frac{d\alpha}{dp_j}\right)\right]$$

$$+ \sum_{i=1}^{i=k} \frac{d^2H}{dp_i dp_j}\left[\left(\frac{d\alpha}{dq_i}\right)\left(\frac{d\beta}{dq_j}\right) - \left(\frac{d\beta}{dq_i}\right)\left(\frac{d\alpha}{dq_j}\right)\right]$$

$$+ \sum_{i=1}^{i=k} \frac{d^2H}{dp_i dq_j}\left[\left(\frac{d\beta}{dq_i}\right)\left(\frac{d\alpha}{dp_j}\right) - \left(\frac{d\alpha}{dq_i}\right)\left(\frac{d\beta}{dp_j}\right)\right]$$

$$+ \sum_{i=1}^{i=k} \frac{d^2H}{dq_i dp_j}\left[\left(\frac{d\beta}{dp_i}\right)\left(\frac{d\alpha}{dq_j}\right) - \left(\frac{d\alpha}{dp_i}\right)\left(\frac{d\beta}{dq_j}\right)\right].$$

Le premier membre de cette nouvelle équation est, à part le facteur $\frac{1}{dt}$, la différentielle du déterminant

$$\left(\frac{d\alpha}{dq_j}\right)\left(\frac{d\beta}{dp_j}\right) - \left(\frac{d\alpha}{dp_j}\right)\left(\frac{d\beta}{dq_j}\right),$$

de sorte qu'on peut poser

$$(9) \qquad \frac{1}{dt}\, d\left[\left(\frac{d\alpha}{dq_j}\right)\left(\frac{d\beta}{dp_j}\right) - \left(\frac{d\alpha}{dp_j}\right)\left(\frac{d\beta}{dq_j}\right)\right] = \sum_{i=1}^{i=k}$$

en désignant par $\displaystyle\sum_{i=1}^{i=k}$ l'ensemble des quatre sommes qui figurent dans le second membre de l'équation (8). Nous aurons autant d'équations (9) qu'on peut donner de valeurs distinctes à l'indice $j$. Écrivons toutes ces équations l'une au-desssous de l'autre, et ajoutons-les. La somme des seconds membres $\displaystyle\sum_{j=1}^{j=k}\sum_{i=1}^{i=k}$ sera identiquement nulle. En effet, à l'un quelconque des termes écrits dans le second membre de l'équation (8), au terme

$$\frac{d^2 H}{dq_i\, dq_j}\left[\left(\frac{d\alpha}{dp_i}\right)\left(\frac{d\beta}{dp_j}\right) - \left(\frac{d\beta}{dp_i}\right)\left(\frac{d\alpha}{dp_j}\right)\right]$$

par exemple, correspondra, dans l'équation où les indices $i$ et $j$ auront été permutés, le terme

$$\frac{d^2 H}{dq_j\, dq_i}\left[\left(\frac{d\alpha}{dp_j}\right)\left(\frac{d\beta}{dp_i}\right) - \left(\frac{d\beta}{dp_j}\right)\left(\frac{d\alpha}{dp_i}\right)\right],$$

qui dans la somme détruit le premier. Nous avons donc en définitive l'équation

$$(10)\qquad \frac{1}{dt}\, d \sum_{j=1}^{j=k}\left[\left(\frac{d\alpha}{dq_j}\right)\left(\frac{d\beta}{dp_j}\right) - \left(\frac{d\alpha}{dp_j}\right)\left(\frac{d\beta}{dq_j}\right)\right] = 0,$$

dont l'intégrale est

$$(11)\qquad \sum_{j=1}^{j=k}\left[\left(\frac{d\alpha}{dq_j}\right)\left(\frac{d\beta}{dp_j}\right) - \left(\frac{d\alpha}{dp_j}\right)\left(\frac{d\beta}{dq_j}\right)\right] = \text{constante,}$$

et l'on pourra poser

$$\gamma = \sum_{j=1}^{j=k}\left[\left(\frac{d\alpha}{dq_j}\right)\left(\frac{d\beta}{dp_j}\right) - \left(\frac{d\alpha}{dp_j}\right)\left(\frac{d\beta}{dq_j}\right)\right].$$

La fonction $\gamma$, formée au moyen des fonctions $\alpha$ et $\beta$, fournira une troisième intégrale du mouvement, à moins que cette fonction ne se réduise identiquement à une constante; alors l'équation $\gamma = $ constante ne serait qu'une identité. La fonction $\gamma$ se déduit des fonctions $\alpha$ et $\beta$ en formant, pour chacune des $k$ valeurs de l'indice $j$, le déterminant du système

$$\left|\begin{array}{cc} \dfrac{d\alpha}{dq_j} & \dfrac{d\alpha}{dp_j} \\[2ex] \dfrac{d\beta}{dq_j} & \dfrac{d\beta}{dp_j} \end{array}\right|$$

ou le *Jacobien* du système des fonctions $\alpha$ et $\beta$ par rapport aux deux variables conjuguées $q_j$, $p_j$, puis en faisant la somme des $k$ Jacobiens successivement formés. Lagrange qui, le premier, a reconnu l'importance de cette somme de déterminants, l'indique par la notation $(\alpha, \beta)$.

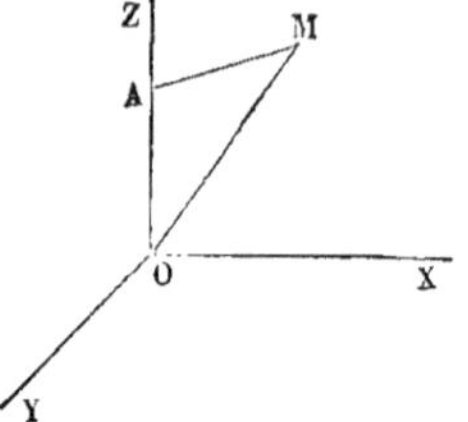


Fig. 95.

163. *Exemple.* — Soit M un point libre, attiré par deux centres fixes, O et A, proportionnellement à l'inverse du carré des distances. Nous prendrons pour variables $q$ les coordonnées rectangles $x$, $y$, $z$ du point M, rapportées aux axes OX, OY, OZ ; les variables $q'$ seront les vitesses $x'$, $y'$, $z'$ de ces coordonnées. Nous avons pour la demi-force vive

$$T = \frac{1}{2}(x'^2 + y'^2 + z'^2),$$

en supposant que la masse du point M soit égale à l'unité. On en déduit

$$\frac{dT}{dx'} = x', \quad \frac{dT}{dy'} = y', \quad \frac{dT}{dz'} = z',$$

de sorte que $x'$, $y'$, $z'$ tiendront aussi lieu des variables $p$. La fonction U des forces est égale à $\frac{A}{r} + \frac{B}{s}$, en appelant A et B des constantes, $r$ la distance OM et $s$ la distance AM.

Nous aurons une première intégrale du mouvement, en écrivant l'équation des aires décrites autour du point O en projection sur le plan XOY, c'est-à-dire en posant

$$\alpha = xy' - yx'.$$

Une seconde intégrale sera donnée par l'équation des forces vives, $T - U =$ constante, ou bien

$$\beta = \frac{1}{2}(x'^2 + y'^2 + z'^2) - \frac{A}{r} - \frac{B}{s}.$$

Les quantités $r$ et $s$ sont respectivement égales à $\sqrt{x^2 + y^2 + z^2}$ et à $\sqrt{x^2 + y^2 + (a - z)^2}$, en appelant $a$ la distance OA des deux centres d'attraction. Formons les dérivées partielles des fonctions $\alpha$ et $\beta$, par rapport à $x$ et $x'$, puis par rapport à $y$ et $y'$, enfin par rapport à $z$ et $z'$, pour en déduire les trois déterminants qui suivent :

$$\begin{vmatrix} \dfrac{d\alpha}{dx} & \dfrac{d\alpha}{dx'} \\[2ex] \dfrac{d\beta}{dx} & \dfrac{d\beta}{dx'} \end{vmatrix} \qquad \begin{vmatrix} \dfrac{d\alpha}{dy} & \dfrac{d\alpha}{dy'} \\[2ex] \dfrac{d\beta}{dy} & \dfrac{d\beta}{dy'} \end{vmatrix} \qquad \begin{vmatrix} \dfrac{d\alpha}{dz} & \dfrac{d\alpha}{dz'} \\[2ex] \dfrac{d\beta}{dz} & \dfrac{d\beta}{dz'} \end{vmatrix}$$

On a successivement :

$$\frac{d\alpha}{dx} = y', \qquad \frac{d\alpha}{dy} = -x', \qquad \frac{d\alpha}{dz} = 0,$$

$$\frac{d\alpha}{dx'} = -y, \qquad \frac{d\alpha}{dy'} = x, \qquad \frac{d\alpha}{dz'} = 0,$$

$$\frac{d\beta}{dx} = \left(\frac{A}{r^3} + \frac{B}{s^3}\right)x, \qquad \frac{d\beta}{dy} = \left(\frac{A}{r^3} + \frac{B}{s^3}\right)y, \qquad \frac{d\beta}{dz} = \frac{A}{r^3}z + \frac{B}{s^3}(z-a),$$

$$\frac{d\beta}{dx'} = x', \qquad \frac{d\beta}{dy'} = y', \qquad \frac{d\beta}{dz'} = z',$$

et par suite

$$(\alpha,\ \beta) = x'y' + yx\left(\frac{A}{r^3} + \frac{B}{s^3}\right) - x'y' - xy\left(\frac{A}{r^3} + \frac{B}{s^3}\right),$$

quantité qui se réduit identiquement à zéro. Ici donc le théorème de Poisson est vérifié, mais il ne fournit aucune indication nouvelle sur le mouvement. Il en est ainsi toutes les fois que des deux intégrales $\alpha =$ constante, et $\beta =$ constante, dont on se sert pour former la fonction $(\alpha, \beta)$, l'une est l'équation des forces vives, et que l'autre ne contient pas explicitement la variable $t$.

164. *Autre exemple. Point matériel libre attiré vers un centre fixe*, O.

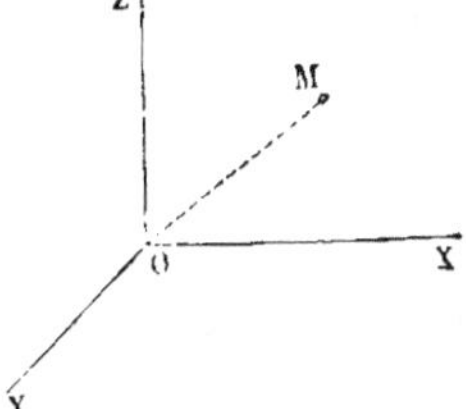

Fig. 96.

Nous prendrons encore pour variables $q$ les coordonnées rectangles $x$, $y$, $z$ du point mobile, rapportées à des axes menés par le point fixe,

Les vitesses $x'$, $y'$, $z'$ de ces coordonnées seront les variables $p$, car la demi-force vive T a pour valeur $\frac{1}{2}(x'^2 + y'^2 + z'^2)$ et $\frac{dT}{dx'} = x'$.

Prenons pour intégrales $\alpha$ et $\beta$ les équations des aires projetées sur les plans XOY, YOZ ; il viendra

$$\alpha = xy' - yx',$$
$$\beta = yz' - zy'.$$

Formons la somme des trois déterminants ; nous aurons

$$\begin{vmatrix} \dfrac{d\alpha}{dx} = y', & \dfrac{d\alpha}{dx'} = -y, \\[2mm] \dfrac{d\beta}{dx} = 0, & \dfrac{d\beta}{dx'} = 0, \end{vmatrix} + \begin{vmatrix} \dfrac{d\alpha}{dy} = -x', & \dfrac{d\alpha}{dy'} = x, \\[2mm] \dfrac{d\beta}{dy} = z', & \dfrac{d\beta}{dy'} = -z, \end{vmatrix}$$

$$+ \begin{vmatrix} \dfrac{d\alpha}{dz} = 0, & \dfrac{d\alpha}{dz'} = 0, \\[2mm] \dfrac{d\beta}{dz} = -y', & \dfrac{d\beta}{dz'} = y, \end{vmatrix} = (-x')(-z) - xz' = x'z - xz'.$$

Donc $(\alpha, \beta) = x'z - xz' =$ constante, équation qu'on aurait pu poser directement en appliquant le théorème des aires à la projection du mouvement sur le plan ZOX.

165. Le théorème de Poisson fournit pour les problèmes de mécanique une méthode particulière d'intégration dont l'importance a été surtout mise en lumière par Jacobi. Toutefois l'application pure et simple du théorème ne conduirait pas toujours au résultat cherché, parce que les intégrales $\alpha$ et $\beta$ que l'on associe peuvent être telles, que la combinaison $(\alpha, \beta)$ soit constante d'elle-même et n'ajoute rien à ce qu'on savait déjà. Cela arrive lorsque l'une des fonctions $\alpha$ et $\beta$ est exprimable au moyen de l'autre ; car alors la constance de $\alpha$ implique la constance de $\beta$, et de la combinaison $(\alpha, \beta)$, qui n'est plus qu'une simple fonction de $\alpha$. M. Bertrand a fait connaitre, dans le *Journal de M. Liouville*, année 1852, le parti qu'on peut tirer de cette circonstance pour trouver les intégrales du problème. Sa méthode est fondée sur le théorème suivant, que nous nous bornerons à énoncer :

« Si $\alpha = \varphi$ et $\beta = \psi$ sont deux intégrales d'un même problème, supposons qu'en les combinant par la méthode de Poisson on trouve une troisième intégrale, $(\alpha, \beta) = \gamma$, puis une quatrième $(\alpha, \gamma) = \delta$, etc., et qu'on arrive enfin à une intégrale $(\alpha, \eta) = \zeta$, qui puisse résulter de la combinaison des précédentes, de telle sorte que

$$\zeta = \mathrm{F}(\alpha, \beta, \gamma, \delta, \ldots, \eta) ;$$

il existe toujours une certaine intégrale de la forme

$$f(\alpha, \beta, \gamma, \delta, \ldots, \eta) = \xi,$$

qui, combinée avec $\alpha$, donne identiquement

$$(\alpha, \xi) = 1. »$$

La démonstration de ce théorème repose sur l'identité suivante, qu'il est facile d'établir :

$$(\alpha, \xi) = (\alpha, \beta)\frac{d\xi}{d\beta} + (\alpha, \gamma)\frac{d\xi}{d\gamma} + \ldots + (\alpha, \eta)\frac{d\xi}{d\eta}$$
$$= \gamma\frac{d\xi}{d\beta} + \delta\frac{d\xi}{d\gamma} + \ldots + (\alpha, \eta)\frac{d\xi}{d\eta}.$$

Pour déterminer $\xi$, on n'aura donc qu'à poser $(\alpha, \xi) = 1$, et à intégrer l'équation linéaire aux dérivées partielles

$$\gamma\frac{d\xi}{d\beta} + \ldots + (\alpha, \eta)\frac{d\xi}{d\eta} = 1,$$

dont les intégrales satisferont à la condition demandée.

CHANGEMENT DES VARIABLES $p$ ET $q$ EN $\alpha$.

166. Les variables d'un problème de mécanique sont, comme nous l'avons vu, au nombre de $2k$, savoir :

$$k \text{ variables } p, \qquad p_1, p_2, \dots p_k,$$
$$k \text{ variables } q, \qquad q_1, q_2, \dots, q_k.$$

L'intégration des équations conduit à exprimer ces variables en fonction du temps $t$ et de $2k$ constantes arbitraires, $\alpha_1, \alpha_2, \alpha_{2k}$. Chacune de ces constantes peut être considérée comme représentant une fonction de $t$ et des $2k$ variables $p$ et $q$ ; et si l'on a deux de ces fonctions qui restent constantes dans la suite du mouvement, le théorème de Poisson permet de former une troisième fonction indépendante du temps, par la combinaison des deux premières. Cette opération s'indique par le signe $(\alpha_\mu, \alpha_\nu)$, qui représente une somme de déterminants fonctions des dérivées partielles de $\alpha_\mu$ et de $\alpha_\nu$ par rapport aux $p$ et aux $q$.

Réciproquement, nous pouvons regarder les $p$ et les $q$ comme exprimés en fonction des $\alpha$, et il peut être utile pour la solution de certains problèmes de passer des dérivées partielles $\dfrac{d\alpha}{dq}$, $\dfrac{d\alpha}{dp}$ aux dérivées $\dfrac{dp}{d\alpha}$, $\dfrac{dq}{d\alpha}$, prises par rapport aux variables $\alpha$, considérées comme autant de variables indépendantes.

Proposons-nous d'effectuer ce changement de variables.

Prenons une arbitraire $\alpha_\mu$ ; elle est fonction des $p$ et des $q$, le temps $t$ étant regardé comme un paramètre constant dans l'opération des dérivations partielles. On a donc identiquement

$$(1) \quad d\alpha_\mu = \left( \frac{d\alpha_\mu}{dp_1} dp_1 + \dots + \frac{d\alpha_\mu}{dp_k} dp_k \right) + \left( \frac{d\alpha_\mu}{dq_1} dq_1 + \dots + \frac{d\alpha_\mu}{dq_k} dq_k \right).$$

Mais les $p$ et les $q$ étant fonctions des $2k$ variables $\alpha$, on a aussi, pour toutes valeurs de $i$,

$$(2) \quad \begin{cases} dp_i = \dfrac{dp_i}{d\alpha_1} d\alpha_1 + \dots + \dfrac{dp_i}{d\alpha_{2k}} d\alpha_{2k}, \\[2mm] dq_i = \dfrac{dq_i}{d\alpha_1} d\alpha_1 + \dots + \dfrac{dq_i}{d\alpha_{2k}} d\alpha_{2k} \end{cases}$$

Substituons dans (1) les valeurs des $dp$ et des $dq$ données par les équations (2), puis identifions les coefficients des $d\alpha$ dans les deux membres ; il viendra l'équation générale :

$$(3) \qquad \left( \frac{d\alpha_\mu}{dp_1}\frac{dp_1}{d\alpha_\nu} + \frac{d\alpha_\mu}{dp_2}\frac{dp_2}{d\alpha_\nu} + \ldots + \frac{d\alpha_\mu}{dp_n}\frac{dp_k}{d\alpha_\nu} \right)$$

$$+ \left( \frac{d\alpha_\mu}{dq_1}\frac{dq_1}{d\alpha_\nu} + \ldots + \frac{d\alpha_\mu}{dq_n}\frac{dq_k}{d\alpha_\nu} \right)$$

$$= 0, \text{ si } \mu \text{ et } \nu \text{ sont différents,}$$

et

$$= 1, \text{ si } \mu = \nu.$$

Substituons aussi dans les équations (2) les valeurs des $d\alpha$, fournies par l'équation (1), puis identifions les coefficients des $dp$ et des $dq$ ; nous en déduirons les six équations générales suivantes :

$$(4) \qquad \begin{cases} \dfrac{dp_i}{d\alpha_1}\dfrac{d\alpha_1}{dp_i} + \ldots + \dfrac{dp_i}{d\alpha_{2k}}\dfrac{d\alpha_{2k}}{dp_i} = 1, \\[2ex] \dfrac{dp_i}{d\alpha_1}\dfrac{d\alpha_1}{dp_j} + \ldots + \dfrac{dp_i}{d\alpha_{2k}}\dfrac{d\alpha_{2k}}{dp_j} = 0, \text{ pour } j \text{ différent de } i, \\[2ex] \dfrac{dp_i}{d\alpha_1}\dfrac{d\alpha_1}{dq_j} + \ldots + \dfrac{dp_i}{d\alpha_{2k}}\dfrac{d\alpha_{2k}}{dq_j} = 0, \text{ quel que soit } j. \end{cases}$$

$$(5) \qquad \begin{cases} \dfrac{dq_i}{d\alpha_1}\dfrac{d\alpha_1}{dq_i} + \ldots + \dfrac{dq_i}{d\alpha_{2k}}\dfrac{d\alpha_{2k}}{dq_i} = 1, \\[2ex] \dfrac{dq_i}{d\alpha_1}\dfrac{d\alpha_1}{dq_j} + \ldots + \dfrac{dq_i}{d\alpha_{2k}}\dfrac{d\alpha_{2k}}{dq_j} = 0, \text{ pour } j \text{ différent de } i, \\[2ex] \dfrac{dq_i}{d\alpha_1}\dfrac{d\alpha_1}{dp_j} + \ldots + \dfrac{dq_i}{d\alpha_{2k}}\dfrac{d\alpha_{2k}}{dp_j} = 0, \text{ quel que soit } j. \end{cases}$$

Considérons en particulier les deux dernières équations du groupe (4) ; multiplions la première par $\dfrac{d\alpha_\mu}{dq_j}$, la seconde par $-\dfrac{d\alpha_\mu}{dp_j}$, et ajoutons ; il viendra

$$(6) \qquad 0 = \frac{dp_i}{d\alpha_1}\left( \frac{d\alpha_1}{dp_j}\frac{d\alpha_\mu}{dq_j} - \frac{d\alpha_1}{dq_j}\frac{d\alpha_\mu}{dp_j} \right) + \ldots + \frac{dp_i}{d\alpha_{2k}}\left( \frac{d\alpha_{2k}}{dp_j}\frac{d\alpha_\mu}{dq_j} - \frac{d\alpha_{2k}}{dq_j}\frac{d\alpha_\mu}{dp_j} \right),$$

équation où $j$ peut recevoir toutes les valeurs de 0 à $k$, sauf la valeur $i$, qui exigerait qu'on employât la première des équations (4). Si l'on combine de même la première des équations (4) avec la troisième, en multipliant l'une

par $\dfrac{d\alpha_\mu}{dq_i}$, et l'autre par $-\dfrac{d\alpha_\mu}{dp_i}$, on trouve l'équation

$$(7) \quad \frac{d\alpha_\mu}{dq_i} = \frac{dp_i}{d\alpha_1}\left(\frac{d\alpha_1}{dp_i}\frac{d\alpha_\mu}{dq_i} - \frac{d\alpha_1}{dq_i}\frac{d\alpha_\mu}{dp_i}\right) + \ldots + \frac{dp_i}{d\alpha_{2k}}\left(\frac{d\alpha_{2k}}{dp_i}\frac{d\alpha_\mu}{dq_i} - \frac{d\alpha_{2k}}{dq_i}\frac{d\alpha_\mu}{dp_i}\right);$$

c'est ce que devient l'équation (6) pour le cas particulier de $j = i$. Faisons successivement dans (6) $j = 1$, $j = 2,\ldots j = i - 1$, $j = i + 1,\ldots j = k$, et ajoutons ensemble les $k - 1$ équations résultantes, ainsi que l'équation (7); nous trouverons pour résultat, en adoptant la notation de Poisson,

$$(8) \quad \frac{d\alpha_\mu}{dq_i} = \frac{dp_i}{d\alpha_1}(\alpha_1, \alpha_\mu) + \ldots + \frac{dp_i}{d\alpha_{2k}}(\alpha_{2k}, \alpha_\mu).$$

On trouverait de même, en opérant sur les équations du groupe (5),

$$(9) \quad \frac{d\alpha_\mu}{dp_i} = -\frac{dq_i}{d\alpha_1}(\alpha_1, \alpha_\mu) - \ldots - \frac{dq_i}{d\alpha_{2k}}(\alpha_{2k}, \alpha_\mu),$$

formule qui se déduit de l'équation (8) en permutant les lettres $p$ et $q$, ce qui change simplement le signe des parenthèses.

Le problème proposé s'achèvera par la résolution des équations (8) et (9); on aura en effet les valeurs des $\dfrac{dp}{d\alpha}$ et des $\dfrac{dq}{d\alpha}$ en fonction des $\dfrac{d\alpha}{dq}$ et des $\dfrac{d\alpha}{dp}$, en multipliant l'équation (8) par $\dfrac{dq_i}{d\alpha_\nu}$, l'équation (9) par $\dfrac{dp_i}{d\alpha_\nu}$, et en ajoutant. Il vient

$$(10) \quad \frac{d\alpha_\mu}{dq_i}\frac{dq_i}{d\alpha_\nu} + \frac{d\alpha_\mu}{dp_i}\frac{dp_i}{d\alpha_\nu} = (\alpha_1, \alpha_\mu)\left(\frac{dp_i}{d\alpha_1}\frac{dq_i}{d\alpha_\nu} - \frac{dq_i}{d\alpha_1}\frac{dp_i}{d\alpha_\nu}\right)$$
$$+ \ldots + (\alpha_{2k}, \alpha_\mu)\left(\frac{dp_i}{d\alpha_{2k}}\frac{dq_i}{d\alpha_\nu} - \frac{dq_i}{d\alpha_{2k}}\frac{dp_i}{d\alpha_\nu}\right),$$

équation dans laquelle on peut donner à $i$ toutes les valeurs $1, 2,\ldots k$; ajoutant, on a pour la somme des premiers membres, le premier membre de l'équation (3), c'est-à-dire 0 ou 1. Dans le second membre, les parenthèses $(\alpha, \alpha_\mu)$ se trouvent multipliées par les sommes

$$\sum_{i=1}^{i=k}\left(\frac{dp_i}{d\alpha}\frac{dq_i}{d\alpha_\nu} - \frac{dq_i}{d\alpha}\frac{dp_i}{d\alpha_\nu}\right),$$

sommes formées avec les dérivées $\dfrac{dp}{d\alpha}, \dfrac{dq}{d\alpha}$, de la même manière que la fonction $\left(\alpha, \alpha_\mu\right)$ est formée avec les dérivées $\dfrac{d\alpha}{dp}$, $\dfrac{d\alpha}{dq}$. On représente ces nouvelles sommes par la notation suivante, adoptée par Lagrange,

$$(11) \qquad \sum_{i=1}^{i=k} \left( \frac{dq_i}{d\alpha_\mu}\frac{dp_i}{d\alpha_\nu} - \frac{dp_i}{d\alpha_\mu}\frac{dq_i}{d\alpha_\nu} \right) = \left[\alpha_\mu, \alpha_\nu\right].$$

L'équation finale qui provient de l'addition des équations (10) est donc simplement

$$(12) \qquad \left(\alpha_1, \alpha_\mu\right)\left[\alpha_1, \alpha_\nu\right] + \left(\alpha_2, \alpha_\mu\right)\left[\alpha_2, \alpha_\nu\right] + \ldots + \left(\alpha_{2k}, \alpha_\mu\right)\left[\alpha_{2k}, \alpha_\nu\right]$$
$$= 0, \text{ si } \mu \text{ et } \nu \text{ sont différents,}$$
$$= 1, \text{ si } \mu = \nu.$$

Cela posé, multiplions l'équation (8) par $\left[\alpha_1, \alpha_\mu\right]$, puis donnons à $\mu$ toutes les valeurs de 1 à $2k$, et ajoutons les $2k$ équations résultantes. Nous aurons

$$(13) \qquad \frac{dp_i}{d\alpha_\nu} = \frac{d\alpha_1}{dq_i}\left[\alpha_1, \alpha_\nu\right] + \frac{d\alpha_2}{dq_i}\left[\alpha_2, \alpha_\nu\right] + \ldots + \frac{d\alpha_{2k}}{dq_i}\left[\alpha_{2k}, \alpha_\nu\right].$$

On trouverait de même

$$(14) \qquad \frac{dq_i}{d\alpha_\nu} = - \frac{d\alpha_1}{dp_i}\left[\alpha_1, \alpha_\nu\right] - \ldots - \frac{d\alpha_{2k}}{dq_i}\left[\alpha_{2k}, \alpha_\nu\right].$$

Ces équations (13) et (14) se déduisent respectivement des équations (8) et (9) en changeant à la fois

$$\frac{d\alpha}{dp}, \quad \frac{d\alpha}{dq}, \quad \frac{dp}{d\alpha}, \quad \frac{dq}{d\alpha} \quad \text{et} \quad (\alpha, \alpha')$$

en

$$\frac{dq}{d\alpha}, \quad \frac{dp}{d\alpha}, \quad \frac{d\alpha}{dq}, \quad \frac{d\alpha}{dp} \quad \text{et} \quad [\alpha, \alpha'],$$

et en conservant les indices.

### ÉQUATIONS DU MOUVEMENT D'UN SOLIDE AUTOUR D'UN POINT FIXE O.

167. Nous représenterons par $m$ la masse d'un point en particulier, par $x_1, y_1, z_1$, ces coordonnées constantes, par rapport aux trois axes principaux d'inertie $OX_1$, $OY_1$, $OZ_1$ menés par le point O ;

Par $p$, $q$. $r$, les composantes de la vitesse angulaire instantanée, autour des mêmes axes ;

Par $\psi$, $\theta$, $\varphi$, les angles (III, § 321) qui fixent la position des axes mobiles $OX_1$, $OY_1$, $OZ_1$ par rapport aux axes fixes OX, OY, OZ.

Nous avons exprimé $p$, $q$, $r$ en fonction des angles $\varphi$, $\theta$, $\psi$ et de leurs vitesses, au moyen des équations

$$(1) \quad \begin{cases} p = \sin\varphi \sin\theta \, \dfrac{d\psi}{dt} + \cos\varphi \, \dfrac{d\theta}{dt}, \\[2mm] q = \cos\varphi \sin\theta \, \dfrac{d\psi}{dt} - \sin\varphi \, \dfrac{d\theta}{dt}, \\[2mm] r = \dfrac{d\varphi}{dt} + \cos\theta \, \dfrac{d\psi}{dt}. \end{cases}$$

Nous avons à exprimer la force vive du corps en fonction des variables $\psi$, $\theta$, $\varphi$, et de leurs vitesses. Nous y parviendrons en multipliant l'équation (10) par la masse élémentaire $m$ du point $x_1$, $y_1$, $z_1$ et en faisant la somme de toutes ces équations pour tous les points du corps ; il viendra, en étendant le signe $\sum$ à tous les points qui composent le corps solide, et en faisant sortir de ce signe les quantités $p, q, r$, communes au même instant à tous les éléments,

$$\sum m v^2 = p^2 \sum m (y_1^2 + z_1^2) - q^2 \sum m (z_1^2 + x_1^2) + r^2 \sum m (x_1^2 + y_1^2)$$
$$- 2pq \sum m x_1 y_1 - 2qr \sum m y_1 z_1 - 2rp \sum m z_1 x_1.$$

Les sommes $\sum m (y_1^2 + z_1^2)$, $\sum m (z_1^2 + x_1^2)$, $\sum m (x_1^2 + y_1^2)$ sont les moments d'inertie du solide par rapport aux axes $OX_1$, $OY_1$, $OZ_1$ ; nous les représenterons par A, B, C. Les sommes $\sum m x_1 y_1$, $\sum m y_1 z_1$, $\sum m z_1 x_1$ sont nulles si l'on prend pour axes $OX_1$, $OY_1$, $OZ_1$, les axes principaux de l'ellipsoïde d'inertie. Nous supposons qu'il en est ainsi, et alors la force vive 2T s'exprime par l'équation très simple

$$(2) \qquad 2T = Ap^2 + Bq^2 + Cr^2.$$

ou, en fonction des nouvelles variables,

$$(3) \quad 2T = A\left(\frac{d\psi}{dt}\right)^2 \sin^2\varphi \sin^2\theta + A\cos^2\varphi\left(\frac{d\theta}{dt}\right)^2 + 2A\sin\varphi\cos\varphi\sin\theta\,\frac{d\psi}{dt}\frac{d\theta}{dt}$$

$$+ B\left(\frac{d\psi}{dt}\right)^2 \cos^2\varphi\sin^2\theta + B\sin^2\varphi\left(\frac{d\theta}{dt}\right)^2 - 2B\sin\varphi\cos\varphi\sin\theta\,\frac{d\psi}{dt}\frac{d\theta}{dt}$$

$$+ C\left(\frac{d\varphi}{dt}\right)^2 + C\cos^2\theta\left(\frac{d\psi}{dt}\right)^2 + 2C\cos\theta\,\frac{d\varphi}{dt}\frac{d\psi}{dt}$$

$$= \left(\frac{d\psi}{dt}\right)^2 (A\sin^2\varphi\sin^2\theta + B\cos^2\varphi\sin^2\theta + C\cos^2\theta)$$

$$+ \left(\frac{d\theta}{dt}\right)^2 (A\cos^2\varphi + B\sin^2\varphi)$$

$$+ C\left(\frac{d\varphi}{dt}\right)^2$$

$$+ 2\frac{d\psi}{dt}\frac{d\theta}{dt}(A\sin\varphi\cos\varphi\sin\theta - B\sin\varphi\cos\varphi\sin\theta)$$

$$+ 2C\frac{d\varphi}{dt}\frac{d\psi}{dt}.$$

Les variables $\psi$, $\theta$ et $\varphi$ ne sont assujetties à aucune liaison; si l'on veut donner aux équations du mouvement la première forme canonique, on fera $\psi' = \dfrac{d\psi}{dt}$, $\varphi' = \dfrac{d\varphi}{dt}$, $\theta' = \dfrac{d\theta}{dt}$; on exprimera en fonction de $\psi$, $\theta$ et $\varphi$ la fonction U des forces, et on aura les trois équations

$$(4) \quad \begin{cases} \dfrac{d\,\dfrac{dT}{d\psi'}}{dt} - \dfrac{dT}{d\psi} = \dfrac{dU}{d\psi}, \\[2em] \dfrac{d\,\dfrac{dT}{d\theta'}}{dt} - \dfrac{dT}{d\theta} = \dfrac{dU}{d\theta}, \\[2em] \dfrac{d\,\dfrac{dT}{d\varphi'}}{dt} - \dfrac{dT}{d\varphi} = \dfrac{dU}{d\varphi}. \end{cases}$$

Si l'on veut, au contraire, employer la seconde forme canonique, qui permet d'appliquer la méthode de Jacobi et le théorème de Poisson, on prendra pour nouvelles variables $\Psi = \dfrac{dT}{d\psi'}$, $\Theta = \dfrac{dT}{d\theta'}$, $\Phi = \dfrac{dT}{d\varphi'}$. Puis on exprimera T en fonction des six variables $\psi$, $\theta$, $\varphi$, $\Psi$, $\Theta$, $\Phi$. Pour opérer cette transformation, reprenons l'équation (2), et formons les dérivées partielles de T par rapport à $\psi'$, $\theta'$, $\varphi'$ : il viendra

$$(5) \quad \begin{cases} \Psi = \dfrac{dT}{d\psi'} = Ap\,\dfrac{dp}{d\psi'} + Bq\,\dfrac{dq}{d\psi'} + Cr\,\dfrac{dr}{d\psi'}, \\[2mm] \Theta = \dfrac{dT}{d\theta'} = Ap\,\dfrac{dp}{d\theta'} + Bq\,\dfrac{dq}{d\theta'} + Cr\,\dfrac{dr}{d\theta'}, \\[2mm] \Phi = \dfrac{dT}{d\varphi'} = Ap\,\dfrac{dp}{d\varphi'} + Bq\,\dfrac{dq}{d\varphi'} + Cr\,\dfrac{dr}{d\varphi'}. \end{cases}$$

Les équations (5) nous donnent ensuite

$$\frac{dp}{d\psi'} = \sin\varphi\,\sin\theta, \qquad \frac{dp}{d\theta'} = \cos\varphi, \qquad \frac{dp}{d\varphi'} = 0,$$

$$\frac{dq}{d\psi'} = \cos\varphi\,\sin\theta, \qquad \frac{dq}{d\theta'} = -\sin\varphi, \qquad \frac{dq}{d\varphi'} = 0,$$

$$\frac{dr}{d\psi'} = \cos\theta, \qquad \frac{dr}{d\theta'} = 0, \qquad \frac{dr}{d\varphi'} = 1.$$

Substituant ces valeurs dans le groupe (5) , il vient

$$(6) \quad \begin{cases} \Psi = Ap\sin\varphi\,\sin\theta + Bq\cos\varphi\,\sin\theta + Cr\cos\theta, \\ \Theta = Ap\cos\varphi - Bq\sin\varphi, \\ \Phi = Cr. \end{cases}$$

Résolvons par rapport à $Ap$, $Bq$, $Cr$ :

$$Cr = \Phi,$$
$$Ap = \Psi\sin\varphi + \Theta\cos\varphi\,\sin\theta - \Phi\cos\theta,$$
$$Bq = \Psi\cos\varphi - \Theta\sin\varphi\,\sin\theta - \Phi\cos\theta.$$

Donc enfin

$$7. \quad 2T = Ap^2 + Bq^2 + Cr^2 = \frac{1}{A}\,(\Psi\sin\varphi + \Theta\cos\varphi\,\sin\theta - \Phi\cos\theta)^2$$

$$+ \frac{1}{B}\,(\Psi\cos\varphi - \Theta\sin\varphi\,\sin\theta - \Phi\cos\theta)^2 + \frac{1}{C}\,\Phi^2.$$

On fera ensuite $T - U = H$, et on aura à intégrer le système des six équations différentielles :

$$(8) \quad \begin{cases} \dfrac{d\Phi}{dt} = -\dfrac{dH}{d\varphi}, & \dfrac{d\Psi}{dt} = -\dfrac{dH}{d\psi}, & \dfrac{d\Theta}{dt} = -\dfrac{dH}{d\theta}, \\[2mm] \dfrac{d\varphi}{dt} = +\dfrac{dH}{d\Phi}, & \dfrac{d\psi}{dt} = +\dfrac{dH}{d\Psi}, & \dfrac{d\theta}{dt} = +\dfrac{dH}{d\Theta}. \end{cases}$$

Ces équations sont le point de départ des études analytiques sur le mouvement de rotation des corps célestes. Le point fixe O est alors le centre de gravité du corps tournant. On sait, en effet, qu'un corps solide libre dans l'espace tourne autour de son centre de gravité comme si ce point était fixe (t. III, § 311).

# CHAPITRE III



———

168. Nous supposerons, dans ce chapitre, le soleil et les planètes réduits
à des simples points matériels, s'attirant mutuellement suivant les directions
des droites qui les joignent deux à deux. Cette simplification est entièrement
rigoureuse quand il s'agit d'un corps sphérique composé de couches concentriques homogènes. Elle est admissible à titre d'approximation pour un
système sollicité par des forces attractives émanant des points d'un autre
système matériel très éloigné par rapport aux dimensions de chacun des
systèmes considérés; en effet, dans ce cas, les attractions sont sensiblement parallèles et proportionnelles aux masses, et se composent en une
force unique appliquée au centre de gravité, et égale à l'attraction qui
serait subie par ce point si toute la masse y était concentrée. Cette remarque permet de réduire à un point matériel unique, non-seulement
une planète, mais le système formé par cette planète et tous les satellites
dont elle peut être accompagnée. Il ne faut pas oublier toutefois qu'une
telle réduction est purement approximative, et que, dans certains cas, elle
peut exiger une correction appréciable. C'est ce qui arrive, par exemple,
dans la théorie du mouvement de la lune; la forme ellipsoïdale de la terre
a sur le mouvement de son satellite une influence qu'on ne saurait négliger; elle est due à la proximité des deux corps, et à la grandeur du
rapport de la masse de la lune à celle de la terre.

ÉQUATIONS GÉNÉRALES DU MOUVEMENT D'UN SYSTÈME DE POINTS MATÉRIELS
S'ATTIRANT MUTUELLEMENT SUIVANT LA LOI NEWTONIENNE.

**169.** Étant donnés $n$ points, dont les masses sont $m, m_1, m_2,\ldots$ et dont les coordonnées rapportées à des axes fixes sont

$$x,\ x_1,\ x_2 \ldots,$$
$$y,\ y_1,\ y_2 \ldots,$$
$$z,\ z_1,\ z_2 \ldots,$$

proposons-nous de trouver l'expression de la fonction des forces U.

L'attraction exercée par le point $m_1$ sur le point $m$ a pour composante suivant l'axe des $x$ :

$$-\frac{f m m_1}{(x-x_1)^2+(y-y_1)^2+(z-z_1)^2} \times \frac{x-x_1}{\sqrt{(x-x_1)^2+(y-y_1)^2+(z-z_1)^2}},$$

ou bien

$$\frac{d}{dx}\ \frac{f m m_1}{\sqrt{(x-x_1)^2+(y-y_1)^2+(z-z_1)^2}}.$$

L'attraction mutuelle du point $m$ sur le point $m_1$ sera égale et contraire ; on en obtiendra la composante en prenant la dérivée partielle de la même fonction par rapport à $x_1$. On aura autant de fonctions analogues à considérer qu'il y a de manières de prendre deux points sur une collection de $n$ points, ou qu'il y a de combinaisons de $n$ objets 2 à 2, ou enfin $\dfrac{n(n-1)}{2}$.

La fonction des forces relative à l'ensemble du système sera donc la somme de ces $\dfrac{n(n-1)}{2}$ fonctions particulières, et nous aurons par conséquent

$$(1) \qquad U = \frac{f m m_1}{\sqrt{(x-x_1)^2+(y-y_1)^2+(z-z_1)^2}}$$
$$+ \frac{f m m_2}{\sqrt{(x-x_2)^2+(y-y_2)^2+(z-z_2)^2}}$$
$$+ \frac{f m m_3}{\sqrt{(x-x_3)^2+(y-y_3)^2+(z-z_3)^2}} + \ldots$$
$$+ \frac{f m_1 m_2}{\sqrt{(x_1-x_2)^2+(y_1-y_2)^2+(z_1-z_2)^2}}$$
$$+ \frac{f m_1 m_3}{\sqrt{(x_1-x_3)^2+(y_1-y_3)^2+(z_1-z_3)^2}} + \ldots$$
$$+ \frac{f m_2 m_3}{\sqrt{(x_2-x_3)^2+(y_2-y_3)^2+(z_2-z_3)^2}} + \ldots$$

Les forces qui sollicitent le point $m$ auront pour composantes suivant les axes les dérivées partielles $\dfrac{dU}{dx}$, $\dfrac{dU}{dy}$, $\dfrac{dU}{dz}$, qui seront exprimées chacune par $n-1$ termes, représentant les composantes des actions de chacun des $n-1$ points sur le point $m$.

L'équation générale du mouvement est en définitive

$$\sum m \left( \frac{d^2x}{dt^2}\, \delta x + \frac{d^2y}{dt^2}\, dy + \frac{d^2z}{dt^2}\, dz \right) = \delta U.$$

MOUVEMENT DU CENTRE DE GRAVITÉ, ET MOUVEMENT RELATIF PAR RAPPORT A DES<br>AXES DE DIRECTIONS CONSTANTES PASSANT PAR CE POINT.

170. Nous avons pour le mouvement d'un point $m$ en particulier l'équation

$$m\, \frac{d^2x}{dt^2} = \frac{dU}{dx}.$$

Pour un autre point, nous aurions de même

$$m_1\, \frac{d^2x_1}{dt^2} = \frac{dU}{dx_1},$$

et ainsi de suite pour les $n$ points. Ajoutons ensemble toutes ces équations, et observons que, dans les diverses dérivées partielles $\dfrac{dU}{dx}$, $\dfrac{dU}{dx_1}$ ..., les termes sont deux à deux égaux en valeur absolue et de signes contraires. Leur somme est donc nulle, et l'on a par conséquent

$$m\, \frac{d^2x}{dt^2} + m_1\, \frac{d^2x_1}{dt^2} + \ldots = 0.$$

Soit $\xi$ l'abscisse du centre de gravité : on aura

$$\xi \times (m + m_1 + \ldots) = mx + m_1 x_1 + \ldots;$$

donc

$$m\, \frac{d^2x}{dt^2} + m_1\, \frac{d^2x_1}{dt^2} + \ldots = (m + m_1 + m_2 + \ldots)\, \frac{d^2\xi}{dt^2},$$

et par suite

$$\frac{d^2\xi}{dt^2} = 0.$$

On prouverait de même que $\dfrac{d^2\eta}{dt^2} = 0$, $\dfrac{d^2\zeta}{dt^2} = 0$, $\eta$ et $\zeta$ étant les autres coordonnées du centre de gravité.

Donc *le mouvement du centre de gravité est rectiligne et uniforme.*

Si l'on change de coordonnées, et qu'on rapporte les positions du système à trois axes parallèles aux premiers, mais menés par le centre de gravité, les équations de mouvement ne changent pas. Cette transformation revient à changer $x$ en $x + \xi$, $y$ en $y + \eta$, $z$ en $z + \zeta$,... ce qui ne change pas la fonction $U$, dans laquelle n'entrent que les différences $x - x_1$, $y - y_1$,...

L'équation générale du mouvement, qui était

$$\sum m \left[ \frac{d^2x}{dt^2} \, \delta x + \frac{d^2y}{dt^2} \, \delta y + \frac{d^2z}{dt^2} \, \delta z \right] = \delta U,$$

devient

$$\sum m \left[ \left( \frac{d^2x}{dt^2} + \frac{d^2\xi}{dt^2} \right) (\delta x + \delta \xi) + \left( \frac{d^2y}{dt^2} + \frac{d^2\eta}{dt^2} \right) (\delta y + \delta \eta) \right.$$
$$\left. + \left( \frac{d^2z}{dt^2} + \frac{d^2\zeta}{dt^2} \right) (\delta z + \delta \zeta) \right] = \delta U,$$

ce qu'on peut écrire, en faisant sortir des signes $\sum$ les facteurs qui sont les mêmes pour tous les points,

$$\sum m \left( \frac{d^2x}{dt^2} \, \delta x + \frac{d^2y}{dt^2} \, \delta y + \frac{d^2z}{dt^2} \, \delta z \right) + \frac{d^2\xi}{dt^2} \sum m \, (\delta x + \delta \xi) + \delta \xi \sum m \, \frac{d^2x}{dt^2}$$
$$+ \frac{d^2\eta}{dt^2} \sum m \, (\delta y + \delta \eta) + \delta \eta \sum m \, \frac{d^2y}{dt^2}$$
$$+ \frac{d^2\zeta}{dt^2} \sum m \, (\delta z + \delta \zeta) + \delta \zeta \sum m \, \frac{d^2z}{dt^2}$$
$$= \delta U.$$

En vertu du théorème du mouvement du centre de gravité, on a

$$\frac{d^2\xi}{dt^2} = 0, \quad \frac{d^2\eta}{dt^2} = 0, \quad \frac{d^2\zeta}{dt^2} = 0;$$

de plus

$$\sum m \, \frac{d^2x}{dt^2} = \frac{d^2\xi}{dt^2} \sum m = 0,$$
$$\sum m \, \frac{d^2y}{dt^2} = \frac{d^2\eta}{dt^2} \sum m = 0,$$
$$\sum m \, \frac{d^2z}{dt^2} = \frac{d^2\zeta}{dt^2} \sum m = 0.$$

L'équation se réduit donc à

$$\sum m \left( \frac{d^2x}{dt^2} \, \delta x + \frac{d^2y}{dt^2} \, \delta y + \frac{d^2z}{dt^2} \, \delta z \right) = \delta U,$$

c'est à dire que *le mouvement relatif à des axes mobiles de directions constantes, passant par le centre de gravité, a les mêmes équations différentielles que le mouvement absolu.*

MOUVEMENT RELATIF A DES AXES DE DIRECTIONS CONSTANTES, MENÉS PAR UN
DES POINTS DU SYSTÈME.

171. Parmi les $n$ points du système, considérons-en un, de masse M, auquel nous donnerons le nom de point ou de corps *principal*. Par ce point, menons parallèlement aux axes fixes de nouveaux axes par rapport auxquels on demande le mouvement du système. La question se résout par un changement de coordonnées : il suffit en effet, en appelant X, Y, Z les coordonnées du point principal par rapport aux anciens axes, de changer dans les équations du mouvement $x$ en $X + x$, $y$ en $Y + y$, et $z$ en $Z + z$. Avant d'opérer cette transformation, observons que l'on a identiquement, en employant les anciennes coordonnées,

$$\frac{dU}{dX} = - \sum \frac{dU}{dx},$$

$$\frac{dU}{dY} = - \sum \frac{dU}{dy},$$

$$\frac{dU}{dZ} = - \sum \frac{dU}{dz},$$

les sommes des seconds membres s'étendant aux $n - 1$ points autres que le point principal. Cela résulte, en effet, de ce que la somme des dérivées partielles prises successivement par rapport aux abscisses des $n$ points est identiquement nulle ; de sorte que l'une de ces dérivées, relative à l'un des points en particulier, est égale, au signe près, à la somme des dérivées analogues prises pour tous les autres. Les mêmes équations subsistent encore quand on conserve dans le premier membre les coordonnées X, Y, Z, prises par rapport aux anciens axes, et qu'on altère de quantités égales les coordonnées $x$, $y$, $z$ qui figurent dans le second ; car cette altération commune ne change rien aux différences qui entrent seules dans la fonction U et dans ses dérivées. On peut donc supposer que, dans le second membre, $x$, $y$, $z$ représentent, non pas les anciennes coordonnées, mais les nouvelles, qui n'en diffèrent que des quantités X, Y, Z.

Les équations du mouvement sont renfermées dans l'équation générale

$$\sum m \left( \frac{d^2x}{dt^2}\, \delta x + \frac{d^2y}{dt^2}\, \delta y + \frac{d^2z}{dt^2}\, \delta z \right) = \delta U,$$

soit que les axes primitifs soient fixes, soit qu'ils passent constamment par le centre de gravité ; $x$, $y$, $z$, sont les coordonnées rapportées à ces axes.

Changeons $x$ en $X+x$, $y$ en $Y+y$, $z$ en $Z+z$; la fonction $U$ deviendra

$$U = \left[ \frac{fMm}{\sqrt{x^2 + y^2 + z^2}} + \frac{fMm_1}{\sqrt{x_1^2 + y_1^2 + z_1^2}} + \cdots \right] + \left[ \frac{fmm_1}{\sqrt{(x - x_1)^2 + (y - y_1)^2 + (z - z_1)^2}} + \cdots \right],$$

le premier crochet contenant les $n-1$ termes qui renferment en facteur la masse $M$ du point principal, et le second les $\dfrac{(n-1)(n-2)}{2}$ termes qui correspondent aux actions mutuelles des $n-2$ autres points.

Le premier membre devient, par la même transformation, en mettant en évidence les termes correspondants au corps $M$, et en restreignant la somme $\sum$ aux $n-1$ autres points seulement,

$$M \frac{d^2 X}{dt^2} \delta X + \sum m \frac{d^2 (X + x)}{dt^2} (\delta X + \delta x)$$
$$+ M \frac{d^2 Y}{dt^2} \delta Y + \sum m \frac{d^2 (Y + y)}{dt^2} (\delta Y + \delta y)$$
$$+ M \frac{d^2 Z}{dt^2} \delta Z + \sum m \frac{d^2 (Z + z)}{dt^2} (\delta Z + \delta z).$$

Occupons-nous spécialement de la première ligne; elle devient, en faisant sortir du signe $\sum$ les facteurs $\delta X$ communs à tous ses termes,

$$\delta X \left( M \frac{d^2 X}{dt^2} + \sum m \frac{d^2 (X + x)}{dt^2} \right) + \sum m \frac{d^2 (X + x)}{dt^2} \delta x.$$

La quantité qui multiplie $\delta X$ est nulle d'elle-même; car elle représente le produit de la masse totale, $M + \sum m$, par l'accélération, $\dfrac{d^2 \xi}{dt^2}$, du centre de gravité, la coordonnée $X$ étant rapportée aux anciens axes. La première ligne se réduit donc à

$$\sum m \frac{d^2 (X + x)}{dt^2} \delta x = \sum m \frac{d^2 X}{dt^2} \delta x + \sum m \frac{d^2 x}{dt^2} \delta x.$$

Pour éliminer $\dfrac{d^2 X}{dt^2}$, seul facteur qui contienne encore trace des anciennes coordonnées, observons que le mouvement du point principal est défini par les trois équations:

$$M \frac{d^2 X}{dt^2} = \frac{dU}{dX},$$
$$M \frac{d^2 Y}{dt^2} = \frac{dU}{dY},$$
$$M \frac{d^2 Z}{dt^2} = \frac{dU}{dZ},$$

et qu'en vertu de la remarque faite en commençant, on peut poser, avec les nouvelles coordonnées des $n-1$ autres points,

$$\mathrm{M}\frac{d^2\mathrm{X}}{dt^2} = -\sum \frac{d\mathrm{U}}{dx},$$
$$\mathrm{M}\frac{d^2\mathrm{Y}}{dt^2} = -\sum \frac{d\mathrm{U}}{dy},$$
$$\mathrm{M}\frac{d^2\mathrm{Z}}{dt^2} = -\sum \frac{d\mathrm{U}}{dz}.$$

Substituons ces valeurs dans le terme $\sum m \dfrac{d^2\mathrm{X}}{dt^2}\,\delta x$; il prendra la forme

$$-\frac{1}{\mathrm{M}}\sum m\delta x \sum \frac{d\mathrm{U}}{dx}.$$

Faisant passer ce terme dans le second membre de l'équation générale, il vient pour équation finale

$$\sum m \left(\frac{d^2x}{dt^2}\,\delta x + \frac{d^2y}{dt^2}\,\delta y + \frac{d^2z}{dt^2}\,\delta z\right)$$
$$= \delta \mathrm{U} + \frac{1}{\mathrm{M}}\sum m \left(\delta x \sum \frac{d\mathrm{U}}{dx} + \delta y \sum \frac{d\mathrm{U}}{dy} + \delta z \sum \frac{d\mathrm{U}}{dz}\right).$$

Le second terme du second membre représente la variation de la *fonction des forces apparentes* qu'il faut adjoindre aux forces réelles pour traiter le problème de mouvement relatif comme s'il s'agissait d'un mouvement absolu.

172. Pour transformer cette équation, posons d'une manière générale

$$\sqrt{x_i^2 + y_i^2 + z_i^2} = r_i, \text{ distance du point } i \text{ au point principal};$$
$$\sqrt{(x_i - x_j)^2 + (y_i - y_j)^2 + (z_i - z_j)^2} = \rho_{i,j}, \text{ distance mutuelle des points } i \text{ et } j.$$

La fonction U prend alors la forme

$$\mathrm{U} = \left[\frac{f\mathrm{M}m}{r} + \frac{f\mathrm{M}m_1}{r_1} + \frac{f\mathrm{M}m_2}{r_2} + \ldots\right] + \left[\frac{fmm_1}{\rho_{0,1}} + \frac{fmm_2}{\rho_{0,2}} + \ldots + \frac{fm_1m_2}{\rho_{1,2}} + \ldots + \ldots\right].$$

Prenons la dérivée de U par rapport à $x$; nous aurons

$$\frac{d\mathrm{U}}{dx} = -\frac{f\mathrm{M}mx}{r^3} - \left[\frac{fmm_1(x-x_1)}{\rho^3_{0,1}} + \frac{fmm_2(x-x_2)}{\rho^3_{0,2}} + \ldots\right].$$

Le premier crochet ne donne qu'un terme; le second en donne autant qu'il renferme de termes contenant le facteur $m$, c'est-à-dire $n-2$.

Si l'on opère de même pour tous les $x$, et qu'on fasse la somme, on aura, en divisant par M,

$$\frac{1}{M} \sum \frac{dU}{dx} = -\frac{fmx}{r^5} - \frac{fm_1 x_1}{r_1^5} - \frac{fm_2 x_2}{r_2^5} - \dots,$$

savoir $n - 1$ termes seulement, car les termes compris dans le crochet se détruisent deux à deux.

Cela posé, occupons-nous seulement du point de masse $m$ dont l'abscisse est $x$. Pour trouver les équations de son mouvement en projection sur l'axe des $x$, il faut chercher dans le second membre de l'équation générale quel est le coefficient de $\delta x$, et l'égaler à $m\frac{d^2 x}{dt^2}$; ce coefficient est $\frac{dU}{dx} + \frac{m}{M} \sum \frac{dU}{dx}$, ou bien

$$-\frac{fMmx}{r^5} - \frac{fmm_1 (x - x_1)}{r_{0\cdot1}^5} - \frac{fmm_2 (x - x_2)}{r_{0\cdot2}^5} - \dots$$
$$-\frac{fm^2 x}{r^5} - \frac{fmm_1 x_1}{r_1^5} - \frac{fmm_2 x_2}{r_2^5} - \dots,$$

et encore

$$-\frac{f(M + m)mx}{r^5} - \left[ fmm_1 \left( \frac{(x - x_1)}{r_{0\cdot1}^5} + \frac{x_1}{r_1^5} \right) + fmm_2 \left( \frac{x - x_1}{r_{0\cdot2}^5} + \frac{x_2}{r_2^5} \right) + \dots \right]$$

On peut mettre le crochet sous forme de dérivée partielle. En effet le terme $\frac{x - x_i}{r_{0\cdot i}^5}$ est la dérivée partielle prise par rapport à $x$ de $-\frac{1}{r_{0,i}}$. Quant au terme $\frac{x_i}{r_i^5}$, comme $r_i$ est indépendant de $x$, c'est la dérivée partielle, par rapport à $x$, de $\frac{x x_i}{r_i^5}$, ou encore de $\frac{x x_i + y y_i + z z_i}{r_i^5}$, forme qui permettra de considérer une seule et même fonction pour les projections du mouvement sur les trois axes. Nous ferons donc

$$R_{0,i} = \frac{1}{r_{0,i}} - \frac{x x_i + y y_i + z z_i}{r_i^5};$$

on en déduit

$$\frac{dR_{0,i}}{dx} = - \left( \frac{x - x_i}{r_{0,i}^5} + \frac{x_i}{r_i^5} \right)$$

et l'équation du mouvement prend la forme

$$m\frac{d^2 x}{dt^2} = -\frac{f(M + m)mx}{r^5} + fmm_1 \frac{dR_{0,1}}{dx} + fmm_2 \frac{dR_{0,2}}{dx} + \dots$$

ou encore

$$\frac{d^2x}{dt^2} + \frac{f\,(M + m)\,x}{r^3} = f \sum m_i \frac{dR_{0,i}}{dx}.$$

Si l'on pose enfin

$$\sum m_i R_{0,i} = \Omega$$

et

$$M + m = \mu,$$

les trois équations du mouvement du point $m$ seront

$$\frac{d^2x}{dt^2} + \frac{f\mu x}{r^3} = \frac{d\Omega}{dx}$$

$$\frac{d^2y}{dt^2} + \frac{f\mu y}{r^3} = \frac{d\Omega}{dy}$$

$$\frac{d^2z}{dt^2} + \frac{f\mu z}{r^3} = \frac{d\Omega}{dz}.$$

Si la fonction $\Omega$ était constamment nulle, les équations précédentes définiraient le mouvement elliptique du corps $m$ autour du corps principal. La fonction $\Omega$, qui altère les équations du mouvement elliptique, représente la perturbation causée dans ce mouvement par l'action des $n - 2$ autres points sur le point $m$. On lui donne le nom de *fonction perturbatrice*.

Pour chacun des $n - 1$ points autres que le point M, on peut écrire 3 équations semblables ; les quantités $x, y, z, r, \Omega$ et $\mu$, varient de l'un à l'autre. Mais l'intégration rigoureuse d'un tel système d'équations simultanées dépasse les forces de l'analyse. Elle ne devient possible pour le système planétaire qu'au moyen d'approximations successives, grâce à la petitesse des termes provenant de la fonction $\Omega$.

Si l'on veut étudier le mouvement d'une planète, on prend le soleil pour corps principal ; les autres planètes produisent les perturbations ; pour plusieurs, l'influence perturbatrice est tellement petite, qu'on peut la négliger, eu égard à la faiblesse des masses et à l'éloignement.

Pour étudier le mouvement d'un satellite, de la lune par exemple, on prendra la terre pour corps principal ; les corps perturbateurs seront alors le soleil et les planètes ; parmi celles-ci, Vénus et Jupiter joueront le principal rôle.

Nous allons donner, dans les paragraphes suivants, l'esquisse des méthodes d'approximation qu'on peut suivre en pareil cas ; elles consistent, d'une part, à isoler successivement chacun des corps perturbateurs, et à composer ensuite les effets dus à chacun d'eux pris séparément ; d'autre part, à appliquer au problème la méthode de la *variation des arbitraires*, l'une des plus fécondes de l'analyse.

### MÉTHODE GÉNÉRALE DE LA VARIATION DES ARBITRAIRES.

**175.** Supposons que l'on sache résoudre le problème du mouvement d'un système matériel assujetti à certaines liaisons et soumis à des forces données ; les équations différentielles de ce mouvement, ramenées à la forme canonique, sont au nombre de $2n$, savoir :

$$1) \qquad \begin{cases} \dfrac{dp_i}{dt} = -\dfrac{dH}{dq_i}, \\[2mm] \dfrac{dq_i}{dt} = +\dfrac{dH}{dp_i}. \end{cases}$$

Leurs intégrales sont aussi au nombre de $2n$ ; résolues par rapport aux $2n$ constantes introduites par l'intégration, elles prennent la forme générale

$$2) \qquad \alpha_\lambda = f(t, q_1, q_2, \dots q_n, p_1, p_2, \dots p_n).$$

La fonction $H$ est égale à la différence, $T - U$, entre la demi-force vive et la fonction des forces données.

Cela posé, nous admettrons qu'en outre des forces qui entrent dans la fonction $U$, le système subisse l'action de forces dites *perturbatrices*, avec lesquelles on compose une seconde fonction des forces $\Omega$. La plupart du temps, cette fonction $\Omega$ dépendra des positions des points mobiles, c'est-à-dire des coordonnées $q$, et sera indépendante des variables $p$. Proposons-nous de résoudre le problème du mouvement du même système, modifié par l'adjonction des forces $\Omega$. Les équations canoniques de ce nouveau mouvement s'obtiendront en changeant $U$ en $U + \Omega$, ce qui change $H$ en $H - \Omega$ ; de plus, $\Omega$ étant indépendant des $p$, on a $\dfrac{d\Omega}{dp_i} = 0$ ; de sorte que les équations prennent la forme

$$3) \qquad \begin{cases} \dfrac{dp_i}{dt} = -\dfrac{dH}{dq_i} + \dfrac{d\Omega}{dq_i}, \\[2mm] \dfrac{dq_i}{dt} = \dfrac{dH}{dp_i}. \end{cases}$$

La *méthode de la variation des arbitraires* se résume dans un changement de variables : au lieu de considérer des arbitraires $\alpha_1, \dots \alpha_{2n}$, comme des constantes dans les équations (2), on les considérera comme des variables déterminées de telle sorte qu'elles satisfassent aux équations (3). Ainsi les équations (2) peuvent être envisagées à deux points de vue : les quantités $\alpha_\mu$ sont constantes, s'il s'agit de la solution des équations (1), ou du premier problème ; elles sont variables, s'il s'agit de la solution du second problème ou des équations (3). Dans les deux cas, *les vitesses des coordonnées,* $\dfrac{dq_i}{dt}$, *ont les mêmes expressions analytiques*, puisque la seconde équation du système (3) est identique à la seconde équation du système (1), la fonction $\Omega$ étant indépendante des variables $p$.

Différentions l'équation (2) ; il viendra, en mettant les dérivées partielles entre parenthèses,

$$(4) \qquad \frac{d\alpha_\mu}{dt} = \left(\frac{d\alpha_\mu}{dt}\right) - \left(\frac{d\alpha_\mu}{dq_1}\right)\frac{dq_1}{dt} + \ldots + \left(\frac{d\alpha_\mu}{dq_n}\right)\frac{dq_n}{dt}$$
$$+ \left(\frac{d\alpha_\mu}{dp_1}\right)\frac{dp_1}{dt} + \ldots + \left(\frac{d\alpha_\mu}{dp_n}\right)\frac{dp_n}{dt}.$$

Substituons dans (4) les valeurs des $\dfrac{dq}{dt}$ et des $\dfrac{dp}{dt}$, tirées des équations (3) ; nous pourrons écrire l'équation résultante sous la forme suivante :

$$(5) \qquad \frac{d\alpha_\mu}{dt} = \left(\frac{d\alpha_\mu}{dt}\right) + \left(\frac{d\alpha_\mu}{dq_1}\right)\frac{dH}{dp_1} + \left(\frac{d\alpha_\mu}{dq_2}\right)\frac{dH}{dp_2} + \ldots + \left(\frac{d\alpha_\mu}{dq_n}\right)\frac{dH}{dp_n}$$
$$- \left(\frac{d\alpha_\mu}{dp_1}\right)\frac{dH}{dq_1} - \left(\frac{d\alpha_\mu}{dp_2}\right)\frac{dH}{dq_2} - \ldots - \left(\frac{d\alpha_\mu}{dp_n}\right)\frac{dH}{dq_n}$$
$$+ \left(\frac{d\alpha_\mu}{dp_1}\right)\frac{d\Omega}{dq_1} + \left(\frac{d\alpha_\mu}{dp_2}\right)\frac{d\Omega}{dq_2} + \ldots + \left(\frac{d\alpha_\mu}{dp_n}\right)\frac{d\Omega}{dq_n}.$$

Or les deux premières lignes se réduisent identiquement à zéro ; car si l'on fait $\Omega=0$, le système (3) se réduit au système (1), lequel est satisfait, par hypothèse, en posant $\alpha_\mu=$ constante, ou $\dfrac{d\alpha_\mu}{dt}=0$. Donc l'équation (5) se simplifie, et donne

$$(6) \qquad \frac{d\alpha_\mu}{dt} = \left(\frac{d\alpha_\mu}{dp_1}\right)\frac{d\Omega}{dq_1} + \left(\frac{d\alpha_\mu}{dp_2}\right)\frac{d\Omega}{dq_2} + \ldots + \left(\frac{d\alpha_\mu}{dp_n}\right)\frac{d\Omega}{dq_n}.$$

Telle est la condition à laquelle doit satisfaire la *variable* $\alpha_\mu$ pour que l'équation (2) soit une solution du système (3). On sera ainsi conduit à poser $2n$ équations différentielles, qu'il restera à intégrer.

Mais on peut donner à ces équations une forme beaucoup plus simple en exprimant les $p$ et les $q$ en fonction du temps et des arbitraires $\alpha$, au moyen des équations (2). Faisons cette transformation dans la fonction $\Omega$ ; elle sera exprimée en fonction de $t$ et des $\alpha$. La dérivée partielle $\dfrac{d\Omega}{dq_i}$ deviendra dans cette nouvelle hypothèse :

$$(7) \qquad \frac{d\Omega}{dq_i} = \frac{d\Omega}{dz_1}\left(\frac{dz_1}{dq_i}\right) + \frac{d\Omega}{dz_2}\left(\frac{dz_2}{dq_i}\right) + \ldots + \frac{d\Omega}{dz_{2n}}\left(\frac{dz_{2n}}{dq_i}\right),$$

et on aura $n$ équations semblables, pour chaque valeur de l'indice $i$.

De même on aurait, en prenant la dérivée partielle de $\Omega$ par rapport à $p_i$, et en observant qu'elle est nulle, puisque $\Omega$ est indépendant de cette variable.

$$(8) \qquad \frac{d\Omega}{dp_i} = 0 = \frac{d\Omega}{dz_1}\left(\frac{dz_1}{dp_i}\right) + \frac{d\Omega}{dz_2}\left(\frac{dz_2}{dp_i}\right) + \ldots + \frac{d\Omega}{dz_{2n}}\left(\frac{dz_{2n}}{dp_i}\right).$$

On aura $n$ équations semblables, qui doivent être identiquement vérifiées.

Substituons dans (6) la valeur de $\dfrac{d\Omega}{dq_i}$ fournie par (7) :

$$
\begin{aligned}
(9) \quad \frac{dz_\nu}{dt} = {} & \left(\frac{dz_\nu}{dp_1}\right)\left[\frac{d\Omega}{dz_1}\left(\frac{dz_1}{dq_1}\right) + \frac{d\Omega}{dz_2}\left(\frac{dz_2}{dq_1}\right) + \ldots + \frac{d\Omega}{dz_{2n}}\left(\frac{dz_{2n}}{dq_1}\right)\right] \\
& + \left(\frac{dz_\nu}{dp_2}\right)\left[\frac{d\Omega}{dz_1}\left(\frac{dz_1}{dq_2}\right) + \frac{d\Omega}{dz_2}\left(\frac{dz_2}{dq_2}\right) + \ldots + \frac{d\Omega}{dz_{2n}}\left(\frac{dz_{2n}}{dq_2}\right)\right] \\
& + \ldots \ldots \ldots \ldots \ldots \ldots \ldots \ldots \ldots \ldots \\
& + \left(\frac{dz_\nu}{dp_n}\right)\left[\frac{d\Omega}{dz_1}\left(\frac{dz_1}{dq_n}\right) + \frac{d\Omega}{dz_2}\left(\frac{dz_2}{dq_n}\right) + \ldots + \frac{d\Omega}{dz_{2n}}\left(\frac{dz_{2n}}{dq_n}\right)\right] \\
= {} & \sum_{\nu=1}^{\nu=2n}\left\{\frac{d\Omega}{dz_\nu}\left[\left(\frac{dz_\nu}{dp_1}\right)\left(\frac{dz_\nu}{dq_1}\right) + \left(\frac{dz_\nu}{dp_2}\right)\left(\frac{dz_\nu}{dq_2}\right) + \ldots + \left(\frac{dz_\nu}{dp_n}\right)\left(\frac{dz_\nu}{dq_n}\right)\right]\right\}.
\end{aligned}
$$

Cette dernière équation peut se simplifier ; multiplions l'équation (8) par $\left(\dfrac{dz_\nu}{dq}\right)$, puis faisons varier $i$ de 1 à $n$, et ajoutons toutes les équations ainsi formées : il viendra

$$
\begin{aligned}
(10) \quad 0 = {} & \frac{d\Omega}{dz_1}\left(\frac{dz_1}{dp_1}\right)\left(\frac{dz_\nu}{dq_1}\right) + \frac{d\Omega}{dz_2}\left(\frac{dz_2}{dp_1}\right)\left(\frac{dz_\nu}{dq_1}\right) + \ldots + \frac{d\Omega}{dz_{2n}}\left(\frac{dz_{2n}}{dp_1}\right)\left(\frac{dz_\nu}{dq_1}\right) \\
& + \frac{d\Omega}{dz_1}\left(\frac{dz_1}{dp_2}\right)\left(\frac{dz_\nu}{dq_2}\right) + \frac{d\Omega}{dz_2}\left(\frac{dz_2}{dp_2}\right)\left(\frac{dz_\nu}{dq_2}\right) + \ldots + \frac{d\Omega}{dz_{2n}}\left(\frac{dz_{2n}}{dp_2}\right)\left(\frac{dz_\nu}{dq_2}\right) \\
& + \ldots \ldots \ldots \ldots \ldots \ldots \ldots \ldots \ldots \\
& + \frac{d\Omega}{dz_1}\left(\frac{dz_1}{dp_n}\right)\left(\frac{dz_\nu}{dq_n}\right) + \frac{d\Omega}{dz_2}\left(\frac{dz_2}{dp_n}\right)\left(\frac{dz_\nu}{dq_n}\right) + \ldots + \frac{d\Omega}{dz_{2n}}\left(\frac{dz_{2n}}{dp_n}\right)\left(\frac{dz_\nu}{dq_n}\right) \\
= {} & \sum_{\nu=1}^{\nu=2n}\left\{\frac{d\Omega}{dz_\nu}\left[\left(\frac{dz_\nu}{dp_1}\right)\left(\frac{dz_\nu}{dq_1}\right) + \left(\frac{dz_\nu}{dp_2}\right)\left(\frac{dz_\nu}{dq_2}\right) + \ldots + \left(\frac{dz_\nu}{dp_n}\right)\left(\frac{dz_\nu}{dq_n}\right)\right]\right\}.
\end{aligned}
$$

Retranchons l'équation (10) de l'équation (9). Nous aurons pour résultat, en omettant les parenthèses pour les dérivées des $\alpha$ par rapport aux $p$ et aux $q$,

$$(11) \qquad \frac{d\alpha_\mu}{dt} = \sum_{\nu=1}^{\nu=2n} \left[ \frac{d\Omega}{d\alpha_\nu} \left( \frac{d\alpha_\mu}{dp_1} \frac{d\alpha_\nu}{dq_1} - \frac{d\alpha_\mu}{dq_1} \frac{d\alpha_\nu}{dp_1} \right. \right.$$
$$\left. \left. + \frac{d\alpha_\mu}{dp_2} \frac{d\alpha_\nu}{dq_2} - \frac{d\alpha_\mu}{dq_2} \frac{d\alpha_\nu}{dp_2} + \ldots + \frac{d\alpha_\mu}{dp_n} \frac{d\alpha_\nu}{dq_n} - \frac{d\alpha_\mu}{dq_n} \frac{d\alpha_\nu}{dp_n} \right) \right].$$

La quantité entre parenthèses est la somme de déterminants qui figure dans l'énoncé du théorème de Poisson, somme que nous avons représentée par $(\alpha_\mu,\ \alpha_\nu)$. Donc l'équation (11) se réduit simplement à

$$(12) \qquad \frac{d\alpha_\mu}{dt} = \sum_{\nu=1}^{\nu=2n} \frac{d\Omega}{d\alpha_\nu} (\alpha_\mu,\ \alpha_\nu).$$

On sait, par le théorème de Poisson, que, $\alpha_\mu = \text{const.}$ et $\alpha_\nu = \text{const.}$ étant deux intégrales du système (1), la fonction $(\alpha_\mu,\ \alpha_\nu)$ est indépendante du temps $t$; de sorte que, dans le système des $2n$ équations (12) qui définissent la variation des arbitraires, les seconds membres ne contiennent que les arbitraires elles-mêmes, à l'exclusion de la variable $t$.

174. On peut encore simplifier les $2n$ équations (12), et les ramener à la forme canonique, c'est-à-dire réduire leurs seconds membres à un terme unique, de la forme $\pm \dfrac{d\Omega}{d\alpha}$. Il suffit pour cela de faire un choix convenable d'arbitraires.

Observons d'abord que, par suite de la définition de la fonction $(\alpha_\mu,\ \alpha_\nu)$, on a $(\alpha_\mu,\ \alpha_\nu) = -(\alpha_\nu,\ \alpha_\mu)$; la permutation des deux fonctions que l'on combine a pour effet de changer de signe la fonction résultante. Comme première conséquence, on voit que $(\alpha_\mu,\ \alpha_\nu) = 0$ quand $\nu = \mu$, de sorte que la dérivée $\dfrac{d\Omega}{d\alpha_\mu}$ a pour coefficient 0, et n'entre pas dans l'équation (7).

Cela posé, prenons pour arbitraires $\alpha$ des quantités

$$P_1,\ P_2,\ \ldots\ P_n,$$
$$Q_1,\ Q_2,\ \ldots\ Q_n,$$

telles, que pour une même valeur particulière, $t = t_0$, du temps, on ait

$$p_1 = P_1,\ p_2 = P_2,\ \ldots\ p_n = P_n$$
$$q_1 = Q_1,\ q_2 = Q_2,\ \ldots\ q_n = Q_n.$$

Pour cela, il faut et il suffit qu'en faisant $t = t_0$ dans les équations intégrales du sytème (1),

$$(13) \qquad P_\mu = f (t, q_1 \cdots q_n. p_1 \cdots p_n),$$
$$Q_\nu = \varphi (t, q_1 \cdots q_n, p_1 \cdots p_n),$$

on ait $P_\mu = p_\mu$, $Q_\nu = q_\nu$, égalités faciles à réaliser en multipliant les équations (13) par des facteurs constants convenablement choisis. Ces relations ayant lieu pour $t = t_0$ quand les quantités $P_\mu$, $Q_\nu$ sont constantes, auront lieu encore pour $t = t_0$ quand ces mêmes quantités deviennent variables et qu'elles satisfont aux équations (3). Pour cette valeur particulière du temps $t$, on a donc

$$\frac{dP_\mu}{dp_i} = 0 \text{ pour toute valeur de } i \text{ différente de } \mu,$$

et

$$\frac{dP_\mu}{dp_i} = 1 \text{ pour } i = \mu.$$

De même $\dfrac{dQ_\nu}{dq_i}$ est nul pour $i$ différent de $\nu$, et égal à l'unité pour $i = \nu$.

Enfin $\dfrac{dP_\mu}{dq_i}$ et $\dfrac{dQ_\nu}{dp_i}$ sont nuls pour toute valeur de $i$. Donc

$$(P_\mu, Q_\nu) = \left( \frac{dP_\mu}{dp_1} \frac{dQ_\nu}{dq_1} - \frac{dP_\mu}{dq_1} \frac{dQ_\nu}{dp_1} + \cdots + \frac{dP_\mu}{dp_n} \frac{dQ_\nu}{dq_n} - \frac{dP_\mu}{dq_n} \frac{dQ_\nu}{dp_n} \right)$$

est identiquement nul si $\mu$ et $\nu$ sont différents, car chaque terme du développement renferme un facteur nul. Mais il en est autrement si $\mu = \nu$; car alors le développement contient le terme $\dfrac{dP_\mu}{dp_\mu} \dfrac{dQ_\mu}{dq_\mu}$ qui est égal à l'unité, et tous les autres termes sont égaux à zéro. On a donc $(P_\mu, Q_\mu) = + 1$, et par suite $(Q_\mu, P_\mu) = - 1$, ce qu'on pourrait d'ailleurs reconnaître directement. Ces égalités sont vraies pour $t = t_0$; mais, comme la fonction $(\alpha_\mu, \alpha_\nu)$ est indépendante du temps, elles sont vraies pour toute valeur du temps $t$ si elles sont vérifiées pour l'une d'elles. Grâce à ce choix spécial d'arbitraires, le second membre des équations (12) se réduit à un seul terme, et ces $2n$ équations prennent la forme canonique

$$(14) \qquad \frac{dP_\mu}{dt} = + \frac{d\Omega}{dQ_\mu},$$
$$\frac{dQ_\mu}{dt} = - \frac{d\Omega}{dP_\mu},$$

qui se déduit des équations (1) en y changeant les $p$, les $q$ et la fonction $\Pi$ en P, Q et $-\Omega$.

On aura par conséquent le choix entre la forme (12) et la forme (14). Dans les deux cas, si les dérivées, $\dfrac{d\Omega}{d\alpha}$ , de la fonction perturbatrice ont de très petites valeurs, les vitesses $\dfrac{d\alpha_\mu}{dt}$ des arbitraires variables seront très-petites, et les arbitraires elles-mêmes pourront être développées en séries convergentes.

APPLICATION DE LA MÉTHODE DE JACOBI AU PROBLÈME DE LA VARIATION<br>DES ARBITRAIRES.

175. Les équations canoniques du mouvement, abstraction faite des perturbations, sont

$$(1) \qquad \frac{dp_i}{dt} = -\frac{d\Pi}{dq_i},$$

$$\frac{dq_i}{dt} = +\frac{d\Pi}{dp_i}.$$

Supposons ces $2n$ équations intégrées par la méthode de Jacobi. Nous aurons déterminé une fonction S du temps $t$, des $n$ coordonnées $q$ et de $n$ arbitraires $\alpha_1, \alpha_2 \ldots \alpha_n$, telle que les $2n$ intégrales des équations (1) soient données par les équations

$$(2) \qquad p_i = \frac{dS}{dq_i},$$

$$(3) \qquad \beta_\nu = \frac{dS}{d\alpha_\nu}.$$

Pour passer aux équations différentielles du mouvement troublé, il suffit d'ajouter à la fonction U la fonction des nouvelles forces $\Omega$, ce qui revient à remplacer dans les équations (1) $\Pi$ par $\Pi - \Omega$. En général $\Omega$ ne contient avec le temps $t$ que les variables $q$. Mais, dans certaines problèmes, dans ceux où les mouvements s'effectuent dans un milieu résistant, ou dans ceux où il s'agit d'un mouvement relatif rapporté à des axes doués d'un mouvement de rotation, la fonction $\Omega$ peut contenir encore les vitesses $p$. Nous ferons cette hypothèse, et les équations du mouvement troublé prendront la forme

$$(4) \qquad \frac{dp_i}{dt} = -\frac{d\Pi}{dq_i} + \frac{d\Omega}{dq_i},$$

$$\frac{dq_i}{dt} = +\frac{d\Pi}{dp_i} - \frac{d\Omega}{dp_i}.$$

Cela posé, nous regarderons encore les équations (2) et (5), au nombre de $2n$, comme les intégrales du système des $2n$ équations (4), en y considérant les arbitraires $\alpha$ et $\beta$ comme de nouvelles variables. Cherchons à quelles équations différentielles ces nouvelles variables doivent satisfaire.

Pour cela différentions et divisons par $dt$ les équations (2) et (5) ; ce qui donne

$$(5) \qquad \frac{dp_i}{dt} = \frac{d^2S}{dt\,dq_i} + \sum_{j=1}^{j=n} \frac{d^2S}{dq_i\,dq_j}\frac{dq_j}{dt} + \sum_{\mu=1}^{\mu=n} \frac{d^2S}{dq_i\,d\alpha_\mu}\frac{d\alpha_\mu}{dt},$$

$$(6) \qquad \frac{d^2S}{d\alpha_\nu\,dt} + \sum_{j=1}^{j=n} \frac{d^2S}{d\alpha_\nu\,dq_j}\frac{dq_j}{dt} + \sum_{\mu=1}^{\mu=n} \frac{d^2S}{d\alpha_\nu\,d\alpha_\mu}\frac{d\alpha_\mu}{dt} - \frac{d\beta_\nu}{dt} = 0.$$

Dans les $2n$ équations ainsi formées, et dans celles qu'on en déduira, les indices $i$ et $\nu$ sont des indices constants pour une même équation, et variables d'une équation à l'autre ; tandis que les indices $j$ et $\mu$ sont relatifs aux sommations indiquées, et reçoivent dans chaque équation toutes les valeurs entières de 1 à $n$.

Nous remplacerons dans les équations (5) et (6), les $\dfrac{dp}{dt}$ et les $\dfrac{dq}{dt}$ par leurs valeurs tirées de (4), ce qui donnera des équations qu'on peut écrire de la manière suivante :

$$(7) \quad \left.\begin{array}{l} -\dfrac{d\Pi}{dq_i} \\[2ex] +\dfrac{d\Omega}{dq_i} \end{array}\right\} = \left\{\begin{array}{l} \dfrac{d^2S}{dt\,dq_i} + \displaystyle\sum_{j=1}^{j=n} \dfrac{d^2S}{dq_i\,dq_j}\dfrac{d\Pi}{dp_j} \\[3ex] -\displaystyle\sum_{j=1}^{j=n} \dfrac{d^2S}{dq_i\,dq_j}\dfrac{d\Omega}{dp_j} + \displaystyle\sum_{\mu=1}^{\mu=n} \dfrac{d^2S}{dq_i\,d\alpha_\mu}\dfrac{d\alpha_\mu}{dt} \end{array}\right.$$

$$(8) \quad \left.\begin{array}{l} \dfrac{d^2S}{d\alpha_\nu\,dt} + \displaystyle\sum_{j=1}^{j=n} \dfrac{d^2S}{d\alpha_\nu\,dq_j}\dfrac{d\Pi}{dp_j} \\[3ex] -\displaystyle\sum_{j=1}^{j=n} \dfrac{d^2S}{d\alpha_\nu\,dq_j}\dfrac{d\Omega}{dp_j} + \displaystyle\sum_{\mu=1}^{\mu=n} \dfrac{d^2S}{d\alpha_\nu\,d\alpha_\mu}\dfrac{d\alpha_\mu}{dt} - \dfrac{d\beta_\nu}{dt} \end{array}\right\} = 0.$$

La première ligne de l'équation (7), considérée à part, correspondra à l'hypothèse $\Omega = 0$ avec $\alpha_\mu =$ constante, c'est-à-dire à la solution des équations (1) ; et comme l'équation (2) satisfait alors à ces équations, la première ligne de l'équation (7) forme une égalité qui est identiquement vérifiée. La seconde ligne forme donc une nouvelle équation, à laquelle les nouvelles variables $\alpha$ doivent satisfaire quand on admet l'action des nouvelles forces $\Omega$.

De même l'équation (8) se réduit à une identité quand on y fait $\Omega = 0$ et $\beta_\nu = $ constante; et par suite la première ligne est identiquement nulle. La seconde forme une équation, qui définit la variation des arbitraires. On obtient ainsi les équations

$$(9) \qquad \sum_{\mu=1}^{\mu=n} \frac{d^2 S}{dq_i d\alpha_\mu} \frac{d\alpha_\mu}{dt} = \frac{d\Omega}{dq_i} + \sum_{j=1}^{j=n} \frac{d^2 S}{dq_i dq_j} \frac{d\Omega}{dp_j},$$

$$(10) \qquad \sum_{\mu=1}^{\mu=n} \frac{d^2 S}{d\alpha_\nu d\alpha_\mu} \frac{d\alpha_\mu}{dt} - \frac{d\beta_\nu}{dt} = \sum_{j=1}^{j=n} \frac{d^2 S}{d\alpha_\nu dq_j} \frac{d\Omega}{dp_j},$$

au nombre de $2n$, qui renferment la solution du problème du mouvement troublé. Il reste à simplifier ces équations : on y parvient par une méthode qu'il est utile d'indiquer ici, parce qu'elle est susceptible de nombreuses applications.

En général, si $x$, $y$, $z$,... sont autant de variables indépendantes qu'on voudra, et $A, B, C,...$ $A', B', C',...$ deux groupes de fonctions données de ces variables, chacun des deux groupes contenant le même nombre de fonctions, l'équation générale

$$A\delta x + B\delta y + C\delta z + \ldots = A'\delta x + B'\delta y + C'\delta z + \ldots$$

dans laquelle $\delta x$, $\delta y$, $\delta z$,... sont des variations arbitraires, entraîne les équations

$$A = A', \qquad B = B', \qquad C = C', \qquad \ldots$$

et réciproquement. Si l'on change de variables, et qu'on exprime $x, y, z,...$ en fonction de nouvelles variables en nombre égal $\xi$, $\eta$, $\zeta$,... les $\delta x$, $\delta y$, $\delta z$,... pourront s'exprimer de même par des fonctions de $\delta\xi$, $\delta\eta$, $\delta\zeta$,... et l'équation unique

$$M\delta\xi + N\delta\eta + P\delta\zeta + \ldots = M'\delta\xi + N'\delta\eta + P'\delta\zeta + \ldots,$$

que l'on déduit de l'équation proposée, entraînera, comme celle-ci, la série d'équations

$$A = A', \qquad B = B', \qquad C = C', \qquad \ldots$$

Nous considérons dans les équations (9) et (10) les $\alpha$ et les $q$ comme des variables indépendantes, et les quantités $\beta$ et $p$ comme des fonctions des $q$ et des $\alpha$, déduites des relations (2) et (3); la différentiation donnera ensuite les $\delta p$ et les $\delta\beta$ en fonction des $\delta q$ et des $\delta\alpha$ qui resteront arbitraires. Cela posé, multiplions l'équation (9) par $\delta q_i$ et l'équation (10) par $\delta\alpha_\nu$; après quoi, nous donnerons à l'indice $i$ les $n$ valeurs qu'il peut avoir, et nous ferons de même pour l'indice $\nu$; enfin nous ajouterons les $2n$ équations ainsi préparées. L'équation finale, où les $\delta\alpha$ et $\delta q$ restent arbitraires, équivaudra aux $n$ équations (9) et aux $n$ équations (10). Or le résultat peut se mettre sous la forme suivante, en intervertissant l'ordre des sommations :

$$(11)\quad \sum_{\mu=1}^{\mu=n}\left[\frac{d\alpha_\mu}{dt}\left(\sum_{i=1}^{i=n}\frac{d\frac{dS}{d\alpha_\mu}}{dq_i}\,\delta q_i+\sum_{\nu=1}^{\nu=n}\frac{d\frac{dS}{d\alpha_\mu}}{d\alpha_\nu}\,\delta\alpha_\nu\right)\right]-\sum_{\nu=1}^{\nu=r}\frac{d\beta_\nu}{dt}\,\delta\alpha_\nu$$

$$=\sum_{i=1}^{i=n}\frac{d\Omega}{dq_i}\,\delta q_i+\sum_{j=1}^{j=n}\left[\frac{d\Omega}{dp_j}\left(\sum_{i=1}^{i=n}\frac{d\frac{dS}{dq_j}}{dq_i}\,\delta q_i+\sum_{\nu=1}^{\nu=n}\frac{d\frac{dS}{dq_j}}{d\alpha_\nu}\,\delta\alpha_\nu\right)\right]$$

On retrouve dans cette équation, comme coefficient de $\dfrac{d\alpha_\mu}{dt}$, la variation totale de $\dfrac{dS}{d\alpha_\mu}$, ou de $\beta_\mu$ ; et comme coefficient de $\dfrac{d\Omega}{dp_j}$, la variation totale de $\dfrac{dS}{dq_j}$, ou de $p_j$ ; l'équation (11) devient donc :

$$\sum_{\mu=1}^{\mu=n}\frac{d\alpha_\mu}{dt}\,\delta\beta_\mu-\sum_{\nu=1}^{\nu=n}\frac{d\beta_\nu}{dt}\,\delta\alpha_\nu=\sum_{i=1}^{i=n}\frac{d\Omega}{dq_i}\,\delta q_i+\sum_{j=1}^{j=n}\frac{d\Omega}{dp_j}\,\delta p_j.$$

Elle se simplifie encore si l'on remarque que les sommes sont alors séparées les unes des autres, et que les indices $\mu$, $\nu$, $i, j$, doivent recevoir chacun toutes les valeurs entières de $1$ à $n$ ; la distinction des indices est donc sans aucune utilité, et l'on peut écrire par conséquent l'équation sous la forme

$$\sum_{\mu=1}^{\mu=n}\left(\frac{d\alpha_\mu}{dt}\,\delta\beta_\mu-\frac{d\beta_\mu}{dt}\,\delta\alpha_\mu\right)=\sum_{j=1}^{i=n}\left(\frac{d\Omega}{dq_i}\,\delta q_i+\frac{d\Omega}{dp_j}\,\delta p_i\right),$$

ou encore, en observant que le second membre n'est autre chose que la variation totale $\delta\Omega$, et en multipliant par $dt$,

$$(12)\qquad \sum_{\mu=1}^{\mu=n}(d\alpha_\mu\,\delta\beta_\mu-d\beta_\mu\,\delta\alpha_\mu)=dt\,\delta\Omega.$$

Cette équation très simple tient lieu des $2n$ équations (9) et (10), et permet d'opérer immédiatement le changement de variables. Au lieu de considérer $\Omega$ comme une fonction des $p$ et des $q$, nous pouvons l'exprimer par une fonction des $\alpha$ et des $\beta$, qui sont liés aux $p$ et aux $q$ par les $2n$ équations (2) et (3). Nous aurons alors

$$\delta\Omega=\frac{d\Omega}{d\alpha_1}\,\delta\alpha_1+\ldots+\frac{d\Omega}{d\alpha_n}\,\delta\alpha_n+\frac{d\Omega}{d\beta_1}\,\delta\beta_1+\ldots+\frac{d\Omega}{d\beta_n}\,\delta\beta_n.$$

Remplaçons $\delta\Omega$ par cette valeur dans l'équation (12), puis égalons les coefficients des $\delta\beta$ et des $\delta\alpha$ de même indice, nous obtiendrons les $2n$ équations différentielles de la variation des arbitraires sous la forme canonique :

$$(13) \qquad \frac{d\alpha_\mu}{dt} = \frac{d\Omega}{d\beta_\mu},$$

$$\frac{d\beta_\mu}{dt} = -\frac{d\Omega}{d\alpha_\mu},$$

c'est-à-dire sous une forme analogue à celle des équations (1), qui appartiennent au mouvement non troublé.

REMARQUE SUR LA MÉTHODE DE JACOBI.

176. La méthode de Jacobi, exposée dans les deux premiers chapitres de ce livre, suppose l'existence de la fonction des forces U ; en d'autres termes, elle suppose que la somme $\sum (X\delta x + Y\delta y + Z\delta z + \ldots)$ est une différentielle exacte, le temps $t$ étant regardé dans cette fonction comme une constante.

Les autres méthodes, celle de Lagrange par exemple, emploient les notations $\delta U$, $\dfrac{dU}{dz}$, $\dfrac{dU}{dy}$, ... mais sans supposer nécessairement l'existence d'une fonction U. Car alors $\delta U$ représente simplement la somme $\sum (X\delta x + Y\delta y + \ldots)$, et $\dfrac{dU}{dx}$, le coefficient X de la variation $\delta x$ dans cette même somme. C'est seulement quand on pose l'équation aux différences partielles en S que l'on voit intervenir explicitement la fonction U, dégagée de tout signe de dérivation ou de variation.

Mais on doit remarquer que la méthode de Jacobi, pas plus que celle de Lagrange, ne suppose l'existence analytique de la fonction $\Omega$ ; car cette fonction entre seulement sous les signes de la variation $\delta\Omega$, ou des dérivations partielles $\dfrac{d\Omega}{d\alpha}$, $\dfrac{d\Omega}{d\beta}$ ; et ces symboles sont susceptibles d'une interprétation semblable, déduite de l'identité

$$\delta\Omega = \frac{d\Omega}{d\alpha_1}\delta\alpha_1 + \frac{d\Omega}{d\alpha_2}\delta\alpha_2 + \ldots + \frac{d\Omega}{d\beta_1}\delta\beta_1 + \frac{d\Omega}{d\beta_2}\delta\beta_2 + \ldots$$

### SOLUTION APPROXIMATIVE DU PROBLÈME DU MOUVEMENT TROUBLÉ.

177. Les équations exactes du mouvement des planètes autour du soleil, ou des satellites autour de la planète principale, sont

$$\frac{d^2x}{dt^2} + \frac{f\mu x}{r^3} = \frac{d\Omega}{dx},$$

$$\frac{d^2y}{dt^2} + \frac{f\mu y}{r^3} = \frac{d\Omega}{dy},$$

$$\frac{d^2z}{dt^2} + \frac{f\mu z}{r^3} = \frac{d\Omega}{dz}.$$

On commencera par négliger la fonction perturbatrice, $\Omega$, ce qui réduit les équations aux termes correspondants au mouvement elliptique :

$$\frac{d^2x}{dt^2} + \frac{f\mu x}{r^3} = 0,$$

$$\frac{d^2y}{dt^2} + \frac{f\mu y}{r^3} = 0,$$

$$\frac{d^2z}{dt^2} + \frac{f\mu z}{r^3} = 0.$$

Nous connaissons (§ 142) la solution de ce problème ; elle consiste à exprimer $x$, $y$, $z$ en fonction du temps $t$ et de six constantes, soit les *constantes canoniques* fournies par la méthode de Jacobi, soit les *constantes usuelles* qui se déduisent des premières, et qui sont la *longitude du nœud*, *l'inclinaison de l'orbite*, la *longitude du périhélie*, le *grand axe*, *l'excentricité* et enfin la *longitude de l'époque*.

Pour chacun des corps du système planétaire, on pourra déterminer ces six arbitraires, qui restent constantes tant que le mouvement n'est pas troublé, mais qui deviennent variables dès qu'on veut tenir compte des perturbations.

La plupart du temps, la fonction perturbatrice $\Omega$ est très petite, et peut se mettre sous la forme $\varepsilon \Omega'$, $\varepsilon$ étant un nombre très petit, et $\Omega'$ une fonction qui ne croît pas indéfiniment. Lorsqu'il est permis de négliger les termes qui contiennent en facteur $\varepsilon^2$, auquel cas on dit qu'*on néglige le carré des forces perturbatrices*, l'approximation du mouvement troublé se fait avec une très grande facilité. Supposons que l'on ait employé des arbitraires quelconques ; les variations de ces arbitraires seront données par des équations de la forme

$$\frac{dz_\mu}{dt} = (z_\mu, z_1)\frac{d\Omega}{dz_1} + (z_\mu, z_2)\frac{d\Omega}{dz_2} + \cdots + (z_\mu, z_n)\frac{d\Omega}{dz}.$$

Les fonctions $\dfrac{d\Omega}{d\alpha_1}$, $\dfrac{d\Omega}{d\alpha_2}$, seront de l'ordre de grandeur du facteur $\varepsilon$. Quant aux arbitraires $\alpha$, elles se réduisent à une partie constante $\alpha'$ quand $\Omega = 0$ ; donc on peut les regarder comme égales à cette partie constante $\alpha'$, augmentée d'une partie variable $\delta\alpha'$, de l'ordre de grandeur de $\varepsilon$. La vitesse $\dfrac{d\alpha_\mu}{dt}$ de l'arbitraire $\alpha_\mu$ se réduit donc à $\dfrac{d\delta\alpha'_\mu}{dt}$, qui est elle-même de l'ordre de $\varepsilon$. De même les fonctions $(\alpha_\mu, \alpha_\nu)$ peuvent s'exprimer par la fonction $(\alpha'_\mu, \alpha'_\nu)$ des parties constantes, augmentée d'une partie variable de l'ordre de grandeur de $\varepsilon$ ; dans le produit $(\alpha_\mu, \alpha_\nu) \dfrac{d\Omega}{d\alpha_\nu}$, on pourra négliger cette correction du coefficient qui, multipliée par $\dfrac{d\Omega}{d\alpha_\nu}$, serait de l'ordre de $\varepsilon^2$. On trouvera donc la variation de l'arbitraire $\alpha_\mu$ par l'équation

$$\frac{d\delta\alpha'_\mu}{dt} = (\alpha'_\mu, \alpha'_1) \frac{d\Omega}{d\alpha_1} + (\alpha'_\mu, \alpha'_1) \frac{d\Omega}{d\alpha_2} + \cdots + (\alpha'_\mu, \alpha'_n) \frac{d\Omega}{d\alpha_n},$$

dans laquelle le coefficient de chaque terme est réduit à sa partie constante, et enfin on en tirera

$$\delta\alpha'_\mu = \int dt \sum_{\nu=1}^{\nu=n} (\alpha'_\mu, \alpha'_\nu) \frac{d\Omega}{d\alpha_\nu},$$

expression qui a un sens parfaitement défini, dès que la fonction $\Omega$ est exprimée en fonction du temps $t$ et des arbitraires $\alpha$, réduites toutes, pour cette première approximation, à leurs valeurs moyennes $\alpha'$. La méthode consiste à admettre que, pendant un certain intervalle de temps, les corps troublants et le corps troublé suivent rigoureusement les lois de leur mouvement elliptique, et à en déduire d'une manière approchée les variations des éléments elliptiques relatifs au corps troublé seul.

### DÉVELOPPEMENT DE LA MÉTHODE DE JACOBI EN TENANT COMPTE DE LA VARIATION DES ARBITRAIRES.

178. L'intégration des équations du mouvement elliptique, par la méthode de Jacobi, introduit dans le calcul *six constantes canoniques*, distribuées en deux groupes de trois chacun, savoir les constantes H, G et C, qui correspondent aux $\alpha$ de la théorie générale, et les constantes $h$, $g$, $c$, qui correspondent aux $\beta$. Ces quantités restent constantes tant qu'il s'agit du mouvement elliptique ; elles deviennent variables quand on passe au mouvement troublé, ou qu'on tient compte de la fonction perturbatrice $\Omega$. Les

variations des arbitraires sont définies par le groupe de six équations canoniques :

$$(1) \quad \begin{cases} \dfrac{d\mathrm{H}}{dt} = \dfrac{d\Omega}{dh}, & \dfrac{d\mathrm{G}}{dt} = \dfrac{d\Omega}{dg}, & \dfrac{d\mathrm{C}}{dt} = \dfrac{d\Omega}{dc}, \\[2ex] \dfrac{dh}{dt} = -\dfrac{d\Omega}{d\mathrm{H}}, & \dfrac{dg}{dt} = -\dfrac{d\Omega}{d\mathrm{G}}, & \dfrac{dc}{dt} = -\dfrac{d\Omega}{d\mathrm{C}}, \end{cases}$$

qu'on peut écrire d'une autre manière, sous forme symbolique (§ 175),

$$(2) \quad d\mathrm{H}\delta h - dh\delta\mathrm{H} + d\mathrm{G}\delta g - dg\delta\mathrm{G} + d\mathrm{C}\delta c - dc\delta\mathrm{C} = dt\delta\Omega.$$

Dans ces équations, $\Omega$ est exprimée en fonction des coordonnées de la
planète dont on étudie le mouvement, et des coordonnées de toutes les
autres planètes qui altèrent le mouvement de la première ; les coordonnées
de la planète s'expriment en fonction du temps et des éléments elliptiques,
soit des éléments canoniques, soit des éléments usuels, par des formules
où le temps n'entre jamais en dehors des signes sinus et cosinus. La fonction $\Omega$ ne contient donc que des termes périodiques. Mais nous allons voir
qu'il n'en est pas de même de toutes ses dérivées partielles. Le temps
n'entre dans les équations du mouvement elliptique que joint à la con-
stante $c$, dans l'équation $\dfrac{d\Theta}{d\mathrm{C}} = t + c$. Les dérivées partielles $\dfrac{d\Omega}{d\mathrm{H}}, \dfrac{d\Omega}{dh}, \dfrac{d\Omega}{d\mathrm{G}},$
$\dfrac{d\Omega}{dg},$ s'obtiendront sans faire sortir le temps $t$ des signes trigonométriques,
de sorte que ces dérivées partielles restent encore périodiques. Pour étudier à ce point de vue la forme des deux dernières dérivées partielles, changeons de variables, et posons $l = n(t + c)$, $n$ représentant *le moyen mou-*
*vement* $\dfrac{(-2\mathrm{C})^{\frac{3}{2}}}{f\mu}$, et $l$ *l'anomalie moyenne* de la planète ; cette transformation nous permet de remplacer par une lettre unique la somme $t + c$ du
temps et de la variable $c$. Au système des arbitraires

$$\mathrm{H}, h, \mathrm{G}, g, \mathrm{C}, c,$$

nous substituons donc le système

$$\mathrm{H}, h, \mathrm{G}, g, \mathrm{C}, l.$$

Cela posé, prenons les dérivées de $\Omega$ par rapport à $c$ d'abord, puis par rapport à C ; nous aurons

$$\frac{d\Omega}{dc} = \frac{d\Omega}{dl}\frac{dl}{dc} = \frac{d\Omega}{dl} \times n,$$

de sorte que $\dfrac{d\Omega}{dc}$ ne contient pas non plus le temps en dehors des signes sinus et cosinus. Mais il en est autrement de $\dfrac{d\Omega}{dC}$. Observons en effet que $\Omega$ exprimée dans le nouveau système de variables contient C explicitement d'abord, et implicitement dans $l$. Désignons par des parenthèses les dérivées prises dans ce nouveau système ; il viendra

$$\frac{d\Omega}{dC} = \left(\frac{d\Omega}{dC}\right) + \left(\frac{d\Omega}{dl}\right)\frac{dl}{dC}.$$

Mais

$$l = n(t + c) = \frac{(-2C)^{\frac{3}{2}}}{f\mu}(t + c).$$

Donc

$$\frac{dl}{dC} = -\frac{3(-2C)^{\frac{1}{2}}}{f\mu}(t + c),$$

et enfin

$$\frac{d\Omega}{dC} = \left(\frac{d\Omega}{dC}\right) - \frac{3(-2C)^{\frac{1}{2}}}{f\mu}\left(\frac{d\Omega}{dl}\right)(t + c);$$

de sorte que dans l'une des équations (1), la dernière, le temps figure en dehors des signes sinus et cosinus, ce que les astronomes expriment en disant qu'il figure en *arc de cercle*. De là un inconvénient grave au point de vue des approximations. On peut, il est vrai, éviter cet inconvénient en substituant l'arbitraire $l$ à l'arbitraire canonique $c$. Mais la substitution laisse encore subsister une difficulté. Remplaçons dans l'équation symbolique (2) les arbitraires C et $c$ par les nouvelles arbitraires C et $l$. Pour cela différentions par la caractéristique $d$, c'est-à-dire en faisant varier le temps $t$, puis par la caractéristique $\delta$, c'est-à-dire sans faire varier le temps, l'équation

$$(3) \qquad\qquad l = n(t + c),$$

qui lie la nouvelle variable aux anciennes : il vient

$$(4) \qquad \begin{cases} dl = dn(t + c) + n(dt + dc), \\ \delta l = \delta n(t + c) + n\delta c. \end{cases}$$

On a d'ailleurs, puisque $n$ est fonction de C seul,

$$(5) \qquad \begin{cases} dn = \left(\dfrac{dn}{dC}\right) dC, \\ \delta n = \left(\dfrac{dn}{dC}\right) \delta C. \end{cases}$$

Multipliant la première des équations (4) par $\delta C$, la seconde par $dC$, et retranchant, puis observant que le premier terme du second membre se réduit identiquement à zéro en vertu des équations (5), il vient

$$(6) \qquad dl\delta C - \delta l dC = n(dt\delta C + dc\delta C - dC\delta c).$$

Donc

$$dC\partial c - dc\partial C = \frac{1}{n}\left[dC\partial l - (dl - ndt)dC\right],$$

et substituant dans (2), on obtient l'équation transformée

$$(7)\quad dH\partial h - dh\partial H + dG\partial g - dg\partial G + \frac{1}{n}\left[dC\partial l - (dl - ndt)\partial C\right] = dt\partial\Omega.$$

Cette équation représente à la fois les quatre premières équations (1), et à la place des deux dernières, les équations

$$\frac{dC}{dt} = n\frac{d\Omega}{dl},$$

$$\frac{dl}{dt} = n - n\frac{d\Omega}{dC}.$$

Le temps ne sort plus alors des signes sinus et cosinus, mais la vitesse $\dfrac{dl}{dt}$ n'est plus de l'ordre de petitesse des forces perturbatrices, puisqu'elle contient un terme $n$, indépendant des dérivées partielles de la fonction $\Omega$.

179. On peut employer deux procédés pour tourner cette difficulté.

Le premier consiste à poser

$$(9)\qquad\qquad \frac{d\rho}{dt} = n$$

et

$$(10)\qquad\qquad l = \rho + \gamma,$$

en appelant $\rho$ et $\gamma$ deux nouvelles variables. On en déduit en effet

$$\frac{dl}{dt} = \frac{d\rho}{dt} + \frac{d\gamma}{dt} = n + \frac{d\gamma}{dt},$$

et substituant dans la seconde des équations (8), on obtient à la place de cette équation

$$(11)\qquad\qquad \frac{d\gamma}{dt} = -n\frac{d\Omega}{dC},$$

sans terme indépendant des forces perturbatrices.

La variable $\gamma$ étant définie par cette équation, il reste à trouver $\rho$ par l'équation (9). Or de l'équation

$$n = \frac{(-2C)^{\frac{3}{2}}}{f\mu}$$

on tire, en différentiant et en ayant égard à la première des équations (8)

$$\frac{dn}{dt} = -3\frac{(-2C)^{\frac{1}{2}}}{f\mu}\frac{dC}{dt} = -3n\frac{\sqrt{-2C}}{f\mu}\frac{d\Omega}{dl}.$$

L'équation (9) nous donnant

$$\frac{dn}{dt} = \frac{d^2\rho}{dt^2};$$

$\rho$ sera déterminé par la double quadrature de l'équation différentielle du second ordre

$$(12) \qquad \frac{d^2\rho}{dt^2} = -3n\,\frac{\sqrt{-2C}}{f\mu}\,\frac{d\Omega}{dt}.$$

180. Une autre méthode, due à Delaunay, consiste à remplacer les arbitraires canoniques conjuguées C et $c$ par deux nouvelles arbitraires, L et $l$, également conjuguées. L'arbitraire $l$ a déjà été définie. Pour l'arbitraire L, Delaunay pose

$$(13) \qquad L = \frac{f\mu}{\sqrt{-2C}}$$

On en déduit, en différentiant par $d$, puis par $\delta$,

$$dL = \frac{f\mu}{(-2C)^{\frac{3}{2}}}\,dC = \frac{dC}{n},$$
$$\delta L = \frac{\delta C}{n},$$

et la substitution dans (7) de $dC = ndL$ et $\delta C = n\delta L$ nous donne

$$(14) \qquad dH\delta h - dh\delta H + dG\delta g - dg\delta G + (dL\delta l - dl\delta L)$$
$$= dt(\delta\Omega - \delta C) = dt\delta\Omega',$$

en posant encore

$$(15) \qquad \Omega' = \Omega - C = \Omega + \frac{f^2\mu^2}{2L^2}.$$

Ce changement de variables, et l'altération correspondante de la fonction perturbatrice, ramènent donc les équations du mouvement à la forme canonique, sans faire paraître le temps en dehors des signes trigonométriques.

La première méthode est généralement suivie pour l'étude analytique du mouvement des planètes. La seconde réussit dans la théorie du mouvement de la lune, problème qui présente des difficultés particulières, à cause de la grandeur de la masse du corps troublant, le soleil.

SUITE DU CALCUL DANS LE CAS DU MOUVEMENT D'UNE PLANÈTE.

181. Nous supposerons ici qu'il s'agisse du mouvement d'une planète, et nous prendrons pour équations de la variation des arbitraires le groupe

$$(1) \quad \begin{cases} \dfrac{dH}{dt} = \dfrac{d\Omega}{dh}, & \dfrac{dG}{dt} = \dfrac{d\Omega}{dg}, & \dfrac{dC}{dt} = n\,\dfrac{d\Omega}{d\gamma}, \\[2ex] \dfrac{dh}{dt} = -\dfrac{d\Omega}{dH}, & \dfrac{dg}{dt} = -\dfrac{d\Omega}{dG}, & \dfrac{d\gamma}{dt} = -n\,\dfrac{d\Omega}{dC}. \end{cases}$$

A ce groupe joignons les deux équations

$$(2) \quad l = n(t + c) = p + \gamma \quad \text{et} \quad \frac{dp}{dt} = n.$$

On ne conservera pas dans la suite du calcul les arbitraires canoniques H, $h$, G. $g$, C.,... mais on y introduira les *arbitraires usuelles*, qui sont exprimables en fonction des premières. Nous en rappellerons ici le tableau.

Soit XOY le *plan fixe* ou plan de l'écliptique; OX la *droite fixe*, dirigée vers l'équinoxe de printemps ; NR le plan de l'orbite ; les arbitraires usuelles seront :

1° La *longitude du nœud ascendant*, $\theta = $ AON; l'angle $\theta$ varie de 0 à $2\pi$, dans le sens de OX vers OY.

2° L'*inclinaison de l'orbite*, $\varphi$, est l'angle RNR′.

3° La *longitude du périhélie*, $\varpi$, est la somme

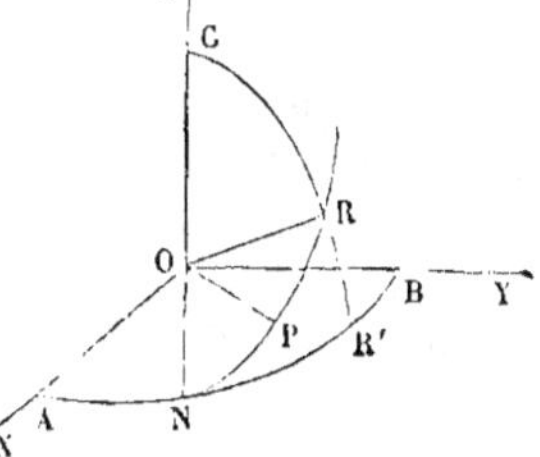

Fig. 97.

des angles AON + NOP, et définit l'orientation de la trajectoire dans son plan ;

4° L'*excentricité de l'orbite*, $e$, détermine la forme de l'orbite ;

5° Le *demi grand axe*, $a$, en détermine la grandeur.

6° Enfin l'*époque*, $\varepsilon$, c'est-à-dire la *longitude moyenne de l'époque*, est la valeur de la longitude moyenne de la planète pour $t = 0$. Ces six arbitraires sont liées aux arbitraires canoniques par les équations :

$$(3) \quad \begin{cases} \theta = h, \\[1ex] \cos\varphi = \dfrac{H}{G}, \\[1ex] \varpi = h + g, \\[1ex] e^2 = 1 + \dfrac{2CG^2}{f^2\mu^2}, \\[1ex] a = -\dfrac{f\mu}{2C}, \\[1ex] \varepsilon = \gamma + \varpi = \gamma + h + g; \end{cases}$$

et inversement on aurait, en exprimant les arbitraires canoniques en fonction des arbitraires usuelles :

$$(4) \qquad \left\{ \begin{aligned} &h = 0, \\ &g = \varpi - \theta, \\ &\mathrm{C} = -\frac{f\mu}{2a}, \\ &\mathrm{G} = \sqrt{f\mu a(1 - e^2)}, \\ &\mathrm{H} = \cos\varphi \sqrt{f\mu a(1 - e^2)}, \\ &\gamma = \varepsilon - \varpi. \end{aligned} \right.$$

A ces équations on joint encore les deux suivantes qui définissent le moyen mouvement $n$, et la durée T de la révolution :

$$(5) \qquad n = \frac{(-2\mathrm{C})^{\frac{3}{2}}}{f\mu}, \qquad n\mathrm{T} = 2\pi.$$

Nous avons enfin, en vertu de la troisième loi de Kepler,

$$(6) \qquad n^2 a^3 = f\mu,$$

équation qui nous permettra de ramener à la première puissance le facteur $\mu$ dans toutes les équations qui suivront.

Différentions les équations (5), puis remplaçons dans les équations résultantes les éléments canoniques par leurs valeurs en fonction des éléments usuels, déduites des équations (4). Il viendra le groupe

$$(7) \qquad \left\{ \begin{aligned} &d\theta = dh, \\ &d\varphi = \frac{na\cos\varphi}{f\mu\sqrt{1 - e^2}\sin\varphi}\, d\mathrm{G} - \frac{na}{f\mu\sqrt{1 - e^2}\sin\varphi}\, d\mathrm{H}, \\ &d\varpi = dh + dg, \\ &de = \frac{a(1 - e^2)}{f\mu e}\, d\mathrm{C} - \frac{na\sqrt{1 - e^2}}{f\mu e}\, d\mathrm{G}, \\ &da = \frac{2a^2}{f\mu}\, d\mathrm{C}, \\ &d\varepsilon = d\gamma + dh + dg. \end{aligned} \right.$$

Ces équations nous serviront à former les valeurs des dérivées partielles $\dfrac{d\Omega}{dh}, \dfrac{d\Omega}{d\mathrm{H}} \ldots$, figurant dans les équations (1), en fonction des éléments usuels. On a en effet, par exemple, l'identité

$$\frac{d\Omega}{dh} = \left(\frac{d\Omega}{d\theta}\right)\frac{d\theta}{dh} + \left(\frac{d\Omega}{d\varphi}\right)\frac{d\varphi}{dh} + \left(\frac{d\Omega}{d\varpi}\right)\frac{d\varpi}{dh} + \cdots,$$

les dérivées entre parenthèses étant celles qui correspondent aux nouvelles variables. Substituant les valeurs des différentielles données par (7), on a

$$\frac{d\vartheta}{dh} = 1, \quad \frac{d\varpi}{dh} = 0, \quad \frac{d\varpi}{dh} = 1, \quad \frac{de}{dh} = 0, \quad \frac{da}{dh} = 0, \quad \frac{d\varepsilon}{dh} = 1.$$

Donc enfin

$$\frac{d\Omega}{dh} = \left(\frac{d\Omega}{d\vartheta}\right) + \left(\frac{d\Omega}{d\varpi}\right) + \left(\frac{d\Omega}{d\varepsilon}\right).$$

On forme ainsi le tableau suivant :

$$(8)\begin{cases}
\dfrac{d\Omega}{dh} = \left(\dfrac{d\Omega}{d\vartheta}\right) + \left(\dfrac{d\Omega}{d\varpi}\right) + \left(\dfrac{d\Omega}{d\varepsilon}\right), \\[2ex]
\dfrac{d\Omega}{d\Pi} = - \dfrac{na}{f\mu\sqrt{1-e^2}\sin\varphi}\left(\dfrac{d\Omega}{d\varphi}\right), \\[2ex]
\dfrac{d\Omega}{dg} = \left(\dfrac{d\Omega}{d\varpi}\right) + \left(\dfrac{d\Omega}{d\varepsilon}\right), \\[2ex]
\dfrac{d\Omega}{dG} = - \dfrac{na\sqrt{1-e^2}}{f\mu e}\left(\dfrac{d\Omega}{de}\right) + \dfrac{na\cos\varphi}{f\mu\sqrt{1-e^2}\sin\varphi}\left(\dfrac{d\Omega}{d\varphi}\right), \\[2ex]
\dfrac{d\Omega}{d\gamma} = \left(\dfrac{d\Omega}{d\varepsilon}\right), \\[2ex]
\dfrac{d\Omega}{dC} = \dfrac{2a^2}{f\mu}\left(\dfrac{d\Omega}{da}\right) + \dfrac{a(1-e^2)}{f\mu e}\left(\dfrac{d\Omega}{de}\right).
\end{cases}$$

Divisons ensuite par $dt$ les six équations (7), remplaçons les rapports $\frac{dh}{dt}, \frac{d\Pi}{dt}, \ldots$ par leurs valeurs $\frac{d\Omega}{d\Pi}, -\frac{d\Omega}{dh}, \ldots$ données par les équations (1), puis substituons à ces dérivées partielles leurs valeurs en fonction des nouvelles dérivées, fournies par les relations (7). On obtient en définitive le tableau (9), où le changement de variables est entièrement opéré :

$$(9)\begin{cases}
\dfrac{d\vartheta}{dt} = \dfrac{na}{f\mu\sqrt{1-e^2}\sin\varphi}\left(\dfrac{d\Omega}{d\varphi}\right), \\[2ex]
\dfrac{d\varphi}{dt} = - \dfrac{na}{f\mu\sqrt{1-e^2}\sin\varphi}\left(\dfrac{d\Omega}{d\vartheta}\right) \\[2ex]
\qquad - \dfrac{na(1-\cos\varphi)}{f\mu\sqrt{1-e^2}\sin\varphi}\left[\left(\dfrac{d\Omega}{d\varpi}\right) + \left(\dfrac{d\Omega}{d\varepsilon}\right)\right], \\[2ex]
\dfrac{d\varpi}{dt} = \dfrac{na\sqrt{1-e^2}}{f\mu e}\left(\dfrac{d\Omega}{de}\right) + \dfrac{na(1-\cos\varphi)}{f\mu\sqrt{1-e^2}\sin\varphi}\left(\dfrac{d\Omega}{d\varphi}\right), \\[2ex]
\dfrac{de}{dt} = - \dfrac{na\sqrt{1-e^2}}{f\mu e}\left(\dfrac{d\Omega}{d\varpi}\right) + \dfrac{na(1-e^2) - na\sqrt{1-e^2}}{f\mu e}\left(\dfrac{d\Omega}{d\varepsilon}\right), \\[2ex]
\dfrac{da}{dt} = \dfrac{2a^2 n}{f\mu}\left(\dfrac{d\Omega}{d\varepsilon}\right), \\[2ex]
\dfrac{d\varepsilon}{dt} = \dfrac{na\sqrt{1-e^2} - na(1-e^2)}{f\mu e}\left(\dfrac{d\Omega}{de}\right) \\[2ex]
\qquad - \dfrac{2na^2}{f\mu}\left(\dfrac{d\Omega}{da}\right) + \dfrac{na(1-\cos\varphi)}{f\mu\sqrt{1-e^2}\sin\varphi}\left(\dfrac{d\Omega}{d\varphi}\right).
\end{cases}$$

Pour faire usage de ces équations, on remplacera la fonction $\Omega$ par la valeur

$$\Omega = f \sum m_i \mathrm{R}_{0,i},$$

somme dans laquelle $m_i$ est la masse d'une des planètes troublantes, et $\mathrm{R}_{0,i}$ la fonction

$$\mathrm{R}_{0,i} = \frac{1}{\rho_{0,i}} - \frac{xx_i + yy_i + zz_i}{r_i^3},$$

qui dépend des positions relatives de la planète troublante par rapport au soleil et à la planète troublée. Pour simplifier, on peut se borner à considérer un seul corps troublant, celui qui a le numéro 1, par exemple, les autres pouvant être sous-entendus dans les sommes. Alors les équations (9), dans lesquelles on remplace $\Omega$ par $fm_1 \mathrm{R}_{0,1}$, deviennent, en omettant les parenthèses, devenues inutiles :

$$(10) \begin{cases} \dfrac{d\theta}{dt} = \dfrac{na}{\sqrt{1-e^2}\sin\varphi} \dfrac{m_1}{\mu} \dfrac{d\mathrm{R}_{0,1}}{d\varphi}, \\[2ex] \dfrac{d\varphi}{dt} = -\dfrac{na}{\sqrt{1-e^2}\sin\varphi} \dfrac{m_1}{\mu} \dfrac{d\mathrm{R}_{0,1}}{d\theta} \\[2ex] \qquad\qquad - \dfrac{na\tan\frac{\varphi}{2}}{\sqrt{1-e^2}} \dfrac{m_1}{\mu} \left( \dfrac{d\mathrm{R}_{0,1}}{d\varpi} + \dfrac{d\mathrm{R}_{0,1}}{dz} \right), \\[2ex] \dfrac{d\varpi}{dt} = \dfrac{na\sqrt{1-e^2}}{e} \dfrac{m_1}{\mu} \dfrac{d\mathrm{R}_{0,1}}{de} + \dfrac{na\tan\frac{\varphi}{2}}{\sqrt{1-e^2}} \dfrac{m_1}{\mu} \dfrac{d\mathrm{R}_{0,1}}{d\varphi}, \\[2ex] \dfrac{de}{dt} = -\dfrac{na\sqrt{1-e^2}}{e} \dfrac{m_1}{\mu} \dfrac{d\mathrm{R}_{0,1}}{d\varpi} - \dfrac{nae\sqrt{1-e^2}}{1+\sqrt{1-e^2}} \dfrac{m_1}{\mu} \dfrac{d\mathrm{R}_{0,1}}{dz}, \\[2ex] \dfrac{da}{dt} = 2a^2 n \times \dfrac{m_1}{\mu} \dfrac{d\mathrm{R}_{0,1}}{dz}, \\[2ex] \dfrac{dz}{dt} = -2a^2 n \dfrac{m_1}{\mu} \dfrac{d\mathrm{R}_{0,1}}{da} \\[2ex] \qquad + \dfrac{nae\sqrt{1-e^2}}{1+\sqrt{1-e^2}} \dfrac{m_1}{\mu} \dfrac{d\mathrm{R}_{0,1}}{de} + \dfrac{na\tan\frac{\varphi}{2}}{\sqrt{1-e^2}} \dfrac{m_1}{\mu} \dfrac{d\mathrm{R}_{0,1}}{d\varphi}. \end{cases}$$

A ce tableau il faut joindre la seconde des équations (2), qui, différentiée, devient

$$\frac{d^2\rho}{dt^2} = \frac{dn}{dt}.$$

Or l'équation (6) nous donne

$$dn = -\frac{3n}{2a} da.$$

Donc

$$(11) \qquad \frac{dn}{dt} = -\frac{3n}{2a}\frac{da}{dt} = -3an^2\frac{m_1}{\mu}\frac{dR_{0,1}}{d\varepsilon}.$$

Les six équations (10) et l'équation (11) ne contiennent plus $f$ et renferment toutes le rapport $\frac{m_1}{\mu}$. Si ce rapport est très petit, ce qui arrive dans la théorie des planètes, et si l'on se borne pour l'intégration aux termes contenant les premières puissances des rapports $\frac{m_1}{\mu}$, l'intégration ne présente aucune difficulté.

182. Lorsqu'on substitue dans $R_{0,1}$ les valeurs des coordonnées en fonction des longitudes moyennes des planètes, la fonction $R_{0,1}$ se développe en une série de la forme

$$R_{0,1} = A + \sum B\cos(il + i'l' + b'),$$

A étant un terme qui dépend seulement des éléments elliptiques de la planète, B et $b$ des constantes, $l$ et $l'$ les longitudes moyennes, $nt + \varepsilon$ et $n't + \varepsilon'$, des deux planètes, et $i$ et $i'$ deux nombres positifs, qui peuvent être nuls, et qui prennent toutes les valeurs entières de 0 à l'infini. La variation d'une arbitraire quelconque, $\alpha$, sera donnée de même par une équation de la forme

$$\frac{d\alpha}{dt} = A' + \sum B'\cos(il + i'l' + b'),$$

A', B' et $b'$ étant d'autres constantes, et $i$ et $i'$ recevant encore toutes les valeurs entières et positives de 0 à $\infty$.

Réduisons dans cette expression tous les éléments elliptiques à leur partie constante ; A' deviendra une constante, et l'intégration donnera

$$\alpha = (\alpha) + A't + \int \sum B'\cos(il + i'l' + b')\,dt,$$

en appelant $(\alpha)$ la valeur constante qu'aurait $\alpha$ dans le mouvement non troublé. Or soit $n$ le moyen mouvement et $l$ la longitude moyenne de la planète dont on étudie le mouvement, $n'$ le moyen mouvement et $l'$ la longitude moyenne de l'autre planète ; on aura

$$\int \cos(il + i'l' + b')\,dt = \frac{\sin(il + i'l' + b')}{in + i'n'},$$

en observant qu'on a identiquement $dl = ndt$ et $dl' = n'dt$. Donc

$$\alpha = (\alpha) + A't + \sum \frac{B'}{in + i'n'}\sin(il + i'l' + b').$$

La correction de la valeur elliptique ($\alpha$) comprend donc des termes de diverses natures : l'un $A't$, qui croît proportionnellement au temps, constitue l'*inégalité séculaire* de l'élément $\alpha$ ; les autres contiennent implicitement le temps, mais sous les signes trigonométriques, et chacun constitue pour l'arbitraire $\alpha$ une *inégalité périodique* dépendant de la *configuration* des planètes.

Ces expressions doivent être convenablement interprétées. Une *inégalité séculaire* est celle qui dépend des éléments elliptiques de la planète ; elle semble croître indéfiniment avec le temps, mais cette augmentation indéfinie peut n'être qu'apparente ; en effet, le terme $A't$ peut être le premier terme d'une série, et la substitution de $A't$ à cette série peut entraîner une erreur, qui grandit de plus en plus à mesure que le temps $t$ s'accroît. C'est ce qui arriverait, par exemple, si la formule rigoureuse renfermait $\sin A't$ à la place de $A't$, premier terme de la série $A't - \dfrac{A'^3\,t^3}{1 \times 2 \times 3} + \ldots$ Ainsi les inégalités dites séculaires peuvent être périodiques, et il en est notamment ainsi pour des inclinaisons et des excentricités. Par contre, une inégalité périodique peut avoir une très longue période ; cela arrive aux termes du développement pour lesquels le dénominateur $in + i'n'$ est très petit en valeur absolue.

INVARIABILITÉ DES GRANDS AXES ET DES MOYENS MOUVEMENTS.

**183.** Les variations du grand axe et du moyen mouvement sont définies par la cinquième des équations (10) et par l'équation (11) :

$$\frac{da}{dt} = 2a^2n \times \frac{m_1}{\mu}\,\frac{dR_{0,1}}{d\varepsilon},$$

$$\frac{dn}{dt} = -3an^2\,\frac{m_1}{\mu}\,\frac{dR_{0,1}}{d\varepsilon}.$$

Dans ces équations, il n'entre que la dérivée de la fonction $R_{0,1}$ par rapport à l'époque $\varepsilon$ ; mais $\varepsilon$ n'entre que dans la longitude moyenne $l$, et ne figure pas dans le terme $A$ de la valeur de $R_{0,1}$ ; on aura donc, en dérivant par rapport à $\varepsilon$ une équation de la forme :

$$\frac{dR_{0,1}}{d\varepsilon} = -\sum i\mathrm{B} \sin(il + i'l' + \alpha),$$

en observant que $l = nt + \varepsilon$, ce qui donne $\dfrac{dl}{d\varepsilon} = 1$.

Donc

$$\frac{da}{dt} = -2a^2n\,\frac{m_1}{\mu}\sum i\mathrm{B}\sin(il + i'l' + \alpha);$$

d'où l'on déduit en intégrant,

$$a = (a) + 2a^2 n \frac{m_1}{\mu} \sum \frac{iB}{in + i'n'} \cos(il + i'l' + \alpha).$$

On aurait de même

$$n = (n) - 3an^2 \frac{m_1}{\mu} \sum \frac{iB}{in + i'n'} \cos(il + i'l' + \alpha).$$

Les éléments $a$ et $n$ ne diffèrent donc de leurs valeurs moyennes $(a)$ et $(n)$ que de quantités périodiques. Abstraction faite de cette correction, qui tantôt s'ajoute, tantôt se retranche, le grand axe et le moyen mouvement restent constants. Tel est le théorème de Laplace, établi en n'admettant dans les équations du mouvement que les termes du premier degré par rapport aux masses perturbatrices ; ce théorème, d'une importance capitale au point de vue de la stabilité du système solaire, subsiste encore, ainsi que Poisson l'a fait voir, quand on pousse l'approximation jusqu'aux termes du second degré.

Il semble que *l'accélération du moyen mouvement de la lune* soit en contradiction avec le théorème de Laplace sur l'invariabilité des moyens mouvements. Cette contradiction n'est qu'apparente. En réalité, le moyen mouvement de la lune est invariable, abstraction faite des oscillations périodiques qu'il subit ; mais l'époque, $\varepsilon$, est affectée de plusieurs inégalités séculaires, de sorte que si l'on appelle $l$ la longitude de la lune, dépouillée de tous les termes contenant le temps sous les signes sinus et cosinus, on aura pour cette quantité une équation de la forme

$$l = nt + \varepsilon + \beta t + \gamma t^2,$$

$\beta t$ et $\gamma t^2$ étant les deux inégalités principales qui s'ajoutent au terme $\varepsilon$.

Au lieu d'écrire ainsi cette équation, on a l'habitude de la ramener à la forme

$$l = Nt + \varepsilon,$$

en faisant

$$N = n + \beta + \gamma t,$$

et *en laissant l'époque constante*. On considère alors le facteur $N$ comme le moyen mouvement, et on voit qu'il renferme une inégalité séculaire, $\gamma t$. C'est à ce terme qu'on donne le nom *d'équation séculaire* de la lune. Il varie du reste avec une extrême lenteur, environ 11 secondes par siècle. Laplace a fait voir que ce phénomène était lié à la diminution progressive de l'excentricité de l'orbite terrestre. Depuis, Delaunay a reconnu dans le ralentissement du mouvement de rotation propre de la terre une seconde cause qui contribue à altérer d'une manière apparente ce moyen mouvement $N$.

# CHAPITRE IV

## DÉVELOPPEMENTS EN SÉRIE

### GÉNÉRALITÉS.

**184.** *Lorsqu'une fonction* $f(z)$ *d'une variable* $z$, *réelle ou imaginaire,
reste continue pour toutes les valeurs de* $z$ *dont le module ne dépasse pas
une limite* R *donnée, cette fonction est développable en série convergente, ordonnée suivant les exposants entiers croissants de* $z$. Le développement est
fourni par la série de Mac-Laurin. Ce théorème a été démontré par Cauchy, qui l'a rattaché à la théorie des intégrales définies prises entre des
limites imaginaires.

M. le commandant Laurent l'a généralisé sous cette forme :

*Lorsqu'une fonction* $f(z)$ *d'une variable* $z$, *réelle ou imaginaire, reste continue pour toutes les valeurs de* $z$ *dont le module est compris entre deux
limites données* $R_0$ *et* R, *la fonction est développable suivant une double série
convergente, ordonnée suivant les exposants entiers, positifs et négatifs, de
la variable.*

Ainsi, dans le premier cas, si la fonction reste finie et continue pour
toutes les valeurs de $z$ satisfaisant à l'inégalité $\mathrm{mod}(z) < R$, la fonction $f(z)$
sera développable en série convergente par la formule

$$f(z) = f(0) + f'(0)z + \frac{z^2}{1.2} f''(0) + \frac{z^3}{1.2.3} f'''(0) + \ldots$$

Dans le second, si la continuité de la fonction n'est assurée qu'entre
les modules $R_0$ et R, le développement comprendra les deux séries, à exposants positifs et négatifs

$$f(z) = A_0 + A_1 z + A_2 z^2 + A_3 z^3 + \ldots$$
$$+ B_1 \frac{1}{z} + B_2 \frac{1}{z^2} + B_3 \frac{1}{z^3} + \ldots$$

Ce dernier développement, qui comprend le premier comme cas particulier lorsque $R_0 = 0$, trouve son application dans une foule de problèmes de la mécanique céleste.

185. Nous en donnerons un exemple simple.

On a vu plus haut que l'*anomalie moyenne* $\zeta$ s'exprime en fonction de l'*anomalie excentrique* $u$ par l'équation de Kepler

$$\zeta = u - e \sin u,$$

dans laquelle $e$ désigne l'*excentricité de l'orbite.*

On peut rattacher ces deux variables $\zeta$ et $u$, à deux autres variables $z$ et $s$, en posant les équations

$$z = \varepsilon^{\zeta\sqrt{-1}}$$

et

$$s = \varepsilon^{u\sqrt{-1}},$$

le nombre $\varepsilon$ désignant ici la base des logarithmes népériens. On n'emploie pas la lettre $e$ pour représenter cette base, pour qu'il n'y ait pas de confusion possible avec l'excentricité

À la relation entre $u$ et $\zeta$ nous pouvons substituer une relation équivalente entre $z$ et $s$.

Observons que, si $s = \varepsilon^{u\sqrt{-1}}$, $s$ est égal à $\cos u + \sqrt{-1} \sin u$, et par conséquent

$$\frac{1}{s} = \cos u - \sqrt{-1} \sin u = \varepsilon^{-u\sqrt{-1}}.$$

Si donc nous formons la demi-différence $\frac{1}{2}\left(s - \frac{1}{s}\right)$, nous obtiendrons pour résultat

$$\frac{1}{2}\left(s - \frac{1}{s}\right) = \sqrt{-1} \sin u$$

et

$$e \sin u \sqrt{-1} = \frac{e}{2}\left(s - \frac{1}{s}\right).$$

Multiplions par $\sqrt{-1}$ l'équation $u - e \sin u = \zeta$, et élevons $\varepsilon$ à la puissance dont l'exposant est $\zeta\sqrt{-1}$. Il viendra

$$\varepsilon^{u - e\sin u\sqrt{-1}} = \varepsilon^{u\sqrt{-1}} \times \varepsilon^{-e\sin u\sqrt{-1}} = \varepsilon^{\zeta\sqrt{-1}}.$$

c'est-à-dire, en remplaçant $\varepsilon^{\zeta\sqrt{-1}}$ par $z$, $\varepsilon^{u\sqrt{-1}}$ par $s$, et $\varepsilon^{-e\sin u\sqrt{-1}}$ par $\varepsilon^{-\frac{e}{2}\left(s-\frac{1}{s}\right)}$, la relation

$$(1) \qquad\qquad z = s \times \varepsilon^{-\frac{e}{2}\left(s-\frac{1}{s}\right)}.$$

186. Cela posé, en vertu d'un théorème du commandant Laurent, si deux variables $z$ et $s$ sont liées par une équation $f(s) = z$, et que la fonction $f$ soit continue pour toute valeur de $s$; si de plus on sait que, pour toute valeur de $z$ dont le module soit compris entre deux limites données $R_0$ et $R$, l'équation $f(s) = z$ n'a pas de racines multiples, on pourra toujours trouver une fonction $\varphi(z)$ telle, que l'on ait

$$s = \varphi(z),$$

ce qui revient à résoudre l'équation donnée par rapport à $s$, et cette fonction $\varphi$ sera continue tant que le module de $z$ sera compris entre les limites $R_0$ et $R$; de sorte que cette fonction $\varphi(z)$ est développable en double série convergente. Si la première équation donne $z = z_0$ pour $s = s_0$, $z_0$ étant compris entre les limites $R_0$ et $R$, la seconde équation donnera $s = s_0$ quand on y fera $z = z_0$.

Plus généralement, toute fonction continue $F(s)$ sera une fonction continue de $z$ pour toute valeur dont le module soit compris entre $R_0$ et $R$, et est, par suite, développable en double série à exposants entiers, positifs et négatifs.

Cette théorie s'applique à l'équation (1), et conduit à reconnaître la possibilité du développement en série convergente de $s$ en fonction de $z$, ou de $u$ en fonction de $\zeta$.

Remarquons d'abord que $\zeta$ et $u$ s'annulent ensemble, et que les variables imaginaires $z$ et $s$ prennent ensemble, pour ces valeurs des variables réelles, la valeur 1.

Cherchons les limites entre lesquelles l'équation (1) n'a pas de racines multiples.

Il suffit pour cela d'égaler à zéro la dérivée du second membre de l'équation (1), dérivée qu'on prend facilement à l'aide des logarithmes.

Il vient, en effet, en prenant le logarithme du second membre,

$$l(s) - \frac{e}{2}\left(s - \frac{1}{s}\right),$$

dont la dérivée est

$$\frac{1}{s} - \frac{e}{2}\left(1 + \frac{1}{s^2}\right).$$

Les racines égales de l'équation (1), résolue par rapport à $s$, s'obtiendront donc en égalant cette dernière fonction à 0 ; ce qui donne

$$\frac{1}{s} - \frac{e}{2}\left(1 + \frac{1}{s^2}\right) = 0,$$

ou bien, en multipliant par $s$,

$$s + \frac{1}{s} = \frac{2}{e} \cdot$$

Sous cette forme, on voit que $s$ et $\frac{1}{s}$, dont la somme est égale à $\frac{2}{e}$ et le produit à l'unité, sont les racines de l'équation du second degré

$$s^2 - \frac{2}{e} s + 1 = 0,$$

qui donne pour les deux racines

$$s = \frac{1 \pm \sqrt{1 - e^2}}{e}.$$

Substituons ces deux valeurs de $s$ dans l'équation (1); on en déduira les valeurs correspondantes de $z$, savoir

$$z_1 = \frac{1 + \sqrt{1 - e^2}}{e} z^{-\sqrt{1 - e^2}},$$

$$z_2 = \frac{1 - \sqrt{1 - e^2}}{e} z^{+\sqrt{1 - e^2}};$$

ce sont les seules valeurs de la variable $z$ qui puissent faire acquérir à l'équation (1) des racines égales.

L'excentricité $e$ est, pour toutes les planètes, un nombre moindre que l'unité. Donc $z_1$ et $z_2$ sont tous deux réels et positifs. Leur produit $z_1 z_2$ est égal à l'unité ; donc l'un est $< 1$ et l'autre $> 1$ ; et par conséquent la valeur $z = 1$, pour laquelle on a aussi $s = 1$, est comprise dans l'intervalle des limites qui font acquérir à l'équation (1) des racines égales.

On déduit du théorème de Laurent que, non seulement $s$, mais encore toute fonction continue de $s$, est développable suivant une double série convergente. ordonnée suivant les exposants entiers, positifs ou négatifs, de $z$. Mais $s$ et $z$ tiennent la place des exponentielles imaginaires $z^{\sqrt{-1}}$ et $z^{-\sqrt{-1}}$, qui sont équivalentes à des fonctions de sinus et de cosinus de $u$ et $z$. On voit par là que l'on pourra développer en série convergente, en fonction de $z$, non seulement la variable $u$, mais encore toute fonction continue de cette variable. Nous donnerons le développement de $u$ en fonction de $\zeta$ plus loin.

187. Prenons comme second exemple la fonction perturbatrice

$$R_{0,1} = \frac{1}{\rho_{0,1}} - \frac{u x_1 + v y_1 + w z_1}{r_1^3},$$

où $\rho_{0,1}$ représente la distance $\sqrt{(x - x_1)^2 + (y - y_1)^2 + (z - z_1)^2}$.

Les coordonnées $x$, $y$, $z$ du corps troublé sont exprimables par des fonctions linéaires de $\cos u$ et $\sin u$, $u$ étant l'anomalie excentrique du corps troublé.

De même les coordonnées $x_1$, $y_1$, $z_1$ du corps troublant sont exprimables par des fonctions linéaires de $\cos u_1$ et $\sin u_1$, $u_1$ étant l'anomalie excentrique du corps troublant.

Ces fonctions de $\cos u$, $\sin u$, $\cos u_1$, $\sin u_1$ sont développables en séries convergentes, dont les termes sont d'autres séries, procédant suivant les exposants entiers, positifs ou négatifs, des exponentielles $\varepsilon^{\zeta \sqrt{-1}}$ et $\varepsilon^{\zeta_1 \sqrt{-1}}$, $\zeta$ et $\zeta_1$ désignant les anomalies moyennes. Le résultat final du développement $R_{0,1}$ sera donc une somme de termes, dont le terme général est

$$\Pi \varepsilon^{i\zeta \sqrt{-1}} \times \varepsilon^{i_1 \zeta_1 \sqrt{-1}} = \Pi \left[ \cos (i\zeta + i_1\zeta_1) + \sqrt{-1} \sin (i\zeta + i_1\zeta_1) \right].$$

Dans la somme, les imaginaires doivent se détruire, et il ne doit rester qu'un ensemble de termes réels. On remplace ensuite les anomalies moyennes par leurs valeurs en fonction des longitudes, et on obtient ainsi la forme définitive du développement déjà donné au § 182. Le calcul est long et présente de graves difficultés.

Dans la théorie de la Lune, on n'admet en général que trois corps, la Terre comme corps principal, la Lune comme corps troublé, et le Soleil comme corps troublant. La distance de la Lune à la Terre est très petite par rapport à la distance du Soleil à la Terre : elle n'en est que la 400e partie. Aussi la fonction $R_{0,1}$ peut-elle être développée en une série très convergente, ordonnée suivant les puissances du rapport des rayons vecteurs. Ce rapport étant très petit, la série converge très rapidement, et quelques termes suffisent pour donner une grande approximation.

Au contraire, quand il s'agit de la théorie de la Terre, si l'on fait intervenir les perturbations produites par certaines planètes, Vénus par exemple, le rapport des distances au Soleil, qui est alors le corps principal, peut acquérir de grandes valeurs, et le développement en série ordonnée suivant les puissances du rapport des rayons vecteurs n'a pas une convergence assez rapide.

DÉVELOPPEMENT EN SÉRIE DE LA FONCTION PERTURBATRICE.

188. La fonction $\Omega = f \sum m_i R_{0,i}$ qu'on a définie au § 172, renferme autant de termes qu'il y a de corps troublants. Occupons-nous en particulier du terme qui correspond à celui des corps troublants qui porte le n° 1, et cherchons à développer en série la fonction

$$R_{0,1} = \frac{1}{\sqrt{(x-x_1)^2 + (y-y_1)^2 + (z-z_1)^2}} - \frac{xx_1 + yy_1 + zz_1}{r_1^3},$$

qui entre dans ce terme.

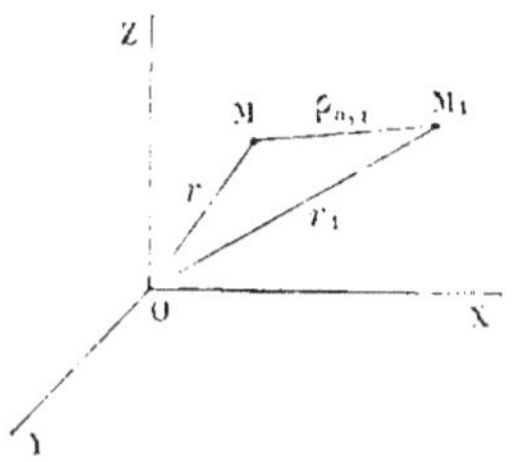

Soit M le corps dont on étudie le mouvement;

O le corps principal, auquel on rapporte le mouvement;

OX, OY, OZ, trois axes de directions constantes, menés par ce point;

$M_1$ le corps troublant;

$r = OM$ la distance du corps M au corps principal;

$r_1 = OM_1$ la distance du corps troublant au même corps O;

$\rho_{0,1} = MM_1$ la distance des deux corps M et $M_1$.

Fig. 98.

On aura

$$\sqrt{(x-x_1)^2 + (y-y_1)^2 + (z-z_1)^2} = \rho_{0,1}.$$

Mais dans le triangle $MOM_1$, si l'on appelle $\sigma$ le cosinus de l'angle en O, on a aussi

$$\rho_{0,1} = \sqrt{r^2 - 2rr_1\sigma + r_1^2}.$$

D'ailleurs, $\sigma$ est donné par la somme des produits des cosinus directeurs des droites OM, $OM_1$, et par conséquent

$$\frac{xx_1 + yy_1 + zz_1}{rr_1} = \sigma,$$

équation qui permet de remplacer $\dfrac{xx_1 + yy_1 + zz_1}{r^3}$ par $\dfrac{r\sigma}{r_1^2}$.

On a donc

$$R_{0,1} = \frac{1}{\sqrt{r^2 - 2rr_1\sigma + r_1^2}} - \frac{r\sigma}{r_1^2},$$

On peut faire deux hypothèses sur la grandeur relative de $r$ et de $r_1$.

Nous supposerons d'abord $r < r_1$, et nous ferons $\dfrac{r}{r_1} = t$, $t$ étant une nouvelle variable qui sera comprise entre 0 et 1. Le premier terme de $R_{0,1}$ devient alors

$$\frac{1}{\sqrt{r^2 - 2rr_1\sigma + r_1^2}} = \frac{1}{r_1}\,\frac{1}{\sqrt{1 - 2\sigma t + t^2}},$$

et le problème est ramené à développer en série la fraction $\dfrac{1}{\sqrt{1 - 2\sigma t + t^2}}$.

On y parvient aisément en remarquant que la fonction

$$\frac{1}{\sqrt{1 - 2tx + t^2}}$$

peut être considérée comme la dérivée par rapport à $x$ d'une fonction $z$, liée à $x$ par l'équation

$$(1) \qquad z = \frac{1 - \sqrt{1 - 2tx + t^2}}{t}.$$

En effet, si on en prend la dérivée par rapport à $x$, $t$ étant regardée comme une constante, on aura

$$(2) \qquad \frac{dz}{dx} = \frac{1}{\sqrt{1 - 2tx + t^2}}.$$

Mais il faut observer que le radical peut être pris avec le signe $+$ ou le signe $-$. Si l'on prend le signe $+$, on a $z$ indéterminé pour $t = 0$, et si l'on prend le signe $-$, l'équation (1) fait $z$ infini. Si l'on fait disparaître le radical de l'équation (1), il vient, en élevant au carré,

$$(tz - 1)^2 = 1 - 2tx + t^2,$$

ou bien

$$t^2z^2 - 2tz + 1 = 1 - 2tx + t^2,$$

ou enfin, en exprimant $z$ en fonction de $x$, $t$ et $z^2$,

$$(3) \qquad z = x + t\left(\frac{z^2 - 1}{2}\right).$$

Sous cette forme, on voit que pour $t = 0$ on a $z = x$, ce qui est la vraie valeur de $z$ à déduire de l'équation (1), quand on y fait $t$ égal à 0. Cela suppose que le radical y soit pris avec sa détermination positive. Nous aurons en vue dans le développement la racine qui devient égale à $x$ pour $t = 0$.

L'équation (3) rentre dans la classe générale des équations

$$z = x + t f(z)$$

à laquelle s'applique le développement par la *série de Lagrange*. Si ce développement est opéré, il suffira d'en prendre la dérivée par rapport à $x$ pour avoir le développement de la fonction (2).

Les séries obtenues seront convergentes toutes les deux, si $t$ ne reçoit que des valeurs réelles ou imaginaires, dont le module soit moindre que le plus petit module qui fasse acquérir à l'équation (1) des racines égales.

189. La série de Lagrange consiste dans l'égalité

$$z = x + \frac{t}{1} f(x) + \frac{t^2}{1.2} \frac{d}{dx} \left( f(x) \right)^2 + \frac{t^3}{1.2.3} \frac{d^2}{dx^2} \left( f(x) \right)^3 + \dots$$
$$+ \frac{t^n}{1.2 \dots n} \frac{d^{n-1}}{dx^{n-1}} \left( f(x) \right)^n + \dots$$

Faisons l'application de cette formule au cas particulier de l'équation (3), où l'on a

$$f(z) = \frac{z^2 - 1}{2}.$$

Il vient

$$(4) \quad z = x + t \left( \frac{x^2 - 1}{2} \right) + \frac{t^2}{1.2} \frac{d}{dx} \left( \frac{x^2 - 1}{2} \right)^2 + \frac{t^3}{1.2.3} \frac{d^2}{dx^2} \left( \frac{x^2 - 1}{2} \right)^3 + \dots$$
$$+ \frac{t^n}{1.2 \dots n} \frac{d^{n-1}}{dx^{n-1}} \left( \frac{x^2 - 1}{2} \right)^n + \dots$$

La série (4) sera convergente, pourvu que le module de $t$ soit inférieur au plus petit module qui donne des racines égales à l'équation (1) ou (3). Or les racines égales de l'équation (1) correspondent au cas où le radical $\sqrt{1 - 2tx + t^2}$ est nul, ce qui conduit aux racines

$$t = x \pm \sqrt{1 - x^2} \sqrt{-1}.$$

Ces racines sont imaginaires. En effet, dans notre calcul, $x$ remplace la quantité $\sigma$, qui est le cosinus d'un arc nécessairement réel, et est comprise entre $-1$ et $+1$. Donc $\sqrt{1 - x^2}$ est un nombre réel. Le module de $t$ correspondant est égal à la valeur positive de $\sqrt{x^2 + (\sqrt{1 - x^2})^2} = 1$. Par conséquent, la série (4) est convergente pour toute valeur de $t$ dont le module soit moindre que l'unité; et comme $t$ est un nombre réel, la série est convergente pour toute valeur de $t$ comprise entre $-1$ et $+1$. Les deux variables ont les mêmes limites.

Si l'on prend ensuite la dérivée de $z$ par rapport à $x$ seul, on obtient une série qui sera convergente en même temps que la première,

$$(5) \quad \frac{dz}{dx} = 1 + \frac{t}{1} \times \frac{1}{2} \frac{d(x^2 - 1)}{dx} + \frac{t^2}{1.2} \times \frac{1}{2^2} \frac{d^2(x^2 - 1)^2}{dx^2}$$
$$+ \frac{t^3}{1.2.3} \frac{1}{2^3} \frac{d^3(x^2 - 1)^3}{dx^3} + \frac{t^4}{1.2.3.4} \frac{1}{2^4} \frac{d^4(x^2 - 1)^4}{dx^4} + \cdots$$

On retrouve dans cette série, comme coefficients de $t$, des fonctions très importantes dans la mécanique analytique et la physique mathématique : ce sont les *fonctions* $X_n$ *de Legendre*. Elles sont définies par l'identité

$$(6) \quad X_n = \frac{1}{1 \ 2 \ldots n} \times \frac{1}{2^n} \frac{d^n(x^2 - 1)^n}{dx^n}.$$

Nous y reviendrons plus loin. Quant à présent, reprenons notre problème, en remplaçant dans (5) $x$ par $\sigma$ et $t$ par $\dfrac{r}{r_1}$. Il viendra

$$(7) \quad \frac{1}{\sqrt{r^2 - 2rr_1\sigma + r_1^2}} = \frac{1}{r_1} + \frac{r}{r_1^2} \times \frac{1}{2} \frac{d(\sigma^2 - 1)}{d\sigma} + \frac{r^2}{r_1^3} \times \frac{1}{1.2} \times \frac{1}{2^2} \frac{d^2(\sigma^2 - 1)^2}{d\sigma^2} + \cdots$$
$$+ \frac{r^n}{r_1^{n+1}} \frac{1}{1.2 \ldots n} \times \frac{1}{2^n} \frac{d^n(\sigma^2 - 1^n)}{d\sigma^n} + \cdots$$

Nous avons supposé $r < r_1$, et l'équation (7) subsiste sans modification. Le second terme de la série contient un facteur $\dfrac{d(\sigma^2 - 1)}{d\sigma}$, qui est identique à $2\sigma$ ; de sorte que ce terme se réduit à

$$+ \frac{r\sigma}{r_1^2},$$

et détruit le terme $-\dfrac{r\sigma}{r_1^2}$, qui complète la valeur de $R_{0,1}$.

On a donc, en faisant la réduction,

$$(8) \quad R_{0,1} = \frac{1}{\sqrt{r^2 - 2rr_1\sigma + r_1^2}} - \frac{r\sigma}{r_1^2} = \frac{1}{r_1} + \frac{r^2}{r_1^3} \frac{1}{1.2} \times \frac{1}{2^2} \frac{d^2(\sigma^2 - 1)^2}{dr^2} + \cdots$$
$$+ \frac{r^n}{r_1^{n+1}} \times \frac{1}{1.2 \ldots n} \times \frac{1}{2^n} \frac{d^n(\sigma^2 - 1)^n}{d\sigma^n} + \cdots$$

On peut observer de plus que $r_1$ n'est pas fonction des coordonnées $(x, y, z)$ du corps M dont on étudie le mouvement. Or les équations de ce mouvement, établies au § 172, ne contiennent que les dérivées partielles de $R_{0,1}$ par rapport à $x$, $y$, $z$; le premier terme $\dfrac{1}{r_1}$ de la série n'a donc aucune influence sur le mouvement qu'on veut déterminer, et par suite on peut simplifier la série (8) en en supprimant le premier terme.

Ceci suppose essentiellement $r < r_1$.

190. Supposons, en second lieu, que l'on ait $r > r_1$.

Le développement (7) pourra encore s'appliquer, moyennant que l'on fasse cette fois $t = \dfrac{r_1}{r}$, ce qui revient à permuter $r$ et $r_1$. Il vient

$$7\,bis)\quad \frac{1}{\sqrt{r^2 - 2rr_1\sigma + r_1^2}} = \frac{1}{r} + \frac{r_1}{r^2} \times \frac{1}{2}\frac{d(\sigma^2 - 1)}{d\sigma} + \frac{r_1^2}{r^3} \times \frac{1}{1.2} \times \frac{1}{2^2}\frac{d^2(\sigma^2 - 1)^2}{d\sigma^2} + \cdots$$
$$+ \frac{r_1^n}{r^{n+1}}\frac{1}{1.2\ldots n} \times \frac{1}{2^n}\frac{d^n(\sigma^2 - 1)^n}{d\sigma^n} + \cdots;$$

et quand on y ajoutera $-\dfrac{r\sigma}{r_1^2}$, on ne trouvera plus la même réduction à opérer. On aura

$$8\,bis)\quad R_{0,1} = -\frac{r\sigma}{r_1^2} + \left[\frac{1}{r} + \frac{r_1}{r^2} \times \frac{1}{2}\frac{d(\sigma^2 - 1)}{d\sigma} + \frac{r_1^2}{r^3} \times \frac{1}{1.2} \times \frac{1}{2^2}\frac{d^2(\sigma^2 - 1)^2}{d\sigma^2} + \cdots\right.$$
$$\left.+ \frac{r_1^n}{r^{n+1}}\frac{1}{1.2\ldots n} \times \frac{1}{2^n}\frac{d^n(\sigma^2 - 1)^n}{d\sigma^n} + \cdots\right],$$

série moins commode que l'autre. Le premier terme $\dfrac{1}{r}$, contenant les coordonnées du point M, formera des dérivées partielles à faire entrer dans les équations du mouvement.

191. Comme application, proposons-nous de calculer le premier terme effectif de la série (8) appliquée au mouvement de la Lune, quand on prend pour corps troublant le Soleil.

La distance $r$ sera la distance de la Lune à la Terre, corps principal;

La distance $r_1$ sera la distance du Soleil à la Terre.

On aura environ $\dfrac{r}{r_1} = \dfrac{1}{400}$, et la série (8) sera très convergente.

Le terme $\dfrac{1}{r_1}$ pouvant être écarté, occupons-nous du terme suivant,

$$\frac{r^2}{r_1^3} \times \frac{1}{1.2} \times \frac{1}{2^2} \times \frac{d(\sigma^2 - 1)^2}{d\sigma^2}.$$

qui prend pour valeur

$$\frac{1}{8} \times \left[12\sigma^2 - 4\right]\frac{r^2}{r_1^3} = \frac{3\sigma^2 - 1}{2}\frac{r^2}{r_1^3}.$$

Si l'on se borne au premier terme de la série, ce terme représente la fonction perturbatrice $R_{0,1}$. On voit qu'elle contient en facteur $r^2$ et $\dfrac{1}{r_1{}^3}$; de sorte qu'elle est proportionnelle au carré de la distance de la Lune à la Terre et inversement proportionnelle au cube de la distance de la Terre au Soleil.

Les composantes correspondantes de la force perturbatrice sont égales à

$$fm_1 \frac{dR_{0,1}}{dx}, \qquad fm_1 \frac{dR_{0,1}}{dy}, \qquad fm_1 \frac{dR_{0,1}}{dz}.$$

On aura, par conséquent, en observant que $r_1$ est indépendant des variables par rapport auxquelles on dérive,

$$\frac{dR_{0,1}}{dx} = \frac{3}{r_1{}^3} \times \sigma r \times \frac{d(\sigma r)}{dx} - \frac{1}{r_1{}^3} \times r \frac{dr}{dx}.$$

Mais

$$\sigma r = \frac{xx_1 + yy_1 + zz_1}{r_1};$$

donc

$$\frac{d(\sigma r)}{dx} = \frac{x_1}{r_1}.$$

De plus

$$x^2 + y^2 + z^2 = r^2;$$

donc

$$r \frac{dr}{dx} = x.$$

Faisant la substitution, il vient

$$\frac{dR_{0,1}}{dx} = \frac{3}{r_1{}^3} \times \sigma r \frac{x_1}{r_1} - \frac{x}{r_1{}^3}.$$

On trouverait de même

$$\frac{dR_{0,1}}{dy} = \frac{3}{r_1{}^3} \times \sigma r \frac{y}{r_1} - \frac{y}{r_1{}^3}$$

et

$$\frac{dR_{0,1}}{dz} = \frac{3}{r_1{}^3} \times \sigma r \frac{z_1}{r_1} - \frac{z}{r_1{}^3}.$$

La force perturbatrice totale se déduit de ses composantes en les élevant au carré, et en ajoutant, puis en prenant la racine carrée de la somme.

Il vient, toutes réductions faites,

$$\sqrt{\left(\frac{d\mathrm{R}_{0,1}}{dx}\right)^2 + \left(\frac{d\mathrm{R}_{0,1}}{dy}\right)^2 + \left(\frac{d\mathrm{R}_{0,1}}{dz}\right)^2} = \frac{r\sqrt{3\sigma^2 + 1}}{r_1^3},$$

et la force perturbatrice totale a pour valeur $\dfrac{fm_1 r\sqrt{3\sigma^2 + 1}}{r_1^3}$.

On peut facilement déterminer la force perturbatrice estimée suivant le rayon vecteur OM. Il suffit de multiplier chaque composante par le cosinus de l'angle qu'elle fait avec OM, et d'ajouter les résultats. Il vient d'abord

$$\frac{d\mathrm{R}_{0,1}}{dx}\times\frac{x}{r} + \frac{d\mathrm{R}_{0,1}}{dy}\times\frac{y}{r} + \frac{d\mathrm{R}_{0,1}}{dz}\times\frac{z}{r}.$$

Mais on peut observer que les rapports $\dfrac{x}{r}, \dfrac{y}{r}, \dfrac{z}{r}$ sont respectivement égaux aux dérivées partielles de $x$, $y$, $z$ par rapport à $r$. En effet, le rapport de $x$ à $r$ est le cosinus de l'angle que fait la direction OM avec l'axe des $x$; si l'on fait varier la distance $r$ sans altérer cette direction, l'accroissement correspondant de $x$ est proportionnel à l'accroissement de $r$, et par conséquent

$$\frac{x}{r} = \frac{dx}{dr}.$$

On a donc identiquement

$$\frac{d\mathrm{R}_{0,1}}{dx}\times\frac{x}{r} + \frac{d\mathrm{R}_{0,1}}{dy}\times\frac{y}{r} + \frac{d\mathrm{R}_{0,1}}{dz}\times\frac{z}{r}$$
$$= \frac{d\mathrm{R}_{0,1}}{dx}\frac{dx}{dr} + \frac{d\mathrm{R}_{0,1}}{dy}\frac{dy}{dr} + \frac{d\mathrm{R}_{0,1}}{dz}\frac{dz}{dr} = \frac{d}{dr}(\mathrm{R}_{0,1}).$$

Il suffit donc de prendre la dérivée partielle de $\mathrm{R}_{0,1}$ par rapport à $r$ pour avoir la composante de la force perturbatrice suivant le rayon OM. De l'équation

$$\mathrm{R}_{0,1} = \frac{3\sigma^2 - 1}{2}\times\frac{r^2}{r_1^3}$$

on déduira

$$\frac{d\mathrm{R}_{0,1}}{dr} = (3\sigma^2 - 1)\times\frac{r}{r_1^3},$$

et la force correspondante sera $fm_1(3\sigma^2 - 1)\times\dfrac{r}{r_1^3}$.

Cette force agit suivant OM, comme l'attraction $\dfrac{f\mu}{r^2}$ de la Terre sur la Lune,
qui constitue la force principale, $\mu$ désignant la somme des masses des deux corps, Terre et Lune. On voit que le rapport de la force perturbatrice estimée suivant OM à la force principale est égal à

$$\frac{fm_1(3\sigma^2-1)\times\dfrac{r}{r_1^{\,3}}}{\dfrac{f\mu}{r^2}}=\frac{m_1}{\mu}\times(3\sigma^2-1)\frac{r^3}{r_1^{\,3}}.$$

Si l'on appelle $a$ et $a_1$ les demi grands axes des orbites de la Lune et du Soleil (ou de la Terre), $\dfrac{a^3}{a_1^{\,3}}$ sera une valeur moyenne du rapport variable $\dfrac{r^3}{r_1^{\,3}}$, et l'on pourra exprimer le rapport des deux forces par le produit $\mathrm{K}\dfrac{m_1}{\mu}\left(\dfrac{a}{a_1}\right)^3$, où K représente un facteur variable, qui comprend à la fois le facteur $3\sigma^2-1$, et les facteurs dus à la substitution du rapport constant $\dfrac{a}{a_1}$ au rapport variable $\dfrac{r}{r_1}$. Ce facteur K est à peu près égal à $3\sigma^2-1$. Dans les syzygies, l'angle des rayons OM, $OM_1$ étant nul ou égal à deux droits, on a $\sigma=\pm 1$, et K est égal à deux unités.

Dans les quadratures, l'angle $MOM_1$ est droit, et $\sigma$ est égal à 0; alors K est égal à $-1$.

Le rapport $\dfrac{a}{a_1}$ est sensiblement égal à $\dfrac{1}{400}$.

Quant au rapport $\dfrac{m_1}{\mu}$, qui contient en numérateur la masse $m_1$ du Soleil, et en dénominateur la somme des masses de la Terre et de la Lune, c'est un nombre très grand, égal à 354 000 environ. Le rapport de la force perturbatrice à la force principale varie donc pour la Lune entre les limites

$$+2\times 354\,000\times\left(\frac{1}{400}\right)^3\quad\text{et}\quad -354\,000\times\left(\frac{1}{400}\right)^3,$$

c'est-à-dire entre les limites

$$+0{,}011\quad\text{et}\quad -0{,}0055.$$

La force perturbatrice dont il est question ici est, à vrai dire, la composante de la force totale, estimée suivant le rayon OM. La force perturbatrice totale a pour valeur

$$\frac{fm_1r\sqrt{3\sigma^2+1}}{r_1^{\,3}},$$

et son rapport à la force principale est

$$\frac{m_1}{m} \times \sqrt{3\sigma^2 + 1} \times \frac{r^3}{r_1^3}.$$

Ce rapport ne diffère du précédent que par la substitution de $\sqrt{3\sigma^2 + 1}$ $3\sigma^2 - 1$. Or ces deux facteurs ont les mêmes valeurs absolues pour $\sigma = 0$ et pour $\sigma = \pm 1$, c'est-à-dire aux syzygies et aux quadratures.

192. Le calcul approximatif que nous venons de présenter montre à quelles perturbations, dues à la masse du Soleil, est soumis le mouvement elliptique de la Lune. Ce mouvement est fortement troublé par l'attraction solaire. Aux inégalités dues à cette cause, il faut ajouter des inégalités plus faibles, dues à l'attraction de Vénus et de Jupiter.

La théorie du mouvement de la Lune a été faite en dernier lieu par Delaunay, qui a poussé l'approximation plus loin qu'on ne l'avait fait auparavant. Chaque terme de la série qui exprime la fonction perturbatrice a été développé lui-même en une série, ordonnée suivant les exposants croissants des excentricités des orbites de la Lune et du Soleil, et du sinus de la demi-inclinaison des plans des deux orbites. Ces diverses quantités ont été regardées par Delaunay comme étant du premier ordre de petitesse. L'excentricité de l'orbite solaire est $\frac{1}{60}$, l'excentricité de l'orbite lunaire $\frac{1}{18}$, et le sinus de la moitié de l'angle des deux orbites a pour valeur maximum $\frac{1}{22}$. A ces trois rapports, que l'on regarde comme étant du premier ordre, Delaunay joint le rapport $\frac{n_1}{n}$ des moyens mouvements, qui est environ $\frac{1}{13}$, puisqu'il y a 13 mois lunaires dans l'année solaire.

Le rapport $\frac{a}{a_1}$ des grands axes des orbites est égal à $\frac{1}{400}$, et Delaunay l'a considéré comme constituant un second ordre de petitesse.

Cela posé, il a développé en série chaque terme en fonction de tous ces éléments, en s'arrêtant dans chaque série au huitième ordre. L'ensemble de tous les termes ainsi obtenus constitue une valeur approximative de la fonction perturbatrice, et conduit à une connaissance à peu près complète du mouvement troublé.

## DÉVELOPPEMENT EN SÉRIE DES VARIABLES DU MOUVEMENT ELLIPTIQUE.

**195.** On a souvent recours, dans les calculs de la mécanique céleste, à des séries qui font connaître, en fonction du temps $t$, ou de l'anomalie moyenne $\zeta$, variable proportionnelle au temps, les coordonnées du mouvement elliptique ou des fonctions simples de ces coordonnées, savoir l'*anomalie excentrique* $u$, son sinus et son cosinus, le rapport $\dfrac{r}{a}$ du rayon vecteur au demi grand axe, le rapport inverse $\dfrac{a}{r}$, et les carrés $\dfrac{r^2}{a^2}$ et $\dfrac{a^2}{r^2}$, enfin l'équation du centre E, égale à la différence entre l'*anomalie vraie* et l'anomalie moyenne. Le problème du développement de ces fonctions n'offre pas de difficulté, sauf en ce qui concerne le rapport $\dfrac{a^2}{r^2}$.

Nous avons vu qu'on déduit de l'équation de Kepler,

$$u = \zeta + e \sin u,$$

le développement de $u$ en fonction de $\zeta$, développement convergent tant que l'excentricité $e$ ne dépasse pas une certaine limite, qui n'est jamais atteinte dans la théorie des planètes connues. La série est donnée par l'application de la formule de Lagrange. Il vient

$$u = \zeta + e \sin \zeta + \frac{e^2}{1.2} \frac{d}{d\zeta}(\sin^2 \zeta) + \frac{e^3}{1.2.3} \frac{d^2}{d\zeta^2}(\sin^3 \zeta) + \ldots$$
$$+ \frac{e^n}{1\ldots n} \frac{d^{n-1}}{d\zeta^{n-1}}(\sin^n \zeta) + \ldots.$$

Nous allons développer les opérations indiquées, et introduire les sinus et cosinus de multiples de l'arc $\zeta$, au lieu des puissances des sinus et cosinus de l'arc simple.

Pour cela, prenons l'expression exponentielle imaginaire de $\sin \zeta$. On a, en appelant $\varepsilon$ la base des logarithmes népériens,

$$\sin \zeta = \frac{\varepsilon^{\zeta\sqrt{-1}} - \varepsilon^{-\zeta\sqrt{-1}}}{2\sqrt{-1}},$$

et par conséquent, en élevant à la $n^{ième}$ puissance,

$$\sin^n \zeta = \frac{1}{2^n (\sqrt{-1})^n} \left[ \begin{aligned} &\left( \varepsilon^{n\zeta\sqrt{-1}} - \frac{n}{1} \varepsilon^{(n-2)\zeta\sqrt{-1}} + \ldots \right. \\ &+ (-1)\, \frac{n(n-1)\ldots(n-k+1)}{1.2\ldots k}\, \varepsilon^{(n-2k)\zeta\sqrt{-1}} + \ldots \Big) \\ &+ (-1)^n \left( \varepsilon^{\zeta u - \sqrt{-1}} - \frac{n}{1} \varepsilon^{-(n-2)\zeta\sqrt{-1}} + \ldots \right. \\ &+ (-1)^k\, \frac{n(n-1)\ldots(n-k+1)}{1.2\ldots k}\, \varepsilon^{-(n-2k)\zeta\sqrt{-1}} + \ldots \Big) \end{aligned} \right]$$

Lorsque l'exposant $n$ est pair, il y a dans la $n^{ième}$ puissance un terme du milieu, mais il est indépendant de $\zeta$, et par suite il disparaît quand on prend les dérivées par rapport à cette variable.

Nous avons à prendre la $(n-1)^{ième}$ dérivée de $\sin^n \zeta$ par rapport à $\zeta$. Cette opération introduira le facteur $(\sqrt{-1})^{n-1}$ en dehors du crochet, et le facteur $(-1)^{n-1}$ en dehors de la seconde parenthèse du second membre; de plus, chaque terme est multiplié par la puissance $(n-1)^{ième}$ du coefficient numérique de $\zeta$ dans l'exposant. Il vient donc

$$\frac{d^{n-1}}{d\zeta^{n-1}} \sin^n \zeta = \frac{1}{2^n \sqrt{-1}} \left[ \left( n^{n-1} \varepsilon^{n\zeta\sqrt{-1}} - \frac{n}{1} (n-2)^{n-1} \varepsilon^{(n-2)\zeta\sqrt{-1}} + \ldots \right.\right.$$

$$\left. \ldots + (-1)^k \frac{n(n-1)\ldots(n-k+1)}{1.2\ldots k} (n-2k)^{n-1} \varepsilon^{(n-2k)\zeta\sqrt{-1}} + \ldots \right)$$

$$\left. + \text{ le même polynôme où l'on changerait le signe de } \sqrt{-1} \right).$$

Multiplions les deux membres par $\dfrac{\varepsilon^n}{1.2\ldots n}$; nous aurons pour le terme général de la série $(u)$, où l'on réintroduira les sinus à la place des exponentielles imaginaires,

$$\frac{\varepsilon^n}{1.2\ldots n} \frac{d^{n-1}}{d\zeta^{n-1}} \sin^n \zeta = 2 \times \frac{\left(\frac{e}{2}\right)^n}{1.2\ldots n} \left[ n^{n-1} \sin n\zeta - \frac{n}{1} (n-2)^{n-1} \sin (n-2)\zeta \right.$$

$$\left. + \ldots + (-1)^k \frac{n(n-1)\ldots n-k+1}{1.2\ldots k} (n-2k)^{n-1} \sin (n-2k)\zeta \right].$$

Le nombre $k$ doit recevoir toutes les valeurs entières, de $k = 0$ à $k$ égal au plus grand entier contenu dans $\frac{n}{2}$. On aura donc pour le dernier terme $k = \frac{n}{2}$ ou $k = \frac{n-1}{2}$, suivant que $n$ sera pair ou impair.

On connaît ainsi le développement de chaque terme de la série $(u)$. Il reste, pour l'ordonner, à grouper ensemble tous les termes qui renferment en facteur le sinus d'un même multiple de $\zeta$. Soit proposé, par exemple, de chercher le coefficient de $\sin i\zeta$ dans l'ensemble de tous les termes, $i$ désignant un entier positif quelconque. On trouvera ces termes dans le terme qui correspond à $n = i$, et dans tous ceux qui correspondent à $n$ égal à

$i$ augmenté d'un nombre pair. On aura ainsi pour le coefficient de $\sin i\zeta$

$$2\frac{\left(\dfrac{e}{2}\right)^{i}}{1.2\ldots i}\times i^{i-1} - 2\frac{\left(\dfrac{e}{2}\right)^{i+2}}{1\ldots i.(i+1)(i+2)}\times\frac{(i+2)}{1}\,i^{i+1}$$

$$+\,2\frac{\left(\dfrac{e}{2}\right)^{i+4}}{1\ldots.(i+4)}\frac{(i+4)(i+3)}{1.2}\,i^{i+3}\ldots$$

$$=\frac{2}{i}\left[\frac{\left(\dfrac{ei}{2}\right)^{i}}{1.2\ldots i}-\frac{\left(\dfrac{ei}{2}\right)^{i+2}}{1\ldots(i+1)}+\frac{\left(\dfrac{ei}{2}\right)^{i+4}}{1\ldots(i+2)}\times\frac{1}{1.2}-\ldots\right].$$

Le terme général de la série entre crochets, si l'on met $\left(\dfrac{ei}{2}\right)^{i}$ en facteur, est

$$(-1)^{k}\times\frac{\left(\dfrac{ei}{2}\right)^{2k}}{\left(1\ldots(i+k)\right)(1\ldots k)} = (-1)^{k}\frac{\left(\dfrac{ei}{2}\right)^{2k}}{\Gamma(k+1)\,\Gamma(i+k+1)},$$

en désignant par $\Gamma(x)$ la fonction eulérienne, qui, pour les valeurs entières de la variable $x$, a pour valeur $\Gamma(x)=1.2\ldots(x-1)$, avec $\Gamma(1)=1$.

Donc enfin le terme général en $\sin i\zeta$ de la série $(u)$ est

$$\frac{2}{i}\sin i\,\zeta\times\sum_{k=0}^{k=\infty}(-1)^{k}\frac{\left(\dfrac{ei}{2}\right)^{i+2k}}{\Gamma(k+1)\,\Gamma(i+k+1)},$$

et la série elle-même peut se représenter par la double somme

$$u=\zeta+\sum_{i=1}^{i=\infty}\frac{2\sin i\,\zeta}{i}\sum_{k=0}^{k=\infty}\frac{(-1)^{k}\left(\dfrac{ei}{2}\right)^{i+2k}}{\Gamma(k+1)\,\Gamma(i+k+1)},$$

ou, plus brièvement, en mettant des lettres A avec un indice pour représenter le coefficient de $\sin i\,\zeta$,

$$(1)\quad u=\zeta+A_{1}\sin\zeta+A_{2}\sin 2\zeta+A_{3}\sin 3\zeta+\ldots+A_{i}\sin i\zeta+\ldots.$$

. De cette série on déduit aisément $\sin u$.

On a d'abord $\sin u=\dfrac{u-\zeta}{e}$. Par conséquent,

$$(2)\qquad \sin u=\frac{1}{e}A_{1}\sin\zeta+\frac{1}{e}A_{2}\sin 2\,\zeta+\frac{1}{e}A_{3}\sin 3\,\zeta+\ldots.$$

Si l'on prend les dérivées partielles des deux membres de l'équation

$$u - e \sin u = \zeta,$$

par rapport à $\zeta$, puis par rapport à $e$, en considérant $u$ comme une fonction de ces deux variables, il vient

$$(1 - e \cos u) \frac{du}{d\zeta} = 1,$$

$$(1 - e \cos u) \frac{du}{de} - \sin u = 0.$$

Donc

$$\frac{du}{d\zeta} = \frac{1}{1 - e \cos u} = \frac{a}{r},$$

$$\frac{du}{de} = \frac{\sin u}{1 - e \cos u}.$$

La première relation donne le développement de $\frac{a}{r}$. On a, en effet, en prenant la dérivée de $u$ par rapport à $\zeta$ dans l'équation (1),

$$5. \qquad \frac{a}{r} = \frac{du}{d\zeta} = 1 + A_1 \cos \zeta + 2A_2 \cos 2\zeta + 3A_3 \cos 3\zeta + \ldots + iA_i \cos i\zeta + \ldots.$$

L'autre relation fait connaître le sinus de l'anomalie vraie $(v - \varpi)$. On a, en effet, par l'équation de l'orbite dans son plan,

$$\frac{r}{a} = 1 - e \cos u = \frac{1 - e^2}{1 + e \cos(v - \varpi)}.$$

Or de cette relation on déduit

$$\sin(v - \varpi) = \frac{\sqrt{1 - e^2}\, \sin u}{1 - e \cos u} = \sqrt{1 - e^2}\, \frac{du}{de}$$

$$= \sqrt{1 - e^2}\left[\frac{dA_1}{de} \sin \zeta + \frac{dA_2}{de} \sin 2\zeta + \ldots\right].$$

Quant à $\cos(v - \varpi)$, il se déduit de l'équation

$$\cos(v - \varpi) = -e + \frac{1 - e^2}{e}\left(\frac{a}{r} - 1\right).$$

qui conduit au développement

$$5. \qquad \cos(v - \varpi) = -e + \frac{1 - e^2}{e}\left[A_1 \cos \zeta + 2A_2 \cos 2\zeta + \ldots + iA_i \cos i\zeta + \ldots\right].$$

Cherchons le développement de $\dfrac{r}{a} = 1 - e \cos u$.

Si l'on prend les dérivées partielles de $\dfrac{r}{a}$ par rapport à $\zeta$, puis par rapport à $e$, il vient

$$\frac{d\,\dfrac{r}{a}}{d\zeta} = e \sin u \,\frac{du}{d\zeta} = \frac{e \sin u}{1 - \cos u},$$

ce qui ramène à la série (4) en multipliant par $e$ et divisant par $\dfrac{1}{\sqrt{1-e^2}}$; et

$$\frac{d\,\dfrac{r}{a}}{de} = -\cos u + e \sin u \,\frac{du}{de} = -\cos u + e \sin u \times \frac{\sin u}{1 - e \cos u} = \frac{e - \cos u}{1 - e \cos u}$$
$$= -\cos(v - \varpi),$$

ce qui ramène à la série (5) changée de signe.

Pour avoir $\dfrac{r}{a}$, il suffira d'intégrer l'une de ces équations, la première par exemple, où l'on regardera $e$ comme constant. Il vient

$$\frac{r}{a} = \mathrm{H} - e\,\frac{dA_1}{de}\cos\zeta - \frac{e}{2}\frac{dA_2}{de}\cos 2\zeta - \frac{e}{3}\frac{dA_3}{de}\cos 3\zeta - \ldots.$$

H, constante par rapport à $\zeta$, est une fonction de $e$. Pour la déterminer, prenons la dérivée par rapport à $e$, nous aurons

$$\frac{d\,\dfrac{r}{a}}{de} = \frac{d\mathrm{H}}{de} - \frac{d\left(e\,\dfrac{dA_1}{de}\right)}{de}\cos\zeta - \frac{1}{2}\frac{\left(de\,\dfrac{dA_2}{de}\right)}{de}\cos 2\zeta - \ldots,$$

série qui doit coïncider avec le développement de $\dfrac{d\,\dfrac{r}{a}}{de} = -\cos(v - \varpi)$, déjà ordonné suivant les cosinus des multiples successifs de $\zeta$. Il doit donc y avoir identité terme à terme entre les deux développements, et, par conséquent, on a

$$\frac{d\mathrm{H}}{de} = e,$$

d'où l'on déduit

$$\mathrm{H} = \frac{1}{2}\,e^2 + \mathrm{C},$$

C étant une constante arbitraire; on la détermine en faisant $e = 0$. Alors l'orbite devient circulaire, et on doit avoir $r = a$. Donc $C = 1$, et l'on obtient en définitive le développement

$$(6) \quad \frac{r}{a} = \left( 1 + \frac{e^2}{2} \right) - e \frac{dA_1}{de} \cos \zeta - \frac{e}{2} \frac{dA_2}{de} \cos 2\zeta \ldots - \frac{e}{i} \frac{dA_i}{de} \cos i\zeta - \ldots$$

L'identification des deux séries conduit en outre à une relation curieuse, à laquelle satisfait la fonction $A_i$. On a en effet

$$\frac{1 - e^2}{e} \, iA_i = \frac{1}{i} \frac{d}{de} \left( e \frac{dA_i}{de} \right),$$

ou bien

$$e^2 \frac{d^2 A_i}{de^2} + e \frac{dA_i}{de} - i^2 (1 - e^2) A_i = 0,$$

équation linéaire de second ordre, à laquelle la fonction $A_i$ doit satisfaire.

$\cos u$ se déduit de $\frac{r}{a}$. On a en effet

$$\cos u = \frac{1 - \dfrac{r}{a}}{e},$$

et par conséquent

$$(7) \quad \cos u = -\frac{e}{2} + \frac{dA_1}{de} \cos \zeta + \ldots + \frac{1}{i} \frac{dA_i}{de} \cos i\zeta + \ldots$$

Comme les coordonnées $x$, $y$, $z$ de la planète sont exprimables linéairement au moyen de $\cos u$ et $\sin u$, qui tous deux sont développables en séries, ordonnées suivant les sinus et cosinus des multiples de $\zeta$, on voit que $x$, $y$, $z$ sont développables par des séries de même forme.

194. Pour obtenir le développement de $\frac{r^2}{a^2}$, nous procéderons comme nous l'avons fait pour $\frac{r}{a}$. Nous chercherons d'abord les dérivées partielles de $\frac{r^2}{a^2}$ par rapport à $\zeta$, puis par rapport à $e$.

On a d'abord

$$\frac{d \dfrac{r^2}{a^2}}{d\zeta} = 2 \frac{r}{a} \frac{d \dfrac{r}{a}}{d\zeta} = \frac{2r}{a} \frac{d \, 1 - e \cos u}{d\zeta} = \frac{2r}{a} \times e \sin u \frac{du}{d\zeta};$$

mais

$$\frac{du}{d\zeta} = \frac{1}{1 - e \cos u} = \frac{a}{r}.$$

donc

$$\frac{d\,\dfrac{r^2}{a^2}}{d\zeta} = 2\,e\sin u = 2\,(u-\zeta).$$

Ensuite on a

$$\frac{d\,\dfrac{r^2}{a^2}}{de} = 2\,\frac{r}{a}\,\frac{d\,\dfrac{r}{a}}{de} = 2\,\frac{r}{a}\,\frac{d\,(1-e\cos u)}{de} = 2\,\frac{r}{a}\left(-\cos u + e\sin u\,\frac{du}{de}\right)\;.$$

$$= 2\,\frac{r}{a}\,\frac{e-\cos u}{1-e\cos u} = 2\,(e-\cos u).$$

Si l'on multiplie la première dérivée par $d\zeta$ et la seconde par $de$, et qu'on ajoute, on aura la différentielle totale

$$d\left(\frac{r^2}{a^2}\right) = 2\,(u-\zeta)\,d\zeta + 2\,(e-\cos u)\,de,$$

équation où l'on peut remplacer $u-\zeta$ et $\cos u$ par leurs valeurs en fonction de $\zeta$; il vient

$$d\left(\frac{r^2}{a^2}\right) = 3\,ede + 2\,(A_1\sin\zeta + A_2\sin 2\zeta + \ldots + A_i\sin i\zeta + \ldots)\,d\zeta$$
$$- 2\left(\frac{dA_1}{de}\cos\zeta + \frac{1}{2}\frac{dA_2}{de}\cos 2\zeta + \ldots + \frac{1}{i}\frac{dA_i}{de}\cos 2\zeta + \ldots\right)de.$$

Or

$$A_i\sin i\zeta\,d\zeta - \frac{1}{i}\frac{dA_i}{de}\cos i\zeta\,de$$

est la différentielle totale de

$$-\frac{A_i\cos i\zeta}{i},$$

· et, par conséquent, on a, en intégrant,

$$(8)\qquad \frac{r^2}{a^2} = 1 + \frac{3}{2}e^2 - 2A_1\cos\zeta - 2\frac{A_2}{2}\cos 2\zeta \ldots - \frac{2}{i}A_i\cos i\zeta - \ldots.$$

195. Le développement de $\dfrac{a^2}{r^2}$ en série est une opération beaucoup plus longue et plus difficile, qui a été l'objet des recherches de M. Puiseux.

Si l'on prend la série (3) qui donne $\dfrac{a}{r}$, et qu'on l'élève au carré, on aura une série encore convergente, qui renfermera des termes de la forme $i^2 A^2_i \cos^2 i\zeta$, et des termes de la forme $2ij A_i A_j \cos i\zeta \cos j\zeta$, savoir les carrés et les doubles produits. Or ces deux sortes de termes sont réductibles à des cosinus d'arcs simples; on a en effet

$$\cos^2 i\zeta = \frac{1 + \cos 2i\zeta}{2}, \quad \text{et} \quad \cos i\zeta \cos j\zeta = \frac{1}{2}\left(\cos (i-j)\zeta + \cos (i+j)\zeta\right).$$

Donc la série cherchée est de la forme

$$\frac{a^2}{r^2} = B_0 + B_1 \cos \zeta + B_2 \cos 2\zeta + \ldots + B_i \cos i\zeta + \ldots,$$

et tout le problème est ramené à déterminer les coefficients B. Or, lorsqu'une fonction est développée en série ordonnée suivant les cosinus des multiples successifs de la variable, on sait qu'on obtient un coefficient quelconque $B_i$ en multipliant par le facteur $\cos i\zeta\, d\zeta$, et en intégrant de $0$ à $2\pi$. Il vient en effet

$$\int_0^{2\pi} \frac{a^2}{r^2} \cos i\zeta\, d\zeta = B_i \int_0^{2\pi} \cos^2 i\zeta\, d\zeta = B_i \times \pi,$$

ou bien

$$B_i = \frac{\displaystyle\int_0^{2\pi} \frac{a^2}{r^2} \cos i\zeta\, d\zeta}{\pi}.$$

Mais on a

$$d\zeta = \frac{r}{a}\, du$$

et

$$\frac{a^2}{r^2} \cos i\zeta\, d\zeta = \frac{a}{r} \times \cos i\zeta \times du = \frac{\cos i\zeta}{1 - e \cos u}\, du.$$

Donc

$$B_i = \frac{1}{\pi} \int_0^{2\pi} \frac{\cos i\zeta\, du}{1 - e \cos u}.$$

On peut réduire cette intégrale à ne contenir que des exponentielles imaginaires. En effet on a d'abord, en appelant $\varepsilon$ la base des logarithmes népériens,

$$\cos i\zeta + \sqrt{-1} \sin i\zeta = \varepsilon^{i\zeta\sqrt{-1}} = \varepsilon^{i(u - e\sin u)\sqrt{-1}},$$

et rien n'empêche de substituer à $\cos i\zeta$ l'exponentielle $\varepsilon^{i\zeta\sqrt{-1}}$, pourvu qu'on se rappelle que l'on a à tenir compte seulement de la partie réelle. On a de plus identiquement

$$\int_0^\infty \varepsilon^{-\alpha\theta}\, d\theta = \frac{1}{\alpha},$$

$\alpha$ étant un nombre positif quelconque; on peut donc poser

$$\frac{1}{1 - e\cos u} = \int_0^\infty \varepsilon^{-(1 - e\cos u)\theta}\, d\theta,$$

et l'intégrale qui exprime $B_i$ se ramène à une intégrale double,

$$B_i = \frac{1}{\pi} \int_{u=0}^{u=2\pi} \int_{\theta=0}^{\theta=\infty} \varepsilon^{(iu\sqrt{-1} - \theta) + e(\theta\cos u - i\sin u\sqrt{-1})}\, du\, d\theta.$$

L'avantage qu'on trouve à adopter cette forme exponentielle consiste dans la facilité qu'on a de prendre les dérivées successives de $B_i$ par rapport à l'excentricité $e$. Il vient en effet, en prenant la dérivée d'ordre $\rho$,

$$\frac{d\,B_i}{de^\rho} = \frac{1}{\pi} \int_0^{2\pi} \int_0^\infty du\,d\theta\,(\theta\cos u - i\sin u\sqrt{-1})^\rho\, \varepsilon^{(iu\sqrt{-1}-\theta)+e(\cos u - i\sin u\sqrt{-1})}$$

e t, si l'on y fait $e = 0$, on aura

$$\left(\frac{d^\rho B_i}{de^\rho}\right)_0 = \frac{1}{\pi} \int_0^{2\pi} \int_0^\infty du\,d\theta\,(\theta\cos u - i\sin u\sqrt{-1})^\rho\, \varepsilon^{iu\sqrt{-1}-\theta}.$$

Connaissant les valeurs pour $e = 0$ des dérivées par rapport à $e$ de la fonction $B_i$, on pourra développer cette fonction par la série de Mac Laurin. Les deux intégrations peuvent se faire dans un ordre arbitraire, puisque les fonctions sur lesquelles elles portent ne deviennent pas infinies. On les effectuera aisément en remplaçant $\cos u$ et $\sin u\sqrt{-1}$ par leurs valeurs exponentielles imaginaires. On parvient en définitive aux résultats suivants :

$$\left(\frac{d^\rho B_i}{de^\rho}\right)_0 \quad \text{est nul lorsque } \rho \text{ est inférieur à } i\,;$$

$$\text{il est égal à } \frac{1}{2^i} \int_0^\infty (\theta + i)^i\, \varepsilon^{-\theta}\, d\theta \quad \text{lorsque } \rho = i,$$

$$\text{et à } \frac{1}{2^{i+2k}} \int_0^\infty \frac{(i+2k)\ldots(i+k+1)}{1.2\ldots k}\,(\theta + i)^{i+k}\,(\theta - i)^k\, e^{-\theta}\, d\theta$$

$$\text{pour } \rho \text{ supérieur à } i, \text{ et égal à } i + k,$$

intégrales qu'on peut faire, et qui se ramènent aux intégrales eulériennes.

On connaîtra donc les coefficients $B_1$, $B_2$..., $B_i$, développés chacun en séries ordonnées suivant les exposants croissants de l'excentricité $e$.

Reste à trouver le coefficient $B_0$. Or il est égal à $\dfrac{1}{\sqrt{1-e^2}}$. En effet le théorème des aires donne la relation

$$\frac{1}{2} r^2 d(v - \varpi) = A\, dt,$$

A étant l'aire décrite dans l'unité de temps par le rayon vecteur. Elle est égale à $\dfrac{\pi ab}{T} = \dfrac{\pi a^2 \sqrt{1-e^2}}{T}$, T étant la durée de la révolution ; $\dfrac{2\pi}{T}$ est le moyen mouvement $n$. Donc $A = \dfrac{1}{2} na^2 \sqrt{1-e^2}$. Il vient par conséquent

$$r^2 d(v - \varpi) = na^2 \sqrt{1-e^2}\, dt.$$

Mais

$$n\, dt = d\zeta ;$$

donc

$$\frac{a^2}{r^2} d\zeta = \frac{d(v - \varpi)}{\sqrt{1-e^2}}.$$

Si l'on intègre de $\zeta = 0$ à $\zeta = \pi$, $v - \varpi$ variant entre les mêmes limites, on a

$$\int_0^\pi \frac{a^2}{r^2} d\zeta = \frac{\pi}{\sqrt{1-e^2}}.$$

Mais, en intégrant entre les mêmes limites la série qui donne $\dfrac{a^2}{r^2}$, tous les termes renfermant les cosinus deviennent nuls, car

$$\int_0^\pi \cos i\zeta\, d\zeta = \left[\frac{\sin i\zeta}{i}\right]_0^\pi = 0,$$

et il reste

$$B_0 \pi = \int_0^\pi \frac{a^2}{r^2} d\zeta = \frac{\pi}{\sqrt{1-e^2}}.$$

Donc

$$B_0 = \frac{1}{\sqrt{1-e^2}}.$$

En définitive, on a la série

$$(9) \qquad \frac{a^2}{r^2} = \frac{1}{\sqrt{1-e^2}} + B_1 \cos \zeta + B_2 \cos 2\zeta + \ldots + B_i \cos i\zeta + \ldots,$$

les coefficients B étant des fonctions de l'excentricité qu'on peut calculer par la méthode exposée tout à l'heure.

L'équation du centre E se déduit de l'équation des aires. On a en effet $E = (v - \varpi) - \zeta$ ; et la longitude vraie $v - \varpi$ est donnée par l'équation

$$d(v - \varpi) = \sqrt{1-e^2}\, \frac{a^2}{r^2} d\zeta.$$

Si l'on multiplie par $\sqrt{1-e^2}\, d\zeta$ la série (9), il vient

$$d(v - \varpi) = d\zeta + (B_1 \cos \zeta\, d\zeta + \ldots + B_i \cos i\zeta + \ldots)\sqrt{1-e^2}.$$

Donc

$$v - \varpi = \zeta + \left( B_1 \sin \zeta \ldots + \frac{B_i}{i} \sin i\zeta + \ldots \right)\sqrt{1-e^2},$$

et, par conséquent,

$$(10) \qquad E = \sqrt{1-e^2} \left( B_1 \sin \zeta + \ldots + \frac{B_i}{i} \sin i\zeta + \ldots \right).$$

Les coefficients $\dfrac{B_i \sqrt{1-e^2}}{i}$ peuvent être développés en séries ordonnées suivant les puissances ascendantes de $e$. Ordinairement on n'a pas à pousser ces séries au delà d'un petit nombre de termes, à cause de la faiblesse de l'excentricité des orbites.

## FONCTIONS $X_n$.

196. Nous avons rencontré plus haut (§ 189) les fonctions $X_n$ de Legendre, dans le développement en série de la fonction $(1 - 2tx + t^2)^{-\frac{1}{2}}$ ; la série est ordonnée suivant les exposants croissants de $t$, et elle est convergente pour toute valeur de $t$ dont le module est inférieur à l'unité. Si l'on applique à cette fonction la série de Lagrange, on a la forme des fonctions $X_n$, qui sont les coefficients des puissances de $t$. On a en effet

$$(1) \qquad (1 - 2tx + t^2)^{-\frac{1}{2}} = X_0 + X_1 t + X_2 t^2 + \ldots + X_n t^n + \ldots,$$

avec l'équation qui définit la fonction $X_n$,

$$2. \qquad X_n = \frac{1}{1.2\ldots n} \times \frac{1}{2^n} \frac{d^n (x^2 - 1)^n}{dx^n}.$$

La fonction ainsi définie est un polynome entier du degré $n$ en $x$; et il est facile de voir, par l'application du théorème de Rolle, que ce polynome égalé à zéro a $n$ racines réelles et inégales. Si l'on considère l'équation $P = (x^2 - 1)^n = 0$, cette équation est du degré $2n$, et a $2n$ racines, savoir $n$ racines égales à $+1$, et $n$ racines égales à $-1$. Si l'on passe de là à l'équation $\frac{dP}{dx} = 0$, elle sera du degré $2n - 1$, et elle aura $n - 1$ fois chacune des racines $+1$ et $-1$, qui appartiennent à l'équation $P = 0$. On connaît donc $2n - 2$ racines; reste une racine à déterminer; or le théorème de Rolle montre qu'entre les deux racines $-1$ et $+1$ de $P = 0$, il y a une racine réelle $\alpha$ qui annule la dérivée $\frac{dP}{dx} = 0$. On peut ajouter que cette racine $\alpha$ est égale ici à zéro.

Passant de là à la seconde dérivée $\frac{d^2P}{dx^2} = 0$, on reconnaîtra que cette équation a $2n - 2$ racines, savoir $n - 2$ fois la racine $+1$, $n - 2$ la racine $-1$, ce qui fait $2n - 4$ racines, puis deux racines réelles, comprises, l'une entre $-1$ et $\alpha$, l'autre entre $\alpha$ et $+1$ : ce qui complète les $2n - 2$ racines.

On reconnaîtrait de même que l'équation $\frac{d^3P}{dx^3} = 0$ a $n - 3$ fois la racine $-1$, $n - 3$ fois la racine $-1$, et $3$ racines réelles séparées par les racines de la dérivée précédente.

En allant ainsi jusqu'à $\frac{d^nP}{dx^n} = 0$, ce qui équivaut à $X_n = 0$, on voit que cette équation a toutes ses racines réelles et inégales; elle a perdu les racines $+1$ et $-1$, mais il lui reste $n$ racines réelles séparées par les $n - 1$ racines de $\frac{d^{n-1}P}{dx^{n-1}} = 0$, parmi lesquelles figurent une fois seulement les racines $+1$ et $-1$.

Nous donnerons tout à l'heure une seconde démonstration de ce théorème.

197. L'équation (1) étant une identité, on aura encore une identité si l'on prend les dérivées des deux membres par rapport à $t$. Il vient alors

$$(3) \qquad -\frac{1}{2}(1 - 2tx + t^2)^{-\frac{3}{2}}(-2x + 2t) = (1 - 2tx + t^2)^{-\frac{3}{2}}(x - t)$$

$$= X_1 + 2X_2 t + \ldots + nX_n t^{n-1} + \ldots.$$

Multiplions les deux membres de cette égalité par $1 - 2tx + t^2$, et remplaçons dans le premier membre $(1 - 2tx + t^2)^{-\frac{1}{2}}$ par le développement fourni par l'équation (1). Il vient

$$(x - t)\,(X_0 + X_1 t + X_2 t^2 + \ldots + X_n t^n + \ldots)$$
$$= (X_1 + 2X_2 t + \ldots + n X_n t^{n-1} + \ldots) \times (1 - 2tx + t^2),$$

équation qui doit être identique. On aura donc, en égalant entre eux les coefficients d'une même puissance de $t$, de $t^{n-1}$ par exemple, la relation générale

$$(4) \qquad\qquad n X_n - (2n - 1)\, x\, X_{n-1} + (n - 1)\, X_{n-2} = 0,$$

équation *récurrente*, qui permet de former $X_n$ connaissant $X_{n-1}$ et $X_{n-2}$. C'est une équation aux différences finies, dont l'intégrale générale contient la fonction $X_n$ comme cas particulier.

Si l'on fait $x = +1$, toutes les fonctions $X_n$ deviennent égales à l'unité. En effet on a $X_0 = 1$, puisque le développement (1) se réduit à l'unité pour $t = 0$. De même, si l'on fait $x = 1$ et $t = 0$ dans l'équation (3), il vient $X_1 = 1$. L'équation (4) fait ensuite connaître $X_2$, en y faisant $n = 2$, et montre que $X_2 = 1$ pour $x = 1$. La même équation fera connaître ensuite $X_3$, puis $X_4$, et ainsi de suite; elle montre que, si pour $x = 1$ on a $X_{n-2} = X_{n-1} = 1$, on a aussi $X_n = 1$.

Si l'on fait $x = -1$ dans les équations (1) et (3), avec $t = 0$, on trouve encore $X_0 = 1$ ; mais $X_1 = -1$ et ses valeurs, substituées dans (4) avec $x = -1$, donneront $X_2 = +1$ ; puis la même équation donnera $X_3 = -1$, $X_4 = +1$, et généralement $X_n = (-1)^n$. On a, en effet, identiquement, pour $x = -1$,

$$n\,(-1)^n - (2n - 1) \times (-1) \times (-1)^{n-1} + (n - 1) \times (-1)^{n-2} = 0\,;$$

cette équation se réduit en effet, par la suppression du facteur $(-1)^{n-2}$, à l'identité

$$n - (2n - 1) + (n - 1) = 0.$$

La fonction $X_0$ se réduit à l'unité positive; c'est une constante.

Les autres fonctions sont variables, et liées ensemble par l'équation (4). Cette équation montre

1° Que deux fonctions consécutives $X_n$ et $X_{n-1}$ ne peuvent s'annuler pour une même valeur de la variable $x$. Autrement cette valeur de $x$ annulerait $X_{n-2}$, puis $X_{n-3}$,... et enfin $X_0$, qui ne peut devenir nulle, puisque c'est une constante ;

2° Que, si une valeur $x = \alpha$ de la variable $x$ annule une fonction $X_{n-1}$, cette même valeur donne aux fonctions voisines, $X_n$ et $X_{n-2}$, des valeurs de signes contraires ; car, $X_{n-1}$ étant nul, on a entre $X_n$ et $X_{n-2}$ la relation

$$n X_n + \overline{n-1} \, X_{n-2} = 0,$$

qui suppose $X_n$ et $X_{n-2}$ de signes différents.

198. Il résulte de ces caractères que la suite des fonctions

$$X_n, \; X_{n-1}, \; X_{n-2} \ldots X_2, \; X_1, \; X_0 = 1,$$

qui se termine à une constante, a les propriétés des *fonctions de Sturm*. Si l'on substitue à $x$ dans ces fonctions deux valeurs réelles $\alpha$ et $\beta$, $\alpha$ étant $< \beta$, et qu'on compte les *variations de signes* de la suite pour chaque *substitution, le nombre des variations perdues en passant de $x = \alpha$ à $x = \beta$ sera égal au nombre des racines réelles comprises entre $\alpha$ et $\beta$.*

On retrouve là le théorème sur la réalité des racines de l'équation $X_n = 0$. Si l'on substitue à $x$ la valeur $-1$, la suite présentera $n$ variations de signes. savoir

$$-1^n, \; -1^{n-1}, \; -1^{n-2}, \qquad +1, \; -1, \; +1 ;$$

si on fait ensuite $x = +1$, on obtiendra la suite

$$+1, \quad +1, \quad +1, \qquad +1, \; +1, \; +1$$

et le nombre des variations perdues en passant de la première suite à la seconde est égal à $n$. Donc l'équation $X_n = 0$ a $n$ racines réelles comprises entre $-1$ et $+1$.

On voit en même temps que la fonction $X_{n-1}$ joue, par rapport à $X_n$, un rôle analogue à celui de la dérivée, et que les racines de $X_{n-1} = 0$ séparent les racines de l'équation $X_n = 0$.

199. La relation (1) a été obtenue en prenant la dérivée de l'équation (1) par rapport à $t$. On obtiendra une autre relation à laquelle les fonctions $X_n$ doivent satisfaire. en prenant la dérivée de la même équation par rapport à $x$. Il vient d'abord

$$(1 - 2tx + x^2)^{-\frac{3}{2}} \times t = \frac{dX_1}{dx} \, t + \frac{dX_2}{dx} \, t^2 + \ldots + \frac{dX_n}{dx} \, t^n + \ldots$$

Si nous divisons cette équation par $t$. et que nous multipliions par $x - t$, nous obtiendrons pour le premier membre

$$(1 - 2tx + x^2)^{-\frac{3}{2}} \, \overline{x - t}.$$

qui est la dérivée de $(1 - 2tx + x^2)^{-\frac{1}{2}}$ par rapport à $t$; par conséquent on a

$$(x - t) \left( \frac{dX_1}{dx} + \frac{dX_2}{dx} t + \ldots + \frac{dX_n}{dx} t^{n-1} + \ldots \right)$$
$$= X_1 + 2X_2 t + 3X_3 t + \ldots + nX_4\, t^{4-1} + \ldots,$$

et il doit y avoir identité entre les deux développements. Égalant les coefficients d'une même puissance de $t$, $t^{n-1}$, il vient

$$nX_n = x \frac{dX_n}{dx} - \frac{dX_{n-1}}{dx}.$$

Dans cette équation figurent deux fonctions $X_n$ et $X_{n-1}$. On peut arriver à une relation différentielle qui n'en contienne qu'une. On a d'abord, en prenant la dérivée par rapport à $x$,

$$n \frac{dX_n}{dx} = x \frac{d^2X_n}{dx^2} + \frac{dX_n}{dx} - \frac{d^2X_{n-1}}{dx^2},$$

d'où l'on tire

$$\frac{d^2X_{n-1}}{dx^2} = x \frac{d^2X_n}{dx^2} - (n - 1) \frac{dX_n}{dx}.$$

Dans cette équation changeons $n$ en $n - 1$. Il vient

$$\frac{d^2X_{n-2}}{dx^2} = x \frac{d^2X_{n-1}}{dx^2} - (n - 1) \frac{dX_{n-1}}{dx}.$$

On peut remplacer dans cette équation $\frac{dX_{n-1}}{dn}$ par $x \frac{dX_n}{dn} - nX_n$, et $\frac{d^2X_{n-1}}{dx^2}$ par $x \frac{d^2X_n}{dx^2} - (n - 1) \frac{dX_n}{dx}$. Il viendra

$$\frac{d^2X_{n-2}}{dx^2} = x^2 \frac{d^2X_n}{dx^2} - (2n - 3) x \frac{dX_n}{dx} + n(n - 2)X_n.$$

On déduit de l'équation (4), en prenant deux fois la dérivée par rapport à $x$,

$$n \frac{d^2X_n}{dx^2} - (2n - 1) \left( x \frac{d^2X_{n-1}}{dx} + 2 \frac{dX_{n-1}}{dx} \right) + (n - 1) \frac{d^2X_{n-2}}{dx^2} = 0,$$

équation où l'on remplacera $\frac{dX_{n-1}}{dx}$, $\frac{d^2X_{n-2}}{dx^2}$, $\frac{d^2X_{n-1}}{dx^2}$ par leurs valeurs en fonction de $X_n$, et l'on aura comme équation finale, ne contenant plus que $X_n$ et ses dérivées,

$$(5) \qquad (1 - x^2) \frac{d^2X_n}{dx^2} - 2x \frac{dX_n}{dx} + n(n + 1)X_n = 0.$$

La fonction entière $X_n$ satisfait à cette équation linéaire du second ordre. On peut démontrer que cette fonction $X_n$, ou le produit de cette fonction par une constante, sont les seules fonctions, parmi les fonctions entières, qui satisfassent à l'équation (5). Considérons en effet l'équation différentielle du second ordre

$$1 - x^2 \frac{d^2y}{dx^2} - 2x \frac{dy}{dx} + n(n+1)y = 0,$$

à laquelle on satisfait en posant $y = X_n$. Multiplions la première par $y$, la seconde par $X_n$, et retranchons. Il viendra

$$1 - x^2 \left( X_n \frac{d^2y}{dx^2} - y \frac{d^2X_n}{dx^2} \right) - 2x \left( X_n \frac{dy}{dx} - y \frac{dX_n}{dx} \right) = 0 :$$

on peut poser

$$X_n \frac{dy}{dx} - y \frac{dX_n}{dx} = z,$$

en appelant $z$ une nouvelle fonction. De cette relation on déduit

$$X_n \frac{d^2y}{dx^2} - y \frac{d^2X_n}{dx^2} = \frac{dz}{dx}.$$

et par conséquent l'équation précédente se réduit à

$$1 - x^2 \frac{dz}{dx} = 2xz.$$

ou bien à

$$\frac{dz}{z} = \frac{2x\,dx}{1 - x^2},$$

ou en intégrant à

$$z = \frac{C}{1 - x^2}.$$

$C$ désignant une constante arbitraire.

On aura par conséquent la variable $y$ en fonction de $x$ en intégrant l'équation différentielle du premier ordre

$$X_n \frac{dy}{dx} - y \frac{dX_n}{dx} = z = \frac{C}{1 - x^2}.$$

ou bien, en divisant par $X^2_n$.

$$\frac{d}{dx} \left( \frac{y}{X_n} \right) = \frac{C}{(1 - x^2)X^2_n}.$$

D'où l'on déduit par l'intégration

$$y = X_n \left( C' + C \int_{x_0}^{x} \frac{dx}{(1 - x^2)X_n^2} \right).$$

Telle est l'intégrale générale, avec deux constantes arbitraires, de l'équation (5). Pour que $y$ soit une fonction entière, il faut et il suffit que l'on ait $C = 0$, et alors on retombe sur la solution connue $X_n$, multipliée par une constante arbitraire $C'$.

200. Les fonctions $X_n$ ont une propriété analogue à celle des fonctions sinus et cosinus, et qui facilite beaucoup la détermination des coefficients des développements en série dans lesquels on en fait usage. L'élimination de tous les termes, moins un, d'un développement ordonné suivant les sinus des multiples successifs d'un arc variable, s'opère en multipliant l'équation par $\sin mx\,dx$, et en intégrant de 0 à $\pi$. On a en effet

$$\int_0^{\pi} \sin mx \sin nx\,dx = 0$$

lorsque $m$ est différent de $n$, et

$$\int_0^{\pi} \sin^2 mx\,dx = \frac{\pi}{2m}$$

lorsque $n = m$.

Nous allons démontrer que l'on a de même $\int_{-1}^{+1} X_m X_n\,dx = 0$ lorsque $m$ et $n$ sont différents, et nous chercherons la valeur de $\int_{-1}^{+1} X_m^2\,dx$, lorsque $m$ et $n$ deviennent égaux.

1° L'équation (5) peut s'écrire

$$\frac{d}{dx}\left[(1 - x^2)\frac{dX_n}{d_n}\right] + n(n + 1)X_n = 0.$$

On aura de même, par un autre indice $m$,

$$\frac{d}{dx}\left[(1 - x^2)\frac{dX_m}{dx}\right] + m(m + 1)X_m = 0.$$

Multiplions la première équation par $X_m$, la seconde par $X_n$, et retranchons la première de la seconde. Il viendra

$$\left(X_n\frac{d}{dx}\left[(1 - x^2)\frac{dX_m}{dx}\right] - X_m\frac{d}{dx}\left[(1 - x^2)\frac{dX_n}{dx}\right]\right) + \left[m(m+1) - n(n+1)\right]X_m X_n = 0.$$

La première parenthèse peut se mettre sous la forme

$$\frac{d}{dx}\left[ (1-x^2)\left( X_n\frac{dX_m}{dx} - X_m\frac{dX_n}{dx} \right) \right];$$

de plus

$$m(m+1) - n(n+1) = (m-n)(m+n+1).$$

Donc enfin

$$\frac{d}{dx}\left[ 1-x^2\left( X_n\frac{dX_m}{dx} - X_m\frac{dX_n}{dx} \right) \right] + (m-n)(m+n+1)X_mX_n = 0.$$

Multiplions cette équation par $dx$, et intégrons entre les limites $x=-1$ et $x=+1$. Il viendra

$$\left[ 1-x^2\left( X_n\frac{dX_m}{dx} - X_m\frac{dX_n}{dx} \right) \right]_{-1}^{+1} + (m-n)(m+n+1)\int_{-1}^{+1} X_mX_n\,dx = 0.$$

Or le premier crochet, pris entre les limites $-1$ et $+1$, est égal à zéro, puisqu'il contient $1-x^2$ en facteur. Donc enfin, *si $m-n$ est différent de zéro*, on a

$$\int_{-1}^{+1} X_mX_n\,dx = 0.$$

2° Si on a $m=n$, l'équation est satisfaite par $m-n=0$, et elle ne détermine pas la valeur de l'intégrale

$$\int_{-1}^{+1} X_n^2\,dx,$$

intégrale qui n'est pas nulle, puisque tous ses éléments sont positifs. Il reste à en trouver la valeur ; c'est une fonction de l'indice $n$.

M. Liouville a donné pour cela une méthode indirecte très élégante. Considérons l'intégrale définie

$$U = \int_{-1}^{+1} \frac{dx}{\sqrt{(1-2rsx+r^2s^2)}\sqrt{\left(1-2\frac{s}{r}x+\frac{s^2}{r^2}\right)}},$$

dans laquelle figure la variable $x$, et deux nombres constants $r$ et $s$, positifs et moindres que l'unité, et satisfaisant à la condition $s < r$. Cette intégrale peut être obtenue en termes finis, puisque la variable $x$ ne passe pas le premier degré sous chaque radical carré.

Faisons $y^2 = 1 - 2rsx + r^2s^2$.

On en déduit

$$x = \frac{1 + r^2s^2 - y^2}{2rs}$$

et

$$dx = -\frac{y\,dy}{rs}.$$

Aux limites de $x$, $-1$ et $+1$, correspondent pour $y$ les limites $1 + rs$ et $1 - rs$, et, en les renversant pour changer le signe, il vient

$$U = \frac{1}{s} \int_{1-rs}^{1+rs} \frac{dy}{\sqrt{y^2 - (1 - r^2)(1 - s^2)}}.$$

L'intégrale générale est

$$\log \text{nép.} \left[ y + \sqrt{y^2 - (1 - r^2)(1 - s^2)} \right],$$

et, prise entre les limites, elle devient

$$\log \text{nép.} \frac{1 + s}{1 - s}.$$

On a donc

$$U = \frac{1}{s} \log \text{nép.} \frac{1 + s}{1 - s},$$

fonction de $s$, indépendante de $r$, qu'on peut développer en série par la formule connue

$$U = 2 + \frac{2s^2}{3} + \frac{2s^4}{5} + \ldots + \frac{2s^{2n}}{2n+1} + \ldots.$$

Mais la fonction U peut aussi être développée en série d'une autre manière; chaque radical carré est développable au moyen des fonctions $X_n$ de Legendre, et l'on a

$$\frac{1}{\sqrt{1 - 2rsx + rs^2}} = \left[ 1 - 2rsx + r^2s^2 \right]^{-\frac{1}{2}} = 1 + X_1 rs + X_2 r^2 s^2 + \ldots + X_n r^n s^n + \ldots$$

$$\frac{1}{\sqrt{1 - 2\frac{s}{r}x + \frac{s^2}{r^2}}} = \left[ 1 - 2\frac{s}{r}x + \frac{s^2}{r^2} \right]^{-\frac{1}{2}} = 1 + X_1 \frac{s}{r} + X_2 \frac{s^2}{r^2} + \ldots + X_n \frac{s^n}{r^n} + \ldots$$

en appliquant la formule (1), dans laquelle on fait successivement

$$ t = rs, \quad t = \frac{s}{r}. $$

Multiplions l'une par l'autre ces deux séries; multiplions ensuite par $dx$, et intégrons de $-1$ à $+1$. Le produit comprendra des termes de la forme

$$ X_m X_n \frac{s^{m+n}}{r^{m-n}} \, dx $$

pour $m$ différent de $n$, et des termes de la forme

$$ X_n^2 \, s^{2n} \, dx $$

pour $m = n$. Quand on intégrera de $-1$ à $+1$, tous les termes contenant en facteur $X_m X_n \, dx$ donneront 0, puisque le résultat U doit être indépendant de $r$, et on parviendra par conséquent au développement

$$ U = \sum s^{2n} \int_{-1}^{+1} X_n^2 \, dx, $$

qui doit être identique au développement qu'on vient d'obtenir tout à l'heure.

Donc, en comparant les deux termes généraux, on obtient

$$ \int_{-1}^{+1} X_n^2 \, dx = \frac{2}{2n+1}. $$

On a, en définitive, l'équation

$$ \frac{2n+1}{2} \int_{-1}^{+1} X_m X_n \, dx = 0 \qquad \text{si } m \text{ et } n \text{ sont différents.} $$

$$ \text{et} = 1 \qquad \text{si } m = n. $$

201. Grâce à cette propriété, on pourra toujours exprimer par une série contenant les fonctions $X_n$ toute fonction de la variable $x$ qui ne devient pas infinie entre les limites $-1$ et $+1$.

Si la fonction qu'on veut développer est une fonction entière du degré $n$, on peut toujours l'exprimer par une fonction linéaire de polynomes donnés, $X_n$, $X_{n-1}$, $X_{n-2}$, ... $X_2$, $X_1$, $X_0 = 1$, dont les degrés soient respectivement égaux aux indices. En effet, soit P le polynome du degré $n$ à développer. On divisera P par $X_n$; ces deux polynomes étant du même degré $n$, le quotient sera un nombre $A_n$, et le reste R sera du degré $n-1$. On aura donc

$$P = A_n X_n + R.$$

Mais on peut opérer sur R, en se servant du polynome $X_{n-1}$, comme on l'a fait sur P en employant le polynome $X_n$, et l'on aura, en appelant $A_{n-1}$ un nombre, et R' un reste du degré $n-2$,

$$R = A_{n-1} X_{n-1} + R'.$$

En procédant ainsi, et en éliminant les restes successifs, on ramène P à la somme

$$P = A_n X_n + A_{n-1} X_{n-1} + \ldots + A_2 X_2 + A_1 X_1 + A_0 X_0.$$

Dans le cas des fonctions entières, le développement conduit à un nombre limité de termes. Dans tous les autres cas, on trouvera une série d'un nombre illimité de termes, et on pourra poser

$$f(x) = A_0 X_0 + A_1 X_1 + \ldots + A_n X_n + \ldots,$$

équation vraie entre les limites $x = -1$ et $x = +1$, pourvu que $f(x)$ ne soit pas infinie entre ces limites. Les fonctions $X_n$, qui, dans l'exemple précédent, représentaient des polynomes quelconques, reprennent ici leur signification :

$$X_n = \frac{d^n (x^2 - 1)^n}{dx^n} \times \frac{1}{1.2\ldots n} \times \frac{1}{2^n}.$$

Si l'on admet la légitimité du développement, il sera facile de trouver des coefficients $A_0$, $A_1$, $\ldots A_n$. En effet, multiplions l'équation par $X_n\, dx$, et intégrons de $-1$ à $+1$. On observera que

$$\int_{-1}^{+1} X_m X_n\, dx = 0 \quad \text{et} \quad \int_{-1}^{+1} X_n^2\, dx = \frac{2}{2n+1},$$

et l'on aura

$$\int_{-1}^{+1} f(x) X_n\, dx = A_n \times \frac{2}{2n+1},$$

d'où l'on déduit

$$A_n = \frac{2n+1}{2} \int_{-1}^{+1} f(x) X_n\, dx.$$

Le coefficient numérique $A_n$ est donné par une intégrale définie, et l'on a, en indiquant la somme de la série,

$$f(x) = \frac{1}{2} \sum_{n=0}^{n=\infty} (2n+1) X_n \int_{-1}^{+1} X_n f(x)\, dx.$$

On peut vérifier que, si la série ainsi obtenue est convergente, la somme en est bien égale à la fonction donnée $f(x)$.

Appelons, en effet, $F(x)$ la somme de la série, et posons

$$F(x) = \frac{1}{2} \sum_0^{\infty} (2n+1) X_n \int_{-1}^{+1} X_n f(x)\, dx.$$

Multiplions les deux membres par $X_m\, dx$, et intégrons de $-1$ à $+1$; il viendra

$$\int_{-1}^{+1} X_m F(x)\, dx = \frac{1}{2} \sum_0^{\infty} (2n+1) \int_{-1}^{+1} X_m X_n\, dx \int_{-1}^{+1} X_n f(x)\, dx.$$

Chaque terme du second membre contient le produit de deux facteurs, représentés chacun par une intégrale définie. L'un de ces facteurs $\int_{-1}^{+1} X_m X_n\, dx$ est nul si $m$ et $n$ sont différents; et il a pour valeur $\dfrac{2}{2m+1}$ lorsque $m = n$. Il en résulte que la série, ainsi multipliée par $X_m dx$ et intégrée de $-1$ à $+1$, se réduit à un seul terme, celui qui correspond à $n = m$, et qu'on a identiquement

$$\int_{-1}^{+1} X_m F(x)\, dx = \frac{1}{2} \times (2m+1) \times \frac{2}{2m+1} \int_{-1}^{+1} X_m f(x)\, dx$$

$$= \int_{-1}^{+1} X_m f(x)\, dx.$$

Il s'agit de reconnaître que cette équation implique l'égalité

$$F(x) = f(x).$$

S'il en était autrement, soit $\varphi(x)$ la différence $F(x) - f(x)$. La relation précédente devient

$$\int_{-1}^{+1} X_m \varphi(x)\, dx = 0,$$

et elle doit être vraie pour toute valeur entière de l'indice $m$.

Si l'on fait $m = 0$, comme $X_0 = 1$, la condition devient

$$\int_{-1}^{+1} \varphi(x)\, dx = 0,$$

de sorte que la fonction $\varphi(x)$, entre les limites $-1$ et $+1$, change de signe; sans quoi la somme d'éléments tous de même signe ne pourrait pas donner zéro. Appelons donc $a_1$, $a_2$, ... $a_i$ les racines de l'équation $\varphi(x) = 0$, comprises entre $-1$ et $+1$. Avec ces racines, nous pourrons former un polynome du degré $i$,

$$P = (x - a_1)(x - a_2) \ldots (x - a_i)$$

qui s'annulera en même que la fonction $\varphi(x)$.

Il en résulte que le produit $P\,\varphi(x)$, qui s'annule aussi pour $x = a_1$, $x = a_2$, ... $x = a_i$, conserve dans l'intervalle un même signe, soit le signe $+$, soit le signe $-$. Car chacun des deux facteurs change de signe quand $x$ atteint et dépasse l'une des racines.

Cela posé, P, étant un polynome du degré $i$, peut être exprimé par une fonction linéaire des fonctions $X_0$, $X_1$, ... $X_i$, et l'on a

$$P = A_0 X_0 + A_1 X_1 + \ldots + A_i X_i.$$

Multiplions cette équation par $\varphi(x)\,dx$, et intégrons de $-1$ à $+1$. Il viendra

$$\int_{-1}^{+1} P\varphi(x)\,dx = A_0 \int_{-1}^{+1} X_0\varphi(x)\,dx + A_1 \int_{-1}^{+1} X_1\varphi(x)\,dx + \ldots + A_i \int_{-1}^{+1} X_i\varphi(x)\,dx,$$

équation dans laquelle chaque terme du second membre est identiquement nul, tandis que le premier, somme d'éléments tous de même signe, ne peut être égal à zéro.

L'hypothèse $\varphi(x)$ différent de zéro conduit donc à un résultat contradictoire. Il est donc nécessaire que $\varphi(x)$ soit constamment nulle entre $x = -1$ et $x = +1$, ce qui implique l'égalité

$$F(x) = f(x).$$

### TRANSFORMATION DE LA FONCTION $X_n$.

202. La variable $x$, qui figure dans la fonction $X_n$, reçoit les valeurs comprises entre $-1$ et $+1$. On peut donc poser $x = \cos\gamma$, $\gamma$ étant un arc réel, qu'on peut faire varier entre $0$ et $\pi$. Le polynome $X_n$, qui est en-

tier et du degré $n$, et ne contient que les puissances de $x$ de deux en deux, prendra la forme

$$M \cos^n \gamma + N \cos^{n-2} \gamma + P \cos^{n-4} \gamma + \ldots$$

ce qu'on peut écrire, en mettant $\cos^n \gamma$ en facteur,

$$\cos^n \gamma \left( M + \frac{N}{\cos^2 \gamma} + \frac{P}{\cos^4 \gamma} + \ldots \right)$$

ou encore, en observant que $\cos^2 \gamma + \sin^2 \gamma$ et ses puissances sont égaux à l'unité,

$$\cos^n \gamma \left( M + \frac{N(\cos^2 \gamma + \sin^2 \gamma)}{\cos^2 \gamma} + \frac{P(\cos^2 \gamma + \sin^2 \gamma)^2}{\cos^4 \gamma} + \ldots \right)$$

$$= \cos^n \gamma \left( M + N(1 + \tan^2 \gamma) + P(1 + \tan^2 \gamma)^2 + \ldots \right)$$

$$= \cos^n \gamma \times \text{une fonction entière en } \tan^2 \gamma.$$

Si donc on pose

$$x = \cos \gamma, \quad y = \frac{X_n}{\cos^n \gamma}, \quad \text{et} \quad t = \tan \gamma = \frac{\sqrt{1 - x^2}}{x}.$$

la fonction $y$ sera exprimable par une fonction entière de $t^2$, dont le degré $i$ sera égal au plus grand entier qui soit contenu dans la moitié du degré $n$.

On posera donc

$$y = A_0 + A_2 t^2 + A_4 t^4 + \ldots + A_{2i} t^{2i},$$

$i$ étant le grand nombre pair contenu dans $x$. Les coefficients $A_0$, $A_2$, ..., $A_{2i}$, restent à déterminer.

On les obtient facilement en s'aidant de l'équation différentielle

$$1 - x^2 \frac{d^2 X_n}{dx^2} - 2x \frac{dX_n}{dx} + n(n+1) X_n = 0,$$

qu'on mettra sous la forme

$$\frac{d}{dx} \left( 1 - x^2 \frac{dX_n}{dx} \right) + n(n+1) X_n = 0,$$

pour rendre possible le changement de variable indépendante.

On a

$$x = \frac{1}{\sqrt{1 + t^2}}$$

et

$$X_n = yx^n = y (1 + t^2)^{-\frac{n}{2}}.$$

On pourra donc substituer dans la dernière équation les valeurs de $x$, de $X_n$, de $dx$ et de $dX_n$ en fonction de $y$, $t$, $dy$ et $dt$, et on trouvera pour équation finale

$$t(1 + t^2) \frac{d^2y}{dt^2} - \left( 2(n-1)t^2 - 1 \right) \frac{dy}{dt} + n(n-1)ty = 0.$$

Le développement de $y$ doit satisfaire à cette équation. Or on en déduit

$$\frac{dy}{dt} = 2A_2 t + 4A_4 t^3 + \ldots + 2iA_{2i}t^{2i-1},$$

$$\frac{d^2y}{dt^2} = 2A_2 + 12A_4 t^2 + \ldots + 2i(2i - 1)A_{2i}t^{2i-2}.$$

Substituons les valeurs de $y$, $\dfrac{dy}{dt}$, $\dfrac{d^2y}{dt^2}$ dans l'équation différentielle, qui devra se réduire à une identité, ce qui donne la loi des coefficients. On a effectivement, en égalant les coefficients de $t^{2k+1}$,

$$A_{2k}\left( 2k(2k-1)-2k(2n-2)+n(n-1) \right) + A_{2k+2}\left( (2k+2)(2k+1)+2k+2 \right) = 0.$$

ce qui donne la loi de formation des coefficients

$$A_{2k+2} = -A_{2k} \frac{(n-2k)(n-2k-1)}{(2k+2)^2}.$$

Si l'on remonte au premier coefficient $A_0$, on aura

$$A_{2k} = A_0 X_n (-1)^k \frac{n(n-1)\ldots(n-2k+1)}{(2.4.6\ldots 2k)^2}.$$

Le premier coefficient $A_0$ est égal à l'unité. Car si on fait $t=0$, on a $x=1$, et $X_n=1$, en même temps que $\cos \gamma = 1$. Donc $y$ est égal à l'unité, ce qui donne la valeur de $A_0$.

Cette valeur de $A_{2k}$ peut se mettre sous une autre forme, en observant que l'on a les relations

$$\int_0^\pi \cos^{2i} \psi \, d\psi = \frac{1}{2^{2i}} \times \frac{2i(2i-1)\ldots(i+1)}{1.2\ldots i} \times \pi$$

et

$$\int_0^\pi \cos^{2i+1} \psi \, d\psi = 0.$$

On peut écrire, par conséquent, en faisant $A_0 = 1$,

$$X_{2k} = (-1)^k\,\frac{n(n-1)\ldots(n-2k+1)}{1.2\ldots 2k}\times\frac{1}{\pi}\int_0^\pi \cos^{2k}\psi\,d\psi.$$

et, en observant que $A_{2k+1}$ est nul en même temps que

$$\int_0^\pi \cos^{2k+1}\psi\,d\psi,$$

on posera d'une manière générale

$$A_k = (\sqrt{-1})^k\,\frac{\left(n(n-1)\ldots n-k+1\right)}{1.2\ldots k}\times\frac{1}{\pi}\int_0^\pi \cos^k\psi\,d\psi,$$

équation qui fournira toujours la valeur convenable de $A_k$ pour $k$ pair, et qui se réduira à 0 pour $k$ impair. On peut donc poser aussi

$$y = 1 + A_1 t + \ldots + A_n t^n.$$

polynome du degré $n$, qui perdra toujours tous ses termes de degré impair, et se réduira à la valeur de $y$ donnée plus haut. Si l'on substitue à $A_k$ sa valeur générale, il vient

$$y = \frac{1}{\pi}\int_0^\pi d\psi\left(1 + \frac{n}{1}t\cos\psi\sqrt{-1} + \frac{n(n-1)}{1.2}t^2\cos^2\psi(\sqrt{-1})^2 + \ldots + (t\cos\psi\sqrt{-1})^n\right)$$

$$= \frac{1}{\pi}\int_0^\pi \left(1 + t\cos\psi\sqrt{-1}\right)^n d\psi,$$

expression très simple de la variable $y$ exprimée en fonction de $t$, sous forme d'intégrale définie.

Si l'on veut exprimer $X_n$ en fonction de $x$ sous une forme analogue, on remplacera $y$ par $\dfrac{X_n}{x^n}$ et $t$ par $\dfrac{\sqrt{1-x^2}}{x}$, et il viendra

$$X_n = \frac{1}{\pi}\int_0^\pi \left(x + \cos\psi\sqrt{x^2-1}\right)^n d\psi.$$

où $\psi$ est une variable auxiliaire, sur laquelle porte l'intégration indiquée.

205. Le calcul de la fonction $X_n$ pour une valeur très grande de l'indice $n$ serait très laborieux, si l'on n'avait pas recours à une formule approximative donnée par Laplace. On a, en effet, pour $n$ très grand,

$$X_n = \frac{\cos\left[\left(n+\frac{1}{2}\right)\gamma - \frac{\pi}{4}\right]}{\sqrt{\dfrac{n\pi}{2}\sin\gamma}}.$$

$\gamma$ étant l'angle défini par la relation $x = \cos\gamma$. Cette équation ne donne rien pour les petites valeurs de $\sin\gamma$; car alors, $n$ étant très grand, $n\sin\gamma$ est le produit d'un très grand nombre par un très petit, ce qui est un symbole d'indétermination. Mais on sait que, pour $x = 1$, $X_n = 1$, et que, pour $x = -1$, $X_n = (-1)^n$; de sorte que $X_n$ est connue pour les valeurs $x = \pm 1$, qui correspondent à $\sin\gamma = 0$. Les $n$ racines de $X_n = 0$ s'obtiennent en égalant le numérateur à 0, ce qui donne

$$\left(n + \frac{1}{2}\right)\gamma - \frac{\pi}{4} = (k2 + 1)\frac{\pi}{4},$$

$k$ désignant un entier, auquel on devra attribuer les $n$ valeurs $0, 1, 2 \ldots n-1$). La courbe $y = X_n$, pour $n$ très grand, coupe $n$ fois l'axe des $x$ entre les limites $x = -1$ et $x = +1$, et a pour ordonnée $\pm 1$ pour ces limites. Elle présente donc l'une des formes suivantes, suivant que $n$ est pair ou impair.

n pair.
n impair.

Fig. 99.
Fig. 100.

204. Venons à la démonstration de la formule approximative de Laplace.

On a l'égalité

$$X_n = \frac{1}{\pi}\int_0^\pi (x + \sqrt{x^2 - 1}\,\cos\psi)^n\,d\psi.$$

qu'on peut écrire, en observant que $\cos\psi$ change de signe quand on passe de $\psi = \frac{\pi}{2} - h$ à $\psi = \frac{\pi}{2} + h$, et en décomposant l'intégrale en deux parties,

$$X_n = \frac{1}{\pi}\int_0^{\frac{\pi}{2}} (x + \sqrt{x^2 - 1}\,\cos\psi)^n\,d\psi + \frac{1}{\pi}\int_0^{\frac{\pi}{2}} (x - \sqrt{x^2 - 1}\,\cos\psi)^n\,d\psi.$$

Dans cette somme, les parties réelles se groupent deux à deux pour se doubler, tandis que les parties imaginaires se détruisent. On pourra donc poser, pour abréger l'écriture,

$$X_n = \frac{2}{\pi}\int_0^{\frac{\pi}{2}} (x + \sqrt{x^2 - 1}\cos\psi)^n \, d\psi,$$

en convenant de ne retenir dans cette équation que la partie réelle, et d'effacer la partie imaginaire qui s'y ajoute.

Introduisons l'hypothèse $x = \cos\gamma$; puis développons $\cos\psi$ en série par la formule

$$\cos\psi = 1 - \frac{\psi^2}{2} + \frac{\theta\psi^4}{24},$$

où $\theta$ représente un nombre positif et $< 1$, pourvu que $\psi$ soit compris entre $0$ et $\frac{\pi}{2}$.

Il viendra

$$x + \sqrt{x^2 - 1}\cos\psi = \cos\gamma + \sqrt{-1}\sin\gamma\left(1 - \frac{\psi^2}{2} + \frac{\theta\psi^4}{24}\right)$$

$$= \frac{e^{\gamma\sqrt{-1}} + e^{-\gamma\sqrt{-1}}}{2} + \sqrt{-1}\,\frac{e^{\gamma\sqrt{-1}} - e^{-\gamma\sqrt{-1}}}{2\sqrt{-1}}\left(1 - \frac{\psi^2}{2} + \frac{\theta\psi^4}{24}\right)$$

$$= e^{\gamma\sqrt{-1}}\left[1 - \frac{1}{2}e^{-\gamma\sqrt{-1}}\sin\gamma\sqrt{-1} \times \psi^2\left(1 - \frac{\theta\psi^2}{12}\right)\right],$$

quantité qu'il faut élever à la $n^{ième}$ puissance. Pour cela, représentons la parenthèse par $1 - u$. On pourra égaler le second membre de la dernière équation au produit

$$e^{\gamma\sqrt{-1}}(1 - u) = e^{\gamma\sqrt{-1}} \times e^{l(1-u)},$$

et la $n^{ième}$ puissance sera égale à

$$e^{n\gamma\sqrt{-1}} \times e^{nl(1-u)}.$$

Donc enfin

$$X_n = \frac{2}{\pi} e^{n\gamma\sqrt{-1}} \int_0^{\frac{\pi}{2}} e^{nl(1-u)} \, d\psi.$$

Nous pouvons développer $l(1 - u)$ en série, pourvu que le module de $u$ soit inférieur à l'unité, et poser, en nous arrêtant aux deux premiers termes,

$$l(1 - u) = -u - \frac{\theta' u^2}{2(1 - \rho)},$$

$\rho$ étant le module de $u$, et $\theta'$ un nombre dont le module soit $< 1$.

Le coefficient de $\psi^2$ peut se mettre sous la forme

$$-\frac{1}{2}\sqrt{-1}\,\sin\gamma\,e^{-\gamma\sqrt{-1}} + \theta''\psi^2,$$

où $\theta''$ représente un nombre déterminé, et l'on a l'équation

$$X_n = \frac{2}{\pi}\,e^{n\gamma\sqrt{-1}}\int_0^{\frac{\pi}{2}} c^{n A\psi^2 + n\theta''\psi^4}\,d\psi,$$

où le coefficient $A$ représente un nombre indépendant de $\psi$, tandis que le coefficient $\theta''$ en dépend, au contraire, mais reste au-dessous d'une limite déterminée lorsque $\psi$ varie de $0$ à $\frac{\pi}{2}$.

Nous ferons $\psi\sqrt{n}=t$, en changeant de variable ; les limites de $t$ seront $0$ et $\frac{\pi\sqrt{n}}{2}$, et l'on aura $d\psi = \frac{dt}{\sqrt{n}}$.

Donc enfin

$$X_n = \frac{2}{\pi\sqrt{n}}\,e^{n\gamma\sqrt{-1}}\int_0^{\frac{\pi\sqrt{n}}{2}} e^{A t^2 + \frac{\theta'' t^4}{n}}\,dt.$$

Si dans cette équation on fait $n$ infini, la limite supérieure de $t$ devient infinie ; mais, comme pour $x=1$ on doit avoir $X_n=1$, il est nécessaire que les deux coefficients $A$ et $\theta''$ soient négatifs. Sans quoi l'intégrale indiquée aurait une valeur infinie, et $X_n$ ne pourrait être finie. Le signe de $A$ et de $\theta''$ se trouve ainsi déterminé. On voit de plus que $\frac{\theta'' t^4}{n}$, pour $n$ infini, disparaît devant $A t^2$. Posons donc $A = -B$, en mettant le signe de $A$ en évidence. Il viendra, pour $n$ très grand,

$$X_n = \frac{2}{\pi\sqrt{n}}\,e^{n\gamma\sqrt{-1}}\int_0^{\infty} e^{-B t^2}\,dt ;$$

l'intégrale indiquée est connue. On sait en effet que $\int_0^{\infty} e^{-t^2}dt = \frac{\sqrt{\pi}}{2}$ ; donc

$$\int_0^{\infty} e^{-B t^2}\,dt = \frac{1}{2\sqrt{B}}\sqrt{\pi},$$

et enfin

$$X_n = \frac{2}{\pi\sqrt{n}}\,e^{n\gamma\sqrt{-1}}\times\frac{1}{2}\sqrt{\frac{\pi}{B}} = \frac{e^{n\gamma\sqrt{-1}}}{\sqrt{n\pi}}\,B^{-\frac{1}{2}}.$$

Or

$$B \cdot - A = \frac{1}{2}\sqrt{-1}\,\sin\gamma\, e^{-\gamma\sqrt{-1}}$$

$$= \frac{1}{2}\sin\gamma\, e^{\left(\frac{\pi}{2}-\gamma\right)\sqrt{-1}};$$

on a donc, en élevant à la puissance dont l'exposant est $-\frac{1}{2}$,

$$B^{-\frac{1}{2}} = \frac{\sqrt{2}}{\sqrt{\sin\gamma}}\, e^{\left(\frac{\gamma}{2}-\frac{\pi}{4}\right)\sqrt{-1}} = \frac{\sqrt{2}}{\sqrt{\sin\gamma}}\left[\cos\left(\frac{\gamma}{2}-\frac{\pi}{4}\right)+\sqrt{-1}\,\sin\left(\frac{\gamma}{2}-\frac{\pi}{4}\right)\right]$$

et

$$A = \frac{\sqrt{2}}{\sqrt{\sin\gamma}}\times\frac{1}{\sqrt{n\pi}}\left(\cos n\gamma + \sqrt{-1}\,\sin n\gamma\right)\left[\cos\left(\frac{\gamma}{2}-\frac{\pi}{4}\right)+\sqrt{-1}\,\sin\left(\frac{\gamma}{2}-\frac{\pi}{4}\right)\right]$$

$$= \frac{\sqrt{2}}{\sqrt{n\pi\sin\gamma}}\left[\cos\left(n\gamma+\frac{\gamma}{2}-\frac{\pi}{4}\right)+\sqrt{-1}\,\sin\left(n\gamma+\frac{\gamma}{2}-\frac{\pi}{4}\right)\right].$$

expression qu'on doit réduire à sa partie réelle. On trouve en définitive la formule de Laplace

$$X_n = \frac{\cos\left(n+\tfrac{1}{2}\gamma-\frac{\pi}{4}\right)}{\sqrt{\frac{n\pi}{2}\sin\gamma}}.$$

formule approximativement vraie lorsque $n$ a une très grande valeur, en exceptant les valeurs de $\gamma$ très voisines de 0, qui rendent $\sin\gamma$ nul.

Pour $\gamma = 0$, la partie réelle du coefficient A s'annule, et il n'est plus légitime de négliger le terme $\frac{q''t^3}{n}$, dont la partie réelle acquiert une influence : alors la formule est en défaut et devient indéterminée.

# CHAPITRE V



THÉORÈME DE LAMBERT.

205. Le *théorème de Lambert* a pour objet d'exprimer le rapport $\frac{\theta}{T}$ du temps $\theta$, que met une planète M à parcourir un arc MN' de sa trajectoire elliptique, à la durée T de la révolution, en fonction du grand axe $2a$ de l'orbite, de la corde $c$ de l'arc décrit dans le temps $t$, et de la somme $s$ des rayons vecteurs qui joignent le foyer centre d'attraction aux deux extrémités de l'arc.

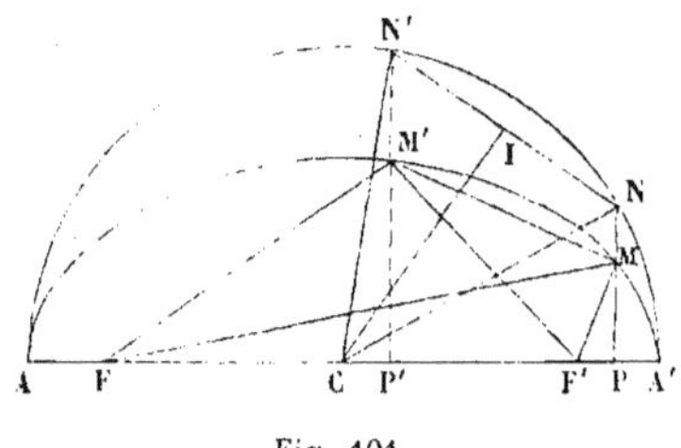

Fig. 101.

Soit AA' le grand axe, égal à $2a$ ;

F le foyer qui est le centre d'attraction ;

F' le second foyer ;

C le centre de la courbe ;

MM' l'arc décrit dans le temps $\theta$, arc dont la corde est égale à $c$ ;

$FM + FM' = s$ la somme des rayons vecteurs qui aboutissent aux extrémités de l'arc.

Sur AA' comme diamètre décrivons une demi-circonférence, et cherchons sur cette circonférence les points N et N', qui ont pour projection les points M et M' sur l'ellipse. Les angles NCA', N'CA' seront les *anomalies excentriques* des points M et M'. Désignons-les par $u$ et $u'$. Nous aurons, en appelant $t$ et $t'$ les temps du passage de la planète en M et M', et $n$ le moyen mouvement (les temps étant comptés du passage à l'aphélie en A'),

$$u + e \sin u = nt,$$
$$u' + e \sin u' = nt'.$$

Retranchant, il vient

$$u' - u + e(\sin u' - \sin u) = n(t' - t) = n\theta.$$

Le moyen mouvement $n$ est égal à $\dfrac{2\pi}{T}$. On a donc

$$(1) \qquad \frac{\theta}{T} = \frac{u' - u + e(\sin u' - \sin u)}{2\pi}.$$

Nous suivrons pour transformer cette expression la marche indiquée par M. Catalan dans une Note insérée aux *Nouvelles annales de Mathématiques* (3ᵉ série, tome III, novembre 1884).

Si l'on appelle $r$ le rayon vecteur FM, et $r'$ le rayon vecteur FM', on a

$$r = a(1 + e \cos u),$$
$$r' = a(1 + e \cos u').$$

Donc

$$(2) \qquad s = r + r' = 2a + ae(\cos u + \cos u').$$

La corde MM' de l'ellipse est la projection de la corde correspondante NN' du cercle. Pour la calculer, observons que la base PP' est commune aux deux cordes, et que les ordonnées PN, PM et PN', PM' sont réduites, en passant du cercle à l'ellipse, dans le rapport $\dfrac{b}{a}$ du petit axe au grand. On a donc

$$c^2 = \overline{PP'}^2 + \frac{b^2}{a^2}(P'N' - PN)^2.$$

Mais

$$PP' = a(\cos u - \cos u'),$$
$$PN = a \sin u, \qquad P'N' = a \sin u';$$

en définitive

$$(3) \qquad c^2 = a^2(\cos u - \cos u')^2 + b^2(\sin u' - \sin u)^2.$$

Nous allons transformer ces trois formules, en introduisant des angles $\alpha$ et $\beta$, définis par les relations

$$2\alpha = u' - u.$$
$$2\beta = u' + u.$$

On voit que $\alpha$ sera le demi-angle $ICN = ICN'$ des rayons $CN$ et $CN'$ dans le cercle, et que $\beta$ sera l'angle $ICA'$ que fait la bissectrice $CI$ de l'angle $N'CN$ avec le grand axe $CA'$.

On déduit de ces relations

$$u' = \alpha + \beta, \qquad u = \beta - \alpha.$$

Donc

$$\sin u' = \sin \alpha \cos \beta + \sin \beta \cos \alpha,$$
$$\sin u = \sin \beta \cos \alpha - \sin \alpha \cos \beta,$$
$$\cos u' = \cos \alpha \cos \beta - \sin \alpha \sin \beta,$$
$$\cos u = \cos \alpha \cos \beta + \sin \alpha \sin \beta,$$
$$\sin u' - \sin u = 2 \sin \alpha \cos \beta,$$
$$\cos u - \cos u' = 2 \cos \alpha \cos \beta.$$

et substituant dans les trois équations (1), (2) et (3), il vient

$$(1)' \qquad \frac{\theta}{T} = \frac{\alpha + e \sin \alpha \cos \beta}{\pi},$$
$$(2)' \qquad s = 2a (1 + e \cos \alpha \cos \beta),$$
$$(3)' \qquad c^2 = 4a^2 \cos^2 \alpha \cos^2 \beta + 4b^2 \sin^2 \alpha \cos^2 \beta = 4a^2 \sin^2 \alpha (1 - e^2 \cos^2 \beta),$$

en observant que $a^2 e^2 = a^2 - b^2$.

Or ces trois équations démontrent le théorème. En effet, des équations (2)' et (3)' on peut tirer les quantités $\alpha$ et $e \cos \beta$, en fonction de $2a$, $s$ et $c$; et substituant les valeurs de $\sin \alpha$ et de $e \cos \beta$ dans (1)', on aura l'expression de $\frac{\theta}{T}$ en fonction des mêmes éléments.

On tirera, par exemple, de (2)' et de (3)'

$$(4) \qquad \cos \alpha \times e \cos \beta = \frac{s - 2a}{2a},$$
$$\frac{c^2}{4a^2} - \left( \frac{s - 2a}{2a} \right)^2 = \sin^2 \alpha (1 - e^2 \cos^2 \beta) - e^2 \cos^2 \alpha \cos^2 \beta$$
$$= \sin^2 \alpha - e^2 \cos^2 \beta = 1 - \cos^2 \alpha - e^2 \cos^2 \beta.$$

Donc

$$(5) \qquad \cos^2 \alpha + e^2 \cos^2 \beta = 1 - \frac{c^2}{4a^2} + \left( \frac{s - 2a}{2a} \right)^2.$$

A l'équation (5) ajoutons le double de l'équation de (4), puis retranchons; cela donnera

$$(6) \qquad (\cos \alpha \pm e \cos \beta)^2 = 1 - \frac{c^2}{4a^2} + \left( \frac{s - 2a}{2a} \right)^2 \pm \frac{s - 2a}{a};$$

ce qui donne les deux relations

$$\begin{cases} \cos\alpha + e\cos\beta = \dfrac{1}{2a}\sqrt{s^2 - e^2}, \\[2ex] \cos\alpha - e\cos\beta = \dfrac{1}{2a}\sqrt{4a - s^2 - c^2}, \end{cases}$$

ou bien

$$\cos\alpha = \frac{1}{4a}\left(\sqrt{s^2 - c^2} + \sqrt{4a - s^2 - c^2}\right),$$

$$e\cos\beta = \frac{1}{4a}\left(\sqrt{s^2 - c^2} - \sqrt{4a - s^2 - c^2}\right).$$

On déduit de la première

$$\sin\alpha = \sqrt{1 - \frac{s^2 - c^2 + 4a - s^2 - c^2 + 2\sqrt{(s^2 - c^2)\left((4a - s)^2 - c^2\right)}}{4a^2}},$$

$$\alpha = \arccos\left(\frac{1}{4a}(\sqrt{s^2 - c^2} + \sqrt{4a - s^2 - c^2})\right)$$

et enfin

$$\arccos\frac{1}{4a}\left(\sqrt{s^2 - c^2} + \sqrt{4a - s^2 - c^2}\right) + \sqrt{\frac{(s^2 - c^2 + (4a - s)^2 - c^2 + 2\sqrt{s^2 - c^2}(4a - s)^2 - c^2)}{4a^2} \times \frac{1}{4a}\sqrt{s^2 - c^2}\sqrt{4a - s^2 - c^2}}.$$

On peut observer que $4a$ est la somme des quatre rayons vecteurs FM, F'M, FM', F'M', menés des deux foyers F et F' aux points M et M'. Si donc on désigne par $s'$ la somme des rayons vecteurs F'M', F'M, qui aboutissent au second foyer, on aura $4a - s = s'$, ce qui simplifie un peu la formule.

Cette formule est remarquable en ce qu'elle est indépendante de l'excentricité de l'orbite. Elle s'étend sans difficulté au cas d'une orbite parabolique. Si l'on représente par $\mu$ la constante de l'accélération dirigée vers le foyer de la parabole, de sorte que cette accélération soit représentée par $\dfrac{\mu}{r^2}$, la durée $\theta$ du parcours d'un arc de la parabole sera donnée par l'équation

$$\theta = \frac{1}{6\sqrt{\mu}}\left[s + c^{\frac{3}{2}} \mp s - c^{\frac{3}{2}}\right],$$

$s$ étant la somme des rayons vecteurs qui aboutissent aux extrémités de l'arc et $c$ la corde de cet arc. Quant au choix à faire entre le signe — ou le signe +, il faut considérer l'angle formé par les deux rayons vecteurs; s'il est moindre que deux droits, on prendra le signe —, et s'il est plus grand, le signe +.

### APPLICATION DE LA MÉTHODE DE JACOBI AU PROBLÈME DE L'ÉQUILIBRE D'UN FIL.

206. L'analogie que nous avons signalée (III, § 40) entre le problème de l'équilibre d'un fil et celui du mouvement d'un point matériel permet d'opérer sur les équations du premier problème des transformations analogues à celles que l'on fait subir aux équations du mouvement d'un point. L'application de la méthode analytique de Jacobi à l'équilibre d'un fil a été faite par M. Appell dans les Comptes rendus de l'Académie des sciences du 12 mars 1885.

Supposons un fil libre, inextensible, sollicité par une force $F\,ds$ appliquée à l'arc $ds$; soient $X\,ds$, $Y\,ds$, $Z\,ds$ les composantes de cette force, rapportées à trois axes rectangulaires; soit $T$ la tension, $U$ la fonction des forces, c'est-à-dire l'intégrale (supposée existante) de la fonction différentielle $X\,dx + Y\,dy + Z\,dz$. Les équations d'équilibre seront

$$(1)\quad \begin{cases} \dfrac{d}{ds}\left(T\dfrac{dx}{ds}\right) + X = 0 \cdot \\[2mm] \dfrac{d}{ds}\left(T\dfrac{dy}{ds}\right) + Y = 0 \cdot \\[2mm] \dfrac{d}{ds}\left(T\dfrac{dz}{ds}\right) + Z = 0 \cdot \end{cases}$$

On en déduit, en multipliant la première équation par $dx$, la seconde par $dy$, la troisième par $dz$, et ajoutant,

$$dT + dU = 0,$$

ou bien, en intégrant,

$$(2)\qquad\qquad T = -(U + h),$$

$h$ désignant une constante arbitraire.

Prenons une nouvelle variable $\sigma$, définie par la relation

$$(3)\qquad\qquad \frac{ds}{d\sigma} = T.$$

Cette équation transforme l'équation $\dfrac{d}{ds}\left(T\dfrac{dx}{ds}\right) + X = 0$

en

$$\frac{d}{T\,d\sigma}\left(\frac{dx}{d\sigma}\right) + X = 0,$$

ou bien

$$\frac{d^2x}{d\sigma^2} + XT = 0.$$

On a de même

$$\frac{d^2y}{d\sigma^2} + YT = 0,$$

$$\frac{d^2z}{d\sigma^2} + ZT = 0.$$

c'est-à-dire

$$(4)\qquad \begin{cases} \dfrac{d^2x}{d\sigma^2} = -\,TX, \\[2mm] \dfrac{d^2y}{d\sigma^2} = -\,TY, \\[2mm] \dfrac{d^2z}{d\sigma^2} = -\,TZ. \end{cases}$$

Remplaçons T par $-\,(U + h)$ et X par $\dfrac{dU}{dx}$. On voit que le produit $-\,TX$
sera égal à

$$U + h\,\frac{dU}{dx} = \frac{d}{dx}\left(\frac{1}{2}\,U + h^2\right).$$

De même $-\,TY$, $-\,TZ$ se remplacent par les dérivées partielles de $\dfrac{1}{2}\,(U + h)^2$
par rapport à $y$ et à $z$.

Posons donc $V = \dfrac{1}{2}(U + h)^2$. On aura les équations

$$(5)\qquad \begin{cases} \dfrac{d^2x}{d\sigma^2} = \dfrac{dV}{dx}, \\[2mm] \dfrac{d^2y}{d\sigma^2} = \dfrac{dV}{dy}, \\[2mm] \dfrac{d^2z}{d\sigma^2} = \dfrac{dV}{dz}. \end{cases}$$

équations analogues à celles du mouvement d'un point (§ 159).

On cherchera une fonction $\Theta$ des coordonnées $x$, $y$, $z$, telle qu'on ait

$$(6)\qquad \begin{cases} \dfrac{dx}{d\sigma} = \dfrac{d\Theta}{dx}, \\[2mm] \dfrac{dy}{d\sigma} = \dfrac{d\Theta}{dy}, \\[2mm] \dfrac{dz}{d\sigma} = \dfrac{d\Theta}{dz}. \end{cases}$$

On en déduit

$$\frac{d^2x}{d\tau^2} = \frac{d}{d\tau}\left(\frac{dx}{d\tau}\right) = \frac{1}{d\tau}\,d\left(\frac{d\Theta}{dx}\right) = \frac{1}{d\tau}\left(\frac{d\,\frac{d\Theta}{dx}}{dx}\,dx + \frac{d\,\frac{d\Theta}{dx}}{dy}\,dy + \frac{d\,\frac{d\Theta}{dx}}{dz}\,dz\right)$$

$$= \frac{d\,\frac{d\Theta}{dx}}{dx}\,\frac{d\Theta}{dx} + \frac{d\,\frac{d\Theta}{dx}}{dy}\,\frac{d\Theta}{dy} + \frac{d\,\frac{d\Theta}{dx}}{dz}\,\frac{d\Theta}{dz}$$

$$= \frac{d\,\frac{d\Theta}{dx}}{dx}\,\frac{d\Theta}{dx} + \frac{d\,\frac{d\Theta}{dy}}{dx}\,\frac{d\Theta}{dy} + \frac{d\,\frac{d\Theta}{dz}}{dx}\,\frac{d\Theta}{dz}$$

$$= \frac{1}{2}\frac{d}{dx}\left[\left(\frac{d\Theta}{dx}\right)^2 + \left(\frac{d\Theta}{dy}\right)^2 + \left(\frac{d\Theta}{dz}\right)^2\right] = \frac{dV}{dx}.$$

On aurait de même

$$\frac{1}{2}\frac{d}{dy}\left[\left(\frac{d\Theta}{dx}\right)^2 + \left(\frac{d\Theta}{dy}\right)^2 + \left(\frac{d\Theta}{dz}\right)^2\right] = \frac{dV}{dy},$$

$$\frac{1}{2}\frac{d}{dz}\left[\left(\frac{d\Theta}{dx}\right)^2 + \left(\frac{d\Theta}{dy}\right)^2 + \left(\frac{d\Theta}{dz}\right)^2\right] = \frac{dV}{dz}.$$

et ces trois équations peuvent être fondues en une seule, en les ajoutant après les avoir multipliées respectivement par $dx$, $dy$, $dz$. Il vient l'équation aux dérivées partielles du premier ordre

$$\frac{1}{2}\left[\left(\frac{d\Theta}{dx}\right)^2 + \left(\frac{d\Theta}{dy}\right)^2 + \left(\frac{d\Theta}{dz}\right)^2\right] = V + A.$$

A désignant une constante arbitraire, qu'on peut supposer égale à zéro. L'équation prend alors la forme

$$(7) \qquad \left(\frac{d\Theta}{dx}\right)^2 + \left(\frac{d\Theta}{dy}\right)^2 + \left(\frac{d\Theta}{dz}\right)^2 = 2V = (U + h)^2.$$

On aura à intégrer cette équation (7). L'intégrale complète contiendra trois constantes arbitraires, et sera de la forme

$$(8) \qquad \Theta(x, y, z, \alpha, \beta, h) = C,$$

en appelant $\alpha$ et $\beta$ deux constantes, distinctes de la constante $h$ qui appartient à la fonction des forces, et de la constante $c$ à laquelle on égale la fonction $\Theta$.

Les dérivées partielles $\dfrac{d\Theta}{dx}$, $\dfrac{d\Theta}{dy}$, $\dfrac{d\Theta}{dz}$ feront connaître, en vertu des équations (6). les quantités $\frac{dx}{d\sigma}$, $\frac{dy}{d\sigma}$, $\frac{dz}{d\sigma}$, c'est-à-dire les composantes $T\frac{dx}{ds}$, $T\frac{dy}{ds}$, $T\frac{dz}{ds}$ de la tension. Quant aux équations d'équilibre qui définissent la forme du fil, on les obtiendra en　égalant à des constantes arbitraires les deux dérivées partielles

$$\frac{d\Theta}{d\alpha}, \qquad \frac{d\Theta}{d\beta},$$

de la fonction $\Theta$ par rapport aux arbitraires $\alpha$, $\beta$, introduites par l'intégration. On reconnaît en effet facilement, en suivant la marche indiquée § 140. que ces fonctions restent constantes pour toute valeur de $\sigma$. M. Appell a étendu cette méthode au cas où le fil est assujetti à certaines liaisons, par exemple à rester appliqué sur une surface.

SUR LE MOUVEMENT DE ROTATION D'UN SOLIDE DE RÉVOLUTION
AUTOUR D'UN POINT FIXE.

207. Nous avons ramené à la forme canonique (§ 167) les équations du mouvement d'un solide autour d'un point fixe O.

Ces équations peuvent être intégrées à l'aide des fonctions elliptiques lorsque la fonction des forces U est nulle. On retombe alors en effet sur le cas traité dans le théorème de Poinsot, et l'on a vu (III, § 280) que ce cas conduisait à des intégrales elliptiques.

M. F. Tisserand a fait voir que cette solution par les fonctions elliptiques peut être appliquée au mouvement du globe terrestre autour de son centre de gravité, en supposant, d'une part, que la sphéroïde terrestre soit un ellipsoïde de révolution et, d'autre part, qu'on se borne à prendre, dans la série qui exprime la fonction des forces, U, les premiers termes du développement. (Voy. Comptes rendus de l'Académie des sciences 20 juillet 1885.)

INDICATIONS BIBLIOGRAPHIQUES.

208. Pour terminer ce livre consacré à la mécanique analytique, nous citerons quelques ouvrages où les mêmes sujets se trouvent traités, et qui montreront les diverses méthodes suivies par de grands géomètres dans la solution de ces problèmes :

Lagrange, *Mécanique analytique*. Section VII, § 2, variations des éléments des planètes produites par les forces perturbatrices ; — section IX, sur le mouvement de rotation ;

**Laplace**, *Mécanique céleste*. 1re partie. Livre II, chapitres v, vi, vii et viii, théorie des perturbations et méthode des approximations successives.

**Legendre**, *Théorie des fonctions elliptiques*, tome I. Applications à la mécanique. Problème du mouvement d'un solide autour d'un point fixe, du mouvement d'un point attiré vers deux centres fixes; attraction des ellipsoïdes; orbite décrite sous l'action d'une force centrale donnée.

# LIVRE IV

## MÉCANIQUE VIBRATOIRE

---

## INTRODUCTION

---

INTÉGRATION DES ÉQUATIONS DIFFÉRENTIELLES AUXQUELLES CONDUIT LE PROBLÈME.

209. Lorsqu'un point matériel M, de masse $m$, attiré par un centre fixe, O, proportionnellement à la distance MO, parcourt une droite OA, le mouvement oscillatoire du point M est la projection sur la direction OA du mouvement d'un point P qui parcourrait uniformément une circonférence décrite du point O comme centre avec un rayon OA égal à la

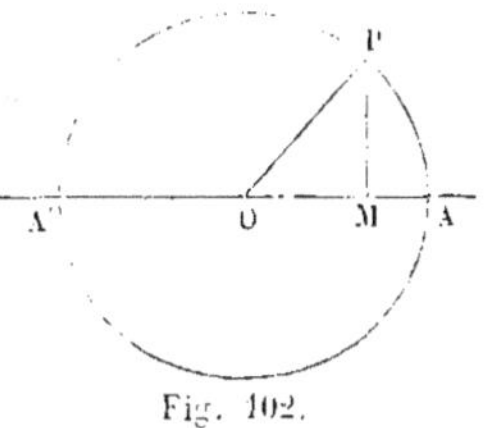

Fig. 102.

demi-excursion du point en mouvement. L'équation du mouvement est

$$x = \text{R} \cos \omega t,$$

R représentant le rayon OA, $t$ le temps, $x$ la distance OM, et $\omega$ un coefficient constant, égal à la vitesse angulaire du rayon mobile OP autour du point O. L'équation différentielle du même mouvement est

$$m\,\frac{d^2 x}{dt^2} = -\text{K}x,$$

K représentant un nombre positif, et l'identification des deux équations donne entre les coefficients K et $\omega$ la relation $\text{K} = m\omega^2$.

La théorie des mouvements vibratoires peut être regardée comme la généralisation de ce résultat élémentaire. Avant de l'exposer, nous rappellerons la méthode d'intégration des équations linéaires simultanées auxquelles conduit l'analyse du problème.

210. Pour fixer les idées, nous prendrons comme exemple l'intégration de trois équations simultanées, que nous supposerons sous la forme

$$(1) \qquad \begin{cases} \dfrac{d^2\alpha}{dt^2} = H + A\alpha + B\beta + C\gamma, \\[2mm] \dfrac{d^2\beta}{dt^2} = H' + A'\alpha + B'\beta + C'\gamma. \\[2mm] \dfrac{d^2\gamma}{dt^2} = H'' + A''\alpha + B''\beta + C''\gamma, \end{cases}$$

$H, H', H'', A, A', A'',\ldots C, C', C''$ étant des constantes données. La première préparation à faire subir à ce système consiste à changer de variables de manière à chasser les termes constants, $H, H', H''$. Pour cela on déterminera trois nombres $\alpha_1, \beta_1, \gamma_1$, qui satisfassent aux équations

$$(2) \qquad \begin{cases} A\alpha_1 + B\beta_1 + C\gamma_1 = -H, \\ A'\alpha_1 + B'\beta_1 + C'\gamma_1 = -H', \\ A''\alpha_1 + B''\beta_1 + C''\gamma_1 = -H'', \end{cases}$$

et on posera

$$(3) \qquad \alpha = \alpha_1 + \alpha', \qquad \beta = \beta_1 + \beta', \qquad \gamma = \gamma_1 + \gamma',$$

$\alpha', \beta', \gamma'$ étant de nouvelles variables. On en déduit

$$\frac{d^2\alpha}{dt^2} = \frac{d^2\alpha'}{dt^2}, \qquad \frac{d^2\beta}{dt^2} = \frac{d^2\beta'}{dt^2}, \qquad \frac{d^2\gamma}{dt^2} = \frac{d^2\gamma'}{dt^2},$$

et substituant dans les équations (1), on les ramène, en vertu des équations (2), à la forme

$$(4) \qquad \begin{cases} \dfrac{d^2\alpha'}{dt^2} = A\alpha' + B\beta' + C\gamma' \\[2mm] \dfrac{d^2\beta'}{dt^2} = A'\alpha' + B'\beta' + C'\gamma' \\[2mm] \dfrac{d^2\gamma'}{dt^2} = A''\alpha' + B''\beta' + C''\gamma'. \end{cases}$$

Nous avons supposé que les valeurs de $\alpha_1, \beta_1, \gamma_1$ fournies par le système des équations (2) étaient bien déterminées, ou, ce qui revient au même, que le déterminant

$$(5) \qquad \begin{vmatrix} A & B & C \\ A' & B' & C' \\ A'' & B'' & C'' \end{vmatrix}$$

était différent de zéro. S'il en est autrement, le changement de variables ne peut s'opérer, car on trouverait pour $\alpha_1, \beta_1, \gamma_1$ des valeurs infinies, à moins que l'une des trois équations (2) ne rentrât dans les deux autres, auquel cas l'un des nombres $\alpha_1, \beta_1, \gamma_1$ serait arbitraire. Nous exclurons ces divers cas particuliers, et nous admettrons dans ce qui suit que le déterminant (5) n'est pas nul, ce qui assigne aux inconnues $\alpha_1$, $\beta_1$, $\gamma_1$ des valeurs finies et déterminées.

211. On pourra ainsi faire disparaître les termes constants, et ramener le système d'équations données à la forme

$$(1) \quad \begin{cases} \dfrac{d^2\alpha}{dt^2} = A\alpha + B\beta + C\gamma, \\[2mm] \dfrac{d^2\beta}{dt^2} = A'\alpha + B'\beta + C'\gamma, \\[2mm] \dfrac{d^2\gamma}{dt^2} = A''\alpha + B''\beta + C''\gamma. \end{cases}$$

Ces équations étant du second ordre, entre trois fonctions $\alpha$, $\beta$, $\gamma$, les intégrales générales du système (6) seront au nombre de trois, et devront contenir six constantes arbitraires ; les équations données étant d'ailleurs linéaires, si l'on en connait six solutions distinctes, savoir

$$\begin{aligned} &\alpha = \alpha_0, \quad &\alpha = \alpha_1, \text{ et ainsi de suite jusqu'à } &\alpha = \alpha_5, \\ &\beta = \beta_0, \quad &\beta = \beta_1, \quad &\beta = \beta_5, \\ &\gamma = \gamma_0, \quad &\gamma = \gamma_1, \quad &\gamma = \gamma_5, \end{aligned}$$

on obtiendra la solution générale en posant

$$(7) \quad \begin{cases} \alpha = L\alpha_0 + M\alpha_1 + N\alpha_2 + \ldots + R\alpha_5, \\ \beta = L\beta_0 + M\beta_1 + N\beta_2 + \ldots + R\beta_5, \\ \gamma = L\gamma_0 + M\gamma_1 + N\gamma_2 + \ldots + R\gamma_5, \end{cases}$$

L, M,... R étant six constantes arbitraires. Le problème est donc ramené à découvrir les six intégrales particulières $(\alpha_0, \beta_0, \gamma_0), \ldots (\alpha_5, \beta_5, \gamma_5)$. On peut y parvenir en employant soit les fonctions exponentielles, soit les fonctions circulaires.

Posons d'abord

$$(8) \quad \begin{cases} \alpha = \rho e^{rt}, \\ \beta = \rho' e^{rt}, \\ \gamma = \rho'' e^{rt}, \end{cases}$$

$r$, $\rho$, $\rho'$, $\rho''$ étant des nombres constants que nous allons déterminer. On remarquera que $\alpha$, $\beta$, $\gamma$ sont respectivement proportionnels à $\rho$, $\rho'$, $\rho''$. De là on déduit

$$(9) \quad \begin{cases} \dfrac{d^2\alpha}{dt^2} = \rho r^2 e^{rt} = r^2\alpha, \\[2mm] \dfrac{d^2\beta}{dt^2} = \rho' r^2 e^{rt} = r^2\beta, \\[2mm] \dfrac{d^2\gamma}{dt^2} = \rho'' r^2 e^{rt} = r^2\gamma. \end{cases}$$

Substituons les valeurs (8) et (9) dans le système (6) ; on aura entre les variables $\alpha$, $\beta$, $\gamma$ et l'inconnue $r$ les trois relations

$$(10) \quad \begin{cases} r^2\alpha = A\alpha + B\beta + C\gamma, \\ r^2\beta = A'\alpha + B'\beta + C'\gamma, \\ r^2\gamma = A''\alpha + B''\beta + C''\gamma, \end{cases}$$

ou bien

$$(11) \quad \begin{cases} (A - r^2)\alpha + B\beta + C\gamma = 0, \\ A'\alpha + (B' - r^2)\beta + C'\gamma = 0, \\ A''\alpha + B''\beta + (C'' - r^2)\gamma = 0. \end{cases}$$

Ces trois équations, homogènes par rapport à $\alpha$, $\beta$, $\gamma$, permettent d'éliminer les rapports $\frac{\beta}{\alpha}$, $\frac{\gamma}{\alpha}$ de deux des variables à la troisième. L'équation finale s'obtiendra en égalant à zéro le déterminant des coefficients de $\alpha$, $\beta$, $\gamma$, ce qui donne l'équation

$$(12) \quad \begin{vmatrix} A - r^2, & B, & C \\ A', & B' - r^2, & C' \\ A'', & B'', & C'' - r^2 \end{vmatrix} = 0.$$

L'équation (12) est du troisième degré en $r^2$ ; elle donnera généralement pour $r$ six valeurs, égales deux à deux au signe près, que nous représenterons par $\pm r_0$, $\pm r_1$, $\pm r_2$. Chacune des trois valeurs de $r^2$, substituée dans les équations (11), déterminera en général les deux rapports $\frac{\beta}{\alpha}$, $\frac{\gamma}{\alpha}$, ou, ce qui revient au même, les rapports $\frac{\rho'}{\rho}$, $\frac{\rho''}{\rho}$, de sorte que nous pourrons obtenir trois systèmes de valeurs des coefficients $\rho$, $\rho'$, $\rho''$, savoir

$$\begin{array}{llll} \rho_0, & \rho'_0, & \rho''_0 & \text{correspondant aux racines } r = \pm r_0, \\ \rho_1, & \rho'_1, & \rho''_1 & \text{»} \quad\quad\quad\quad r = \pm r_1, \\ \rho_2, & \rho'_2, & \rho''_2 & \text{»} \quad\quad\quad\quad r = \pm r_2. \end{array}$$

Dans chaque rangée, l'un des coefficients $\rho$, restant arbitraire, se confondra avec la constante par laquelle on devra multiplier l'intégrale particulière pour la faire entrer dans l'intégrale générale.

On a par ce moyen les six solutions préparatoires

$$\begin{array}{lll} \alpha = \rho_0 e^{r_0 t}, & \alpha = \rho_1 e^{r_1 t}, & \alpha = \rho_2 e^{r_2 t}, \\ \alpha = \rho_0 e^{-r_0 t}, & \alpha = \rho_1 e^{-r_1 t}, & \alpha = \rho_2 e^{-r_2 t}, \\ \beta = \rho'_0 e^{r_0 t}, & \beta = \rho'_1 e^{r_1 t}, & \beta = \rho'_2 e^{r_2 t}, \\ \beta = \rho'_0 e^{-r_0 t}, & \beta = \rho'_1 e^{-r_1 t}, & \beta = \rho'_2 e^{-r_2 t}, \\ \gamma = \rho''_0 e^{r_0 t}, & \gamma = \rho''_1 e^{r_1 t}, & \gamma = \rho''_2 e^{r_2 t}, \\ \gamma = \rho''_0 e^{-r_0 t}, & \gamma = \rho''_1 e^{-r_1 t}, & \gamma = \rho''_2 e^{-r_2 t}. \end{array}$$

On en déduit l'intégrale générale

$$(13) \quad \begin{cases} \alpha = \rho_0 \left( L e^{r_0 t} + M e^{-r_0 t} \right) + \rho_1 \left( N e^{r_1 t} + P e^{-r_1 t} \right) \\ \qquad + \rho_2 \left( Q e^{r_2 t} + R e^{-r_2 t} \right), \\ \beta = \rho'_0 \left( L e^{r_0 t} + M e^{-r_0 t} \right) + \rho'_1 \left( N e^{r_1 t} + P e^{-r_1 t} \right) \\ \qquad + \rho'_2 \left( Q e^{r_2 t} + R e^{-r_2 t} \right), \\ \gamma = \rho''_0 \left( L e^{r_0 t} + M e^{-r_0 t} \right) + \rho''_1 \left( N e^{r_1 t} + P e^{-r_1 t} \right) \\ \qquad + \rho''_2 \left( Q e^{r_2 t} + R e^{-r_2 t} \right), \end{cases}$$

avec les six constantes arbitraires, L, M,... R.

212. La solution peut s'obtenir aussi à l'aide des lignes trigonométriques.

Au lieu de chercher six intégrales particulières sans constantes arbitraires, puis de former l'intégrale générale par l'addition de ces six fonctions, nous chercherons trois intégrales contenant chacune une constante arbitraire, et la solution s'obtiendra en ajoutant ces trois intégrales, multipliées chacune par un coefficient pris arbitrairement. Le nombre nécessaire de constantes se retrouvera ainsi dans la solution définitive.

Posons

$$(14) \quad \begin{cases} \alpha = \rho \sin (\mu t + \varphi), \\ \beta = \rho' \sin (\mu t + \varphi), \\ \gamma = \rho'' \sin (\mu t + \varphi), \end{cases}$$

où $\mu$, $\rho$, $\rho'$ $\rho''$ sont des nombres à déterminer, et $\varphi$ un arc arbitraire. La différentiation nous donnera

$$(15) \quad \begin{cases} \dfrac{d^2 \alpha}{dt^2} = - \rho \mu^2 \sin (\mu t + \varphi) = - \mu^2 \alpha, \\ \dfrac{d^2 \beta}{dt^2} = - \mu^2 \beta, \\ \dfrac{d^2 \gamma}{dt^2} = - \mu^2 \gamma. \end{cases}$$

Substituant dans (6), il vient

$$(16) \quad \begin{cases} - \mu^2 \alpha = A \alpha + B \beta + C \gamma, \\ - \mu^2 \beta = A' \alpha + B' \beta + C' \gamma, \\ - \mu^2 \gamma = A'' \alpha + B'' \beta + C'' \gamma. \end{cases}$$

On en déduit pour déterminer $\mu$.

$$(17) \quad \begin{vmatrix} A + \mu^2, & B, & C \\ A', & B' + \mu^2, & C' \\ A'', & B'', & C'' + \mu^2 \end{vmatrix} = 0,$$

équation du troisième degré en $\mu^2$, qui donnera en général pour $\mu$ six valeurs égales deux à deux au signe près ; soient $\pm \mu_0$, $\pm \mu_1$, $\pm \mu_2$ ces valeurs. On tirera des équations (15) les valeurs correspondantes des rapports $\frac{\beta}{\alpha}$, $\frac{\gamma}{\alpha}$, c'est-à-dire des rapports $\frac{\rho'}{\rho}$, $\frac{\rho''}{\rho}$. On devra prendre dans chaque groupe de racines égales en valeur absolue et de signes contraires, $\pm \mu_0$, $\pm \mu_1$, $\pm \mu_2$, l'une des deux racines à l'exclusion de l'autre, et l'on obtiendra l'intégrale générale en posant

$$(18) \begin{cases} \alpha = L \rho_0 \sin (\mu_0 t + \varphi) + M \rho_1 \sin (\mu_1 t + \varphi') + N \rho_2 \sin (\mu_2 t + \varphi''), \\ \beta = L \rho'_0 \sin (\mu_0 t + \varphi) + M \rho'_1 \sin (\mu_1 t + \varphi') + N \rho'_2 \sin (\mu_2 t + \varphi''), \\ \gamma = L \rho''_0 \sin (\mu_0 t + \varphi) + M \rho''_1 \sin (\mu_1 t + \varphi') + N \rho''_2 \sin (\mu_2 t + \varphi''). \end{cases}$$

La solution contient encore six constantes arbitraires, savoir les trois coefficients L, M, N, et les trois arcs $\varphi$, $\varphi'$ $\varphi''$.

Observons que l'équation (17), de laquelle on tire les valeurs de $\mu$, ne diffère de l'équation (12) que par le changement de $r^2$ en $-\mu^2$, ou de $r$ en $\mu \sqrt{-1}$. Si donc l'équation (12) donne pour $r$ deux racines imaginaires de la forme $\pm \lambda \sqrt{-1}$, l'équation (17) donnera pour $\mu$ deux racines réelles égales à $\pm \lambda$ ; de sorte qu'en adoptant l'une ou l'autre forme pour les termes de la solution, on pourra éviter les imaginaires dans l'intégrale générale.

213. Mais l'équation (12) peut avoir aussi des racines imaginaires de la forme $\xi + \alpha \sqrt{-1}$, ou encore des racines multiples. Ces deux cas particuliers doivent être examinés à part.

Soit d'abord $r_0 = \xi + \lambda \sqrt{-1}$. L'équation (12) admettra aussi la racine $- r_0 = - \xi - \lambda \sqrt{-1}$, puis les racines conjuguées des deux premières, soit $r_1 = \xi - \lambda \sqrt{-1}$, $- r_1 = - \xi + \lambda \sqrt{-1}$. Or

$$e^{r_0 t} = e^{\xi t} \times e^{\lambda t \sqrt{-1}} = e^{\xi t} \times (\cos \lambda t + \sqrt{-1} \sin \lambda t),$$
$$e^{- r_0 t} = e^{- \xi t} (\cos \lambda t - \sqrt{-1} \sin \lambda t),$$
$$e^{r_1 t} = e^{\xi t} (\cos \lambda t - \sqrt{-1} \sin \lambda t),$$
$$e^{- r_1 t} = e^{- \xi t} (\cos \lambda t + \sqrt{-1} \sin \lambda t).$$

Remplaçons aussi le coefficient $\rho_0$, qui peut être imaginaire, par le produit $\theta_0 (\cos \varphi_0 + \sqrt{-1} \sin \varphi_0)$, où $\theta_0$ est le *module* et $\varphi_0$ l'*argument* du nombre $\rho_0$ ; soit de même

$$L = \theta (\cos \varphi + \sqrt{-1} \sin \varphi),$$
$$M = \theta' (\cos \varphi' + \sqrt{-1} \sin \varphi').$$

Le facteur $\rho_1$ sera le conjugué de $\rho_0$, et par suite

$$\rho_1 = \theta_0 \left(\cos\varphi_0 - \sqrt{-1}\sin\varphi_0\right).$$

Prenons de même

$$N = \theta\left(\cos\varphi - \sqrt{-1}\sin\varphi\right),$$
$$P = \theta'\left(\cos\varphi' - \sqrt{-1}\sin\varphi'\right).$$

La substitution de ces valeurs dans les termes de $\alpha$ qui contiennent $r_0$ et $r_1$ [équations (13)], nous donnera

$$\theta_0\left(\cos\varphi_0 + \sqrt{-1}\sin\varphi_0\right)\left[\theta\left(\cos\varphi + \sqrt{-1}\sin\varphi\right)e^{\lambda t}\left(\cos\lambda t + \sqrt{-1}\sin\lambda t\right)\right.$$
$$\left. + \theta'\left(\cos\varphi' + \sqrt{-1}\sin\varphi'\right)e^{-\lambda t}\left(\cos\lambda t - \sqrt{-1}\sin\lambda t\right)\right]$$
$$+ \theta_0\left(\cos\varphi_0 - \sqrt{-1}\sin\varphi_0\right)\left[\theta\left(\cos\varphi - \sqrt{-1}\sin\varphi\right)e^{\lambda t}\left(\cos\lambda t - \sqrt{-1}\sin\lambda t\right)\right.$$
$$\left. + \theta'\left(\cos\varphi' - \sqrt{-1}\sin\varphi'\right)e^{-\lambda t}\left(\cos\lambda t + \sqrt{-1}\sin\lambda t\right)\right],$$

ce qui se réduit à

$$\theta_0\theta\, e^{\lambda t}\left[\cos(\lambda t + \varphi + \varphi_0) + \sqrt{-1}\sin(\lambda t + \varphi + \varphi_0)\right]$$
$$+ \theta_0\theta'e^{-\lambda t}\left[\cos(\lambda t - \varphi' - \varphi_0) - \sqrt{-1}\sin(\lambda t - \varphi' - \varphi_0)\right]$$
$$+ \theta_0\theta'e^{\lambda t}\left[\cos(\lambda t + \varphi + \varphi_0) - \sqrt{-1}\sin(\lambda t + \varphi - \varphi_0)\right]$$
$$+ \theta_0\theta'e^{-\lambda t}\left[\cos(\lambda t - \varphi' - \varphi_0) + \sqrt{-1}\sin(\lambda t - \varphi' - \varphi_0)\right],$$

ou encore à la fonction réelle

$$2e^{\lambda t}\left[\theta_0\theta\cos(\lambda t + \varphi + \varphi_0)\right] + 2e^{-\lambda t}\left[\theta_0\theta'\cos(\lambda t - \varphi' - \varphi_0)\right],$$

fonction qui peut se mettre sous la forme

$$L e^{\lambda t}\cos(\lambda t + \psi) + M e^{-\lambda t}\cos(\lambda t + \psi');$$

elle contient quatre arbitraires distinctes, $L, M, \psi, \psi'$, et a par conséquent le même degré de généralité que les quatre termes dont elle tient la place. On peut changer les cosinus en sinus, car cela revient à ajouter un quadrant à la constante arbitraire $\psi$ et à changer le signe du facteur arbitraire $L$.

214. Supposons ensuite que l'équation (12) ait des racines égales, qu'on ait par exemple $r_0 = r_1$. Alors les termes en $r_0$ et $r_1$ de la solution générale (13) se fondent l'un dans l'autre, et l'intégrale ainsi formée ne contient plus le nombre demandé de constantes arbitraires.

On tourne cette difficulté en posant d'abord $r_1 = r_0 + h$, et en supposant $h$ infiniment petit, après avoir développé les exponentielles en séries.

On a en effet

$$e^{r_1 t} = e^{r_0 t + h t} = e^{r_0 t}\, e^{h t} = e^{r_0 t}\left(1 + \frac{ht}{1} + \frac{h^2 t^2}{1.2} + \cdots\right).$$

Multipliant par la constante $\rho_1\,N$, il viendra

$$\rho_1 Ne^{r_0 t} + \rho_1 Ne^{r_0 t}\,\frac{hl}{1} + \text{des termes contenant } h^2,\ h^3,\ \ldots$$

Le premier terme se confond avec le terme $\rho_0\,L\,e^{r_0 t}$ ; le second prend la forme $\rho_1\,N'\,e^{r_0 t}t$, en remplaçant le produit $Nh$ par une nouvelle constante $N'$. Les termes suivants contenant en facteur $Nh^2$, $Nh^3$,... ou bien $N'h$, $N'h^2$,... s'annuleront à la fois quand on y fera $h$ infiniment petit ; de sorte que l'on peut substituer à l'ensemble des termes

$$\rho_0\left(Le^{r_0 t} + Me^{-r_0 t}\right) + \rho_1\left(Ne^{r_1 t} + Pe^{-r_1 t}\right),$$

la somme suivante, où les constantes ne se confondent plus,

$$\rho_0\left(Le^{r_0 t} + Me^{-r_0 t}\right) + \rho_0\left(Ne^{r_0 t} + Pe^{-r_0 t}\right)\,t\,.$$

Nous y avons fait $\rho_1 = \rho_0$, parce que $r_0$ et $r_1$ sont supposés égaux.

Le cas où $r$ serait racine triple se traiterait de même : cette supposition introduirait dans la solution un nouveau terme de la forme $\rho_0\,L\,e^{\pm r_0 t}\,t^2$. Plus généralement, une racine multiple $r_0$, du degré $k$ de multiplicité, introduit dans la solution des termes contenant en facteurs des expressions de la forme $Le^{\pm r_0 t}\,t^\omega$, $\omega$ prenant toutes les valeurs entières $0, 1,..., k-1$.

Enfin si cette racine multiple était imaginaire, le groupement des termes conjugués dans la solution générale conduirait, grâce à un choix convenable des constantes arbitraires, à faire disparaître les imaginaires, en introduisant en facteurs des lignes trigonométriques.

RÉSUMÉ DE LA SOLUTION GÉNÉRALE.

**215.** En résumé, la solution la plus générale des équations données peut contenir des termes réels, des formes suivantes :

1° A deux racines réelles, $\pm\,r_0$ de l'équation (12), correspondent deux termes contenant en facteur les exponentielles $e^{\pm r_0 t}$ ;

2° A deux racines imaginaires de la forme $\pm\,\alpha\sqrt{-1}$, un terme contenant en facteur $\sin(\alpha t + \varphi)$, $\varphi$ étant un arc arbitraire ;

3° A quatre racines imaginaires des formes $\pm\,\xi \mp \alpha\sqrt{-1}$, deux termes contenant en facteurs, l'un $e^{\xi t} \times \sin(\alpha t + \varphi)$, l'autre $e^{-\xi t}\sin(\alpha t + \varphi')$, $\varphi$ et $\varphi'$ étant des arcs arbitraires ;

4° Enfin aux racines multiples de l'équation en $r$, des termes contenant des facteurs de la forme $e^{rt} \times t^\omega$, $\omega$ étant un entier, ces termes pouvant aussi contenir des lignes trigonométriques introduites pour chasser les imaginaires.

Ces différentes sortes de termes se partagent en deux classes distinctes. La première classe contient les termes de la forme $L \sin (\alpha t + \mu)$ ; la seconde, les termes de toutes les autres formes, qui ont pour caractère commun de renfermer des exponentielles ou des puissances entières de $t$. Comme d'ailleurs au terme contenant l'exponentielle $e^{+rt}$ correspond un autre terme contenant l'exponentielle $e^{-rt}$, il est certain qu'à moins d'une détermination particulière des facteurs arbitraires par lesquels ces termes sont multipliés, l'ensemble des termes de la seconde classe croit indéfiniment avec le temps $t$. La première classe, au contraire, contient des termes périodiques, dont les valeurs restent comprises entre des limites finies, quelque valeur qu'on attribue aux constantes arbitraires. La condition nécessaire et suffisante pour que les intégrales générales soient composées de termes périodiques est donc que toutes les racines de l'équation (12) soient inégales et imaginaires de la forme $\pm \alpha \sqrt{-1}$, ou, ce qui revient au même, que l'équation (17) ait toutes ses racines réelles et inégales.

Les méthodes que nous venons d'exposer sont générales, quel que soit le nombre des équations données ; si l'on a, par exemple, $n$ équations du second ordre, contenant linéairement $n$ variables $\alpha$, $\beta$, $\gamma$,..., l'intégrale générale aura la forme

$$\alpha = \sum L \sin (\lambda t + \varphi),$$

la somme $\sum$ comprenant $n$ termes semblables ; les valeurs de $\lambda$ sont déduites de l'équation qu'on obtient en égalant à zéro le déterminant à $n^2$ termes

$$\begin{vmatrix} A + \lambda^2, & B, & C, \dots \\ A', & B' + \lambda^2, & C', \dots \\ A'', & B'', & C'' + \lambda^2, \dots \\ \dots & \dots & \dots \end{vmatrix} = 0;$$

elles doivent être toutes réelles et inégales.

# CHAPITRE PREMIER

## DU MOUVEMENT OSCILLATOIRE D'UN SYSTÈME DE POINTS AUTOUR D'UNE POSITION D'ÉQUILIBRE.

216. Considérons un système formé de $n$ points matériels assujettis à certaines liaisons. Appelons $x_1$, $y_1$, $z_1$, les coordonnées d'un point de masse $m_1$, $x_2$, $y_2$, $z_2$, celles du point $m_2,\ldots x_n$, $y_n$, $z_n$, celles du point $m_n$. Le premier point est soumis à l'action d'une force $X_1$, $Y_1$, $Z_1$, le second à l'action d'une force $X_2$, $Y_2$, $Z_2,\ldots$, le $n^{ième}$ à la force $X_n$, $Y_n$, $Z_n$. Entre les coordonnées de ces $n$ points, nous supposerons qu'il y ait $k$ relations, exprimant les liaisons auxquelles est assujetti le système. Ce sont les équations

$$(1) \qquad \left\{ \begin{array}{l} L_1 = 0, \\ L_2 = 0, \\ \vdots \\ L_k = 0. \end{array} \right.$$

Nous supposons aussi les forces $X$, $Y$, $Z$, exprimées par des fonctions des coordonnés $s$, $x$, $y$ et $z$, des divers points, indépendamment du temps et des vitesses.

L'équation générale du mouvement du système sera

$$(2) \qquad \sum_{i=1}^{i=n} \left[ \left( X_i - m_i \frac{d^2 x_i}{dt^2} \right) \delta x_i + \left( Y_i - m_i \frac{d^2 y_i}{dt^2} \right) \delta y_i \right.$$
$$\left. + \left( Z_i - m_i \frac{d^2 z_i}{dt^2} \right) \delta z_i \right] = 0,$$

les variations $\delta$ devant satisfaire aux équations des liaisons, c'est-à-dire au groupe

$$(4)\quad\begin{cases}\dfrac{dL_1}{dx_1}\delta x_1 + \dfrac{dL_1}{dy_1}\delta y_1 + \dfrac{dL_1}{dz_1}\delta z_1 + \dfrac{dL_1}{dx_2}\delta x_2 + \cdots = 0,\\[2mm]\dfrac{dL_2}{dx_1}\delta x_1 + \dfrac{dL_2}{dy_1}\delta y_1 + \dfrac{dL_2}{dz_1}\delta z_1 + \cdots = 0,\\[2mm]\vdots\\[2mm]\dfrac{dL_k}{dx_1}\delta x_1 + \cdots = 0.\end{cases}$$

Supposons que, pour des valeurs particulières des coordonnées $x_1 = a_1$. $y_1 = b_1$, $z_1 = c_1$, $x_2 = a_2$, $y_2 = b_2$, $z_2 = c_2$,... $x_n = a_n$, $y_n = b_n$, $z_n = c_n$, le système soit dans une position d'équilibre stable. Les forces X, Y, Z, prendront dans cette position certaines valeurs que nous représenterons par les lettres A, B, C, affectées des mêmes indices.

Proposons-nous d'étudier le mouvement du système aux environs de cette position, lorsqu'on l'en écarte infiniment peu. L'équilibre étant stable, l'écart ne dépassera jamais une limite très étroite, et si nous posons d'une manière générale

$$(2)\quad\begin{cases}x_i = a_i + \alpha_i,\\[1mm]y_i = b_i + \beta_i,\\[1mm]z_i = c_i + \gamma_i,\end{cases}$$

les quantités $\alpha_i$, $\beta_i$, $\gamma_i$, resteront elles-mêmes très petites.

Nous développerons les diverses fonctions qui entrent dans le calcul en séries ordonnées suivant les puissances ascendantes des quantités $\alpha$, $\beta$, $\gamma$, et comme ces quantités sont très-petites, nous nous contenterons des termes qui les contiennent au premier degré. Soit, en général,

$$F(x_1,\, y_1,\, z_1,\, \ldots,\, x_i,\, y_i,\, z_i,\, \ldots,\, x_n,\, y_n,\, z_n)$$

une fonction donnée des coordonnées ; on pourra, en remplaçant $x$ par $a + \alpha$, $y$ par $b + \beta$, $z$ par $c + \gamma$, la mettre sous la forme

$$(3)\quad F = F(a_1,\, b_1,\, c_1,\, \ldots,\, a_i,\, b_i,\, c_i,\, \ldots,\, a_n,\, b_n,\, c_n)$$
$$+ \frac{dF}{da_1}\alpha_1 + \frac{dF}{db_1}\beta_1 + \frac{dF}{dc_1}\gamma_1 + \cdots + \frac{dF}{da_i}\alpha_i + \frac{dF}{db_i}\beta_i + \frac{dF}{dc_i}\gamma_i$$
$$+ \cdots + \frac{dF}{dc_n}\gamma_n.$$

Nous représentons par les symboles $\dfrac{dF}{da}$, $\dfrac{dF}{db}$, $\dfrac{dF}{dc}$.... les résultats que l'on obtient en remplaçant $x$ par $a$, $y$ par $b$, $z$ par $c$ dans les dérivées partielles

$\dfrac{dF}{dx}$, $\dfrac{dF}{dy}$, $\dfrac{dF}{dz}$, .. de la fonction F. Le développement de la fonction, arrêté aux termes du premier degré en $\alpha$, $\beta$, $\gamma$, revient à traiter ces dernières quantités comme des différentielles.

Appliquons ce développement aux fonctions X, Y, Z, qui représentent les forces. Nous aurons d'une manière générale

$$(6) \quad \begin{cases} X_i = A_i + \dfrac{dX_i}{da_1}\alpha_1 + \dfrac{dX_i}{db_1}\beta_1 + \dfrac{dX_i}{dc_1}\gamma_1 + \cdots + \dfrac{dX_i}{dc_n}\gamma_n, \\[2mm] Y_i = B_i + \dfrac{dY_i}{da_1}\alpha_1 + \dfrac{dY_i}{db_1}\beta_1 + \cdots\cdots + \dfrac{dY_i}{dc_n}\gamma_n, \\[2mm] Z_i = C_i + \dfrac{dZ_i}{da_1}\alpha_1 + \dfrac{dZ_i}{db_1}\beta_1 + \cdots\cdots + \dfrac{dZ_i}{dc_n}\gamma_n. \end{cases}$$

Les équations (1), satisfaites par les solutions $x = a$, $y = b$, $z = c$, et par les solutions $x = a + \alpha$, $y = b + \beta$, $z = c + \gamma$, entraînent entre les nouvelles variables $\alpha$, $\beta$, $\gamma$, le groupe de $k$ équations

$$(7) \quad \begin{cases} \dfrac{dL_1}{da_1}\alpha_1 + \dfrac{dL_1}{db_1}\beta_1 + \dfrac{dL_1}{dc_1}\gamma_1 + \cdots = 0, \\[2mm] \dfrac{dL_2}{da_1}\alpha_1 + \dfrac{dL_2}{db_1}\beta_1 + \cdots\cdots = 0, \\[1mm] \vdots \\[1mm] \dfrac{dL_k}{da_1}\alpha_1 + \dfrac{dL_k}{db_1}\beta_1 + \cdots\cdots = 0. \end{cases}$$

Ce dernier groupe se déduirait du groupe (3) en y changeant $x$, $y$, $z$, en $a$, $b$, $c$, et $\delta x$, $\delta y$, $\delta z$, en $\alpha$, $\beta$, $\gamma$.

Nous pouvons aussi appliquer la formule (5) aux coefficients des variations dans les équations (3), ce qui nous donnera les relations générales

$$(8) \quad \begin{cases} \dfrac{dL_j}{dx_i} = \dfrac{dL_j}{da_i} + \dfrac{d^2L_j}{da_i da_1}\alpha_1 + \dfrac{d^2L_j}{da_i db_1}\beta_1 + \dfrac{d^2L_j}{da_i dc_1}\gamma_1 + \cdots, \\[2mm] \dfrac{dL_j}{dy_i} = \dfrac{dL_j}{db_i} + \dfrac{d^2L_j}{db_i da_1}\alpha_1 + \dfrac{d^2L_j}{db_i db_1}\beta_1 + \dfrac{d^2L_j}{db_i dc_1}\gamma_1 + \cdots, \\[2mm] \dfrac{dL_j}{dz_i} = \dfrac{dL_j}{dc_i} + \dfrac{d^2L_j}{dc_i da_1}\alpha_1 + \dfrac{d^2L_j}{dc_i db_1}\beta_1 + \dfrac{d^2L_j}{dc_i dc_1}\gamma_1 + \cdots, \end{cases}$$

équations qui permettent d'exprimer les coefficients des $\delta x$, $\delta y$, $\delta z$, dans les équations (3), en fonction des variables $\alpha$, $\beta$, $\gamma$.

La différentiation des équations (4), dans lesquelles les quantités $a$, $b$, $c$, sont indépendantes du temps, nous donne enfin

$$(3) \quad \left\{ \begin{aligned} \frac{d^2 x_i}{dt^2} &= \frac{d^2 \alpha_i}{dt^2}, \\ \frac{d^2 y_i}{dt^2} &= \frac{d^2 \beta_i}{dt^2}, \\ \frac{d^2 z_i}{dt^2} &= \frac{d^2 \gamma_i}{dt^2}. \end{aligned} \right.$$

Ces diverses préparations effectuées, remplaçons dans les équations (2) et (3) les fonctions X, Y, Z, $\dfrac{d^2 x}{dt^2}$, $\dfrac{d^2 y}{dt^2}$, $\dfrac{d^2 z}{dt^2}$, $\dfrac{dL}{dx}$, $\dfrac{dL}{dy}$, $\dfrac{dL}{dz}$,... par leurs valeurs en $\alpha$, $\beta$, $\gamma$,... Nous pourrons exprimer, au moyen des équations (3), $k$ des variations $\delta x$, $\delta y$, $\delta z$... par des fonctions linéaires des $3n - k$ autres; substituant les valeurs de ces $k$ variations dans l'équation (2), et égalant séparément à zéro les coefficients des $3n - k$ variations qui sont conservées dans le calcul, et qui doivent rester arbitraires, nous aurons les $3n - k$ équations à joindre aux $k$ équations (1) pour déterminer en fonction du temps les valeurs des $3n$ variables $\alpha$, $\beta$, $\gamma$.

Or le résultat de toutes ces substitutions conduit à exprimer linéairement les accélérations $\dfrac{d^2 \alpha}{dt^2}$,... en fonction de $\alpha$, $\beta$,... En effet, chacun des coefficients des équations (2) et (3) se compose de deux parties : 1° une partie indépendante de $\alpha$, $\beta$, $\gamma$, et qui représente la valeur du coefficient relative à l'état d'équilibre ; 2° une partie contenant au premier degré les variables $\alpha$, $\beta$, $\gamma$,... avec les accélérations $\dfrac{d^2 \alpha}{dt^2}$, $\dfrac{d^2 \beta}{dt^2}$,...

La substitution de la première par là dans l'équation (2) nous donnera l'équation même que nous aurions obtenue en exprimant par le théorème du travail virtuel que le système est en équilibre dans la position $(a, b, c)$, sous l'action des forces $(A, B, C)$ et des liaisons $(L = 0)$. Elle est donc nulle d'elle-même, et il reste seulement la seconde partie ; on trouvera les valeurs des accélérations en fonction de $\alpha$, $\beta$, $\gamma$,... en égalant à zéro tous les coefficients des $3n - k$ variations indépendantes. Les équations ainsi obtenues contiendront à tous leurs termes quelques-unes des quantités $\alpha$, $\beta$, $\gamma$, $\dfrac{d^2 \alpha}{dt^2}$, $\dfrac{d^2 \beta}{dt^2}$, $\dfrac{d^2 \gamma}{dt^2}$, chacune au premier degré, et comme ces quantités sont supposées très petites, on pourra supprimer comme infiniment petits du second ordre les produits de ces quantités deux à deux, ce qui réduira les équations à la forme linéaire. Le groupe des équations (7) permet d'ailleurs d'exprimer $k$ des quantités $\alpha$, $\beta$, $\gamma$, par des fonctions linéaires des $3n - k$ autres, et par suite d'en déduire, par la différentiation, des expressions linéaires pour les accélérations de ces $k$ quantités en fonction des $3n - k$ autres. Substituant ces valeurs dans les $3n - k$ équations du mouvement, on pourra résoudre ces équations par rapport aux accélérations qui y sont conservées, et les exprimer linéairement en fonction de $\alpha$, $\beta$, $\gamma$,... par des équations de la forme

$$(10)\begin{cases} \dfrac{d^2\alpha_i}{dt^2} = P_{i,1}\alpha_1 + Q_{i,1}\beta_1 + R_{i,1}\gamma_1 + P_{i,2}\alpha_2 + Q_{i,2}\beta_2 + \cdots, \\[2mm] \dfrac{d^2\beta_i}{dt^2} = P'_{i,1}\alpha_1 + Q'_{i,1}\beta_1 + R'_{i,1}\gamma_1 + \cdots, \\[2mm] \dfrac{d^2\gamma_i}{dt^2} = P''_{i,1}\alpha_1 + Q''_{i,1}\beta_1 + R''_{i,1}\gamma_1 + \cdots \end{cases}$$

A ces $3n - k$ accélérations exprimées par des fonctions linéaires des variables, on pourra joindre $k$ équations semblables, donnant les $k$ accélérations primitivement éliminées, puisqu'elles sont exprimées par des fonctions linéaires des premières : ainsi complété, le groupe (10) peut être regardé comme contenant $3n$ équations.

217. Si, au lieu de conserver dans le calcul les variables $\alpha$, $\beta$, $\gamma$,... on introduisait d'autres variables indépendantes $\alpha'$, $\beta'$, $\gamma'$,... infiniment petites comme les premières, on pourrait, après avoir exprimé $\alpha$, $\beta$, $\gamma$, en fonction de $\alpha'$, $\beta'$, $\gamma'$, développer les fonctions en séries ordonnées suivant les puissances de $\alpha'$, $\beta'$, $\gamma'$,... et ne conserver que les termes contenant les premières puissances des nouvelles variables. Les termes indépendants seraient d'ailleurs nuls, puisque les nouvelles variables et les anciennes doivent s'annuler ensemble. On aurait donc en définitive $\alpha$, $\beta$, $\gamma$,... exprimés linéairement en $\alpha'$, $\beta'$, $\gamma'$,... et par suite $\dfrac{d^2\alpha}{dt^2}$, $\dfrac{d^2\beta}{dt^2}$,... exprimés aussi linéairement en $\dfrac{d^2\alpha'}{dt^2}$, $\dfrac{d^2\beta'}{dt^2}$,... La substitution de toutes ces valeurs dans les équations (10) conduirait donc à des équations linéaires de même forme pour exprimer les nouvelles accélérations en fonction des nouvelles coordonnées.

218. C'est encore à cette même forme que se ramènent les équations du mouvement quand on applique au système matériel de nouvelles forces, très petites, et pouvant modifier la position d'équilibre. Soient en effet H, H', H'',... les composantes de ces nouvelles forces ; on aura pour les équations du mouvement $3n$ équations de la forme

$$(11)\begin{cases} \dfrac{d^2\alpha_i}{dt^2} = H_i + P_{i,1}\alpha_1 + Q_{i,1}\beta_1 + \cdots, \\[2mm] \dfrac{d^2\beta_i}{dt^2} = H'_i + P'_{i,1}\alpha_1 + Q'_{i,1}\beta_1 + \cdots, \\[2mm] \dfrac{d^2\gamma_i}{dt^2} = H''_i + P''_{i,1}\alpha_1 + Q''_{i,1}\beta_1 + \cdots \end{cases}$$

Or on ramène ce cas au précédent en cherchant d'abord les valeurs $a'$. $b'. c'. \ldots$ des coordonnées $\alpha$, $\beta$, $\gamma$, qui satisfont aux $3n$ équations

$$(12) \quad \begin{cases} P_{i,1}\alpha_1 + Q_{i,1}\beta_1 + \ldots + H_i = 0, \\ P'_{i,1}\alpha_1 + Q'_{i,1}\beta_1 + \ldots + H'_i = 0, \\ P''_{i,1}\alpha_1 + Q''_{i,1}\beta_1 + \ldots + H''_i = 0. \end{cases}$$

Ces équations déterminent les coordonnées du système dans la nouvelle position d'équilibre qu'il tend à prendre sous l'action des forces introduites; car si $\alpha_1 = a'_1$, $\beta_1 = b'_1$, $\gamma_1 = c'_1$, sont la solution des équations (12), ces valeurs constantes, substituées dans les équations (11), annulent tous les premiers membres de ces équations et les satisfont aussi indépendamment du temps $t$. Le système placé dans la position $(a', b', c')$ est donc en équilibre sous l'action des forces H, H', H''.

Une fois ces valeurs déterminées, on changera de variables par la transformation générale

$$(13) \quad \begin{cases} \alpha_i = a'_i + \alpha'_i, \\ \beta_i = b'_i + \beta'_i, \\ \gamma_i = c'_i + \gamma'_i. \end{cases}$$

Cette transformation ramène, en vertu des équations (12), le système (11) aux équations

$$(14) \quad \begin{cases} \dfrac{d^2\alpha'_i}{dt^2} = P_{i,1}\alpha'_1 + Q_{i,1}\beta'_1 + \ldots, \\[2mm] \dfrac{d^2\beta'_i}{dt^2} = P'_{i,1}\alpha'_1 + Q'_{i,1}\beta'_1 + \ldots. \\[2mm] \vdots \end{cases}$$

lesquelles ne diffèrent des équations données que par la suppression des termes indépendants, et par le changement de $\alpha$ en $\alpha'$, de $\beta$ en $\beta'$, de $\gamma$ en $\gamma'$: les coordonnées accentuées représentant des déplacements comptés à partir de la position nouvelle d'équilibre $(a', b', c')$.

Les équations (13) différentiées montrent que les vitesses $\dfrac{d\alpha}{dt}, \dfrac{d\beta}{dt}, \ldots$ sont respectivement égales à $\dfrac{d\alpha'}{dt}, \dfrac{d\beta'}{dt}, \ldots$: donc les valeurs initiales de ces vitesses sont aussi respectivement égales; les valeurs initiales de $\alpha'_i$, $\beta'_i$, $\gamma'_i, \ldots$ sont d'ailleurs respectivement égales à celles de $\alpha_i$, $\beta_i$, $\gamma_i$, diminuées de $a'_i$, $b'_i$, $c'_i$.

Les équations du mouvement (14) étant les mêmes que lorsqu'il n'y a pas eu introduction de forces nouvelles, le mouvement défini par les coordonnées $\alpha'$, $\beta'$, $\gamma'$,... est identique au mouvement défini par les coordonnées $\alpha$, $\beta$, $\gamma$,... pourvu que les circonstances initiales soient les mêmes. Il suffira donc, pour traiter le cas où des forces nouvelles sont introduites, de conserver les mêmes équations en changeant l'état initial du système ; pour cela, on conservera les vitesses initiales des points mobiles, mais on donnera à ces points, par rapport à la position d'équilibre primitive $(a, b, c)$, des positions identiques à celles qu'ils occupaient à l'instant initial par rapport à la nouvelle position d'équillibre $(a', b', c')$.

INTÉGRATION DES ÉQUATIONS. — STABILITÉ DE L'ÉQUILIBRE.

219. On sera ramené ainsi à intégrer les $3n$ équations (10) ; les intégrales générales, dont la forme nous est connue (§ 215), contiendront $6n$ constantes arbitraires que nous déterminerons en exprimant que, pour $t = 0$, les $3n$ coordonnées $\alpha$, $\beta$, $\gamma$, et leurs vitesses $\dfrac{d\alpha}{dt}$, $\dfrac{d\beta}{dt}$, $\dfrac{d\gamma}{dt}$, ont des valeurs données.

On peut reconnaître en même temps si la position d'équilibre $(a, b, c)$ est stable ou instable.

L'équilibre est stable, quand un dérangement infiniment petit, imprimé au système à partir de la position qu'il occupe, ne peut entraîner par la suite un déplacement fini, ou quand les coordonnées $\alpha$, $\beta$, $\gamma$, restent infiniment petites pendant toute la durée du mouvement pour des valeurs initiales infiniment petites de ces coordonnées et de leurs vitesses. Or ceci peut avoir lieu de deux manières :

1° Ou bien les intégrales générales des équations (10) ne contiennent que des termes de la forme $L \sin (\gamma t + \varphi)$, dont la valeur oscille entre les deux limites $+L$ et $-L$, à l'exclusion des termes contenant en facteurs les exponentielles $e^{\pm \xi t}$, ou les puissances $t^\omega$, lesquels termes croîtraient indéfiniment avec le temps. Dans ce cas on peut, en choisissant des valeurs initiales très petites, donner aux coefficients L qui entrent dans les intégrales générales des valeurs absolues aussi petites qu'on voudra, et par suite la stabilité de l'équilibre est assurée, quels que soient d'ailleurs les petits déplacements imprimés au système.

2° Les coordonnées $\alpha$, $\beta$, $\gamma$ peuvent être encore limitées à des valeurs infiniment petites, même si les intégrales générales contiennent des termes susceptibles de grandir indéfiniment, lorsqu'on fait un choix convenable des coefficients constants, par exemple lorsqu'on annule séparément les termes en $e^{\pm \xi t}$ ou en $t^\omega$ ; d'où résultent certaines déterminations des données initiales, par rapport auxquelles le système est comme en équilibre stable. *La stabilité n'est alors que conditionnelle ;* elle existe à l'égard de certains déplacements, sans exister pour tous. L'équilibre n'est pas stable si on le considère d'une manière absolue.

La condition nécessaire et suffisante pour que l'équilibre soit stable d'une manière absolue dans la position $(a, b, c)$, est donc que les intégrales des équations (10) contiennent seulement des termes de la forme $L \sin (\lambda t + \varphi)$, c'est-à-dire (§ 215) que l'équation en $\lambda$

$$
\begin{vmatrix}
P_{1,1} + \lambda^2, & Q_{1,1}, & R_{1,1}, \ldots \\
P'_{1,1}, & Q'_{1,1} + \lambda^2, & R'_{1,1}, \ldots \\
P''_{1,1}, & Q''_{1,1}, & R''_{1,1} + \lambda^2, \ldots \\
\vdots & \vdots & \vdots
\end{vmatrix} = 0
$$

ait toutes ses racines réelles et inégales.

### MOUVEMENT D'UN POINT PESANT SUR UNE SURFACE, AUX ENVIRONS DU POINT OÙ CETTE SURFACE A UN PLAN TANGENT HORIZONTAL.

220. Comme exemple de cette théorie, nous traiterons le problème du mouvement d'un point pesant sur une surface. Soit $z = \psi (x, y)$ l'équation de la surface ; nous supposerons qu'elle soit rapportée à trois axes rectangulaires, menés par le point O où son plan tangent est horizontal ; ce plan tangent sera notre plan des $x y$ ; la normale, qui sera verticale, sera l'axe des $z$. Les axes des $x$ et des $y$ seront deux droites rectangulaires qu'on mènera arbitrairement dans le plan tangent.

On aura à la fois, pour $x = 0$ et $y = 0$, $z = 0$, et $\dfrac{dz}{dx} = 0$, $\dfrac{dz}{dy} = 0$. Si donc, pour les petites valeurs de $x$ et de $y$, on développe la valeur de $z$ en série ordonnée suivant les puissances ascendantes des variables, cette série manquera des termes du premier degré, et nous pourrons écrire

$$
(1) \qquad z = \frac{1}{2} A x^2 + B x y + \frac{1}{2} C y^2 + \varepsilon,
$$

$\varepsilon$ étant une fonction infiniment petite du troisième ordre, que nous supprimerons dans ce qui suit. A est la valeur de $\dfrac{d^2 z}{dx^2}$ pour $x = 0, y = 0$, B la valeur de $\dfrac{d^2 z}{dx \, dy}$, C la valeur de $\dfrac{d^2 z}{dy^2}$.

L'équation générale du mouvement du point pesant est

$$
(2) \qquad \left(-\frac{d^2 x}{dt^2}\right) \delta x + \left(-\frac{d^2 y}{dt^2}\right) \delta y + \left(-g - \frac{d^2 z}{dt^2}\right) \delta z = 0,
$$

les variations $\delta x$, $\delta y$, $\delta z$ étant liées ensemble par l'équation

$$(3) \qquad \delta z = A x \delta x + B y \delta x + B x \delta y + C y \delta y.$$

Avant d'aller plus loin, observons qu'on peut simplifier l'équation (1) en donnant aux axes des $x$ et des $y$ une orientation qui supprime le terme $Bxy$. Les axes sont alors tangents aux lignes de courbure qui passent au point O. L'équation (1) devient

$$(4) \qquad z = \frac{1}{2} A x^2 + \frac{1}{2} C y^2,$$

et l'équation (3)

$$(5) \qquad \delta z = A x \delta x + C y \delta y.$$

Substituant dans l'équation (2), il vient les équations du problème :

$$(6) \qquad \left\{ \begin{array}{l} \left(g + \dfrac{d^2 z}{dt^2}\right) A x + \dfrac{d^2 x}{dt^2} = 0, \\[2ex] \left(g + \dfrac{d^2 z}{dt^2}\right) C y + \dfrac{d^2 y}{dt^2} = 0. \end{array} \right.$$

Ces équations peuvent se simplifier, en observant que l'accélération verticale $\dfrac{d^2 z}{dt^2}$ est infiniment petite par rapport aux accélérations horizontales $\dfrac{d^2 x}{dt^2}$ $\dfrac{d^2 y}{dt^2}$. En effet, exprimons $\dfrac{d^2 z}{dt^2}$ en fonction de $x$ et de $y$; on tire de l'équation (4), en la différentiant deux fois,

$$dz = A x dx + C y dy,$$
$$d^2 z = A dx^2 + C dy^2 + A x d^2 x + C y d^2 y.$$

Donc

$$\frac{d^2 z}{dt^2} = A \left(\frac{dx}{dt}\right)^2 + C \left(\frac{dy}{dt}\right)^2 + A x \frac{d^2 x}{dt^2} + C y \frac{d^2 y}{dt^2}.$$

Les vitesses $\dfrac{dx}{dt}$, $\dfrac{dy}{dt}$ sont infiniment petites, comme aussi les accélérations $\dfrac{d^2 x}{dt^2}$, $\dfrac{d^2 y}{dt^2}$. Les carrés des vitesses et les produits $x \dfrac{d^2 x}{dt^2}$, $y \dfrac{d^2 y}{dt^2}$ sont des infiniment petits du second ordre; il en est de même par conséquent de $\dfrac{d^2 z}{dt^2}$.

On peut donc supprimer $\dfrac{d^2 z}{dt^2}$ devant $g$ dans les équations (6), et réduire ces équations à la forme

$$(7) \qquad \left\{ \begin{array}{l} \dfrac{d^2 x}{dt^2} = - A g x, \\[2ex] \dfrac{d^2 y}{dt^2} = - C g y. \end{array} \right.$$

Les équations (7) s'intègrent séparément, et donnent

$$(8)\quad \begin{cases} x = L\sin(\lambda t + \varphi), \\ y = L'\sin(\lambda' t + \varphi'), \end{cases}$$

$\lambda$ et $\lambda'$ étant définis par les équations

$$(9)\quad \begin{cases} \lambda = \sqrt{Ag}, \\ \lambda' = \sqrt{Cg}. \end{cases}$$

Pour que $\lambda$ et $\lambda'$ soient réels, il faut et il suffit que A et C soient positifs, c'est-à-dire que la surface soit tout entière au-dessus de son plan tangent au point O ; ses deux courbures principales sont alors de même signe, et le point O est pour la surface un point d'ordonnée minimum.

221. Si A et C sont négatifs, le point O est un maximum, les intégrales des équations (7) renferment deux exponentielles, et l'équilibre du point mobile est instable au point O. C'est tout ce qu'on peut dire ; car alors $x, y, z$ pouvant grandir au delà d'une limite très petite, l'équation (4) n'est plus l'équation de la surface donnée, et les équations (7) ne sont plus les équations exactes du mouvement.

222. Si A est positif, et C négatif, les courbures sont opposées, et les intégrales des équations sont

$$x = L\sin(\lambda t + \varphi), \quad \lambda \text{ étant égal à } \sqrt{Ag},$$
$$y = L'e^{rt} + L''e^{-rt}, \quad r \text{ étant égal à } \sqrt{-Cg}.$$

L'équilibre au point O est instable à l'égard de tout déplacement pour lequel L' n'est pas nul, tandis que les oscillations du point sont limitées lorsque, en vertu des conditions initiales, on a $L' = 0$.

De la seconde équation on tire

$$\frac{dy}{dt} = L're^{rt} - L''re^{-rt},$$

et faisant $t = 0$, il vient

$$\frac{dy}{dt} = (L' - L'')r.$$

On a d'ailleurs pour $t = 0$

$$y = L' + L''.$$

Si donc la position initiale du point mobile est définie par les coordonnées $x = \alpha, y = \beta$, et par les vitesses, $v$ suivant l'axe des $x$, $v'$ suivant l'axe des $y$, la condition de stabilité s'exprime en posant $L' = 0$ dans les équations

$$(L' - L'')r = v',$$
$$(L' + L'') = \beta.$$

On en déduit la condition

$$\beta + \frac{v'}{r} = 0,$$

ou

$$v' = -\beta\sqrt{-Cg}.$$

223. Reprenons le même problème en laissant l'équation (1) sous la forme

$$z = \frac{1}{2}Ax^2 + Bxy + \frac{1}{2}Cy^2.$$

L'équation (2), dans laquelle on introduira la relation (3), nous donnera pour équations du mouvement

$$\frac{d^2x}{dt^2} + \left(g + \frac{d^2z}{dt^2}\right)(Ax + By) = 0,$$

$$\frac{d^2y}{dt^2} + \left(g + \frac{d^2z}{dt^2}\right)(Bx + Cy) = 0,$$

ou bien en supprimant $\dfrac{d^2z}{dt^2}$, qui est infiniment petit vis-à-vis de $g$,

$$\frac{d^2x}{dt^2} = -Agx - Bgy,$$

$$\frac{d^2y}{dt^2} = -Bgx - Cgy.$$

**La solution sera de la forme**

$$x = L\sin(\lambda t + \varphi) + L'\sin(\lambda' t + \varphi'),$$
$$y = L''\sin(\lambda t + \varphi) + L'''\sin(\lambda' t + \varphi'),$$

$L, L', \varphi, \varphi'$ étant des arbitraires, $L''$ et $L'''$ des quantités qui dépendent de $L$ et de $L'$, enfin $\lambda$ et $\lambda'$ étant les racines réelles et positives de l'équation

$$\begin{vmatrix} -Ag + \lambda^2, & -Bg \\ -Bg, & -Cg + \lambda^2 \end{vmatrix} = 0,$$

ou bien

$$(Ag - \lambda^2)(Cg - \lambda^2) - B^2g^2 = 0,$$

ou encore

$$\lambda^4 - (A + C)g\lambda^2 + (AC - B^2)g^2 = 0.$$

Pour que les deux valeurs de $\lambda^2$ soient réelles, inégales et positives, il faut et il suffit

1° Que $(A + C)^2 > 4(AC - B^2)$,

2° Que $AC - B^2$ soit positif,

3° Qu'enfin $A + C$ soit positif.

La première condition est toujours remplie, car elle revient à l'inégalité évidente $(A - C)^2 + 4 B^2 > 0$, sauf le cas particulier de $A = C$, $B = 0$, qui donnerait pour $\lambda^2$ deux racines égales à $Ag$. Nous examinerons tout à l'heure ce cas exceptionnel. $AC - B^2$ positif nous montre que l'indicatrice de la surface aux environs du point O est une ellipse, ou que les deux courbures sont dans le même sens.

Enfin $A + C$ positif entraîne $A$ et $C$ positifs, car $AC$, étant $> B^2$, est positif; donc $A$ et $C$ sont de même signe; ils sont donc positifs si leur somme est positive.

Telles sont les conditions de la stabilité de l'équilibre d'un point pesant placé au point O.

224. Nous avons exclu le cas où $B = 0$, $A = C$; il convient d'y revenir. Dans ce cas, la surface est de révolution autour de l'axe des $z$, au moins dans les points voisins du point O. Les équations différentielles du mouvement deviennent dans cette hypothèse

$$\frac{d^2 x}{dt^2} + Agx = 0,$$

$$\frac{d^2 y}{dt^2} + Agy = 0,$$

et les intégrales prennent la forme

$$x = L \sin \left( t \sqrt{Ag} + \varphi \right),$$
$$y = L' \sin \left( t \sqrt{Ag} + \varphi' \right),$$

$L$, $L'$, $\varphi$, $\varphi'$ étant arbitraires.

Éliminant $t$ entre ces deux équations, on aura l'équation du lieu décrit par le point en projection sur le plan des $xy$; ce lieu sera une ellipse. En effet on a

$$x = L \sin t \sqrt{Ag} \cos \varphi + L \cos t \sqrt{Ag} \sin \varphi,$$
$$y = L' \sin t \sqrt{Ag} \cos \varphi' + L' \cos t \sqrt{Ag} \sin \varphi'.$$

Résolvons par rapport à $\sin t \sqrt{Ag}$ et $\cos t \sqrt{Ag}$; il vient

$$\sin t \sqrt{Ag} = \frac{L'x \sin \varphi' - Ly \sin \varphi}{LL' \cos \varphi \sin \varphi' - \sin \varphi \cos \varphi'} = \frac{L'x \sin \varphi' - Ly \sin \varphi}{LL' \sin (\varphi' - \varphi)},$$

$$\cos t \sqrt{Ag} = \frac{Ly \cos \varphi - L'x \cos \varphi'}{LL' \sin (\varphi' - \varphi)}.$$

Élevons enfin un carré et ajoutons : l'équation cherchée sera

$$(L'x \sin \varphi' - Ly \sin \varphi)^2 + (Ly \cos \varphi - L'x \sin \varphi')^2 = L^2 L'^2 \sin^2 (\varphi' - \varphi).$$

Elle représente une ellipse, sauf le cas où l'on aurait à la fois

$$L'x \sin \varphi' - Ly \sin \varphi = 0,$$
$$Ly \cos \varphi - L'x \cos \varphi' = 0,$$
$$LL' \sin (\varphi' - \varphi) = 0.$$

On satisfait à ces dernières conditions en faisant $\varphi = \varphi'$. Le lieu décrit par le point est alors contenu dans le plan

$$\frac{y}{x} = \frac{L'}{L},$$

et le mouvement s'opère suivant un méridien de la surface, comme s'il s'agissait d'un pendule simple.

On voit par cet exemple que l'égalité des racines de l'équation en $\lambda$ n'empêche pas toujours le mouvement d'être oscillatoire.

SUPERPOSITION DES MOUVEMENTS ET DES EFFETS DES FORCES.

225. Le problème des oscillations d'un système de points se ramène à l'intégration d'un certain nombre d'équations de la forme

$$\frac{d^2\alpha}{dt^2} = A\alpha + B\beta + \cdots,$$
$$\frac{d^2\beta}{dt^2} = A'\alpha + B'\beta + \cdots,$$
$$\vdots$$

ou bien de la forme

$$\frac{d^2\alpha}{dt^2} = H + A\alpha + B\beta + \cdots,$$
$$\frac{d^2\beta}{dt^2} = H' + A'\alpha + B'\beta + \cdots,$$
$$\vdots$$

Ce dernier cas se présente quand on applique au système des forces infiniment petites, $H$, $H'$,... outre les forces qui le sollicitent dans sa position d'équilibre.

Le second cas se ramène au premier en effaçant les termes $H$, $H'$,... et en changeant l'état initial du système, de manière à reproduire, par rapport à la position d'équilibre primitive, l'état initial qui existe par rapport à la position d'équilibre modifiée par l'action des forces $H$, $H'$,...

Sous cette réserve, la solution générale est renfermée dans des équations de la forme

$$x = \sum L \sin (\lambda t + \varphi).$$

Les variables $\alpha$, $\beta$,... sont donc les sommes algébriques de termes dont chacun, pris à part, définit un mouvement simple, et les vitesses des variables, $\dfrac{d\alpha}{dt}$, $\dfrac{d\beta}{dt}$, s'obtiennent de même en composant par voie d'addition algébrique les vitesses correspondantes à ces divers mouvements.

A ces additions algébriques de diverses quantités mesurées dans un sens ou dans l'autre sur un même axe correspondent dans l'espace les compositions des déplacements et, des vitesses ; et en définitive, le mouvement effectif du système résulte de la *superposition* des mouvements simples dans lesquels on l'a décomposé ; chacun de ces mouvements simples part d'un état initial qu'on obtient en opérant une décomposition analogue de l'état initial donné.

Un *mouvement simple* pris en particulier est défini pour les différents points du système par les équations

$$\alpha = \mathrm{L}\sin(\lambda t + \varphi),$$
$$\beta = \mathrm{L}'\sin(\lambda t + \varphi),$$
$$\gamma = \mathrm{L}''\sin(\lambda t + \varphi),$$

pour le premier,

$$\alpha' = \mathrm{L}_1\sin(\lambda t + \varphi),$$
$$\beta' = \mathrm{L}'_1\sin(\lambda t + \varphi),$$
$$\gamma' = \mathrm{L}''_1\sin(\lambda t + \varphi),$$

pour le second, et ainsi de suite, de manière à avoir autant d'équations semblables qu'il y a de coordonnées indépendantes.

Le premier point se meut sur la droite

$$\frac{\alpha}{\mathrm{L}} = \frac{\beta}{\mathrm{L}'} = \frac{\gamma}{\mathrm{L}''},$$

le second sur la droite

$$\frac{\alpha'}{\mathrm{L}_1} = \frac{\beta'}{\mathrm{L}'_1} = \frac{\gamma'}{\mathrm{L}''_1},$$

et ainsi de suite. Tous ces mouvements sont donc rectilignes, périodiques, et semblables au mouvement que nous avons défini au commencement de ce livre. Les périodes de ces mouvements sont les mêmes pour tous les points ; elles ont pour valeur commune $\dfrac{2\pi}{\lambda}$. Les points mobiles ont sur les droites qu'ils parcourent des mouvements semblables, en vertu desquels ils arrivent simultanément aux extrémités de leur course.

C'est ainsi, par exemple, que nous avons reconnu (§ 220) que le mouvement d'un point pesant sur une surface autour de son point le plus bas se décompose en deux mouvements simples, tous deux rectilignes, le long des tangentes aux lignes de courbure de la surface en ce point.

Considérés tous à la fois, les divers mouvements simples dans lesquels le mouvement réel est décomposable, ont des périodes différentes, $\dfrac{2\pi}{\lambda}$, $\dfrac{2\pi}{\lambda'}$, $\dfrac{2\pi}{\lambda''}$,... Quand ces périodes ont une commune mesure, il arrivera qu'au bout d'intervalles égaux de temps le système repassera par un état identique, comme positions et comme vitesses. La composition des divers mouvements périodiques simples donne alors lieu à un mouvement qui est lui-même périodique, et dont la période est le plus petit commun multiple des périodes des mouvements simples. Il en est autrement quand les périodes sont incommensurables : jamais alors le système ne revient à un état antérieur.

Nous avons admis dans tout ce chapitre que le système mobile renfermait un nombre fini de points matériels, ce nombre pouvant être d'ailleurs aussi grand qu'on voudra. Les résultats que nous avons obtenus s'appliquent encore à une infinité de points, formant un système matériel continu, comme une corde, une tige, une plaque, un milieu fluide. Nous traiterons dans les chapitres suivants quelques questions relatives à ce nouveau sujet. Le principe de la superposition des mouvements simples s'applique encore, et simplifie la résolution des problèmes. Mais les équations du mouvement sont plus compliquées : ce sont des équations aux dérivées partielles, au lieu de simples équations différentielles simultanées.

# CHAPITRE II



## PROBLÈME DES CORDES VIBRANTES.

226. Soit OA un fil élastique, ou une corde, de longueur $l$, tendue en ligne droite du point O au point A, sous une tension donnée $T_0$.

Pour étudier le mouvement de la corde lorsqu'on la dérange de sa position naturelle en laissant fixes les points O et A, nous prendrons trois axes rectangulaires, l'un OX dans la direction OA, les deux autres OY, OZ normaux aux premiers et perpendiculaires entre eux.

Nous distinguerons les divers points matériels M′ qui composent le fil, en donnant l'abscisse $OM = x$ qu'aurait le point M′ si le fil était ramené dans sa position primitive OA.

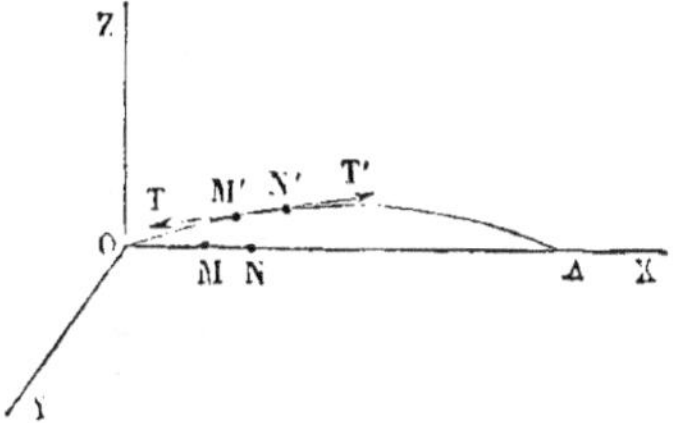


Fig. 103.

Les trois coordonnées d'un même point matériel sont donc

$$x, \qquad 0, \qquad 0,$$

dans l'état naturel, et

$$x + u, \qquad y, \qquad z,$$

dans l'état de mouvement ; $u$, $y$, $z$ sont pour un même point des fonctions du temps $t$, et pour des points différents, considérés au même instant, des fonctions de l'abscisse $x$ qui les distingue ; en d'autres termes, $u$, $y$, $z$ sont des fonctions des deux variables $x$ et $t$.

Les forces qui agissent sur un élément M′N′ de fil sont les forces extérieures et les tensions.

Les forces extérieures sont données par leurs composantes X, Y, Z, rapportées à l'unité de masse pour chaque portion du fil.

Les tensions T, T' qui agissent tangentiellement aux deux extrémités de l'élément M'N', dépendent du degré d'allongement subi par cet élement.

Soient

$m$ la masse de l'élément M'N' ;

T la tension en M', prise dans le sens N'M' ;

T' la tension en N', prise dans le sens M'N' ;

$\lambda$, $\mu$, $\nu$, les angles de la force T avec les axes coordonnés ;

$\lambda'$, $\mu'$, $\nu'$, les angles de la force T' avec les mêmes axes.

Les projections de l'accélération totale de l'élément M'N' sur les axes sont représentées, à des infiniment petits près, par

$$\frac{d^2 u}{dt^2} \text{ suivant OX,}$$

$$\frac{d^2 y}{dt^2} \text{ suivant OY,}$$

$$\frac{d^2 z}{dt^2} \text{ suivant OZ,}$$

et les équations du mouvement sont par conséquent

$$m \frac{d^2 u}{dt^2} = mX + T' \cos \lambda' - T \cos \lambda,$$

$$m \frac{d^2 y}{dt^2} = mY + T' \cos \mu' - T \cos \mu,$$

$$m \frac{d^2 z}{dt^2} = mZ + T' \cos \nu' - T \cos \nu.$$

Il s'agit d'abord de les transformer en les ramenant à ne contenir que les fonctions X, Y, Z, $u$, $y$, $z$, et les variables indépendantes $x$ et $t$.

227. Le facteur $m$ est la masse de l'élément MN ; si donc $\rho$ est la *densité* ou la *masse du fil par unité de longueur*, on aura $m = \rho\, dx$.

1° Les angles $\lambda$ et $\lambda'$ sont très petits, et leurs cosinus sont sensiblement égaux à l'unité. La différence T' — T se change en la différentielle partielle de T par rapport à $x$, de sorte que la première équation prend la forme

$$\rho dx \frac{d^2 u}{dt^2} = \rho dx X + \frac{dT}{dx} dx,$$

ou bien

$$\frac{d^2 u}{dt^2} = X + \frac{1}{\rho} \frac{dT}{dx}.$$

Nous allons chasser **T** de cette équation, en appliquant la loi de l'allongement des fils élastiques. Soit $l$ la longueur d'un fil dans l'état naturel, c'est-à-dire lorsque la tension est nulle ; soit $\omega$ sa section, E le coefficient d'élasticité, et $\varepsilon$ l'allongement total produit par l'application d'une force égale à T, mesurant la tension communiquée au fil. Entre ces quantités, on a l'équation

$$T = \frac{E\omega\varepsilon}{l}.$$

Pour une autre tension $T_0$, produisant un allongement $\varepsilon_0$, on aura de même

$$T_0 = \frac{E\omega\varepsilon_0}{l}.$$

Retranchant, il vient

$$T - T_0 = \frac{E\omega(\varepsilon - \varepsilon_0)}{l}.$$

Or $\frac{\varepsilon - \varepsilon_0}{l}$ est l'accroissement de l'allongement proportionnel du fil, et $T - T_0$ est l'accroissement correspondant de la tension. Il existe un rapport constant entre ces deux quantités, et ce rapport est égal à $E\omega$.

Si l'on appelle $\varpi$ le poids spécifique de la matière composant la corde, on aura pour la masse $\rho$ par unité de longueur

$$\rho = \frac{\varpi}{g} \times \omega.$$

Appliquons ces remarques à la transformation du terme $\frac{1}{\rho}\frac{dT}{dx}$.

L'accroissement total de l'élément MN étant égal à $\frac{du}{dx}dx$, l'allongement proportionnel est égal à $\frac{du}{dx}$, et nous aurons l'équation

$$T - T_0 = E\omega\frac{du}{dx}.$$

Donc

$$T = T_0 + E\omega\frac{du}{dx},$$

et, en différentiant par rapport à $x$,

$$\frac{1}{\rho}\frac{dT}{dx} = \frac{E\omega}{\rho}\frac{d^2u}{dx^2} = \frac{Eg}{\varpi}\frac{d^2u}{dx^2}.$$

En définitive, l'équation du mouvement projeté sur l'axe OX prend la forme

$$\frac{d^2u}{dt^2} = X + \frac{Eg}{\varpi}\frac{d^2u}{dx^2}.$$

2° La projection du mouvement sur l'axe OY est définie par l'équation

$$m \frac{d^2y}{dt^2} = mY + T' \cos \mu' - T \cos \mu,$$

ou bien

$$\rho dx \frac{d^2y}{dt^2} = \rho dx Y + \frac{d}{dx} (T \cos \mu) dx,$$

ou encore

$$\frac{d^2y}{dt^2} = Y + \frac{1}{\rho} \frac{d}{dx} (T \cos \mu).$$

Nous avons obtenu l'équation $T = T_0 + E \omega \frac{du}{dx}$.

$\cos \mu$ est égal à la différence des ordonnées $y$ des deux points N' et M', divisée par la distance M' N' de ces deux points, c'est-à-dire à

$$\cos \mu = \frac{\frac{dy}{dx} dx}{dx + \frac{du}{dx} dx} = \frac{\frac{dy}{dx}}{1 + \frac{du}{dx}};$$

donc

$$T \cos \mu = T_0 \frac{\frac{dy}{dx}}{1 + \frac{du}{dx}} + E \omega \frac{\frac{du}{dx} \frac{dy}{dx}}{1 + \frac{du}{dx}},$$

équation qu'on peut simplifier en observant que $\frac{du}{dx}$ est extrêmement petit par rapport à l'unité, et que le produit $\frac{du}{dx} \frac{dy}{dx}$ est un infiniment petit du second ordre ; il vient

$$T \cos \mu = T_0 \frac{dy}{dx}.$$

Donc

$$\frac{d}{dx} (T \cos \mu) = T_0 \frac{d^2y}{dx^2}.$$

D'où résulte l'équation

$$\frac{d^2y}{dt^2} = Y + \frac{T_0}{\rho} \frac{d^2y}{dx^2}.$$

3° On trouvera de même pour la troisième équation

$$\frac{d^2z}{dt^2} = Z + \frac{T_0}{\rho} \frac{d^2z}{dx^2}.$$

Dans ces deux dernières équations on peut remplacer $\frac{T_0}{\rho}$ par $\frac{T_0 g}{\varpi \omega}$.

228. Les équations du mouvement sont, en définitive,

$$(1) \quad \begin{cases} \dfrac{d^2u}{dt^2} = X + \dfrac{Eg}{\varpi} \dfrac{d^2u}{dx^2}, \\[2mm] \dfrac{d^2y}{dt^2} = Y + \dfrac{T_0 g}{\varpi\omega} \dfrac{d^2y}{dx^2}, \\[2mm] \dfrac{d^2z}{dt^2} = Z + \dfrac{T_0 g}{\varpi} \dfrac{d^2z}{dx^2}, \end{cases}$$

et sous cette forme, on voit clairement que les mouvements projetés sur les trois axes sont indépendants les uns des autres.

Les équations du problème sont des équations linéaires du second ordre aux dérivées partielles. L'intégration est possible quand les forces X, Y, Z sont constantes, ce qui arrive par exemple pour la pesanteur.

Comme il est possible que le fil ne soit pas tendu horizontalement, nous supposerons que la pesanteur fasse des angles donnés $\alpha$, $\beta$, $\gamma$ avec les trois axes; on aura

$$X = g\cos\alpha,$$
$$Y = g\cos\beta,$$
$$Z = g\cos\gamma,$$

et l'on sera ramené à intégrer des équations de la forme

$$\frac{d^2u}{dt^2} = A + B\frac{d^2u}{dx^2},$$

A et B étant des constantes.

Soit $u = f(x)$ une solution particulière, indépendante du temps $t$, de l'équation à intégrer, de sorte qu'on ait

$$B\frac{d^2f(x)}{dx^2} + A = 0.$$

On changera de variable et on posera

$$u = f(x) + u',$$

ce qui donne

$$\frac{d^2u}{dx^2} = \frac{d^2f(x)}{dx^2} + \frac{d^2u'}{dx^2},$$

$$\frac{d^2u}{dt^2} = \frac{d^2u'}{dt^2},$$

et par suite

$$\frac{d^2u'}{dt^2} = B\frac{d^2u'}{dx^2},$$

savoir, la même équation privée de son terme indépendant. On remarquera que $u = f(x)$ est l'équation d'équilibre du fil sous l'action de la force A, car l'accélération $\dfrac{d^2u}{dt^2}$ est nulle pour tous les points du fil quand il occupe la position correspondante, de sorte que $u'$ est la portion de l'ordonnée $u$ qui varie avec le temps $t$, cette portion étant mesurée à partir de la position d'équilibre. Les forces constantes ne changent donc rien au mouvement de la corde.

L'équation différentielle

$$A + B\,\frac{d^2u}{dx^2} = 0$$

s'intègre en résolvant l'équation du second degré

$$A + B\mu^2 = 0,$$

qui donne

$$\mu = \pm \sqrt{\frac{A}{B}}\,\sqrt{-1}.$$

On a ensuite

$$u = Ce^{+y\sqrt{\frac{A}{B}}\sqrt{-1}} + C'e^{-y\sqrt{\frac{A}{B}}\sqrt{-1}}.$$

Si A et B sont de même signe, les exponentielles imaginaires se transforment en sinus et cosinus.

On opérerait de même pour $y$ et pour $z$. Dans les applications aux cordes vibrantes, les composantes X, Y, Z de la pesanteur sont très petites par rapport aux coefficients $\dfrac{Eg}{\varpi}$, $\dfrac{T_0 g}{\varpi\omega}$, et comme elles ne changent rien d'ailleurs aux lois de l'oscillation de la corde, on peut à ce double point de vue en faire abstraction, et prendre tout de suite les équations de la corde vibrante sous la forme

$$\frac{d^2u}{dt^2} = \frac{Eg}{\varpi}\,\frac{d^2u}{dx^2} = a^2\frac{d^2u}{dx^2},$$

$$\frac{d^2y}{dt^2} = \frac{T_0 g}{\varpi\omega}\,\frac{d^2y}{dx^2} = b^2\frac{d^2y}{dx^2},$$

$$\frac{d^2z}{dt^2} = b^2\frac{d^2u}{dx^2},$$

en nous rappelant seulement qu'en toute rigueur $u$, $y$, $z$ doivent être comptés à partir de la figure d'équilibre que prendrait la corde sous l'action de la pesanteur si son mouvement était réduit à zéro.

229. Les quantités $a$ et $b$ sont homogènes à la vitesse linéaire d'un point mobile. En effet, le coefficient d'élasticité E est une force divisée par une surface, ou par le carré d'une longueur; l'accélération $g$ est du degré 1 par rapport aux longueurs et du degré $-2$ par rapport au temps ; $\varpi$ est du degré 1 par rapport à la force, et du degré $-3$ par rapport à la longueur; en

résumé, F, F′ étant des forces, $l$, $l'$, $l''$ des longueurs et $t$ un temps, on aura

$$a^2 = \frac{Eg}{\varpi} = \frac{\dfrac{F}{l^2} \times \dfrac{l'}{t^2}}{\dfrac{F'}{l''^3}} = \frac{F}{F'} \times \frac{l''^3 \times l'}{l^2} \times \frac{1}{t^2},$$

quantité homogène à $\dfrac{L^2}{t^2}$, en appelant L une longueur; donc $a = \dfrac{L}{t}$ est une vitesse. Il en est de même de $b$.

Il est facile de voir aussi que $b$ est beaucoup plus petit que $a$. En effet on a

$$\frac{b^2}{a^2} = \frac{T_0 g}{\varpi \times \omega} \times \frac{\varpi}{Eg} = \frac{T_0}{E\omega};$$

$\dfrac{T_0}{\omega}$ est la tension de la corde par unité de section; si $\lambda$ est la longueur de la corde dans l'état naturel, et $\varepsilon$ son allongement sous la tension $T_0$, on aura

$$\frac{T_0}{E\omega} = \frac{\varepsilon}{\lambda},$$

de sorte que $\dfrac{b^2}{a^2}$ est égal à l'allongement proportionnel de la corde sous la tension $T_0$; $\dfrac{b}{a}$ est la racine carrée de cet allongement proportionnel, qui est nécessairement très petit.

250. L'intégration de l'équation aux différences partielles

$$\frac{d^2u}{dt^2} = a^2 \frac{d^2u}{dx^2},$$

s'opère immédiatement en changeant de variables indépendantes; posons en effet

$$v = x + at,$$
$$w = x - at.$$

Il viendra, en différentiant successivement la fonction $u$ par rapport à $t$ et à $x$.

$$\frac{du}{dt} = \frac{du}{dv}\frac{dv}{dt} + \frac{du}{dw}\frac{dw}{dt} = \left(\frac{du}{dv} - \frac{du}{dw}\right) a,$$

$$\frac{du}{dx} = \frac{du}{dv}\frac{dv}{dx} + \frac{du}{dw}\frac{dw}{dx} = \frac{du}{dv} + \frac{du}{dw},$$

$$\frac{d^2u}{dt^2} = \left(\frac{d^2u}{dv^2}\frac{dv}{dt} + \frac{d^2u}{dvdw}\frac{dw}{dt} - \frac{d^2u}{dw^2}\frac{dw}{dt} - \frac{d^2u}{dwdv}\frac{dv}{dt}\right) a$$

$$= \left(\frac{d^2u}{dv^2} - 2\frac{d^2u}{dvdw} + \frac{d^2u}{dw^2}\right) a^2,$$

$$\frac{d^2u}{dx^2} = \frac{d^2u}{dv^2}\frac{dv}{dt} + \frac{d^2u}{dvdw}\frac{dv}{dt} + \frac{d^2u}{dvdw}\frac{dw}{dt} + \frac{d^2u}{dv^2}\frac{dw}{dt}$$

$$= \frac{d^2u}{dv^2} + 2\frac{d^2u}{dvdw} + \frac{d^2u}{dw^2}.$$

Substituant dans l'équation proposée, et réduisant, on aura

$$\frac{d^2u}{dv\,dw} = 0.$$

Donc $u$ est la somme d'une fonction de $v$ et d'une fonction de $w$, ou, en revenant aux premières variables,

$$u = \varphi(x + at) + \psi(x - at),$$

$\varphi$ et $\psi$ étant des fonctions entièrement arbitraires. On aurait de même

$$y = \varphi_1(x + bt) + \psi_1(x - bt),$$
$$z = \varphi_2(x + bt) + \psi_2(x - bt).$$

DÉTERMINATION DES FONCTIONS ARBITRAIRES.

231. Nous supposerons qu'on donne pour $t = 0$ la forme de la corde, définie par les équations

$$u = F(x), \qquad y = F_1(x), \qquad z = F_2(x).$$

Dans cette équation $x$ varie de 0 à $l$; on suppose que pour $x = 0$ et pour $x = l$, on ait $u = 0$, $y = 0$, $z = 0$, les extrémités de la corde étant fixes.

On donne en outre pour chaque point la vitesse initiale, définie par les équations

$$\frac{du}{dt} = f(x), \quad \frac{dy}{dt} = f_1(x), \quad \frac{dz}{dt} = f_2(x),$$

les fonctions $f$ s'annulant encore pour $x = 0$ et $x = l$, et étant connues pour toutes les valeurs intermédiaires.

Quelle que soit la valeur de $t$, les extrémités de la corde restent fixes; on aura donc pour toute valeur de $t$ les douze équations :

| | | |
|---|---|---|
| (1) | $0 = \varphi(at) + \psi(-at),$ | (7) $\quad 0 = \varphi(l + at) + \psi(l - at),$ |
| (2) | $0 = \varphi_1(bt) + \psi_1(-bt),$ | (8) $\quad 0 = \varphi_1(l + bt) + \psi_1(l - bt),$ |
| (3) | $0 = \varphi_2(bt) + \psi_2(-bt),$ | (9) $\quad 0 = \varphi_2(l + bt) + \psi_2(l - bt),$ |
| (4) | $0 = \varphi'(at) - \psi'(-at),$ | (10) $\quad 0 = \varphi'(l + at) - \psi'(l - at),$ |
| (5) | $0 = \varphi_1'(bt) - \psi_1'(-bt),$ | (11) $\quad 0 = \varphi_1'(l + bt) - \psi_1'(l - bt),$ |
| (6) | $0 = \varphi_2'(bt) - \psi_2'(-bt),$ | (12) $\quad 0 = \varphi_2'(l + bt) - \psi_2'(l - bt),$ |

l'accent indiquant les dérivées des fonctions $\varphi$, $\psi,\ldots$ par rapport à la variable immédiate de chacune d'elles.

On a aussi pour $t = 0$ les six équations

$$(13) \qquad \varphi(x) + \psi(x) = F(x),$$
$$(14) \qquad \varphi_1(x) + \psi_1(x) = F_1(x),$$
$$(15) \qquad \varphi_2(x) + \psi_2(x) = F_2(x),$$
$$(16) \qquad \varphi'(x) - \psi'(x) = f(x),$$
$$(17) \qquad \varphi_1'(x) - \psi_1'(x) = f_1(x),$$
$$(18) \qquad \varphi_2'(x) - \psi_2'(x) = f_2(x),$$

pour toutes valeurs de $x$ comprises entre $0$ et $l$. Proposons-nous de détermiiner d'après ces conditions les fonctions $\varphi$ et $\psi$. Les autres fonctions $\varphi_1$, $\psi_1$, $\varphi_2$, $\psi_2$, se détermineraient par une marche toute semblable. Nous aurons recours aux six équations

$$(1) \qquad 0 = \varphi(al) + \psi(-at),$$
$$(4) \qquad 0 = \varphi'(al) - \psi'(-at),$$
$$(7) \qquad 0 = \varphi(l + at) + \psi(l - at),$$
$$(10) \qquad 0 = \varphi'(l + at) - \psi'(l - at),$$
$$(13) \qquad \varphi(x) + \psi(x) = F(x),$$
$$(16) \qquad \varphi'(x) - \psi'(x) = f(x).$$

Commençons par déterminer $\varphi$ et $\psi$ pour les valeurs de la variable comprises entre $0$ et $l$.

Intégrons l'équation (16) ; il vient, en appelant C une constante,

$$(19) \qquad \varphi(x) - \psi(x) = C + \int f(x)\, dx;$$

d'où l'on déduit, en rapprochant l'équation (19) de l'équation (13),

$$(20) \qquad \left\{ \begin{array}{l} \varphi(x) = \dfrac{1}{2} F(x) + \dfrac{1}{2} C + \dfrac{1}{2} \int f(x)\, dx, \\[2mm] \psi(x) = \dfrac{1}{2} F(x) - \dfrac{1}{2} C - \dfrac{1}{2} \int f(x)\, dx. \end{array} \right.$$

Nous ferons commencer l'intégrale à $x = 0$ ; les fonctions $\varphi$ et $\psi$ seront déterminées par une quadrature pour toute valeur de la seconde limite qui ne dépasse pas la valeur $x = l$ ; $\varphi$ et $\psi$ sont donc connues dans l'intervalle de $0$ à $l$.

L'équation (1) est vraie pour toute valeur de $t$, positive ou négative ; faisons $at = \zeta$, puis $at = -\zeta$ : nous aurons à la fois

$$\psi(-\zeta) = -\varphi(\zeta) \qquad \text{et} \qquad \varphi(-\zeta) = -\psi(\zeta),$$

de sorte que la connaissance de $\varphi$ pour les valeurs positives de la variable entraine la connaissance de $\psi$ pour les mêmes valeurs prises négativement, et réciproquement.

L'équation (7) nous donne par conséquent

$$\psi(l - \zeta) = -\varphi(\zeta - l) = -\varphi(\zeta + l).$$

Donc

$$\varphi(\zeta + l) = \varphi(\zeta - l),$$

ce qui montre que la fonction $\varphi$ se reproduit périodiquement quand la variable augmente de $2l$. Il en est de même de $\psi$; car $\varphi(l + \zeta) = -\psi(-l - \zeta)$ $= -\psi(l - \zeta)$; donc $\psi(-\zeta - l) = \psi(-\zeta + l)$.

Connaissant $\varphi$ et $\psi$ pour toutes les valeurs de la variable de 0 à $l$, on en déduira les valeurs des mêmes fonctions pour les valeurs de la variable de 0 à $-l$, par les relations

$$\psi(-\zeta) = -\varphi(\zeta), \qquad \varphi(-\zeta) = -\psi(\zeta);$$

on connaîtra alors $\varphi$ et $\psi$ pour une période entière, ce qui suffit pour définir $\varphi$ et $\psi$ pour toutes les valeurs réelles de la variable qui entre dans chacune de ces fonctions.

252. La fixité des points extrêmes entraine comme conséquence la périodicité des fonctions $\varphi$, $\psi$, $\varphi_1$, $\psi_1$, $\varphi_2$, $\psi_2$; la période est $2l$. Il en résulte qu'un même point défini par son abscisse $x$ se retrouve avoir les mêmes écarts longitudinaux, $u$, au bout d'intervalles de temps $\theta$ égaux à $\dfrac{2l}{a}$, et les mêmes écarts transversaux au bout d'intervalles de temps $\theta'$ égaux à $\dfrac{2l}{b}$.

Le mouvement de la corde consiste donc dans une série de vibrations, les unes longitudinales, les autres transversales; et si l'on appelle $n$ et $n'$ les nombres des vibrations complètes effectuées dans l'unité de temps, on aura

$$n \times \frac{2l}{a} = 1, \qquad n' \times \frac{2l}{b} = 1,$$

ou bien

$$n = \frac{a}{2l} = \frac{\sqrt{Eg}}{2\sqrt{\varpi l}}, \qquad n' = \frac{b}{2l} = \frac{\sqrt{T_0 g}}{2\sqrt{\varpi \omega l}};$$

$a$ étant beaucoup plus grand que $b$, le nombre $n$ est beaucoup plus grand que le nombre $n'$; par suite, le son produit par les vibrations longitudinales est beaucoup plus aigu que le son produit par les vibrations transversales. Celles-ci sont les seules qu'on emploie dans la musique. Le nombre en est réglé par la longueur de la portion vibrante de la corde, par la tension $\dfrac{T_0}{\omega}$ qu'elle subit par unité de section, et enfin par son poids spécifique. On peut aussi remarquer que $\omega l$ est le volume de la corde réduite à la partie vibrante, que $\varpi \omega l$ est son poids total, et $\dfrac{\varpi \omega l}{g}$ sa masse; mettant l'équation sous la forme $2n'\sqrt{T} = \sqrt{\dfrac{T_0}{\dfrac{(\varpi \omega l)}{g}}}$, on voit que *le produit du double de la racine car-*

*rée de la longueur libre de la corde par le nombre de vibrations complètes transversales effectuées dans l'unité de temps est égal à la racine carrée de la tension totale rapportée à l'unité de masse.*

Il est remarquable que le nombre $n'$ soit indépendant du coefficient d'élasticité E de la matière qui compose la corde ; il n'en serait pas de même, si, au lieu d'un fil flexible, on faisait vibrer transversalement une tige ayant de la raideur.

Quant au nombre $n$, il est proportionnel à $\sqrt{E}$, et par conséquent l'observation du son rendu par un fil, ou une tige, vibrant longitudinalement, quand ses deux extrémités sont fixes, fournit un moyen de déterminer le coefficient d'élasticité de la matière qui entre en vibration.

Si le fil subit à la fois des vibrations longitudinales et des vibrations transversales, l'ensemble de ces deux mouvements périodiques est lui-même périodique quand il existe une commune mesure aux durées $\dfrac{a}{2l}$ et $\dfrac{b}{2l}$ des deux périodes, c'est-à-dire quand il y a une commune mesure entre $a$ et $b$, ou enfin quand le rapport $\sqrt{\dfrac{T}{E\omega}}$ est commensurable.

VIBRATIONS LONGITUDINALES DES TIGES RIGIDES.

255. L'équation

$$\frac{d^2u}{dt^2} = a^2 \frac{d^2u}{dx^2},$$

dans laquelle $a^2$ représente le rapport $\dfrac{Eg}{\varpi}$, s'applique, comme nous l'avons remarqué, aux vibrations longitudinales d'une tige rigide prismatique de section quelconque, ayant pour poids spécifique le nombre $\varpi$, et pour coefficient d'élasticité la quantité E.

L'intégrale générale de cette équation est

$$u = \varphi(x + at) + \psi(x - at).$$

1ᵉʳ Cas. — Nous allons déterminer les fonctions arbitraires dans l'hypothèse d'un ébranlement longitudinal communiqué, à l'époque $t = 0$, à une certaine longueur $\lambda$ prise dans une tige indéfinie dans les deux sens ;

cet ébranlement, dans lequel les molécules sont déplacées parallèlement à la direction de la tige, sera défini par les équations

$$u = F(x),$$

$$\frac{du}{dt} = f(x),$$

où les fonctions F et $f$ sont connues pour toutes les valeurs de $x$ comprises entre $x = 0$ et $x = \lambda$, et sont nulles en dehors de ces limites. La première donne le déplacement initial d'une section de la tige, la seconde la vitesse imprimée à cette section.

On aura donc pour $t = 0$

$$\varphi(x) + \psi(x) = F(x),$$

et

$$a\,[\varphi'(x) - \psi'(x)] = f(x).$$

Intégrant la seconde équation, il vient

$$\varphi(x) - \psi(x) = C + \frac{1}{a} \int f(x)\,dx,$$

avec une constante arbitraire C, l'intégrale étant d'ailleurs prise à partir d'une valeur quelconque de $x$. Cette équation combinée à la première donne

$$\varphi(x) = \frac{1}{2} F(x) + \frac{C}{2} + \frac{1}{2a} \int f(x)\,dx,$$

$$\psi(x) = \frac{1}{2} F(x) - \frac{C}{2} - \frac{1}{2a} \int f(x)\,dx,$$

et les fonctions $\varphi$ et $\psi$ sont déterminées pour les mêmes valeurs de la variable que $F(x)$ et $f(x)$. La constante $\frac{C}{2}$ disparaîtra dans l'addition des deux fonctions qui forment la valeur de $u$.

234. Pour la discussion du résultat, il est préférable de considérer les premières dérivées partielles de $u$ par rapport à $t$ et à $x$, plutôt que la fonction $u$ elle-même. La dérivée $\frac{du}{dt}$ représente la *vitesse* des molécules situées dans la tranche définie par une valeur donnée de $x$, à l'instant marqué par une valeur donnée de $t$ ; de même $\frac{du}{dx}$ représente l'*allongement relatif* d'un tronçon infiniment petit de la tige, pris à l'endroit défini par l'abscisse $x$, et à l'époque désignée par le temps $t$. Or on a

$$\frac{du}{dx} = \varphi'(x + at) + \psi'(x - at),$$

$$\frac{du}{dt} = a\,[\varphi'(x + at) - \psi'(x - at)],$$

$\varphi'$ et $\psi'$ étant les dérivées de $\varphi$ et de $\psi$ par rapport à leur variable immédiate, $x + at$ ou $y - at$.

A l'époque $t = 0$, on a, d'après les données initiales,

$$\frac{du}{dx} = F'(x)$$

et

$$\frac{du}{dt} = f(x).$$

Donc

$$\varphi'(x) + \psi'(x) = F'(x),$$
$$\varphi'(x) - \psi'(x) = \frac{1}{a} f(x),$$

et les fonctions $\varphi'$ et $\psi'$ sont définies par les équations

$$\varphi'(x) = \frac{1}{2} F'(x) + \frac{1}{2a} f(x),$$
$$\psi'(x) = \frac{1}{2} F'(x) + \frac{1}{2a} f(x).$$

Les fonctions $F'$ et $f$ sont supposées connues pour toutes les valeurs de la variable comprise entre $0$ et $\lambda$; elles sont nulles quand la variable est en dehors de ces limites. Donc $\varphi'$ et $\psi'$ sont aussi connues pour toutes les valeurs réelles de la variable, et sont nulles si leurs variables respectives sont ou négatives, ou supérieures à $\lambda$.

Pour tout point dont l'abscisse est négative, $x = -x'$, la quantité $x - at$ est négative, et $\psi'(x - at)$ est constamment égale à zéro. Donc pour tout point de la tige situé du côté des $x$ négatifs, le mouvement est réglé simplement par les équations

$$\frac{du}{dx} = \varphi'(x + at),$$
$$\frac{du}{dt} = a\varphi'(x + at).$$

Entre les deux dérivées existe la relation très simple

$$\frac{du}{dt} = a \frac{du}{dx};$$

de plus les deux dérivées sont nulles à la fois si $x + at$ est négatif, ou s'il est positif et plus grand que $\lambda$; alors la tranche considérée n'a aucune vitesse et reste immobile. Pour qu'il y ait mouvement de la tranche, il faut donc et il suffit que $x + at$ soit compris entre $0$ et $\lambda$, ce qui donne la double inégalité

$$0 < -x' + at < \lambda,$$

ou bien

$$\frac{x'}{a} < t < \frac{x' + \lambda}{a}.$$

Le mouvement de la tranche commencera donc lorsque $t$ sera égal à $\frac{x'}{a}$, et cessera lorsque $t$ sera égal à $\frac{x' + \lambda}{a}$, comme si la longueur $\lambda$ parcourait uniformément la tige, à partir de la région ébranlée, avec une vitesse $a$ dans le sens des abscisses négatives. Ce résultat est indépendant de la forme des fonctions qui définissent l'état initial entre les limites 0 et $\lambda$. De même pour tout point correspondant à une abscisse $x$ positive et supérieure à $\lambda$, $\varphi'(x + at)$ sera nulle, et le mouvement sera réglé par les équations

$$\frac{du}{dx} = \psi'(x - at),$$

$$\frac{du}{dt} = - a\psi'(x - at),$$

ce qui établit entre les deux dérivées la relation

$$\frac{du}{dt} = - a\,\frac{du}{dx};$$

on reconnaîtrait comme tout à l'heure que le mouvement de la tranche $x$ commencera pour $t = \frac{x - \lambda}{a}$, et finira pour $t = \frac{x}{a}$, comme si la longueur $\lambda$ se transportait avec la vitesse $a$, dans le sens des abscisses positives, à partir de la région ébranlée.

Enfin pour les points situés entre $x = 0$ et $x = \lambda$, leur mouvement sera défini par les équations

$$\frac{du}{dx} = \varphi'(x + at) + \psi'(x - at),$$

$$\frac{du}{dt} = a\left[\varphi'(x + at) - \psi'(x - at)\right],$$

tant que les deux variables $x + at$ et $x - at$ seront comprises entre 0 et $\lambda$; puis l'une des deux fonctions $\varphi'$ et $\psi'$ s'annulera constamment, dès que la variable de cette fonction deviendra négative ou supérieure à $\lambda$; l'autre s'annulera ensuite et la tranche sera ramenée à l'immobilité.

235. Pour nous faire une idée nette du phénomène, représentons par

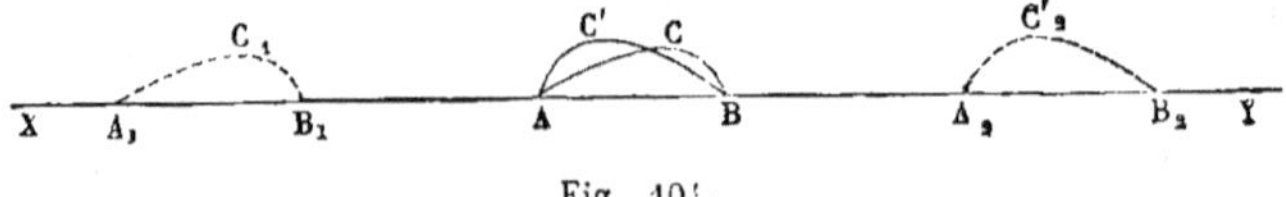


Fig 101.

XY la tige indéfinie ; soit AB la région de longueur $\lambda$ dans laquelle on communique aux tranches de la tige un ébranlement longitudinal à l'instant $t = 0$. Soit A l'origine des abscisses, que l'on comptera positivement dans le sens AB. Construisons les courbes ACB, AC′B, définies par les équations

$$y = \varphi'(x),$$
$$y = \psi'(x).$$

Les ordonnées de ces courbes représenteront les deux parties qui s'ajoutent pour former l'allongement relatif $\dfrac{du}{dx}$ des diverses tranches à l'instant $t = 0$; pour en déduire les vitesses des tranches, il faudrait prendre la différence des mêmes ordonnées et diviser par $a$. Imaginons ensuite que la courbe ACB glisse dans le sens négatif avec une vitesse $a$, et qu'elle soit au bout du temps $t$ parvenue en $A_1 C_1 B_1$. L'ébranlement occupera au bout de ce temps la région $A_1 B_1$, et les ordonnées de la courbe $A_1 C_1 B_1$ seront les valeurs de l'allongement relatif dans les diverses tranches de cette région. De même faisons glisser la courbe AC′B dans le sens positif avec cette même vitesse $a$; au bout du temps $t$, la courbe occupant la position $A_2 C'_2 B_2$, l'ébranlement sera parvenu dans la région $A_2 B_2$, et les ordonnées de la courbe $A_2 C'_2 B_2$ seront égales aux allongements relatifs $\dfrac{du}{dx}$, subis à cet instant par les tranches correspondantes. Les deux courbes se croisent dans la région AB avant de se séparer entièrement, et pour obtenir les valeurs de $\dfrac{du}{dx}$ aux époques où la séparation n'est pas encore achevée, il faudra faire l'addition algébrique des ordonnées qui, dans ces deux courbes, répondent à une même abscisse.

On se fera donc une image de la propagation du mouvement vibratoire en concevant à l'instant initial deux *ondes* dans la région AB, l'une répondant à la courbe ACB et à la fonction $\varphi$, et l'autre à la courbe AC′B et à la fonction $\psi$; puis en imprimant par la pensée à ces deux ondes des vitesses égales à $a$, dans le sens négatif pour la première, dans le sens positif pour la seconde. Ce sont deux ondes sonores, qui se propagent avec une vitesse uniforme $a$; ce nombre $a$ est donc la vitesse du *son* dans la tige, et par conséquent, pour les tiges solides vibrant longitudinalement, la vitesse du son est égale à

$$\sqrt{\frac{Eg}{\varpi}}.$$

256. A l'origine du mouvement, il existe à la fois dans la région ébranlée deux ondes, l'une animée de la vitesse $+ a$, l'autre animée de la vitesse $- a$; distinguons par des accents les parties du déplacement $u$ qui correspondent à chacune d'elles. La première satisfait à la condition $\dfrac{du'}{dt} = - a\,\dfrac{du'}{dx}$; la se-

conde à la condition $\dfrac{du''}{dt} = + a\,\dfrac{du''}{dx}$. Il est facile de voir que si l'on astreint,

par un choix convenable des fonctions F et $f$, les dérivées partielles $\dfrac{du}{dt}$,

$\dfrac{du}{dx}$, à vérifier à l'instant $t = 0$ l'une des conditions

$$\frac{du}{dt} = \pm\, a\,\frac{du}{dx},$$

l'une des deux ondes manquera nécessairement.

En effet, si l'on a $\dfrac{du}{dt} = a\,\dfrac{du}{dx}$ pour $t = 0$, on en déduit $a\,\mathrm{F}'(x) - f(x) = 0$,
et par suite $\psi'(x)$ est nulle pour toute valeur de la variable ; donc l'onde dirigée
vers la région négative existe seule. La condition nécessaire et suffisante pour
qu'une des deux ondes manque est

$$\left(\frac{du}{dt}\right)^{2} - a^{2}\left(\frac{du}{dx}\right)^{2} = 0$$

à l'instant $t = 0$ ; cette équation est du reste vraie pour toute valeur de $t$ dès
qu'elle l'est pour une seule.

**237. 2ᵉ Cas.** — *Tige indéfinie dans un seul sens, libre à son extrémité.*

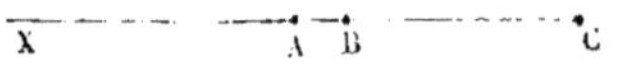

Soit C l'extrémité libre d'une tige indéfinie dans le sens AX. Soit AB la région
primitivement ébranlée ; prenons encore
A pour origine des $x$, et soit AC $= l$.

Fig. 105.

Les diverses circonstances du mouvement seront encore définies par les
équations

$$\frac{du}{dx} = \varphi'(x + at) + \psi'(x - at),$$

$$\frac{du}{dt} = a\,[\varphi'(x + at) - \psi'(x - at)].$$

Mais ici $x$ ne peut recevoir d'autres valeurs réelles que celles qui sont comprises entre $-\infty$ et $l$. Quand on donnera l'état initial de la tige au moyen
des équations

$$\frac{du}{dx} = \mathrm{F}'(x),$$

$$\frac{du}{dt} = f(x),$$

à l'instant $t = 0$, la variable $x$ ne s'étendra pas au delà de la limite $l$.

On exprimera que l'extrémité C est libre en observant que la tension de
la tige doit y être constamment nulle ; car il n'existe aucun obstacle fixe
qui puisse exercer un effort sur la section C. La tension étant nulle, on aura

$\frac{du}{dx}$ égal à zéro pour toute valeur du temps et pour $x = l$; en d'autres termes les fonctions $\varphi'$ et $\psi$ doivent être telles que la somme

$$\varphi'(l + at) + \psi'(l - at)$$

soit nulle pour toutes les valeurs de la variable $t$.

On satisfait très simplement à cette condition en prolongeant fictivement la tige indéfiniment au delà du point C, et en imaginant qu'à l'origine

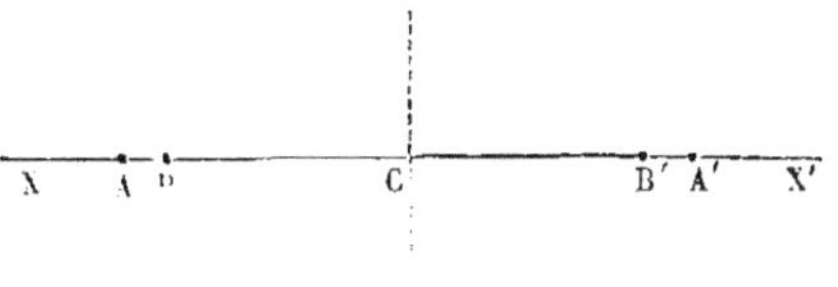


Fig. 106.

du temps on communique à la région A'B', symétrique de AB par rapport à la section C, un ébranlement initial défini par les équations

$$\frac{du}{dx} = + F'(x),$$

$$\frac{du}{dt} = - f(x),$$

l'abscisse $x$ étant ici comptée à partir du point A', positivement dans le sens A'B'. Cette hypothèse satisfait encore à la relation $\frac{du}{dt} = - a \frac{du}{dx}$ qui s'applique à l'onde $\psi$. Les ébranlements simultanés développés en AB et en A'B' vont donner naissance chacun à deux ondes, $\varphi$ et $\psi$, partant de AB, et à deux autres ondes, $\varphi_1$ et $\psi_1$ partant de A'B'; les ondes $\varphi$ et $\varphi_1$, allant la première dans le sens AX, la seconde dans le sens A'X', s'éloigneront indéfiniment l'une de l'autre; mais les ondes $\psi$ et $\psi_1$, qui marchent l'une vers l'autre, se superposeront en passant à la section C, qui reste constamment un plan de symétrie pour les deux régions simultanément ébranlées.

La valeur de $\frac{du}{dx}$ au point C s'obtient en composant les deux valeurs $\left(\frac{du'}{dx}\right)$, $\left(\frac{du''}{dx}\right)$, qui correspondent dans chaque onde à ce point C à l'instant considéré, et le résultat de cette composition sera constamment zéro, puisque ces deux allongements relatifs partiels ont à chaque instant les mêmes valeurs absolues et des directions contraires. Quant à la valeur de $\frac{du}{dt}$, il faudra aussi composer les deux valeurs partielles $\left(\frac{du'}{dt}\right)$, $\left(\frac{du''}{dt}\right)$ qui, par hypothèse, ont à chaque instant la même valeur et le même sens. Les vitesses vibratoires partielles s'ajoutent donc pour former la vitesse vibratoire totale.

En résumé, tout se passe comme si l'onde $\psi$, en arrivant au point C, se repliait en arrière, en changeant le sens de la propagation et le sens de la tension $\dfrac{du}{dx}$, sans rien changer au sens de la vitesse vibratoire $\dfrac{du}{dt}$. Le passage de l'onde $\psi$ à l'extrémité C est donc représenté, pour les tensions par la figure 107, où les ordonnées des deux courbes $mn$ et $pq$ doivent être composées algébriquement,

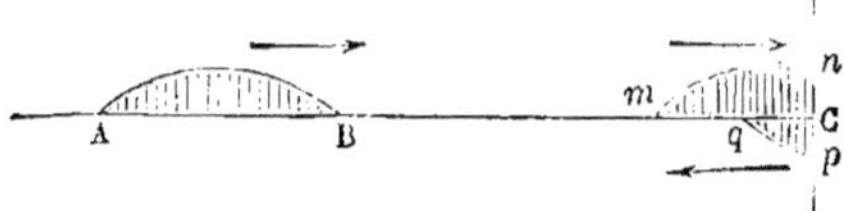

Fig. 107.

et pour les vitesses vibratoires par la figure 108.

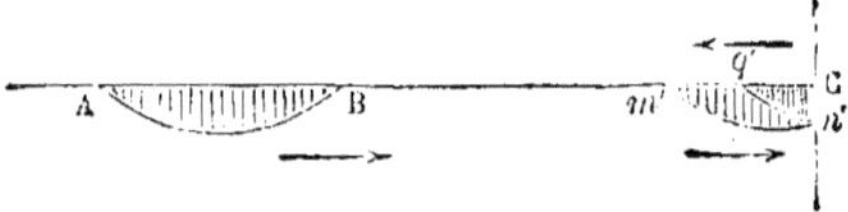

Fig. 108.

Une fois le passage de l'onde entièrement effectué, la tige présente deux ondes, l'onde $\varphi$ et l'onde $\psi$ réfléchie, marchant dans le même sens, avec une vitesse commune $a$.

258. 3ᵉ Cas. — *Tige indéfinie dans un sens, et ayant une extrémité fixe.*

Si le point C est fixe, la vitesse vibratoire $\dfrac{du}{dt}$ doit y être constamment nulle ; on pourra recourir à la même fiction que tout à l'heure, et imaginer pour la tige un prolongement indéfini, dans lequel on ébranlera la région symétrique A'B', d'après les équations

$$\frac{du}{dx} = -\ \mathrm{F}'(x),$$

$$\frac{du}{dt} = +\ f(x),$$

hypothèse qui satisfait encore à la condition $\dfrac{du}{dt} = -\ a\dfrac{du}{dx}$ de propagation des ondes $\psi$. De cette manière, les vitesses vibratoires, en se composant au point C, dans le passage simultané des deux ondes $\psi$ qui s'y croisent, se détruiront constamment et laisseront ce point immobile ; tandis que les deux tensions $\dfrac{du}{dx}$ s'ajouteront, et développeront un effort qui sera équilibré par la résistance du point fixe.

**259. 4ᵉ Cas.** — *Tige limitée dans les deux sens.*

La tige peut avoir ses deux extrémités libres, ou ses deux extrémités fixes, ou enfin avoir une extrémité libre et l'autre fixe : ce qui fait trois cas à examiner. On peut facilement conclure de ce qui vient d'être dit, que le mouvement des deux ondes se continuera indéfiniment dans la tige, au moyen d'une réflexion apparente à ses deux extrémités : si l'extrémité est libre, cette réflexion changera le sens des tensions, en conservant le sens des vitesses vibratoires ; si elle est fixe, elle changera au contraire le sens des vitesses vibratoires en conservant le sens des tensions.

1° Si les deux extrémités sont libres, chacune des ondes $\varphi$ et $\psi$ se réfléchira d'abord à l'extrémité de la tige vers laquelle elle marche, puis elle parcourra la tige entière en sens contraire, se réfléchira de nouveau à l'autre extrémité, et reviendra par conséquent vers son point de départ dans le sens qu'elle avait à l'origine. Les vitesses vibratoires, n'étant pas altérées par le fait de la réflexion, se retrouveront donc les mêmes dans l'onde deux fois réfléchie ; les tensions, qui changent de sens à chaque réflexion, seront aussi les mêmes après les deux réflexions subies. Donc les deux ondes, après avoir parcouru chacune le double de la longueur de la tige, et après avoir été deux fois réfléchies, se retrouveront à leur point commun de départ dans l'état où elles étaient au commencement du mouvement. La durée qui sépare deux retours consécutifs à l'état initial s'obtiendra en divisant $2l$, double longueur de la tige, par la vitesse $a$ de la propagation. Et si, au lieu d'un ébranlement limité à une région très petite, on imagine que la barre entière ait été ébranlée longitudinalement, on sera sûr qu'au bout du temps $\dfrac{2l}{a}$, au maximum, la barre revient à son état primitif. En d'autres termes, le mouvement de la barre est une suite de *vibrations*, dont la durée commune est $\dfrac{2l}{a}$.

2° Les mêmes raisonnements s'appliquent sans modification au second cas, celui où les deux extrémités de la barre sont fixes. C'est alors la vitesse vibratoire qui change de sens à chaque réflexion, et la tension qui conserve son sens ; mais la conclusion définitive est la même, et l'on constate également dans la barre un mouvement vibratoire dont la période est $\dfrac{2l}{a}$.

3° Lorsque l'une des extrémités est libre et que l'autre est fixe, chacune des ondes $\varphi$ et $\psi$, après deux réflexions aux extrémités de la tige, change à la fois le sens de ses vitesses vibratoires au point fixe, et le sens de ses tensions à l'extrémité libre. Il en résulte qu'après deux réflexions seulement l'état primitif des ondes n'est pas restitué, mais qu'il est changé de sens, et pour les vitesses, et pour les tensions.

L'état primitif ne sera restitué qu'après deux nouvelles réflexions, quand chacune des ondes aura parcouru quatre fois la longueur de la tige : ce

qui revient à dire que la durée de la période vibratoire est au maximum
égale à $\dfrac{4l}{a}$. Elle est double de ce qu'elle était dans les deux cas précédents.

Le son rendu par la tige dont un seul bout est fixe est donc l'octave grave
du son rendu par la tige qui a ses deux extrémités fixes, ou ses deux extrémités libres. Nous verrons dans le chapitre suivant que les mêmes lois s'appliquent à la vibration de l'air dans les tuyaux, suivant qu'ils sont ouverts
ou fermés.

DÉMONSTRATION ÉLÉMENTAIRE DE LA FORMULE.

240. On peut donner une démonstration élémentaire de la formule,
$a = \sqrt{\dfrac{\mathrm{E}g}{\varpi}}$, de la vitesse de son dans une barre prismatique indéfinie, en
la rattachant à la théorie du choc direct des corps élastiques (III, § 351).

Partageons la barre en tronçons d'égale masse par des plans transversaux
équidistants, que nous considérerons comme des solides venant se choquer
à la façon des boules d'ivoire de la page 383 du tome III.

Soit $\omega$ la section de la tige ;

    $\varpi$ son poids spécifique ;

    $l$ la longueur commune à tous les tronçons ;

    $v$ la vitesse dont nous supposerons animé le centre de gravité d'un
tronçon, à un certain instant, le long de l'axe de la tige ;

    $\theta$ la durée du choc, ou le temps pendant lequel la vitesse $v$ aban-
donne le centre du tronçon considéré A, pour passer au centre de
gravité du tronçon suivant, B ;

    F la réaction moyenne des deux tronçons contigus pendant ce temps $\theta$.

La masse de chaque tronçon est mesurée par le produit $\dfrac{\varpi}{g}\,\omega l$; la vitesse
$v$ du centre de gravité étant réduite à zéro dans le temps $\theta$ par l'action continue de la force F, le théorème des quantités de mouvement nous donne

$$\mathrm{F}\theta = \frac{\varpi}{g}\,\omega l .$$

Mais la force F provient de la compression exercée sur le tronçon B par le
tronçon A ; la face antérieure du tronçon B est refoulée instantanément d'une
quantité égale à $v\theta$, ce qui développe une réaction élastique égale à $\dfrac{\mathrm{E}\omega v\theta}{\lambda}$, en
appelant E le coefficient d'élasticité. On a donc (II, § 352)

$$\mathrm{F} = \frac{\mathrm{E}\omega v\theta}{l} .$$

Divisant la première équation par la seconde, on élimine F, ω et $v$, et on obtient

$$0 = \frac{\varpi}{g\mathrm{E}} \frac{l^2}{\theta}.$$

Donc

$$\frac{l^2}{\theta^2} = \frac{g\mathrm{E}}{\varpi}.$$

Or $\frac{l}{\theta}$ est la vitesse de propagation $a$ de l'ébranlement ; donc enfin

$$a = \sqrt{\frac{\mathrm{E}g}{\varpi}}.$$

Si, au lieu d'une tige solide, on avait un tuyau cylindrique rempli de gaz, la démonstration serait la même, sauf à observer que la force F est alors l'excès de la pression subie par la section ω pendant le choc, sur la pression $p_0$ qui règne partout dans le tuyau à l'état de repos. L'application de la loi de Mariotte donnerait donc la proportion

$$\frac{\mathrm{F} + p_0\omega}{p_0\omega} = \frac{l}{l - v\theta} ;$$

d'où l'on déduit

$$\mathrm{F} = \frac{p_0\omega v g}{l}$$

et

$$a = \sqrt{\frac{p_0 g}{\varpi}},$$

formule qui serait vraie si, au lieu de la pression $p_0$ initiale, on mettait la pression $p_0 \dfrac{c}{c_1}$ altérée par les circonstances calorifiques.

# CHAPITRE III



---

**241.** Soit MN un tuyau cylindrique, rempli d'air à une pression et à une température constantes; la section droite du tuyau est arbitraire. Prenons une parallèle à ses génératrices OX pour axe des $x$, et sur cette droite un point O pour origine. Nous supposerons que, dans le mouvement du gaz à l'intérieur du tuyau, les molécules situées à l'origine dans une section transversale se déplacent toutes ensemble, de manière à se trouver à chaque instant dans un même plan normal à la droite OX. Nous pouvons faire en sorte que

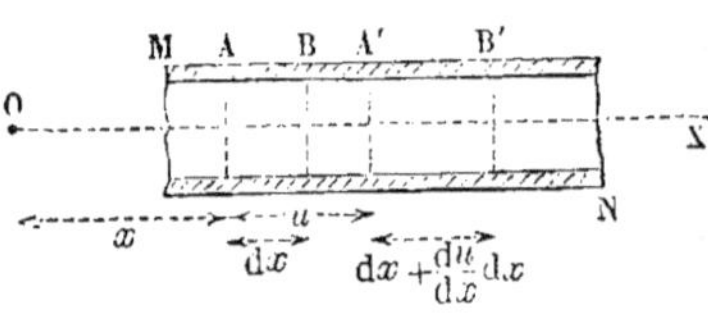

Fig. 109.

cette condition soit satisfaite au moment où le mouvement commence ; et le calcul que nous allons faire nous prouvera qu'il n'y a aucune contradiction à admettre qu'elle soit encore remplie pendant toute la suite du mouvement. Soit donc à l'origine du mouvement, pour $t = 0$, une tranche transversale A définie par son abscisse $x$; à l'instant $t$, cette tranche est parvenue en A′, sans cesser d'être normale à OX, et sera définie par une abscisse $x + u$. Considérons encore à l'origine une seconde tranche B, définie par son abscisse $x + dx$ ; à l'instant $t$, elle sera parvenue en B′, et aura une abscisse égale à $x + dx + u + \dfrac{du}{dx}\,dx$. Écrivons l'équation du mouvement rectiligne de la masse gazeuse comprise, à l'instant $t$, entre les tranches A et B, et à l'instant $t'$ entre les tranches A′ et B′.

Pour n'avoir pas à tenir compte de la pesanteur, nous supposerons le tuyau horizontal ; la faible densité des gaz permettrait d'ailleurs de négliger la pesanteur par rapport aux pressions, et de négliger aussi les variations de pression et de densité qui résulteraient dans l'état d'équilibre d'une inclinaison prise par le tuyau, de sorte que nos conclusions sont générales.

Le mouvement de la tranche est défini par la valeur de $u$ en fonction de $t$; l'accélération est égale à $\dfrac{d^2u}{dt^2}$. Appelant $m$ la masse de la quantité de **gaz** comprise entre les plans A et B, ou, à l'époque $t$, entre les plans A′, B′, et $p, p'$ les pressions par unité de surface dans les plans A′ et B′, l'équation du mouvement sera, en désignant par $\omega$ l'aire de la section transversale,

$$(1) \qquad m\,\frac{d^2u}{dt^2} = \omega\,(p - p').$$

Soit $\rho$ la densité ou masse spécifique du gaz dans l'état de repos et à la température qu'il possède au commencement du mouvement; nous aurons

$$(2) \qquad m = \rho \times \omega\,dx.$$

Il reste à exprimer $p$ et $p'$ en fonction des variables $u$ et $x$. On y parvient en appliquant les lois de Mariotte et de Gay-Lussac.

Soit $p_0$ la pression du gaz à l'état de repos;

$\theta_0$ sa température;

$\alpha$ son coefficient de dilatation;

$c$ sa chaleur spécifique à pression constante;

$c_1$ sa chaleur spécifique à volume constant;

$\theta$ sa température à l'état de mouvement, à l'époque $t$ et dans l'intervalle A′B′.

La pression $p$, dans la tranche A′, est liée à ces diverses quantités par l'équation

$$(3) \qquad \frac{p}{p_0} = \frac{(\text{vol. AB}) \times (1 + \alpha\theta)}{(\text{vol. A'B'}) \times (1 + \alpha\theta_0)} = \frac{dx}{dx + \dfrac{du}{dx}\,dx} \times \frac{1 + \alpha\theta}{1 + \alpha\theta_0},$$

ou bien, en observant que $\alpha$ et $\dfrac{du}{dx}$ sont très petits, qu'on peut par suite remplacer $\dfrac{1 + \alpha\theta}{1 + \alpha\theta_0}$ par $1 + \alpha\,(\theta - \theta_0)$, et $\dfrac{1}{1 + \dfrac{du}{dx}}$ par $1 - \dfrac{du}{dx}$:

$$(4) \qquad p = p_0 \left(1 - \frac{du}{dx}\right) [1 + \alpha(\theta - \theta_0)]$$

$$= p_0 \left[1 - \frac{du}{dx} + \alpha(\theta - \theta_0)\right].$$

en négligeant encore le produit des nombres très petits $\dfrac{du}{dx}$ et $\alpha\,(\theta - \theta_0)$.

La différence $p - p'$ n'est autre chose que la différentielle partielle de $p$.

prise relativement à la variable $x$ et avec un signe contraire. Il suffira donc, pour avoir $p - p'$, de différentier par rapport à $x$ l'équation (4), et de changer de signe. Avant de faire cette opération, il convient d'exprimer la différence $\theta - \theta_0$ en fonction des variables $u$ et $x$.

La température d'une tranche gazeuse s'accroît avec la compression que cette tranche subit, et on trouve le rapport entre ces deux quantités en appliquant les principes de la théorie mécanique de la chaleur.

Le volume de gaz $\omega dx$, pris sous la pression $p_0$, subit une dilatation qui augmente son volume dans le rapport de l'unité à $1 + \dfrac{du}{dx}$ ; la variation relative du volume est donc mesurée par le nombre $\dfrac{du}{dx}$. Supposons que ce rapport soit assez petit en valeur absolue pour que la pression $p_0$ ne varie pas sensiblement par suite de la dilatation du gaz. Le travail développé par ce volume de gaz sera égal au produit

$$p_0 \times \omega dx \times \left( \frac{du}{dx} \right).$$

Nous admettrons que ce travail soit entièrement produit aux dépens de la quantité de chaleur interne du gaz, et qu'il corresponde à un abaissement de température $\theta_0 - \theta$ ; cette hypothèse revient à négliger la quantité de chaleur fournie ou absorbée par le tuyau. La quantité de chaleur perdue par unité de poids est $c_1 (\theta_0 - \theta)$, et pour le poids considéré elle est égale à

$$c_1 (\theta_0 - \theta) \times \rho g \omega dx.$$

Soit E l'équivalent mécanique de la chaleur ; nous aurons l'équation

$$E c_1 (\theta_0 - \theta) \rho g \omega dx = p_0 \omega dx \frac{du}{dx}.$$

Mais $E = \dfrac{R}{c - c_1}$, R étant la constante de l'équation des gaz, $pV = R \left( \dfrac{1}{\alpha} + \theta \right)$, et l'on a

$$\theta - \theta_0 = - \frac{p_0}{\rho g R} \frac{c - c_1}{c_1} \frac{du}{dx}.$$

Cette équation se simplifie. Dans l'équation $pV = R \left( \dfrac{1}{\alpha} + \theta \right)$, V est le volume de l'unité de poids du gaz, sous la pression $p$ et la température $\theta$, ou l'inverse du poids spécifique $\rho g$ ; donc

$$\frac{p_0}{\rho g} = R \left( \frac{1}{\alpha} + \theta_0 \right),$$

et

$$\theta - \theta_0 = -\left(\frac{1}{\alpha} + \theta_0\right)\frac{c - c_1}{c_1}\frac{du}{dx},$$

et enfin

(5)
$$\alpha(\theta - \theta_0) = -(1 + \alpha\theta_0)\frac{c - c_1}{c_1}\frac{du}{dx}.$$

Substituons dans (4) et nous aurons

$$p = p_0\left(1 - \frac{du}{dx} - (1 + \alpha\theta_0)\frac{c - c_1}{c_1}\frac{du}{dx}\right)$$
$$= p_0 - p_0\frac{du}{dx}\left(1 + \frac{c - c_1}{c_1} + \alpha\theta_0\frac{c - c_1}{c_1}\right),$$

ou sensiblement, en négligeant le terme en $\alpha$, qui est très petit,

(6)
$$p = p_0 - p_0\frac{du}{dx}\times\left(\frac{c}{c_1}\right).$$

On commettrait une assez grande erreur si l'on ne tenait pas compte de la variation de la température des tranches suivant leur degré de condensation ou de raréfaction; car les changements de pression sont assez rapides pour qu'une température uniforme n'ait pas le temps de s'établir dans toute la masse en vertu de la conductibilité et du rayonnement. On sait d'ailleurs que le rapport $\dfrac{c}{c_1}$ est notablement supérieur à l'unité.

Différentions l'équation (6) en faisant varier $x$ seul. Nous aurons

(7)
$$p' - p = \frac{dp}{dx}dx = -p_0\frac{d^2u}{dx^2}dx\times\frac{c}{c_1},$$

et substituant dans l'équation (1) les valeurs de $m$ et $p - p'$, il viendra pour l'équation du mouvement

(8)
$$\rho\frac{d^2u}{dt^2} = p_0\frac{c}{c_1}\frac{d^2u}{dx^2},$$

équation de la forme

(9)
$$\frac{d^2u}{dt^2} = a^2\frac{d^2u}{dx^2},$$

en posant

(10)
$$a = \sqrt{\frac{p_0}{\rho}\times\frac{c}{c_1}}.$$

L'intégrale générale de l'équation (9) sera, avec deux fonctions arbitraires $\varphi$ et $\psi$,

(11)
$$u = \varphi(x - at) + \psi(x + at),$$

et on pourra reprendre toute la discussion de cette équation, en suivant la même marche que pour le problème de la vibration longitudinale d'une verge prismatique.

On reconnaîtra que $a$ est la *vitesse du son* dans le gaz du tuyau; si l'on ébranle le gaz sur une petite longueur $\lambda$ dans le tuyau, deux ondes, en général, naissent de cet ébranlement, et se transportent, chacune dans un sens, le long du tuyau avec une vitesse égale à $a$. Ceci suppose le tuyau indéfini dans les deux sens. Si le tuyau est limité, l'onde qui aboutit à son extrémité se réfléchit en arrière pour changer de vitesse, comme ferait une onde symétrique, issue fictivement d'une région prise dans le tuyau prolongé.

Si le tuyau est bouché à son extrémité par une paroi solide, on exprimera analytiquement cette circonstance en faisant nulle la vitesse vibratoire $\frac{du}{dt}$ pour la tranche gazeuse qui reste en contact avec cette paroi fixe; si au contraire le tuyau est ouvert, et communique avec une atmosphère indéfinie à la pression $p_0$, la vitesse $\frac{du}{dt}$ n'est assujettie par là à aucune condition, mais la *raréfaction* $\frac{du}{dx}$ devient nulle, puisque la pression reste constante à cette extrémité. On retrouve tous les résultats obtenus pour les vibrations des verges, par exemple, ces théorèmes d'acoustique : *la période vibratoire a la même durée pour un tuyau cylindrique ouvert aux deux bouts, ou fermé aux deux bouts; elle a une durée double pour un tuyau ouvert à un bout, fermé à l'autre.*

VITESSE DU SON DANS LES GAZ.

242. L'équation

$$a = \sqrt{\frac{p}{\rho} \times \frac{c}{c_1}}$$

donne la vitesse du son dans un gaz à la pression $p$, dont la masse spécifique est $\rho$; elle est le produit de deux facteurs; l'un, $\sqrt{\frac{p}{\rho}}$, est la vitesse du son d'après la théorie de Newton; le second, $\sqrt{\frac{c}{c_1}}$, a été introduit par Laplace, et représente l'effet des variations de température dues aux condensations et aux raréfactions alternatives de tranches gazeuses. C'est un coefficient de correction. On a à très peu près $\frac{c}{c_1} = \sqrt{2} = 1,41$; $\sqrt{\frac{c}{c_1}}$ est donc sensiblement égal à la racine quatrième de 2, ou à 1,28.

La formule newtonienne $a = \sqrt{\dfrac{p}{\rho}}$ est un simple résultat du principe de Newton sur la similitude mécanique (III, § 70).

Considérons deux gaz dont les masses spécifiques soient $\rho$ et $\rho'$, les pressions $p$ et $p'$, et au sein desquels nous excitons deux *ébranlements semblables*. Ces deux ébranlements se propageront semblablement, pourvu que le rapport $\alpha$ des longueurs, le rapport $\beta$ des masses, le rapport $\gamma$ des forces, et le rapport $\varepsilon$ des temps vérifient la relation

$$\varepsilon^2 = \frac{\alpha\beta}{\gamma}.$$

Or ici le rapport des longueurs $\alpha = 1$;

le rapport des masses $\beta = \dfrac{\rho}{\rho'}$,

le rapport des forces $\gamma = \dfrac{p}{p'}$.

Donc le rapport des temps au bout desquels on doit comparer les deux systèmes est

$$\varepsilon = \sqrt{\frac{\beta}{\gamma}} = \sqrt{\frac{\left(\dfrac{\rho}{p}\right)}{\left(\dfrac{\rho'}{p'}\right)}}.$$

Mais le rapport des vitesses, dans les deux systèmes, est égal au rapport $\dfrac{\alpha}{\varepsilon}$, ou a $\dfrac{1}{\varepsilon}$, puisque $\alpha = 1$. Donc enfin, $a$ et $a'$ étant les vitesses de la propagation de l'ébranlement dans les deux gaz, on a la proportion

$$\frac{a}{a'} = \sqrt{\frac{\left(\dfrac{\rho'}{p'}\right)}{\left(\dfrac{\rho}{p}\right)}} = \sqrt{\frac{p\,\rho'}{p'\rho}} = \frac{\sqrt{\dfrac{p}{\rho}}}{\sqrt{\dfrac{p'}{\rho'}}}.$$

On a donc

$$a = k\,\sqrt{\frac{p}{\rho}},$$

en appelant $k$ une constante, que Newton faisait égale à l'unité, et que nous avons reconnue être égale à $\sqrt{\dfrac{c}{c_1}}$.

La masse spécifique $\rho$ est égale au poids spécifique $\varpi$ divisé par $g$, et la formule prend la forme

$$a = \sqrt{g\,\frac{p}{\varpi} \times \frac{c}{c_1}}.$$

On peut observer que $\frac{p}{\varpi}$ est la hauteur $h$ d'une colonne gazeuse homogène représentative de la pression $p$; $\sqrt{gh}$ est la vitesse due à la moitié de cette hauteur.

On a aussi

$$p\mathrm{V} = \mathrm{R}\left(\frac{1}{\alpha} + \theta\right),$$

V étant le volume spécifique, ou l'inverse $\frac{1}{\varpi}$ du poids spécifique, et $\theta$ la température. Donc

$$\frac{p}{\varpi} = \mathrm{R}\left(\frac{1}{\alpha} + \theta\right) = \frac{\mathrm{R}}{\alpha}(1 + \alpha\theta),$$

d'où résulte la formule

$$a = \sqrt{\frac{g\mathrm{R}}{\alpha}(1 + \alpha\theta)\frac{c}{c_1}},$$

qui donne la vitesse du son dans un gaz en fonction de sa température.

Pour l'air atmosphérique, par exemple, à 0° centigrade et sous la pression normale de $0^m,76$ de mercure, on a

$$\frac{p}{\varpi} = \frac{\mathrm{R}}{\alpha} = \frac{10340}{1.299} = 7960^m.$$

Donc à zéro on a

$$a = \sqrt{g \times 7960 \times 141} = 516^m,$$

et à $\theta$ degrés

$$a = 546^m \times \sqrt{(1 + \alpha\theta)}.$$

243. Lorsque la dilatation relative des tranches gazeuses, $\frac{du}{dx}$, n'est pas infiniment petite en valeur absolue, on ne peut plus mesurer le travail extérieur correspondant à la dilatation du gaz par le produit $p_0\,\omega\,\frac{du}{dx}\,dx$, parce que la pression ne reste pas égale à $p_0$ pendant toutes les phases du changement de volume. Dans ce cas, l'équation du mouvement vibratoire n'est plus exacte.

La formule (3), qui n'est autre chose que l'application des lois de Mariotte et de Gay-Lussac, subsiste toujours ; on en déduit

$$p = p_0 \frac{1}{1 + \frac{du}{dx}} \frac{1 + \alpha\theta}{1 + \alpha\theta_0} = p_0\left(1 + \frac{du}{dx}\right)^{-1} \times [1 + \alpha(\theta - \theta_0)].$$

Soit $v_0$ le volume primitif de la tranche gazeuse, sous la pression $p_0$ :

$v$ le volume qu'elle acquiert sous une pression $p$ quelconque ;

$v_1$ le volume particulier qu'elle prend lorsqu'elle reçoit un accroisse-ment relatif de volume égal à $\dfrac{du}{dx}$, et $p_1$ la pression correspondante.

Par hypothèse, le gaz n'emprunte ni ne communique aucune quantité de chaleur aux parois du tuyau ; la formule de Laplace (IV, § 152) est donc applicable, et en appelant $\gamma$ le rapport $\dfrac{c}{c_1}$ des chaleurs spécifiques, on aura à la fois

$$pv^\gamma = p_0 v_0^\gamma = p_1 v_1^\gamma,$$

et

$$v_1 = v_0 \left( 1 + \frac{du}{dx} \right).$$

Le travail T produit par la dilatation du gaz est l'intégrale $\displaystyle\int_{v_0}^{v_1} p\,dv$. Or nous avons déjà effectué cette quadrature dans un cas tout semblable, celui d'un gaz qui suit en se détendant une ligne adiabatique, et nous avons obtenu

$$T = \frac{p_0 v_0}{\gamma - 1} \left( 1 - \frac{v_0^{\gamma-1}}{v_1^{\gamma-1}} \right) = \frac{p_0 v_0}{\gamma - 1} \left[ 1 - \left( 1 + \frac{du}{dx} \right)^{-\gamma+1} \right].$$

Telle est la quantité à égaler au produit

$$E c_1 (\theta_0 - \theta) \rho g v_0.$$

qui représente le travail équivalent à la chaleur interne perdue par la tranche. On en déduit

$$\theta_0 - \theta = \frac{p_0}{E \rho g c_1 (\gamma - 1)} \left[ 1 - \left( 1 + \frac{du}{dx} \right)^{-\gamma-1} \right].$$

Mais remplaçons E par sa valeur

$$\frac{R}{c - c_1} = \frac{p_0}{\rho g (c - c_1) \left( \theta_0 + \dfrac{1}{\alpha} \right)} = \frac{p_0 \alpha}{\rho g (c - c_1)(1 + \alpha \theta_0)},$$

et observons que $c'(\gamma - 1) = c - c_1$. Nous aurons

$$\alpha (\theta_0 - \theta) = (1 + \alpha \theta_0) \left[ 1 - \left( 1 + \frac{du}{dx} \right)^{-\gamma+1} \right].$$

On peut simplifier cette formule en remarquant qu'aux températures ordinaires, $\alpha \theta_0$ est négligeable devant l'unité. Effaçons donc le premier facteur, qui est sensiblement égal à l'unité, et substituons dans la première équation la valeur de $\alpha\,(\theta - \theta_0)$ ainsi simplifiée. Il viendra

$$p = p_0 \left( 1 + \frac{du}{dx} \right)^{-1} \times \left( 1 + \frac{du}{dx} \right)^{-\gamma + 1} = p_0 \left( 1 + \frac{du}{dx} \right)^{-\gamma}.$$

Développons le binome en série, et admettons qu'on puisse s'arrêter au troisième terme ; nous aurons

$$p = p_0 - \gamma p_0 \frac{du}{dx} + \frac{\gamma\,(\gamma + 1)\,p_0}{2} \left( \frac{du}{dx} \right)^2.$$

Donc

$$\frac{dp}{dx} = - \gamma p_0 \frac{d^2u}{dx^2} + \frac{\gamma\,(\gamma + 1)\,p_0}{2} \times 2 \frac{du}{dx}\frac{d^2u}{dx^2},$$

et l'équation du mouvement devient

$$\rho \frac{d^2u}{dt^2} = p_0\gamma \frac{d^2u}{dx^2} - p_0\gamma\,(\gamma + 1) \frac{du}{dx}\frac{d^2u}{dx^2}$$
$$= p_0\gamma \frac{d^2u}{dx^2} \left( 1 - (\gamma + 1) \frac{du}{dx} \right).$$

Lorsque $(\gamma + 1) \dfrac{du}{dx}$ n'est pas négligeable devant l'unité, la propagation de l'ébranlement suit donc une loi toute différente, qui dépend d'une équation aux dérivées partielles d'une forme plus compliquée.

M. Regnauld (*), en admettant toujours que la vitesse du son est donnée par une formule analogue à celle de Newton et de Laplace, l'a mise sous la forme

$$a = \sqrt{\frac{p_0}{\rho}\,(1 + \mathrm{K})},$$

et a trouvé pour le coefficient de correction K la série suivante, dans laquelle $\Delta v$ est la compression éprouvée par le volume $v$ pendant le passage de l'onde sonore :

$$\mathrm{K} = \gamma - 1 + \frac{\Delta v}{v} \left[ \frac{\gamma\,(\gamma + 1)}{1 \times 2} - 1 \right] + \left( \frac{\Delta v}{v} \right)^2 \left[ \frac{\gamma\,(\gamma + 1)(\gamma + 2)}{1 \times 2 \times 3} - 1 \right] + \cdots$$

Réduite en nombre et appliquée à l'air atmosphérique, la formule devient

$$a = 279^{\mathrm{m}},955 \sqrt{(1 + \alpha\theta_0)} \sqrt{1,5945 + \frac{\Delta v}{v} \times 0,668 + \left( \frac{\Delta v}{v} \right)^2 \times 0,886 + \cdots}$$

A 0° centigrade, la vitesse du son dans l'air est exprimée approximative-

_______________

* _Relation des expériences pour déterminer les lois et les données néces-saires au calcul des machines à feu_, t III (1870).

ment par la formule $530^m,60 + 79,18 \times \dfrac{\Delta v}{v}$. Dans les expériences de M. Regnauld, le rapport $\dfrac{\Delta v}{v}$ a parfois atteint la valeur de 0,04496.

INTÉGRATION DE L'ÉQUATION $\dfrac{d^2u}{dt^2} = a^2 \dfrac{d^2u}{dx^2}$ AU MOYEN DES SÉRIES TRIGONOMÉTRIQUES.

**244.** La discussion de l'équation du mouvement,

$$(1) \qquad u = \varphi(x - at) + \psi(x + at),$$

devient beaucoup plus facile quand on exprime $u$ au moyen de séries de sinus et de cosinus des multiples des deux variables $x$ et $t$.

Pour parvenir à cette transformation, cherchons d'abord à mettre la fonction $u$ sous la forme d'une série dont chaque terme soit le produit d'une fonction de $x$ par une fonction de $t$; posons pour cela

$$(2) \qquad u = \sum f(x) \times \varphi(t).$$

Nous pourrons déterminer les fonctions $f$ et $\varphi$ de manière que chaque terme pris à part satisfasse à l'équation

$$(3) \qquad \frac{d^2u}{dt^2} = a^2 \frac{d^2u}{dx^2}.$$

Prenons la seconde dérivée de $u$ par rapport à $t$, substituons dans l'équation (3); il vient l'équation de condition

$$(4) \qquad \sum f(x) \varphi''(t) - a^2 f''(x) \varphi(t) = 0,$$

à laquelle on satisfait en posant séparément

$$(5) \qquad \frac{f''(x)}{f(x)} = -\mu^2, \qquad \frac{\varphi''(t)}{\varphi(t)} = -a^2\mu^2,$$

$\mu$ étant une constante arbitraire.

Les équations (5) s'intègrent facilement. On a, en appelant M, N, P, Q quatre nouvelles constantes,

$$(6) \qquad \begin{aligned} f(x) &= M\sin\mu x + N\cos\mu x, \\ \varphi(t) &= P\sin a\mu t + Q\cos a\mu t. \end{aligned}$$

Nous avons égalé les fonctions $\dfrac{f''(x)}{f(x)}$, $\dfrac{\varphi''(t)}{\varphi(t)}$ à des nombres négatifs $-\mu^2$, $-a^2\mu^2$, pour que les fonctions $f$ et $\varphi$ fussent périodiques. Si nous les avions égalées à des nombres positifs, l'intégration des équations (5) aurait introduit des exponentielles, que la suite du calcul eût forcé de réduire à des sinus et des cosinus par un choix convenable de constantes imaginaires. Le choix qui nous a donné les équations (6) sera, au contraire, justifié par les résultats que nous obtiendrons plus loin. Nous poserons d'une manière générale

$$(7)\qquad u = \sum (\text{M}\sin\mu x + \text{N}\cos\mu x)(\text{P}\sin a\mu t + \text{Q}\cos a\mu t),$$

équation qui rentre dans la forme (1) ; en effet, si on fait le produit des deux fonctions, on a

$$\text{MP}\sin\mu x\sin a\mu t + \text{MQ}\sin\mu x\cos a\mu t$$
$$+ \text{NP}\cos\mu x\sin a\mu t + \text{NQ}\cos\mu x\cos a\mu t.$$

Mais

$$\cos\mu x\cos a\mu t = \frac{1}{2}[\cos\mu(x+at)+\cos\mu(x-at)],$$

$$\sin\mu x\cos a\mu t = \frac{1}{2}[\sin\mu(x+at)+\sin\mu(x-at)],$$

$$\cos\mu x\sin a\mu t = \frac{1}{2}[\sin\mu(x+at)-\sin\mu(x-at)],$$

$$\sin\mu x\sin a\mu t = -\frac{1}{2}[\cos\mu(x+at)-\cos\mu(x-at)],$$

ce qui donne, en définitive, pour la somme des quatre termes

$$\frac{1}{2}\text{MP}[\cos\mu(x-at)-\cos\mu(x+at)]$$

$$+\frac{1}{2}\text{MQ}[\sin\mu(x+at)+\sin\mu(x-at)]$$

$$+\frac{1}{2}\text{NP}[\sin\mu(x+at)-\sin\mu(x-at)]$$

$$+\frac{1}{2}\text{NQ}[\cos\mu(x+at)+\cos\mu(x-at)]$$

$$=\frac{1}{2}(\text{NQ}-\text{MP})\cos\mu(x+at)$$

$$+\frac{1}{2}(\text{MQ}+\text{NP})\sin\mu(x+at)$$

$$+\frac{1}{2}(\text{MP}+\text{NQ})\cos\mu(x-at)$$

$$+\frac{1}{2}(\text{MQ}-\text{NP})\sin\mu(x-at),$$

somme égale à une fonction de $(x + at)$ ajoutée à une fonction de $(x - at)$, quelles que soient les constantes M, N, P. Q et $\mu$.

On pourra donc composer la fonction cherchée d'une infinité de termes analogues à ceux qui sont écrits dans l'équation (7) : puis il restera à déterminer les arbitraires de manière à satisfaire aux conditions initiales données.

Reprenons le problème du mouvement vibratoire de l'air dans un tuyau de longueur finie. Soit $l$ sa longueur. Trois cas sont à distinguer, suivant que les deux extrémités du tuyau sont ouvertes, ou qu'elles sont toutes deux fermées, ou enfin que l'une est ouverte et l'autre fermée. Nous ne traiterons ici que le premier cas.

**245.** *Tuyau ouvert à ses deux extrémités.* — Nous compterons les abscisses à partir d'une des extrémités du tuyau, de sorte que $x$ pourra recevoir toutes les valeurs réelles comprises entre 0 et $l$. L'état initial du gaz est défini par les équations $u = f(x)$ et $\dfrac{du}{dt} = \varphi(x)$. pour $t = 0$ ; l'une définit les déplacements des tranches, et l'autre les vitesses initiales de ces tranches. De plus, l'ouverture du tuyau à ses deux extrémités entraîne les conditions $\dfrac{du}{dx} = 0$ pour $x = 0$ et pour $x = l$, quel que soit $t$. Les fonctions données $f$ et $\varphi$ sont connues pour toutes les valeurs de $x$ comprises entre 0 et $l$.

Reprenons la série (7). et exprimons les conditions relatives aux extrémités du tuyau. Il vient, en ne considérant, pour abréger, qu'un terme de la série,

$$\frac{du}{dx} = (M\mu\cos\mu x - N\mu\sin\mu x)(P\sin a\mu t + Q\cos a\mu t);$$

faisant $x = 0$, on aura

$$0 = M\mu(P\sin a\mu t + Q\cos a\mu t),$$

et pour $x = l$,

$$0 = (M\mu\cos\mu l - N\mu\sin\mu l)(P\sin a\mu t + Q\cos a\mu t),$$

quel que soit $t$. On satisfait à ces deux conditions en posant $M = 0$ et $\mu l = K\pi$, K étant un entier quelconque ; la série devient alors

$$(8) \qquad u = \sum N\cos\frac{K\pi x}{l}\left(P\sin\frac{K\pi at}{l} + Q\cos\frac{K\pi at}{l}\right).$$

Prenons la dérivée par rapport à $t$ ; il vient

$$(9) \qquad \frac{du}{dt} = \sum N\cos\frac{K\pi x}{l}\left(P\frac{K\pi a}{l}\cos\frac{K\pi at}{l} - Q\frac{K\pi a}{l}\sin\frac{K\pi at}{l}\right).$$

Faisant $t = 0$ dans les équations (8) et (9), on a donc

$$(10) \qquad u = f(x) = \sum \mathrm{N} \cos \frac{\mathrm{K}\pi x}{l} \times \mathrm{Q},$$

$$(11) \qquad \frac{du}{dt} = \varphi(x) = \sum \mathrm{N} \cos \frac{\mathrm{K}\pi x}{l} \times \mathrm{P} \times \frac{\mathrm{K}\pi a}{l},$$

équations d'où l'on déduira les valeurs des arbitraires NQ et NP.

Donnons au nombre K toutes les valeurs entières positives, depuis 1 jusqu'à l'infini ; les équations (10) et (11) deviendront, en appelant $\mathrm{A}_1, \mathrm{A}_2, \ldots \mathrm{B}_1, \mathrm{B}_2 \ldots$ de nouvelles arbitraires,

$$(12) \qquad f(x) = \mathrm{A}_1 \cos \frac{\pi x}{l} + \mathrm{A}_2 \cos \frac{2\pi x}{l} + \mathrm{A}_3 \cos \frac{3\pi x}{l}$$
$$+ \cdots + \mathrm{A}_k \cos \frac{\mathrm{K}\pi x}{l} + \cdots,$$

$$(13) \qquad \frac{l\varphi(x)}{\pi a} = \mathrm{B}_1 \cos \frac{\pi x}{l} + 2\mathrm{B}_2 \cos \frac{2\pi x}{l} + 3\mathrm{B}_3 \cos \frac{2\pi x}{l}$$
$$+ \cdots + \mathrm{K}\mathrm{B}_k \cos \frac{\mathrm{K}\pi x}{l} + \cdots$$

Multiplions la première équation par $\cos \dfrac{\mathrm{K}'\pi x}{l} dx$, et intégrons de 0 à $l$. Il viendra l'égalité

$$(14) \qquad \int_0^l f(x) \cos \frac{\mathrm{K}'\pi x}{l} dx = \mathrm{A}_1 \int_0^l \cos \frac{\pi x}{l} \cos \frac{\mathrm{K}'\pi x}{l} dx$$
$$+ \mathrm{A}_2 \int_0^l \cos \frac{2\pi x}{l} \cos \frac{\mathrm{K}'\pi x}{l} dx + \cdots$$
$$+ \mathrm{A}_k \int_0^l \cos \frac{\mathrm{K}\pi x}{l} \cos \frac{\mathrm{K}'\pi x}{l} dx + \cdots$$

Or on a identiquement

$$\int_0^l \cos \frac{\mathrm{K}\pi x}{l} \cos \frac{\mathrm{K}'\pi x}{l} dx = 0$$

lorsque K est différent de $\mathrm{K}'$, et

$$\int_0^l \cos \frac{\mathrm{K}\pi x}{l} \cos \frac{\mathrm{K}'\pi x}{l} dx = \frac{1}{2} l,$$

lorsque $\mathrm{K}' = \mathrm{K}$, à moins que $\mathrm{K} = \mathrm{K}' = 0$, auquel cas le résultat de l'intégration est $l$. Mais ce cas n'est pas admis dans les séries (12) et (13).

La série (14), dans laquelle on fait $K' = K$, se réduit donc à un seul terme, et donne

$$(15) \qquad A_k = \frac{2}{l} \int_0^l f(x) \cos \frac{K\pi x}{l}\, dx.$$

Le même artifice peut être employé pour trouver le terme général de la série (13); il viendra

$$(16) \qquad KB_k = \frac{2}{l} \int_0^l \frac{l\varphi(x)}{\pi a} \cos \frac{K\pi x}{l}\, dx$$

$$= \frac{2}{\pi a} \int_0^l f(x) \cos \frac{K\pi x}{l}\, dx.$$

Substituant dans (12) et (13), il vient les séries finales :

$$(17) \quad f(x) = \frac{2}{l} \cos \frac{\pi x}{l} \int_0^l f(x) \frac{\cos \pi x}{l}\, dx + \frac{2}{l} \cos \frac{2\pi x}{l} \int_0^l f(x) \frac{\cos 2\pi x}{l}\, dx + \cdots$$

$$= \frac{2}{l} \sum_{K=1}^{K=\infty} \left[ \cos \frac{K\pi x}{l} \int_0^l f(x) \cos \frac{K\pi x}{l}\, dx \right],$$

$$(18) \qquad \varphi(x) = \frac{\pi a}{l} \times \sum_{K=1}^{K=\infty} \left[ \frac{2}{\pi a} \cos \frac{K\pi x}{l} \int_0^l \varphi(x) \cos \frac{K\pi x}{l}\, dx \right]$$

$$= \frac{2}{l} \times \sum_{1}^{\infty} \left[ \cos \frac{K\pi x}{l} \int_0^l \varphi(x) \cos \frac{K\pi x}{l}\, dx \right].$$

La seconde équation se déduit de la première en changeant $f$ en $\varphi$. On en tire, en comparant les équations (17) et (18) aux équations (10) et (11),

$$NQ = \frac{2}{l} \int_0^l f\, x \cos \frac{K\pi x}{l}\, dx,$$

$$NP = \frac{2}{K\pi a} \int_0^l \varphi(x) \cos \frac{K\pi x}{l}\, dx,$$

D'où résulte enfin, en substituant dans la série (8),

$$(19) \qquad u = \sum_{K=1}^{K=\infty} 2\cos \frac{K\pi x}{l} \left( \frac{1}{K\pi a} \sin \frac{K\pi a t}{l} \int_0^l \varphi(x) \cos \frac{K\pi x}{l}\, dx \right.$$

$$\left. + \frac{1}{l} \cos \frac{K\pi a t}{l} \int_0^l f(x) \cos \frac{K\pi x}{l}\, dx \right).$$

La variable $x$, qui figure sous les signes de l'intégration, est là une simple variable auxiliaire, que l'intégration entre les limites fixes 0 et $l$ fait disparaitre ; la variable $x$ sous le signe $\Sigma$ subsiste seule dans le développement de la série. Sous cette forme, on reconnait que la fonction (19) reprend les mêmes valeurs lorsque $x$ augmente de $2l$, ou lorsque $t$ augmente de $\dfrac{2l}{a}$. La durée des périodes au bout desquelles les tranches de gaz se retrouvent dans la même position et dans les mêmes états de condensation et de vitesse est donc égale à $\dfrac{2l}{a}$, ou à une partie aliquote de cette quantité.

246. A chaque valeur particulière de K correspond une vibration simple du système gazeux. Si l'on considère un terme particulier de la série, la durée de la période vibratoire sera égale à $\dfrac{2l}{Ka}$ pour ce mouvement simple ; relativement à $x$, la longueur de la période sera égale à $\dfrac{2l}{K}$. Cherchons la position des *nœuds* et des *ventres* dans le tuyau. On appelle *nœud* une tranche dont les molécules restent fixes pendant le mouvement vibratoire, et *ventre* une tranche où la condensation du gaz est constamment nulle. Réduisons l'équation (19) à un seul terme, sous la forme

$$u = \cos \frac{K\pi x}{l} \left( L \sin \frac{K\pi at}{l} + L' \cos \frac{K\pi at}{l} \right).$$

Prenons les dérivées par rapport à $x$ et à $t$ ; il viendra

$$\frac{du}{dx} = - \frac{K\pi}{l} \sin \frac{K\pi x}{l} \left( L \sin \frac{K\pi at}{l} + L' \cos \frac{K\pi at}{l} \right),$$

$$\frac{du}{dt} = \cos \frac{K\pi x}{l} \left( L \frac{K\pi a}{l} \cos \frac{K\pi at}{l} - L \frac{K\pi a}{l} \sin \frac{K\pi at}{l} \right).$$

Les nœuds sont donc définis, indépendamment du temps, par l'équation

$$\cos \frac{K\pi x}{l} = 0,$$

et les ventres par l'équation

$$\sin \frac{K\pi x}{l} = 0 ;$$

ce qui donne

$$\frac{K\pi x}{l} = n\pi + \frac{\pi}{2} \text{ pour les nœuds}$$

et

$$\frac{K\pi x}{l} = n'\pi \text{ pour les ventres,}$$

$n$ et $n'$ étant des entiers. On en déduit

$$x = l \times \frac{n + \frac{1}{2}}{K} = \frac{l}{2K} \times (2n + 1) \text{ pour les nœuds,}$$

$$x = \frac{ln'}{K} \text{ pour les ventres.}$$

Les ventres se trouvent aux points équidistants

$$x = 0, \quad x = \frac{l}{K}, \quad x = \frac{2l}{K}, \ldots x = l,$$

et les nœuds aux points

$$x = \frac{l}{2K}, \quad x = \frac{3l}{2K}, \ldots x = \frac{(2K - 1)l}{2K},$$

qui partagent en deux parties égales la distance des premiers.

À la valeur $K = 1$ correspond le *son fondamental* du tuyau ; la durée de la vibration est égale à $\frac{2l}{a}$, ce qui donne un nombre $\frac{a}{2l}$ de vibrations complètes dans l'unité de temps. Les autres sons rendus par le tuyau correspondent aux valeurs $K = 2$, $K = 3$, … ; ce sont les *harmoniques* du son fondamental : $K = 2$ donne l'*octave*, $K = 3$ l'octave de la *quinte*, $K = 4$ la *double octave*, $K = 5$ la double octave de la *tierce majeure*, $K = 6$ la double octave de la quinte, $K = 7$ un son étranger à la gamme et qui, pris seul, n'est pas admis comme juste par l'oreille, etc.

Toutes ces vibrations simples peuvent s'effectuer simultanément, chacune se comportant comme si elle était seule, ce qui fournit un exemple de la superposition des mouvements vibratoires. Il est même très remarquable que l'oreille, qui distingue parfaitement les différents sons d'un accord exécuté par des voix ou des instruments, ne perçoive en général qu'une sensation simple à l'audition d'un son fondamental accompagné de ses harmoniques. Une expérience qu'on peut faire sur l'orgue met ce phénomène en évidence. On fait parler un tuyau qui donne le son $ut_1$, par exemple ; à côté et en même temps, on fait résonner un second tuyau donnant $ut_2$, un troisième donnant $sol_2$, un quatrième donnant $ut_3$, un cinquième donnant $mi_3$, un sixième $sol_3$, un septième le son correspondant à $K = 7$, qui n'est pas employé dans la musique, un huitième $ut_4$, et ainsi de suite. L'ensemble de tous ces sons, produits avec une intensité convenable, donne à l'oreille l'impression unique du son fondamental $ut_1$ renforcé, bien que dans le nombre des sons entendus il y en ait ($K = 7$, $K = 9$, etc.) d'étrangers à notre système musical (*).

----

¹ D'après les expériences de M. Helmholtz, c'est le nombre et l'intensité des harmoniques coexistant avec un son fondamental qui donnent à ce son un *timbre* particulier.

# CHAPITRE IV

## MOUVEMENTS VIBRATOIRES D'UN GAZ HOMOGÈNE INDÉFINI EN TOUS SENS.

---

**247.** Nous avons établi en hydrodynamique (IV, § 124) l'équation suivante pour définir le mouvement d'un fluide :

$$(1) \qquad \frac{dp}{\rho} = dT - d\frac{d\varphi}{dt} - \frac{1}{2}d\left[\left(\frac{d\varphi}{dx}\right)^2 + \left(\frac{d\varphi}{dy}\right)^2 + \left(\frac{d\varphi}{dz}\right)^2\right].$$

Dans cette équation, T représente la *fonction des forces*, c'est-à-dire l'intégrale de l'équation

$$dT = Xdx + Ydy + Zdz;$$

$\varphi$ représente une fonction analogue donnée par l'équation

$$d\varphi = udx + vdy + wdz,$$

de sorte qu'on ait les relations

$$u = \frac{d\varphi}{dx}, \quad v = \frac{d\varphi}{dy}, \quad w = \frac{d\varphi}{dz}.$$

Le temps $t$ est traité comme une constante dans l'intégration qui donne $\varphi$.

Nous avons reconnu (IV, § 125) que si, à une certaine époque, la fonction $udx + vdy + wdz$ est une différentielle exacte, il en est de même dans toute la suite du mouvement. Cette condition est remplie lorsque le fluide part du repos, ou encore lorsqu'il est soumis à des mouvements très petits. Nous allons faire l'application de l'équation (1) aux mouvements vibratoires d'un gaz indéfini dans tous les sens, soumis à l'instant initial à une pression uniforme $p_0$ et ayant en tous points une même température $\theta_0$.

Désignons par $\gamma$ la *condensation relative* du gaz en un point et à une époque donnée, c'est-à-dire le rapport de sa diminution de volume à son volume dans l'état initial. La pression $p$, au même point et au même instant, sera donnée par la formule

$$(2) \qquad p = p_0[1 + \gamma + \alpha(\theta - \theta_0)],$$

qui n'est autre que l'équation (4) du § 241, dans laquelle on remplace par $\gamma$ la condensation relative exprimée par $-\dfrac{du}{dx}$. La température $\theta$ est celle qu'acquiert le volume de gaz par suite de la compression ; en effectuant les mêmes transformations que dans le chapitre précédent, nous arriverons à poser l'équation approximative

$$(3) \qquad p = p_0\left(1 + \gamma\,\frac{c}{c_1}\right).$$

La densité $\rho$ varie avec la condensation $\gamma$, et l'on a sensiblement, pour les valeurs de $\gamma$ positives ou négatives, mais très-petites en valeur absolue,

$$(4) \qquad \rho = \rho_0(1 + \gamma).$$

Donc

$$(5) \qquad \frac{dp}{p} = \frac{p_0\,\dfrac{c}{c_1}\,d\gamma}{\rho_0(1+\gamma)} = \frac{p_0}{\rho_0}\,\frac{c}{c_1}\,\frac{d\gamma}{1+\gamma}$$

Substituons dans l'équation (1) et intégrons ; il viendra

$$(6) \qquad \frac{p_0}{\rho_0}\,\frac{c}{c_1}\,\log(1+\gamma) = T - \frac{d\varphi}{dt} - \frac{1}{2}\left[\left(\frac{d\varphi}{dx}\right)^2 + \left(\frac{d\varphi}{dy}\right)^2 + \left(\frac{d\varphi}{dz}\right)^2\right].$$

Comme il s'agit ici de mouvements vibratoires extrêmement petits, on peut supprimer les carrés des vitesses $\left(\dfrac{d\varphi}{dx}\right)^2$ $\left(\dfrac{d\varphi}{dy}\right)^2$, $\left(\dfrac{d\varphi}{dz}\right)^2$, et comme la valeur absolue de la condensation $\gamma$ reste aussi très petite, on peut de même remplacer $\log(1+\gamma)$ par $\gamma$, premier terme du développement du logarithme en série. L'équation (6) prend alors la forme simple

$$(7) \qquad \frac{p_0}{\rho_0}\,\frac{c}{c_1}\,\gamma = T - \frac{d\varphi}{dt}.$$

Nous avons admis qu'à l'instant initial la pression $p_0$ régnait partout ; on suppose que le gaz n'est soumis à aucune force extérieure ; nous devons donc poser aussi $T = 0$, ce qui réduit l'équation (7) à

$$(8) \qquad \frac{p_0}{\rho_0}\,\frac{c}{c_1}\,\gamma = -\frac{d\varphi}{dt},$$

ou à

$$a^2 \gamma = - \frac{d\varphi}{dt},$$

en appelant $a$ la quantité constante $\sqrt{\dfrac{p_0}{\rho_0} \times \dfrac{c}{c_1}}.$

La fonction $\varphi$, dont les dérivées partielles par rapport à $x$, $y$ et $z$ donnent les vitesses, $u$, $v$, $w$, des molécules parallélement aux axes, donne donc aussi par sa dérivée partielle relative au temps $t$ la valeur de la condensation.

Cela posé, prenons l'*équation de continuité* ( IV, § 122 )

$$(9) \qquad \frac{d\rho}{dt} + \frac{d(\rho u)}{dx} + \frac{d(\rho v)}{dy} + \frac{d(\rho w)}{dz} = 0,$$

et remplaçons $\rho$ par $\rho_0 (1 + \gamma)$, les vitesses $u$, $v$, $w$ par $\dfrac{d\varphi}{dx}$, $\dfrac{d\varphi}{dy}$, $\dfrac{d\varphi}{dz}$; nous négligerons dans le développement les termes provenant de la multiplication des facteurs $\gamma$, $\dfrac{d\varphi}{dx}$, $\dfrac{d\varphi}{dy}$, $\dfrac{d\gamma}{dt}$, $\dfrac{d^2\varphi}{dx^2}$, ..., et il viendra, en supprimant le facteur commun $\rho_0$,

$$(10) \qquad \frac{d\gamma}{dt} + \frac{d^2\varphi}{dx^2} + \frac{d^2\varphi}{dy^2} + \frac{d^2\varphi}{dz^2} = 0,$$

ou bien, en remplaçant $\gamma$ par sa valeur tirée de (8),

$$(11) \qquad \frac{d^2\varphi}{dt^2} = a^2 \left( \frac{d^2\varphi}{dx^2} + \frac{d^2\varphi}{dy^2} + \frac{d^2\varphi}{dz^2} \right).$$

Une fois l'équation (11) intégrée, on déterminera les fonctions arbitraires qui entrent dans la solution en exprimant que pour l'instant initial $t = 0$, les composantes des vitesses $\dfrac{d\varphi}{dx}$, $\dfrac{d\varphi}{dy}$, $\dfrac{d\varphi}{dz}$ ont en chaque point du fluide des valeurs déterminées, et que la condensation $-\dfrac{1}{a^2} \dfrac{d\varphi}{dt}$ a aussi en chaque point une valeur connue ; ce qui revient à donner les valeurs

$$(12) \qquad \varphi = f(x, y, z),$$
$$\frac{d\varphi}{dt} = F(x, y, z),$$

des fonctions $\varphi$ et $\dfrac{d\varphi}{dt}$ pour $t = 0$. Les fonctions $f$ et $F$ sont supposées connues pour toutes les valeurs réelles des variables, puisque le gaz est indéfini.

Connaissant, par l'intégration, les fonctions $\varphi$ pour toutes valeurs du temps et des coordonnées, on en déduira, par les dérivations partielles, les valeurs des vitesses et de la condensation, et le problème sera entièrement résolu.

248. L'équation (11) a été intégrée par Poisson sous la forme d'une intégrale double partielle, portant sur des variables auxiliaires [1].

De l'origine O comme centre, décrivons une sphère ABC avec un rayon égal à l'unité ; partageons la surface de cette sphère en éléments infiniment petits P ; soit $d\omega$ l'aire de l'un de ces éléments, et $\lambda$, $\mu$, $\nu$ les angles du rayon OP avec les axes ; ces angles définissent la position du point P. Nous représenterons par la lettre S la sommation relative à tous ces éléments $d\omega$, de manière à comprendre la surface entière de la sphère. La solution donnée par Poisson consiste à poser

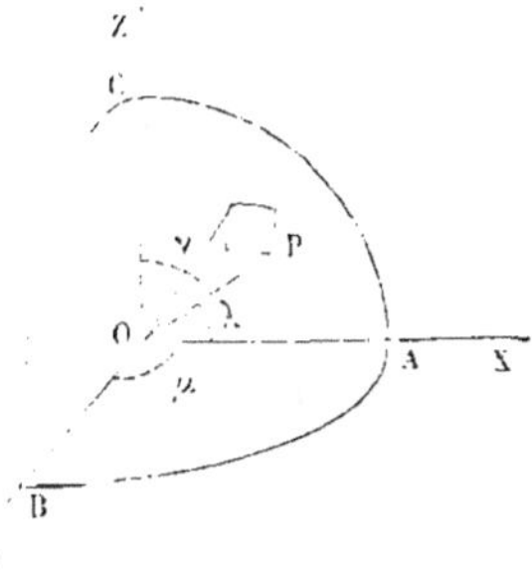

Fig. 110.

$$(15) \qquad \varphi = \frac{1}{4\pi} \mathbf{S}\, t\,d\omega\, F(x + at\cos\lambda,\; y + at\cos\mu,\; z + at\cos\nu)$$

$$+ \frac{1}{4\pi} \frac{d}{dt} \mathbf{S}\, t\,d\omega\, f(x + at\cos\lambda,\; y + at\cos\mu,\; z + at\cos\nu).$$

Nous nous bornerons à vérifier que l'équation (15) satisfait bien à l'équation (11) ; il est facile de reconnaître que, pour $t = 0$, elle vérifie les relations (12), qui définissent l'état initial.

Observons d'abord que si $\varphi = \Pi$ est une solution de l'équation (11), $\varphi = \dfrac{d\Pi}{dt}$ sera encore une solution de cette équation, et que si $\Pi$ et $\Pi'$ sont deux fonctions de $x$, $y$, $z$ et $t$ qui vérifient séparément l'équation proposée, la somme $\Pi + \Pi'$ la vérifiera pareillement. Il résulte de là qu'on peut se contenter de vérifier que la fonction

$$(14) \qquad \varphi = \frac{1}{4\pi} \mathbf{S}\, t\,d\omega\, F(x + at\cos\lambda,\; y + at\cos\mu,\; z + at\cos\nu)$$

satisfait à l'équation (11), quelle que soit la fonction F, pour en conclure que la formule (15) est une solution plus générale de cette même équation.

De l'équation (14) on tire successivement, en différentiant sous le signe S,

$$\frac{d\varphi}{dx} = \frac{1}{4\pi} \mathbf{S}\, t\,d\omega\, \frac{dF}{dx},$$

$$\frac{d^2\varphi}{dx^2} = \frac{1}{4\pi} \mathbf{S}\, t\,d\omega\, \frac{d^2F}{dx^2},$$

$$\frac{d^2\varphi}{dy^2} = \frac{1}{4\pi} \mathbf{S}\, t\,d\omega\, \frac{d^2F}{dy^2},$$

$$\frac{d^2\varphi}{dz^2} = \frac{1}{4\pi} \mathbf{S}\, t\,d\omega\, \frac{d^2F}{dz^2};$$

[1] *Mémoire lu à l'Académie des Sciences* le 19 juillet 1819.

donc

$$\frac{d^2\varphi}{dx^2} + \frac{d^2\varphi}{dy^2} + \frac{d^2\varphi}{dz^2} = \frac{1}{4\pi} \, S \, t d\omega \left( \frac{d^2F}{dx^2} + \frac{d^2F}{dy^2} + \frac{d^2F}{dz^2} \right).$$

Les dérivées relatives à $t$ sont un peu plus compliquées. On a d'abord

$$\frac{d\varphi}{dt} = \frac{1}{4\pi} \, S \, d\omega F + \frac{1}{4\pi} \, S \, t d\omega \left( \frac{dF}{dx} a \cos\lambda + \frac{dF}{dy} a \cos\mu + \frac{dF}{dz} a \cos\nu \right)$$

$$= \frac{1}{4\pi} \, S \, d\omega F + \frac{a}{4\pi} \, S \left( \frac{dF}{dx} t \cos\lambda + \frac{dF}{dy} t \cos\mu + \frac{dF}{dz} t \cos\nu \right) d\omega.$$

Dérivant une seconde fois :

$$\frac{d^2\varphi}{dt^2} = \frac{2a}{4\pi} \left( S \frac{dF}{dx} \cos\lambda d\omega + S \frac{dF}{dy} \cos\mu d\omega + S \frac{dF}{dz} \cos\nu d\omega \right)$$

$$+ \frac{a^2}{4\pi} \left( S \frac{d^2F}{dx^2} t \cos^2\lambda d\omega + S \frac{d^2F}{dy^2} t \cos^2\mu d\omega + S \frac{d^2F}{dz^2} t \cos^2\nu d\omega \right)$$

$$+ \frac{2a^2}{4\pi} \left( S \frac{d^2F}{dxdy} t \cos\lambda \cos\mu d\omega + S \frac{d^2F}{dydz} t \cos\mu . \cos\nu d\omega \right.$$

$$+ \left. S \frac{d^2F}{dzdx} t \cos\nu \cos\lambda d\omega \right).$$

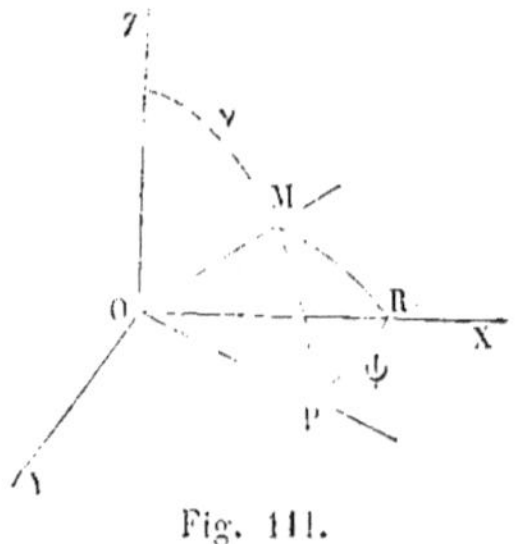


Fig. 111.

Le facteur $t$, pris sous le signe S, peut sortir du signe, puisque la somme ne porte pas sur cette variable. Pour transformer cette expression, observons que S représente en réalité une double somme d'éléments pris sur la surface d'une sphère de rayon égale à l'unité. Rapportons les directions OM à deux angles variables, l'un $\nu = ZOM$, l'autre $\psi = XOP$, angle dièdre du plan ZOM avec le plan ZOX. Nous aurons

$$\cos\lambda = \cos MR = \cos\psi \sin\nu,$$
$$\cos\mu = \cos MOY = \sin\psi \sin\nu,$$

enfin

$$d\omega = \sin\nu \, d\nu \, d\psi.$$

Considérons en particulier le terme $S \dfrac{dF}{dz} \cos\nu \, d\omega$ ; ce terme prendra la forme

$$\int_{\nu=0}^{\nu=\pi} \int_{\psi=0}^{\psi=2\pi} \frac{dF}{dz} \cos\nu \sin\nu \, d\nu \, d\psi.$$

Occupons-nous d'abord de l'intégration relative à $\nu$. Il viendra, en multipliant par 2 et en intégrant par parties,

$$2\int \frac{dF}{dz}\cos\nu\sin\nu\,d\nu = \frac{dF}{dz}\sin^2\nu - \int \sin^2\nu\,\frac{d}{d\nu}\left(\frac{dF}{dz}\right)d\nu.$$

Or $F$ contenant les variables

$$x + at\sin\nu\cos\psi, \qquad y + at\sin\nu\sin\psi \qquad \text{et} \qquad z + at\cos\nu,$$

$\frac{dF}{dz}$ contient les mêmes variables, et la dérivée de $\frac{dF}{dz}$ par rapport à $\nu$ renferme trois termes, savoir

$$\frac{d^2F}{dx\,dz}\,at\cos\psi\cos\nu + \frac{d^2F}{dy\,dz}\,at\sin\psi\cos\nu - \frac{d^2F}{dz^2}\,at\sin\nu.$$

Donc enfin

$$2\int \frac{dF}{dz}\cos\nu\sin\nu\,d\nu = \frac{dF}{dz}\sin^2\nu + at\int \frac{d^2F}{dz^2}\sin^3\nu\,d\nu$$
$$- at\int \frac{d^2F}{dx\,dz}\cos\psi\cos\nu\sin^2\nu\,d\nu - at\int \frac{d^2F}{dy\,dz}\sin\psi\cos\nu\sin^2\nu\,d\nu.$$

Aux limites $\nu = 0$ et $\nu = \pi$, le premier terme disparaît, et il reste, en indiquant la seconde intégration, relative à $\psi$, entre les limites 0 et $2\pi$, puis en revenant aux anciens angles $\lambda$, $\mu$, $\nu$,

$$S\frac{dF}{dz}\cos\nu\,d\omega = \int_0^{2\pi}\int_0^{\pi}\frac{dF}{dz}\cos\nu\sin\nu\,d\nu\,d\psi = \frac{1}{2}at\int_0^{2\pi}\int_0^{\pi}\frac{d^2F}{dz^2}\sin^3\nu\,d\nu\,d\psi$$
$$- \frac{1}{2}at\int_0^{2\pi}\int_0^{\pi}\frac{d^2F}{dx\,dz}\cos\psi\cos\nu\sin^2\nu\,d\nu\,d\psi$$
$$- \frac{1}{2}at\int_0^{2\pi}\int_0^{\pi}\frac{d^2F}{dy\,dz}\sin\psi\cos\nu\sin^2\nu\,d\nu\,d\psi$$
$$= \frac{1}{2}at\,S\frac{d^2F}{dz^2}\sin^2\nu\,d\omega + \frac{1}{2}at\,S\frac{d^2F}{dx\,dz}\cos\lambda\cos\nu\,d\omega - \frac{1}{2}at\,S\frac{d^2F}{dy\,dz}\cos\mu\cos\nu\,d\omega.$$

On aura de même

$$S\frac{dF}{dx}\cos\lambda\,d\omega = \frac{1}{2}at\,S\frac{d^2F}{dx^2}\sin^2\lambda\,d\omega - \frac{1}{2}at\,S\frac{d^2F}{dx\,dz}\cos\lambda\cos\nu\,d\omega$$
$$- \frac{1}{2}at\,S\frac{d^2F}{dx\,dy}\cos\lambda\cos\mu\,d\omega,$$

et

$$S \frac{dF}{dy} \cos \mu d\omega = \frac{1}{2} at \, S \frac{d^2F}{dy^2} \sin^2 \mu d\omega - \frac{1}{2} at \, S \frac{d^2F}{dydx} \cos \mu . \cos \lambda d\omega$$
$$- \frac{1}{2} at \, S \frac{d^2F}{dydz} \cos \mu . \cos \nu d\omega.$$

Substituons ces trois expressions dans la valeur de $\frac{d^2\varphi}{dt^2}$. Il viendra, en multipliant par $4\pi$,

$$4\pi \frac{d^2\varphi}{dt^2}$$

$$= a^2t \, S \frac{d^2F}{dx^2} \sin^2 \lambda d\omega \quad + a^2t \, S \frac{d^2F}{dy^2} \sin^2 \mu d\omega \quad + a^2t \, S \frac{d^2F}{dz^2} \sin^2 \nu d\omega$$
$$- a^2t \, S \frac{d^2F}{dxdz} \cos \lambda \cos \nu d\omega - a^2t \, S \frac{d^2F}{dydx} \cos \mu \cos \lambda d\omega - a^2t \, S \frac{d^2F}{dzdx} \cos \lambda \cos \nu d\omega$$
$$- a^2t \, S \frac{d^2F}{dzdy} \cos \nu \cos \mu d\omega - a^2t \, S \frac{d^2F}{dxdy} \cos \lambda \cos \mu d\omega - a^2t \, S \frac{d^2F}{dydz} \cos \mu \cos \nu d\omega$$
$$+ a^2t \, S \frac{d^2F}{dx^2} \cos^2 \lambda d\omega \quad + a^2t \, S \frac{d^2F}{dy^2} \cos^2 \mu d\omega \quad + a^2t \, S \frac{d^2F}{dz^2} \cos^2 \nu d\omega$$
$$+ 2a^2t \, S \frac{d^2F}{dxdy} \cos \lambda \cos \mu d\omega + 2a^2t \, S \frac{d^2F}{dydz} \cos \mu \cos \nu d\omega + 2a^2t \, S \frac{d^2F}{dzdx} \cos \nu \cos \lambda d\omega.$$

ce qui se réduit à

$$4\pi \frac{d^2\varphi}{dt^2} = a^2t \, S \frac{d^2F}{dx^2} (\sin^2 \lambda + \cos^2 \lambda) d\omega + a^2t \, S \frac{d^2F}{dy^2} (\sin^2 \mu + \cos^2 \mu) d\omega$$
$$+ a^2t \, S \frac{d^2F}{dz^2} (\sin^2 \nu + \cos^2 \nu) d\omega$$
$$= a^2t \, S \left( \frac{d^2F}{dx^2} + \frac{d^2F}{dy^2} + \frac{d^2F}{dz^2} \right) d\omega.$$

La seconde dérivée $\frac{d^2\varphi}{dt^2}$ est donc égale à

$$\frac{a^2}{4\pi} S \, t d\omega \left( \frac{d^2F}{dx^2} + \frac{d^2F}{dy^2} + \frac{d^2F}{dz^2} \right),$$

en faisant rentrer la variable $t$ sous le signe S, et par suite

$$\frac{d^2\varphi}{dt^2} = a^2 \left( \frac{d^2\varphi}{dx^2} + \frac{d^2\varphi}{dy^2} + \frac{d^2\varphi}{dz^2} \right).$$

249. Faisons une application de cette équation (13) au cas le plus simple, celui de la propagation d'un ébranlement excité dans une région infiniment petite autour de l'origine des coordonnées (fig. 166).

Alors les fonctions F et $f$ sont nulles pour toutes les valeurs réelles, positives ou négatives, des variables, sauf celles dont la valeur absolue est au dessous des limites qui définissent la région infiniment petite primitivement ébranlée.

Si donc on fait

$$x + at\cos\lambda = x',$$
$$y + at\cos\mu = y',$$
$$z + at\cos\nu = z',$$

l'équation (15) donnera pour $\varphi$ une valeur constamment nulle tant que les quantités $x'$, $y'$, $z'$, considérées comme des coordonnées d'un point, placeront ce point en dehors des limites de l'ébranlement primitif.

La condition nécessaire et suffisante pour qu'un point M dont les coordonnées sont $x$, $y$, $z$, soit animé d'un mouvement vibratoire, c'est qu'on puisse trouver des valeurs du temps $t$ et des angles $\lambda$, $\mu$, $\nu$, telles, que les sommes $x + at\cos\lambda$, $y + at\cos\mu$, $z + at\cos\nu$, aient des valeurs absolues infiniment petites, inférieures aux limites de l'ébranlement.

On aura donc à la fois, en supposant nulles, pour plus de simplicité les dimensions de la région ébranlée,

$$x + at\cos\lambda = 0,$$
$$y + at\cos\mu = 0,$$
$$z + at\cos\nu = 0.$$

Donc

$$t\cos\lambda = -\frac{x}{a},$$
$$t\cos\mu = -\frac{y}{a},$$
$$t\cos\nu = -\frac{z}{a};$$

élevant au carré et ajoutant, puis extrayant la racine, il vient

$$t = \frac{\sqrt{x^2 + y^2 + z^2}}{a} = \frac{OM}{a},$$

ce qui montre que l'ébranlement excité au point O à l'instant $t=0$ atteindra un point M, situé dans une direction quelconque, au bout du temps $\frac{OM}{a}$; l'ébranlement se propage donc avec une vitesse égale à $a$, ou à

$$\sqrt{\frac{p_0}{z_0} \times \frac{c}{c_1}},$$ formule que nous avions déjà trouvée pour la vitesse de la propagation du son dans un tuyau cylindrique, et qui s'applique encore à la propagation dans une atmosphère indéfinie dans tous les sens. L'application

que nous avons faite de la théorie de la similitude mécanique suffit d'ailleurs pour donner cette extension à la formule.

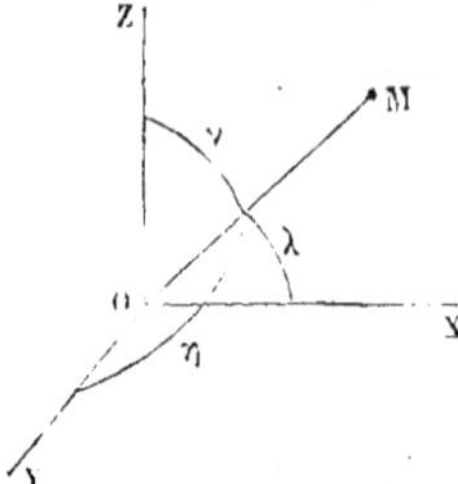

Fig. 112.

565. L'équation (11) montre que le principe de *la superposition des effets* s'applique aux mouvements vibratoires d'une masse gazeuse. En effet, soient $\varphi_1$, $\varphi_2$,... $\varphi_n$,... différentes déterminations de la fonction $\varphi$, satisfaisant séparément à l'équation (11); on aura encore une solution de cette équation en posant

$$\varphi = \varphi_1 + \varphi_2 + \ldots + \varphi_n + \ldots;$$

de plus on aura en prenant les dérivées partielles par rapport à $t$, à $x$,...

$$\frac{d\varphi}{dt} = \frac{d\varphi_1}{dt} + \frac{d\varphi_2}{dt} + \cdots + \frac{d\varphi_n}{dt} + \cdots,$$

$$\frac{d\varphi}{dx} = \frac{d\varphi_1}{dx} + \frac{d\varphi_2}{dx} + \cdots + \frac{d\varphi_n}{dx} + \cdots,$$

$$\cdots \cdots \cdots \cdots \cdots \cdots$$

Or à chaque fonction $\varphi_1$, $\varphi_2$,... correspond un certain mouvement vibratoire particulier. La fonction $\varphi$ définit le mouvement vibratoire résultant de la composition de ces mouvements particuliers ; pour chaque valeur du temps $t$, chaque composante $\frac{d\varphi}{dx}$, $\frac{d\varphi}{dy}$, $\frac{d\varphi}{dz}$, de la vitesse d'une molécule est respectivement la somme algébrique des composantes de même nom, $\frac{d\varphi_1}{dx}$, $\frac{d\varphi_2}{dx}$,... des vitesses de la même molécule afférentes aux divers mouvements $\varphi_1$, $\varphi_2$... Les vitesses vibratoires des mouvements $\varphi_1$, $\varphi_2$..., composées par la règle du polygone des vitesses, donnent la vitesse vibratoire du mouvement $\varphi$. De même la condensation $\frac{d\varphi}{dt}$ du mouvement total est la somme algébrique des condensations correspondantes à chaque mouvement partiel. Ces relations, satisfaites à l'égard de l'ébranlement initial, continueront à être vérifiées dans toute la suite du mouvement.

Par exemple, si les fonctions

$$\varphi_1 = F(x + at) + F_1(x - at),$$
$$\varphi_2 = F_2(y + at) + F_3(y - at),$$
$$\varphi_3 = F_4(z + at) + F_5(z - at),$$

vérifient séparément l'équation (11), quelles que soient les fonctions $F$, $F_1$, $F_2$..., on la vérifiera encore avec la fonction

$$\varphi = F + F_1 + F_2 + F_3 + F_4 + F_5$$

Cette décomposition de la fonction $\varphi$ revient à admettre, dans le milieu gazeux, la coexistence de six ondes sonores, animées chacune de la vitesse $a$, parallèlement aux trois axes coordonnés, et dans les deux sens. Les directions des axes étant d'ailleurs arbitraires, on peut trouver autant de solutions qu'on voudra, en imaginant d'autres ondes sonores parallèles à une direction quelconque, mais toujours animées de la vitesse $a$. Le problème de l'intégration de l'équation (11), sous la réserve de satisfaire aux conditions initiales (12), consiste donc essentiellement à décomposer la vibration définie par ces équations (12) en une infinité de vibrations infiniment petites, parallèles à une infinité de droites rayonnant dans toutes les directions autour de l'origine. Une fois cette préparation faite, il suffira de communiquer à chacune de ces ondes particulières la vitesse $a$ parallèlement à sa direction propre : or c'est ce qu'on fait dans l'équation (13) par la substitution de $x + at \cos \lambda$ à $x$, de $y + at \cos \mu$ à $y$, et de $z + at \cos \nu$ à $z$. La somme S, tout autour du point O, indique l'addition des fonctions infiniment petites qui correspondent à chacune de ces ondes. Pour revenir aux notations ordinaires du calcul intégral, nous définirons la direction OP par l'angle $COP = \theta$, et l'angle $\psi$ du plan COP avec le plan COX. Nous aurons alors $\cos \nu = \cos \theta$, $\cos \lambda = \sin \theta \cos \psi$, $\cos \mu = \sin \theta \sin \psi$, et $d\omega = \sin \theta \, d\theta \, d\psi$. Cette dernière expression suppose la sphère découpée en éléments par une série de méridiens passant par l'axe OZ et définis par la longitude $\psi$, et par une série de parallèles, définis par la colatitude $\theta$. Les limites des intégrations seront 0 et $\pi$ pour $\theta$, et 0 et $2\pi$ pour $\psi$. On aura donc

$$(14) \quad \varphi = \frac{1}{4\pi} \int_{\theta=0}^{\theta=\pi} \int_{\psi=0}^{\psi=2\pi} t \sin\theta \, d\theta \, d\psi \, \mathrm{F} \left( x + at\sin\theta\cos\psi, \; y + at\sin\theta\sin\psi, \right.$$
$$z + at\cos\theta \big)$$
$$+ \frac{1}{4\pi} \frac{d}{dt} \int_{\theta=0}^{\theta=\pi} \int_{\psi=0}^{\psi=2\pi} t \sin\theta \, d\theta \, d\psi \, f \left( x + at\sin\theta\cos\psi, \right.$$
$$y + at\sin\theta\sin\psi, \; z + at\cos\theta \big).$$

Malheureusement, cette forme de la fonction $\varphi$, excellente pour un milieu indéfini, lorsqu'on connaît les valeurs des fonctions F et $f$ pour toutes les déterminations réelles des variables $x$, $y$ $z$, ne se prête plus aussi bien au cas où il s'agit d'un milieu limité, parce qu'alors les variables $x$, $y$, $z$, ne pouvant recevoir toutes les valeurs réelles de $-\infty$ à $+\infty$, les fonctions F et $f$ ne sont pas immédiatement connues, d'après les conditions initiales, pour toutes les valeurs de $x + at \cos \lambda$, $y + at \cos \mu$,...

Dans ce cas la solution est beaucoup plus difficile. Les ondes sonores vont en effet frapper la surface fixe qui enveloppe le milieu, et s'y réfléchissent suivant des directions variables avec la forme et la position de cette surface.

Dans son mémoire *sur l'application des potentiels à l'étude de l'équilibre et du mouvement des solides élastiques*, p. 551, M. Boussinesq a montré comment on pouvait, par l'emploi des *potentiels sphériques*, intégrer immédiatement l'*équation du son*, c'est-à-dire démontrer la formule de Poisson, sans passer par les transformations compliquées qui servent à vérifier que l'équation (14) est l'intégrale générale de l'équation aux dérivées partielles (11).

EXPOSÉ DES PRINCIPALES RECHERCHES QUI SE RATTACHÉNT A LA MÉCANIQUE<br>VIBRATOIRE.

250. Le phénomène de la *propagation des ondes* à la surface d'un liquide présente des lois analogues à celle de la transmission du son. Lagrange a démontré que la vitesse $a$ de cette propagation est représentée par $a = \sqrt{gh}$, $h$ étant la profondeur du canal rectangulaire dans lequel on fait l'expérience, pourvu que le canal ne soit pas très profond, et que le relief de l'onde au-dessus du plan d'eau soit très petit. Cette formule est analogue à la formule $a = \sqrt{\dfrac{p}{\rho}} = \sqrt{\dfrac{pg}{\varpi}}$, qui donne la vitesse du son dans un gaz quand on fait abstraction des circonstances calorifiques. Elle peut se démontrer par un raisonnement analogue à celui qui a été fait au § 240 [1]. La formule de Lagrange est le point de départ des recherches sur le mouvement des marées à l'embouchure des fleuves, sur les crues des rivières, sur la propagation des remous vers l'amont,...

Parmi les vibrations des corps solides, nous n'avons étudié que les vibrations longitudinales des tiges prismatiques et les vibrations des fils. Les *vibrations transversales d'une tige prismatique pesante, posée sur deux appuis fixes*, donnent lieu à une théorie plus difficile ; l'équation aux dérivées partielles à laquelle conduit l'analyse de ce problème est de la forme

$$\frac{d^2 y}{dt^2} + a \frac{d^4 y}{dx^4} + b = 0,$$

$a$ et $b$ étant des constantes, $x$ l'abscisse mesurée le long de la tige dans son état naturel, et $y$ l'écart transversal. Cette équation s'intègre à l'aide des séries de sinus et de cosinus des multiples des variables indépendantes $t$ et $x$. Elle peut aussi s'intégrer sous forme d'intégrale partielle [2]. La fixité des appuis entraine le mouvement oscillatoire de ses différents points.

Le problème devient plus compliqué si, au lieu de supposer à la tige un poids constant uniformément réparti, on la suppose parcourue par une

[1] M. de Saint-Venant, *Comptes rendus de l'Académie des sciences*, 18 juillet 1870.

[2] Poisson, Mémoire du 19 juillet 1819.

charge mobile, concentrée en un seul point[1], ou étendue sur une certaine région[2]. La solution n'est plus alors exprimable par les séries trigonométriques. Dans un cas particulier remarquable, la tige, sous l'action d'une charge mobile indéfiniment renouvelée, reste en repos, dans un état de flexion qui dépend de la masse en mouvement et de sa vitesse[3].

Les oscillations des *ressorts*, et notamment du *spiral* des chronomètres, dépendent de la théorie des vibrations des pièces courbes[4].

Après les vibrations des solides qui n'ont, pour ainsi dire, qu'une dimension, comme les fils et les tiges rigides, les physiciens ont étudié les vibrations des surfaces, qui comprennent les *membranes*, surfaces sans raideur transversale et analogues aux fils, et les *plaques*, ou surfaces douées de raideur et assimilables aux tiges[5]. L'équation du mouvement des membranes élastiques est

$$\frac{d^2z}{dt^2} = c^2 \left( \frac{d^2z}{dx^2} + \frac{d^2z}{dy^2} \right) ;$$

$z$ est le déplacement très petit d'un point normalement à la surface de la membrane; $x$, $y$ sont les coordonnées de ce point par rapport à des axes rectangulaires. $c$ est une constante qui dépend de la tension et du poids spécifique de la membrane. On retrouve l'équation des cordes vibrantes en effaçant l'une des deux dérivées du second membre. L'équation du mouvement des plaques contiendrait des dérivées d'ordre plus élevé, $\dfrac{d^4z}{dx^4}, \dots$ du déplacement par rapport aux coordonnées.

La résistance du milieu dans lequel on fait l'expérience influe sur le mouvement vibratoire; M. Bourget[6] en a donné la théorie pour les membranes et pour les tuyaux sonores.

Signalons encore une série d'études récentes sur *le choc longitudinal d'une tige ou barre élastique prismatique*. Ce problème très complexe, abordé autrefois par Navier, et repris dans ces dernières années, d'abord par MM. Sébert et Hugoniot[7], puis par M. Boussinesq[8], a été l'objet en dernier lieu d'une note de MM. de Saint-Venant et Flamant, qui ont donné

---

[1] M. Phillips, *Annales des Mines*. 1855.
[2] M. Renaudot, *Annales des Ponts et Chaussées*, 1861.
[3] M. Bresse, *Mécanique appliquée*. tome II.
[4] M. Phillips. *Annales des Mines*. 1852, 1861....
[5] Lamé, *Leçons sur l'Élasticité*.
[6] *Comptes rendus de l'Académie des sciences*, 8 mai 1871, 20 novembre 1871.
[7] *Comptes rendus de l'Académie des sciences*, 14 août et 30 octobre 1882. — On trouvera aussi dans les *Comptes rendus* du 25 février 1884 une note de MM. Sébert et Hugoniot *sur la propagation d'un ébranlement uniforme dans un gaz conforme dans un tuyau cylindrique*.
[8] Note ajoutée à la traduction française de la *Théorie de l'élasticité des solides* de Clebsch. par MM. de Saint-Venant et Flamant.

une représentation graphique des lois du phénomène[1]. Ce qui complique la question, c'est que le corps choquant se trouve uni pendant la durée du choc au corps choqué. « Le choc longitudinal, dit M. de Saint-Venant, s'accomplit suivant des lois ayant des expressions analytiques différentes, se succédant l'une à l'autre à des intervalles déterminés. Par exemple, les dérivées des déplacements des divers points de la barre varient d'un instant à l'autre, tantôt avec graduations continues, tantôt par bonds considérables, donnant aux mouvements une empreinte périodique de l'acquisition brusque de vitesse qui a été faite au premier instant du choc par l'élément heurté. » Cette théorie du choc longitudinal des tiges paraît susceptible de nombreuses applications pratiques.

Enfin, la plus belle application de la mécanique vibratoire est celle qui en a été faite à la *théorie de la lumière*, considérée comme le résultat des vibrations d'un fluide de densité extrêmement faible, l'éther, qui jouerait, en quelque sorte, dans tout l'univers où il est répandu, le rôle d'un corps solide d'une parfaite élasticité. Devinée par Huygens, soutenue depuis par Euler, appuyée sur les observations les plus précises de Young, la *théorie des ondulations* a été définitivement fixée par les travaux d'Augustin Fresnel, et reste, avec la *théorie mécanique de la chaleur*, l'une des plus belles conquêtes scientifiques de notre siècle.

[1] *Comptes rendus*, 16, 23, 30 juillet et 6 août 1883.

# NOTE ADDITIONNELLE

## SUR L'EXPÉRIENCE DE CREIL.

### (TRANSMISSION ÉLECTRIQUE DU TRAVAIL A DISTANCE.)

Nous avons annoncé, au paragraphe 270 de notre tome IV (2e édition), la préparation, au moment où nous écrivions ce volume, d'une grande expérience sur la transmission électrique du travail entre Creil et Paris (La Chapelle). Cette expérience est aujourd'hui en pleine activité, et elle a déjà fourni des résultats importants, que nous nous empressons de publier. Nous signalerons à cette occasion les divers changements qui ont été introduits en cours d'exécution dans les projets primitifs de M. Marcel Deprez.

Le fil de cuivre de 112 kilomètres qui établit la communication entre Creil et La Chapelle, aller et retour, n'a pas été revêtu dans toute sa longueur; un tiers environ est resté à l'état nu.

Ce fil, qui devait être unique et recevoir un diamètre de cinq millimètres, a été au contraire formé par la torsion de sept fils, qui à eux tous ont la même section ou le même poids par mètre courant.

Il devait y avoir deux réceptrices à La Chapelle; on s'est borné à en installer une seule, ce qui limite à 50 chevaux la puissance que l'on peut transmettre. Le type des machines électriques employées a été modifié à plusieurs reprises, soit pour rendre la construction, le montage, le démontage, l'entretien plus faciles, soit pour faire disparaître certaines imperfections que l'expérience signalait dans les anciens modèles. Le diamètre des anneaux induits a été diminué : il était d'abord de $1^m.10$ pour la génératrice et de $0^m.95$ pour la réceptrice; il est maintenant de $0^m.78$ pour la génératrice et de $0^m.58$ pour la réceptrice. La réduction du diamètre des anneaux mobiles a conduit à allonger les noyaux des électro-aimants inducteurs, pour remplir le vide annulaire qui serait résulté de la contraction opérée dans la pièce centrale de la machine.

Le caractère le plus remarquable, au point de vue de la marche, des nouvelles machines est la faible vitesse angulaire qu'elles reçoivent, comparée à celle des machines Gramme, et la faible vitesse linéaire que prennent les anneaux induits à leur circonférence extérieure. Le 25 mars 1886, par exemple, la vitesse angulaire de l'induit à Creil était de 180 tours par minute, ce qui correspond à une vitesse linéaire périphérique de 7 mètres environ par seconde. A La Chapelle l'anneau de la réceptrice faisait au même moment 250 tours par minute, et sa vitesse périphérique s'élevait à $7^m,20$ par seconde, soit sensiblement la même vitesse que l'induit de la génératrice. Dans ces conditions le travail transmis à l'anneau de la réceptrice s'élevait à 51 chevaux utiles.

A Creil et à La Chapelle on a adjoint aux machines principales des machines *excitatrices*, qui sont destinées à développer le champ magnétique des inducteurs. L'excitatrice de Creil est une petite machine Gramme, mise directement en mouvement par la machine à vapeur motrice. A La Chapelle, on a d'abord employé une locomobile spéciale pour mouvoir l'excitatrice, au moins au départ, et créer par là le champ magnétique de l'inducteur, au moyen d'un courant qui n'avait rien de commun avec le courant principal. On est parvenu depuis à supprimer cette machine à vapeur auxiliaire, et à prélever le travail de l'excitatrice sur le travail total transmis de Creil à Paris par le fil électrique. Pour le démarrage de la réceptrice, on commence par faire passer le courant venant de Creil dans les inducteurs de cette machine. L'anneau se met aussitôt en mouvement, sa rotation s'accélère rapidement, et bientôt la vitesse de régime est obtenue. On tourne alors un commutateur spécial, qui intercepte la communication des inducteurs avec le circuit principal, et l'établit avec le courant de l'excitatrice. Ce dernier courant est toujours à basse tension, de sorte que les inducteurs sont parcourus par un courant de tension beaucoup moindre que la tension du courant qui parcourt les induits. Le jeu du commutateur modifie profondément l'état électrique des organes en présence, sans qu'aucune étincelle manifeste au dehors une pareille modification.

Les résistances des diverses parties de la transmission peuvent être évaluées comme il suit :

| | | |
|---|---|---|
| Génératrice. | Anneaux induits . . . . . . . . . . | 27 ohms. |
| | Inducteurs. . . . . . . . . . . . . | 5,4 |
| Ligne. . . . . . . . . . . . . . . . . . . . . . . . | | 95 |
| Réceptrice. | Anneaux induits . . . . . . . . . . | 36 |
| | Inducteurs . . . . . . . . . . . . | 5,59 |

Lorsque la transmission se prolonge pendant plusieurs heures, on constate un léger accroissement de la résistance des anneaux : elle passe, pour les anneaux de la génératrice, de 27 ohms à 50 ; pour ceux de la réceptrice, de 56 ohms à 45 ; ces augmentations correspondent à 5 heures environ de marche continue.

Nous donnons ici les relevés sommaires des mesures prises, tant à Paris qu'à La Chapelle, pendant deux expériences.

Les mesures à prendre consistent à déterminer pour chaque machine, à un même instant et à plusieurs reprises pendant la durée de la marche :

1° Le nombre de tours des induits par minute ;

2° Les *données électriques*, savoir l'intensité du courant et la force électromotrice ;

5° Enfin les *données mécaniques*, savoir : les travaux dépensés pour créer et entretenir les champs magnétiques des inducteurs, ceux qui correspondent à la production du courant principal, enfin les travaux mécaniques proprement dits, c'est-à-dire le travail moteur fourni à Creil, et le travail recueilli à Paris.

Les travaux électriques sont calculés par la formule $\dfrac{EI}{75\,g}$, où E est la force électromotrice et I l'intensité du courant. Les travaux mécaniques sont mesurés au frein, et le rapport du travail recueilli au travail dépensé est le rendement de la transmission à distance. Il a varié, dans les deux expériences que nous reproduisons, de 39 à 43 pour 100 pour l'une, de 40,7 à 45,6 pour 100 pour l'autre.

Les calculs des travaux électriques pour l'aimantation des inducteurs et la production du courant sont purement théoriques et supposent la perfection des organes électriques auxquels on les applique. En réalité ces calculs, où l'on néglige les pertes accessoires, conduisent à une limite inférieure, et la production du courant exige plus de travail que la formule ne l'indique. On constate toujours, par rapport aux évaluations théoriques, un certain déchet, qu'on ne sait comment justifier théoriquement, et dont la loi n'est pas encore connue. L'ensemble de ces pertes est du reste peu considérable.

# EXPÉRIENCE DU 5 MARS 1886.



| HEURE DES MESURES. | VITESSE EN TOURS PAR MINUTE. | GÉNÉRATRICE (A CREIL). | | | | | VITESSE EN TOURS PAR MINUTE. | RÉCEPTRICE (A LA CHAPELLE-PARIS). | | | | RENDEMENT |
|---|---|---|---|---|---|---|---|---|---|---|---|---|
| | | DONNÉES ÉLECTRIQUES (OBSERVÉES A LA SORTIE DE LA GÉNÉRATRICE). | | TRAVAIL (ÉVALUÉ EN CHEVAUX) | | | | DONNÉES ÉLECTRIQUES (OBSERVÉES A L'ENTRÉE DE LA RÉCEPTRICE). | | TRAVAIL (EN CHEVAUX) | | |
| | | | | ÉLECTRIQUE (CALCULÉ). | | Mécanique (mesuré au frein). | | | | Élec-trique. | Mécanique (mesuré au frein). | |
| | | Intensité du courant. | Force électro-motrice. | Aimanta-tion des in-ducteurs. | Produc-tion du courant principal. | | | Intensité du courant. | Force contre-électro-motrice. | Aimanta-tion des in-ducteurs. | | |
| Départ. | | Ampères. | Volts. | ch. | ch. | ch. | | Ampères. | Volts. | ch. | ch. | % |
| 11h15m | 252 | 8,02 | 5465 | 6,16 | 59,6 | 83,2 | 242 | 8,12 | 4120 | 4,35 | 54,7 | 41,5 |
| 11 50 | 252 | 7,96 | 5567 | 5,92 | 60,2 | 83,5 | 259 | 8,00 | 4040 | 4,50 | 54,5 | 41 |
| 11 45 | 255 | 7,77 | 5768 | 6,24 | 60,9 | 85,0 | 255 | 7,80 | 4400 | 4,70 | 56,6 | 45 |
| 12 " | 252 | 7,66 | 5592 | 5,92 | 58,5 | 85,0 | 245 | 7,70 | 4270 | 4,17 | 55,2 | 42,4 |
| 12 15 | 250 | 7,89 | 5410 | 6,24 | 58,0 | 82,6 | 228 | 8,00 | 4020 | 5,85 | 52,9 | 40 |
| 12 50 | 251 | 7,89 | 5565 | 6,08 | 59,7 | 84,6 | 245 | 7,70 | 4320 | 4,50 | 55,2 | 42 |
| 12 45 | 257 | 7,84 | 5512 | 5,76 | 58,7 | 85,6 | 255 | 7,90 | 4120 | 4,50 | 55,7 | 40,4 |
| 1 " | 250 | 7,77 | 5871 | 6,24 | 60,0 | 84,6 | 250 | 7,80 | 4400 | 4,70 | 55,8 | 42,4 |
| 1 15 | 226 | 7,89 | 5410 | 5,60 | 58,0 | 85,4 | 227 | 7,95 | 5960 | 4,25 | 59,0 | 59,5 |
| 1 50 | 251 | 7,89 | 5515 | 5,60 | 59,1 | 81,2 | 257 | 7,88 | 4070 | 5,70 | 54,0 | 41,8 |
| 1 45 | 250 | 7,89 | 5515 | 5,70 | 59,1 | 84,1 | 255 | 7,58 | 4040 | 5,85 | 55,0 | 59 |
| 2h arrêt | — | — | — | — | — | — | — | — | — | — | — | — |

Le poids appliqué au frein dans ce te expérience était de 45 kilogrammes, agissant au bout d'un bras de levier de 2m,50. — Durée totale de l'expérience, 2h45m.

## EXPÉRIENCE DU 10 MARS 1886.

| HEURE DES MESURES. | GÉNÉRATRICE (A CREIL). | | | | | | RÉCEPTRICE (A LA CHAPELLE-PARIS). | | | | | RENDEMENT |
| | VITESSE EN TOURS PAR MINUTE. | DONNÉES ÉLECTRIQUES (observées à la sortie de la génératrice). | | TRAVAIL (évalué en chevaux). | | | VITESSE EN TOURS PAR MINUTE. | DONNÉES ÉLECTRIQUES (observées à l'entrée de la réceptrice). | | TRAVAIL (en chevaux). | | |
| | | | | ÉLECTRIQUE (calculé). | | Mécanique (mesuré au frein). | | | | Électrique. | Mécanique (mesuré au frein). | |
| | | Intensité du courant. | Force électro-motrice. | Aimantation des inducteurs. | Production du courant principal. | | | Intensité du courant. | Force contre-électromotrice. | Aimantation des inducteurs. | | |
| | | Ampères. | Volts. | ch. | ch. | ch. | | Ampères. | Volts. | ch. | ch. | % |
| Départ. | | | | | | | | | | | | |
| 1ʰ »ᵐ | 207 | 7,15 | 4890 | 4,8 | 47,6 | 68,1 | 218 | 7,14 | 5590 | 5,57 | 27,9 | 40,9 |
| 1 50 | 205 | 7,24 | 4750 | 4,7 | 46,5 | 66,5 | 220 | 7,14 | 5650 | 5,70 | 28,2 | 42,4 |
| 2 » | 205 | 7,51 | 4788 | 4,7 | 46,5 | 66,5 | 217 | 7,14 | 5570 | 5,57 | 27,4 | 41,2 |
| 2 50 | 221 | 7,06 | 5255 | 4,8 | 50,5 | 69,6 | 257 | 7,00 | 4010 | 4,40 | 50,5 | 45,6 |
| 3 » | 217 | 7,15 | 5096 | 4,7 | 49,2 | 69,6 | 226 | 7,07 | 3800 | 3,85 | 29,0 | 41,6 |
| 3 50 | 220 | 7,15 | 5545 | 5,5 | 51,7 | 74,0 | 245 | 7,14 | 4100 | 5,97 | 51,1 | 40,7 |
| 4 » | 217 | 7,21 | 5254 | 5,1 | 51,1 | 71,6 | 255 | 7,14 | 4000 | 5,97 | 29,8 | 41,7 |
| 4 50 | 222 | 7,24 | 5590 | 5,4 | 55,0 | 75,8 | 259 | 7,19 | 4050 | 4,12 | 50,6 | 41,5 |
| 5 » | 216 | 7,24 | 5117 | 5,0 | 50,5 | 71,0 | 248 | 7,14 | 4200 | 4,40 | 51,6 | 44,5 |
| 5 50 | 217 | 7,42 | 5145 | 5,1 | 51,7 | 72,6 | 255 | 7,35 | 5910 | 4,00 | 50,0 | 41,5 |
| 6 » | 222 | 7,51 | 5564 | 5,4 | 55,0 | 72,5 | 245 | 7,19 | 4000 | 4,30 | 51,4 | 42,8 |
| arrêt | — | — | — | — | — | — | — | — | — | — | — | — |

Le poids appliqué au frein dans cette expérience était de 40 kilogrammes, au bout d'un bras de levier de 2ᵐ.50. — Durée totale de l'expérience. 5 heures.

La force *contre-électromotrice*, dont l'évaluation est portée dans la dixième colonne des tableaux, est la force électromotrice due au mouvement de l'anneau induit par rapport aux inducteurs dans la machine réceptrice, et qui produit dans le circuit un courant de sens inverse à celui qu'y envoie la génératrice. Le courant constaté dans le circuit n'est que la différence des deux courants contraires qui y coexistent en réalité. Il serait plus exact de donner à la force contre-électromotrice le nom de *force électromotrice inverse*.

Si l'on rapproche les nombres portés dans la troisième et la neuvième colonne de ces tableaux, on reconnaît que l'intensité du courant, mesurée à Creil et à La Chapelle en même temps, a à peu près la même valeur aux deux bouts du circuit, et que parfois même elle est plus grande à La Chapelle qu'au point de départ. Ce dernier résultat est évidemment inadmissible, et doit être attribué à l'imperfection des appareils de mesure qui ont servi à le constater. La comparaison des deux colonnes n'en montre pas moins que la perte due à la transmission le long du fil est de l'ordre de grandeur des erreurs dues aux instruments dont on fait usage, et qu'elle est tout à fait insensible. Ce fait a été observé à plusieurs reprises, même après des pluies prolongées qui pouvaient compromettre l'isolement du fil conducteur.

M. Marcel Deprez a rendu compte à l'Académie des sciences, dans sa séance du 14 décembre 1885, des phénomènes observés pendant la construction des machines électriques destinées à l'expérience de Creil. Nous résumerons ses conclusions :

1° Les lois de l'induction n'éprouvent aucune perturbation, quelles que soient la grandeur des machines et la dimension de leur champ magnétique ;

2° La *self-induction*, par laquelle on cherche à expliquer les pertes accessoires observées, n'a pas plus d'importance dans les grandes machines à nombreux tours de fil que dans les petites machines à faible nombre ; cette conclusion était déjà mise en évidence par la comparaison de diverses machines Gramme, montées les unes avec un petit nombre de mètres de gros fil, les autres avec une grande longueur de fil fin ; elles ont présenté le même coefficient de perte ;

3° Les travaux engendrés par le mouvement du magnétisme dans le fer doux restent, dans toutes les machines, à peu près négligeables ;

4° Les étincelles aux balais qui donnent passage au courant produit, peuvent toujours être évitées en établissant une relation convenable entre la puissance du champ magnétique, l'intensité du courant développé, et la position des balais. Les machines à haute tension, qui développent des courants de faible intensité relative, sont à ce point de vue plus favorables que les autres à la transmission de l'énergie.

L'expérience de Creil est aujourd'hui en pleine activité ; il reste à l'étudier au point de vue industriel, et notamment à déterminer le *prix de revient du transport*, abstraction faite de tous les tâtonnements qui ont conduit à l'installation actuelle et de tous les frais afférents aux appareils de mesure.

Une étincelle s'est produite pendant l'expérience du 7 décembre 1885 et a un instant entravé la marche des machines. Il faisait ce jour-là un vent violent, avec rafales de pluie. Cette étincelle a été la conséquence d'un *mélange* accidentel de fils sur la ligne; le fil de l'expérience, dans sa partie revêtue de plomb, a été porté au contact avec le fil du bureau de l'artillerie à Saint-Denis; le courant a éprouvé une dérivation brusque; une partie s'est jetée dans le fil allant à Saint-Denis, où elle s'est manifestée par certains désordres. A La Chapelle on a constaté la production subite de fortes étincelles : c'est en général ainsi que se traduit tout changement brusque de l'état électrique des circuits. L'électricité demande à être maniée avec une grande douceur, et en évitant soigneusement tous les chocs. L'accident du 7 décembre 1885 était dû simplement à un défaut d'isolement de la ligne; on a corrigé ce défaut de manière à rendre impossible le retour d'un pareil accident.

Cet exemple fait voir que la double enveloppe du fil dans les parties revêtues n'empêche pas la dérivation du courant de se produire lorsque le fil vient en frapper d'autres, car alors la chape de plomb se coupe, et le contact métallique s'établit. Le fil nu, qui a un poids beaucoup moindre, qui donne moins de prise au vent, peut être placé plus haut, recevoir de moindres flèches et présenter en somme de plus grandes garanties d'isolement, surtout au point de vue des mélanges accidentels avec les fils télégraphiques. La meilleure précaution à prendre pour éviter ces mélanges est encore d'éloigner le fil de la transmission des autres fils au contact desquels il pourrait être amené par le vent.

En définitive, l'expérience de Creil peut déjà être considérée comme ayant parfaitement réussi; elle montre la possibilité de transmettre à des distances de 55 kilomètres une puissance qui a dépassé 80 chevaux, avec un rendement de 40 pour 100 en moyenne, et dans des conditions de durée qu'on n'avait pas encore réalisées dans les expériences antérieures.

Paris, 28 mars 1886.

ÉD. C.

# ERRATA

---

### Tome II.

Page 656, ligne 21 :

Au lieu de *M. Fleming Jenkins*, lire *M. Fleeming Jenkin*.

### Tome III.

Page 615, 4e ligne en remontant :

Au lieu de *dans notre quatrième volume*, lire *dans notre cinquième volume*.

Même page, dernière ligne, au lieu de (IV, § 254), lire (V, § 88).

### Tome V.

Page 268, 5e ligne :

Au lieu de

$$\frac{1}{2}\left(\frac{\frac{G^2}{A}}{1+\sqrt{1+\frac{2CG^2}{A^2}}}+\frac{\frac{G^2}{A}}{1+\sqrt{1-\frac{2CG^2}{A^2}}}\right)=\frac{A}{-2C},$$

Lire

$$\frac{1}{2}\left(\frac{\frac{G^2}{A}}{1+\sqrt{1+\frac{2CG^2}{A^2}}}+\frac{\frac{G^2}{A}}{1-\sqrt{1+\frac{2CG^2}{A^2}}}\right)=\frac{A}{-2C}.$$

Page 554, ligne 4 :

Au lieu de

$$B_{0,1}=\frac{1}{\rho_{0,1}}-\frac{ux_1+yy_1+zz_1}{r_1^3},$$

Lire

$$B_{0,1}=\frac{1}{\rho_{0,1}}-\frac{xx_1+yy_1+zz_1}{r_1^5}.$$

Page 357, ligne 17 :

Au lieu de

(4)
$$z = xt\,\frac{t^2 - 1}{2} + \ldots$$

Lire

(4)
$$z = x + t\,\frac{t^2 - 1}{2} + \ldots$$

Page 357, ligne 22 :

Au lieu de

$$\sqrt{1 - rtx + t^2},$$

Lire

$$\sqrt{1 - 2tx + t^2}.$$

# INDEX ALPHABÉTIQUE.

<br>

E

*Jeu* dans les engrenages, I, 370.

*Joint* universel. — hollandais, I, 455; — de Hooke, 460; — de Cardan, 462; — d'Oldham, 477.

JONQUIÈRES (DE). V, 201.

JOFFE. IV, 252, 407, 408, 456.

*Jour* sidéral. — solaire. — moyen. I, 262.

### K

KEPLER. I, 105, 167; III, 115, 558, 606; V, 564.

*Kilogrammètre.* IV, 4.

KREBS, IV, 406.

KRETZ. I, 420; II, 106.

KURTZ. I, 554.

### L

LAGRANGE, I, 5, 559; II, 541, 573; III, 116, 155, 209, 579; IV, 198; V, 280, 285, 557, 401, 474.

LALANNE. II, 549, 404, 619.

LAMÉ. V, 210, 240, 255, 475.

LANCRET. II, 544.

*Languettes,* I, 525

*Lanterne.* I, 548.

LANZ. I, 527.

LAPLACE. III, 576, 455; IV, 149; V, 179, 185, 195, 549, 589, 402, 452.

LAURENT. V, 550.

LÉAUTÉ. I, 517; II, 624, 625; IV, 589.

LE CHATELIER. IV, 88.

LEGENDRE. III, 192; V, 179, 274, 574, 402.

*Légers* corps. II, 227.

LEIBNITZ. III, 129.

*Lemniscate.* III, 166.

*Lenoir* (moteur). IV, 559, 419.

*Levier.* II, 405, 409, etc.; — de changement de marche, 451.

LÉVY (MAURICE). II, 656; IV, 409, 457; V, 254.

*Liaisons.* II, 107; III, 155; — complètes. I, 520; II, 109, 209; IV, 1; — intérieures, extérieures, II, 212.

*Libre* point. II, 207.

*Lieu* des centres de courbure des épicycloïdes décrites par les divers points d'une droite. I, 510; — du centre de gravité des arcs de cercle partant d'un point fixe, II, 279 et suiv.

*Ligne* géodésique. II, 541; III, 155.

137: — s géodésiques d'une surface de révolution. V, 84; — des nœuds (astronomie), III, 441; V, 273; — s de courbure. III, 140; — isotherme. — adiabatique. ou de détente naturelle, ou de nulle transmission, IV. 237; — s cotidales, V, 200; mouvement d'un point sur une — fixe, III. 94, 164.

*Limaçon* de Pascal, V, 47.

*Limites* du nombre de dents des roues d'engrenage, I, 340; — de l'aplatissement du globe terrestre, V, 182; *limite* d'élasticité, V, 219.

LIOUVILLE. III, 186; V, 176.

LIPSCHITZ, V, 181.

*Liquéfaction* des gaz, IV, 404.

*Liquides* (corps), II, 7; IV, 117 et suiv.; — pesants, 129, 142; — pesants superposés. 142.

LISSAJOUS. I, 489.

*Loch,* I, 12.

LOCKE, IV, 407.

*Locomotive.* I, 552; IV, 554 et suiv.

*Loi* de Mariotte, IV, 118; — de Gay-Lussac. IV, 119, 247; — de Meyer ou de Joule (chaleur), IV. 252; — de Clausius, 240, 242; — d'Ohm. 452; — de Joule (électricité), 456; — de Lenz. 441; — des marées, V. 198; — s de Kepler, I, 105, 167; — s du frottement de glissement. II, 451; IV. 425; — s de la résistance au roulement, II, 480; — s de la raideur des cordes. 564.

LONGCHAMPS (DE). V, 45.

*Longitude,* I, 84; V, 273; — du nœud ascendant. III, 573; V, 275; — vraie du périhélie, III, 374; V, 275; — de l'époque. III, 374; V, 274; — moyenne, V, 274.

*Long pignon.* I, 478.

LUCAS (ÉDOUARD). I, 551; V, 50.

LUCAS (FÉLIX). V, 208.

*Lumière* (vitesse de la —, aberration de la), I, 101; IV, 455.

*Lune,* III, 557; V, 559.

### M

*Machines.* II, 207; — simples, 404 et suiv; *Machine* à aléser. I, 467; — à deux cylindres. I, 427; — à marcher

### N

sur un — fixe). II, 152, 196 : — incliné, 456 : — du maximum des aires, III, 282 ; — invariable, 355 ; — de charge, IV, 207 ; — de commutation, IV, 445 : — fixe, V, 273 : — de l'orbite, 273 ; — osculateur, I, 127, 159 : — s qui conservent leur parallélisme dans le déplacement d'un solide, 496.

*Planétaire* (automate — de Huygens), I, 359 : engrenage — de Watt, 380.

*Planètes* (mouvement des), I, 103 ; III, 358 ; V, 104, 273, 445.

*Planimètre* d'Amsler, II, 316.

*Plaque* tournante, I, 325 : — s, V, 475.

*Plateau* tournant de Poncelet, I, 486.

*Plein* engrenages), I, 368 : tir de — fouet, III, 58.

PLÜCKER, III, 555.

*Podaire*, I, 162, 168 ; II, 346 : V, 109.

*Poids*, II, 228 ; III, 601 ; — spécifique, II, 228 ; — boîte à —, 372.

Poinsot, II, 55, 70, 88 ; III, 454 ; V, 99.

*Pointage*, I, 481.

*Point* d'application d'une force, I, 2 ; II, 5 ; — matériel, II, 5, 7 ; — glissant sur une surface, II, 112, 172, 185 ; III, 142 : — sur une courbe, II, 116, 174 ; III, 159 ; — équilibre d'un solide qui a un — fixe, II, 127, 194 ; — mouvement d'un solide autour d'un — fixe, III, 585 ; — équilibre d'un solide qui a deux — s fixes, II, 129, 195 ; — mouvement d'un solide autour de deux — s fixes, III, 585 et suiv. : — s morts, I, 198, 424, 452.

POIRÉE, III, 614.

POISSON, II, 26 : III, 102 : V, 241, 277, 304, 349, 467, 474.

*Polaires* coordonnées), I, 78 : V, 4, 120, 260, 467.

*Polarisation* des électrodes, IV, 465.

*Pôle* instantané, I, 221 : — s d'une pile, IV, 450.

*Polodie*, III, 458.

*Polygone* des forces, II, 5 : — funiculaire, 496, 626, 627 ; — de Varignon, 500 : — articulé, 579 ; V, 52.

*Pompe* à feu, IV, 515 : — alimentaire, — aspirante ou à air, — à eau (machines à vapeur), IV, 516.

PONCELET, I, 28, 486 : II, 340, 594, 422, 624 : IV, 105.

*Ponts suspendus*, II, 502, 513.

*Positions* réciproques des deux aiguilles d'une horloge, V, 13.

*Postulats* de la dynamique, I, 4 ; II, 2 ; III, 1.

*Postulatum* d'Euclide, II, 1 ; — sur lequel repose le second principe de la théorie mécanique de la chaleur, IV, 409.

*Potentiel*, IV, 204 ; V, 119 et suiv. ; V, 202 : — électrique, IV, 436 : — direct ou de seconde espèce, inverse ou de première espèce, V, 212 ; — sphérique, V, 474 ; force — le, IV, 288.

*Poulie*, I, 421 : II, 565, 573 ; — folle, I, 416.

*Poudre* à canon, IV, 364, 428.

*Poussée* d'un fluide, IV, 178.

*Précession* III, 441 ; — uniforme, III, 478, 532 ; — des équinoxes, I, 263 ; III, 485.

*Presse* typographique, I, 464 ; — à coin, II, 448 ; — à vis, 463.

*Pression* dans les pieds d'une table, II, 145 ; — d'un point en mouvement sur une surface, III, 143, 157 : — sur une ligne, 162 ; — d'un corps tournant autour d'un axe sur cet axe, 413 : — dans un fluide, IV, 121, 125 ; — d'un fluide sur une paroi, 166 ; — d'une veine fluide contre un plan indéfini, 304 ; — de la vapeur, 411 ; — dans les solides élastiques, V, 220.

*Preuves* mécaniques de la rotation de la terre, V, 100.

*Principes* de la dynamique, II, 1 : III, 1 : *Principe* de la paroi froide, IV, 314 : — de Meyer ou de Joule, IV, 252, 406 : — de Clausius, IV, 240, 408.

*Prisonnier*, I, 325.

*Problème* sur la vitesse moyenne, I, 59 : — sur la détermination de la hauteur d'une tour, 48 ; — s sur le mouvement relatif, 87, 94 : III, 518 : V, 6, 16 : — inverse des épicycloïdes, I, 216 ; V, 35, 90 : — de la dynamique, II, 9 ; — s sur le frottement, II, 157, 449 . — sur le levier, 412 ; — de minimum, 533 : — sur les forces, 96 ; — s sur le mouvement rectiligne, III, 51 : — sur le mouvement général d'un point, 102 : — de Saladini, 165 : — de Képler, III, 115, 606 ; V,

# TABLE DES MATIÈRES

## Théories et questions diverses sur les matières traitées dans les quatre premiers volumes.

### CHAPITRE PREMIER.

#### QUESTIONS DE CINÉMATIQUE.



### CHAPITRE II.

#### QUESTIONS SUR LA STATIQUE.



### CHAPITRE III.

#### QUESTIONS SUR LA DYNAMIQUE ET SUR LA MÉCANIQUE DES FLUIDES.

# COMPLÉMENTS.

## LIVRE PREMIER.

### De l'attraction.

#### CHAPITRE PREMIER.



#### CHAPITRE II.



#### CHAPITRE III.



#### CHAPITRE IV.

## LIVRE II.

### Principes de la théorie de l'élasticité.

#### CHAPITRE UNIQUE.



## LIVRE III

### Dynamique analytique.

#### CHAPITRE PREMIER.



#### CHAPITRE II.



#### CHAPITRE III.



#### CHAPITRE IV.

13257. — Imprimerie A. Lahure, 9, rue de-Fleurus, à Paris.

# RÈGLEMENT

## FAIT

## PAR ORDRE DU ROI,

*Pour établir dans les Hôpitaux militaires de Strasbourg, Metz & Lille, des Amphithéâtres destinés à former en Médecine, Chirurgie & Pharmacie, des Officiers de Santé pour le service des Hôpitaux militaires du Royaume & des Armées.*

### Du 22 Décembre 1775.

### ARTICLE PREMIER.

IL sera reconnu par l'Intendant de la province, & les Officiers de santé, dans chacun des trois hôpitaux de Strasbourg, Metz & Lille, où on établira des Amphithéâtres, un emplacement convenable pour y faire les dissections & les leçons, sans toutefois que ces emplacemens puissent nuire à l'aisance ni au bien-être des malades.

Emplacement<br>de<br>l'amphithéâtre.

A

## 2.



INDÉPENDAMMENT des Médecins employés avec appointemens dans les hôpitaux militaires, Sa Majesté admet dans chacun des trois hôpitaux où les amphithéâtres feront établis, quatre Médecins furnuméraires, sans appointemens, qui porteront l'uniforme des Médecins ordinaires, mais sans boutonnières au collet; ils seront obligés d'assister à tous les cours qui se feront dans lesdits hôpitaux, aux opérations & aux ouvertures de cadavres; de suivre les Médecins & Chirurgiens-majors dans leurs visites; ils feront, ainsi que les Médecins employés, des observations qu'ils adresseront à l'Inspecteur général, qui, d'après les connoissances & le zèle qu'ils montreront, & les témoignages qui lui seront rendus par l'Inspecteur du département, les fera connoître plus particulièrement au Secrétaire d'État de la guerre, afin de les faire nommer aux places vacantes; ils seront subordonnés à la police des Intendans du département, des Commissaires des guerres, des Médecins-inspecteurs & des Médecins de ces trois hôpitaux : Ces Médecins furnuméraires feront chacun des observations sur les maladies qui leur seront indiquées par les Médecins titulaires de l'hôpital; & ces observations seront variées tous les mois, de sorte que celui qui en aura fait pendant le mois actuel sur les maladies aiguës règnantes, sera chargé d'en faire sur les maladies chroniques pendant le mois suivant, & successivement sur tous les genres de maladies, afin de pouvoir juger de la capacité & de l'application de ces Médecins.

## 3.



ON fera choix d'un Démonstrateur, d'une capacité

reconnue, pour chacun des trois amphithéâtres; il aura le titre d'Aide-major, Disséqueur & Démonstrateur, aux appointemens du Roi, fixés à quatre cents livres, outre les gages du premier Garçon, dont il tiendra lieu aux Entrepreneurs, en remplissant les mêmes fonctions des autres garçons Chirurgiens.

*Appointemens.*

## 4.

IL fera accordé en fus cent livres pour l'entretien des pièces anatomiques & autres frais d'amphithéâtres, dont il rendra compte de l'emploi, dans un état visé du Commissaire des guerres & du Médecin-inspecteur.

*Emploi*
*de cent livres*
*pour*
*l'amphithéâtre.*

## 5.

'A mesure que les Chirurgiens-aide-major, actuellement établis dans ces trois hôpitaux, & leurs survivanciers, viendront à mourir ou se retireront, leur place demeurera supprimée, & l'Aide-major démonstrateur en remplira les fonctions, à raison du traitement réglé ci-dessus.

*Suppression*
*des Aides-major.*

## 6.

AUCUN Élève en Chirurgie ne pourra être admis à fuivre, comme furnuméraire, les malades ou bleffés, ni les cours qui se feront, qu'il n'ait fait au moins deux années d'apprentiffage chez un maître Chirurgien dont il rapportera un certificat authentique ; il fera examiné par le Médecin-inspecteur, ou à fon défaut, par le premier Médecin & le Chirurgien-major, & reçu à l'hôpital avec l'agrément du Commissaire des guerres.

*Réception*
*des Chirurgiens*
*furnuméraires.*

## 7.

LORSQU'IL vaquera une place de garçon Chirurgien, il fera convoqué un concours en préfence de l'Intendant,

*Concours*
*pour le*
*remplacement*

lorfqu'il le jugera à propos, du Commiffaire des guerres, du Médecin-infpecteur qui réfidera dans la province, des Médecins, Chirurgien-major & Aide-major ; la préférence fera donnée à l'ancien à mérite égal, mais toujours au plus capable : par ce moyen on évitera la faveur & la brigue, on fera germer l'émulation & les talens qui feuls procureront les places.

L'amphithéâtre établi à Lille, fournira les garçons Chirurgiens & Apothicaires des hôpitaux militaires, tels qu'ils font fitués dans la Flandre, le Hainault, la Picardie & la Champagne.

L'amphithéâtre établi à Metz, fournira les garçons Chirurgiens & Apothicaires dans les hôpitaux militaires des Trois-évêchés & de la Lorraine.

Et celui de Strafbourg fournira également les garçons Chirurgiens & Apothicaires dans les hôpitaux d'Alface & de la Franche-comté, & ce, relativement aux difpofitions de cet article, & des 8 & 19 du préfent Règlement.

### 8.



IL ne fera admis que quatre Chirurgiens furnuméraires externes dans les hôpitaux de Strafbourg, de Metz & de Lille ; ils feront tenus de faire le fervice fans appointemens ni nourriture au compte du Roi lorfque le nombre des malades, bleffés & vérolés ne fera pas fuffifant pour les employer ; le nombre des Chirurgiens employés fera d'ailleurs proportionné au nombre des malades, relativement aux fixations portées par les marchés actuels, ils ne pourront fervir en cette qualité que pendant l'efpace de fix années, après lequel temps ils chercheront à fe pourvoir dans les villes & bourgs du royaume & dans les régimens,

& feront placés de préférence dans les armées & dans les hôpitaux de l'intérieur du royaume, en qualité de Major ou Aide-major ; & comme il y a déjà quatre Chirurgiens furnuméraires établis à l'hôpital de Strasbourg fans appointemens, mais avec nourriture au compte du Roi, fuivant le marché actuel, les quatre nouveaux Chirurgiens établis par cet article, feront fimplement externes, & pourront être employés à remplacer les quatre Chirurgiens furnuméraires, lorfque ceux-ci pafferont au compte de l'Entrepreneur pour les gages.

## 9.

TOUS les Chirurgiens employés furnuméraires, feront aftreints d'affifter régulièrement aux leçons & aux démonftrations qui fe feront pendant l'hiver & l'été ; le Médecininfpecteur, les Médecins & le Chirurgien-major affifteront régulièrement, autant qu'ils le pourront, aux leçons, afin de s'affurer de la régularité & de la bonté des inftructions, de l'affiduité & de la docilité des Médecins, Chirurgiens & Apothicaires ; le Chirurgien-démonftrateur fera tenu de leur rendre compte de ceux qui auroient manqué aux leçons & qui s'appliqueroient moins, afin de les punir felon l'exigence des cas.

*Affiduité aux Cours & aux Leçons.*

Les garçons Chirurgiens employés, & furnuméraires & externes, ne feront pas moins fubordonnés au Chirurgienaide-major-démonftrateur, qu'aux Chirurgiens Major & Aide-major de l'hôpital.

Les fils des Médecins & Chirurgiens-majors des hôpitaux militaires du royaume, feront admis à fuivre les cours des amphithéâtres, fans appointemens & fans remplir aucune fonction de droit dans les falles des malades

& bleſſés, qu'après qu'ils en auront été jugés capables par la voie du concours.

## I O.

*Cours de l'hiver.* LE Chirurgien-aide-major, diſſéqueur & démonſtrateur, fera chaque année un cours complet d'Anatomie pendant l'hiver; ce cours commencera le 1.ᵉʳ Octobre par l'Oſtéologie sèche & fraîche; il fera de ſuite & ſucceſſivement la Miologie, la Splanchnologie, l'Angiologie & la Névrologie; après le cours d'Anatomie, il en fera un d'opérations, conjointement avec le Chirurgien-major.

*Cours d'été.* Le 1.ᵉʳ Juin ſuivant, il commencera chaque année un cours de principes de Chirurgie, qui fera ſuivi pendant l'été d'un cours de Bandages.

## I I.

*Étude de la première année.* LA première année, les Chirurgiens ſurnuméraires, étudieront & s'appliqueront plus particulièrement à l'Oſtéologie sèche & fraîche, & à la Miologie; pendant l'été ſuivant ils étudieront les principes de Chirurgie & les Bandages.

*De la ſeconde.* La ſeconde année, ils feront une étude particulière de la Splanchnologie, de l'Angiologie, & des opérations pendant l'hiver, & repaſſeront pendant l'été les principes de Chirurgie & de Bandages.

*De la troiſième.* La troiſième année, ils répèteront les parties de l'Anatomie précédente, & y ajouteront la Névrologie; vers le printemps, ils s'appliqueront ſpécialement aux opérations qu'on aura ſoin de leur rendre familières, en les faiſant opérer eux-mêmes; ils emploieront l'été de cette troiſième année à faire une étude appliquée de la Phiſiologie & de la Pathologie.

*Diſſections.* La première année ils diſſéqueront la Miologie; la feconde, la Splanchnologie & l'Angiologie; la troifième, la Névrologie.

### 1 2.

PENDANT toute l'année, les Chirurgiens qui ne feront pas de fervice, affifteront à la préparation des remèdes dans la Pharmacie & à leur diftribution dans les falles.

*Préfence des Chirurgiens à la préparation des remèdes.*

L'Apothicaire-major, pendant fes mois de Juin, Juillet & Août, fera en leur préfence les principales opérations chimiques & galéniques, & leur en expliquera les manipulations; ces connoiffances de la préparation & de la diftribution des remèdes, leur procureront une double utilité dans les armées, où le défaut d'Apothicaires expofe quelquefois cette partie du fervice des hôpitaux militaires à de grands inconvéniens.

L'Apothicaire-major fera encore chaque année un cours de Plantes ufuelles, auquel tous les Médecins, Chirurgiens & Apothicaires, feront obligés d'affifter.

*Cours de Botanique.*

Les Médecins furnuméraires fe conformeront, pour leurs occupations, à ce qui fera réglé par le Médecin titulaire, en l'abfence de l'Infpecteur.

Ils fuivront les vifites & les panfemens du Chirurgien-major, & particulièrement celles des Médecins titulaires, & fe conformeront d'ailleurs à ce qu'ils leur prefcriront dans les différentes parties du fervice.

### 1 3.

CONFORMÉMENT au titre VII, article premier de l'Ordonnance du 1.<sup>er</sup> janvier 1747, les Médecins, chaque année, feront un cours de Phifiologie & de Pathologie, & en même-temps un cours de Pratique & Clinique des principales maladies qui règnent parmi les Troupes dans les armées & les garnifons, auquel ils joindront une expli-

*Cours de Médecine.*

cation & une application du formulaire des hôpitaux; ils auront foin en même-temps de faire connoître les rapports du genre de vie des Soldats, de leurs travaux & de leur régime, & le Chirurgien-major un cours de maladies vénériennes.

## 14.



AFIN d'affujettir davantage tous les Chirurgiens employés & furnuméraires, à l'étude, exciter leur émulation, & s'affurer de leurs progrès, il fera fait chaque année un examen général au commencement du mois de Mai: cet examen comprendra la matière des cours qui auront été faits pendant l'hiver, la convocation du jour, fera faite par le Médecin-infpecteur qui préfidera à l'examen; les Médecins, Chirurgien-major, Aide-major & le Démonftrateur, affifteront à cet examen: chaque Chirurgien fera examiné féparément l'un après l'autre; à la fuite de chaque examen particulier, l'Infpecteur recueillera les voix, & infcrira fur une feuille la matière de l'examen, les degrés de capacité, la conduite & les mœurs de chaque Chirurgien, avec la date de leur réception; cette feuille fera fignée par tous les examinateurs à la fin de l'examen général. L'Infpecteur fera tenu d'en adreffer une copie au Secrétaire d'État de la guerre, & une autre à l'Intendant du département; & le Contrôleur de chacun des hôpitaux, tranfcrira toutes les notes fur un livre exprès, année par année, qu'il confervera pour être préfenté au Commiffaire des guerres de chacun des hôpitaux.

## 15.



À l'affemblée du 1.er du mois de Juin fuivant, en préfence de l'Intendant, s'il peut s'y trouver, finon du Commiffaire des guerres, par lui chargé de la police de l'hôpital, le Médecin-infpecteur, conjointement avec les autres examinateurs, tous les Chirurgiens affemblés, en nommera deux qui fe feront le plus diftingués dans l'examen précédent, ayant en même-temps égard au fervice & aux mœurs, pour leur être diftribué à chacun un Prix de la valeur de cinquante livres, qui confiftera en livres relatifs à la profeffion; le Commiffaire des guerres en fera mention dans fon procès-verbal du mois, qu'il adreffera au Secrétaire d'État de la guerre & à l'Intendant du département.

## 16.

SA MAJESTÉ, pour augmenter l'exactitude & le zèle des Apothicaires en chef des trois hôpitaux où les amphithéâtres feront établis, veut bien leur accorder une commiffion d'Apothicaire-major, fignée de l'Intendant du département, avec quatre cents livres d'appointemens; indépendamment de ces quatre cents livres, ils toucheront de l'Entrepreneur, les gages d'un premier garçon Apothicaire, dont ils lui tiendront lieu.

*Commiffion d'Apothicaire.*

Les garçons Chirurgiens & Apothicaires auront, chaque jour, deux heures de recueillement pour fervir à l'étude des leçons; ces deux heures feront prefcrites dans le moment du jour le plus convenable, de concert avec le Médecin, le Chirurgien-major & le Démonftrateur; & tous les Samedis de l'année, il y aura un examen & une répétition générale fur ce qui aura été enfeigné pendant la femaine.

Après les cours de Pharmacie & de Chimie, il fera fait un examen des Apothicaires, dans lequel on obfervera les mêmes formalités prefcrites, pour l'examen, la diftribution des Prix des Chirurgiens, par les articles 14 & 15 de ce Règlement; & il fera accordé un Prix de cinquante livres à l'Apothicaire qui fe fera le plus diftingué par fes connoiffances, fon exactitude & fes mœurs.

### 17.



IL fera accordé en fus cent livres, par année, à chacun des trois Apothicaires-majors, pour les frais des préparations qu'ils feront tenus de démontrer aux Médecins furnuméraires, aux garçons Chirurgiens & aux garçons Apothicaires employés & furnuméraires, dont ils rendront compte dans un état, vifé par le Commiffaire des guerres & le Médecin-infpecteur.

### 18.



DANS chacun des trois hôpitaux où les amphithéâtres feront établis, on admettra quatre Apothicaires furnuméraires-externes, fans appointemens, ni nourriture au compte du Roi; ils ne pourront être reçus qu'avec l'agrément du Commiffaire des guerres, & après avoir été examinés par le Médecin-infpecteur, auquel ils auront montré des lettres d'apprentiffage authentiques, au moins de deux années, chez un maître Apothicaire. Quand il vaquera une place de garçon Apothicaire avec gages de l'Entrepreneur, elle fera donnée à celui des Apothicaires furnuméraires-externes qui aura montré plus d'habileté & de capacité dans un concours qui fera fait en préfence du Commiffaire des guerres, du Médecin-infpecteur, des Médecins, Chirurgiens-majors, Aides-majors & de l'Apothicaire-major.

### 19.



LES compofitions galéniques & chimiques, exigeant toute l'habileté d'un Artifte expérimenté, fur la fidélité & l'exactitude duquel on puiffe fe confier; l'intention de Sa Majefté eft que toutes ces préparations fe faffent en préfence du Médecin-infpecteur, des Médecins, Chirurgiens-majors, Aides-majors, des garçons Chirurgiens & Apothicaires des hôpitaux militaires des villes capitales de chaque province, & que ces mêmes préparations foient diftribuées dans les différens hôpitaux du département; défendant aux Directeurs & aux Apothicaires de ces hôpitaux, d'en employer d'autres; enjoignant aux Officiers de fanté d'y tenir fcrupuleufement la main.

20.

L'ÉTABLISSEMENT des amphithéâtres ayant pour objet de former des dépôts de Médecins, Chirurgiens & d'Apothicaires inftruits & exercés à l'ordre établi d'ns les hôpitaux militaires du royaume & des armées ; l'intention de Sa Majefté eft que toutes les places de garçons Chirugiens & d'Apothicaires, vacantes dans les hôpitaux militaires du département & dans ceux des provinces qui y font adjointes, foient remplacées par les Chirurgiens & Apothicaires furnuméraires employés dans les amphithéâtres; & que pour cet effet, le Médecin & le Chirurgien-major titulaires de chaque Hôpital, chacun en ce qui le concerne, demanderont un fujet à l'Intendant de la ville où l'amphithéâtre fera établi; lequel donnera en conféquence fes ordres, afin que les Examinateurs s'affemblent & choififfent au concours, & à la pluralité des voix, le Chirurgien ou l'Apothicaire le plus capable de remplir la place.

*Remplacement des garçons Chirurgiens & Apothicaires.*

Et qu'à l'égard des places de Médecins, vacantes dans les mêmes hôpitaux militaires, qu'il conviendra de remplir, on s'adreffera au Secrétaire d'État de la guerre, qui fe fera ɩ dre c ͭe de la capacité & de la conduite, tant des Médecins furnuméraires employés dans les amphithéâtres, que ceux qui l'ont été précédemment dans les hôpitaux c...s armées, afin d'être en état de faire un choix juſtè & convenable.

### 21.

*Médecin au défaut de l'Inſpecteur.* EN cas d'abſence, & au défaut du Médecin-inſpecteur, les Médecins & Chirurgiens-majors des hôpitaux militaires où les amphithéâtres feront établis, feront tout ce qui lui eſt preſcrit par ce préſent Règlement.

### 22.

LES Médecins, Chirurgiens-majors & les Apothicaires-majors employés dans ces trois hôpitaux, rendront compte au premier Médecin, Inſpecteur général des hôpitaux militaires, tous les mois reſpectivement, dans la partie dont ils ſont chargés, comme une ſuite de la correſpondance qu'ils ſont tenus d'entretenir avec lui, de l'état de cet établiſſement, de l'exactitude & des progrès que les Médecins, Chirurgiens & Apothicaires y auront fait, & des difficultés qui pourroient s'y rencontrer, pour, ſur le rapport qu'il en fera au Secrétaire d'État de la guerre, être pourvu, ainſi qu'il appartiendra.

### 23.

LES Médecins, Chirurgiens & Apothicaires ſurnuméraires, feront, autant qu'il fera poſſible, logés dans les hôpitaux, ou par les villes où les amphithéâtres ſont établis.

FAIT & arrêté à Verſailles le vingt-deux décembre mil ſept cent ſoixante-quinze. *Signé* SAINT-GERMAIN.